Medientechnologe Druck – Qualifikationen und Kompetenzen

Arbeitsbuch für eine erfolgreiche berufliche Bildung

Helmut Teschner

Medientechnologe Druck – Qualifikationen und Kompetenzen

Arbeitsbuch für eine erfolgreiche berufliche Bildung

2. Auflage 2017

Dr.-Ing. Paul Christiani GmbH & Co. KG

Lösungsvorschläge:
Bestell-Nr. 95295
ISBN 978-3-86522-821-5

Für das Bereitstellen von Bildmaterial bedanke ich mich bei den folgenden Organisationen und Unternehmen:

Berufsgenossenschaft Energie, Textil, Elektro, Medienerzeugnisse (BG ETEM)
50968 Köln

Böttcher GmbH
50933 Köln

Bundesverband Druck und Medien (bvdm)
10117 Berlin

Flexogravur GmbH
09429 Wolkenstein

Fogra Forschungsgesellschaft Druck e.V.
81673 München

Grafische Technik und Handel Heitmann GmbH
59075 Hamm

Hewlett-Packard GmbH
71034 Böblingen

Huhtamaki Ronsberg, Zweigniederlassung der Huhtamaki Deutschland GmbH & Co. KG
87671 Ronsberg

Koenig & Bauer AG
97080 Würzburg
01445 Radebeul

Laudert GmbH + Co. KG
48691 Vreden

Manroland Sheetfed GmbH
63075 Offenbach am Main

manroland web systems GmbH
86219 Augsburg

mediaGroup le Roux
89155 Erbach

Müller Martini Druckmaschinen GmbH
79689 Maulburg/Baden

Océ Digitaldruck
85586 Poing

Süddekor GmbH & Co. KG
89150 Laichingen

Techkon GmbH
61462 Königstein/Taununs

Ugra – Verein zur Förderung wissenschaftlicher Untersuchungen in der grafischen Industrie
CH-9014 St. Gallen

Verband Deutscher Papierfabriken e.V.
53113 Bonn

VSD – Verband der Schweizer Druckindustrie
CH-3006 Bern

Windmöller & Hölscher KG
49525 Lengerich

Zentral-Fachausschuss Berufsbildung Druck und Medien (ZFA)
34131 Kassel

Bestell-Nr. 93580
ISBN 978-3-86522-725-6

---

2. Auflage 2017
Alle Drucke derselben Auflage sind parallel verwendbar.

INHALTSVERZEICHNIS

ZIELE DIESES BUCHES

An den Leser ...

- Sie wollen für eine erfolgreiche berufliche Bildung (selbst!) lernen!
- Sie wollen nachhaltig lernen! Daher ist für Sie das bloße Auswendiglernen die falsche Strategie!
- Nachhaltiges Lernen erfordert eine Dokumentation der Ausbildung als persönlichen Wissensspeicher.
- Sie können lernen – Ihr Wille und Ihre Motivation sind dazu entscheidend!
- Fragen Sie in der beruflichen Schule und in Ihrem Ausbildungsbetrieb, wenn Sie Hilfe benötigen.
- Aktuelle Informationen zur Ausbildung, zu den Prüfungsterminen und Prüfungen finden Sie im Internet unter http://www.zfamedien.de/

Das Buch ...

- ist kein Prüfungsbuch im Sinne einer reinen Aufgabensammlung für alle Lernbereiche und Wahlqualifikationen.
- hat das Ziel, Anregungen und Hilfen zum Erschließen von fachlichem Wissen zu geben, zum Handeln zu befähigen und damit die Basis für einen fachlichen „Kompetenzcheck" in der Ausbildung zu sein.
- soll die Ausbildung im Unternehmen und in der beruflichen Schule begleiten, eine Lernfortschrittskontrolle ermöglichen und auf Prüfungen vorbereiten.

GRUNDLAGEN FÜR DIESES BUCH

Medientechnologe/Medientechnologin Druck, 08/2011

- Ausbildungsrahmenplan (Verordnung)
- Rahmenlehrplan Berufsschule

EIN HINWEIS

Die Druck- und Medienindustrie bildet seit vielen Jahren männliche und weibliche Jugendliche aus. Wegen der besseren Lesbarkeit wird in diesem Buch auf die doppelte Schreibweise in der Berufsbezeichnung (männlich/weiblich) verzichtet.

DRUCKINDUSTRIE IM WANDEL

Unsere Welt ist ständig im Wandel und verlangt nach neuem Denken und Handeln, nach aktuellen Lösungen für immer neue Fragestellungen und Aufgaben. Der Wandel zeigt sich nicht nur in technischen Entwicklungen, sondern auch im wirtschaftlichen Handeln (Ökonomie), in einem größeren Bewusstsein der Verantwortung gegenüber der Natur (Ökologie) sowie im sozialen Miteinander.

Auch die Medienwelt wird immer bunter, vielfältiger und zunehmend multimedial. Das Internet, digitale Systeme und Vernetzungen komplexer Prozesse sind die heutige Informations- und die zukünftige Arbeitsplattform.

Entscheidende Fragen bleiben dabei spannend:

- Wie wirken sich diese Veränderungen auf die Druckproduktion und damit die Unternehmen und Mitarbeiter aus?
- Wie muss sich ein Druck- und Medienunternehmen aufstellen, um auch in Zukunft am Markt erfolgreich zu sein?
- Wie wirkt sich der Wandel auf die Ausbildung in der Druck- und Medienindustrie aus?

Der Wandel altbekannter Strukturen in der Druckindustrie zeigt sich immer stärker in den Beziehungen und Anforderungen der Kunden gegenüber den Druck- und Medienunternehmen:

Der Kunde ...

- hat die Möglichkeit der Integration in den digitalen Workflow der Medienproduktion.
- liefert immer häufiger druckfähige oder druckfertige Daten und kann teilweise bereits die Produktion seiner Aufträge online verfolgen sowie die Proofs zur Produktion freigeben.
- fordert nachhaltig hergestellte Produkte und eine standardisierte Produktion, nachgewiesen durch Zertifikate.
- erwartet Lösungen für seine spezifischen Aufgabenstellungen und dazu geeignete Produkte.
- verlangt eine hohe Produktqualität in kürzester Zeit zu günstigsten Preisen.

Ein erfolgreiches Unternehmen ...

- bietet für eine gute Beziehung zwischen dem Kunden und dem Druck- und Medienunternehmen eine partnerschaftliche, vertrauensvolle und kompetente Kommunikation.
- bietet dem Kunden Produkte, die seinen Wünschen und Anforderungen entsprechen, sowie Nachhaltigkeit in der Produktion, Veredelungen und mögliche Produktinnovationen.
- erkennt aktuelle, produktspezifische Technologien als eigene Chance auf dem Markt und investiert in die Optimierung seiner Prozesse.
- sieht die Aus- und Weiterbildung qualifizierter Mitarbeiter als „Chefsache" an und fördert diese als Basis für den Erfolg des Unternehmens.

Jeder Mitarbeiter ...

- trägt Verantwortung für den Erfolg des Unternehmens am Arbeitsplatz und in seinem betrieblichen Handeln.
- ist ebenso verantwortlich für seine Aus- und Weiterbildung wie das Unternehmen.

Einige Schlagworte für den rasanten Wandel in der Druckindustrie:

- Digitalisierung, Miniaturisierung
- Internet, webbasierte Arbeitsplattformen
- Automatisierung durch Steuer- und Regeltechnik
- digitaler Workflow, (Medien-)Datenbanken
- Vernetzung, Managementsysteme
- Prozess-Steuerungen
- Zertifizierungen: Prozess-Standards, nachhaltige Produktion

AUSBILDUNG

Eine neue Ausbildungsordnung zum *Medientechnologen Druck/zur Medientechnologin Druck* löste im August 2011 die bisherige duale Berufsausbildung zum Drucker/zur Druckerin ab.
Der strukturelle Wandel, neue Anforderungen und damit entsprechende fachliche Inhalte und Kompetenzen erforderten diese Neuordnung mit einem neuen Ausbildungskonzept für die betriebliche Ausbildung und die Ausbildung in der beruflichen Schule sowie dementsprechend völlig neue Anforderungen zur Abschlussprüfung.
Über reines (Fach-)Wissen hinaus benötigen Mitarbeiter eine persönliche Motivation, ein vernetztes Denken, technologische Kompetenzen und spezifische Qualifikationen.

EIGENE MOTIVATION UND VERANTWORTUNG

Aus: Komm, ich erzähl dir eine Geschichte

„Ich kann nicht …“

Das Leben ist eine ziemlich komplizierte Angelegenheit. Kommt ganz darauf an, findet Jorge, der Dicke, in dem man erst auf den zweiten Blick den Psychotherapeuten erkennt, es gibt für alles eine Erklärung. Und schwierige Sachen erklärt man am besten – mit Geschichten.

Einer, dem das Leben bisweilen auch ziemlich kompliziert vorkommt, ist Demian. Weil der neugierige junge Mann auf viele seiner Fragen alleine keine Antwort findet, geht er zu Jorge …

Der angekettete Elefant

„Ich kann nicht“, sagte ich. „Ich kann einfach nicht.“

„Bist du sicher?“ fragte er mich.

„Ja, nichts täte ich lieber als mich vor sie hinzustellen und ihr zu sagen, was ich fühle … aber ich weiß, dass ich es nicht kann.“

Der Dicke setzte sich im Schneidersitz in einen dieser dicken fürchterlichen blauen Polstersessel in seinem Sprechzimmer. Er lächelte, sah mir in die Augen, senkte die Stimme wie immer, wenn er wollte, dass man ihm aufmerksam zuhörte, und sagte:

„Komm, ich erzähl dir eine Geschichte.“

Und ohne ein Zeichen meiner Zustimmung abzuwarten, begann er zu erzählen.

Als ich ein kleiner Junge war, war ich vollkommen vom Zirkus fasziniert, und am meisten gefielen mir die Tiere. Vor allem der Elefant hatte es mir angetan. Wie ich später erfuhr, ist er das Lieblingstier vieler Kinder. Während der Zirkusvorstellung stellte das riesige Tier sein ungeheures Gewicht, seine eindrucksvolle Größe und seine Kraft zur Schau. Nach der Vorstellung aber und auch in der Zeit bis kurz vor seinem Auftritt blieb der Elefant immer am Fuß an einem kleinen Pflock angekettet.

Der Pflock war allerdings nichts weiter als ein winziges Stück Holz, das kaum ein paar Zentimeter tief in der Erde steckte. Und obwohl die Kette mächtig und schwer war, stand für mich ganz außer Zweifel, dass ein Tier, das die Kraft hatte, einen Baum mitsamt der Wurzel auszureißen, sich mit Leichtigkeit von einem solchen Pflock befreien und fliehen konnte.

Dieses Rätsel beschäftigt mich bis heute.

Was hält ihn zurück?

Warum macht er sich nicht einfach auf und davon?

Als Sechs- oder Siebenjähriger vertraute ich noch auf die Weisheit der Erwachsenen. Also fragte ich einen Lehrer, einen Vater oder Onkel nach dem Rätsel des Elefanten. Einer erklärte mir, der Elefant mache sich nicht aus dem Staub, weil er dressiert sei.

Meine nächste Frage lag auf der Hand: „Und wenn er dressiert ist, warum muss er dann noch angekettet werden?“

Ich erinnere mich nicht, je eine schlüssige Antwort darauf bekommen zu haben. Mit der Zeit vergaß ich das Rätsel um den angeketteten Elefanten und erinnerte mich nur dann wieder daran, wenn ich auf andere Menschen traf, die sich dieselbe Frage irgendwann auch schon einmal gestellt hatten.

Vor einigen Jahren fand ich heraus, dass zu meinem Glück doch schon jemand weise genug gewesen war, die Antwort auf diese Frage zu finden:

Der Zirkuselefant flieht nicht, weil er schon seit frühester Kindheit an einen solchen Pflock gekettet ist.

Ich schloss die Augen und stellte mir den neugeborenen Elefanten am Pflock vor. Ich war mir sicher, dass er in diesem Moment schubst, zieht und schwitzt und sich zu befreien versucht. Und trotz aller Anstrengung gelingt es ihm nicht, weil dieser Pflock zu fest in der Erde steckt.

Ich stellte mir vor, dass er erschöpft einschläft und es am nächsten Tag gleich wieder probiert, und am nächsten Tag wieder, und am nächsten … Bis eines

Tages, eines für die Zukunft verhängnisvollen Tages, das Tier seine Ohnmacht akzeptiert und sich in sein Schicksal fügt.

Dieser riesige, mächtige Elefant, den wir aus dem Zirkus kennen, flieht nicht, weil der Ärmste glaubt, dass er es nicht kann.

Allzu tief hat sich die Erinnerung daran, wie ohnmächtig er sich kurz nach seiner Geburt gefühlt hat, in sein Gedächtnis eingebrannt.

Und das Schlimme dabei ist, dass er diese Erinnerung nie wieder ernsthaft hinterfragt hat.

Nie wieder hat er versucht, seine Kraft auf die Probe zu stellen.

„So ist es, Demian. Uns allen geht es ein bisschen so wie dem Zirkuselefanten: Wir bewegen uns in der Welt, als wären wir an Hunderte Pflöcke gekettet.

Wir glauben, einen Haufen von Dingen nicht zu können, weil wir sie ein einziges Mal, vor langer Zeit, damals, als wir noch klein waren, ausprobiert haben und gescheitert sind.

Wir haben uns genauso verhalten wie der Elefant, und auch in unser Gedächtnis hat sich die Botschaft eingebrannt: Ich kann das nicht und werde es niemals können.

Mit dieser Botschaft, der Botschaft, dass wir machtlos sind, sind wir groß geworden, und seitdem haben wir niemals mehr versucht, uns von unserem Pflock loszureißen.

Manchmal, wenn wir die Fußfesseln wieder spüren und mit den Ketten klirren, gerät uns der Pflock in den Blick, und wir denken: Ich kann nicht und werde es niemals können."

Jorge machte eine lange Pause. Dann rückte er ein Stück heran, setzte sich mir gegenüber auf den Boden und sprach weiter: „Genau dasselbe hast du auch erlebt, Demian. Dein Leben ist von der Erinnerung an einen Demian geprägt, den es gar nicht mehr gibt und der nicht konnte.

Der einzige Weg herauszufinden, ob du etwas kannst oder nicht, ist, es auszuprobieren, und zwar mit vollem Einsatz. Aus ganzem Herzen!"

(Quelle: Jorge Bucay, Der angekettete Elefant. Aus: ders., Komm, ich erzähl dir eine Geschichte.

LERNEN

- Wer Erfolg haben will, muss lernen wollen. Das gilt für alle Lebensbereiche.
- Die eigene Motivation ist entscheidend wichtig für den Erfolg beim Lernen. Ich als Lernender muss mich fragen: Warum und wozu will ich lernen? Wie kann ich mich noch besser motivieren? Wie kann ich besser werden?
- Persönliche Kompetenzen erfordern ein abrufbares und anwendbares Wissen. Ziel eines Lernprozesses ist es also, den Lernstoff aktiv in ein persönliches Wissen umzuwandeln und als Kompetenz in Handlungen zu integrieren.
- Nachhaltiges Lernen
  Lernen erweitert das Wissen, Können und Verstehen von Zusammenhängen und damit fachliche, methodische und soziale Kompetenzen. Motive sind Beweggründe für unser Verhalten. Nur wer den Sinn des Lernens erkannt hat und so motiviert ist, kann erfolgreich und nachhaltig lernen.

Nachhaltiges Lernen ...

- erfordert Motivation, Neugier, Freude an etwas Neuem, Lernbereitschaft, Lernfähigkeit (Lernen lernen) und Konzentration.
- ist auf Dauer angelegt, also nicht das Lernen unmittelbar vor einer Prüfung.
- hat ein konkretes Ziel und erkennt den Sinn: Warum will ich diesen Stoff lernen?
- erkennt und vernetzt Gesetzmäßigkeiten und Zusammenhänge (Lerntransfer) zwischen bekanntem und neuem Stoff.
- aktiviert systematische Denkstrategien zur Auseinandersetzung mit Schwierigkeiten.
- ermöglicht ein aktives Nutzen des Wissens bei verschiedenen Anforderungen und praktischen Anwendungen.
- fordert einen sinnvollen Wechsel von konzentriertem Arbeiten und Entspannung, von praktischen Übungen und individuellen Vertiefungen, von Einzelarbeiten und Teamarbeiten.

Elemente in einem Lernprozess:

- Glaube an die eigenen Fähigkeiten
  „Alles ist schwer, bevor es leicht wird"
  (... wenn man etwas gelernt hat und kann!)
- Lehrende planen und bereiten einen Lernprozess fachlich, gut organisiert und verständlich vor, sie beraten und fördern die Schüler und beantworten Fragen.
- Angabe der Lerneinheit und der Lernziele ggf. erfragen
- Aktive Mitarbeit durch Fragen, Mitschriften, Notizen und Visualisierungen zum Lernstoff
- Marginalien an Arbeitsblättern oder an Fachbuchtexten anfügen

- Informationen des Lernstoffes strukturieren und übersichtlich zusammenfassen
- Zuversicht, Geduld bei Schwierigkeiten: „Nur Versager geben schnell auf."
- Konkrete, erreichbare Ziele und verbindliche Termine setzen mit langfristiger und kurzfristiger Zeitplanung
- Ordnung und übersichtliche Gestaltung aller Unterlagen (Informationen auf Papier, digitale Dokumente) in eindeutig beschrifteten Ordnern
- Arbeitsplatzgestaltung: Ordnung, ausreichende Arbeitsfläche, geeignetes Arbeitsmaterial, gute Beleuchtung
- Vermeiden von Ablenkungen oder Störungen
- Erkennen und Optimieren der eigenen Lerntechnik
- Lerngruppen bzw. kleine Teams organisieren
- Fazit: Ich bin mein eigener Lernmanager und für meinen Erfolg selbst verantwortlich.

Tipps für ein effizientes Arbeiten:

- Eigene Lernziele setzen
- Die gesamte Konzentration auf nur die eine zu erledigende Aufgabe richten. Ablenkungen und Multitasking (gleichzeitiges Ausführen mehrerer Tätigkeiten) führen zu Konzentrations- und Zeitverlusten sowie zu Fehlern.
- Eine gute Arbeit muss nicht in allen Details perfekt sein. Arbeitsaufwand und Zweck der Arbeit müssen in einem sinnvollen Verhältnis stehen.
- Schwierige oder unangenehme Arbeiten sollten zu Beginn einer Arbeitsphase erledigt werden, damit anschließend mit größerer Freude weitergearbeitet werden kann.
- Eigenen Leistungsrhythmus beachten: Regelmäßige Pausen bei der Arbeit erhöhen die Leistungsfähigkeit und Konzentration.
- Realistische Arbeits- und Zeitplanung einhalten

LERNSTRATEGIE: METHODE SQ3R

Das Lernen in fünf Schritten mit dieser Methode scheint anfangs sehr aufwendig und zeitintensiv zu sein. Aber nach einigem systematischen Üben zeigt sich die gewünschte Effizienz. (Hinweis: Zu dieser Methode gibt es zur Vertiefung vielfältige Literatur und Informationen im Internet.)

Survey – Überblick gewinnen
Ersten Eindruck zu dem gesamten Text gewinnen, querlesen:

- Titel
- Vorwort, Autoren
- Inhaltsverzeichnis, Kapitel
- Stichwortregister

Question – Fragen stellen
Aktiv Fragen an den Text stellen:

- Wer? Wie? Wo? Was? Wann? Warum?
- Basis zu allen Fragen ist das eigene Wissen.
- Welche Ziele hat das Erarbeiten?
- Was weiß ich bereits?
- Was will ich wissen?
- Aktiv Fragen an einzelne Kapitel formulieren
- Konzentrationshilfe: Durch eigene Fragen sind (Teil-)Ziele für das Lernen gesteckt.
- Motivationshilfe: Durch Fragen sind eigene Lücken im Wissen zu erkennen.
- Aktive Prüfungsvorbereitung: Wer gelernt hat, Fragen zu stellen, bereitet sich umfassender auf eine Prüfung mit unterschiedlichen Aufgabenstellungen vor.

Read – Aktiv lesen
Lesen des Textes, Verarbeiten der Informationen:

- Intensives Durcharbeiten des Textes
- Text nur abschnittsweise lesen, ohne Störungen oder Ablenkungen
- Lesegeschwindigkeit dem Schwierigkeitsgrad anpassen
- Das Gelesene muss verstanden werden.
- Mit farbigen Markierungen und/oder Marginalien den Text (das Kapitel) erarbeiten: Schlüsselwörter oder Zusammenhänge (sparsam) markieren.
- „Spickzettel" anfertigen

Recite – Resümieren
Inhalt eines zusammenhängenden Bereiches oder Kapitels mit eigenen Worten wiedergeben:

- Inhalt ohne Textvorlage (ggf. mit Spickzettel) abschnittsweise rekapitulieren
- Zusammenhänge und Bedeutung erkennen
- Schriftlich mit kurzen Sätzen das erarbeitete Wissen schriftlich mit eigene Worten erfassen. Kein Auswendiglernen – entscheidend ist das Verstehen!
- Skizzen veranschaulichen einzelne Elemente, Mindmaps Vorgänge oder Zusammenhänge.

Review – Wiederholen
Gesamtüberblick gewinnen:

- Gesamten Inhalt aller Kapitel verstehen und in das eigene Wissen integrieren
- Transfer zu anderen Sach- oder Fachbereichen, Anwendungen erkennen
- Kurzvortrag, Präsentation zu den erarbeiteten Themen
- Informationen vorbereiten
- Kurzvortrag oder Präsentation zum Thema

DANK

Einen herzlichen Dank sage ich meinen Kollegen Jürgen Heuer, Walter Heitmann, Dietmar Meier, Frank Mylius und Ronald Spicks für viele Anregungen, Hinweise und aktive Beiträge.
Ich bedanke mich bei der Fogra, beim ZFA, dem BVDM und allen Unternehmen, die mir Informationen zur Verfügung gestellt und mich fachlich beraten haben.

1 UNTERNEHMEN, STRUKTUREN

Unternehmen in einem komplexen System

- Rahmenbedingungen: Anforderungen und Ansprüche an ein Unternehmen
- Unternehmen: Ziele, Verantwortungen, Einflussfaktoren, Forderungen, Prioritäten, Entscheidungen

Kunden
- Service
- Kosten
- Qualität
- Termintreue
- Vertrauen, Kommunikation
- nachhaltige Produktion

Unternehmer
- Verantwortung im Handeln
- Zielkonflikte lösen
- Präsenz im Markt
- Unternehmenswachstum
- Eigenkapitalrentabilität
- Führung, Kompetenz
- Verantwortung im Handeln
- Qualifizierung, Kompetenz der Mitarbeiter
- Marketing, Präsentation

Staat, Gesellschaft
- Steuereinnahmen
- Bruttosozialprodukt
- Gesetzestreues Handeln
- Soziale Sicherung der Mitarbeiter

Lieferanten
- Langfristige Verträge
- Lieferumfang
- Zahlungstreue

Arbeitnehmer
- Arbeitsplatzsicherheit
- Arbeitsbedingungen
- Einkommen
- Sozialleistungen
- Gute Ausbildung
- Qualifizierung

Banken, Gläubiger
- Kreditsicherheit
- Zins und Tilgung
- Langfristige Vertragsbeziehungen

Unternehmensleitung:

Verantwortungen, Forderungen, Planungen und Ziele

Gewichtungen der Interessen, Prioritäten, Entscheidungen

Unternehmensphilosophie, Unternehmensgrundsätze

Produktion, Produkte
- Produktprogramm
- Marktentwicklung
- Prozessabläufe
- Prozessoptimierungen
- Innovationen

Umweltschutz, Ökologie
- nachhaltiges Produzieren
- Einhalten von Auflagen

Tarifvertragsparteien
- Einhalten von Tarifverträgen
- Kommunikation, Bereitschaft zur Konfliktlösung

Betrieb, Organisation
- Verantwortungsbereiche, Zuständigkeiten, Abläufe
- Kommunikation
- Betriebswirtschaft
- Einkauf, Verkauf

Unternehmensziele

Wirtschaftliche Ziele

Erfolgsziele
Produktivität
Rentabilität
Kundenbindung
Optimierung der Prozesse

Leistungsziele
Kompetenz am Markt durch Kundenkommunikation, Produkte, Technologie, Qualität und Kosten (Preis)

Finanzziele
Liquidität
Vermögenssicherung
Einkommensmaximierung

Soziale Ziele
Arbeitszufriedenheit
Arbeitsplatzsicherheit
Gesundheitsschutz

Ökologische Ziele
Nachhaltigkeit, Umweltverträglichkeit bei der Beschaffung, Produktion und Entsorgung
Optimierung der Prozesse

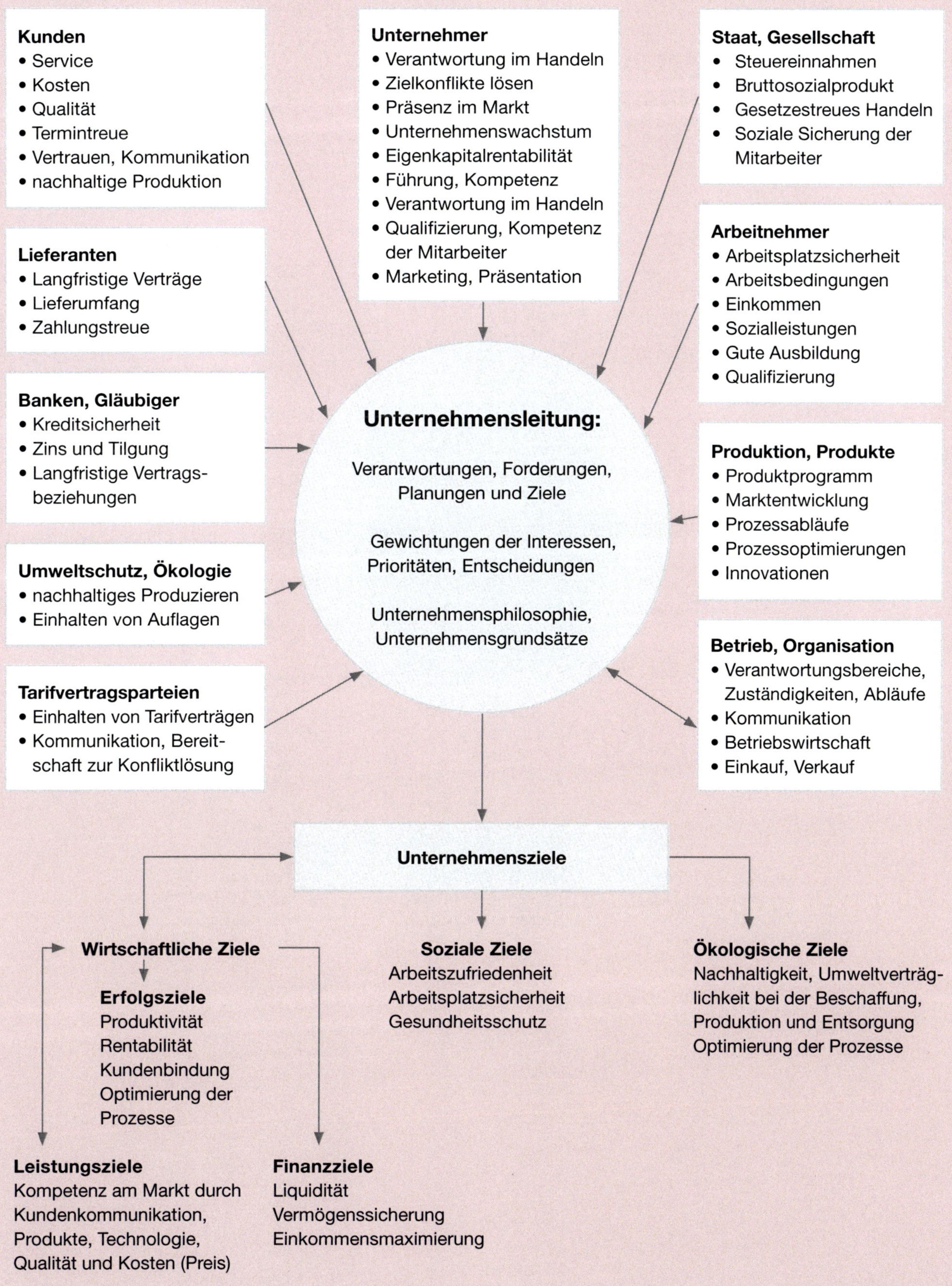

Automatisierung im Unternehmen – Vernetzung der Prozesse

Stichpunkte zu einem Druckauftrag:

- Anfrage eines Kunden für einen Druckauftrag:
  - Informationen zum Auftrag erfassen
  - Vorkalkulation erstellen
  - Angebot abgeben
- Das Angebot wird angenommen:
  - Der Druckauftrag wird erteilt.
- Manuelles Erfassen aller Auftrags- und Produktionsdaten:

Die Übersicht zeigt schematisch vereinfacht eine mögliche Situation bei einer Auftragsabwicklung ohne eine Vernetzung im Unternehmen.

- Kommunikationsmittel:
  - Papier
  - Telefon
  - Besprechungen ...

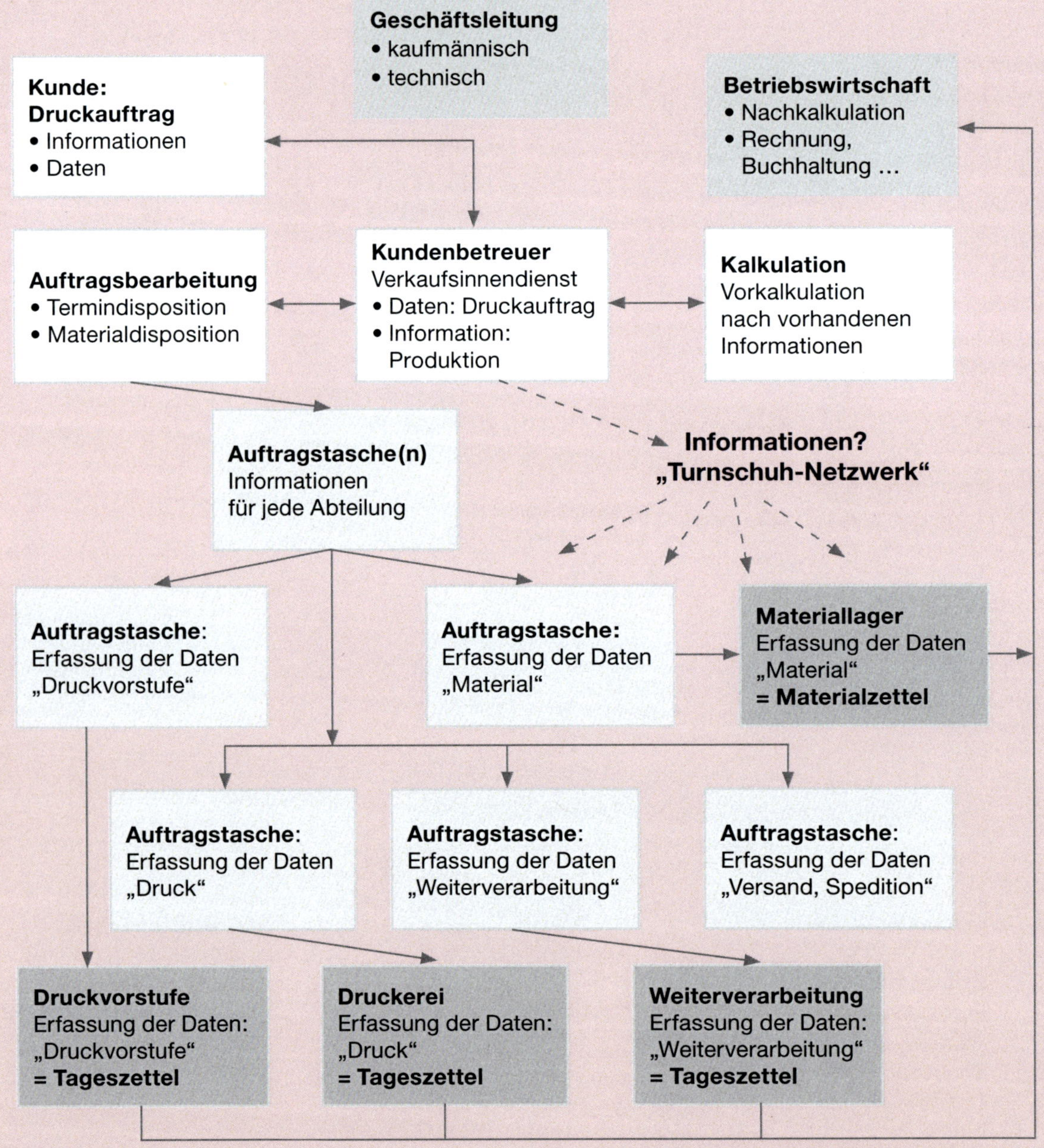

Konventioneller Ablauf eines Druckauftrages im Betrieb

Der Druckauftrag wird der Druckerei erteilt und die Produktion läuft ...

- Der Kundenbetreuer muss der ständige, kompetente Ansprechpartner für den Kunden in allen Fragen zu diesem Auftrag sein. Daher muss er ständig den genauen Überblick über die Produktion besitzen.

Druckauftrag im betrieblichen Ablauf

- Im Auftragseingang werden alle für den Auftrag bekannten Informationen erfasst und für die Produktion bearbeitet.
- Erstellt werden:
  Daten für den Druckauftrag + Informationen für die Produktion (Papier?).
- Es wird eine Auftragstasche (Papier?) für den gesamten Produktionsfluss oder auch für jede Abteilung geschrieben.
- Die Auftragstasche wird von einer zur anderen Abteilung weitergeleitet. Üblich sind auch separate Auftragstaschen für jede Abteilung.
- Jede Abteilung entnimmt aus der Auftragstasche die erforderlichen Daten für die eigenen Arbeiten und erfasst diese an seinem Druckvorstufensystem, seiner Druckmaschine und seine Druckverarbeitungsanlagen.
- Die Materialwirtschaft (Lager u.a.) stellt das benötigte Material bereit und erfasst ebenfalls das ausgegebene Material auf Materialzettel.
- Nach Abschluss der Arbeiten in den einzelnen Abteilungen werden jeweils Tageszettel (Arbeitsnachweise) bzw. Materialzettel ausgefüllt und an die Abteilung Betriebswirtschaft gegeben.
- In der Nachkalkulation werden die tatsächlich benötigten Materialien und Arbeitszeiten erfasst. Hier entscheidet sich, ob dieser Auftrag ein wirtschaftlicher Erfolg oder Misserfolg war.

Mögliche Störungen und Probleme in diesem Prozess

Nach abgeschlossener Auftragsbearbeitung und bei begonnener Produktion verlangt der Kunde Korrekturen bzw. ändert den Auftrag:

- Texte und farbiger Bilder
- Bedruckstoff (Papiertyp, Papiergewicht g/m2)
- Sonderfarbe für seine «Hausfarbe» anstelle von Prozessfarben
- Klebebindung anstelle der Fadenheftung
- Terminänderungen ...

Produktionsstörungen

- Material (Bedruckstoff, Sonderfarben, Lacke u.a.) wird nicht rechtzeitig geliefert
- Eine Störung im Druckprozess dauert 8 Stunden
- Die Trocknung der Druckbogen verläuft sehr langsam, eine Weiterverarbeitung ist erst nach einem Tag möglich.

Kunde – Kundenbetreuer

Der Kunde verlangt von seinem betrieblichen Betreuer aktuelle Informationen und die Lösung seiner Probleme sowie Antworten auf seine Fragen!

- „Sind die gewünschten Korrekturen erledigt worden?“
- „Wann liefern Sie mir einen Proof der Bilder?“
- „Wie weit ist der Auftrag in der Produktion?“
- „Können sie noch eine kleine Änderung vor dem Druck durchführen?“
- „Hat der Druck schon begonnen?“
- „Sie haben mir diesen Termin zugesagt! Wann liefern sie den Auftrag denn tatsächlich aus?“
  (Es könnte Probleme geben: „Ich mache sie verantwortlich, wenn ...“)

Vernetzte Druckerei – ein Modell

Für jeden Druckauftrag liefert der Kunde „technische Daten“ für die Produktion (Texte, Bilder, Grafiken sowie ggf. Layout, Farbvorlagen u.a.).

Der Kundenbetreuer ist der Auftragsmanager. Er erfasst den neuen Druckauftrag mit allen produktionstechnisch erforderlichen Daten digital nur einmal im Management-Informations-System (MIS).
Produktionstechnische Daten (Informationen) u.a.:

- Kundendaten (Stammdaten)
- Auftragsnummer
- Auftrags-, Produktbeschreibung
- Material
- Produktionsvorgaben

Der Kundenbetreuer ist in diesem Auftragsmanagement die zentrale Stelle für

- die Planung
- die Auftragsverfolgung und
- die Auswertung

Angebotserstellung, Auftragserteilung

- Eingabe der Produktbeschreibung in das Management-Informations-System
- Kalkulation (rechnergestützt) mit allen möglichen Produktionswegen
- Auswahl des günstigsten Produktionsweges
- automatisch erstelltes Angebot
- Kunde erteilt den Auftrag

Produktionstechnische Daten

Jeder Arbeitsplatz erhält die erforderlichen Daten und Informationen für seine Aufgaben in einer „digitalen Auftragstasche“ auf seinen Rechner.

Ständige, aktuelle Kommunikation zwischen dem Management-Workflow und Produktions-Workflow

Beispiel: MIS – Produktion in der Druckerei

Druckmaschine DM1 ruft die Daten für den nächsten Auftrag ab: digitale Auftragstasche mit Auftragsnummer, Auftrag, Kunde, Termin, Bogenformat, Auflagenhöhe …
Zusätzlich ermittelt das MIS standardisierte Voreinstellungen und stellt diese direkt über den Leitstand für das Rüsten und die Produktion zur Verfügung, z.B.

- Bogenformat: Formateinstellungen Anleger, Seitenmarke, Bogenauslage (seitliche Anschläge, Saugluft), Formateinstellung für Druckbestäubung
- Druckwerk: Druckbeistellung nach Bedruckstoffdicke, einstellen der Wendeeinrichtung bei Schön- und Widerdruck
- Farbreihenfolge
- Einfärbesystem: Funktionen Farbwerk/Feuchtwerk, Farbvoreinstellung
- Einstellungen Lackwerk, Trockner
- Messtechnik: Daten zur Qualitätssteuerung

MIS – Auftragsmanagement im Produktionsprozess

- Produktionsdaten aller an der Fertigung beteiligter Arbeitsbereiche werden in „Echtzeit“ – also jeweils aktuell – an das Management-Informations-System gemeldet. Der Kundenbetreuer ist somit immer über den tatsächlichen Sachstand informiert.
- Änderungen des Auftrages durch den Kunden stehen den einzelnen Arbeitsbereichen sofort zur Verfügung.
- Sämtliche Daten für die technische und betriebswirtschaftliche Auswertung werden ebenfalls digital erfasst, gespeichert und können eindeutig und korrekt nach Beendigung des Auftrages ausgewertet werden. Damit sind u. a. auch Analysen zum Arbeitsablauf (Maschineneinsatz, Wirtschaftlichkeit der Produktion, Optimierung von Schwachstellen) möglich.

Vernetzung erfordert ein ganzheitliches Denken und eine gemeinsame Sprache in der Kommunikation

- Entwicklung eines Kommunikationsstandards zur herstellerunabhängigen Beschreibung eines Druckauftrages und zum Informationsaustausch zwischen verschiedenen Anwendungen und Systemen:
- JDF = Job Definition Format
Herstellerunabhängiges Datenaustauschformat für die Beschreibung des gesamten Prozesses vom Auftragseingang, der technischen Fertigung, dem Auftragsausgang und betriebswirtschaftlichen Berechnungen.
- CIP3 (Print Production Format PPF) = International Cooperation for Integration of Prepress, Press and Postpress
- CIP4 = International Cooperation for the Integration of Processes in Prepress, Press and Postpress

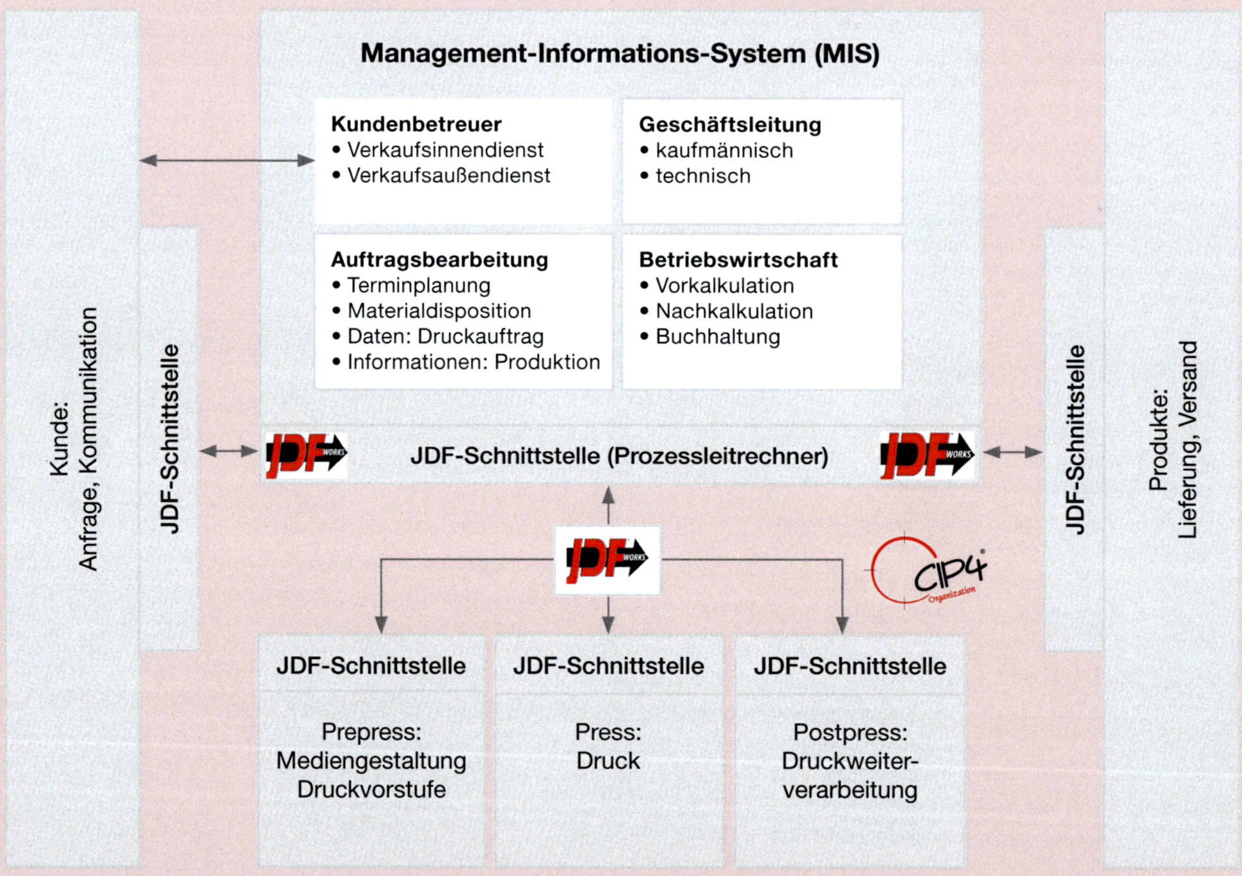

Meine Ausbildung beginnt im Betrieb

Informationen an Auszubildende

- Eine gute, vertrauensvolle Zusammenarbeit ist für Ihren Ausbildungsbetrieb ein wichtiges Ziel. Dazu gehört ein guter persönlicher Kontakt.
- Jeder Mitarbeiter des Betriebs ist für das Ansehen, das Vertrauen der Kunden und damit auch für den wirtschaftlichen Erfolg verantwortlich.
- Wichtig ist neben zu erwerbenden fachlichen Kompetenzen Ihre Lernbereitschaft.
- Alle Aufträge der Kunden in dem Betrieb laufen durch verschiedene Abteilungen. Jeder Einzelne ist somit an seinem Arbeitsplatz ein wichtiger Teil dieses Produktionsprozesses.
- Fragen Sie, wenn Ihnen etwas unklar ist oder wenn Sie Hilfe bei betrieblichen Aufgaben benötigen. Nur so kann Ihr Ausbilder Ihnen helfen und Sie lernen dazu.
- Informationen, Aufgaben und Übungen aus diesem Arbeitsbuch besprechen Sie mit Ihrer Ausbilderin bzw. Ihrem Ausbilder sowie den Berufsschullehrern.
- Legen Sie sich selbst eine Lerndokumentation an, in dem Sie alle Unterlagen und Arbeitsmuster sachlich und in zeitlicher Reihenfolge abheften. Die Lerndokumentation und die zugehörigen Mappen mit Arbeitsmustern dokumentieren Ihren Lernfortschritt und das Erreichen der Bildungsziele in jedem Ausbildungsjahr sowie Ihre Eigenverantwortung. Entscheidend für eine erfolgreiche Ausbildung und Freude am Beruf ist Ihre Bereitschaft und der Wille zum Lernen.
- Zu Beginn ist es wichtig für Sie, Ihren neuen Arbeitsplatz, Ihren Produktionsbereich und die gesamten Prozesse bei der Fertigung unserer Produkte sowie die organisatorische Struktur und das Umfeld unseres Betriebes kennenzulernen.
- Dazu gehören:
  - allgemeine Informationen zu Ihrem Ausbildungsbetrieb,
  - Produktionsbereiche und wichtige Produkte,
  - Organisation und Abteilungen sowie
  - Verantwortliche im Betrieb.

Ihre ersten Aufgaben im Betrieb:

- Bitte lesen und beachten Sie danach die folgenden Informationen.
- Fragen Sie nach, wenn Ihnen etwas unklar ist. Sie können nicht alles bereits wissen!
- Machen Sie sich dazu sofort konkrete Notizen in Ihren Dokumentationsunterlagen oder tragen diese Angaben direkt in die freien Felder ein!

Ihr Ausbilder wird Ihnen den betrieblichen Ausbildungsplan aushändigen und erläutern. Wichtig ist ein kurzer Rundgang durch den Betrieb.

1 Wichtige Informationen zu meinem Betrieb

Bearbeiten Sie die Informationen zu Ihrem Betrieb. Ergänzen Sie die entsprechenden Angaben bzw. beschreiben Sie Aufgaben oder Handlungen:

a) Name des Unternehmens/Betriebes

____

b) Anschrift mit Telefon, Internet und Mail

____

____

____

____

____

____

c) Rechtsform des Unternehmens

____

d) Anzahl aller Mitarbeiter

____

e) Anzahl der Auszubildenden in den einzelnen Ausbildungsberufen

____

____

____

____

____

f) Das Unternehmen ist im Internet zu finden unter:

www. ______________________________

g) Welche Informationen finden Sie auf der Homepage?

h) Produktionsbereiche und wichtigste Produkte:

i) Abteilungen in meinem Betrieb und die jeweils zuständigen Abteilungsleiter:

j) Kurze Angaben zur technischen Ausstattung in der

Druckvorstufe:

Druckerei:

Druckverarbeitung:

Sonstige betriebliche Bereiche:

k) Mein Arbeitsplatz ist …

l) Arbeitszeiten, Pausen

m) Unterricht in der beruflichen Schule (Tag, Zeiten)

2 Unternehmen – Betrieb

a) Wichtige Personen und Telefonnummern

Mein Vorgesetzter:

Personalleitung:

Mobiltelefon für Notfälle:

b) Wer ist zuständig für mich?

Abteilungsleiter:

Stellvertreter:

Ausbilder:

Und sonst …

c) Wer wird derzeit noch ausgebildet?
(Name, Ausbildungsberuf, Ausbildungsjahr)

d) Wo finde ich im Betrieb Anschlagbretter für allgemeine und betriebliche Informationen?

e) Im gesamten Betrieb und am Arbeitsplatz hängen einige Schilder mit Hinweisen. Was bedeuten diese verschiedenen Schilder?
Skizzieren Sie drei der Schilder farbig und geben Sie dazu an, was die dargestellte Information jeweils konkret bedeutet.

3 Meine Rechte und Pflichten im Betrieb

Tragen Sie hier wichtige Rechte und auch Pflichten ein. Informationen dazu finden Sie in Ihrem Ausbildungsvertrag.

Für Lösung bitte separates Blatt verwenden!

4 Informationspflicht bei Krankheit oder Unfall

Wenn ich wegen Krankheit oder eines Unfalls nicht oder nicht rechtzeitig an meinem Ausbildungsplatz erscheinen kann, muss ich unverzüglich bzw. so früh wie möglich den Ausbilder, Abteilungsleiter oder die Personalleitung telefonisch informieren.

Unfall im Betrieb
Informieren Sie bei einem Unfall im Betrieb **sofort** einen Vorgesetzten oder eine andere für Sie zuständige Person!

a) Unfall – was muss ich außerdem tun?
Tragen Sie hier wichtige grundsätzliche und betriebsinterne Hinweise ein!

b) Wer kann **Erste Hilfe** leisten?

Wie und wo ist der Ersthelfer zu erreichen?

c) Telefonnummern bei einem Notfall

Zentrale im Betrieb:

Betriebssanitäter:

Feuerwehr:

Ambulanz:

Polizei:

Toxikologisches Institut:

...:

d) Unfallärzte
Tragen Sie hier den Namen, die Anschrift und die Telefonnummer ein.

e) Krankentransport

Organisation, Unternehmen:

Telefon:

5 Sicherheit im Betrieb

Informationen zu besonderen Sicherheitseinrichtungen, Feuerlöscher, Tragbahren o. Ä.

a) Arbeitsplatz
Skizzieren Sie Ihren Arbeitsbereich schematisch vereinfacht und tragen Sie darin ein:
- Sicherheitswege
- Standort eines Feuerlöschers
- Standort für einen „Erste-Hilfe-Kasten"

Für Lösung bitte separates Blatt verwenden!

b) Betrieb
Informieren Sie sich und tragen Sie hier Ihre Informationen jeweils ein:

Feuer – was muss ich tun?

Alarmorganisation im Betrieb, Signale:

Notausgänge:

Sammelplatz außerhalb des Betriebs:

Feuerlöscher, Standort im Betrieb:

Handhabung der Feuerlöscher:

Tragbahre (Standort):

c) Sonstige wichtige Hinweise zur Sicherheit

6 Betriebsordnung

In der Betriebsordnung sind die Pflichten der Arbeitnehmer und teilweise auch die Arbeitsbedingungen in einem Betrieb festgelegt.

a) Lesen Sie die Betriebsordnung! Wo liegt diese aus?

____

b) Tragen Sie hier das Datum ein, wann Sie diese Information gelesen haben.

____

c) Weitere Hinweise und Informationen:

____

____

____

7 Drucken – eine bedeutende Kulturtechnik

„Das renommierte amerikanische Magazin ‚Time life' kürte Gutenbergs Erfindung 1997 zur bedeutendsten Entdeckung des vergangenen Jahrtausends." (Info: Gutenberg-Museum Mainz)
Erläutern Sie, warum die Erfindung Gutenbergs diese herausragende Anerkennung gefunden hat.

____

____

____

____

8 Unternehmen, Betriebe

Für das Funktionieren eines Betriebes sind organisatorische Strukturen erforderlich.

a) Beschreiben Sie dazu in einer grafischen Übersicht am Beispiel einer Druckerei mit 50 Beschäftigten eine solche Struktur (Aufbauorganisation).

b) Stellen Sie grafisch ein Liniensystem dar und beschreiben Sie die typischen Merkmale (Kompetenzen, Aufgabenverteilung, Informationsfluss).

Für Lösung bitte separates Blatt verwenden! 

9 Unternehmen, Betriebe

Im Betrieb gibt es für bestimmte Aufgabenbereiche und Kompetenzen konkrete Stellenbeschreibungen.

a) Nennen Sie drei Angaben, die eine solche Stellenbeschreibung allgemein aufweisen muss.

____

____

____

b) Beschreiben Sie die Stelle Ihres Ausbilders.

____

____

____

c) Beschreiben Sie Ihre eigene Stelle.

____

____

____

10 Unternehmen, Betriebe

Um rationell und wirtschaftlich produzieren zu können, müssen Arbeitsabläufe im Betrieb systematisch geordnet ablaufen. Nennen Sie drei Ziele der Ablauforganisation und beschreiben Sie diese an Beispielen.

Für Lösung bitte separates Blatt verwenden! 

11 Unternehmen, Betriebe

Ein Arbeitsablauf ist das räumliche und zeitliche Zusammenwirken von Mitarbeitern und Betriebsmitteln, um eine Arbeitsaufgabe zu planen und sachgerecht auszuführen. Die Ablauforganisation wird vielfach in einem Flussdiagramm dargestellt.
Erstellen Sie ein prinzipielles (vereinfachtes) Flussdiagramm für das Rüsten einer Druckmaschine und den Auflagendruck. Inhalte dazu u.a.: Druckplatten in Druckmaschine – Auftragstasche – Stand – Farbgebung – Passer – Soll-Ist-Vergleich – abgezeichneter Druckbogen (Sollvorgabe) – gemessene Daten innerhalb der Toleranz: Ja/Nein – Einstellung optimieren – Auftrag ausgedruckt

Für Lösung bitte separates Blatt verwenden! 

12 Aufbauorganisation

Die Aufbauorganisation befasst sich mit der Untergliederung des Unternehmens in hierarchische Strukturen. Dazu gibt es verschiedene Organisationsstrukturen.

a) Tragen Sie in die Grafik exemplarisch eine mögliche Organisation eines kleinen Betriebes ein.

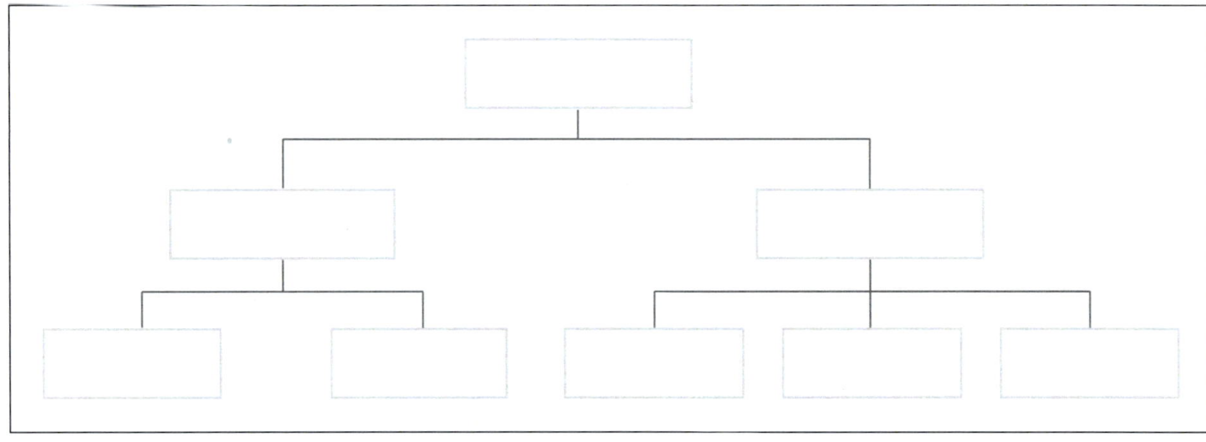

b) Erklären Sie, was die Bezeichnung „hierarchisch" bedeutet.

___

___

13 Ablauforganisation

Die Ablauforganisation plant, gestaltet und steuert Arbeitsabläufe. Jeder Prozess hat darin einen eindeutigen Startpunkt (Beginn) und einen geplanten Abschluss.
Tragen Sie beispielhaft für einen Druckauftrag entsprechende Teilprozesse ein.

14 Präsentation Ihres Betriebes

Präsentieren Sie in der Berufsschule Ihrer Klasse den eigenen Betrieb. Gehen Sie dabei u. a. ein auf

- die Rechtsform,
- die Organisationsstruktur (grundlegende Information: Leitung, Abteilungen),
- die Mitarbeiterzahl,
- den Produktionsbereich, die Produkte und
- die Produktionstechnologien.

Hinweise:

- schriftliche Vorbereitung (Skript, Übersicht!)
- Zeit der Präsentation: 10 Minuten
- Referat: PowerPoint-Vortrag
- Muster aus dem Produktionsprogramm des Unternehmens sind zur Anschauung mitzubringen.
- „Hörer" können nach dem Referat Fragen zu dem Betrieb stellen.

Für Lösung bitte separates Blatt verwenden! 

15 Printmedien im Wettbewerb mit digitalen Medien

Beurteilen Sie Bedeutung, Chancen und Möglichkeiten der Printmedien in der Zukunft an folgenden Beispielen (Produkte/Produktbereiche).
Berücksichtigen Sie dabei verschiedene Zielgruppen.

a) Illustrierte

b) Technische Dokumentation

c) Verpackungen

d) Kochbuch

e) Kriminalroman

f) Tageszeitung

g) Fachbuch

h) Studienbuch: Griechische Geschichte

i) Werbung (Flyer) für einen Elektronik-Discounter als Zeitungsbeilage

16 Printmedien und digitale Medien – Stichpunkte zur Diskussion

Bereiten Sie sich auf eine Diskussion zu dem genannten Themenbereich vor. Verwenden Sie diese und weitere Argumente. Sammeln Sie dazu konkrete Inhalte in Stichpunkten.

Vorteile der Printmedien

- Ästhetik
- Haptik
- Ökonomie des Lesen
- Zugriffszeit
- Werbung, Marketing
- Nachhaltigkeit, eigene Bibliothek
- Qualität
- u. a. (erweitern Sie …)

Vorteile digitaler Medien

- Geschwindigkeit
- Aktualität
- Kosten
- Zugriffszeit
- Geschwindigkeit in der Informationsübermittlung
- sehr große Auswahlmöglichkeiten
- geografische Distanzen ohne Bedeutung
- interaktives Kommunizieren, Videokonferenzen
- u. a. (erweitern Sie mögliche Vorteile …)

Für Lösung bitte separates Blatt verwenden! 

17 Printmedien – digitale Medien

Vergleichen Sie in der folgenden Übersicht je zwei von Ihnen ausgewählte Printmedien und digitale Medien.

	Printmedien	Digitalmedien
Produkte: Einsatzbereiche, Anwendungen		
typische Vorteile, Hinweise		
Entwicklungen		

18 Druckindustrie – Chancen in der Zukunft?

Meinungen, Tendenzen:

1. Die Druckindustrie ist in der heutigen Zeit der digitalen Medien ein Auslaufmodell.
2. Die Zahl der Betriebe und der Beschäftigten in der Druckindustrie sinkt stetig.
3. Die Produktivität der Druckmaschinensysteme steigt um etwa 3 % pro Jahr.
4. Die Chance, dass sich Unternehmen multimedial aufstellen, wurde vertan.
5. Gedruckt wird immer!
6. Durch eine gute Qualität, hohe Produktivität und vor allem einen Nutzen für den Anwender haben Produkte der Printmedien auch in Zukunft ihre Bedeutung
7. Aus Gründen des Umweltschutzes sollte auf Printmedien weitgehend verzichtet werden.

a) Welche der Meinungen bzw. Tendenzen sind aus Ihrer Sicht richtig?

____

b) Welche der Meinungen bzw. Tendenzen sind aus Ihrer Sicht – so pauschal betrachtet – nicht richtig?

____

c) Welche Trends sind sicher oder zu erwarten?

____

d) Wo liegt der ökonomische Erfolg?

____

19 Medien im Wettbewerb

Die Druckindustrie steht in einem starken Wettbewerb mit digitalen (internetbasierten, elektronischen) Medien. Beurteilen Sie Entwicklungen im Wettbewerb. Vergleichen Sie dazu jeweils ein gedrucktes Produkt (a bis h) mit einem „Konkurrenten" aus dem Bereich digitaler Medien. Für Ihren Vergleich ist eine kurzgefasste Angabe mit wesentlichen Informationen ausreichend.

a) Tageszeitung

____

____

____

b) Prospekte, z. B. Auto, Mode, aktuelle Angebote beim Discounter, Lebensmittel-, Elektronikmarkt

____

____

____

c) Illustrierte, z. B. Spiegel, Focus, Das Haus, Brigitte, Frau im Spiegel, Schöner wohnen

____

____

____

d) Fachzeitschriften, z. B. Deutscher Drucker, Druckmarkt, Druckspiegel, Auto-Motor-Sport, Modellflug

____

____

____

e) Kataloge, z. B. Versandhaus, Reise, Elektronik und Computer

____

____

____

f) Bücher, z. B. Romane, Bildbände, Fotobücher, „Mein erstes Bilderbuch", „Harry Potter"

____

____

____

g) Sach-, Fachbücher, z. B. ProzessStandard Offsetdruck, Mediendesign, Praktische Typografie, Druck- und Medientechnik, Fachwörterbuch für Digital- und Printmedien, Duden „Die deutsche Rechtschreibung"

____

____

____

h) Technische Dokumentationen, z. B. Bedienung und Wartung der RO XL (Druckmaschine), Pflichtenheft, Installations-, Service- und Montageanleitung, Instandhaltungs-Dokumentation, Sicherheitsdatenblatt

____

____

____

20 Präsentation: Papierauswahl

Je nach Kundenwünschen und geplantem Produkt (Art, Auflage, Verteilung bzw. Versand u. a.) gelten für die Kundenberatung unterschiedliche Faktoren zur Auswahl geeigneter Papiere.

Zielgruppe: Klasse in der beruflichen Schule
Erarbeiten Sie eine Präsentation zum Thema Papierauswahl. Die Präsentation soll mindestens 16 Folien umfassen. Erstellen Sie dazu ein Scribble zu den einzelnen Folien mit dem vorgesehenen Text und danach eine Präsentation (z. B. PowerPoint).
Folgende Aspekte sind zu berücksichtigen:

- ästhetisch-gestalterische Entscheidung
- Papier und Lesbarkeit
- Ausstattung (Papier in verschiedenen Ausführungen)
- produktionstechnische Entscheidung
- Bedruckbarkeit
- Veredelung
- Nachhaltigkeit
- Kosten

Erörtern Sie die Aufgabenstellung in der Gruppe!

21 Verkaufsinnendienst

Der Verkaufsinnendienst erstellt lückenlose und fehlerfreie Arbeitsunterlagen, legt die optimale Ausführung des Auftrages fest, berechnet die günstigsten Kosten (bei vertretbarer Arbeitsbelastung von Mensch und Betriebsmittel) und sorgt für die Materialbereitstellung.

a) Welche Aufgaben und Verwendungszwecke hat die Kalkulation? (Geben Sie dazu fünf Faktoren an.)

b) Erstellen Sie den Kopf einer Auftragstasche mit allen kunden- und auftragsbezogenen Informationen.

c) Fehler bei der Kalkulation können einen erheblichen wirtschaftlichen Schaden verursachen, d. h., der Auftrag wird mit einem Verlust abgerechnet. Nennen Sie fünf mögliche Fehler beim Kalkulieren.

Für Lösung bitte separates Blatt verwenden!

22 Sechs-Stufen-Modell: Produktionsablauf

Der Verkaufsaußendienst hat mit der Stadtverwaltung Dortmund einen konkreten Druckauftrag vereinbart (dazu sind das Briefing und die Auftragsdaten erfasst). Die Stadtverwaltung wünscht ein Angebot zu diesem Auftrag. Der Kunde ist mit dem erstellten Angebot zufrieden und erteilt den Druckauftrag.

a) Skizzieren Sie das Sechs-Stufen-Modell. Setzen Sie zusätzlich an den richtigen Stellen die folgenden Angaben ein: Auftragsanalyse, Auftragsauswertung, Auftragsproduktion, Qualitätssteuerung und -kontrolle und Auftragsfreigabe.

b) Beschreiben Sie dazu kurz, was in diesen einzelnen Prozessstufen (Auftrag) geschieht.

Für Lösung bitte separates Blatt verwenden! 

23 Prozessablauf – Sechs-Stufen-Modell der vollständigen Handlung

Die Sechs-Stufen-Modell zeigt einen systematischen Prozessablauf, der ein kompetentes, umfassendes Handeln aufzeigt. Der so ganzheitlich erarbeitete Ablauf ist für unterschiedlichste Aufgabenstellungen einzusetzen. Das Modell fördert und fordert ein planendes, kreatives Denken und umfassendes Beobachten im Detail.

a) Ergänzen Sie die fehlenden Stufen zu den Ziffern 2., 3. und 6.

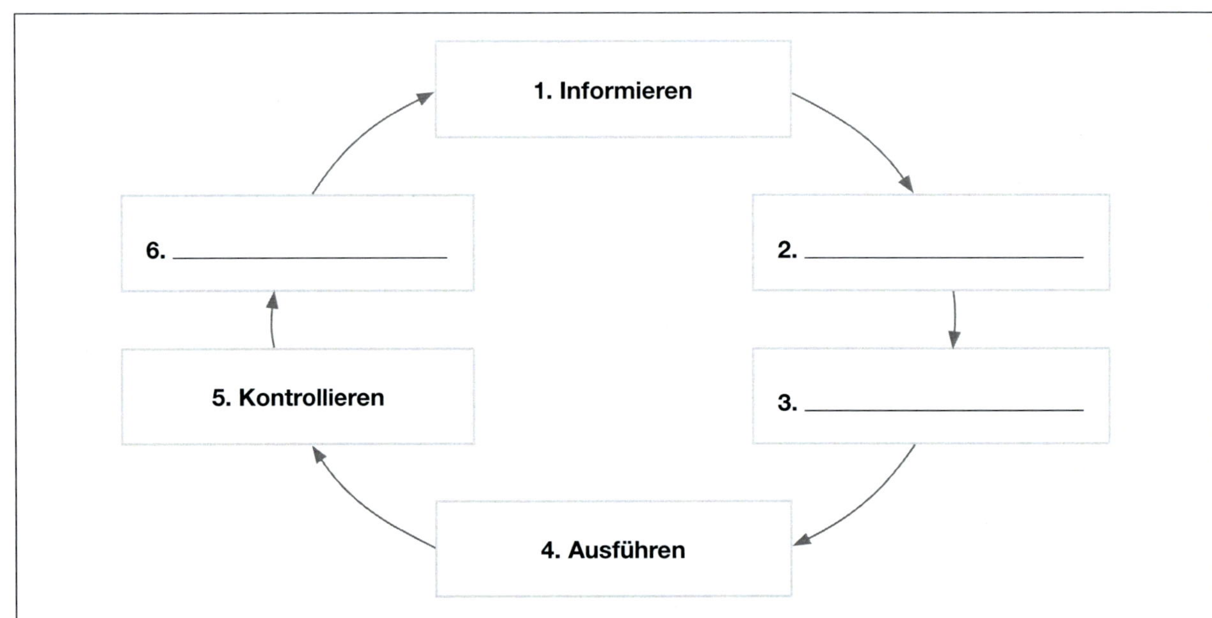

b) Welchen Sinn macht es, einen Ablauf (eine Arbeit, eine Aufgabe, ein Projekt u. a.) nach dieser Sechs-Stufen-Methode systematisch zu erarbeiten und durchzuführen?

c) Beschreiben Sie beispielhaft für einen Druckauftrag, was zu den einzelnen Stufen erarbeitet bzw. was getan wird.

Für Lösung bitte separates Blatt verwenden! 

24 Kostenrechnung

Eine einfache Zuschlagskalkulation hat grundsätzlich einen überschaubaren Aufbau:

- Materialkosten
  = Materialeinzelkosten + Materialgemeinkosten
- Fertigungskosten
  = Fertigungseinzelkosten + Fertigungsgemeinkosten
- Herstellungskosten
  = Materialkosten + Fertigungskosten

\+ Verwaltungs- und Vertriebskosten (VV-Kosten)
\+ Gewinnzuschlag
= Nettokosten
\+ Mehrwertsteuer
= Bruttokosten (Endpreis)

a) Beschreiben Sie kurz, welche Qualifikationen Mitarbeiter im Verkaufsinnendienst (Kalkulation u. a.) haben müssen.

____

____

____

____

b) Erklären Sie an einem Beispiel, was Einzelkosten und was Gemeinkosten sind.

____

____

____

____

____

c) Beispiel zum Material: Was sind Materialgemeinkosten und wie können diese grundsätzlich ermittelt werden?

____

____

____

____

d) Wie viel Prozent Mehrwertsteuer ist bei Druckerzeugnissen einzusetzen?

____

e) Nennen Sie Gründe, warum es Differenzen zwischen den in der Vorkalkulation ermittelten Nettokosten und dem Angebot (Angebotskosten) geben kann.

____

____

____

25 Kostenrechnung: Platzkosten

Um die gesamten Kosten eines Arbeitsplatzes (Kostenstelle) zu ermitteln, wird eine Platzkostenrechnung durchgeführt. Prinzipiell sind dazu zwei Datenmengen zu ermitteln:

- Arbeitsplatzkosten pro Jahr
  (Löhne, gesetzliche und freiwillige Sozialkosten, Energie, Raummiete, Heizung, kalkulatorische Abschreibung, kalkulatorische Zinsen, Fremdinstandhaltung u.v.a.)
- Fertigungszeiten
  Kapazität (Beschäftigungsgrad) und Kapazitätsauslastung (Nutzungsgrad) pro Jahr

Der kalkulatorische Stundensatz ist damit zu ermitteln.

Platzkosten =

$$\frac{\text{Arbeitsplatzkosten (€/Jahr)}}{\text{Fertigungsstunden (h/Jahr)}} = \text{€/h}$$

a) Berechnen Sie den Stundensatz einer Druckmaschine nach folgenden Daten:

Arbeitsplatzkosten	310 000 €
Fertigungsstunden	1 420 h

____

____

____

b) Ein Auszubildender fragt Sie, warum der Stundensatz so hoch ist, obwohl ein guter Medientechnologe Druck einen Stundenlohn von nur 18 € erhält. Erläutern Sie die Zusammenhänge.

____

____

____

____

26 Gewinn oder Verlust

In der Nachkalkulation werden deutliche Abweichungen zur Vorkalkulation (Angebot an den Kunden) festgestellt. Nennen Sie je zwei Abweichungsursachen zu …

a) Verlusten, die durch den Verkaufsaußendienst bzw. den Verkaufsleiter mit dem Angebot an den Kunden verursacht wurden.

b) Verlusten, die durch den Verkaufsinnendienst verursacht wurden.

c) Verlusten bei der Produktion.

d) Verlusten durch Material.

27 Technische Fachbegriffe

Erläutern Sie kurz die folgenden Fachbegriffe:

a) Digitale Auftragstasche

b) Druckvorstufe

c) Jobticket (in der digitalen Druckvorstufe)

d) Klebebindung

e) Know-how

f) Nutzen

g) Proof

h) Rohbogenformat

i) Rückendrahthefung

j) Verteiltes Drucken

k) Zuschuss

28 Auftragstasche

Die Produkte vieler Druckereien sind extrem vielfältig. Fast jeder Auftrag erfordert daher unterschiedliche Informations- und Materialströme im Fertigungsprozess. Der Kunde „FDI – Führungskräfte der Druckindustrie e.V.“, Sulzbachstraße 14, 66111 Saarbrücken, bestellt 2000 Broschüren.

Titel:	Medienforum 2014
Umfang:	4 S. Umschlag, 32 S. Innenteil
Format:	21 cm × 14,8 cm
Format offen:	42 cm × 14,8 cm
Farben:	4c
Daten:	druckreife PDF-Seiten, farbverbindliche Proofs
Papier Umschlag:	Profimatt 250 g/m^2 Lagerformat 88 cm × 63 cm Druckformat 44 cm × 31,5 cm
Papier Innenteil:	Profimatt 115 g/m^2 Lagerformat 86 cm × 61 cm Druckformat 86 cm × 61 cm

Rückendrahtheftung mit zwei Klammern
Verpacken in Kartons
Liefertermin: 19.11.2014

a) Stellen Sie alle benötigten Daten für die gesamte Produktion in Form einer Auftragstasche (tabellarisch) zusammen (Angaben u. a.: Verkaufsinnendienst, Kunde, Druckvorstufe, Druck, Druckverarbeitung, Material, Qualitätskontrolle, Lieferung).

b) Wie viele Druckbogen werden für den Umschlag und für den Innenteil benötigt?

c) Welche Laufrichtung ist als Lagerformat erforderlich?

Für Lösung bitte separates Blatt verwenden! 

29 Markenpiraterie

Markenpiraterie ist zu einer sehr stark wachsenden wirtschaftlichen Bedrohung in vielen Branchen geworden. Durch Fälschungen und Missbrauch entstehen den Unternehmen erhebliche Verluste. Für den Verbraucher werden Unterscheidungen zwischen echt und falsch immer schwieriger.
Mit welchen Möglichkeiten bieten Druckereien, z. B. bei Faltschachteln, dem Kunden Sicherheitselemente gegen Markenpiraterie an?

30 Unternehmen, Betriebe

Sie planen, sich mit einer kleinen Digitaldruckerei und einem Mitarbeiter selbstständig zu machen.

a) Erstellen Sie eine grundlegende Checkliste zu Ihrem gesamten Bedarf.

b) Gestalten Sie einen grundlegenden Geschäftsplan (Geschäftsidee, Produktionsbereiche, Kundengewinnung, Standort, Möglichkeiten zu einem wirtschaftlichen Erfolg).

c) Sie werben in einer regionalen Tageszeitung und im Internet zur Eröffnung Ihrer Druckerei. Welche wesentlichen Informationen sollten diese beiden Werbemaßnahmen enthalten?

Für Lösung bitte separates Blatt verwenden! 

31 Produktionsablauf

In Ihrem Unternehmen werden Tageszeitungen produziert. Sie sollen einer interessierten Schülergruppe aus der 8. Klasse den technischen Produktionsablauf vom Eingang der druckfertigen Daten (je eine Seite/Farbe) an erläutern.
Dazu erstellen Sie für jeden Besucher eine Handreichung (Handout) mit den wesentlichen Produktionsbereichen und deren Aufgaben im Arbeitsablauf im Sinne einer nachhaltigen Information.

Erstellen Sie eine Präsentation der Produktion der Tageszeitung sowie eine übersichtliche Handreichung für die Schüler.

Inhalt der Handreichung:
Einzelne Produktionsbereiche mit jeweils erläuternden Angaben (Aufgabe des Bereiches, Arbeitsablauf/Fertigungsprozess, Produkt).

- Druckformherstellung (Dateneingang am Server bis zu produktionsfertigen Druckplatten und deren Anlieferung an die Druckmaschine)
- Papierrollenlager
- Druckmaschine und Produktion (Druckverfahren, Druckprozess 4c, prinzipieller Ablauf vom Druck bis zum Falzprodukt)
- Versandraum

Für Lösung bitte separates Blatt verwenden! 

32 Produktionsablauf

In Ihrem Unternehmen werden flexible Verpackungen im Flexodruck produziert. Sie sollen einer interessierten Schülergruppe aus der 8. Klasse den technischen Produktionsablauf vom Eingang der Druckformen an erläutern.
Dazu erstellen Sie für jeden Besucher eine Handreichung (Handout) mit den wesentlichen Aufgaben im Arbeitsablauf zu einer nachhaltigen Information.

Erstellen Sie eine Präsentation der Produktion der Verpackung (Druck auf Kunststofffolie) sowie eine übersichtliche Handreichung für die Schüler.

Inhalte der Handreichung:
- einzelne Aufgaben des Medientechnologen Druck mit jeweils kurzen erläuternden Angaben
- Inhalte dazu u. a.: Rüsten – Qualitätsanforderungen – Druckfarbe – Prozessablauf: Steuerung, Regelung – Soll-Ist-Vergleich – Qualitätskontrollen – Trocknung – Rollenwechsel

Für Lösung bitte separates Blatt verwenden! 

33 Produktionsablauf

Um das technisch vernetzte Zusammenwirken zwischen den einzelnen Produktionsbereichen zu verstehen und dadurch eine reibungslose, wirtschaftliche Produktion zu ermöglichen, ist ein „Blick über den Zaun“ (also den eigenen Arbeitsbereich) eine wichtige Voraussetzung. Jeder Mitarbeiter ist ein Teil des Gesamtsystems und trägt einen Teil zum wirtschaftlichen Erfolg des Unternehmens bei!
Jeder Mitarbeiter muss daher den Arbeitsablauf (Workflow) in seinem Unternehmen und insbesondere die Produktionsbedingungen seiner vor- und nachgelagerten Arbeitsbereiche kennen.

a) Stellen Sie in einem Blockdiagramm einen Arbeitsablauf von vorhandenen digitalen Texten, Bildern und Grafiken bis zur Ausgabe für den Druck mit dem Titel „Von Text- und Bildvorlagen über digitale Druckformherstellung zum Offsetdruck und Digitaldruck“ systematisch zusammen. Berücksichtigen Sie alle Prozessstufen und heute eingesetzten Systeme der Ausgabe.

b) Beschreiben Sie kurz die wichtigsten Möglichkeiten der Ausgabe in ihrer grundsätzlichen Technik.

Für Lösung bitte separates Blatt verwenden! 

34 Arbeitssystem – Leistung

Bei der wirtschaftlichen Betrachtung eines Arbeitssystems (Arbeitsplatzes) wird vielfach nur über die kostenintensive Maschine gesprochen. Die Leistungsfähigkeit des gesamten Systems ist jedoch von Leistungsfähigkeit und Leistungsbereitschaft jedes einzelnen Mitarbeiters abhängig.
Erläutern Sie an Beispielen, welche Bedeutung die Grundeinstellung und Motivation der Mitarbeiter für den betrieblichen Erfolg hat.

Für Lösung bitte separates Blatt verwenden! 

35 Ergonomie

Die Ergonomie befasst sich mit der Arbeitsplatzgestaltung, den Arbeitsbedingungen und der optimalen Anpassung an den arbeitenden Menschen.

a) Die Leistungsfähigkeit der Mitarbeiter wird durch Bedingungen am Arbeitsplatz beeinflusst.
Nennen Sie fünf Beispiele, die ihre Arbeitsleistung verringern könnte.

____

____

____

____

b) Jeder Arbeitsplatz sollte möglichst optimal ergonomisch gestaltet sein. Beschreiben Sie Arbeitsbedingungen der Mitarbeiter, die bei der Gestaltung von vier verschiedenen Arbeitsplätzen zu berücksichtigen sind.

Verkaufsinnendienst und Buchhaltung: ______________________________

____

____

Druckvorstufe: ______________________________

____

____

Druckerei: ______________________________

____

____

Druckverarbeitung: ______________________________

____

____

36 Glossar (1)

Sie haben die Aufgabe, mit Ihrem Team Fachbegriffe aus dem Themenfeld „Unternehmen, Betriebe, Strukturen, Produktion und Arbeitsabläufe“ für ein kleines Glossar zu erläutern.
Erfassen Sie Ihre Ergebnisse digital:

Programm:	Word oder InDesign
Format:	DIN A4
Satzspiegel:	16 cm × 25 cm, zweispaltig
Schrift:	serifenlose Schrift, 9 pt, ZAB 12 pt Auszeichnung für den Begriff: fett
Arbeitszeit:	interne Vorgabe

Zu bearbeitende Begriffe (hier jeweils als Manuskript und danach digital erfassen):

- Aufbauorganisation
- Balkendiagramm
- Betriebsabrechnung: Kostenarten
- Break-even-Point
- Datenschutz: allgemein und persönlich
- Einzelkosten
- Just-in-Time-Produktion
- Management: Institution und Aufgaben
- Marketing
- Organigramm
- pt
- Unternehmensziele: wirtschaftliche Ziele
- Verkaufsinnendienst
- Zuschlagskalkulation

Für Lösung bitte separates Blatt verwenden! 

37 Glossar (2)

Sie haben die Aufgabe, mit Ihrem Team Fachbegriffe aus dem Themenfeld „Unternehmen, Betriebe, Strukturen, Produktion und Arbeitsabläufe“ für ein kleines Glossar zu erläutern.
Erfassen Sie Ihre Ergebnisse digital:

Programm:	Word oder InDesign
Format:	DIN A4
Satzspiegel:	16 cm × 25 cm, zweispaltig
Schrift:	serifenlose Schrift, 9 pt, ZAB 12 pt Auszeichnung für den Begriff: fett
Arbeitszeit:	interne Vorgabe

Zu bearbeitende Begriffe (hier jeweils als Manuskript und danach digital erfassen):

- Ablauforganisation
- Analyse
- Business Management
- Datensicherheit im Betrieb
- Direct Marketing
- Betriebsabrechnung: Kostenstellen
- Kalkulation
- Logistik
- „Magisches Dreieck“
- Markenpiraterie
- Netzplan
- Unternehmensziele: ökologische Ziele
- Verkaufsaußendienst
- ZAB

Für Lösung bitte separates Blatt verwenden! 

38 Glossar (3)

Sie haben die Aufgabe, mit Ihrem Team Fachbegriffe aus dem Themenfeld „Unternehmen, Betriebe, Strukturen, Produktion und Arbeitsabläufe“ für ein kleines Glossar zu erläutern.
Erfassen Sie Ihre Ergebnisse digital:

Programm:	Word oder InDesign
Format:	DIN A4
Satzspiegel:	16 cm × 25 cm, zweispaltig
Schrift:	serifenlose Schrift, 9 pt, ZAB 12 pt Auszeichnung für den Begriff: fett
Arbeitszeit:	interne Vorgabe

Zu bearbeitende Begriffe (hier jeweils als Manuskript und danach digital erfassen):

- Auszeichnung
- Betriebsabrechnung
- Betriebsabrechnung: Kostenträger
- Corporate Identity
- Einzelunternehmen
- Flussdiagramm
- Führungsstil
- Gemeinkosten
- Rechtsformen von privatrechtlichen Unternehmen
- Tarifpartner
- Tarifvertrag
- Unternehmensziele: soziale Ziele
- Urheberrecht

Für Lösung bitte separates Blatt verwenden! 

39 Fachbegriffe

Im Projektmanagement und vielen anderen Bereichen taucht die Abkürzung SMART (bzw. S.M.A.R.T.) auf. Es geht dabei um Ziele in einem Projekt, die nach diesen fünf Kriterien eindeutig, messbar und nachprüfbar zu definieren sind.

a) SMART ist die engl. Abkürzung für Specific, Measurable, Accepted, Realistic und Timely. Übersetzen Sie diese Bezeichnungen (sinngemäß) ins Deutsche.

b) Projekt: Es ist ein Auftrag für die Kurbetriebe Bad Waldsee zu drucken. Geben Sie zu den einzelnen SMART-Kriterien beispielhaft an, was sie bei diesem Auftrag bedeuten können.

40 Kommunikation – Gespräch

Ein sinnvolles, sachliches und faires Gespräch ist nur durch das Einhalten von Regeln möglich, an die sich alle Teilnehmer halten müssen. Diese Regeln müssen „gelebt" werden, d. h. sie sind in allen Gesprächen, bei Diskussionen u. a. einzuhalten.
Sinnvoll ist es, solche Regeln in einem Team (z. B. in einer Klasse) zu entwickeln, miteinander sachlich zu diskutieren und einvernehmlich für zukünftiges Verhalten festzulegen. Die vereinbarten Regeln gelten danach für jeden als Vorsätze für eine gute Gesprächsführung.

a) Entwickeln Sie in Ihrem Team geeignete Regeln für ein gutes Gespräch. Jeder Teilnehmer schreibt dazu vorab drei Vorschläge auf. Diskutieren Sie im Team alle Vorschläge und beschließen Sie danach gemeinsame Regeln für ein zukünftiges Verhalten. (Hinweis: Ist keine Teamarbeit möglich, arbeiten Sie allein.)

b) Die sechs wichtigsten Regeln sind als Vorsatz für das eigene Handeln auf einem Plakat, einer Folie oder in einer Präsentation zu visualisieren. Erstellen Sie dazu ein Scribble mit dem geplanten Text, ergänzenden grafischen Elementen oder einem Bild.

c) In der (Klassen-)Gemeinschaft präsentieren Sie die im Team erarbeiteten Regeln. Begründen Sie, warum gerade diese Regeln sehr wichtig sind.

d) Diskutieren Sie mit allen Mitschülerinnen und Mitschülern, ob dieses Regeln für alle gelten und von allen „gelebt" (umgesetzt) werden können.

Erörtern Sie die Aufgabenstellung in der Gruppe! 

41 Eine gute Kommunikation – aus meiner Sicht

Erläutern Sie, wie Sie sich eine gute Kommunikation zwischen Ihnen und Ihren Freunden sowie in der Berufsschule und im Betrieb vorstellen.

a) Was ist Ihnen dabei besonders wichtig? Begründen Sie.

b) Beschreiben Sie als Beispiel eine „negativ gelaufene" Kommunikation. Erläutern Sie, wie diese Situation besser (optimaler, sinnvoller) verlaufen wäre.

42 Kommunikation – Vorstellungsgespräch

Experten sagen, dass die ersten sieben Sekunden eines Vorstellungsgespräches entscheidend sind.

a) Beschreiben Sie, wie Sie sich auf ein solches Gespräch vorbereiten.

b) Erläutern Sie, was alles in den ersten Sekunden Ihrem Gesprächspartner über sie signalisiert werden kann.

Für Lösung bitte separates Blatt verwenden! 

43 Mobbing

Mobbing ist „Psychoterror" gegenüber anderen Menschen.

a) Was unterscheidet Mobbing von alltäglichen Konflikten?

b) Beschreiben Sie an jeweils zwei Beispielen, wie sich Mobbing unter Jugendlichen einer Clique gegenüber anderen in der Schule und am Arbeitsplatz äußern kann.

c) Was unterscheidet Cyber-Mobbing von „normalem" Mobbing?

d) Beschreiben Sie ein Beispiel für Cyber-Mobbing. Sie wollen dem Betroffenen helfen. Was können Sie tun?

e) Welche Wirkungen bzw. welche Folgen kann Mobbing auf Betroffene haben?

44 Mobbing

Im Betrieb erfahren sie von Intrigen und Mobbing in Ihrem Arbeitsbereich.

a) Welche „Gründe" könnte dieses Verhalten haben?

b) Was können Sie unternehmen, um Intrigen und Mobbing entgegenzuwirken?

45 Mobbing

Situation: In der Berufsschule wird ein Mitschüler von anderen Jugendlichen immer wieder gemobbt. Sie möchten dieses Verhalten in Ihrer Klasse ändern! Erläutern Sie Möglichkeiten, das negative Verhalten von Mitschülern zu ändern.

Kommunikation im betrieblichen Umfeld

Eine vertrauensvolle Kommunikation im Unternehmen ist ein bedeutender Schlüssel für den betrieblichen Erfolg. Eine gute Kommunikation zwischen Unternehmensleitung bzw. Vorgesetzten und allen Mitarbeitern sowie der Mitarbeiter untereinander schafft positive Einstellungen gegenüber dem Betrieb und den Kollegen. Sie trägt zu einem allgemein positiven Image des Betriebes nach außen bei und führt intern zu Arbeitszufriedenheit, Mitverantwortung, Identifikation, Freude, Einsatzbereitschaft, Gesundheit und Kollegialität.
Für eine gute betriebsinterne Kommunikation müssen sich alle Beteiligten permanent einsetzen und ihren eigenen Beitrag dazu leisten.

46 Kommunikation – Lesen

In vielen wissenschaftlichen Untersuchungen wurde nachgewiesen: Vorlesen und Lesen fördert alle Schlüsselkompetenzen. Das heißt beispielsweise, dass Wörter und Sätze dekodiert, die Vorstellungskraft gefördert und die Gehirnfunktionen aktiviert werden.

a) Erläutern Sie mit einfachen Beispielen, warum es sinnvoll ist, Geschichten zu erzählen und Märchen bzw. Geschichten vorzulesen oder selbst (fantastische) Geschichten zu erzählen.

b) Manche Bücher, z. B. „Harry Potter", haben heute immer noch sehr großen Erfolg.
Erläutern Sie, warum dieses Buch (oder ähnliche Bücher) einen so großen Erfolg am Markt hat!

c) Buch – Video/Film
Sie haben ein spannendes Buch (z. B. „Harry Potter") gelesen. Zu dem gleichen Buch sehen Sie später ein Video oder einen Film. Beurteilen Sie, welche Wirkungen (Inhalt, Spannung, Gedanken, Fantasie, aktives Dabeisein) das Video bzw. der Film auf Sie im Vergleich zum Buch haben kann.

Für Lösung bitte separates Blatt verwenden! 

47 Kundenberatung

Ihr Unternehmen produziert Druckprodukte in verschiedenen Druckverfahren. Ein Berater aus dem Verkaufsinnendienst bespricht mit einem Kunden die folgenden Aufträge und möglichen Produktionen:
1. Image-Broschüre, 6/6-farbig,
   Endformat 24 cm × 32 cm, Umfang 48 Seiten,
   Auflage 20 000 Exemplare, Rückendrahtheftung
2. Werbebanner („Fahne" auf Textilgewebe), vierfarbig,
   Format 400 cm × 600 cm, Auflage 4 Exemplare

Sie sind der Kundenberater. Erklären Sie dem Kunden:

a) In welchem Druckverfahren bzw. welcher Drucktechnik kann für diese beiden Aufträge technisch sinnvoll und wirtschaftlich produziert werden?

____

____

b) Begründen Sie kurz Ihre Ansicht.

____

____

____

48 Junge Leser gestalten eine Zeitung

Eine regionale Zeitung plant einen Tag, an dem Nachwuchsjournalisten (Jugendliche und Schüler, die ggf. schon bei einer Schülerzeitung mitgearbeitet haben) die gesamte Mantelredaktion ihrer Zeitung übernehmen. Sie können sich dazu einen Redaktionsbereich bzw. Aufgabenbereich auswählen:
- Politik
- Kommentar
- Glosse
- Kultur
- Wirtschaft
- Layout

a) Erklären Sie, warum Sie diesen Arbeitsbereich gewählt haben.

____

____

b) Welche besonderen Eigenschaften (Persönlichkeit, Charaktereigenschaften u. a.) sollte ein guter Journalist haben? Begründen Sie kurz Ihre Meinung.

____

____

____

c) Was wäre Ihnen wichtig, wenn Sie eine Ausgabe der Zeitung redaktionell mitgestalten könnten?

____

____

____

49 Kundenkommunikation

Die Firma IT-Technologie Heitmann, ein guter Kunde, ruft um 13.00 Uhr – in der Mittagszeit – Ihren Betrieb wegen eines Auftrages an. Am Telefon meldet sich die Mitarbeiterin in der Telefonzentrale.
Beschreiben Sie, was der Kunde von der Mitarbeiterin erwartet.

____

____

____

50 Kommunikation Kunde – Betrieb

Für einen guten und erfolgreichen Medienberater gilt grundsätzlich: „Mit dem Kopf des Kunden denken." Das heißt: Für eine erfolgreiche Kommunikation mit dem Kunden ist es entscheidend, den „richtigen Draht" zu finden, seine Aufgabenstellungen oder Fragen zu erfassen und danach individuelle, spezifische Lösungen anzubieten. Versetzen Sie sich in die Lage eines Medienberaters.

a) Welche Informationen sollten Sie vor einem Kontakt mit dem Kunden über das Unternehmen des Kunden haben? (Geben Sie dazu vier wichtige Kriterien an.) Begründen Sie kurz Ihre Antworten.

____

____

____

____

b) Erläutern Sie, warum ein guter persönlicher Kontakt Voraussetzung für eine gute und erfolgreiche Kommunikation ist.

____

____

____

____

c) Welche Kompetenzen und Qualifikationen erwartet der Kunde von einem guten Medienberater?

____

____

____

____

d) Welche Kompetenzen erwartet der Kunde bei einem nachfolgenden telefonischen Kontakt mit dem Betrieb bei Fragen zur laufenden Produktion?

____

____

____

____

51 Kommunikation: Situation (1)

Beurteilen Sie die folgenden beiden Situationen. Begründen Sie danach, warum Sie sich für die Antwort A oder B entscheiden.

Situation: Ein ortsfremder Autofahrer hält an und fragt einen Fußgänger nach dem Weg zur Druckerei Mahler.

- Antwort (Fußgänger A):
  „Zur Druckerei Mahler wollen sie? Das ist ein guter Betrieb. Mein Sohn arbeitet dort. Ja, das ist nicht so ganz leicht zu finden. Da fahren sie am besten zuerst einmal geradeaus weiter. An der zweiten oder dritten Kreuzung biegen sie dann rechts in Richtung Schwimmbad ab. Danach die zweite oder auch dritte Straße – so genau weiß ich es nicht – nach links und noch einmal kurz danach rechts abbiegen, dann sind sie an der Druckerei."
- Antwort (Fußgänger B):
  „Fahren sie geradeaus. An der dritten Ampel biegen Sie rechts ab. Fahren Sie etwa 300 m weiter. Beim Reifenhandel Meier biegen sie links ab. Nach etwa 100 m liegt auf der rechten Seite die Druckerei Mahler."

Begründen Sie, welche Antwort aus Ihrer Sicht zielführender ist.

Für Lösung bitte separates Blatt verwenden! 

52 Kommunikation: Situation (2)

Beurteilen Sie die folgende Situation.

Situation: Mittagspause in der Druckerei. Sie stehen mit Arbeitskollegen am Haupteingang des Unternehmens. Ein Auto fährt auf den Kundenparkplatz. Ein Herr steigt aus dem Auto, kommt zum Eingang und sagt zu Ihnen: „Ich möchte zu Herrn Mayer, Ihrem Verkaufsleiter. Wie kann ich ihn finden?"

- Antwort A:
  „Der Betrieb hat jetzt Mittagspause. Ich glaube aber, Herr Mayer ist an seinem Arbeitsplatz. Kommen Sie bitte, ich führe sie dort hin."
- Antwort B:
  „Wir haben jetzt Mittagspause und da ist Herr Mayer wahrscheinlich nicht an seinem Platz. Da müssen Sie leider noch eine halbe Stunde warten."

Meine Antwort mit Begründung:

Für Lösung bitte separates Blatt verwenden! 

53 Kommunikation: Grafische Darstellung

Übersichten und grafische Darstellungen wie Blockdiagramme oder Mindmaps verschaffen sehr rasch einen Überblick zu einem Themenbereich. Veranschaulichen Sie das Thema (Titel, Überschrift) „Unternehmen in einem komplexen System“.

- zentrales Thema:
  Unternehmensleitung
- Schlüsselwörter (= wesentliche Einflussfaktoren, Oberbegriffe)
  Unternehmensleitung – Kunden – Lieferanten – Banken, Gläubiger – Umweltschutz, Ökologie – Tarifvertragspartei – Staat, Gesellschaft – Arbeitnehmer, Mitarbeiter – Betrieb, Organisation – Produktion, Produkte – Unternehmensziele: wirtschaftliche Ziele (Erfolgsziele, Leistungsziele, Finanzziele), soziale Ziele, ökologische Ziele

Ergänzen Sie jedes Schlüsselwort durch mindestens zwei Unterbegriffe zu Einflussfaktoren, Prioritäten, Entscheidungen, Verantwortung u. a.

Für Lösung bitte separates Blatt verwenden! 

54 Lernen und Motivation

Für die eigene Motivation ist zum großen Teil das „Warum“ (der Sinn: wozu), danach das „Was“ (das Ziel will ich erreichen) und das „Wie“ (Verhalten, Weg zum Ziel) entscheidend. Situation: Hans lernt in der 10. Klasse spanische Vokabeln. Martin büffelt in einem spanisch-Kurs an der VHS, weil er mit Freunden eine Radtour auf Teneriffa machen will.
Beschreiben Sie den Unterschied der Lernmotivation zwischen den beiden Personen.

Für Lösung bitte separates Blatt verwenden! 

55 Lernen und Medien

Fachliche Informationen findet man heute in Fachbüchern, Fachzeitschriften, Lexika, technischen Dokumentationen, Herstellerunterlagen sowie im Internet. Erläutern Sie dazu typische Vorteile von:

- Fachbüchern, Fachzeitschriften, Fachlexika
- technischen Dokumentationen, Maschinenbuch
- Internetrecherchen

Für Lösung bitte separates Blatt verwenden! 

56 Lernen und Gedächtnis

Lernen ist Arbeit. Um erfolgreich zu lernen, müssen Informationen „nachhaltig“ gespeichert werden. Das heißt: Um Informationen dauerhaft aufzunehmen und im Gehirn abzuspeichern, ist ein häufiges Wiederholen dieser Informationen notwendig.

a) Erklären Sie, warum das Erinnerungsvermögen nach häufigerem Wiederholen größer ist.

b) Vergleichen Sie diese Erkenntnis zu zwei wesentlichen Informationsspeichern im Gehirn mit zwei wichtigen Speichern in einem Computer.
Welcher dieser Speicher arbeitet „nachhaltiger“? Begründen Sie Ihre Ansicht.

Für Lösung bitte separates Blatt verwenden! 

57 Lernen und Gedächtnis

Das Kurzzeitgedächtnis hat nur eine sehr begrenzte Kapazität. Es ist aber sehr nützlich, da es aus einer Unmenge von Informationen die für uns wichtigen herausfiltert. Im Langzeitgedächtnis laufen hauptsächlich drei Prozesse ab: einspeichern, aufbewahren, abrufen.
Sie erhalten einen neuen Auftrag für einen Prospekt. Bedruckstoff ist ein mattgestrichenes Bilderdruckpapier. Das hatten Sie doch schon einmal … Beschreiben Sie Vorgänge, die im Kurzzeitgedächtnis und im Langzeitgedächtnis ablaufen können.

Für Lösung bitte separates Blatt verwenden! 

58 Lernen und Medien

Das Internet bietet eine Unmenge an Informationen.

a) Beschreiben Sie wichtige Elemente einer systematischen Suchstrategie.

b) Welche Möglichkeiten gibt es, die Qualität einer Information zu beurteilen?

c) Erklären Sie den Unterschied zwischen „googeln“ und einer Recherche.

Für Lösung bitte separates Blatt verwenden! 

2 MEDIENGESTALTUNG, DRUCKVORSTUFE

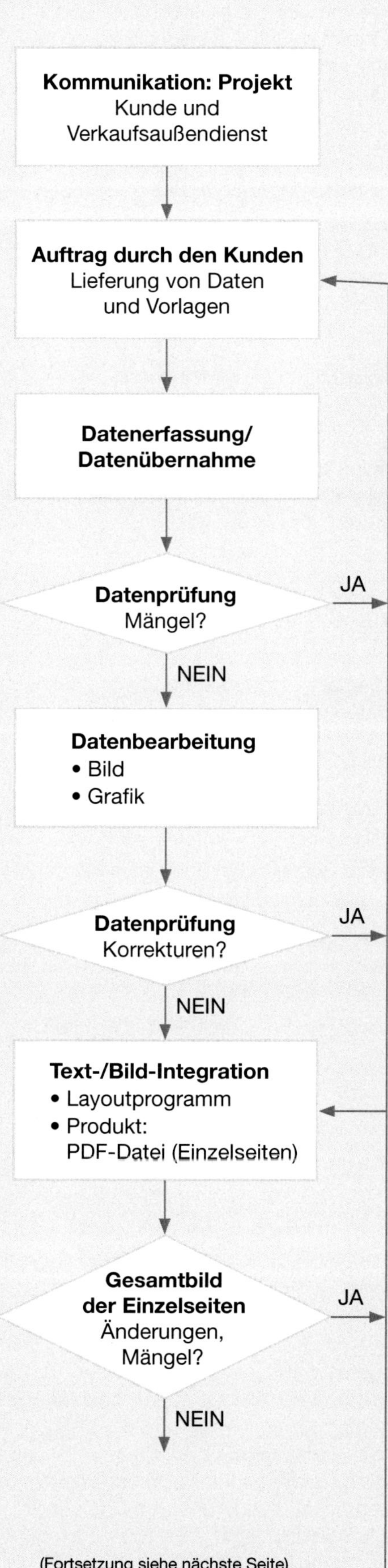

(Fortsetzung siehe nächste Seite)

Arbeitsablauf Kunde – Druckvorstufe

Hinweise

- Kommunikationsabsicht des Kunden
  - Briefing
- Medienberatung
  - Produkt, Material, Fertigung, Termin
  - Kosten
  - Gestaltung: Skizzen, Scribble
- Auftragsdatenerfassung (Produkt)
- Produktionsdaten (materiell, digital)
  - Text
  - Bild
  - Grafik

- Auftragsgenerierung: Informationen (Daten)
  - administrativ (allg. Auftragsangaben)
  - produktionstechnisch

- Vollständigkeit/fehlende Daten
  Korrekturen (Rechtschreibung u. a.)
  Preflight-Check: Analyse auf korrekte Daten
  - Schriften vorhanden/eingebettet
  - Bilder: Auflösung, Farbigkeit u. a.
    Mängelbeseitigung = Kosten!

- Bildbearbeitung
- Farbmanagement
  = übergreifend im gesamten Prozess
  - Bildvorlagen (Kontrastklassen)
  - Farbprofile (Quelle – Ziel)
  - Farbraumtransformation
    Basis: CIELAB-Werte
- Proof (Ausdruck) der einzelnen Bilder
  zur Kontrolle und Prüfung

- Vorlage: Layout
- digitale Seitenmontage (wenn erforderlich)
- Preflight-Check zur Prüfung
  aller Vorgaben für die Produktion
- Softproof (Monitor kalibriert und profiliert)

- Proof (Ausdruck) der einzelnen Seiten
  zur Kontrolle und Prüfung intern und
  durch den Kunden
  - Layout: Seitenelemente, Anordnung
  - Korrektur (Rechtschreibung u. a.)
  - Bild: evtl. Kontraktproof der Seite

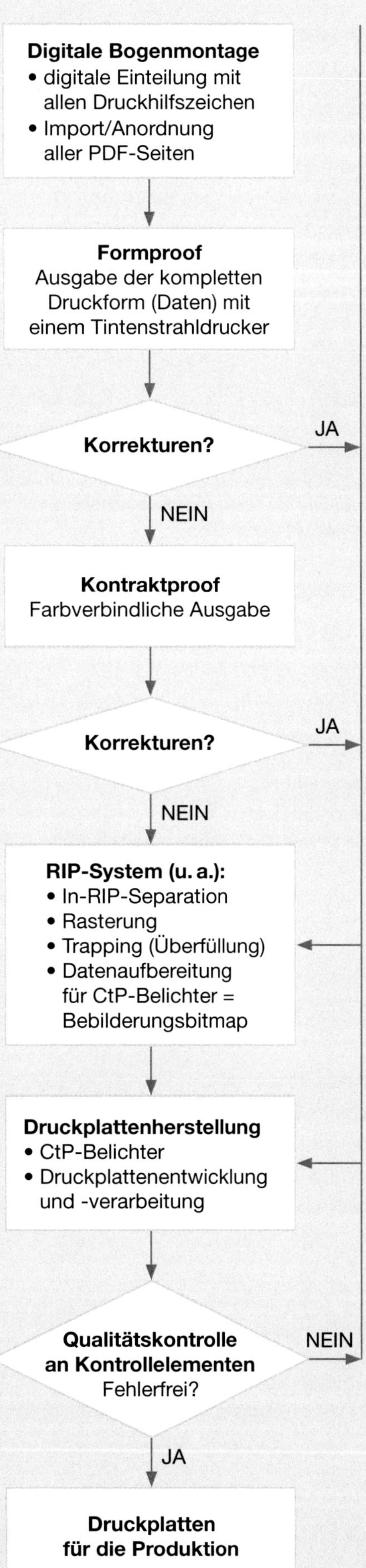

- Anordnung der Druckseiten nach Produktionsvorgaben für den Druck und die Druckverarbeitung (ggf. mit Jobdaten aus Datenbank)
  - Druckformat, Seiten, Beschnitt, Greiferrand, Druckverarbeitung, Marken, Kontrollelemente u. a.
- Ausschießen

- RIP zur digitalen Ansteuerung des Proofsystems
- Prüfung: einzelne Seitenelemente, Seitenanordnung, Standkontrolle, Beschnitte u. a.

- Fehlerbeseitigung, Korrekturen (intern, Kunde)

- Simulation des Druckprozesses: praxisgerechter Proof nach Standards
- Zweck
  - interne Kontrolle
  - druckverbindliche Vorlage für den Kunden
- Fehlerbeseitigung, Korrekturen

- Druckfreigabe durch den Kunden (Imprimatur)

- „Farbige" Dateien (Composite-Dateien) werden in die einzelnen Auszüge C, M, Y und K (Bildaufbau mit UCR-, GCR-Variation) separiert
- Rasterart, Rasterweite, Rasterwinkelung
- Farbraumtransformation: Rendering
- Bebilderung der Druckplatte durch geeignete Lasertechnologie erfordert JA-/NEIN-Schaltungen (Bitmap)
- erfassen/erstellen von CIP3-/CIP4-Daten

- Ausgabe-Auflösung (z. B. 2540 dpi); Ansteuerung einzelner Rasterelemente (REL) in einer Rasterzelle durch den Laser

- digitaler Druckplattenkontrollkeil Kontrolle: visuell, Messtechnik

- wichtiger Hinweis zur Beurteilung der Farbwiedergabe durch Kunden, Agentur und Druckerei: Abmusterung (nach ISO 3664) für Bildvorlagen, Proofs sowie Drucke aus der Produktion nur unter Normlicht (D50)
  - Farbtemperatur 5000 K bei einer Beleuchtungsstärke 2000 lx

KOMMUNIKATION, SCHRIFT, TYPOGRAFIE

Typografie
ist die produktbezogene Gestaltung von Medien zur optimalen Informations-/Wissensvermittlung. Je nach Zielgruppe und Produkt beschäftigt sich die Typografie mit dem Gesamteindruck des Druckprodukts. Wesentliche Elemente der Gestaltung sind Bedruckstoff, Format, Schriften, Satzspiegel, Proportionen, Flächenaufteilung, Kontrast, Farbe und die Platzierung von Bildern und Grafiken.

1 Kommunikation durch Zeichen

Informationen wurden schon in der Frühzeit durch Zeichnungen oder Zeichen weitergegeben.

a) Beschreiben Sie zwei Beispiele solcher Vorläufer heutiger Schriften.

b) Vielfach werden heute Piktogramme eingesetzt. Was sind Piktogramme?

c) Nennen Sie vier Beispiele für den Einsatz von Piktogrammen. Beschreiben Sie dazu typische Vorteile.

Für Lösung bitte separates Blatt verwenden!

2 Kommunikation durch Schrift

In der Bleisatzzeit gab es für jede Schrift eine mehr oder weniger umfassende Schriftfamilie. Entsprechend dem Schriftcharakter wurden Schriften nach DIN 16518 – orientiert an kulturhistorischen Epochen und formalen Merkmalen – klassifiziert.
Skizzieren Sie das Wort „Alarm“ jeweils in wesentlichen Merkmalen in einer

a) klassizistischen Antiqua

b) serifenbetonten Linear-Antiqua

c) serifenlosen Linear-Antiqua.

3 Kommunikation durch Schrift

Zur Beschreibung typischer Elemente einer Schrift bzw. eines Buchstabens werden typografische Fachausdrücke verwendet.
Tragen Sie nachstehend die Fachausdrücke ein:
Serifen, Grundstrich, Symmetrieachse, Schriftlinien.

Alte Typografie –
My Oldstyle

4 Kommunikation durch Schrift

Die Ordnung der Schriften nach DIN 16518 orientiert sich an kulturhistorischen Epochen und Stilmerkmalen. Viele neue digitale Schriften lassen sich allerdings diesen Gruppen nicht mehr eindeutig zuordnen. Vergleichen Sie die folgenden vier Schriften, die eindeutige Stilmerkmale der Epochen aufweisen.

Moderne Typografie
Moderne Typografie
Moderne Typograf
Moderne Typografie

a) Beschreiben Sie wesentliche Unterschiede der vier Schriften an zwei prinzipiellen Merkmalen.

b) Zu welcher Schriftgruppe (entsprechend der Klassifikation nach DIN 16518) gehören diese Schriften jeweils.

c) Ein wichtiges Merkmal aller Schriften ist eine gute Lesbarkeit. Welche der Druckschriften werden für den Fließtext in einer Tageszeitung eingesetzt? Begründen Sie Ihre Meinung.

Für Lösung bitte separates Blatt verwenden!

5 Kommunikation durch Schrift

Schriften weisen in ihrem Charakter und ihrer Wirkung bedeutende Merkmale auf.

A Typografie
B Typografie
C Typografie
D TYPOGRAFIE

a) Beschreiben Sie wesentliche Merkmale, in denen sich die Schriften von A bis D unterscheiden.

b) Begründen Sie, warum die Schriften B bis C nicht als Leseschriften für Fließtexte geeignet sind.

Für Lösung bitte separates Blatt verwenden! 

6 Kommunikation durch Schrift

Antiqua-Varianten sind Schriften mit uneinheitlicher Strichführung in verschiedenen Varianten. Ein Beispiel aus dieser Schriftgruppe ist die Schrift Bauhaus.

Typografie Bauhaus

a) Erläutern Sie, warum diese Schrift für das Lesen längerer Texte ungeeignet ist.

b) Für welche Texte bzw. Produkte wäre diese Schrift beispielsweise geeignet?
Nennen Sie dazu zwei Beispiele.

7 Schriftformate

Digitale Schriften sind in verschiedenen Formaten für alle Arbeiten in der Druckvorstufe im Angebot.

a) Früher wurden Bitmap-Schriften für die Darstellung von Schriften auf dem Monitor oder im Laserdrucker eingesetzt. Warum werden diese Schriften in digitalen Systemen nicht eingesetzt?

b) Heute werden Schriftartenformate mit den Bezeichnungen TrueType, PostScript und OpenType bei professionellen Arbeiten eingesetzt. Welchen besonderen Vorteil haben OpenType-Schriften?

8 Printmedien und Kommunikation

Durch Texte, Bilder und Grafiken, einen geeigneten Bedruckstoff und Druckfarben sowie eine gute typografische Gestaltung übermitteln gedruckte Medien Informationen und Botschaften. Die Übermittlung der Informationen kann u. a. durch eine ungeeignete Schrift, qualitativ unzureichende Gestaltung, einen ungeeigneten Bedruckstoff und ein ungünstiges Format der Druckseite gestört sein.
Erläutern Sie dazu an je einem Beispiel „Störungen" (Lesbarkeit, Probleme, Schwierigkeiten u. Ä.) bei dem Empfänger (Leser) der Information.

Für Lösung bitte separates Blatt verwenden! 

9 Gestaltung: Layout

Für einen Flyer skizziert der Medienberater dem Kunden an Scribbles Möglichkeiten für die Gestaltung.

a) Beschreiben Sie, was Scribbles sind und welche Funktion sie haben.

b) Der Kunde entscheidet sich und wünscht danach ein Layout des Flyers. Beschreiben Sie den Unterschied zwischen einem Scribble und einem Layout. Geben Sie zusätzlich an, welche Bedeutung das Layout für die Arbeiten in der Druckvorstufe hat.

Für Lösung bitte separates Blatt verwenden! 

10 Gestaltung: Gestaltungsraster

Um alle Informationen (Texte, Bilder und grafische Elemente) in einem Layout strukturiert zu positionieren, wird ein Gestaltungsraster angelegt.
Zu typischen Einsatzbereichen für Gestaltungsraster gehören u. a. Prospekte, Imagebroschüren, Zeitungen, Zeitschriften, Präsentationen, Dokumentationen und auch Websites.

a) Erklären Sie den grundsätzlichen Aufbau eines Gestaltungsrasters am Beispiel einer Zeitung.

b) Vergleichen Sie zwei Zeitungen bzw. Zeitschriften unterschiedlicher Art nach ihrem Gestaltungsraster. Welche typografischen Unterschiede stellen Sie fest? Beurteilen Sie zudem, aus welchen Gründen Ihnen ein Produkt besser gefällt als das andere.

Für Lösung bitte separates Blatt verwenden! 

11 Gestaltung

Bei einem Druckauftrag sind randabfallende Bilder in der Druckvorstufe einzuplanen.

a) Skizzieren Sie eine Doppelseite im Hochformat DIN A4 (beliebig verkleinert). Tragen Sie auf der linken Seite einen Satzspiegel sowie ein außen und im Fuß randabfallendes (angeschnittenes) Bild ein (19 cm × 14 cm). Auf der rechten Seite ist ein ganzseitiges, randabfallendes Bild zu positionieren.

b) In welchen Größen in mm müssten die beiden Bilder reproduziert werden, um Probleme bei der Druckverarbeitung und im Endprodukt zu vermeiden? Begründen Sie Ihre Angaben.

12 Gestaltung

Bei einem fachlichen Gespräch zur Gestaltung wollen Sie einem neuen Auszubildenden einige Grundlagen erklären.

a) Skizzieren Sie eine Druckseite mit einem beliebigen Satzspiegel. Kennzeichnen Sie darin farbig den Kopf-, Fuß-, Außen- und Bundsteg.
Erklären Sie dazu, woher die Bezeichnung „Steg“ kommt und was sie heute bedeutet.

b) Fertigen Sie eine weitere Skizze einer Druckseite an und tragen Sie darin ein: Satzspiegel, lebender Kolumnentitel, Marginalie.
Erklären Sie dem Auszubildenden diese Begriffe sowie den Fachbegriff „toter Kolumnentitel“.

13 Gestaltung: Satzspiegel

Der Satzspiegel ist die mit Text bedruckte Fläche auf einer Druckseite. Je nach Produkt bzw. Verwendungszweck wird ein geeigneter Satzspiegel konstruiert bzw. festgelegt.

a) Die klassische Konstruktion des Satzspiegels erfolgte nach dem Goldenen Schnitt. Erklären Sie, was der Goldene Schnitt ist. Geben Sie dazu ein Seitenverhältnis an.

b) Eine technische Dokumentation mit einem Format DIN A4 hoch hat 16 Seiten. Für den Satzspiegel ist die Größe 175 mm × 225 mm festgelegt worden. Berechnen Sie die Breite der Stege: Bundsteg = 1 Einheit, Kopfsteg = 1,5 Einheiten, Außensteg = 2 Einheiten, Fußsteg = 3 Einheiten

c) Skizzieren Sie eine Doppelseite. Tragen Sie darin den Satzspiegel sowie die errechneten Maße ein. (Die Skizze muss nicht maßgenau sein!)

Für Lösung bitte separates Blatt verwenden! 

14 Gestaltung: Grundlinienraster

Ein Mediengestalter gestaltet eine Festschrift für einen Sportverein. Dabei werden drei Schriftgrößen eingesetzt: Hauptüberschriften (Headlinie) 36 pt, Zwischenüberschriften 18 pt, Fließtext und Auszeichnungen (kursiv) 12 pt.

a) Berechnen Sie diese Maß jeweils in mm (gerundet).

b) Sie verwenden eine Schrift in der Schriftgröße 12 pt. Welcher Zeilenabstand (in pt) wählt das Layoutprogramm bei der Einstellung „Automatisch“?

c) Bei allen Absatzformaten (Formatvorlagen) ist im Layoutprogramm die Einstellung „Am Raster ausrichten“ gewählt worden. Beschreiben und skizzieren Sie, wie sich diese Einstellung auf die Positionierung der verschiedenen Schriftgrößen auswirkt.

Für Lösung bitte separates Blatt verwenden! 

15 Gestaltung – Typografie

Ein Newsletter soll gestaltet werden. Die folgenden beiden Screenshots zeigen Einstellungen für einen Test.

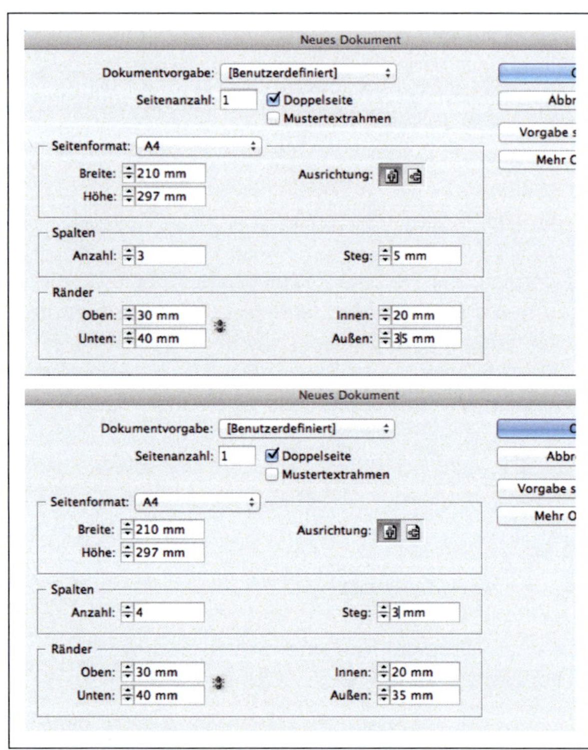

a) Skizzieren Sie diese Einstellungen auf einer Seite (nicht maßstäblich!). Tragen Sie alle Maße (Breiten, Abstände) ein. Runden Sie die Maße.

b) Bei beiden Satzspiegelbreiten ist Blocksatz vorgesehen. Beschreiben Sie, was ein Blocksatz ist.

c) Welches Problem kann bei Blocksatz und schmalen Spaltenbreiten auftreten?

Für Lösung bitte separates Blatt verwenden! 

16 Gestaltung: Grundlinienraster

In einem Layoutprogramm kann ein Grundlinienraster eingestellt werden. Erklären Sie, was ein Grundlinienraster ist und aus welchen Gründen dieses Rastersystem eingesetzt wird.

Für Lösung bitte separates Blatt verwenden! 

17 Gestaltung – Typografie

Der folgende Text zeigt in drei Satzarten teilweise sehr deutliche Mängel. Prüfen Sie die drei Beispiele.

1.
In der Zeit des Bleisatzes gab es für jede Schrift eine mehr oder weniger umfassende Schriftfamilie mit verschiedenen Schriftschnitten (normal, fett, kursiv, kursiv-fett, Kapitälchen u. a.) in jeder Schriftgröße.
Druckschriften stellten damit einen sichtbaren materiellen Wert dar.
Durch die Digitalisierung entstand eine fast unüberschaubare Vielzahl an Schriften, die unter Beachtung der Lizenzen mit relativ geringen Kosten erworben werden können.

2.
In der Zeit des Bleisatzes gab es für jede Schrift
eine mehr oder weniger umfassende Schriftfamilie mit
verschiedenen Schriftschnitten (normal, fett, kursiv,
kursiv-fett, Kapitälchen u. a.) in jeder Schriftgröße.
Druckschriften stellten damit einen sichtbaren
materiellen Wert dar.
Durch die Digitalisierung entstand eine fast
unüberschaubare Vielzahl an Schriften, die unter
Beachtung der Lizenzen mit relativ geringen Kosten
erworben werden können.

3.
In der Zeit des Bleisatzes gab es für jede Schrift eine mehr oder weniger umfassende Schriftfamilie mit verschiedenen Schriftschnitten (normal, fett, kursiv, kursiv-fett, Kapitälchen u. a.) in jeder Schriftgröße.
Druckschriften stellten damit einen sichtbaren materiellen Wert dar.
Durch die Digitalisierung entstand eine fast unüberschaubare Vielzahl an Schriften, die unter Beachtung der Lizenzen mit relativ geringen Kosten erworben werden können.

a) Geben Sie an, um welche Satzart es sich jeweils handelt.

____

____

____

b) Beschreiben Sie die typografischen Mängel bzw. groben Fehler.

____

____

____

18 Gestaltung – Typografie

Der folgende Text zeigt einen typografisch mangelhaften Satz auf Mittelachse (exemplarisch nur als Muster zur Anschauung und Beurteilung eingesetzt).

In der Zeit des Bleisatzes gab es für jede Schrift
eine mehr oder weniger umfassende Schriftfamilie mit
verschiedenen Schriftschnitten (normal, fett, kursiv,
kursiv-fett, Kapitälchen u. a.) in jeder Schriftgröße.
Druckschriften stellten damit einen sichtbaren
materiellen Wert dar.
Durch die Digitalisierung entstand eine fast
unüberschaubare Vielzahl an Schriften, die unter
Beachtung der Lizenzen mit relativ geringen Kosten
erworben werden können.

a) Beurteilen Sie diesen Satz auf Mittelachse nach typografischen Mängeln.

____

____

____

b) Erläutern Sie, warum ein Satz auf Mittelachse nicht für längere Texte geeignet ist.

____

____

____

c) Für welche typografischen Arbeiten ist ein Satz auf Mittelachse geeignet?

____

____

19 Gestaltung – Typografie

In einer Information fällt Ihnen der folgende Textteil sofort auf. Beschreiben Sie den satztechnischen Fehler.

Um alle Informationen (Texte, Bilder und grafische Elemente) in einem Layout strukturiert zu positionieren, wird ein Gestaltungsraster angelegt.

____

____

20 Gestaltung – Typografie

Typografie ist die Gestaltung eines Druckproduktes mit Schriften und anderen Zeichen, bei der Lesefreundlichkeit, Funktionalität und ästhetischer Eindruck eine Einheit bilden sollen. Erläutern Sie in diesem Zusammenhang die Fachbegriffe:

a) Makrotypografie

____

____

b) Mikrotypografie

____

____

21 Gestaltung – Typografie – Schrift (1)

Sie haben die Aufgabe, mit Ihrem Team (oder allein) für Ihre Klasse ein Fachwörterbuch zu erarbeiten. Erläutern Sie dazu die folgenden Fachwörter.

- Akzidenz
- Analyse (Gestaltung eines Druckproduktes)
- Blindtext
- Font
- Einzug (bei einem Textabsatz)
- geometrische Mitte
- kursiv
- linksbündiger Flattersatz
- Mittellänge (Buchstaben)
- Schriftfamilie
- Schriftlinie
- ZAB

Für Lösung bitte separates Blatt verwenden! 

22 Gestaltung – Typografie – Schrift (2)

Sie haben die Aufgabe, mit Ihrem Team (oder allein) für Ihre Klasse ein Fachwörterbuch zu erarbeiten. Erläutern Sie dazu die folgenden Fachwörter.

- Auszeichnungsschriften
- Korrekturzeichen
- Laufweite (Schrift)
- Satz auf Mittelachse
- Serifen
- Schriftgrad
- Schriftmischungen
- typografischer Punkt (pt)
- Unterlänge
- Unterschneiden
- Zeilenabstand
- Zielgruppe

Für Lösung bitte separates Blatt verwenden! 

23 Gestaltung – Typografie – Schrift (3)

Sie haben die Aufgabe, mit Ihrem Team (oder allein) für Ihre Klasse ein Fachwörterbuch zu erarbeiten. Erläutern Sie dazu die folgenden Fachwörter.

- Ästhetik
- Gemeine
- Kapitälchen
- Kolumnentitel
- Lesegröße
- Logo
- optische Mitte
- Pagina
- rechtsbündiger Flattersatz
- Schriftklassifikation
- Spalte (Satz)
- Versalien

Für Lösung bitte separates Blatt verwenden! 

24 Gestaltung – Typografie

Auszeichnungen sind Hervorhebungen in einem fließenden Text (Fließtext).

a) Nennen Sie vier verschiedene Auszeichnungen. Skizzieren Sie dazu jeweils eine Textzeile (beliebiger Text) mit einer Auszeichnung.

b) Beurteilen Sie die vier genannten Auszeichnungen nach ihrer optischen Wirksamkeit.

Für Lösung bitte separates Blatt verwenden! 

25 Gestaltung – Typografie

Für die Wahl einer bestimmten Schrift und Schriftgröße sind verschiedene Kriterien zu beachten. Beschreiben Sie drei Kriterien, die für die Auswahl einer bestimmten Schrift bzw. Schriftgröße entscheidend sind.

____

____

____

26 Typografie – Publishing

In der Druckvorstufe werden die vom Kunden gelieferten digitalen Daten (Texte, Bilder, Grafiken) nach dem Layout zu Druckseiten für einen 32-seitigen Geschäftsbericht umbrochen. Dazu werden in dem Layoutprogramm Absatz- und Zeichenformate (auch Formatvorlagen genannt) definiert.
Erläutern Sie an einem konkreten Beispiel den wesentlichsten Vorteil durch das Arbeiten mit präzise erstellten und im Satz genutzten Absatz- und Zeichenformaten.

Für Lösung bitte separates Blatt verwenden! 

27 Gestaltung – Typografie

Wie Farben lösen auch Schriften und typografische Gestaltungen bei einem Betrachter oder Leser Empfindungen aus. Typografische Regeln sind nicht statisch, sondern unterliegen dem Zeitgeist. Und trotzdem gibt es grundsätzlich „Regeln“, die bei bestimmten Aufgabenstellungen bzw. Aufträgen beachtet werden. Beispiel: Zwischen dem Inhalt des Textes und der Aussagekraft der Schrift soll Übereinstimmung bestehen.
Definieren Sie grundlegende typografische Regeln zu den folgenden Parametern:

- Schriftauswahl für ein Druckprodukt (Hinweis: Sie können zwei beliebige Druckprodukten wählen und daran erklären)
- Schriftmischungen
- Auszeichnungen im Text für ein harmonisches Gesamtbild
- Schriftgrößen für verschiedene Druckprodukte
- Einsatzbereich für schmallaufende Schriften
- Silbentrennungen bei Blocksatz
- Zeilenlänge
- Zeilenabstand

Für Lösung bitte separates Blatt verwenden! 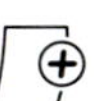

28 Gestaltung – Typografie

Ein Fachbuch hat häufig nach dem gesamten Inhalt ein Stichwortregister (auch: Sachwortregister) und zudem einen Quellennachweis.

a) Welchen wesentlichen Vorteil bietet ein Stichwortregister für den Leser?

b) Aus welchen Gründen wird ein Quellennachweis in ein Buch übernommen?

Für Lösung bitte separates Blatt verwenden! 

29 Gestaltung – Typografie

Technisch gesehen besteht ein Buch aus einer Buchdecke und einem Buchblock. Der „Vorspann“ eines Buches mit allen Seiten vor dem eigentlichen Inhalt wird Titelei genannt. Dazu gehören je nach Werk verschiedene Seiten mit Texten bzw. Angaben.
Nehmen Sie ein Buch und erklären Sie, was die folgenden Angaben bedeuten.

a) Schmutztitel

____

____

b) Haupttitel

____

____

c) Impressum

____

____

d) Widmungstitel (nicht in allen Büchern)

____

____

e) Vakatseite(n)

____

____

f) Inhaltsverzeichnis

____

____

g) Vorwort

____

____

30 Verlag – Buchherstellung

Susanne Wagner ist Lektorin. Geolino.de schreibt dazu: „Als Lektorin ist sie die Schnittstelle zwischen Autor und Verlag; sie kennt den Buchmarkt und weiß, was gut ankommt und wie ein Buch aufgebaut sein sollte." Welche wesentlichen Aufgaben haben Lektoren in einem Verlag?

Für Lösung bitte separates Blatt verwenden! 

31 Gestaltung – Analyse

Druckprodukte unterscheiden sich nach unterschiedlichen Kriterien und Anwendungsbereichen wie Ziel, Zielgruppe, Einsatzzweck, Produktart u. a. in ihrer gestalterischen Ausführung.
Erstellen Sie eine Beurteilungsliste mit den unten angeführten Parametern. Tragen Sie darin Ihre Angaben ein. Ihre Aufgabe: Analysieren Sie dazu in Arbeitsgruppen verschiedene Druckprodukte wie Tageszeitungen, Fach- oder Schulbücher, Geschäftsberichte, Prospekte (z. B. für einen großen Elektronikmarkt) nach gestalterischen Aspekten.

- Produkt
- Zielgruppe
- Gesamteindruck (produktbezogene Qualität)
- Druckformat
- Seitenanzahl
- Satzspiegel
- Spalten, Spaltenbreite, Zwischenschlag
- Schriften (Schriftarten, Schriftgrößen, Auszeichnungen u.a.)
- Farbigkeit

Erörtern Sie die Aufgabenstellung in der Gruppe! 

32 Projekt – Urheber

Sie suchen im Internet zum Thema „Öko-Audit" Informationen für eine Klassen-Info, die gedruckt und im Internet veröffentlicht werden soll. Dazu möchten Sie auch Logos entsprechender Umwelteinrichtungen, z. B. EMAS, aufnehmen. Sie finden das Logo auf den besuchten Internetseiten.

a) Erklären Sie, ob dieses Logo aus dem Internet für Ihre Publikation verwendet werden darf.

b) Sollte dies rechtlich nicht korrekt sein, setzen Sie ein Schreiben an EMAS auf, mit dem Sie um Genehmigung bitten.

Für Lösung bitte separates Blatt verwenden! 

33 Gestaltung – Analyse

In der Ausbildung verwenden Sie verschiedene Lehrbücher. Wichtige Teile eines Buches sind die Titelei, der Textteil (Inhalt) und der Anhangsteil.

a) Beschreiben Sie, welche Seiten (bzw. Informationen) zu den drei Teilen jeweils gehören.

b) In einem Teil des Buches finden Sie die Angabe ©. Was bedeutet diese Angabe? (Verwenden Sie als Beispiel eine Angabe aus einem Ihrer Bücher.)

Für Lösung bitte separates Blatt verwenden! 

34 Gestaltung – Kommunikation

Sie bereiten ein Seminar Ihrer Klasse zu dem Thema „Sieben Regeln für ein Gespräch" vor. Die erarbeiteten sieben grundlegenden Gedanken dazu sind:

1. Basis: gegenseitige Achtung und Anerkennung
2. Hinhören
3. Offen reden
4. Aus eigener Sicht sprechen („Ich …")
5. Konkret reden
6. Gezielt reden
7. Rückmeldung geben

a) Erklären Sie mit einem ergänzenden Satz zu jedem Gedanken, was unter diesem Punkt zu verstehen ist.

b) Erstellen Sie mit einem geeigneten Programm ein Arbeitsblatt, in das jeder Teilnehmer kurze ergänzende Hinweise aus dem Seminar eintragen kann.

Für Lösung bitte separates Blatt verwenden! 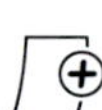

35 Projekt – Urheber

Sie haben mit Ihrer Klasse nach umfangreichen Recherchen eine Broschur zum Tampondruck erarbeitet. Dazu haben Sie bei Druckmaschinenherstellern und Unternehmen geeignete Bilder angefordert und die Rechte zum Nachdruck erhalten. Die Klasse verkauft diese Broschur zu 5 Euro für ein soziales Projekt. Nach einigen Wochen bemerkt eine Mitschülerin, dass der komplette Inhalt der Broschur im Internet unter einem unbekanntem Namen als PDF-Datei zu finden ist. Diskutieren Sie, wie die Klasse sich verhalten soll. Notieren Sie die Ergebnisse ihrer Diskussion nachfolgend als Stichwortprotokoll.

Erörtern Sie die Aufgabenstellung in der Gruppe! 

36 Korrekturen

Der folgende Text ist das Manuskript, nach dem Text 2 gesetzt (hier als Muster abgeschrieben) worden ist. Korrigieren Sie den zweiten Text mit entsprechenden Korrekturzeichen in der rechten Spalte. (Die wichtigsten Korrekturzeichen nach DIN 16511 finden Sie im Internet oder im „Duden – Die deutsche Rechtschreibung")

Text 1: Manuskript

1,2 Millionen Kamele sollen sterben
Kamele sollen im Jahr rund 45 Kilogramm Methan ausstoßen. Das entspricht etwa einer Tonne Kohlendioxid, da Methan einundzwanzig Mal klimawirksamer ist als CO_2. Alle Tiere in Australien zu töten, würde im Jahr so viel Treibhausgase sparen wie die Stilllegung von 300 000 Autos, erklärte der Oppositionssprecher für Agrarfragen, John Cobb.
Die US-Umweltbehörde EPA geht davon aus, dass ein Kamel etwa auf ein Sechstel des CO_2-Ausstoßes eines Autos kommt. Damit entspräche die Gesamtemission der Höckertiere immer noch rund 200 000 Fahrzeugen, da in Australien geschätzte 1,2 Millionen wilde Kamele leben.
Die Tiere wurden vor mehr als 150 Jahren von Siedlern als Transportmittel ins Land gebracht und haben sich inzwischen zu einer veritablen Plage entwickelt. Sie tun sich an der ohnehin kargen Vegetation gütlich und saufen die wenigen Wasserstellen leer. Vor zwei Jahren bedrängte sogar eine Herde das Dorf Docker River und riss dort auf der Suche nach Wasser Regenrinnen und Kühlschläuche der Klimaanlagen von den Dächern. Die Regierung schätzt, dass sich die Kamel-Population alle neun Jahre verdoppelt.

Text 2: Zu korrigierender Satz

1,2 Millionen Kamele sollen sterben
Kamele sollen im Jahr rund 45 Kilogramm Methan ausstoßen. Das entspricht etwa einer Tonne Kohlendioxid, da Metan 21-mal klimawirksamer ist als CO2. Alle Tiere in Australien zu töten, würde im Jahr so viel Treibhausgase sparen wie die Stilllgegung von 310 000 Autos, erklärte der Oppositionssprecher für Agrarfragen Jonny Cobb.
Die US-Umweltbehörde EPA geht davon aus, dass ein Kamel etwa auf ein Sechstel des CO2-Ausstoßes eines Autos kommt. Damit entspräche die Gesamtemmission der Hockertiere immer noch rund 200 000 Fahrzeugen, da in Australen geschätzte 1,2 Millionen wilde Kamele leben.
Die Tiere wurden vor etwa 150 Jahren von Siedlern als Transportmittel ins Land gebracht -und haben sich inzwischen zu einer veritablen Plage entwickelt. Sie tun sich an der ohnehin kargen Vegetation gütlich und saufen die wenigen Wasserstellen leer. Vor zwei Jahren bedrängte eine Herde Kamele das Dorf Docker River und riß dort auf der Suche nach Wasser Regenrinnen und Klimaanlagen-Kühlschläuche von den Dächern. Die Regierung schätzt, dass sich die Kamel-Population alle neun Jahre verdoppelt.

LICHT UND FARBE

37 Licht und Farbe

Farbe ist ein umfassendes Phänomen, das nicht mit wenigen Worten zu erklären ist. In einem Fachbuch steht dazu: „Farbe ist eine Erscheinung des Lichts." Erklären Sie, was der Autor mit dieser grundlegenden Feststellung meint.

Für Lösung bitte separates Blatt verwenden! 

38 Licht und Farbe

Das Auge ist das Sinnesorgan des Menschen, durch das die Umwelt in verschiedenen Formen, Helligkeiten und Farben zu erkennen ist.

a) Beschreiben Sie mit einfachen Skizzen, wie der Mensch seine Umwelt (physikalisch) sieht. Verwenden Sie u. a. folgende Begriffe: **Auge, Reflexion, Zapfen, Gehirn, Farbrezeptoren, Gegenstand, Stäbchen.**

b) Farbige Gegenstände (z. B. Bilder, Farbdrucke, Kleidung) werden von Betrachtern unterschiedlich wahrgenommen. D. h., Farbe ist ein Sinneseindruck. Was ist grundsätzlich mit dieser Aussage gemeint?

Für Lösung bitte separates Blatt verwenden! 

39 Licht und Farbe

Die Sonne sendet ein sehr großes Spektrum elektromagnetischer Wellen aus, von denen ein sehr kleiner Teil für den Menschen als Licht sichtbar ist.

a) Wird „weißes" Sonnenlicht durch ein Glasprisma gebrochen, sind viele Farben in einem farbigen Band, dem Spektrum, zu erkennen.
Welche wichtigen sechs bzw. sieben Farben sind in der richtigen Reihenfolge zu erkennen? Beginnen Sie mit dem Anteil des Sonnenlichtes, der am geringsten gebrochen wurde.

b) Welcher Bereich elektromagnetischer Wellen ist (ca.) für den Menschen als Licht sichtbar? Geben Sie dazu die übliche Maßeinheit an.

c) Welches sind die drei Hauptfarbbereiche des Spektrums?

d) Beschrieben werden elektromagnetische Wellen durch Wellenlänge, Frequenz und Amplitude. Erläutern Sie diese Begriffe mit Skizzen.

Für Lösung bitte separates Blatt verwenden! 

40 Licht und Farbe

Sie sehen einen optimalen Regenbogen am Himmel.

a) Erklären Sie, warum Sie darin nie ein Magenta sehen können.

____

____

____

b) Diese Farben entstehen durch Licht. Die Hauptfarben werden additive Grundfarben genannt. Erklären Sie, welche Farben additive Grundfarben sind und was diese Bezeichnung bedeutet.

____

____

____

41 Lichtquellen

Lichtquellen strahlen im Allgemeinen nicht nur eine gleichartige Strahlungsenergie ab. Die spektrale Zusammensetzung kann sehr unterschiedlich sein. Um den wirksamen Farbeindruck allgemein vergleichen zu können, ordnet man einer Lichtquelle die sogenannte Farbtemperatur zu.

a) Ordnen Sie die folgenden Lichtquellen nach ihrer Farbtemperatur und geben Sie diese an (Circawerte ausreichend):
- Kerzenlicht
- Leuchtstoffröhre (kaltweiß) im Kaufhaus
- „mittleres Tageslicht" (Nachmittagssonne)
- Sonnenschein bei klarem, blauen Himmel
- Glühlampenlicht (60 Watt)

____

____

____

____

b) Lichtbedingungen beeinflussen die Farbwahrnehmung. Welche Bezeichnung hat eine Lichtquelle, die für das Abmustern nach ISO 3664 verlangt wird? (Diese Vorschrift mit derzeitigen künstlichen Lichtquellen nicht optimal zu erreichen.)

____

42 Licht und Farbe

Eine unzählige Zahl verschiedener Farben umgibt uns im täglichen Leben. Eine reine verbale Kommunikation über Farben ist kaum möglich, denn Farbe ist eine individuelle Sinnesempfindung.

a) Sie betrachten ein großes Farbfoto bei „normalem" Tageslicht und das gleiche Farbfoto unter einer Lichtquelle mit ca. 2800 K.
Beschreiben Sie die sichtbaren Unterschiede in der Farbwiedergabe.

____

____

____

b) Was bedeutet die Abkürzung K?

____

43 Sehen

Sie sehen zwei Gegenstände, von denen einer weiß und der andere schwarz ist.

a) Beschreiben Sie den (physikalischen) Sehvorgang und begründen Sie, warum Sie den einen Gegenstand weiß und den anderen schwarz sehen.

b) Erklären Sie, wie Sie unterschiedliche Graustufen von weiß bis schwarz sehen.

Für Lösung bitte separates Blatt verwenden! 

44 Sehen

Auf einem Plakat sind große gelbe und cyan-farbige Flächen gedruckt. Sie betrachten diese einzeln. Beschreiben Sie jeweils das Sehen einer Farbe und die Farbwahrnehmung an beiden Flächen.

Für Lösung bitte separates Blatt verwenden! 

45 Grundfarben

Aus additiven Grundfarben können durch unterschiedliche Kombinationen alle Farben gemischt werden. In das zweidimensionale Farbendreieck sollen in den drei Eckpunkten die additiven Grundfarben, auf den Verbindungsgeraden die Sekundärfarben (1. Ordnung) und im Zentrum das Mischergebnis aller Farben eingetragen werden.
Ergänzen Sie die fehlenden Farben und Bezeichnungen in der Grafik.

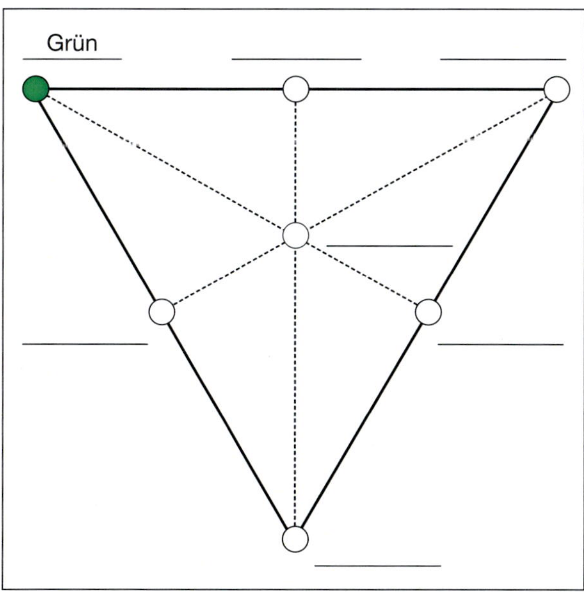

46 Sehen

„Farbe entsteht erst im Gehirn als ein Sinneseindruck." Erläutern Sie mit zusätzlichen einfachen Skizzen an einem Beispiel diesen Satz: Sie betrachten einen „farbigen" Gegenstand …
Verwenden Sie für Ihre Erläuterung die Begriffe: **reflektierte Lichtstrahlen, Farbrezeptoren, Gehirn, Auge, Stäbchen, Nerven, Absorption, Zapfen.**

Für Lösung bitte separates Blatt verwenden! 

47 Sehen

Bei normalem Tageslicht sehen Sie ihre Umwelt in bekannten Formen, Helligkeiten und Farben.
Erklären Sie, warum Sie bei Dämmerung bzw. am Abend die Umwelt mit unterschiedlichen Helligkeiten noch gut erkennen können, das Sehen von Farben jedoch bei geringerem Licht kaum mehr möglich ist.

Für Lösung bitte separates Blatt verwenden! 

48 Licht und Farbe

Ein Farbendreieck zeigt Farbmischungen von Grundfarben mit der gleichen (Licht-)Intensität. Um auch alle Variationen in den Mischungen durch unterschiedliche Intensitäten darzustellen, ist ein dreidimensionaler Farbraum erforderlich. Darin lassen sich alle sichtbaren Farben nach ihrem Buntton, der Buntheit und der Helligkeit anordnen.

a) Bunttöne: Skizzieren Sie sechs verschiedene Bunttöne.

b) Abnehmende Helligkeit: Skizzieren Sie eine Grauskala mit insgesamt sechs Stufen von Weiß nach Schwarz.

c) Abnehmende Helligkeit: Skizzieren Sie in vier Stufen einen „reinen" Buntton mit abnehmender Helligkeit.

d) Abnehmende Buntheit: Skizzieren Sie in vier Stufen einen „reinen" Buntton mit abnehmender Buntheit.

Für Lösung bitte separates Blatt verwenden! 

49 Licht und Farbe

Die Mischung von materiellen Farben, z. B. farbigen Lösungen, Pigmenten oder Druckfarben, bezeichnet man als subtraktive Farbmischung.

a) Erklären Sie die wesentlichen Unterschiede zu einer additiven Farbmischung.

b) Ein Freund sagt zu Ihnen beim Betrachten einer bunten Fläche: „Ich sehe hier eine gelbe Fläche." In der Umgangssprache absolut nicht sinnvoll, aber physikalisch korrekt, müsste formuliert werden: „Ich sehe …
(Ergänzen Sie diesen Text zu einer sachlich korrekten Aussage.)

Für Lösung bitte separates Blatt verwenden! 

50 Farbmischungen

Ergänzen Sie die folgenden „Berechnungen" mit den üblichen Abkürzungen für additive und subtraktive Grundfarben. Diese ergeben als Mischergebnis …

a) R + B = ________

b) B + G = ________

c) G + R = ________

d) R + B + G = ________

e) C + M = ________

f) M + Y = ________

g) Y + C = ________

h) C + M + Y = ________

51 Licht und Farbe

In unserer Umwelt sind Körper vorhanden, die selbst Licht ausstrahlen und andere, die erst durch eine Beleuchtung sichtbar sind und farbig erscheinen.

a) Zu welchem „Typ" gehört ein Monitor? Begründen Sie Ihre Ansicht.

b) Beschreiben Sie, wie Sie auf einem Monitor eine weiße, eine schwarze, eine neutral-graue und eine grüne Fläche sehen können.

52 Monitor

Der Monitor ist ein Ausgabegerät und zeigt visuell das digitale Bild.

a) Mit welchem Farbmischsystem bzw. mit welchen Farben wird jedes Bild auf dem Monitor prinzipiell wiedergegeben?

b) Erklären Sie, wie am Monitor Schwarz und Weiß „erzeugt" werden.

c) Erklären Sie, warum sich das aufgenommene Bild (Digitalfoto) von der Darstellung auf dem Monitor, dem Ausdruck für einen Formproof und der technischen Wiedergabe im Digitaldruck und im Offsetdruck unterscheidet. (Hinweis: Eine prinzipielle Erklärung ist ausreichend.)

53 Farbe im Druckprozess

Beim Druck einer gerasterten Fläche liegen sehr feine Rasterpunkte (80 L/cm) im Cyan und im Gelb teilweise übereinander und teilweise nebeneinander. Erklären Sie, warum Sie beim Betrachten einen homogenen Farbeindruck Grün erhalten und nicht die einzelnen Farben sehen. Beschreiben Sie dazu den physikalischen Sehvorgang.

Für Lösung bitte separates Blatt verwenden! 

54 Monitor

In einer Anzeige wird ein Computer mit einem Monitor, 27" (Zoll), mit LED-Hintergrundbeleuchtung und IPS-Technologie, angeboten.

a) Wie viele cm sind 27"?

____

b) Auf welche Länge bezieht sich dieses Maß?

____

c) Welchen besonderen Vorteil hat die neue IPS-Technologie in der Anwendung?

____

____

55 Licht und Farbe

In der Praxis unterscheidet man zwischen Idealfarben und Realfarben.

a) Skizzieren Sie die Idealfarbe Magenta in ihrem spektralen Verlauf. Geben Sie dazu auf der waagerechten Achse die Wellenlänge und auf der senkrechten Achse die Intensität an.

b) Skizzieren Sie gleichartig darunter die Realfarbe Magenta (annähernde Werte sind zur Veranschaulichung ausreichend).

c) Wie wirken sich diese Unterschiede optisch und in der Farbwiedergabe im Druckprozess aus?

Für Lösung bitte separates Blatt verwenden! 

56 Farbmischung im Druckprozess

Die Bildwiedergabe im Vierfarbdruck erfolgt mit den Prozessfarben Cyan, Gelb, Magenta sowie zusätzlich Schwarz.

a) Begründen Sie, warum die Druckfarbe Schwarz international mit einem „K“ abgekürzt wird.

b) Erklären Sie mit einfachen Prinzipskizzen, warum bzw. wie durch die subtraktiven Grundfarben und Schwarz unterschiedliche Ton- und Farbwerte farbiger Bildvorlagen wiedergegeben werden.

Für Lösung bitte separates Blatt verwenden! 

57 Licht und Farbe

Material- und Objektfarben sind nur sichtbar, wenn sie mit einer Lichtquelle beleuchtet werden. Grundfarben dieser materiellen Mischungen sind Cyan, Magenta und Gelb (Yellow). Beschreiben Sie jeweils den (physikalischen) Sehvorgang beim Betrachten einer Druckfläche. Sie sehen …

a) eine magenta-farbige Fläche.

____

____

____

b) eine grüne Fläche.

____

____

____

58 Farbmischung im Druckprozess

Beim Betrachten eines Vierfarbdrucks entsteht die farbige Bildwirkung durch eine autotypische Farbmischung. Erklären Sie den Vorgang des Sehens bei einer autotypischen Farbmischung.

____

____

____

59 Farben im Druckprozess

Ein Kunde verlangt für das Corporate Identity (CI) eine spezielle Hausfarbe, die nicht mit den Prozessfarben im Druck erreicht werden kann. Theoretisch sind aber alle Farbtöne aus den subtraktiven Grundfarben zu ermischen.
Begründen Sie, warum für bestimmte Farben von Vorlagen Sonderfarben aus speziellen Pigmenten im Druckprozess erforderlich sind.

____

____

____

60 Farben im Druckprozess

Für die Charakterisierung von Farben werden verschiedene Fachbezeichnungen verwendet. Erklären Sie einem neuen Auszubildenden kurz die folgenden Bezeichnungen – soweit möglich mit erläuternden einfachen Skizzen:

- Prozessfarben
- Primärfarben
- Sekundärfarben
- Tertiärfarben
- unbunte Farben
- aufgehellte Farben
- geschöntes Schwarz
- Pantone-Farben

Für Lösung bitte separates Blatt verwenden! 

61 Farbempfinden

In einem Fachartikel schreibt der Autor: „Das menschliche Farbempfinden ist durch die drei Größen Buntton, Buntheit und Helligkeit eindeutig zu bestimmen." Erklären Sie anschaulich, was diese Begriffe bedeuten.

Für Lösung bitte separates Blatt verwenden! 

DRUCKVORSTUFE

62 Analyse eines Druckauftrages

In Ihrem Betrieb wurde eine mehrfarbige Festschrift für das Mehrgenerationenhaus „Gemeinsam und miteinander leben" gedruckt. (Hinweis: Verwenden Sie zu dieser Aufgabe exemplarisch ein entsprechendes Druckprodukt, das Ihnen vorliegt.) Analysieren Sie dieses Druckprodukt nach:

- Art des Produktes
- Format
- Umfang (Anzahl der Seiten)
- Druckfarben (Farbigkeit)
- Satzspiegel, Ränder
- Schriften: Grundschrift, Titel und Überschriften, Auszeichnungen
- Bilder: Farbe, Raster
- Grafiken: Farbe
- Bedruckstoff
- Druckverarbeitung

Erstellen Sie eine übersichtliche Liste, in der Sie alle Informationen zu diesem Auftrag in Ihre Analyse eintragen.

Für Lösung bitte separates Blatt verwenden! 

63 Arbeitsablauf in der Druckvorstufe

Druckauftrag: Prospekt, 8 Seiten Hochformat, DIN A4, 4c-Druck, Falzklebebindung, Auflage 5000 Exemplare. Der Kunde liefert PDF-Dateien auf einer CD. Sie haben sich von einem Mediengestalter den Arbeitsablauf (Workflow) in der gesamten Druckvorstufe vom Eingang der Daten des Kunden bis zur Druckformherstellung (fertige Druckplatten) erklären lassen. Erstellen Sie danach ein prinzipielles Ablaufdiagramm in zwei Spalten.

- Erste Spalte:
  alle wesentlichen Prozessschritte
- Zweite Spalte:
  jeweils kurze fachliche Hinweise bzw. Erklärungen zu den Prozessschritten
- Verwenden Sie u. a. die Angaben:
  Dateneingang – PDF – RIP – Preflight-Check – Form-Proof – CTP – Kontrakt-Proof – Druckformen (Druckplatten)

Für Lösung bitte separates Blatt verwenden! 

64 Datensicherheit

Betriebsfähigkeit und Datensicherheit (engl. Data Security) sind die wesentlichsten Faktoren für eine sichere Kommunikation und Nutzung sämtlicher Informationen im Netz.

a) Nennen Sie zwei wichtige Schadsoftwareprogramme und ihre Folgen im internen Netzwerk.

b) In Ihrem Datensystem ist ein Firewall-System eingesetzt. Beschreiben Sie, welchen Schutz ein Firewall-System bieten soll.

c) Erarbeiten Sie mit Ihrem Team ein Merkblatt mit dem Titel „Praktische Tipps zum Surfen".

Für Lösung bitte separates Blatt verwenden! 

65 Daten

Seit einiger Zeit ist die „Cloud" bzw. das Cloud-Computing in aller Munde.

a) Beschreiben Sie grundsätzlich, was eine Cloud ist.

____

____

____

b) Erklären Sie zudem, welche neuen Möglichkeiten eine Cloud bietet und welche Bedenken derzeit dagegen bestehen.

____

____

____

66 Auftragsdaten – Datensicherung

Nicht nur im privaten Bereich können Daten bei der Arbeit mit einem Computersystem durch Schäden an der Hardware, Systemabsturz, versehentliches Löschen, Computerviren u. Ä. verloren gehen. Wichtig ist daher, mit einer geeigneten Datensicherung (engl.: Back-up) Datenverluste vollständig zu vermeiden oder zumindest stark zu begrenzen.
Der Verlust von (Kunden-)Daten in der Druckerei verursacht im Allgemeinen einen erheblichen Schaden, u. a. durch Zeitverluste, zusätzliche Kosten, Terminprobleme und Ärger mit dem Kunden.

a) Überlegen Sie, welche konkreten Folgen es hat, wenn Daten für einen Terminauftrag **nicht** wieder zu restaurieren oder sogar vollständig verloren gegangen sind.
Stellen Sie dementsprechend eine betriebsinterne „Anweisung" auf, mit der ein Datenverlust vermieden werden kann.

b) Welche verschiedenen Möglichkeiten der Datensicherung werden in Ihrem Betrieb periodisch oder entsprechend dem Arbeitsprozess durchgeführt?

c) Klären Sie, **wo**, **wann** bzw. **wie** Datensicherungen im Betrieb erfolgen und beschreiben Sie dazu beispielhaft einen Ablauf!

d) Klären und beschreiben Sie außerdem, mit welchen Möglichkeiten Daten von bestimmten Aufträgen nach der Produktion archiviert werden!

e) Besprechen Sie dazu – in Ihrem Arbeitsteam oder im Betrieb – die Frage der Haftung, wenn es dabei zu Datenverlusten kommt.
Schreiben Sie die Ergebnisse der Besprechung als Protokoll auf.

Für Lösung bitte separates Blatt verwenden! 

67 Datenschutz – Datensicherung

Jedes Unternehmen verfügt über große Mengen an Daten, die sicher verwaltet werden müssen. In einem umfassenden Informationsmanagement ist diese Verantwortung festzulegen: Wer benötigt Informationen bzw. wer verfügt, wann, wo und wie über welche für ihn relevanten Informationen?
(Quelle: MD-ECZ Magdeburg)

a) Über welche unterschiedlichen Informationen (Daten zu …) verfügen Unternehmen?

b) Damit der Unternehmensleitung, den Datenverantwortlichen und Mitarbeitern im Arbeitsablauf alle erforderlichen Daten zur Verfügung stehen, müssen Informationen systematisch erfasst und strukturiert, verarbeitbar und archivierbar sein.
Lassen Sie sich in Ihrem Betrieb erklären, wie Informationen behandelt, d. h. erfasst, strukturiert, verarbeitet und archiviert werden.
Schreiben Sie dazu wichtige Informationen auf.

c) Klären Sie dazu in kurzer Form die Begriffe:
- personenbezogene Daten
- Dokumentenmanagement
- Contentmanagement

Für Lösung bitte separates Blatt verwenden! 

68 Auftragsdaten

Kunden liefern heute überwiegend digitale Daten für einen Auftrag.

a) Beschreiben Sie verschiedene Möglichkeiten zur Lieferung von digitalen Daten in Ihren Betrieb.

____

____

____

b) Ein Kunde liefert dem Betrieb „offene Dateien", ein anderer „geschlossene Dateien". Beschreiben Sie wesentliche Unterschiede der beiden Dateiarten.

____

____

____

69 Analoge Bildvorlagen für die Produktion

Im Offsetdruck können nur binäre Tonwerte gedruckt werden, d. h.: drucken oder nicht drucken! Beschreiben Sie typische Merkmale (Bild-Elemente) bei analogen Vorlagen.

a) Schwarz-Weiß-Strichvorlagen

b) Halbton- bzw. Graustufenvorlagen

70 Bildvorlagen für die Produktion

Bei Halbtonvorlagen oder auch Graustufenvorlagen werden bestimmte Tonwertbereiche allgemein charakterisiert. Dabei haben absolut schwarze Bereiche einen Tonwert von 100 %, ungedeckte (weiße) Bildbereiche einen Tonwert von 0 %. Wie viel Prozent haben die folgenden Tonwertbereiche (ca.):

a) Lichter

b) Vierteltöne

c) Mitteltöne

d) Dreivierteltöne

e) Tiefen

f) Volltöne

71 Bildvorlagen für die Produktion

In einem Kapitel der Broschüre „Druckvorstufe" werden Bilder grundsätzlich in analoge und digitale Bildvorlagen unterteilt.
Beschreiben Sie den Unterschied zwischen analogen und digitalen Bildvorlagen.

72 Bildvorlagen für die Produktion

Bildvorlagen unterscheiden sich u. a. durch mehr oder weniger starke Bildkontraste. Je bunter und farbkräftiger ein Bild ist, desto höher sind die Farbkontraste. Die Sensibilität des Auges ist durch den starken Buntkontrast herabgesetzt. Umgekehrt wird die Sensibilität des Auges gesteigert, wenn das Bild kontrastarm und wenig bunt ist.

a) In welche unterschiedlichen Bildkontrast-Klassen lassen sich Bilder (nach System Brunner) einteilen?

b) Welche Anforderungen stellen unterschiedliche Bildkontrast-Klassen in der Druckvorstufe?

c) Beschreiben Sie exemplarisch mögliche Probleme beim Druck von Bildern in den verschiedenen Bildkontrast-Klassen.

73 Bildvorlagen für die Produktion

Bildvorlagen werden grundsätzlich nach verschiedenen Kriterien unterschieden. Vielfach sind dies Gegensatzpaare (entweder – oder). Beschreiben Sie jeweils die typischen Eigenschaften der angegebenen Gegensatzpaare:

- analog – digital
- Strich – Halbton bzw. Graustufen
- Aufsicht – Durchsicht
- einfarbig – mehrfarbig
- positiv – negativ
- Hochformat – Querformat
- seitenrichtig – seitenverkehrt

Für Lösung bitte separates Blatt verwenden! 

74 Bildvorlagen für die Produktion

Digitale Bilder unterscheiden sich grundsätzlich in ihrer Art (Wiedergabe der Informationen) und nach ihrem Datenformat. Grafische Illustrationen werden durch mathematisch definierte Vektoren (Objekte: Linien, Flächen) beschrieben. Bilder sind dagegen aus einer Vielzahl von quadratischen Bildpunkten (Pixeln in einer Bitmap) in einer festen Auflösung aufgebaut.

a) Vektorgrafik: Mit welchen Informationen (Angaben) ist beispielsweise eine gerade einfarbige Linie zu definieren?

b) Vektorgrafik: Grafiken benötigen nur einen geringen Speicherplatz und sind auflösungsunabhängig. Was bedeutet der Hinweis auflösungsunabhängig?

c) Pixelgrafik: Welches Problem tritt auf, wenn Sie ein Bitmapbild mit 100 ppi stark vergrößert drucken wollen? Ergänzen Sie Ihre Antwort durch eine kleine Detailskizze, die diese Problematik verdeutlicht.

Für Lösung bitte separates Blatt verwenden! 

75 Bildvorlagen für die Produktion

Für das Speichern von Bildern werden bestimmte Datenspeicherformate verwendet. Welches Datenformat wird verwendet für …

a) Vektorgrafiken?

____

b) Bilder (Pixelformat)?

____

76 Bildvorlagen für die Produktion

Recherchieren Sie: In einem Fachartikel zu Bildvorlagen und reproduktionstechnischer Digitalisierung lesen Sie Fachwörter, die Ihnen noch nicht bekannt sind. Beschreiben Sie nach Ihrer Recherche, was die folgenden Fachwörter bedeuten:

- Flächensensor
- optische Auflösung
- Farbtemperatur bei der Aufnahme
- Tonwertumfang
- Histogramm
- Gradation

Für Lösung bitte separates Blatt verwenden! 

77 Bildvorlagen für die Produktion

Grafikprogramme arbeiten objekt- bzw. vektororientiert, d. h., erstellte Elemente einer Zeichnung werden in Vektoren gespeichert. Bildverarbeitungsprogramme arbeiten dagegen pixelorientiert. Es werden demnach unterschiedliche Dateien in beiden Programmen gespeichert.

a) Beschreiben Sie prinzipiell Unterschiede im digital gespeicherten Aufbau zwischen einer Vektorgrafik und einem Pixelbild.

____

____

____

b) Eine Vektorgrafik wird auf 300 % vergrößert. Wie wirkt sich diese Veränderung auf die Qualität der Grafik aus?

____

____

____

c) Ein in einem Bildbearbeitungsprogramm bearbeitetes Bild soll im Abbildungsmaßstab von 300 % gedruckt werden. Wie wirkt sich die Vergrößerung auf die Bildqualität aus?

____

____

____

78 Bilder – Bildvorlagen

Ein Bild beeinflusst den Menschen mehr als jeder Text: „Ich habe es selbst gesehen ...!“ Demnach glauben wir spontan, dass Bilder wahre Informationen visualisieren. Digitale Prozesse ermöglichen eine beliebige synthetische Herstellung von Bildern, indem man Bildinhalte verändert, verfremdet oder bestimmte Bildbereiche mit anderen Bildern kombiniert. In seltenen Fällen ist danach zu erkennen: Ob diese richtig oder falsch sind.
Beurteilen Sie jeweils folgende Situationen:

a) Digital umfassend bearbeitete („manipulierte“) Bilder werden während einer angeblichen Livesendung im Fernsehen oder im Internet gezeigt.

b) Digital umfassend bearbeitete („manipulierte“) Bilder werben in einem gedruckten Reisekatalog für ein Hotel.

c) Digital umfassend bearbeitete Bilder informieren in der Fachzeitschrift „Haus und Garten“ über die Gestaltung eines eigenen Steingartens.

79 Auflösung

Bei einem Flachbettscanner wird eine optische und eine interpolierte Auflösung angeben. Erklären Sie, was beide Angaben für die Praxis bedeuten.

80 Auflösung

Die Bezeichnung Auflösung beschreibt allgemein eine Detailwiedergabe, bei der einzelne Elemente voneinander getrennt wahrgenommen bzw. wiedergegeben werden können. In der Druckvorstufe sind die Aufzeichnungsfeinheit für die Eingabeauflösung (Bild: Digitalkamera, Scanner) und die Druckauflösung (Wiedergabefeinheit für den Druckprozess) zu beachten. Die Angabe der Eingabeauflösung erfolgt international in ppi (pixel per inch), der Druckauflösung in dpi.

a) Wie vielen cm entspricht 1 Inch?

b) Mit welcher Auflösung werden üblicherweise Informationen auf einem Monitor wiedergegeben? (Hinweis: Derzeit sind verschiedene Auflösungen möglich.)

c) Was bedeutet die Abkürzung dpi in Englisch und in Deutsch?

d) Was bedeutet das Wort Pixel allgemein?

81 Bilddaten

Ein digitales Bild (Farbfoto) besteht aus einer Matrix von Bildpunkten (Pixeln), die horizontal und vertikal angeordnet sind. Diese Pixel sind in der Regel mit 8 Bit kodiert. Je mehr Bildpunkte diese Bitmap enthält, desto mehr Details des Bildes können dargestellt werden.

a) Wie viele Graustufen sind mit 8 Bit wiederzugeben?

b) Erklären Sie, warum mit einer höheren Anzahl von Bildpunkten eine bessere Detailwiedergabe erreicht wird.

82 Auflösung

Bei Eingabesystemen gibt die Auflösung die Menge der Bildpunkte auf einer bestimmten Strecke an, z. B. 300 ppi. Ergänzen Sie den folgenden Text zu einem vollständigen Satz in Bezug auf die Detailwiedergabe eines Bildes.

Dabei gilt: Je höher die Auflösung, desto ...

83 Bilddaten – Kompression

Bilddaten eines digitalen Farbbildes erfordern einen hohen Speicherplatzbedarf. Um diese Datenmenge zu reduzieren, werden unterschiedliche Kompressionsverfahren eingesetzt. In der Praxis werden verlustfreie und verlustbehaftete Kompressionsverfahren eingesetzt. Ein standardisiertes Kompressionsverfahren ist das JPEG-Verfahren.

a) Zu welchen Kompressionsverfahren gehört JPEG?

b) Welche Möglichkeiten bei der Kompression hat das JPEG-Format?

c) Ein Pixelbild ist zu stark komprimiert worden, es entsteht ein (sogenanntes) „Klötzchenbild". Was ist damit gemeint?

84 Bilddaten für die Produktion

Eine Strichvorlage muss in einem Scanner digitalisiert werden. Es werden zum Test zwei Scans in den Auflösungen 100 ppi und 1200 ppi erstellt. Sie vergleichen beide Scans. Dazu prüfen Sie diese unter einer sehr hohen Vergrößerung. Beschreiben Sie den dabei sichtbaren Unterschied zwischen beiden Scans.

85 Bilddaten

Um die Farben in einem digitalen Bild wiederzugeben, sind den Bildpunkten Farbinformationen zugeordnet. Man nennt diese digitalen Bits für Farbinformationen Bittiefe. Mit einer Bittiefe von je 8 Bit sind diese Farbinformationen pro Farbkanal (RGB) definiert.

a) Berechnen Sie die Gesamtzahl der theoretisch zu erreichenden Farbnuancen.

b) Welches ist das überwiegend eingesetzte Datenformat (Speicherformat) für Pixelbilder? Geben Sie dazu die Dateiendung an.

86 Echte und „unechte" Halbtöne

Halbtonvorlagen (Graustufenvorlagen) bestehen nicht nur aus den zwei binären Bildelementen Licht und Tiefe (Weiß oder Schwarz), sondern auch aus beliebig vielen Helligkeits- bzw. Farbwerten.

a) Erläutern Sie konkret, warum Halbtonvorlagen in der Druckvorstufe gerastert werden müssen, damit sie im Offsetdruck (und auch den meisten anderen Druckverfahren) gedruckt werden können.

b) Beschreiben Sie, wie durch ein gerastertes Bild („unechter Halbton") Helligkeitsunterschiede im Druck wiedergegeben werden.

c) In welchen Druckverfahren bzw. welcher Drucktechnik ist es möglich, ohne ein Rastern der Bildvorlagen zu drucken?

87 Bildvorlagen für die Produktion

In seltenen Fällen liefern Kunden heute noch gerasterte Filme (früher als Kopiervorlagen genutzt) oder Drucke für einen neuen Auftrag.
Erläutern Sie, warum diese Vorlagen keine hohe Qualität im Druck geben können.

88 Bildvorlagen – Rastern

Bilder sind optisch gespeicherte Informationen. Der Offsetdruck, wie auch die meisten anderen Druckverfahren, besitzt zur Informationswiedergabe beliebiger Bildvorlagen nur zwei (binäre) Zustände auf einer Druckform und im Druckprozess:

- drucken (Bildstellen) oder
- nicht drucken (Nichtbildstellen).

Dabei gilt: Alle Bildstellen übertragen Druckfarbe in gleicher Farbschichtdicke, Nichtbildstellen übertragen keine Farbe. Alle Bilder (Halbtonvorlagen, Fotos) müssen dementsprechend für die Druckformherstellung und den Druck „umgewandelt", d. h. gerastert werden.
Erklären Sie einem fachlichen Laien, wie durch das Rastern von Bildvorlagen unterschiedliche Tonwerte des Bildes gedruckt werden können. Verwenden Sie zu Ihrer Erklärung das folgende, stark vergrößerte gerasterte Bild.

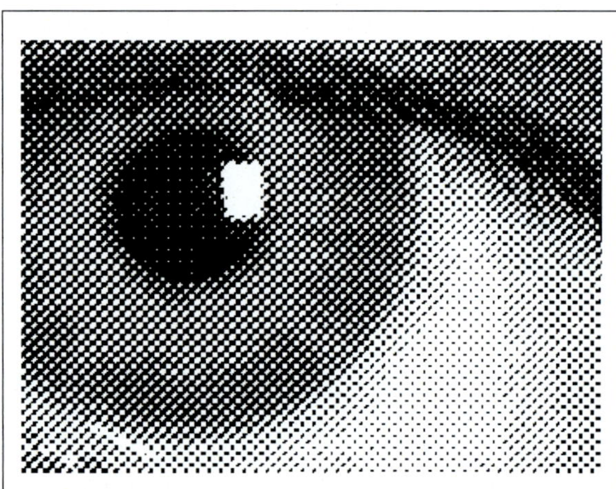

Für Lösung bitte separates Blatt verwenden!

89 Bildvorlagen

Ein Kunde liefert Ihnen für einen hochwertigen Bildband, gedruckt im Bogen-Offsetdruck, stark unterschiedliche Farbvorlagen und digital erfasste Texte. Einige Bilder haben geringe Kontraste sowie stark homogene Farbtöne in der Grauachse. Andere Bilder haben dagegen starke Kontraste und sind sehr bunt (vgl. Volksfest).
Beschreiben Sie, warum die Reproduktion und der Druckprozess bei Bildvorlagen mit stark homogenen Farbtönen erheblich höhere Ansprüche an die Druckvorstufe und den Druck stellt.

90 Rastern

Das Auflösungsvermögen des Auges ist begrenzt. Das heißt beispielsweise: Je feiner einzelne Elemente sind und je größer der Betrachtungsabstand ist, desto weniger Details kann das Auge erfassen. Durch eine solche optische Täuschung ist es möglich, Tonwerte einer Bildvorlage zu erkennen, die durch ein Rastern proportional dem Tonwert entsprechend umgewandelt worden sind.

a) Veranschaulichung: Skizzieren Sie mit kleinen Punkten auf einer Strecke von 1 cm einen 5er und einen 10er Raster.

b) Erklären Sie, warum beispielsweise Bilder auf einem Plakat mit einer Rasterweite von 30 L/cm gedruckt werden können.

91 Rastern

Die „klassische“ Rasterungstechnik ist das autotypische Rastern. Man nennt diese Rastertechnik heute amplitudenmodulierter Raster, kurz AM-Raster.
Dabei werden alle Tonwerte von 1 % bis 100 % durch 256 Graustufen wiedergegeben. Alle 256 Graustufen werden aus kleinsten Rasterelementen in einer quadratischen (virtuellen) Rasterzelle aufgebaut.

a) Aus wie vielen einzelnen Rasterelementen ist eine quadratische Rasterzelle mit 256 Graustufen aufgebaut?

b) Die beiden Abbildungen zeigen stark vergrößert zwei Rasterzellen. Tragen Sie in eine Rasterzelle ein Licht (heller Tonwert) und in die andere Rasterzelle einen Mittelton (ca. 50 % Tonwert) ein.

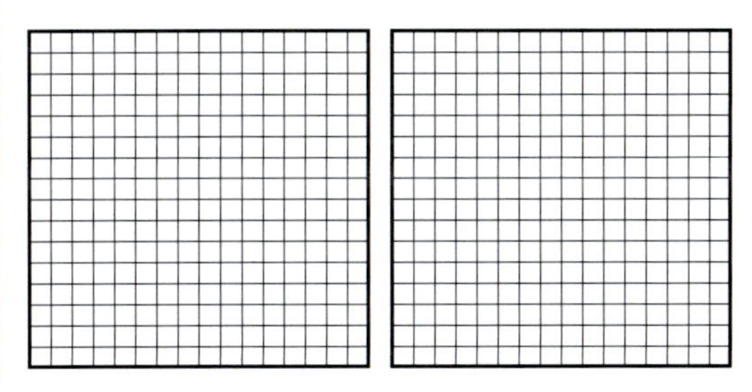

92 Rastern

Eine Rasterzelle ist ein quadratisches „virtuelles Pixelgitter“, in das bei der Bebilderung einer Druckplatte mit einem Laser einzelne Rasterelemente (REL) genau positioniert werden. Die Größe des Rasterpunktes ergibt sich aus der Anzahl aller in einer Rasterzelle positionierten RELs.

a) Die Breite einer Rasterzelle berechnet sich aus dem Kehrwert der Rasterweite.
Wie breit ist danach einer Rasterzelle bei einem Raster mit 60 L/cm?

b) Um 256 Graustufen in 256 entsprechende Rastertonwerte umzusetzen, wird eine Rasterzelle aus $16 \times 16 = 256$ RELs benötigt. Berechnen Sie die für die Bebilderung eines Rasters mit 60 L/cm erforderliche Belichterauflösung in L/cm und in dpi.

93 Rastern

Im Druckprozess kann die Vielzahl unterschiedlicher Tonwerte nicht mit einzelnen Farben gedruckt werden. Um Tonwerte im Druck wiederzugeben, müssen diese gerastert werden. Im Druck werden Tonwerte z. B. mit 2^8 einzelnen Elementen in einer Rasterzelle wiedergegeben.
Wie viele Graustufen können damit „technisch erzeugt“ werden?

94 Rastern

Ein Rasterelement (REL) ist die Größe des einzeln ansteuerbaren Belichterelements (Belichtungspixel). Seine Größe ergibt sich aus der Belichterauflösung. Ein Ausgabesystem hat eine Auflösung von 2540 dpi.

a) Berechnen Sie die Kantenlänge eines RELs in µm.

b) Ergänzen Sie das fehlende Wort im Text:

Je höher die Belichterauflösung, umso ________ die RELs.

95 Rastern von Bildvorlagen – Druckprozess

Neben den symmetrischen (quadratischen) Rasterpunktformen werden auch elliptische Rasterpunktformen, sogenannte Kettenpunktraster, eingesetzt.

a) Skizzieren Sie bespielhaft je zwei Rasterpunkte über- und nebeneinander.

b) Welchen Vorteil bringt der Einsatz dieser Rasterpunktform im Druckbild?

96 Rastern von Bildvorlagen – Druckprozess

Das Druckverfahren und drucktechnische Bedingungen (Wartung, Grundeinstellungen der Druckmaschine u. a.) haben Auswirkungen auf die Wahl der Rasterweite. Entscheidend ist aber vor allem die Papierqualität und ihr Einfluss auf den Tonwertzuwachs.

a) Skizzieren Sie exemplarisch und stark vergrößert die Seitenansicht (Oberflächenprofil)

- eines ungestrichen maschinenglatten,
- eines ungestrichenen satinierten und
- eines gestrichenen Papiers.

b) Tragen Sie auf jede Papieroberfläche aus Teilaufgabe **a)** gedruckte Rasterpunkte mit gleicher Strichdicke (= gedruckte Farbschicht) ein. Verdeutlicht werden soll damit der Einfluss der Papieroberfläche auf die Wiedergabe der gedruckten Rasterpunkte.

c) Erklären Sie den Begriff Tonwertzuwachs.

d) Warum ist für den Druck auf einer rauen, porösen Bedruckstoffoberfläche ein entsprechender Raster in der Druckvorstufe zu wählen?

97 Rastern von Bildvorlagen – Druckprozess

Der Bedruckstoff, der gewählte Raster, die Rasterweite, die erforderliche Farbschichtdicke und die Grundeinstellungen der Druckmaschine wirken sich insgesamt auf die Druckqualität (Produkt mit Texten, Bildern und Flächen) aus.

a) Beschreiben Sie die Bedeutung des Bedruckstoffs für die Druckqualität.

b) Es soll mit einem AM-Raster im Rollen-Offsetdruck auf einem LWC-Papier gedruckt werden. Welche Rasterweite ist zu empfehlen?

c) Der Druck von Farbflächen erfordert eine etwas höhere Farbführung im Druck. Beschreiben Sie, wie sich die höhere Farbdichte auf die Bildwiedergabe mit Rastertonwerten auswirkt.

98 Rastern von Bildvorlagen – Druckprozess

Die Rasterweite (nach ISO: Rasterfrequenz) wird bei AM-Rastern in Linien pro Zentimeter (L/cm) oder in lpi angegeben. Bei FM-Rastern wird dagegen nur die Größe der einzelnen Rasterelemente angegeben.

a) Für einen Druckauftrag wird ein AM-Raster mit einer Rasterweite von 60 L/cm eingesetzt. Wie viel lpi sind dies?

b) Für welchen Bedruckstoff (Art, Oberflächeneigenschaft) ist eine Rasterweite von ≥ 60 L/cm geeignet?

c) Für einen FM-Raster wird nur die Größe der Rasterpunkte angegeben. Ein FM-Raster hat eine Punktgröße von 15 µm. Wie viele mm sind dies?

99 Rastern von Bildvorlagen – Druckprozess

Nach der Erarbeitung des Themenbereiches „Rastern von Bildvorlagen im Zusammenhang mit dem Druckprozess“ wurden stichpunktartige Notizen erstellt. Prüfen Sie diese Notizen, nicht alle sind fehlerfrei.

- Unterschiedliche Tonwerte der Bildvorlage werden in kleinste binäre Druckelemente umgewandelt.
- Tonwerte können durch flächenvariable Rasterpunkte (FM-Raster) dargestellt werden: Weißes Papier reflektiert auftreffende Lichtstrahlen vollständig, unterschiedlich große Rasterpunkte absorbieren mehr oder weniger Licht!
- Über das Auge erkennt das Gehirn keine einzelnen Rasterpunkte, sondern einen reflektierten Helligkeitswert.
- Verschiedene Papieroberflächen haben unterschiedliche Fähigkeiten zu einer detailgetreuen Wiedergabe von Text- und Bildelementen. Die besten Ergebnisse sind mit gestrichenen holzstofffreien Papieren zu erreichen.
- Grundsätzlich gilt: Je höher die Rasterweite, desto geringer ist der Tonwertzuwachs.
- Durch das Trapping wird die Tonwertzunahme im Druck reduziert.
- Am höchsten ist der Tonwertzuwachs bei AM-Rastern in den mittleren Tonwerten, da sich hier die Rasterpunkte überlagern.
- Aufgrund einer höheren Anzahl von Rasterpunkten und anderer Faktoren ist der Tonwertzuwachs beim AM-Raster höher als beim FM-Raster.

Finden Sie fehlerhafte Angaben und korrigieren Sie diesen Text schriftlich.

Für Lösung bitte separates Blatt verwenden! 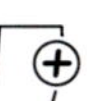

100 Rastern

Unterschiedliche Tonwerte können in einer autotypischen Rasterung (AM-Raster) oder einer frequenzmodulierten Rasterung (FM-Raster) wiedergegeben werden.

a) Erläutern Sie beispielhaft mit Skizzen, wie unterschiedliche Tonwerte durch eine AM- und eine FM-Rasterung entstehen.

b) Die Tonwertzunahme ist bei FM-Rastern prinzipiell höher als bei AM-Rastern.
Welche wesentlichen Vorteile hat jedoch der FM-Raster gegenüber einem AM-Raster?

Für Lösung bitte separates Blatt verwenden! 

101 Rastern von Bildvorlagen – Druckprozess

Ein autotypischer Raster hat im Aufbau eine gleichmäßige Struktur, z. B. waagerechte und senkrechte Rasterlinien. Im Farbdruck mit den Prozessfarben und Schwarz sind die einzelnen Farbauszüge zu winkeln, um ein Moiré (störendes Muster durch Interferenz der Prozessfarben) zu vermeiden.

a) Warum wird Gelb (Y) grundsätzlich mit 0° gewinkelt?

____

____

b) Welche „Grundregel“ gilt für das Winkeln der anderen Farben?

____

____

c) Geben Sie beispielhaft eine Winkelung aller Farben für den Vierfarbdruck an.

____

____

____

d) Welche Winkelung wird für einen Kettenpunktraster empfohlen?

____

____

102 Rastern

Sind in der Druckvorstufe alle digitalen Druckseiten für die Produktion freigegeben, werden diese in einer PDF-Datei oder PostScript-Datei gespeichert.
Die prozessgerechte Aufbereitung der Daten für die Druckformherstellung und den Druck erfolgt im Raster Image Prozessor (RIP).
Beschreiben Sie wesentliche Aufgaben (Funktionen), die ein RIP im Verarbeitungsprozess hat.

____

____

____

103 Rastern von Bildvorlagen – Druckprozess

Die Rasterweite (Rasterfrequenz) gibt die Feinheit der Rasterelemente für die Wiedergabe von Bildinformationen an. Welche wesentlichen Faktoren beeinflussen die Wahl der Rasterweite? Begründen Sie Ihre Ansicht.

____

____

____

104 Farbseparation

Bilddaten einer Farbvorlage wurden in der analog arbeitenden Reproduktionstechnik durch Farbfilter selektiert. Welche Filter wurden dabei für jeden Farbauszug der Prozessfarben und Schwarz eingesetzt? Begründen Sie Ihre Antwort.

Für Lösung bitte separates Blatt verwenden!

105 Farbseparation

Ein Fachartikel beschreibt die Aufgaben eines RIPs. Eine wichtige Aufgabe ist die In-RIP-Farbseparation. Beschreiben Sie diese Farbseparation in einem digitalen Prozessablauf im Vergleich zu früher üblichen (reproduktionstechnischen) Farbseparationen.

Für Lösung bitte separates Blatt verwenden!

106 Farbseparation

Ein praktischer Versuch: Sie drucken drei gleiche Farbanteile Cyan, Magenta und Gelb (Yellow) übereinander. Nach dem theoretischen Modell der Farbenlehre müsste dieser Übereinanderdruck (C + M + Y) ein neutrales Schwarz ergeben.
Erklären Sie, warum ein eher schmutziges Grau-Braun, nicht aber ein „ideales“ Schwarz entsteht.

____

____

107 Prinzip des subtraktiven Farbmodells

Die farbführenden Flächen (vgl. Farbseparation) bilden Druckelemente der Prozessfarben Cyan, Magenta und Yellow (Gelb).
Theoretisches Modell mit reinen Farben: In dem folgenden Modell soll dargestellt werden, wie durch den Druck der subtraktiven Grundfarben Cyan (C), Magenta (M) und Yellow (Y) ein Weiß (unbedrucktes weißes Papier) sowie durch Cyan, Magenta, Yellow die Flächen Rot, Grün und Blau gedruckt werden.
Tragen Sie in die einzelnen Felder die entsprechenden Farben ein. Hinweis: Wird in ein Feld keine Farbe eingetragen, wird dieses Feld nicht bedruckt.

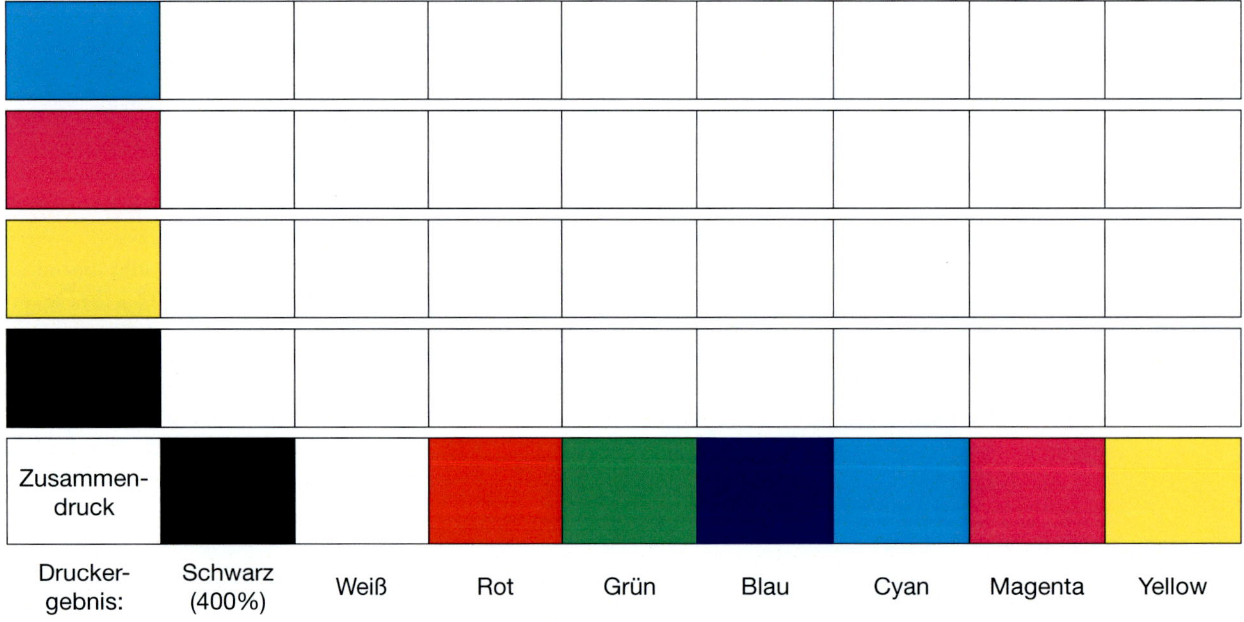

108 Prinzip des subtraktiven Farbmodells

In einem sechsteiligen Farbkreis liegen den drei Grundfarben gegenüber sogenannte Komplementärfarben. Diese drei Farbenpaare ergänzen sich durch Mischung zu Unbunt (Weiß, Schwarz sowie neutrales Grau ohne Buntanteil).

a) Skizzieren Sie einen sechsteiligen Farbkreis. Kennzeichnen Sie darin mit Pfeilen die drei Komplementärfarben.

b) Ergänzen Sie jeweils den folgenden Text zu einem korrekten Satz:
Die Mischung von Komplementärfarben ergibt bei

- additiver Farbmischung …

- subtraktiver Farbmischung …

109 Farbe – Druck: Unbuntaufbau

In der Praxis zeigt sich, dass die Druckfarbe Schwarz in bestimmten Farbbereichen eine nicht ausreichende Farbigkeit im Bild ergibt. Durch eine Buntfarbenaddition (UCA = Under Color Addition) ist dieser Mangel auszuschalten.
In welchen Farbbereichen wirkt sich UCA aus und wie wird dies erreicht?

110 Farbe – Druck: Buntaufbau

Im Druckprozess können Unbunt- oder Grauwerte durch entsprechende Anteile von Cyan, Magenta und Gelb oder allein durch die Druckfarbe Schwarz erzeugt werden. Beide Möglichkeiten können auch kombiniert werden.
Bei einer Bildwiedergabe im Buntaufbau entstehen alle unbunten Farben durch Teilmengen der bunten Druckfarben Cyan, Magenta und Yellow. Die Druckfarbe Schwarz wird nur zur Unterstützung der Bildtiefen und zur Verbesserung der Tiefenzeichnung eingesetzt.

a) Aus welchen prozentualen Druckfarbenanteilen C, M und Y (also ohne Schwarz) setzt sich ein dunkles rötliches Braun zusammen? Schätzen Sie dazu eine mögliche Flächendeckung in %.
Tragen Sie in die Skizze unter die Druckfarben die geschätzten Farbanteile (%) ein.

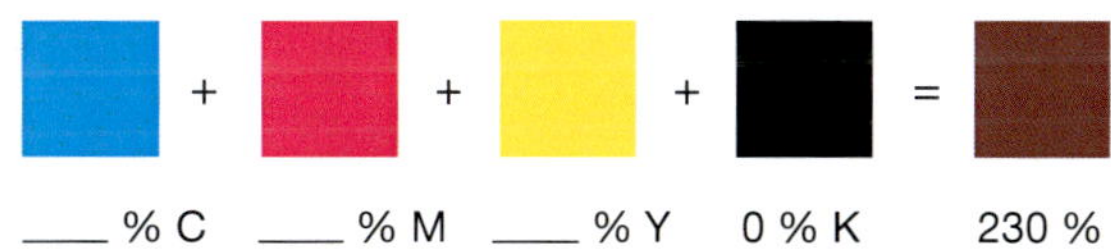

___ % C ___ % M ___ % Y 0 % K 230 %

b) Mit welcher maximalen Flächendeckung in Prozent würden bei einem reinen Buntaufbau in einem Vierfarbdruck schwarze oder sehr dunkle Farbtöne gedruckt werden?

c) Welche drucktechnischen Probleme sind bei sehr hohen Flächendeckungen im Druck zu erwarten?

d) Sie drucken Aufträge mit vielen Bildern, die unterschiedliche neutralgraue Farben (Sandfarben, ein helles Oliv, Grau, Glas, Maschinenteile u. Ä.) enthalten. Welches Problem werden Sie als Drucker bei einem Farbdruck (reiner Buntaufbau) in der Farbwiedergabe haben? Begründen Sie das Problem.

e) Das Schwarz in einem reinen Buntaufbau wird vielfach Skelettschwarz genannt. Erklären Sie diese Bezeichnung.

111 Farbe – Druck: Unbuntaufbau

Eine Variante zum Farbaufbau ist der Unbuntaufbau (= GCR, engl. Abk. für Gray Component Replacement).

a) Übertragen Sie die bei der Aufgabe 110 angegebenen Farbanteile (Flächendeckungen) modellhaft in die folgende Grafik.

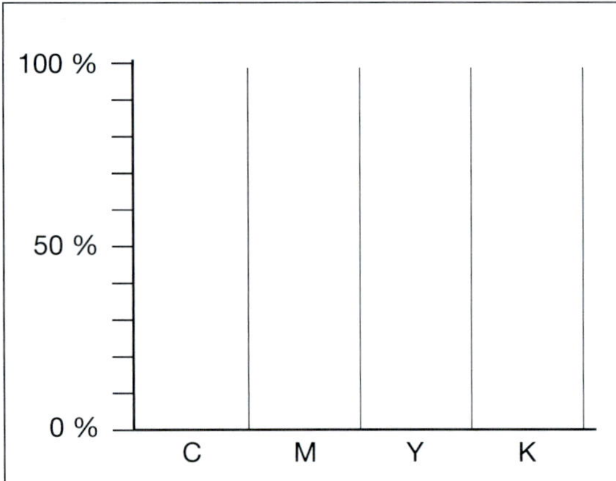

b) Der hellbraune Buntanteil ist durch Anteile von M und Y entstanden. Der Anteil von C ergibt mit der prozentual gleichen Menge M und Y einen Grauanteil, der das helle Braun entsprechend dunkelt. Wie groß ist der neutrale Grauanteil, der durch die Druckfarbe Schwarz „ersetzt" werden kann?

____

c) Ergänzen Sie den folgenden Satz fachlich richtig: „Neutrale Farbtöne bestehen nur aus der Druckfarbe Schwarz. Auch das Abdunkeln bunter Farbtöne und die Tiefenzeichnung erfolgen durch Schwarz.
Alle Tertiärfarben bestehen damit maximal aus ..."

____

112 Farbe – Druck

Sie lesen im Fachbuch „Colormanagement in der Farbreproduktion": Ein langes Schwarz kann bis zur Lichterzeichnung im Farbaufbau mitwirken.
Erläutern Sie, was mit diesem Satz gemeint ist.

____

____

____

113 Farbe – Druck

Sie vergleichen das gleiche Farbbild in unterschiedlichem Aufbau. Beschreiben Sie, wie sich grundsätzlich ein Bildaufbau in einem reinen Buntaufbau von einem Bildaufbau in einem reinen Unbuntaufbau voneinander unterscheiden.

Für Lösung bitte separates Blatt verwenden! 

114 Farbe – Druck: Buntaufbau

Die höchsten Flächendeckungen im Druckbild ergeben sich im Buntaufbau in den Dreivierteltönen und Tiefen bis zum Schwarz.

a) Wie wird der Aufbau eines Farbbildes bei einem Buntaufbau mit Unterfarbenreduzierung (UCR = Under Color Removal) korrigiert und drucktechnisch optimiert?

____

____

b) Welche Vorteile bietet dieses Verfahren gegenüber dem „reinen" Buntaufbau im Druckprozess?

____

____

115 Fachwissen Druckvorstufe, Farbe

Für das Fachwörterbuch Ihrer Klasse sind aus dem Bereich der Druckvorstufe Fachbegriffe einfach und verständlich zu formulieren. Recherchieren und bearbeiten Sie die folgenden Fachbegriffe. Nennen Sie zudem die Bedeutung der (englischen) Abkürzungen sowie den deutschen Begriff dazu:

- Buntaufbau
- Duplexdruck
- GCR
- Graubalance
- Graustufen
- ICC-Profile
- UCA
- UCR
- Prozessfarben
- maximale Tonwertsumme
- weißes Licht

Für Lösung bitte separates Blatt verwenden! 

116 Farbe – Druck

Mischen Sie in der Praxis eine Grauskala mit fünf Tonwerten von Hellgrau bis Dunkelgrau in zwei Versionen. Tupfen Sie diese Grauskala auf ein gestrichenes Papier aus.
Mischung 1: eine Mischung aus Weiß und Schwarz
Mischung 2: identische Graustufen wie bei Mischung 1 aus Cyan, Magenta und Yellow

a) Beschreiben Sie, warum eine gleiche Farbwirkung der Grautonwerte bei der Mischung 2 nur sehr schwer zu erreichen ist.

____

____

____

b) Begründen Sie, warum ein Druck von bildwichtigen Farben mit geringer Buntheit drucktechnisch sehr schwierig ist.

____

____

____

117 Farbe – Druck

Je bunter und farbkräftiger ein Bild ist, desto geringer sind Farbabweichungen zu erkennen. Das menschliche Auge reagiert aber sehr sensibel auf kleinste Abweichungen in bildwichtigen, bestimmten Farbtönen.

a) Auf welche bildwichtigen Farbtöne reagiert das menschliche Auge besonders sensibel?

____

____

____

b) In der Druckvorstufe und im Druck ist ein charakteristisches Merkmal der Farbwiedergabe die Graubalance. Was ist damit gemeint?

____

____

____

c) Welcher Farbaufbau eines Bildes verringert die drucktechnischen Probleme?
Erklären Sie, warum dies so ist.

____

____

____

118 Farbe – Druck

Die Graubalance-Empfehlung nach ProzessStandard Offsetdruck bzw. MedienStandard Druck lautet:

- Viertelton C 25 %, M 18 %, Y 18 %
- Mittelton C 50 %, M 40 %, Y 40 %
- Dreiviertelton C 75 %, M 64 %, Y 64 %

Begründen Sie, warum neutrale Grautöne nicht durch gleiche Anteile C+M+Y aufgebaut werden.

____

____

____

119 Fachwissen – Fachterminologie

Fachliches Grundwissen ist für das Verständnis von Zusammenhängen und Prozessabläufen eine wichtige Voraussetzung. Nachdem Sie das Themengebiet „Druckvorstufe“ bearbeitet haben, machen Sie dazu einen kleinen Test. Erklären Sie **kurz** die folgenden Fachbegriffe, Bezeichnungen bzw. Abläufe:

- Workflow
- Grafik als Bitmap
- RGB-Daten
- Graustufenvorlage
- Vektorgrafik
- Dateiendungen: tif, jpg
- Komprimierung
- Datentiefe
- Abtastauflösung
- Rasterweite
- CMYK
- Colormanagement
- additive und subtraktive Farbmischung
- Rasterwinkelung
- Moiré

Für Lösung bitte separates Blatt verwenden! 

120 Zusammenarbeit Kunde/Mediendienstleister und Druckerei

Eine problemlose Zusammenarbeit zwischen Kunden bzw. Mediendienstleistern und der Druckvorstufe in Druckereibetrieben wird durch die Vereinbarung von „Technischen Richtlinien" standardisiert. Druckereien geben vielfach solche technischen Richtlinien oder kurze Checklisten für eine fehlerlose Kommunikation an den Kunden heraus.
Die „Technischen Richtlinien" einer Druckerei geben für eine standardisierte Produktion im Bogen-Offsetdruck u. a. folgende Informationen und Vorgaben an ihre Kunden:

- Grundsätzlich wird für den Bogen-Offsetdruck eine Rasterfrequenz 60/cm (Rasterweite 60 L/cm) für die Bedruckstoffklasse 1 verwendet.
- Es sind Rasterpunktformen als Kreis-, Quadrat- oder Kettenpunkte erlaubt. Kettenpunkte dürfen den ersten Punktschluss nicht unter 40 % (= Datenwert) haben und den zweiten nicht über 60 %.
- Für die Rasterfrequenz 60/cm beträgt der Tonwertumfang 2 % bis 98 %. Dieser Tonwertumfang muss in der Form auch auf dem Proof realisiert sein.
- Die Summe der Tonwerte in den Bildtiefen der Daten beträgt 280 % bis 320 % für die Papiere der Gruppen 1 und 2.
- Die Rasterwinkelung im Vierfarbdruck (4c) ist grundsätzlich so zu wählen, dass kein Moiré entsteht. Für jede symmetrische Rasterpunktform sind K, C und M jeweils um 30° zu drehen. Verwendet man Kettenpunkte, so müssen K, C und M um jeweils 60° gedreht werden. Y liegt in einem Abstand von 15° zu einer anderen Farbe.

Bearbeiten Sie unter Berücksichtigung der vorgegebenen technischen Richtlinien die folgenden Aufgabenstellungen.

a) Erklären Sie die Bezeichnung Rasterfeinheit (heute vielfach: Rasterfrequenz).

____

____

____

b) Beschreiben Sie, welcher Zusammenhang zwischen dem Bedruckstoff und der Rasterfeinheit besteht.

____

____

____

c) Erläutern Sie, welcher Anspruch mit der Aussage des ersten und des zweiten Punktschlusses bei Kettenpunkten gestellt wird.

____

____

d) Erklären Sie, was die Angabe des Tonwertumfanges von 2 % bis 98 % für die Druckproduktion bedeutet.

____

____

e) Erklären Sie, warum die Summe der Tonwerte in den Bildtiefen für den Produktionsprozess bedeutend ist.

____

____

f) Nennen Sie eine übliche Winkelung (Gradangabe) der einzelnen Prozessfarben für:
- symmetrische Rasterpunktformen
- Kettenpunktraster

____

____

121 Datentransfer, Datenübernahme

Um Probleme und damit Kosten zu vermeiden, ist eine intensive Kommunikation zwischen Kunden und Produktion erforderlich. Eine Druckerei plant, dazu für ihre Kunden eine kleine Broschüre zu erstellen:
„Damit wir uns besser verstehen!"
Checkliste zur Erstellung der Daten
Voraussetzungen für eine problemlose Datenverarbeitung

a) Recherchieren Sie, welche Anforderungen in Ihrem Betrieb an gelieferte Daten gestellt werden.

b) Erstellen Sie eine solche Checkliste für (spezielle) Anforderungen in ihrem Betrieb:
Scribble – Layout – Gestaltung mit einem Layoutprogramm

Für Lösung bitte separates Blatt verwenden! 

122 Datenübernahme

Kunden übergeben immer häufiger digitale Daten für die Produktion eines Druckproduktes. Oft sind gelieferte Daten nicht druckreif, d. h. ohne weitere Bearbeitung für die Produktion zu verwenden.
Mängel verursachen u. a. Probleme beim Einhalten von Terminen, Störungen im Produktionsprozess und höhere Kosten.

a) Wie wird eine interne digitale Kontrolle der eingegangen Daten genannt?

b) Die Datei wird mit einer geeigneten Software auf Mängel oder Fehler geprüft. Beschreiben Sie an drei Beispielen, welche Probleme in einer PDF-Datei festgestellt werden können.

c) Jeder „normale" Nutzer kann eine PDF-Datei nicht korrigieren. Ermitteln Sie, welche Möglichkeiten dazu im Betrieb bestehen.

123 Monitor – Proof

Die visuelle Darstellung der zu druckenden digitalen Texte und Bilder erfolgt am Monitor. Unter bestimmten Voraussetzungen ist das Beurteilen der Farbwiedergabe am Monitor ein Softproof, der zu den Digitalproof-Verfahren gehört.

a) Ermitteln Sie Voraussetzungen für eine gute Beurteilung der Farbwiedergabe (Softproof) am Monitor und begründen Sie die Notwendigkeit.

b) Warum ist es problematisch, farbige Bilder am Monitor objektiv zu beurteilen, wenn diese gedruckt werden sollen? Erläutern Sie dazu verschiedene Einflüsse.
Hinweise dazu: Farbraum, Lichtquelle, Kalibrierung, selbstleuchtend, RGB, CMYK, ICC

Für Lösung bitte separates Blatt verwenden! 

124 Datentransfer, Datenübernahme

Eine systematische digitale Dateneingangskontrolle erfolgt durch einen Preflight-Check in der Druckerei. Ermitteln Sie, …

a) wie diese Prüfung erfolgt.

b) welche Parameter und Eigenschaften geprüft werden.

c) wie bei ermittelten Mängeln oder Fehlern verfahren wird.

125 Colormanagement-System

Jedes Gerät einer Prozesskette vom digitalen Bild bis zum Druck arbeitet innerhalb seines eigenen, gerätespezifischen Farbraums. Somit geben RGB und CMYK keine objektiv definierten Farbräume wieder.

a) Definieren Sie: Was ist ein gerätespezifischer Farbraum?

b) Erklären Sie, was die Information für den Prozessablauf in der Praxis bedeutet.

126 Prozessvorbereitung – Proof

Ein Proof hat nicht das Ziel, eine optimale Wiedergabe der Bildvorlagen zu erreichen. Entscheidend wichtig ist eine möglichst optimale Simulation des zu erwartenden Druckergebnisses, insbesondere der Farbwiedergabe. Basis für ein konstantes Arbeiten ist das Kalibrieren des Digitalproof-Systems. Damit wird das System auf verschiedene Standardwerte eingestellt. Die Farbwiedergabe in der gesamten Prozesskette von der Bildvorlage bis zum Druck wird durch gerätespezifische Farbprofile, sogenannte ICC-Profile, beschrieben.
Erklären Sie die Funktion (Aufgabe, Bedeutung) dieser Profile in der Prozesskette.

Für Lösung bitte separates Blatt verwenden! 

127 Colormanagement-System

Farben werden im Produktionsprozess auf verschiedenen Geräten und Ausgabesystemen wie Digitalkamera, Monitor, Proof und im Druck sowie auf unterschiedlichen Papieroberflächen nicht mit gleichen Farbwerten wiedergegeben. Um standardisiert zu arbeiten und qualitativ hohe Anforderungen zu erfüllen, ist zwischen allen Komponenten eine eindeutige „Kommunikation“ zur Farbwiedergabe erforderlich.

a) Erklären Sie, warum auf verschiedenen Ausgabesystemen Farben unterschiedlich wiedergegeben werden.

b) Welche Bedeutung hat ein standardisierter Druck für ein Colormanagement?

c) Beschreiben Sie Aufgaben eines Colormanagement-Systems im Workflow.

128 Vorgaben, Standards

Eine wesentliche Voraussetzung für den qualitativen und wirtschaftlichen Erfolg vieler Druckereien ist die Standardisierung des gesamten Workflows.
Ermitteln Sie, mit welchen Vorgaben und/oder Standards in Ihrem Betrieb in der Druckvorstufe und der Druckerei gearbeitet wird.

129 Bildwiedergabe – Druckprozess

Um im Druckprozess nicht mit zu großen Farbschichtdicken arbeiten zu müssen, werden unterschiedliche Verfahren zu deren Reduzierung verwendet.
Nennen Sie zwei dieser Verfahren und beschreiben Sie diese in ihrem Prinzip!

130 Überfüllung

Bei präzise aneinanderstoßenden Flächen auf hellen oder dunklen Flächen sowie bei Negativschriften kann es durch leichte Ungenauigkeiten im Druck oder einen geringen Papierverzug zu feinsten unbedruckten Lücken im Druckbild (sogenannten Blitzern) kommen. Um solche sichtbaren Fehlern im Druckbild zu vermeiden, empfiehlt es sich, in der Druckvorstufe eine minimale Überlappung dieser Flächen durch Über- oder Unterfüllung anzulegen.

a) Wie wird diese Korrektur mit einem englischen Fachbegriff genannt?

b) Beschreiben Sie jeweils, wie das Problem in der Druckvorstufe prinzipiell gelöst werden kann:
- helles Objekt (z.B. Kreisfläche) auf einer dunkleren Fläche
- dunkles Objekt auf einer hellen Fläche

Für Lösung bitte separates Blatt verwenden! 

MULTIPLE-CHOICE-AUFGABEN

131 Schrift

Serifen sind bei Schriftzeichen ...

- (A) An- und Abstriche im Kopf und Fuß eines Buchstabens.
- (B) Vorläufer phonetisierter Schriften.
- (C) primitive, symbolhafte Bilderschriften.
- (D) charakteristische Schwellungen in Rundungen der Buchstaben.

132 Schrift

Ein Initial ist ...

- (A) ein stark vergrößerter Buchstabe am Anfang eines Absatzes, meist mehrere Zeilen hoch.
- (B) ein Akzent bei fremden Schriften.
- (C) der erste Buchstabe des griechischen Alphabetes.
- (D) ein Wortbildzeichen, das ohne Kenntnis der Sprache „gelesen“ werden kann.
- (E) ein digitalisiertes Zeichen.

133 Fachbegriffe

Welcher der folgenden Fachbegriffe ist korrekt definiert?

- (A) Impressum = Freigabe der Montage für die Druckplattenkopie
- (B) Imprimatur = „Es werde gedruckt.“ Druckreiferklärung
- (C) Faksimile = Herstellungstechnik für Holzschnitte
- (D) Marginalien = Textabsätze im Werkdruck
- (E) ISBN = Englische Abkürzung für einen maschinenlesbaren Balkencode

134 Typografie

Bei einer typografischen Gestaltung ist die Lesbarkeit im Allgemeinen sehr zu beachten. Bei welcher der folgenden Gestaltungsaufgaben steht die Lesbarkeit bewusst nicht im Vordergrund?

- (A) Plakat zu einem Konzert
- (B) Verpackung von Lebensmitteln
- (C) Allgemeine Geschäftsbedingungen
- (D) Geschäftsberichte eines Unternehmens

135 Typografie

In der Typografie und Satztechnik für Werke (Bücher), Broschuren und Zeitschriften hören Sie den Fachbegriff „Register“. Gemeint ist damit …

- (A) das deckungsgleiche Aufeinanderstehen des Vorder- und Rückseitendrucks.
- (B) der übliche Kreuzmittelfalz zu 4, 8, 16 oder 32 Seiten.
- (C) das optisch ausgewogene Verhältnis zwischen Texten und Bildern auf einer Druckseite.
- (D) Grundschriften und Auszeichnungsschriften haben den gleichen Schriftgrad.

136 Typografie

Ein wesentlicher typografischer Fehler im Satz ist ein sogenannter Schusterjunge. Der Fachmann versteht darunter …

- (A) eine ästhetisch unschöne Schriftmischung, z. B. zwei unterschiedliche serifenlose Schriften.
- (B) Initialen in einem optisch zu großen Schriftgrad.
- (C) den Beginn eines neuen Absatzes mit nur einer Zeile, wenn diese die letzte Zeile einer Spalte oder einer Seite ist.
- (D) einen zu geringen Zeilenabstand, sodass Oberlängen einer Zeile mit den Unterlängen der darüberliegenden Zeile aneinanderstoßen.

137 Typografie

Ein wesentlicher typografischer Fehler im Satz ist ein sogenanntes Hurenkind. Der Fachmann versteht darunter …

(A) eine ästhetisch unschöne Schriftmischung, z. B. zwei unterschiedliche serifenlose Schriften.

(B) Initialen in einem optisch zu großen Schriftgrad.

(C) das Ende eines Absatzes mit nur einer Zeile in einer neuen Spalte oder auf einer neuen Seite.

(D) einen zu geringen Zeilenabstand, sodass Oberlängen einer Zeile mit den Unterlängen der darüberliegenden Zeile aneinanderstoßen.

138 Typografie

In jedem Buch ist ein Impressum mitzudrucken. Das Impressum enthält ...

(A) die Druckreiferklärung des Auftraggebers.

(B) das Copyright, den Verlag, die ISBN-Buchnummer und weitere Angaben.

(C) die Auflage, die Auflagenhöhe sowie Angaben zur Produktion.

(D) das Verzeichnis der im Buch verwendeten Literatur sowie verwendeter Bilder.

139 Typografie

Sportsymbole und ähnliche grafische Zeichen in Symbolform sind international verständliche, abstrakte Bildzeichen. Man bezeichnet diese mit dem Fachwort ...

(A) Pixel.

(B) Piktogramme.

(C) Wortbildschrift.

(D) phonetisierte Bilderschrift.

(E) Marginalien.

140 Gestaltung

Ergänzen Sie die beiden Worte zu einem fachlich korrekten Satz. „Das Layout ...

(A) zeigt die verbindliche Anordnung für den Stand von Texten, Bildern und Grafiken auf einer Druckseite.“

(B) ist eine verbindliche Anordnung für den Stand der Druckseiten auf dem Druckbogen.“

(C) ist die Bezeichnung für das erste Informationsgespräch zwischen Auftraggeber und Medienberater zu dem geplanten Druckprodukt.“

(D) ist eine einfache Skizze zur Visualisierung einer Idee für die Gestaltung eines Druckproduktes.“

141 Druckvorstufe – Prozesse

Prüfen Sie die folgenden Aussagen zur Produktion von Druckprodukten.

I Für die Lieferung von auftragsbezogenen Daten an die Druckerei eignet sich besonders das plattformunabhängige Dateiformat PDF.

II Durch ein Briefing werden vom Kunden gelieferte digitale Daten auf Vollständigkeit und Korrektheit geprüft.

III Fehlerhafte digitale Daten können nicht korrigiert werden, der Kunde muss die Datei korrigieren und noch einmal senden.

IV Mediengestalter übernehmen gelieferte digitale Text- und Bilddaten und erstellen Druckseiten nach dem Layout.

V Mit einem genehmigten Kontraktproof gibt der Kunde die Freigabe für den Druck.

Welche der genannten Angaben sind korrekt?

(A) I, II und III

(B) II, III, IV und V

(C) I, IV und V

(D) Alle Angaben sind korrekt.

142 Druckvorstufe

Das Verhältnis der druckenden Elemente einer gerasterten Fläche zur gesamten betrachteten Fläche heißt fachlich korrekt:

(A) Rastertonwert

(B) Rasterwinkelung

(C) Tonwertzunahme

(D) Optische Dichte

143 Druckvorstufe

Die Tonwertzunahme beschreibt die Differenz zwischen … (ergänzen Sie den Text mit der richtigen Aussage)

(A) der gewünschten idealen und der real erreichten Rasterwinkelung.

(B) der im Druck erreichten prozentualen Flächendeckung einer Rasterfläche und der Dichte im Vollton.

(C) der auf einem Datenträger (Film, Datensatz, Druckform) vorhandenen prozentualen Flächendeckung und der im Druck erreichten Flächendeckung.

(D) der möglichen Dichte des Volltons einer Druckfarbe auf dem Bedruckstoff und der im Zusammendruck mit einer anderen Farbe erreichten Volltondichte.

144 Druckvorstufe

Der Fachbegriff „Unterfarbenreduzierung" bedeutet:

(A) Drucken mit geringstmöglicher Farbführung

(B) RGB-Farben, die am Bildschirm in ihrer Intensität abgeschwächt werden

(C) Buntfarbenanteile in hohen Tonwerten durch Schwarz ersetzt

(D) Schwarz wird durch Anteile von Buntfarben ersetzt.

145 Druckvorstufe

Prüfen Sie die folgenden Angaben und entscheiden Sie dabei, welche der Aussagen korrekt ist.

I Die Bildwiedergabe aller Ton- und Farbwerte erfolgt im „reinen" Unbuntaufbau durch die Prozessfarben Cyan, Gelb, Magenta sowie zusätzlich Schwarz.

II Grundsätzlich gilt: Je hochwertiger der Bedruckstoff ist, desto größer ist der wiederzugebende Farbraum.

III Rastern bedeutet: Jeder Farbauszug (Teilbild bei einer Farbseparation) ist in binäre, druckfähige Elemente umzuwandeln.

IV Autotypische Farbmischung: Beim Betrachten eines gerasterten Vierfarbdrucks wirken sowohl additive wie auch subtraktive Mischgesetze.

V Colormanagement: Basis für Farbprofile ist grundsätzlich das Zieldruckverfahren (spektralfotometrisch nach standardisierten Prozessen ermittelte Werte).

Richtig sind:

(A) I, II, III, IV, V

(B) I, III, V

(C) II, III, IV, V

(D) II, IV, V

146 Produktionsfluss in der digitalen Druckvorstufe

Die digitale Verarbeitung von Texten, Bildern und Grafiken am Monitor zu vollständigen Druckseiten erfordert vor der Ausgabe auf die Druckform einen Proof. Je nach Zweck werden verschiedene Proofverfahren eingesetzt. Welche Angabe zu Einsatzbereichen von Proofs ist *falsch*?

(A) Kontrolle: Sind die richtigen Texte, Bilder und Grafiken auf der Druckseite?

(B) Prüfung: Ist die Anordnung, Größe und Position von Texten, Bildern und Grafiken nach Layout korrekt?

(C) Prüfung: Sind die Daten- und Dateiformate sowie die Auflösung der digitalen Daten korrekt?

(D) Druckfreigabe durch den Kunden: farbverbindliche Vorgabe

147 Produktionsfluss in der digitalen Druckvorstufe

Prüfen Sie die folgenden Aussagen.

I Ein Raster Image Processor wandelt digitale Daten in eine Bebilderungsbitmap für das Ausgabesystem um.
II Durch einen Preflight-Check wird geprüft, ob digitale Dateien fehlerfrei sind.
III In einer Datenbank werden die Druckseiten für einen Druckbogen ausgeschossen.
IV Ein RIP steuert das Lasersystem zur Informationsübertragung in der Ausgabe, z.B. CtP.
V Die Ausgabe digitaler Daten für den Druckprozess erfolgt in verschiedenen sogenannten Computer-to-Systemen.

Markieren Sie, welche der Angaben korrekt sind:

(A) I, II, III

(B) II, III, IV

(C) II, III, IV, V

(D) I, II, IV, V

148 Produktionsfluss in der digitalen Druckvorstufe

Prüfen Sie die folgenden Angaben zu Computer-to-Technologien genau.

I Computer-to-Film: Ausgabe durch einen Laserbelichter auf Filmmaterial. Dieser Film ist die Kopiervorlage, die in einem weiteren Arbeitsgang auf eine Druckplatte kopiert wird.
II Computer-to-Plate: Die Druckform wird direkt in der Druckmaschine bebildert.
Dadurch entfällt die externe Druckplattenkopie.
III Computer-to-Print: Dynamisches Druckbild, für jeden Druck ist eine neue Bebilderung erforderlich.
IV Computer-to-Paper: Einsatzbereich ist der Digitaldruck in einem Inkjetverfahren.
V Computer-to-Press: Die Druckform wird direkt in der Druckmaschine bebildert.

Welche der genannten Angaben sind richtig?

(A) I, III, IV, V

(B) II, III, IV

(C) II, IV, V

(D) I, III, V

149 Druckvorstufe

Welcher Scanner in der elektronischen Reproduktionstechnik arbeiten im Allgemeinen bei der Bilddatenerfassung mit der CCD-Technologie (Abtastung zeilenweise)?

(A) Flachbettscanner

(B) Farbscanner

(C) Trommelscanner

(D) Systemscanner

150 Druckvorstufe

In der digitalen Druckvorstufe bedeutet allgemein der Begriff Pixel:

(A) Bildpunkte

(B) Datenzeilen

(C) Rasterpunkte in L/cm

(D) Graustufen

(E) Punktform

151 Druckvorstufe

Prüfen Sie die folgenden Fachwörter und die nebenstehenden englischen Übersetzungen. Entscheiden Sie danach, welche Übersetzungen richtig sind!

I Arbeit = Work
II Eingabe = Input
III Passerprüfung = Preflight-Check
IV Ausschießen = Imposition
V Externes Netzwerk = Intranet
VI digitaler Belichter = RIP

Richtig sind die Angaben:

(A) I, II, V

(B) I, III, V

(C) I, II, IV

(D) II, III, IV

(E) II, III, V

152 Druckvorstufe

Welcher der folgenden Fachbegriffe aus der Druckvorstufe ist *falsch* erklärt?

(A) JDF-Format – plattformübergreifendes Dateiformat

(B) Impressum – Vorgeschriebene Druckvermerke in Büchern, Zeitungen, Zeitschriften u. Ä.

(C) Imprimatur – Druckfreigabe

(D) Marginalien – Randbemerkungen im Werkdruck außerhalb des Satzspiegels

153 Druckvorstufe

In der digitalen Druckvorstufe ist PostScript ...

(A) eine Seitenbeschreibungssprache.

(B) ein bekanntes Layoutprogramm.

(C) ein System zur Datenfernübertragung.

(D) der einfachste Standard für die Schriftwiedergabe.

(E) ein Programm zum automatischen Korrekturlesen.

154 Druckvorstufe

Frequenzmodulierte Raster ermöglichen grundsätzlich eine moiréfreie Bildwiedergabe. Ungeeignet sind diese Raster für ...

(A) Modekataloge im Offsetdruck.

(B) den wasserlosen Offsetdruck.

(C) den Rakeltiefdruck.

(D) einen Kontraktproof auf einem Tintenstrahldrucker.

155 Druckvorstufe

In den heute eingesetzten Systemen der digitalen Druckvorstufe werden Bildinformationen analoger Bildvorlagen erfasst, verarbeitet und ausgegeben. Prüfen Sie dazu die folgenden Angaben und entscheiden Sie, welche richtig sind:

I Farben am Farbmonitor werden nach den Gesetzmäßigkeiten der additiven Farbmischung wiedergegeben.
II PDF-Dokumente haben gegenüber offenen Dateien eine geringere Dateigröße und sind unabhängig von Originalprogrammen.
III Farben im Druckprozess werden nach den Gesetzmäßigkeiten der subtraktiven Farbmischung wiedergegeben.
IV Die Abkürzung L/cm gibt die Rasterweite an.
V Das TIF-Format ist das Standarddatenformat für vektorbasierte Grafiken.

Richtig sind die Angaben:

(A) I, II, III, IV

(B) I, II, IV, V

(C) II, III, IV, V

(D) I, II, III, IV, V

(E) II, III, V

156 Druckvorstufe

Das JPEG-Format wird eingesetzt zur ...

(A) Speicherung von Textdaten.

(B) absolut verlustfreien Speicherung von CMYK-Daten.

(C) Speicherung von komprimierten Bilddaten.

(D) Datenübertragung von Voreinstelldaten für die Druckmaschine.

157 Druckvorstufe

Die Bildwiedergabe mit einer Unterfarbenreduzierung (UCR) bedeutet:

(A) Druck mit zu geringer Farbführung

(B) RGB-Farben, die am Bildschirm in ihrer Intensität abgeschwächt werden

(C) Buntfarbenanteile werden teilweise durch Schwarz ersetzt.

(D) Schwarz wird durch Buntfarben ersetzt.

158 Druckvorstufe – Druck

Für den Vierfarbdruck in Mehrfarben-Offsetdruckmaschinen darf eine bestimmte Tonwertsumme in neutralen Bildtiefen nicht überschritten werden, um drucktechnische Probleme zu vermeiden. Dies ist bei der Farbseparation mit einem Buntaufbau durch sogenannte Unterfarbenreduzierung (UCR) zu berücksichtigen. Welche Tonwertsumme sollte bei einem AM-Raster im Druck auf Bilderdruckpapier im Rollen-Offsetdruck nicht überschritten werden?

(A) 140 %

(B) 180 %

(C) 240 %

(D) 300 %

159 Licht – Farbe

Neutral weißes Licht fällt durch ein Glasprisma. Welcher Anteil des Lichtes (Wellenlängenbereich) wird am stärksten gebrochen?

(A) Blau

(B) Gelb

(C) Cyan

(D) Magenta

(E) Rot

160 Licht – Farbe

Zwei Vollflächen in Cyan und Magenta werden mit Prozessfarben im Offsetdruck übereinandergedruckt. Bei der Farbmischung handelt es sich um eine ...

(A) autotypische Farbmischung.

(B) additive Farbmischung.

(C) optische Farbmischung.

(D) subtraktive Farbmischung.

161 Licht – Farbe

In der Druckvorstufe werden Farbfilter für die Farbseparation eingesetzt. Sie haben „Muster“ solcher Filter und betrachten damit verschiedene Vorlagen.
Durch welches Filter betrachtet erscheint eine reine, intensive gelbe Farbe auf einem weißem Hintergrund schwarz bzw. sehr dunkel?

(A) Gelb-Filter

(B) Blau-Filter

(C) Cyan-Filter

(D) UV-Filter

(E) Grün-Filter

162 Druckvorstufe

Bei einem Farbauszug mit autotypischem (amplitudenmodulierten) Raster werden die Prozessfarben unterschiedlich gewinkelt. Welche Winkelgrade werden für einen AM-Raster eingesetzt?

(A) 0 – 45 – 90 – 135

(B) 0 – 15 – 45 – 75

(C) 15 – 30 – 45 – 75

(D) 15 – 45 – 75 – 105

(E) 45 – 90 – 135 – 170

163 Druckvorstufe

Welche Rasterwinkelung wird bei einem autotypisch gerasterten Bild beim Druck von Hauttönen bei der Farbreproduktion idealerweise für die Druckfarbe Magenta gewählt?

(A) 0°

(B) 30°

(C) 45°

(D) 90°

(E) 15°

164 Druckvorstufe

Für welches Druckverfahren muss ein besonders hoher Tonwertzuwachs in der Reproduktion berücksichtigt werden?

(A) Lichtdruck

(B) Offsetdruck

(C) Flexodruck

(D) Rakeltiefdruck

(E) Steindruck

165 Druckvorstufe

Das computergestützte System zum Entwurf von Konstruktionen, Zeichnungen, Freistell- und Kopiermasken heißt:

(A) CAD – Computer Aided Design

(B) DOS – Disk Operation System

(C) EGA – Enhanced Graphics Adapter System

(D) CCS – Computer Construcion System

(E) ESC – Electronic System for Construction

166 Druckvorstufe

Die kleinste adressierbare Speichereinheit in einem EDV-System ist ein Byte. Eine Festplatte hat eine Kapazität von 1 Megabyte (MB).
Wie viele Zeichen sind auf dieser Festplatte (abgerundet) zu speichern?

(A) 1 000

(B) 10 000

(C) 100 000

(D) 1 000 000

(E) 10 000 000

167 Druckvorstufe

Ein Datenspeicher in einem Computer mit einem direkten Zugriff ist ein:

(A) RAM

(B) PROM

(C) EPROM

(D) ROM

(E) RAID

168 Druckvorstufe

Was versteht man unter einem modularen System in der elektronischen Datenverarbeitung? Ergänzen Sie dazu den folgenden Satzanfang:
Es ist ein System, das ...

(A) alle Systemkomponenten in einem Gehäuse vereinigt.

(B) aus einzelnen Bausteinen besteht und zu erweitern ist.

(C) kompatibel für alle beliebigen elektronischen Bauelemente und Betriebssysteme ist.

(D) mit einer einfachen Benutzerführung auch fachlichen Laien eine Bedienung ermöglicht.

(E) menügesteuert die Datensicherung organisiert.

169 Zahlensysteme

Prüfen Sie die folgenden Angaben und entscheiden Sie danach, welche Angaben korrekt sind.

I Die römische Zahl XL ist im dezimalen System 40.
II Die Vorsilbe µ bedeutet als Vorsatz Mikro, der Faktor für Umrechnungen ist 10^{-6}.
III Der Faktor 10^3 hat den Vorsatz Tonne.
IV Bei der Angabe 5000 K ist das K die Abkürzung für Kilogramm.
V Bei einem Vergleich der dualen Zahlen mit dezimalen Zahlen ergibt die Dualzahl 1010 dezimal 10.

Korrekt sind die Angaben:

(A) I, II, III, V
(B) I, II, V
(C) I, III, IV, V
(D) II, III, V

170 Zahlensysteme

Die dezimale Zahl 16 ergibt im Dualsystem die Zahl:

(A) 1001
(B) 10000
(C) 10101
(D) 100100
(E) 100000

171 Zahlensysteme

Die dezimale Zahl 256 ergibt als Dualzahl die Zahl:

(A) 11110
(B) 1010111
(C) 100000011
(D) 100000000
(E) 101010101

172 Zahlensysteme

Die duale Zahl 101010 ist gleich der Dezimalzahl:

(A) 16
(B) 100
(C) 42
(D) 36
(E) 68

173 Zahlensysteme

Welcher Teil einer Sekunden ist eine Nanosekunde (ns)?

(A) 1 Milliardstel Sekunde
(B) 10^{-6} Sekunde
(C) 1 Millionstel Sekunde
(D) 1 Billionstel Sekunde
(E) 1 Tausendstel Sekunde

174 Zahlensysteme

Für einen Auftrag werden 5,45 Stunden benötigt. Wie viele Stunden und Minuten werden demnach berechnet?

(A) 5 Stunden, 45 Minuten
(B) 5 Stunden, 55 Minuten
(C) 5 Stunden, 27 Minuten
(D) 5 Stunden, 37 Minuten

3 DRUCKFORMEN

Druckformen

Druckformen übertragen Informationen auf den Bedruckstoff. Hochdruck-, Flachdruck-. Tiefdruck- und Siebdruckverfahren verwenden statische Druckformen als Informationsträger. Im Digitaldruck wird dagegen keine statische Druckform eingesetzt. Statische Druckform: Alle darauf übertragenen Bildelemente (Druckseiten mit Bildern, Grafiken, Flächen) sind nicht variabel. Die gesamte Druckauflage wird ohne eine Änderung von diesen Druckplatten gedruckt. In allen Druckverfahren können nur binäre Elemente in gleicher Farbschichtstärke gedruckt werden. Dementsprechend müssen unterschiedliche Ton- und Farbwerte für die Bildwiedergabe im Druckprozess in einzelne Bildelemente (Bildpunkte) gerastert werden. Im Tiefdruck können Bildelemente dagegen je nach Bebilderungsverfahren tiefen- und flächenvariabel, tiefenvariabel oder flächenvariabel gedruckt werden.

Informationsübertragung im Flexodruck

- Druckformen: Flexodruckplatten, Flexodrucksleeves, Designwalzen.
- Material: Elastomere, Fotopolymere
- Bebilderung: Direktgravur (Elastomere), Computer-to-Plate, Computer-to-Sleeve

Informationsübertragung im Tiefdruck

- Druckformen: Tiefdruckzylinder
- Material: Stahlzylinder, Oberfläche Kupfer (in geringem Maße auch Zink), nach der Bebilderung verchromt
- Bebilderung: Elektromechanische Gravur, Lasergravur

Informationsübertragung im Offsetdruck

- Druckformen: Druckplatten, überwiegend aus Aluminium
- Bebilderung: Kopierverfahren (heute ohne Bedeutung), digitale Bebilderung in CtP-Belichtern (Computer-to-Plate)

Informationsübertragung im Digitaldruck

- Druckformen: keine statische Druckform
- Bebilderung: Computer-to-Print = dynamischer „Druckbildspeicher“, d. h. Bildträgertrommeln mit einem temporärem Druckbild für jeden Druck Computer-to-Paper = direkte Informationsübertragung auf den Bedruckstoff für jeden Druck

Flexodruck: Sleeve-Technologie

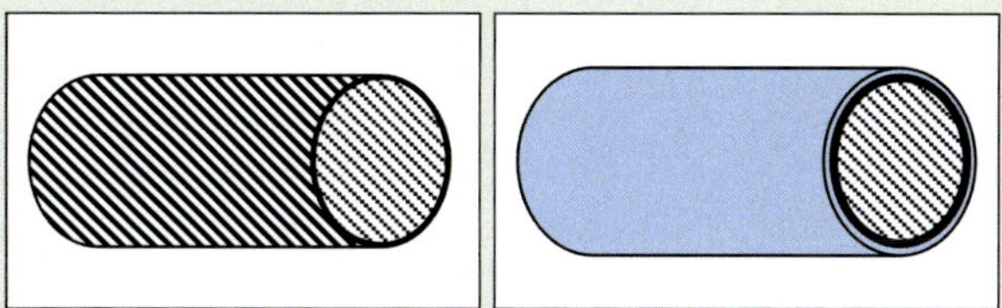

Hülse GFK: glasfaserverstärkter Kunststoff — Sleeve: beschichtete Hülse

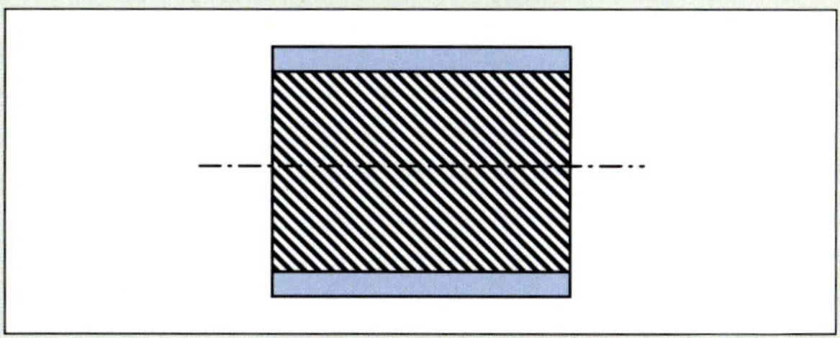

Sleeve mit zylindrischer Hülse

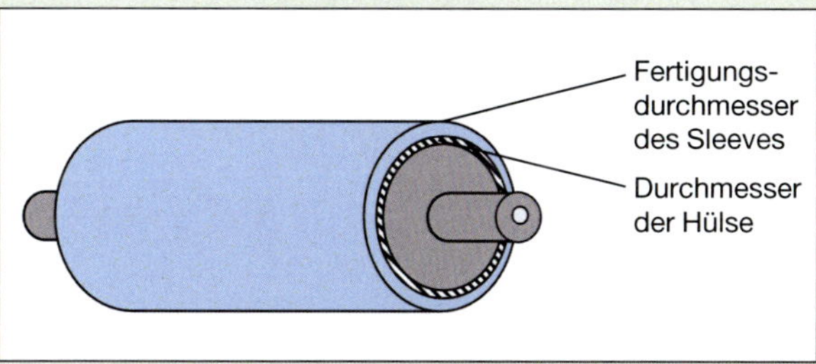

Sleeve: produktionsfertig

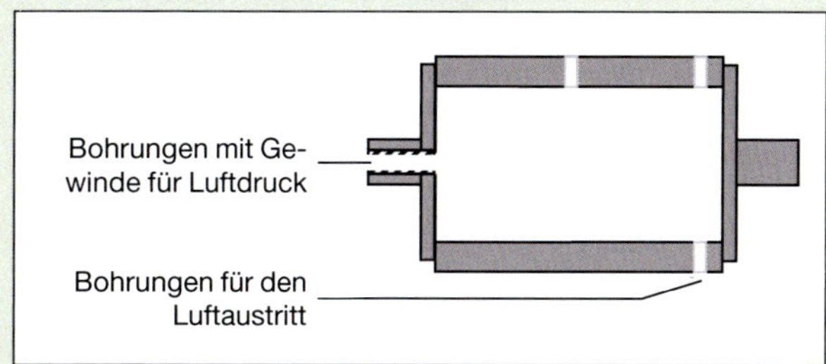

Luftdorn: Hohlkern aus Stahl

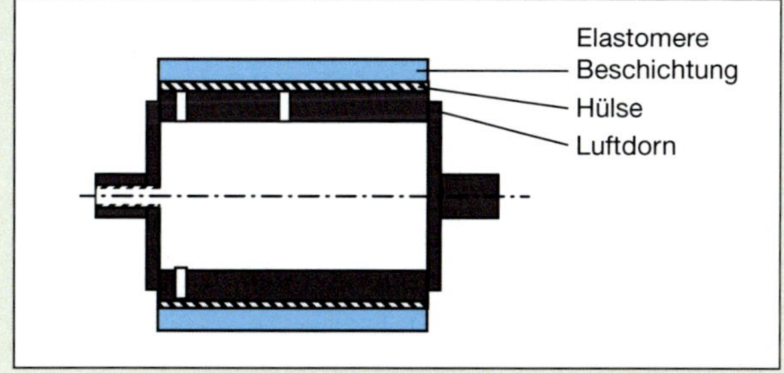

Sleeves-System: Luftdorn mit Hülse und polymerer Beschichtung

Tiefdruck: Mögliche Profile der Näpfchen

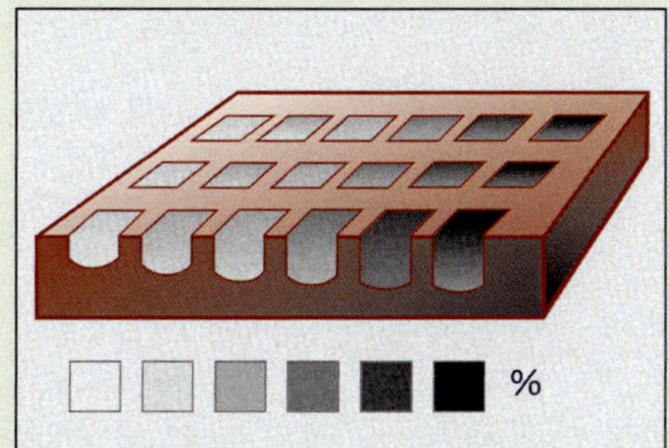

Konventioneller Tiefdruck

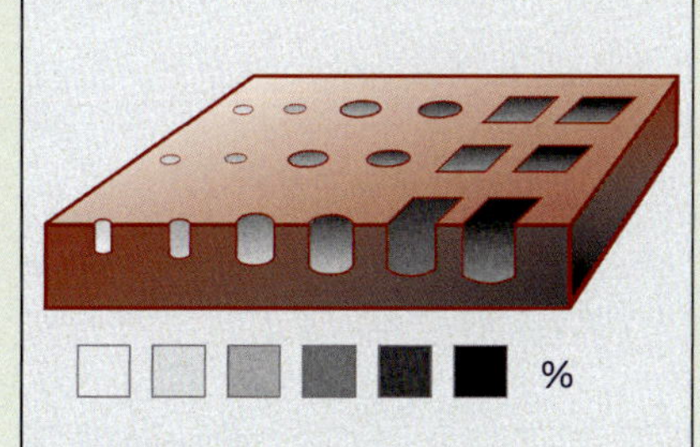

Halbautotypischer Tiefdruck

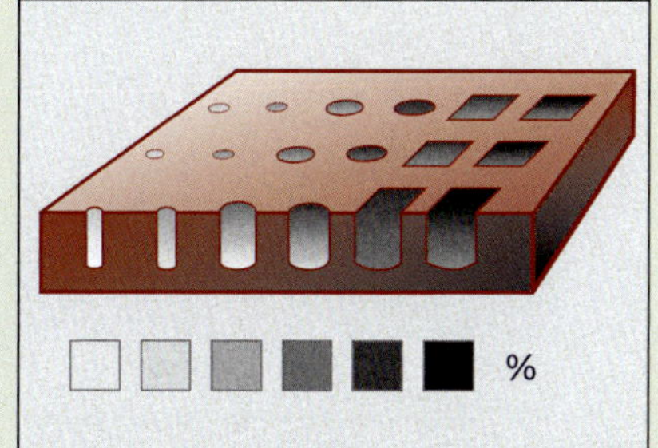

Autotypischer Tiefdruck

Offsetdruck: Druckformherstellung mit einem CtP-System

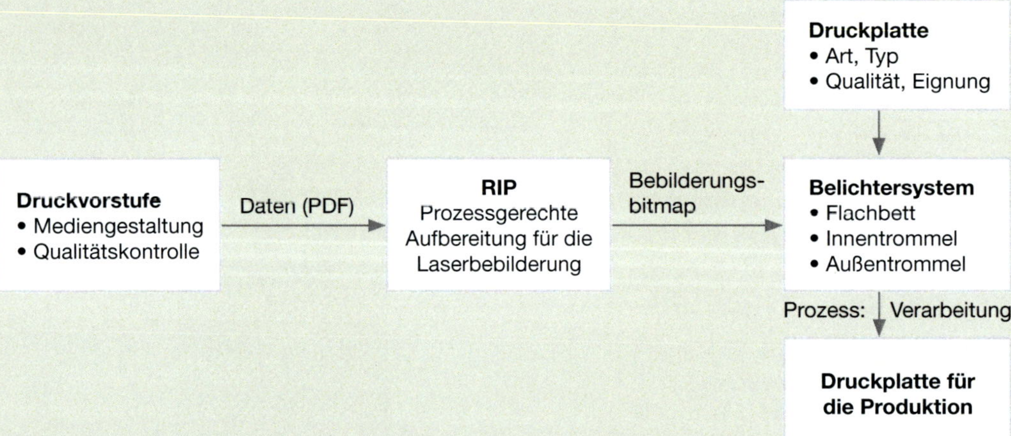

Druckplatten für CtP-Systeme im Überblick

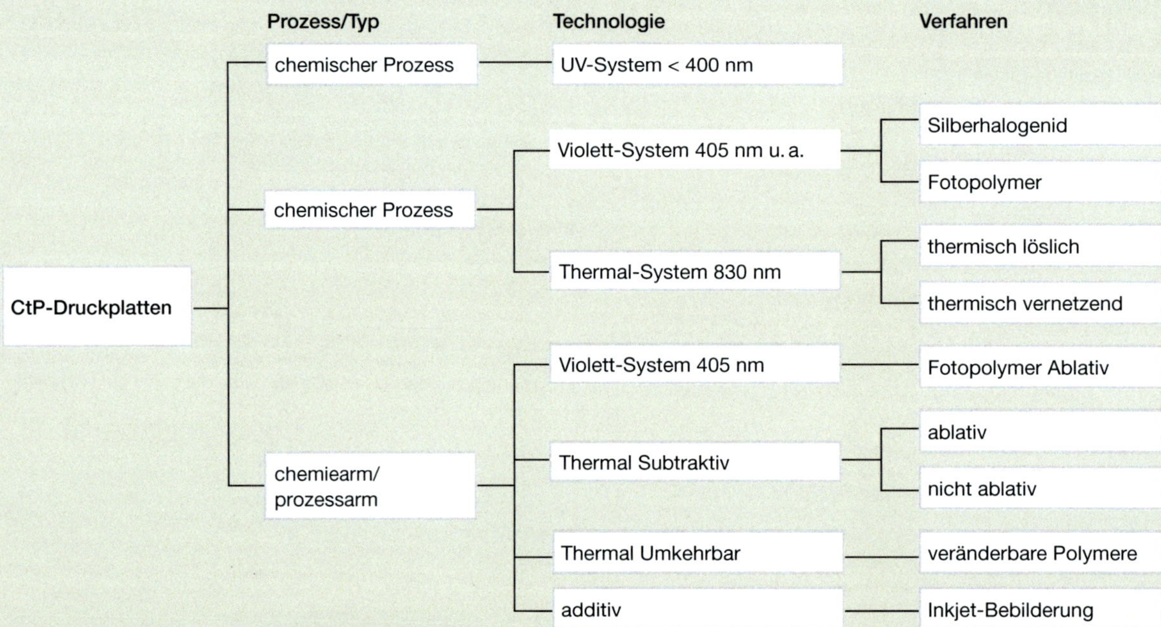

Strahlungsquellen für die Druckformherstellung

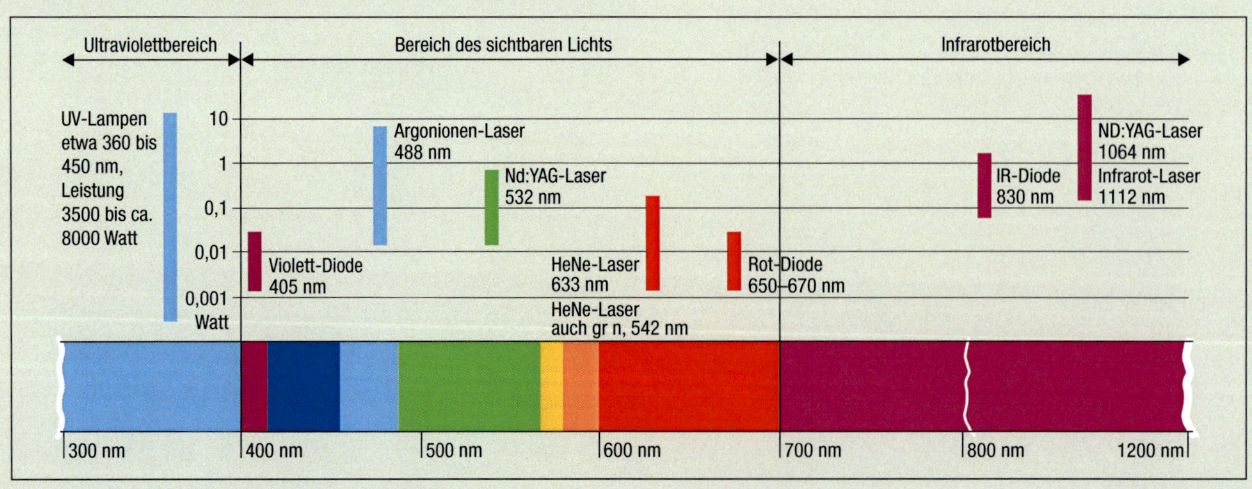

1 Druckformen, Druckverfahren

Druckformen der verschiedenen Druckverfahren haben unterschiedliche charakteristische Eigenschaften. Wichtige Kriterien sind:

- Material und Form der Druckform (Druckplatte, Druckformzylinder u.a.)
- Art der Bildstellen/Nichtbildstellen (druckende/nicht druckende Elemente) = Speicherung der Informationen
- Einfärbung
- drucktechnische Wiedergabe unterschiedlicher Ton- und Farbwerte bei Bildern.

Beschreiben Sie zu diesen vier Kriterien die typischen Merkmale der Druckformen bei Offset-, Flexo- und Rakeltiefdruck in der nachfolgenden Übersicht:

Parameter	Offsetdruck	Flexodruck	Rakeltiefdruck
Material und Form der Druckform			
Art der Bildstellen und Nichtbildstellen = Speicherung der Information			
Einfärbung der Bildstellen			
Drucktechnische Wiedergabe unterschiedlicher Ton- und Farbwerte			

2 Papierformate

Sie haben den Auftrag, einen neuen Auszubildenden in die „Geheimnisse“ der Papierformate einzuführen. Papierformate sind nach DIN 476 genormt. Man unterscheidet vor allem drei Formatreihen: DIN-A-, DIN-B- und DIN-C-Formate.
Erklären Sie – möglichst mit zusätzlichen anschaulichen Skizzen – am Beispiel der DIN-A-Formate …

a) warum das Seitenverhältnis der Bogen so „genial“ festgelegt worden ist.

b) wie das Ausgangsformat genannt wird und welche Fläche es hat.

c) wie einfach eine Nutzenberechnung durchzuführen ist (Verwenden Sie als Beispiel: Aus einem Bogen DIN A1 ist das Format DIN A5 zu schneiden.).

d) wie groß ein Blatt DIN A4 und daraus berechnet ein Blatt DIN A5 und ein Bogen DIN A2 ist (Bei größeren Formaten wird als Bezeichnung nicht Blatt, sondern Bogen verwendet.).

Für Lösung bitte separates Blatt verwenden! 

3 Auftragstasche

Eine konventionelle oder elektronische Auftragstasche enthält alle Informationen für einen Auftrag. Erarbeiten Sie eine Auftragstasche für ein typisches Produkt aus Ihrem Betrieb. Fügen Sie das ausgewählte Produkt als Muster bei.

a) Produkt … (geben Sie dazu eine Angabe)

b) Welche kunden- und produktbezogenen Angaben müssen aus der Auftragstasche zu ersehen sein?

c) Welche produktionsbezogenen Angaben (Druckvorstufe, Druck, Druckverarbeitung, Lieferung u. a.) müssen aus der Auftragstasche zu ersehen sein?

4 Auftrag

Der Verkaufsaußendienst gibt einen neuen Auftrag an den Verkaufsinnendienst weiter. Der Kunde bestellt einen Sonderdruck zu seinem Produktionsprogramm.

a) Welche Kundeninformationen (administrative Daten) müssen für einen Auftrag erfasst sein bzw. erfasst werden?

b) Beschreiben Sie, welche Informationen für den gesamten Produktions-Workflow in der Druckvorstufe, im Druck, im Materiallager, in der Druckverarbeitung und im Versand (Auslieferung) benötigt werden.

5 Arbeitsvorbereitung

Eine Kunde liefert für einen Druckauftrag „offene Dateien“ der einzelnen Seiten in einem Paket „verpackt“.

a) Welche Schwierigkeiten können „offene Dateien“ in der Druckvorstufe verursachen?

b) Was bedeutet das „Verpacken“ von Daten?

c) Was sind geschlossene Dateien und welche Vorteile bieten diese bei der Lieferung durch den Kunden?

6 Bogenwendungen

a) Ergänzen Sie auf der Linie den jeweils fehlenden Begriff: **parallel – rechtwinklig (senkrecht)**

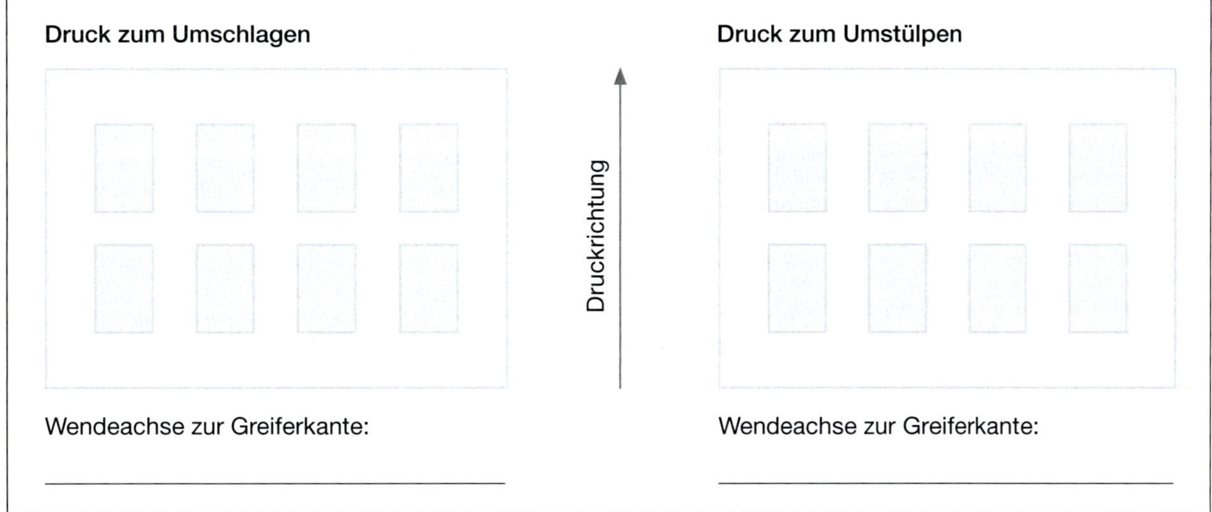

b) Tragen Sie jeweils in die beiden Druckbogen vor und nach der Wendung die Vorderanlage (Vordermarken), Seitenanlage, Greiferkante sowie den Greiferrand farbig ein.

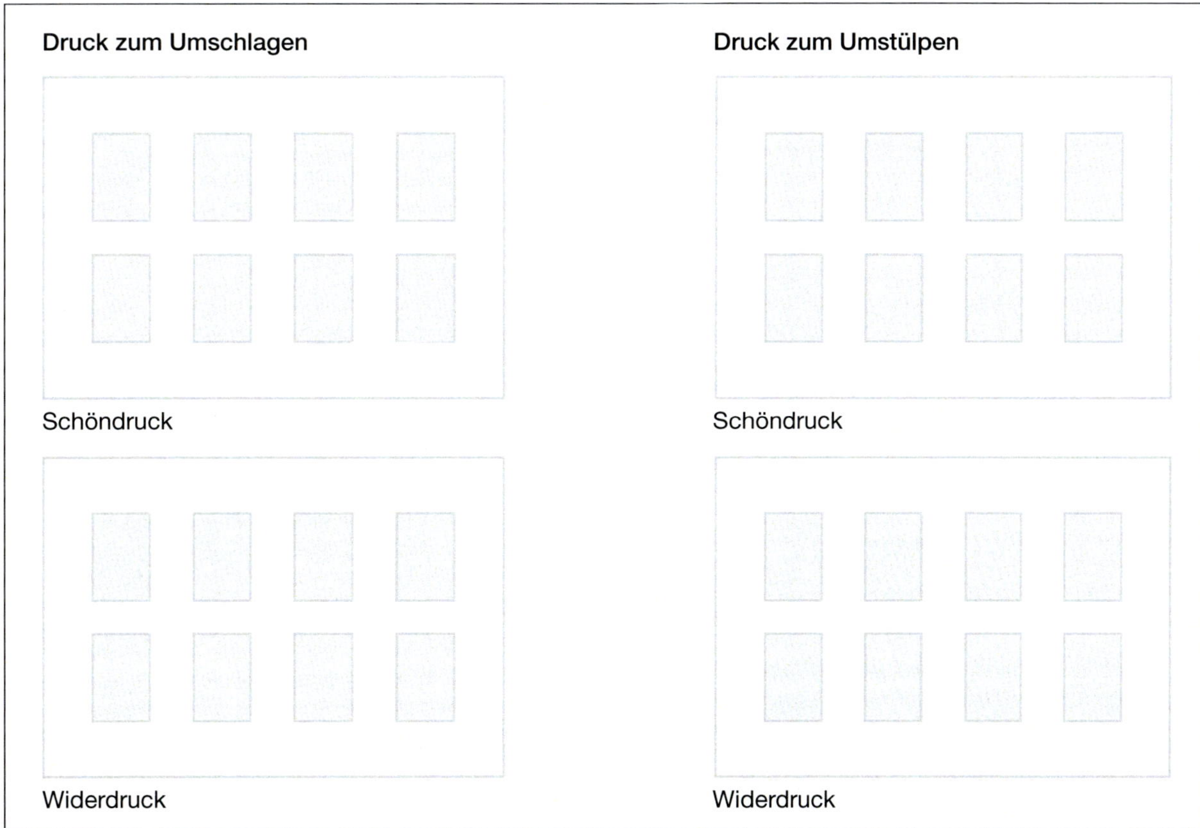

c) Welche Folgerungen ergeben sich jeweils für die Montage?

Für Lösung bitte separates Blatt verwenden!

7 Druckformherstellung

Der Müller Verlag, Mainz, bestellt einen Wanderführer, 128 Seiten, vierfarbig, Format 10,5 cm × 21,0 cm. Der Kunde liefert PDF-Dateien der einzelnen Seiten. Die eingegangenen PDF-Dateien werden vor der Verwendung in der Produktion in einem Preflight-Check geprüft.

a) Warum ist eine Datenprüfung erforderlich?

b) Welche möglichen Fehler können in einer PDF-Datei enthalten sein? Geben Sie vier mögliche Fehler an.

c) Welche Folgen gäbe es bei der Produktion, wenn diese Fehler nicht in einem Preflight-Check erkannt worden wären?

d) Beschreiben Sie, was zu tun ist, wenn Fehler bemerkt worden sind.

8 Auftragsdatenerfassung

Für einen neuen Auftrag werden in einem digitalen Workflow alle administrativen Informationen im Bildschirmmenü „Neuer Auftrag“ erfasst. Danach werden alle Produktdaten in entsprechende Menüs eingegeben. Bestimmte Parameter sind dabei auszuwählen. Beschreiben Sie kurz, was unter den nachfolgenden Angaben bzw. Parametern zu verstehen ist:

a) Pulldown-Menü

b) Gebundenes Produkt – ungebundenes Produkt

c) Seiten-Endformat

d) Hochformat – Querformat

e) Bindeart, Heftung

f) Teile (Produktteile; führen Sie dazu ein Beispiel an)

g) Produktionsvorgaben: Beschnitte, Rücken, Vor- und Nachfalz, Anschnitt, Bundversatz

9 Glossar: Druckformherstellung – Druck

Eine eindeutige Kommunikation ist die Grundlage für ein fachlich korrektes Arbeiten. Definieren Sie die folgenden Fachbegriffe. Lassen Sie sich ggf. an Druckbogen oder Produkten in der Druckvorstufe, im Druck oder der Druckverarbeitung den Vorgang zeigen und/oder den Fachbegriff an einem Beispiel erklären.

- angeschnittene Flächen bzw. Bilder (auch randabfallend genannt)
- Beschnitt
- buchbinderische Anlage
- Druckbogenanlage
- Druck mit einer Druckform zum Umschlagen
- Druck mit einer Druckform zum Umstülpen
- Druck mit zwei Druckformen zum Umschlagen
- Greiferkante, Greiferrand
- Passer
- registerhaltig gedruckte Seiten
- Schöndruck
- Widerdruck
- Schön- und Widerdruckmaschinen
- Trennschnitt

Für Lösung bitte separates Blatt verwenden! 

10 Druckformherstellung – Druck

In einem Leitfaden zur Datenanlieferung schreibt ein Unternehmen u. a.:

- Bei Produkten, die nachfolgend durch Lack veredelt werden, darf die Summe aller Farben 280 % Flächendeckung nicht überschreiten.
- Der druckende Tonwertbereich liegt zwischen 2 % und 98 %.
- Volltonflächen in Schwarz sollen beim Mehrfarbendruck mit 40 % Rastertonwert im Cyan unterlegt sein.

Erklären bzw. begründen Sie diese Forderungen aus der Sicht der Produktion.

Für Lösung bitte separates Blatt verwenden! 

11 Druckformherstellung – Druck

Bei der Broschüre zum Digitaldruck, 4c, 32 Seiten, Endformat DIN A4, Rückendrahtheftung, sind alle Seiten im Kopf und Fuß sowie außen angeschnitten.

a) Erklären Sie, warum bei diesem Auftrag der Greiferrand der Druckmaschine zu beachten ist.

b) Gedruckt werden Druckbogen zu 8 Seiten (Schön- und Widerdruck). Skizzieren Sie einen Druckbogen im Format 63 cm × 44 cm. Tragen Sie darin Greiferrand, Seitenformat und Beschnitte (min. 5 mm) ein.

Für Lösung bitte separates Blatt verwenden! 

12 Druckformherstellung – Druck

Im Bogen-Offsetdruck (4/0) werden Druckbogen beidseitig bedruckt. Für den Widerdruck sind zwei Arten der Wendung von einer zur anderen Seite des Bogens möglich: Umschlagen und Umstülpen.

a) Zeichnen Sie je eine Skizze für das Umschlagen und das Umstülpen. Tragen Sie jeweils darin ein:
- Vorderanlage (2 Marken) und Seitenanlage
- Wendeachse: vertikale bzw. horizontale Linie in der Mitte des Bogens, die zeigt, um welche Achse der Bogen für den Widerdruck gewendet wird

b) Beschreiben Sie die jeweilige Bogenwendung.

c) Erklären Sie einem neuen Auszubildenden anschaulich, warum Papierformat und Stand der Druckseiten beim Umstülpen sehr genau zu beachten sind.

Für Lösung bitte separates Blatt verwenden! 

13 Druckformherstellung – Druck

Ein Geschäftsbericht, vierfarbig, wird auf einer Bogen-Offsetdruckmaschine gedruckt.

Format:	DIN A4
Umfang:	16 Seiten Hochformat
Auflage:	8000 Exemplare + 3 % Zuschuss
Druckverarbeitung:	Rückendrahtheftung
Druckmaschine:	max. Bogenformat: 700 mm × 1020 mm, 4/4 Druck

a) Wie viele Druckplatten werden für diesen Auftrag benötigt?

___

b) Wie wird der Druckbogen für den beidseitigen Druck gewendet? Begründen Sie Ihre Angabe.

___

___

___

c) Wie viele Druckbogen werden für diesen Auftrag benötigt?

___

14 Fachwissen (1) – Druckbogenaufbau

Der Aufbau des Druckbogens erfordert gute Kenntnisse in der Druckverarbeitung. Erarbeiten Sie in einem Team (oder auch alleine) die folgenden Fachbegriffe für ein Glossar. Nutzen Sie alle Hilfsmittel. Vereinbaren Sie in Ihrem Team (bzw. der Klassengemeinschaft), mit welchem Programm und welchem Template die Begriffe erfasst werden. Vor dem Erfassen ist der Text durch einen Lektor zu prüfen und ggf. zu optimieren.

- Altarfalz
- äußere Druckform
- Bund
- Bruch
- Falzschema
- Falzbogen
- Formate: Hochformat, Querformat
- innere Druckform
- Kopf, Fuß
- liegendes Format
- Mittenkreuzfalz
- Nutzen
- Parallelfalz
- Signatur

Für Lösung bitte separates Blatt verwenden! 

15 Fachwissen (2) – Druckbogenaufbau

Der Aufbau des Druckbogens erfordert gute Kenntnisse in der Druckverarbeitung. Erarbeiten Sie in einem Team (oder auch alleine) die folgenden Fachbegriffe für ein Glossar. Nutzen Sie alle Hilfsmittel. Vereinbaren Sie in Ihrem Team (bzw. der Klassengemeinschaft), mit welchem Programm und welchem Template die Begriffe erfasst werden. Vor dem Erfassen ist der Text durch einen Lektor zu prüfen und ggf. zu optimieren.

- Bogensignatur
- Druck mit einer Druckform zum Umschlagen
- Druck mit zwei Druckformen zum Umschlagen
- Druck mit zwei Druckformen zum Umstülpen
- Falzanlage
- Fensterfalz
- Flattermarke
- Klebebinden
- Sammeln (Einstecken)
- stehendes Format
- Wendearten des Druckbogens
- Wickelfalz
- Zusammentragen

Für Lösung bitte separates Blatt verwenden! 

16 Druckbogen – Aufbau und Berechnung

Die Broschüre „Hilfe aus der Natur" besteht aus dem Umschlag und 24 Seiten Innenteil.

Endformat:	105 mm x 210 mm
Innenteil:	zweifarbig (Texte schwarz, dunkelgrün)
Umschlag:	4c, ringsherum angeschnitten
Bedruckstoff:	Umschlag Bilderdruckpapier, h´fr weiß, 170 g/m^2 Innenteil Bilderdruckpapier, h´fr weiß, 135 g/m^2
Heftung:	Rückendrahtheftung
Druckmaschinenformat max.	740 mm x 530 mm (Druck Innenteil) Greiferrand 10 mm
Druckmaschinenformat max.	520 mm x 370 mm (Druck Umschlag) Greiferrand 10 mm
Beschnitt:	3 mm (minimal)

a) Wie groß muss der Umschlag in der Druckvorstufe angelegt sein, damit an allen zu beschneidenden Seitenrändern je 3 mm Beschnitt möglich sind? Skizzieren Sie dazu den Umschlag. Tragen Sie die Maße ein.

b) Wie groß müsste minimal der Druckbogen für den Innenteil sein? Runden Sie das ermittelte Maß auf volle cm auf. Skizzieren Sie den Druckbogen und tragen Sie alle Maße ein.

c) Wie groß muss minimal der Druckbogen für den Umschlag sein? Runden Sie das ermittelte Maß auf volle cm auf. Skizzieren Sie diesen Druckbogen, tragen Sie darin alle Maße ein.

Für Lösung bitte separates Blatt verwenden! 

17 Druckbogen – Aufbau und Berechnung

In dem Handbuch „KIM Imposition Manager" lesen Sie unter dem Stichwort Bundverdrängung:
„Bei Druckprodukten mit einem hohen Seitenformat kann der auftretende Bundversatz berücksichtigt und ausgeglichen werden."

a) Erklären Sie an einem Produktbeispiel, was eine Bundverdrängung ist und wie sich diese auswirkt. Fügen Sie dazu eine Skizze bei, aus der die Problematik zu erkennen ist.

b) Beschreiben Sie eine Möglichkeit, dieses Problem zu verringern bzw. zu beseitigen.

Für Lösung bitte separates Blatt verwenden! 

18 Druckbogen – Falzbogen

Für das eigene Glossar skizzieren Sie …

a) das Falzschema und den Falzbogen für 16 Seiten Hochformat. Geben Sie in dem Falzschema die Reihenfolge der Brüche an, tragen Sie in den Falzbogen die entsprechenden Seiten einer Bogenseite ein.

b) das Prinzip des Zusammentragens (Muster mit 3 Falzbogen).

c) einen zusammengetragenen Buchblock mit Flattermarken im Bund (Muster mit 8 Falzbogen).

d) das Prinzip des Sammelns (Muster mit 3 Falzbogen).

e) das Problem der „Bundverdrängung".

Für Lösung bitte separates Blatt verwenden! 

19 Druckbogenaufbau

Für den Druck und auch die Druckverarbeitung sind verschiedene Elemente zu berücksichtigen und Hilfszeichen bei der Bogenmontage einzusetzen.

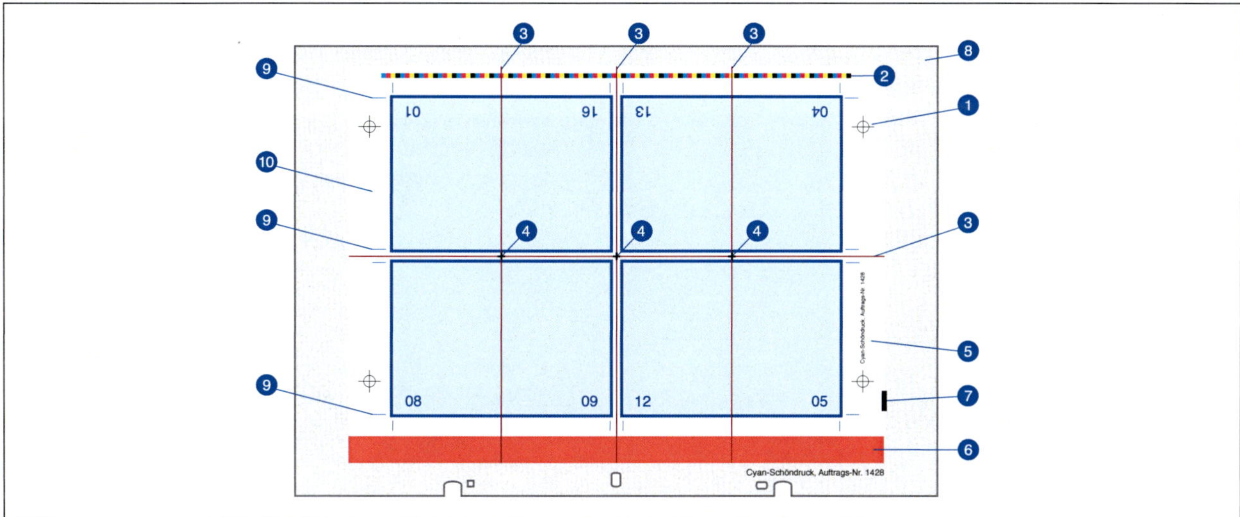

a) Die Abbildung zeigt den Aufbau eines Einteilungsbogens. Welche Angaben zeigen die Ziffern 1 bis 10?

1 ______________________ 6 ______________________

2 ______________________ 7 ______________________

3 ______________________ 8 ______________________

4 ______________________ 9 ______________________

5 ______________________ 10 ______________________

b) Geben Sie dazu jeweils an, warum das Mitdrucken dieser Zeichen für ein rationelles Arbeiten erforderlich ist.

____

c) Um welche Druckform handelt es sich bei dem Einteilungsbogen?

____

20 Druckbogenaufbau

Für bestimmte Druckprodukte ist ein Überfalz vorn (vielfach Vorfalz genannt) und Überfalz hinten (vielfach Nachfalz genannt) erforderlich.
Bei welchen Produkten und aus welchem Grund ist ein Überfalz (vorn oder hinten) bei der Druckformherstellung zu berücksichtigen?
Erklären und skizzieren Sie jeweils die Begriffe.

Für Lösung bitte separates Blatt verwenden! 

21 Druckbogen – Falzbogen

Ein Geschäftsbericht enthält 5 Falzbogen zu je 8 Seiten sowie einen Umschlag. Die Falzbogen werden gesammelt und sollen eine Flattermarke erhalten.
Erklären Sie, wo die Flattermarke auf jedem Falzbogen stehen muss. Veranschaulichen Sie Ihre Angabe durch eine Skizze mit 5 Falzbogen.

Für Lösung bitte separates Blatt verwenden! 

22 Computer-to-Technologien

Im Workflow der Druckvorstufe werden für den Druckprozess Daten an ein Ausgabesystem geschickt. Beschreiben Sie kurz Ausgabesysteme und mögliche Informationsträger (z. B. Druckplatten) für den ...

a) Offsetdruck.

b) Flexodruck.

c) Tiefdruck.

d) Digitaldruck.

23 Druckvorstufe – Druckformen – Druck

Ein Fachwörterbuch definiert sogenannte Computer-to-Technologien. Sie lesen u.a. folgende Information. „Computer-to-Print: dynamische, temporäre Bildinformationen auf einer Bildträgertrommel. Für jeden Druck ist eine neue Bebilderung erforderlich."
Sie sollen einen neuen Auszubildenden über Grundlagen zur Informationsübertragung im Druck informieren.

a) Beschreiben Sie ihm, was mit „dynamischen, temporären Bildinformationen auf einer Bildträgertrommel" ausgesagt wird.

b) Geben Sie ihm außerdem die Verfahrenstechnik an, auf die der Text zutrifft.

24 Management-Informations-System

Immer mehr Unternehmen optimieren den betrieblichen Workflow durch ein Management-Informations-System. Bei diesen modularen Systemen kann der komplette Herstellungsprozess eines Druckproduktes (je nach Umfang) erfasst und abgedeckt werden.

a) Welche Voraussetzungen müssen gegeben sein, damit ein Management-Informations-System erfolgreich eingeführt werden kann?

b) Welche wesentlichen Vorteile ergibt die Nutzung eines Management-Informations-System?

c) Was sind modulare Systeme? Erklären Sie dies an einem Beispiel aus der Praxis eines Betriebes.

25 Management-Informations-System – Auftrag

Ein Management-Informations-System (MIS) ist die zentrale Steuerungseinheit in einem Unternehmen. Es verbindet Management, Organisation und Produktionstechnik. Mithilfe eines MIS ist ein Auftrag vom Auftragseingang über die Druckvorstufe, den Druck und die Druckverarbeitung bis zur Auslieferung im Detail zu erfassen, zu beschreiben und zu planen. Alle Informationen zu dem Auftrag fließen an die entsprechenden Stellen im Verkaufsinnendienst (bzw. das Management des Betriebes) und die einzelnen Produktionsbereiche. Ebenso fließen aktuelle Daten aus der Produktion zurück in das System.
Erklären Sie Fachbegriffe aus einer Information zur Vernetzung in einem modernen Druckunternehmen:

a) Auftragsgenerierung

b) Jobinformationen

c) Content (PDF)

____

____

d) Imposition Manager

____

____

e) Jobticket

____

____

f) JDF

____

____

g) Standardisierte Schnittstellen

____

____

26 Druckauftrag – Online-Druckerei

Lesen Sie den folgenden Text und analysieren Sie das Schreiben der Online-Druckerei. Danach bearbeiten Sie die gestellten Aufgaben.

Auftrag an die Online-Druckerei
Frau Bruss aus dem Sekretariat eines mittelständischen Bauunternehmens bestellt bei einer Online-Druckerei 500 Flyer für einen neuen Artikel. Sie sendet die selbst erstellten digitalen Daten für diesen Flyer per Upload an die Online-Druckerei.
Diese prüft vereinbarungsgemäß die eingegangenen Daten und schreibt per Mail an Frau Bruss:

Schreiben an Frau Bruss
Sehr geehrte Frau Bruss,
bei der Überprüfung Ihrer Daten haben wir folgende Mängel festgestellt:

- Ihre Daten (Bilder, Grafiken oder Logos) sind für einen qualitativ hochwertigen Druck nicht ausreichend. Qualitätsverluste vermeiden Sie u. a. mit Elementen, die als Vektoren angelegt sind und Bildern mit einer Auflösung von mind. 300 dpi beim Druck in der Originalgröße (drucktechnische Wiedergabe 1 : 1).
- Das Format Ihrer Druckdaten entspricht nicht den Vorgaben des bestellten Produkts. Bitte senden Sie uns die Daten im richtigen Format von 424 mm × 301 mm (inkl. 2 mm umlaufenden Beschnitts).
  Der Beschnitt dient als „Spielraum" für mögliche Schneidedifferenzen und ist der Farbgebung der Druckdaten anzupassen.
- In Ihrer PDF-Datei sind nicht alle verwendeten Schriften eingebettet. Da wir die von Ihnen gewünschte Schriftart nicht auf unseren Systemen installiert haben, würde es zu Schriftersetzungen und ggf. zu Veränderungen im Layout kommen. Alle Schriften – auch Standardschriften wie Arial, Verdana, Courier usw. – müssen in „Kurven" konvertiert oder vollständig in die PDF-Datei eingebettet werden.

Wir haben Ihren Daten-Upload wieder freigeschaltet. Sie können nun auf www.onlinedruck.de unter „Druckdaten – Datenupload" mit Ihrer Upload-ID Ihren überarbeiteten vollständigen Datensatz hochladen. Nach erfolgreicher Datenübertragung schließen Sie bitte erneut den Upload ab, damit der Auftrag produziert werden kann.
Da Ihre Druckdaten nicht unseren Anforderungen entsprechen, wird sich der Beginn der Produktion bis zur Anlieferung neuer Daten verschieben.
Weitere Informationen zur Erstellung Ihrer Druckdaten finden Sie unter www.onlinedruck.de.
Detailbeschreibungen und Hinweise zu Ihrem Produkt finden Sie auf der entsprechenden Produktseite.
Falls Sie bei der Gestaltung oder Erstellung Ihrer Druckdaten technische und/oder gestalterische Unterstützung benötigen, bieten wir Ihnen gerne unseren kostenpflichtigen Gestaltungsservice an. Dieser erstellt Ihnen bestmögliche Druckdaten.
Alle Informationen finden Sie in Ihrem Kundenkonto unter „Gestaltungsanfrage".

Vielen Dank für Ihr Verständnis.
Mit freundlichen Grüßen
Michael Freitag
www.onlinedruck.de

a) Warum gibt es keine Qualitätsverluste bei allen Vektorgrafiken sowie bei Bildern mit einer Auflösung von 300 dpi und einer Bildgröße von 100 %?

b) Wie viele Seiten hat der Druckauftrag?

c) Warum müssen Schriften „eingebettet" werden?

d) Sie haben die Schriften von einem Freund, der dazu eine Lizenz gekauft hat, erhalten. Dürfen Sie die Schrift in Ihrem Druckauftrag verwenden?

e) Welchen wesentlichen Vorteil bietet ein Datenupload des Auftrages?

Für Lösung bitte separates Blatt verwenden!

27 Ausschießen Hochformat

Ein Druckbogen wird im Bogen-Offsetdruck zu 16 Seiten DIN A4, Hochformat, vierfarbig gedruckt.

a) Erläutern Sie einem Laien an einem Beispiel, warum die Seiten auf der Druckform ausgeschossen werden müssen.

b) Fertigen Sie ein Ausschießschema als Skizze für die o. g. Druckbogenmontage an, Druck 4/0.

c) Fertigen Sie ein Ausschießschema als Skizze für die oben genannte Druckbogenmontage an, Druck 4/4.

d) Wie groß muss der Druckbogen mindestens sein, wenn im Kopf 3 mm, im Fuß 4 mm und außen 3 mm Beschnitt erforderlich sind?

Für Lösung bitte separates Blatt verwenden! 

28 Ausschießen Hochformat

Auftrag: Wahlwerbung, 6 Seiten Wickelfalz (= asymmetrisch gefalzt), Endformat 125 mm × 210 mm, 4 c, alle Seiten angeschnittene Bilder bzw. Flächen. Gedruckt werden alle Seiten in einer Druckform (pro Farbe), Druckmaschine: 4/0.

a) Wie wird der Druckbogen für den Widerdruck gewendet?

b) Zeichnen Sie das Falzschema sowie das Ausschießschema. Tragen Sie darin die Paginierung im Fuß der Seiten ein. Zeichnen Sie zudem die Druckanlage und die buchbinderische Anlage ein.

Für Lösung bitte separates Blatt verwenden! 

29 Ausschießen: Hochformat

Auftrag: Vierfarbiger Werbeprospekt, 16 Seiten DIN A4, angeschnittene Bilder. Auszuschießen ist der Druckbogen für 16 Seiten DIN A4, die 4/4 gedruckt werden.

a) Wie groß muss der Druckbogen mindestens sein? (Einfache Skizze mit allen Maßen erforderlich)

b) Erstellen Sie das erforderliche Ausschießschema für die Druckformen. Geben Sie die Bogenanlage an. Tragen Sie jeweils Kopf, Fuß und weitere Formatangaben sowie Hilfszeichen für den Druck und die Druckverarbeitung ein.

Für Lösung bitte separates Blatt verwenden! 

30 Ausschießen: Broschur

Eine Broschur mit 96 Seiten DIN A5 Hochformat soll produziert werden.
Bindeverfahren: Drahtrückstichheftung
Farbigkeit des Druckproduktes:

- 32 Seiten 4-farbig
- 16 Seiten 2-farbig
- Die restliche Seiten sind einfarbig zu drucken.

Die 4- bzw. 2-farbigen Druckseiten werden in speziellen Druckformen zusammengefasst.
Druckmaschinenformat (Bogendruck):

- maximal 74 cm x 52 cm

Die Weiterverarbeitung (Falz) erfolgt im Mittenkreuzfalz. Die Laufrichtung des zur Verfügung stehenden Papiers bleibt unberücksichtigt.

a) Ermitteln Sie, wie viele Seiten unter Beachtung der gegebenen Parameter ein Bogen maximal haben kann.

b) Wie viele Bogen werden für ein Exemplar der Broschur benötigt?

c) Es wird prinzipiell in 2 Druckformen gedruckt. Wie viele Druckformen werden insgesamt benötigt?

d) Welche Seiten hat die innere Form des 4. Bogens?

e) Erstellen Sie ein Ausschießschema für die äußere Form des ersten Bogens.

31 Ausschießen – Papierbedarf

Es wird ein kleiner Museumsführer, 16 Seiten Querformat DIN A5, 4c, Druckbogenformat 100 cm × 70 cm, Druckmaschine 4/0, gedruckt.

a) Zeichnen Sie das Falzschema für das Falzen dieses Auftrages.

b) Skizzieren Sie das Ausschießschema.
Tragen Sie darin ein: Greifer und Bogenanlage, Seitenzahl (Pagina) im Fuß jeder Seite, Bund, Kopf, Beschnitte.

c) Warum ist ein Trennschnitt vor dem Falzen erforderlich.

d) Wie viele Druckbogen werden für eine Auflage von 10 000 Exemplaren plus 4 % Zuschuss benötigt?

Für Lösung bitte separates Blatt verwenden! 

32 Ausschießen – Druckbogenformat

Mehrseitige Produkte werden nach der Layouterstellung vor der Ausgabe (Computer-to-Plate) programmgesteuert ausgeschossen.

a) Erstellen Sie ein Ausschießschema (Skizze) für folgenden Auftrag: 16 Seiten Hochformat DIN A5, gedruckt in einer Druckform zum Umschlagen.

b) Wie groß müssen die Druckbogen bei folgenden Vorgaben sein?
- an allen zu beschneidenden Seiten je 3 mm Beschnitt
- keine angeschnittenen (randabfallenden) Bilder/Seiten, Abstand bis zur Druckfläche bei allen Seite mehr als 10 mm

Für Lösung bitte separates Blatt verwenden! 

33 Ausschießen

Druckauftrag:	Festschrift Stadtjubiläum
Umfang:	128 Seiten + Umschlag
Format:	297 mm × 210 mm
Farben:	4c
Druck:	32 Seiten/Bogen, gedruckt in 2 Druckformen zum Umschlagen
Druckverarbeitung:	Klebebindung

a) Zeichnen Sie das Falzschema für diesen Falz und benennen Sie die Falzfolge.

b) Skizzieren Sie das Ausschießschema für beide Druckformen (Innenteil) des dritten Bogens (= 3. Bogensignatur). Die Kolumnenziffern sind im Fuß auf Mitte, ebenso sind alle erforderlichen Beschnitte einzutragen.

Für Lösung bitte separates Blatt verwenden! 

34 Ausschießen

Druckauftrag:	Radwanderführer
Umfang:	24 Seiten
Format:	105 mm × 148 mm
Farben:	4c
Druck:	eine Druckform zum Umschlagen (Druckformat „außergewöhnlich")

a) Ermitteln Sie, wie der Druckbogen gefalzt werden muss.

b) Erstellen Sie ein Ausschießschema. Tragen Sie darin die Kolumnenziffern im Fuß auf Mitte, den Trennschnitt und ebenso alle erforderlichen Beschnitte ein.

Für Lösung bitte separates Blatt verwenden! 

35 Ausschießen

Auftrag:	Amtsblatt der Stadt Blumenau
Umfang:	48 Seiten
Format:	DIN A5 hoch
Druck:	Druckmaschinenformat 70 cm × 100 cm. Jeder Bogen wird in einer Druckform zum Umschlagen gedruckt.
Erscheinungsweise:	Monatlich, dabei werden die Seiten von Januar an fortlaufend nummeriert.
Druckverarbeitung:	Mittenkreuzfalz, Drahtrückstichheftung

Schießen Sie den ersten Bogen vom Heft Mai aus. Tragen Sie alle Kolumnenziffern im Fuß der Seite sowie alle erforderlichen Schnitte ein. Geben Sie zudem die Druck- und die buchbinderische Anlage an.

Für Lösung bitte separates Blatt verwenden! 

36 Ausschießen: Etiketten

Es ist ein Ausschießmuster für einfarbige Etiketten zu erstellen. Die Etiketten haben ein Format von 90 mm × 120 mm.
Erforderliche Laufrichtung: Schmalbahn
Es stehen zwei Druckmaschinen zur Verfügung:

- Druckmaschine 1: Format 740 mm × 1040 mm
- Druckmaschine 2: Format 540 mm × 740 mm

Bei beiden Druckmaschinen ist an der Vorder- und Hinterkante jeweils 10 mm für Greiferrand und Druckkontrollstreifen (Bogenende) und seitlich ein druckfreier Rand von 5 mm einzurechnen. Zwischenschnitte sind nicht zu berücksichtigen.

a) Wie viele Nutzen bekommt man auf den jeweiligen Bogen?

___

b) Welches Bogenformat muss bestellt werden?

___

c) Berechnen Sie die Druckzeit für diese Maschinen, wenn die auszuliefernde Auflage 960 000 Exemplare beträgt und als Zuschuss für beide Maschinen 3,2 % anzusetzen sind.
Druckleistungen:
Maschine 1 = 13 000 Bogen/Std.
Maschine 2 = 12 500 Bogen/Std.

___

___

37 Ausschießen – Papierbedarf

Mehrseitige Produkte werden nach der Druckfreigabe vor der Ausgabe (Computer-to-Plate) programmgesteuert ausgeschossen.

a) Erstellen Sie vorab zur Information ein Ausschießschema für folgenden Auftrag: 16 Seiten Hochformat DIN A5, gedruckt in einer Druckform zum Umschlagen.

b) Wie groß muss der Druckbogen minimal unter folgenden Voraussetzungen sein:
An allen zu beschneidenden Seiten je 3 mm Beschnitt, keine angeschnittenen (randabfallenden) Bilder oder Flächen, Abstand bis zur Druckfläche bei allen Seiten mehr als 10 mm.

Für Lösung bitte separates Blatt verwenden! 

38 Ausschießen

Auftrag: Vierfarbiger Webeprospekt, 16 Seiten DIN A4, Hochformat. Auszuschießen ist der Druckbogen für 16 Seiten DIN A4, die 4/4 gedruckt werden.
Erstellen Sie das erforderliche Ausschießschema für die beiden Druckformen. Geben Sie die Bogenanlage durch einen Winkel an. Tragen Sie jeweils den Kopf und den Fuß sowie Bereiche für den Beschnitt ein. Die Paginierung (Seitenzahl) ist eindeutig im Fuß jeder Seite einzutragen. Heften Sie das Ausschießmuster mit ab.

Für Lösung bitte separates Blatt verwenden! 

39 Druckprozess – Computer-to-Plate-System

Beim Offsetdruck liegen druckende und nicht druckende Elemente der Druckform (Differenz ca. 2 µm) auf einer Ebene. Der Druckprozess erfordert zur Wiedergabe aller Bildinformationen eine Rasterung der Bilder. Rasterpunkte sind in der Regel so klein, dass sie unterhalb des Auflösungsvermögens des Auges liegen.

Grundsätzlich gilt für den Druckprozess:

- Farbe übertragen Ja oder Nein (1 oder 0)
- Bildstellen (Rasterpunkte, Schrift o. Ä.) übertragen Druckfarbe, Nichtbildstellen (keine Rasterpunkte oder andere Elemente) übertragen keine Druckfarbe.

a) Welche wesentliche Funktion hat ein RIP für die digitale Bebilderung der Druckform?

___

___

b) Ein CTP-Belichter hat eine Auflösung von 2540 dpi. Was bedeutet dies für den Bebilderungsprozess?

___

___

c) Erklären Sie, wie durch mehr oder weniger große (kleine!) Rasterpunkte, gedruckt auf einem weißen Papier, unterschiedliche Ton- und Farbwerte optisch zu erkennen sind.

___

___

___

40 Ausschießen – Papierbedarf

Auftrag: Prospekt
Umfang: 16 Seiten Hochformat DIN A5
Druckbogenformat: DIN A1 (Rohbogen)
Druckmaschine: 4/0, 700 mm x 1020 mm

a) Für das Bedrucken und das erforderliche Wenden zum Widerdruck gibt es fachlich eindeutige Bezeichnungen. Wie wird diese Art bezeichnet?

b) Skizzieren Sie dazu, wo die einzelnen Seiten in der Druckform stehen müssen.

c) Wie viele Druckbogen werden für eine Auflage von 10000 Exemplaren zuzüglich 4 % Zuschuss (gesamt) benötigt?

41 Computer-to-...-Systeme

Über einen RIP können digitale Daten an die Ausgabesysteme Computer-to-Film, Computer-to-Plate oder Computer-to-Press übertragen werden.

a) Beschreiben Sie kurz den Ablauf, wie prinzipiell bei diesen Verfahren Druckplatten für den Offsetdruck bebildert (hergestellt) werden.

b) Begründen Sie, warum eine Prozesskalibrierung zur Optimierung aller Ein- und Ausgabegeräte in der Druckvorstufe sowie eine Feinjustierung der Belichter erforderlich ist.

42 Computer-to-Plate-System

Die Entscheidung für ein CTP-System richtet sich nach betriebsinternen Anforderungen und üblichen Prozessen sowie nach wirtschaftlichen Kriterien und ökologischen Forderungen. In einem Anforderungskatalog für eine Investition werden u.a. folgende Parameter genannt. Erklären Sie zu jedem Begriff an einem Beispiel, was damit gemeint ist.

- Prozesssicherheit
- Qualitätsansprüche
- Automatisierung
- Ökologie
- Wirtschaftlichkeit

Für Lösung bitte separates Blatt verwenden! 

43 Computer-to-Plate – Druckplatten

Das Trägermaterial für Offsetdruckplatten ist heute fast ausschließlich elektrochemisch aufgerautes und anodisiertes Aluminium (Al).

a) Erklären Sie, welche wichtige Bedeutung (Funktion im Prozess) die elektrochemische Aufrauung des Aluminiums für die Bebilderung und vor allem für den Druck hat.

b) Begründen Sie, warum eine zusätzliche Anodisierung (elektrolytische Oxidation, Eloxalverfahren) erforderlich ist.

44 Computer-to-Plate – Druckplatten

Für den Zeitungsdruck ist eine hohe Automatisierung, eine schnelle und sichere Bebilderung sowie Prozesssicherheit bei der Druckplattenherstellung erforderlich. Außerdem muss die geforderte Auflagenbeständigkeit (Standzeit) gewährleistet sein.
Empfehlen Sie einen Druckplattentyp und begründen Sie Ihre Empfehlung.

45 Computer-to-Plate – Druckplatten

Träger der Bildinformationen auf der bebilderten und verarbeiteten Druckplatte ist eine strahlungsempfindliche Schicht. Wesentliche Teilprozesse bei der Herstellung der Druckplatten sind das Bebildern (Belichten) und das Entwickeln (besser: Entschichten) der übertragenen Informationen. Bebildert wird mit einem Laser bzw. mit Laserdioden, in geringem Umfang auch mit UV-Strahlung.

a) Welche zwei charakteristischen Eigenschaften beschreiben allgemein einen Laser?

b) Es werden Violett-Laser und Infrarot-Laser eingesetzt. In welchen Wellenbereichen (etwa) strahlen diese beiden Lasertypen Energie ab?

c) Für welchen Druckplattentyp eignen sich Infrarot-Laser?

d) Erklären Sie, was eine sogenannte „prozessfreie“ Verarbeitung der bebilderten Druckplatte bedeutet.

46 Computer-to-Plate – Druckplatten

Die thermische Bebilderung der Druckplatte kann je nach Aufbau der strahlungsempfindlichen Schicht durch unterschiedliche chemisch-physikalische Reaktionen positiv oder negativ bei der Bebilderung reagieren. Beschreiben Sie prinzipiell diese beiden Reaktionen:

a) Negativ arbeitende Thermoplatte

b) Positiv arbeitende Thermoplatte

47 Computer-to-Plate – Druckplatten

Für eine Druckplatte ist nur die folgende englische Kurzbeschreibung (Auszug) vorhanden:

Plate Specifications
Plate type
Negative working high-speed, chemistry free laser plate
Coating
Photopolymer
Gauges
0.15, 0.20, 0.30 mm
Surface
Electro-chemically grained and anodized
Sizes
Newspaper web
Spectral sensitivity
405 nm violet laser diode
Resolution
2 % – 98 %
Chemistry
Not required, only Violet CF gum

Übersetzen Sie diesen Text bis auf die Abkürzungen ins Deutsche.

Für Lösung bitte separates Blatt verwenden! 

48 Computer-to-Plate – Druckplatten

Erklären Sie für Ihr Glossar die folgenden Fachbegriffe:

- binäre Reaktion bei der Bebilderung
- emittieren
- IR-Strahlung
- Laser
- monochromatisch
- Polymerisation
- Silberhalogenid-Verfahren
- sichtbare Strahlung
- Thermal-Druckplatte
- UV-Strahlung

Für Lösung bitte separates Blatt verwenden! 

49 Computer-to-Plate – Bebilderungssysteme

Lesen Sie den folgenden Fachtext. Bearbeiten Sie danach die Aufgabe. (Hinweis: Ein Produktname entfällt, an dieser Stelle steht ein X.)

- Bebilderung der negativ arbeitenden X-Druckplatte in einem Thermoplattenbelichter (830 nm)
- Einspannen der Druckplatte in der Druckmaschine
- Anstellen der Feuchtauftragwalzen
- Das Feuchtmittel bringt die nicht bebilderten Stellen der Polymerschicht zum Quellen.
- Anstellen der Farbauftragwalzen, vollflächiges Einfärben in der Anfangsphase
- Durch die Zügigkeit der Druckfarbe werden die gequollenen Teile der Schicht im Zusammenspiel mit dem Feuchtmittel gelöst und auf das Gummituch übertragen.
- Die gelöste Schicht wird über die Vorlaufbogen (Einrichtemakulatur) aus der Druckmaschine befördert. Nach wenigen Bogen ist der Plattenhintergrund freigelaufen.

Erklären Sie, um welche Technologie bzw. welches Verfahren der Druckplattenherstellung es sich handelt.

Für Lösung bitte separates Blatt verwenden! 

50 Computer-to-Plate – Bebilderungssysteme

Bebilderungssysteme unterteilt man prinzipiell nach der Form des Belichterbettes (Aufnahme der zu bebildernden Druckplatte) in:

- Flachbettbelichter (auch: Capstanbelichter),
- Innentrommelbelichter und
- Außentrommelbelichter.

a) Erfragen Sie, welches Belichtersystem in Ihrem Betrieb eingesetzt wird.

b) Lassen Sie sich die Funktionen dieses Belichters erklären und erfragen Sie, warum sich der Betrieb für dieses Belichtersystem entschieden hat.

c) Welcher Druckplattentyp wird in diesem Belichtersystem eingesetzt?

d) Teamarbeit zum Vergleich:
Mit welchem Belichtersystem und welchen Druckplattentypen wird in anderen Betrieben gearbeitet? Ermitteln Sie ggf. mögliche Gründe für eine andere Systemtechnik.

Erörtern Sie die Aufgabenstellung in der Gruppe! 

51 Computer-to-Plate – Bebilderungssysteme

Für eine Offsetdruckplatte werden in einer Information des Herstellers unter Spezifikationen u. a. folgende Angaben gemacht:

- nicht ablative, positiv arbeitende digitale ...platte
- spektrale Empfindlichkeit 800–850 nm
- AM-Auflösung 1 % bis 99 % bei 180/cm
- FM-Auflösung 10 µm frequenzmoduliert
- Safelight nicht erforderlich

a) Erläutern Sie die vorgegebenen Angaben (Auszug).

b) Um welchen Druckplattentyp handelt es sich?

c) Welche Verarbeitung ist nach der Bebilderung erforderlich?

Für Lösung bitte separates Blatt verwenden! 

52 Computer-to-Plate – Bebilderungssysteme

Erarbeiten Sie eine vergleichende Übersicht der Belichtersysteme mit einem Flachbett, einer Innentrommel und einer Außentrommel. Kriterien zum Vergleich:

- Lage der Druckplatte bei der Bebilderung
- Bebilderungseinheit (Art), Lichtquelle (spektrale Empfindlichkeit)
- Funktion (grundsätzlich, „Bewegungen“)
- Vorteile
- Nachteile

Erarbeiten Sie eine vergleichende Übersicht auf einem separatem Blatt und heften Sie dieses mit zu Ihrer Ausbildungsdokumentation.

Für Lösung bitte separates Blatt verwenden! 

53 Computer-to-Plate – Bebilderungssysteme

Bei CtP-Belichtersystemen wird mit Lasern gearbeitet. Dabei sind Sicherheitsvorschriften der BG ETEM zu beachten.

a) Was bedeutet die Abkürzung BG ETEM? Welche Aufgaben hat die BG ETEM?

b) Skizzieren Sie farbig das Sicherheitszeichen an einem Lasersystem.

c) Welche Sicherheitsvorschriften sind beim Arbeiten mit Lasersystemen zu beachten?

Für Lösung bitte separates Blatt verwenden! 

54 Wechselwirkungen im Offsetdruckprozess

Der Druckprozess im konventionellen Offsetdruck ist präzise nur mit komplexen chemisch-physikalischen Reaktionen an Grenzflächen u. a. zu erklären. Diese Erklärungen sind jedoch für Laien nicht nachzuvollziehen.
Erklären Sie den Vorgang der Einfärbung aller Bildstellen auf einer konventionellen Offsetdruckplatte mit informativen Prinzipskizzen. Verwenden Sie u. a. für Ihre Erklärung die Fachbegriffe **Druckplatte**, **Bildstelle**, **Oberflächenspannung**, **Nichtbildstelle**, **Benetzung**, **Kapillaren**, **Druckfarbe**, **Feuchtmittel**, **oleophil**, **hydrophil**.

Für Lösung bitte separates Blatt verwenden! 

55 Wechselwirkungen im Offsetdruckprozess

Der Druckprozess im „wasserlosen" Offsetdruck ist präzise nur mit komplexen chemisch-physikalischen Reaktionen an Grenzflächen u. a. zu erklären.
Diese Erklärungen sind jedoch für Laien nicht nachzuvollziehen.

a) Erklären Sie den Vorgang der Einfärbung aller Bildstellen auf einer „wasserlos" arbeitenden Offsetdruckplatte mit informativen Prinzipskizzen. Verwenden Sie u. a. für Ihre Erklärung die Fachbegriffe **Druckplatte**, **Bildstelle**, **Oberflächenspannung**, **Nichtbildstelle**, **Benetzung**, **Kapillaren**, **Druckfarbe**.

b) Welche Oberfläche haben bei diesen Druckplattentypen die Nichtbildstellen, also alle nicht druckenden Bereiche, auf der Druckplatte?

Für Lösung bitte separates Blatt verwenden! 

56 Druckformen für den Flexodruck

Für die drucktechnische Produktion sind verfahrensspezifische Kenntnisse bereits bei der Gestaltung eines Druckproduktes, in der Arbeitsvorbereitung und der Druckformherstellung erforderlich. Beschreiben Sie kurz, was bei diesen Parametern beachtet werden soll:

a) Rasterfrequenz (Rasterweite)

b) Rasterwinkelung

c) Tonwertzunahme

d) Lichterpunkt

e) Schriftgrößen

57 Druckformen für den Flexodruck

Bei planliegend bebilderten Flexodruckplatten kommt es bei der Montage auf einen Zylinder zu einer Druckplattendehnung.

a) Erläutern Sie, wie es zu der Druckplattendehnung kommt und wie sich diese auswirkt.

b) Was ist zu tun, um dieses Problem zu beseitigen?

c) Berechnen Sie nach den folgenden Angaben den Verzerrungs- bzw. Korrekturfaktor in Prozent:
Druckplatte (Fotopolymer): 2,84 mm
Trägermaterial: 0,14 mm
Zylinderumfang: 440 mm

58 Druckformen für den Flexodruck

Digitale Informationen für die Druckform werden im RIP prozessgerecht für die Ausgabe in eine Bebilderungsbitmap (1-Bit-Daten) aufbereitet. Je nach betriebsüblicher Technologie und dem Produktionsbereich erfolgt die Ausgabe mit der entsprechenden Technologie:

- Computer-to-Film
- Computer-to-Plate
- Computer-to-Sleeve
- Lasergravur

a) Beschreiben Sie prinzipiell und kurz diese verschiedenen Verfahren der Druckformherstellung.

b) Welche Druckprodukte werden in Ihrem Betrieb hergestellt?

c) Welches Verfahren der Druckformherstellung wird in Ihrem Betrieb eingesetzt?
Erklären Sie dazu, warum dieses Verfahren für das Produktionsprogramm günstig ist.

Für Lösung bitte separates Blatt verwenden! 

59 Druckformen für den Flexodruck

In einigen Betrieben werden Flexodruckformen noch „konventionell“ mit einer Kopiervorlage (CtF-Verfahren) bebildert. Standard sind jedoch Computer-to-Plate- bzw. Computer-to-Sleeve-Verfahren sowie die Laserdirektgravur.
Beschreiben Sie prinzipiell den Arbeitsablauf zur Herstellung der produktionsfertigen Druckform bei diesen Verfahren in einem tabellarischen Vergleich.

Für Lösung bitte separates Blatt verwenden! 

60 Druckformen für den Flexodruck

Sleeves haben sich aus rationellen, technischen und wirtschaftlichen Gründen für die Vielzahl von Druckarbeiten durchgesetzt. Vergleichen Sie „Plate-on-Sleeves“ mit Endlos-Sleeves (z. B. Fotopolymer-Sleeves) nach folgenden Kriterien:

a) Herstellung der druckfertigen Druckform (Arbeitsablauf)

b) Druckqualität, Wirtschaftlichkeit (Vorteile bzw. Nachteile)

Für Lösung bitte separates Blatt verwenden! 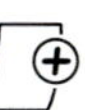

61 Druckformen für den Flexodruck

Für die Montage von Flexodruckplatten auf ein Sleeve werden (Schaum-)Klebebänder verwendet. Welche Auswirkungen haben weiche bzw. harte Klebebänder auf die drucktechnische Wiedergabe (Qualität):

a) bei Flächen (Vollton)

____

____

b) bei Rasterflächen (unterschiedliche Tonwerte)

____

____

62 Druckformen für den Flexodruck

Bei der Laserdirektgravur werden die elastomeren Druckplatten auf eine Hülse aufgeklebt. Die Bebilderung erfolgt wie bei einem Sleeve. Grundsätzlich sind danach alle druckenden Bildstellen (Tiefen, Mitteltöne und Lichter) auf einer gleichen Höhe. Ein Systemhersteller für diese Druckformen bietet mit seinem System die Möglichkeit, die Lichter im Vergleich zu anderen Tonwerten minimal „abzusenken“ (vgl. Zurichtung im Buchdruck). Erklären Sie, aus welchem Grund diese Korrektur sinnvoll ist.

____

____

____

63 Druckformen für den Flexodruck

Der Flexodruck kann durch verschiedene, unterschiedlich elastische Druckformen (fast) alle Arten von Bedruckstoffoberflächen bedrucken. Die große Elastizität ist aber nicht nur ein Vorteil. Die Druckform muss auf den Bedruckstoff, vor allem aber auf das Motiv des Druckbildes (Flächen, Raster) abgestimmt sein. Erläutern Sie qualitative Probleme, wenn mit einer sehr elastischen („weichen“) Druckform Rasterbilder gedruckt werden.

____

____

____

64 Druckformen für den Flexodruck

Bei der Laserdirektgravur können durch einen hochenergetischen Laserstrahl – in Abhängigkeit von den Bilddaten – u. a. die Flanken bei Rasterpunkten in definierter Form und Steigung erzeugt werden.

a) Skizzieren Sie exemplarisch einen Rasterpunkt mit seinen Flanken im Profil.

b) Erläutern Sie die Bedeutung der Flanken für den Druckprozess.

65 Druckformen für den Flexodruck

In der Information zu einer Flexodruckplatte lesen Sie zur Druckplattenherstellung: „Nach einer Rückseitenbelichtung mit UV-Licht wird mithilfe eines Lasers die digitale Bildinformation in die LAMS (Laser Ablatable Mask System) der Plattenoberfläche geschrieben."

a) Beschreiben Sie die Bebilderung der Druckplatte mit LAMS.

b) Nennen Sie drei bedeutende Vorteile dieses Systems gegenüber der konventionellen Druckformherstellung über Film (CtF-Technologie).

66 Druckformen für den Rakeltiefdruck

Informieren Sie sich über die Herstellung der Druckformzylinder für den Tiefdruck. Erarbeiten Sie sich die Druckformherstellung vom Stahlzylinder über die Galvanik bis zum druckfertigen Zylinder. Beschreiben Sie dazu das Prinzip der galvanischen Prozesse und die „aufgetragenen" Schichten und deren Stärke in µm. Halten Sie ein Referat (bzw. eine Präsentation) über die Herstellung des Druckformzylinders.

Erörtern Sie die Aufgabenstellung in der Gruppe! 

67 Druckformen für den Rakeltiefdruck

Das Druckbild wird vertieft in eine Kupferschicht übertragen. Bei diesen bildtragenden Kupferschichten unterscheidet man prinzipiell zwischen einem Massivaufkupferungsverfahren und einem Ballard-Verfahren. Vergleichen Sie beide Verfahren in einer Übersicht nach dem Arbeitsablauf in der Galvanik, der Dicke der Kupferschicht, dem Handling nach dem Druck sowie typischen Vorteilen.

Für Lösung bitte separates Blatt verwenden! 

68 Druckformen für den Rakeltiefdruck

In der Tiefdruckvorstufe werden alle digitalen Daten prozessgerecht geprüft und als gravurfähige Daten in die Tiefdruckgravur überführt. Ein Tiefdruckzylinder wird für den Illustrationsdruck elektromechanisch graviert. Graviert wird in eine Ballardhaut.

a) Beschreiben Sie die Herstellung von der Gravur bis zum druckfertigen Druckformzylinder.

b) Graviermaschinen arbeiten mit einer Rasterfrequenz bis zu 12 kHz. Wie viele Näpfchen werden in einer Sekunde graviert?

c) Erklären Sie anschaulich mit zusätzlichen Skizzen die Näpfchengeometrie und den Druck unterschiedlicher Tonwerte (Licht, Mittelton, Tiefe).

d) Der gravierte Zylinder wird nach einer Qualitätsprüfung verchromt. Warum erfolgt diese Verchromung? In welcher „Dicke" erfolgt ein Chromauftrag?

Für Lösung bitte separates Blatt verwenden! 

69 Druckformen für den Rakeltiefdruck

Die Druckform ist immer ein bebilderter Zylinder. Basis ist immer ein dickwandiges Stahlrohr mit einem exakten, schwingungsfreien Rundlauf. Eine wichtige Anforderung an die Zylinderkonstruktion ist eine sehr hohe Biegesteifigkeit. Der gereinigte und entfettete Stahlzylinder erhält eine dünne Nickelschicht, die eine gute Haftung für die folgenden Schicht bietet.

a) Aus welchen Gründen benötigen Druckformzylinder eine hohe Biegesteifigkeit?

b) Beschreiben Sie mit zusätzlichen Skizzen den weiteren Aufbau eines Zylinders, der bebildert werden kann.

Für Lösung bitte separates Blatt verwenden! 

70 Druckformen für den Rakeltiefdruck

Für bestimmte Produktionsbereiche werden spezielle Profile der Näpfchen eingesetzt. Man unterscheidet grundsätzlich unterschiedliche Näpfchengeometrien für den konventionellen Tiefdruck, den halbautotypischen Tiefdruck und den autotypischen Tiefdruck. Skizzieren Sie jeweils exemplarisch die Wiedergabe von drei Tonwerten (Licht, Mittelton, Tiefe).

Für Lösung bitte separates Blatt verwenden! 

71 Druckformen für den Rakeltiefdruck

Neue Verfahren der Tiefdruckzylindergravur ermöglichen eine wesentlich höhere Druckqualität im Vergleich zur konventionellen Gravur. Insbesondere feine Strichelemente und Schriften sind randschärfer zu drucken. Diese Forderung stellt insbesondere der Verpackungsdruck.
Mit welcher Graviertechnologie sind diese Forderungen zu erreichen?

MULTIPLE-CHOICE-AUFGABEN

72 Druckformen

Für jedes Druckverfahren gibt es typische Druckformen. Prüfen Sie die Angaben zu den Druckverfahren und den dazugehörenden Druckformen.
Welche Kombinationen „Druckverfahren und Druckform“ sind dazu korrekt?

I Flexodruck: Für ein endloses, nahtloses Druckbild ist ein Sleeve erforderlich.
II Rakeltiefdruck: Mit einem direkten Lasergravur-System lassen sich unterschiedliche Näpfchengeometrien erzeugen.
III Digitaldruck: Inkjet-Systeme übertragen Informationen direkt ohne Druckform auf den Bedruckstoff.
IV Lettersetdruck: Für den Druck ist eine seitenverkehrte Druckform erforderlich.
V Rollen-Offsetdruck: Druckplatten werden für den Zeitungsdruck fast ausschließlich mit Computer-to-Plate-Systemen hergestellt.

Korrekt sind die Angaben:

(A) I, II, III, IV

(B) I, III, IV, V

(C) I, II, IV, V

(D) I, II, III, V

73 Produktionsfluss in der digitalen Druckvorstufe

Die Druckvorstufe überträgt digitale Bildinformationen über einen RIP zu einem Ausgabesystem. Prüfen Sie die folgenden Angaben: Welche der folgenden Angaben zu Computer-to-Technologien ist *nicht* korrekt?

(A) Computer-to-Plate: digitale Bebilderung der Druckplatten in einem externen Ausgabesystem (Belichter)

(B) Computer-to-Print: dynamische, temporäre Bildinformationen auf einer Bildträgertrommel, für jeden Druck ist eine neue Bebilderung erforderlich.

(C) Computer-to-Press: Die Druckform wird direkt in der Druckmaschine bebildert.

(D) Computer-to-Paper: elektrostatische Bebilderung der Druckform im Digitaldruck

74 Produktionsfluss in der digitalen Druckvorstufe

In der Druckvorstufe werden unterschiedliche Computer-to-Technologien eingesetzt.
Welche der folgenden Angaben dazu ist korrekt?

(A) Computer-to-Film: Ausgabe in einem Laserbelichter auf Filmmaterial. Dieser Film (= Kopiervorlage) wird in einem weiteren Arbeitsgang auf eine Druckplatte kopiert.

(B) Computer-to-Plate: Die Druckform wird direkt in der Druckmaschine bebildert. Dadurch entfällt die externe Druckplattenkopie.

(C) Computer-to-Print: Dynamische Druckform, für jeden Druck ist eine neue Bebilderung erforderlich. Personalisierung durch Änderung von Texten und auch Bildern bei jedem Druck möglich.

(D) Die Verfahren Computer-to-Plate und Computer-to-Print werden für digitale Druckverfahren eingesetzt.

(E) Computer-to-Press: Die Druckform wird direkt in der Druckmaschine bebildert.

75 Produktionsfluss in der digitalen Druckvorstufe

Prüfen Sie die folgenden Aussagen. Entscheiden Sie danach, welche Angaben richtig sind.

I Ein Raster Image Processor wandelt digitale Daten in eine Bebilderungsbitmap für das Ausgabesystem um.
II Durch einen Preflight-Check wird geprüft, ob digitale Daten produktionsfertig, d. h. fehlerfrei sind.
III Infrarote Strahlung liegt in einem Wellenbereich unter 780 nm.
IV Druckplatten für den wasserlosen Offsetdruck sind nach der Bebilderung druckfertig, die Silikonschicht bildet druckende Bildstellen.
V Thermodruckplatten ergeben bei der Bebilderung absolut randscharfe Druckelemente (binäre Reaktionen).

Richtig sind die Angaben:

(A) I, II, III, IV

(B) II, III, IV, V

(C) II IV, V

(D) I, II V

76 Druckplatten Offsetdruck

Unter „thermisch lösliche“ Druckplatten für die CtP-Belichtung versteht man …

(A) Druckplatten, deren Schicht durch die Belichtung aushärtet.

(B) Druckplatten, deren Schicht durch die Belichtung zerstört wird.

(C) Druckplatten, die keinen erhöhten Raumtemperaturen ausgesetzt werden dürfen.

(D) Druckplatten, die durch eine Flutbelichtung bebildert werden.

77 Druckform Offsetdruck

Nach dem elektrochemischen Aufrauen einer einmetallischen Offsetdruckplatte wird die Oberfläche nochmals behandelt, um diese verschleißfest zu machen. Bei diesem zusätzlichen Vorgang …

(A) entsteht aus dem Metall eine sehr dünne, extrem harte Aluminiumoxidschicht auf der Oberfläche.

(B) wird die Oberfläche durch ein galvanisches Verfahren verchromt.

(C) wird auf die Oberfläche eine dünne Kupferschicht galvanisiert.

(D) erfolgt eine Beschichtung mit hydrophilem Lack.

(E) reagiert die Oberfläche mit einer Lauge und bildet feinste Kapillaren.

78 Druckform Offsetdruck

Welche Lösung wird verwendet, um eine Offsetdruckplatte mit einer positiv arbeitenden Diazokopierschicht zu entwickeln?

(A) Wasser

(B) Isopropanolalkohol

(C) Eisessig

(D) Alkalische Lösung

79 Druckform Offsetdruck

Für eine sehr gute, andauernde Benetzung der Nichtbildstellen einer elektrochemisch aufgerauten und elektrolytisch anodisierten Offsetdruckplatte mit Feuchtmittel ist ...

(A) die Kapillarwirkung der mikroporösen Oberfläche entscheidend.

(B) die elektrochemische Spannung zwischen Metall und Kopierschicht wesentlich.

(C) das exakte Einhalten des pH-Wertbereiches von 6 bis 8 Voraussetzung.

(D) die Feuchtmittelaufnahme und Emulsion mit der Druckfarbe entscheidend.

(E) ein dH-Wert des Feuchtmittels zwischen 18 und 25° dH wichtig.

80 Druckform Offsetdruck

Aluminium-Offsetdruckplatten besitzen eine Walzrichtung, die auch Laufrichtung genannt wird. Welcher Hinweis trifft zu, wenn eine solche Offsetdruckplatte im Rollen-Offsetdruck eingesetzt wird?

(A) Diese Druckplatten sind nur für geringere Auflagen einzusetzen, weil durch die Laufrichtung die Oberfläche nicht gleichmäßig aufgeraut werden kann.

(B) Die Laufrichtung des Aluminiums ist für die Druckproduktion unbedeutend.

(C) Die Laufrichtung sollte rechtwinklig zur Abkantung der Druckplatte, radial zur Zylinderachse verlaufen.

(D) Aluminiumdruckplatten müssen eine Laufrichtung parallel zur Abkantung besitzen, da sie sonst bei scharfem Abkanten brechen.

(E) Die Laufrichtung parallel zur Zylinderachse ermöglicht ein einfaches Strecken der Druckplatte bei Passerschwierigkeiten.

81 Druckform Offsetdruck

In einem Computer-to-Plate-System wird eine bestimmte Thermaldruckplatte eingesetzt. Welche besondere Eigenschaft hat diese Druckplatte?

(A) Die Bebilderungsschicht wird durch einen Laser „zerstört" und damit löslich für den Entwickler.

(B) Die Druckplatte muss bei hohen Temperaturen von ca. 100 °C belichtet werden.

(C) Die Druckplatte muss vor dem Belichten auf ca. 100 °C vorgewärmt werden, um eine Reaktion in der Schicht zu erzeugen.

(D) Die Bebilderung erfordert einen geeigneten Laser (Wellenlänge von 380 nm) und ein anschließendes Einbrennen der Schicht.

82 Bogenmontage

Eine Broschur erhält eine Drahtrückstichheftung. In der Druckformherstellung ist zu beachten:

(A) Es muss im Rücken perforiert und mit Runddraht geheftet werden.

(B) Die Falzbogen sind zusammenzutragen.

(C) Im Rücken ist ein Fräsrand bei der Montage zu berücksichtigen.

(D) Nach dem Druck und Falzen werden die Falzbogen durch Einstecken gesammelt.

83 Druckform

Die Bezeichnung „Berliner Format" ist gebräuchlich im:

(A) Bogen-Offsetdruck

(B) Zeitungsdruck

(C) Verpackungsdruck

(D) Flexodruck

84 Druckform Offsetdruck

In der Druckvorstufe und Druckformherstellung ist das Auflösungsvermögen eine wichtige Eigenschaft von Materialien. Was ist unter diesem Begriff zu verstehen? Die Fähigkeit ...

- (A) einer Lösung, durch chemische Reaktionen einen Werkstoff aufzulösen.
- (B) einer lichtempfindlichen Schicht, feinste und nah beieinanderliegende positive und negative Details wiederzugeben.
- (C) einer Kopierschicht, durch das Einwirken von UV-Licht für Entwickler löslich zu werden.
- (D) einer Flüssigkeit, eine bestimmte Menge an Salzen aufzulösen.
- (E) einer bestimmten Entwicklermenge, lichtempfindliche Schichten standardisiert aufzulösen.

85 Druckform Offsetdruck

Eine negativ arbeitende Diazokopierschicht auf einer Offsetdruckplatte wird belichtet. Welche Reaktion ist durch die Belichtung in der Kopierschicht festzustellen?

- (A) Umwandlung des Silberhalogenids zu elementarem Silber
- (B) Polymerisation
- (C) Schichtzersetzung
- (D) Schichthärtung

86 Druckform Offsetdruck

Welche Lösung wird verwendet, um eine Offsetdruckplatte mit einer positiv arbeitenden Diazokopierschicht zu entwickeln?

- (A) Wasser
- (B) Isopropanolalkohol
- (C) Alkalische Lösung
- (D) Wässrige Lösung mit einem pH-Wert 4

87 Druckform Offsetdruck

Die Standardisierung im Offsetdruckprozess erfordert als Voraussetzung eine standardisierte Tonwertübertragung auf eine CtP-Druckplatte. Welche Angabe zu dem Prozess ist dazu prinzipiell korrekt?

- (A) Linearisierung: Identische Tonwerte im Datensatz und auf der Druckplatte
Prozesskalibrierung: Im PSO geforderte Tonwertzunahme im Druck
- (B) Durch Steuerung der Linearisierung bei der Bebilderung sind Tonwertzunahmen zwischen AM- und FM-Raster im RIP auszugleichen.
- (C) Die festgelegte Tonwertkorrekturkennlinie für die CtP-Bebilderung ist aus Tabellen im ProzessStandard Offsetdruck zu entnehmen und im RIP einzustellen.
- (D) Linearisierung und Prozesskalibrierung ergeben eine Kennlinie für die Tonwertwiedergabe, die Korrektur für die Bebilderung erfolgt gemeinsam im RIP.
- (E) Die Linearisierungskennlinie dient dazu, die im ProzessStandard Offsetdruck festgelegte Tonwertznahme auf der Druckform zu erreichen.

88 Druckform Offsetdruck

Die Auflösung ist eine wichtige Kenngröße für eine standardisierte Kopie auf Offsetdruckplatten. Sie ist ...

- (A) definiert durch die Breite der feinsten Linien, die gleichzeitig als positive Linie und negative Spalte kopiert werden können.
- (B) die standardisierte Belichtungszeit, die ein einwandfreies Wegkopieren aller Filmkanten ohne Streufolie ermöglicht.
- (C) die durch den Druckplattenhersteller festgelegte optimale Belichtungsintensität für UV-Lampen in Kopierrahmen.
- (D) die Kennzeichnung der Dichte der Kopierschicht. Aus dem Quotienten zur Dichte der Kopiervorlagen ist die richtige Belichtungszeit zu errechnen.
- (E) ein Maß für die erforderliche Dichte der Kopiervorlagen, die ohne Tonwertverschiebungen zu kopieren sind.

89 Druckform Offsetdruck

In einem Computer-to-Plate-System wird eine Druckplatte mit einem Laser bebildert. Welche wesentliche Bedingung muss dazu erfüllt sein?

(A) Negative Kopiervorlage, seitenverkehrt, mindestens 3.0 log Dichte

(B) Hohe Allgemeinempfindlichkeit der Druckplattenkopierschicht

(C) Belichtung mit UV-Strahlern auf Druckplatten mit Fotopolymerschichten

(D) Positive Kopiervorlage, seitenverkehrt, mindestens 3.2 log Dichte

(E) Übertragung elektronisch gespeicherter Bildinformationen auf elektrostatische Kopierschicht

90 Druckform Offsetdruck

Geometrische Veränderungen bei der Bildinformationsübertragung von Rastern in digitalen Daten im Vergleich zum Druck sind verfahrensbedingt nicht zu vermeiden. Ebenso führen fehlerhafte Einstellungen der Druckmaschine zu Tonwertveränderungen. Welche der folgenden Angaben ist in diesem Zusammenhang richtig?

(A) Feinere Rasterfrequenzen (Rasterweiten) ergeben im Druck eine stärkere Tonwertzunahme als grobere Rasterfrequenzen.

(B) Dublieren und Schieben im Druckprozess verringern die Tonwertzunahme.

(C) Durch das Belichten der Druckplatte mit Streulicht ist eine Tonwertzunahme weitgehend auszuschalten.

(D) Das im Vierfarbdruck unvermeidliche Moiré ist die Hauptursache für die Tonwertzunahme.

(E) Die im Druckprozess unvermeidliche Tonwertzunahme ist durch eine längere Belichtung bei der Druckplattenkopie auszugleichen.

91 Druckformherstellung

Wozu sind Haltepunkte erforderlich, die beim Stanzen zwischen den einzelnen Nutzen verbleiben?

(A) Sie ermöglichen einen sicheren Durchlauf des Bogens nach dem Stanzvorgang.

(B) Sie verbessern den Zusammenhalt der gestanzten Bogen im Auslagestapel.

(C) Sie ermöglichen ein exaktes Rillen der Nutzen beim Stanzvorgang.

(D) Sie ermöglichen ein sicheres Ausbrechen der Kartonabfälle.

(E) Sie gewährleisten ein passergenaues Positionieren der Stanzlinien in der Stanzform.

92 Ausschießen

Welcher Grundsatz ist beim Ausschießen zu beachten?

(A) Die Falzanlage für die Druckweiterverarbeitung richtet sich nach der Anlage in der Druckmaschine.

(B) Die Druckanlage richtet sich nach der Falzanlage.

(C) Die Seiten 5 und 6 müssen immer als Anlageseiten berücksichtigt werden.

(D) Gerade Seitenzahlen gehören immer zur äußeren Form.

93 Ausschießen

Bei welcher Produktionstechnik bzw. welchem Druckprodukt kann das genutzte Papierformat (Endformat beschnitten) bis in den Greiferbereich des Druckbogens hineinreichen?

(A) Druckproduktion mit stehenden Druckseiten

(B) Druckproduktion mit liegenden Druckseiten

(C) Druckbogen mit nicht angeschnittenen Druckseiten im Greiferbereich

(D) Druck in umstellbaren Schön- und Widerdruckmaschinen

(E) Druck von Akzidenzen und Verpackungen

94 Ausschießen

Bei einer Werkdruckform, die mit einem Dreibruch-Mittenkreuzfalz (3-Mittenkreuzfalz) weiterverarbeitet wird, steht die Bogensignatur mit der Nummer 12. Welche Druckseiten gehören zu diesem Druckbogen?

- (A) 81 bis 96
- (B) 89 bis 96
- (C) 97 bis 104
- (D) 177 bis 192
- (E) 193 bis 208

95 Druckform Offsetdruck

Zu druckende Informationen werden durch eine bestimmte Energie (Licht, Laser) auf die lichtempfindliche Schicht einer Offsetdruckplatte übertragen. Die Wirksamkeit dieser Strahlung auf die lichtempfindliche Schicht der Druckplatte heißt ...

- (A) Emission.
- (B) Aktinität.
- (C) Sensitometrie.
- (D) Immission.

96 Bogenmontage

Ein Taschenbuch soll im Digitaldruck gedruckt und mit einer Klebebindung gebunden werden. Mehrere Seiten enthalten ganzseitige Bilder.
An welchen Seiten muss für die Druckverarbeitung ein Beschnitt eingeplant werden?

- (A) Kopf und Fuß
- (B) Kopf, Außenbeschnitt rechts und Fuß
- (C) Außenbeschnitt rechts und Fuß
- (D) Kopf, Außenbeschnitt rechts, Bund und Fuß
- (E) Außenbeschnitt rechts, Bund und Fuß

97 Druckformberechnung

Mit welcher Formel wird der Umfang eines Zylinders ermittelt?

- (A) $r^2 \cdot h$
- (B) $(r + r) \cdot h$
- (C) $d \cdot \pi$
- (D) $r^2 \cdot \pi$

98 Druckformen

Die Abbildung zeigt die Druckformherstellung für ein Druckverfahren.
Um welches Druckverfahren handelt es sich und durch welches Verfahren kann die Auflagenbeständigkeit der Druckform erhöht werden?

- (A) Flexodruck – Thermodurverfahren
- (B) Blechdruck – Kupferbeschichtung
- (C) Offsetdruck – Einbrennen
- (D) Rakeltiefdruck – Verchromen

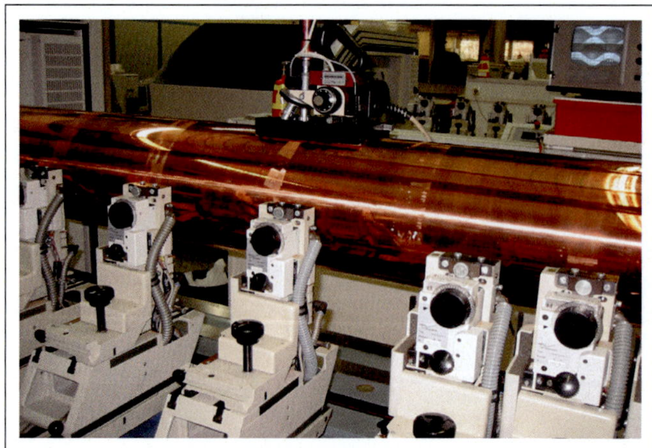

99 Tiefdruck – Druckform

Sie lesen Informationen zum Rakeltiefdruck. Welche der folgenden Aussagen dazu ist *falsch*?

(A) Die elektromechanische Gravur erzeugt flächen- und tiefenvariable Näpfchen zur Bildwiedergabe.

(B) Bei der Verchromung von Zylindern ändert sich das Näpfchenvolumen.

(C) Auch in vollen Farbflächen muss die Druckform Stege besitzen.

(D) Verchromte Zylinder dürfen nicht für Lebensmittelverpackungen eingesetzt werden.

100 Druckform Tiefdruck

Die Graviergeschwindigkeit eines Rakeltiefdruckzylinders hängt ab von …

(A) der Härte des Kupfers, dem Durchmesser des Gravurstichels, der Gravierfrequenz.

(B) der Zylindermantelfläche, der Gravierfrequenz, der Näpfchenzahl pro cm.

(C) der Gravierfrequenz, der Härte des Kupfers, dem Anteil der druckenden Fläche auf dem Zylinder.

(D) der zu gravierenden druckenden Fläche, dem Zylinderumfang, der Zylindermasse.

101 Druckform Tiefdruck

Ein Graviersystem benötigt bei einer Frequenz von 4000 Hz und einer Näpfchenanzahl von 70 Näpfchen pro cm für einen cm^2:

(A) rund 4 sek.

(B) rund 1,25 sek.

(C) rund 49 sek.

(D) rund 30 sek.

102 Druckformberechnung

Die Druckform im Rakeltiefdruck ist ein Zylinder. Ein bestimmter Druckformzylinder hat einen Durchmesser von 30 cm. Welchen Umfang hat dieser Zylinder?

(A) 60 cm

(B) 900 cm

(C) 94,2 cm

(D) 282,6 cm

103 Druckform Tiefdruck

Ein Tiefdruckzylinder mit 3 m Breite und 30 cm Durchmesser hat eine Druckformoberfläche von etwa …

(A) 2830 cm^2.

(B) 2,83 m^2.

(C) 5660 cm^2.

(D) 5,66 m^2.

104 Druckform Flexodruck – Tiefdruck

Die vergrößerte Abbildung zeigt auf einer Druckform eine gleichmäßige Druckfläche.
Zu welchem Druckverfahren gehört diese Druckform und wie heißen die gekennzeichneten einzelnen Elemente auf der Druckform?

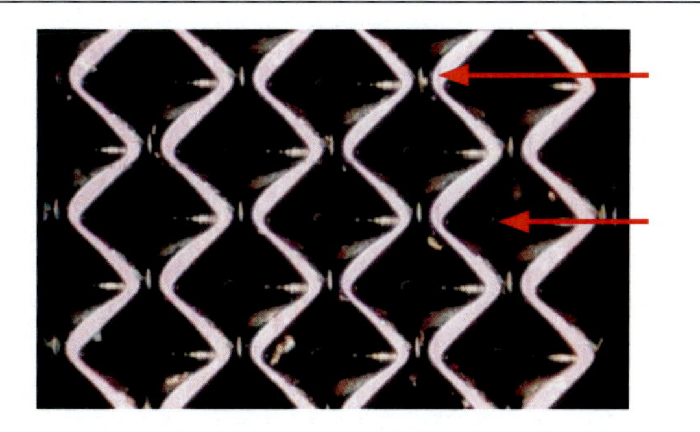

(A) Rakeltiefdruck, Stege und Näpfchen

(B) Rakeltiefdruck, Rauten und Flächen

(C) Flexodruck, Stege und Näpfchen

(D) Flexodruck, Rauten und Flächen

105 Druckform Tiefdruck

Der Rakeltiefdruck ist hervorragend für den Druck von Bildern geeignet. Druckformen werden vielfach durch die elektromechanische Zylindergravur hergestellt. Im Druck wird ...

(A) dünnflüssige Druckfarbe in unterschiedlicher Schichtdicke auf den Bedruckstoff übertragen. Die Bildinformationen auf dem Druckformzylinder bestehen aus halbautotypischen Näpfchen.

(B) eine Vorlage durch autotypische Rasterung der Bildinformationen im direkten Rotationsdruck gedruckt.

(C) durch hochviskose Druckfarben ein sehr hoher Druckkontrast erreicht.

(D) das ungerasterte Druckbild indirekt über einen Gummituchzylinder auf den Bedruckstoff übertragen.

(E) das Druckbild durch tiefenvariable Näpfchen und dünnflüssige Druckfarbe mit hoher Farbdichte direkt auf den Bedruckstoff übertragen.

106 Druckformen Flexodruck

Druckplatten für hochwertigen Flexodruck sind:

(A) Polymerplatten

(B) Mehrmetalldruckplatten

(C) Aluminiumdruckplatten

(D) Silikondruckplatten

107 Druckform Flexodruck

Welche der Angaben treffen auf die Belichtung einer Auswaschdruckplatte für den Flexodruck zu?

(A) Tageslicht D50 – negative Kopiervorlagen – Belichtung: Reaktion in Silberhalogenid

(B) UV-Licht – positive Kopiervorlagen – Belichtung: Diazoverbindung härtet aus

(C) UV-Licht – negative Kopiervorlagen – Belichtung: Fotopolymerisation

(D) IR-Licht – positive Kopiervorlage – Belichtung: Polyaddition

108 Druckform Flexodruck

Flexodruckplatten benötigen schräge Flanken an den druckenden Elementen, damit ...

(A) die Farbauftragswalzen nicht beschädigt werden.

(B) unnötige Maschinenschwingungen vermieden werden.

(C) die druckenden Elemente stabil ausdrucken.

(D) der Verschleiß der Druckform bei hohen Auflagen verringert wird.

109 Druckform Flexodruck

Welche der folgenden Angaben zu Druckformen im Flexodruck sind richtig?

I Mit Sleeves sind endlose Druckbilder im Rollendruck möglich.
II Der Einsatz von Sleeves benötigt speziell dafür ausgerüstete Druckwerke.
III Der Druck mit Sleeves verringert den Farbverbrauch.
IV Druckbilder auf Sleeves können bei Verschleiß regeneriert werden.
V Typische Druckformmaterialien sind Fotopolymere und Gummi.

Richtig sind die Angaben:

(A) I, III, IV

(B) I, II, III

(C) I, II, V

(D) II, IV, V

110 Druckform Flexodruck

Die Darstellung von Rastertonwerten im Flexodruck ist ...

(A) mit der des hochqualitativen Offsetdrucks vergleichbar.

(B) auf die Darstellung von Mitteltönen eingegrenzt.

(C) in den Lichtern und den hohen Tonwerten stark eingegrenzt.

(D) in den hohen Tonwerten besonders gut.

4 DRUCKVERFAHREN, DRUCKPRODUKTE

Druckverfahren im Überblick

Hauptdruck-verfahren	Typische Merkmale der Druckform	Dazugehörende Druckverfahren
Hochdruck	• statisch, permanent • Bildstellen liegen höher als Nichtbildstellen	• Buchdruck • Flexodruck • Lettersetdruck
Flachdruck	• statisch, permanent • Bildstellen und Nichtbildstellen liegen auf einer Ebene	• Steindruck • Lichtdruck • Offsetdruck • Blechdruck
Tiefdruck	• statisch, permanent • Bildstellen liegen tiefer als Nichtbildstellen	• künstlerische, manuelle Techniken wie Kupferstich, Radierung, Aquatinta • Rakeltiefdruck • Tampondruck • Stichtiefdruck
Durchdruck	• statisch, permanent • Druckform, bei der die Bildstellen in einem Gewebe farbdurchlässig sind	• Serigrafie • Siebdruck • Filmdruck
Digitaldruck	ohne Druckform: digitale Ansteuerung des Systems mit dynamischem Druckbildspeicher • temporär • virtuell	digitale Drucksysteme auf der Basis • Computer-to-Print Basissystem: Elektrofotografie • Computer-to-Substrat Basissystem: Inkjet

Flexodruckmaschine

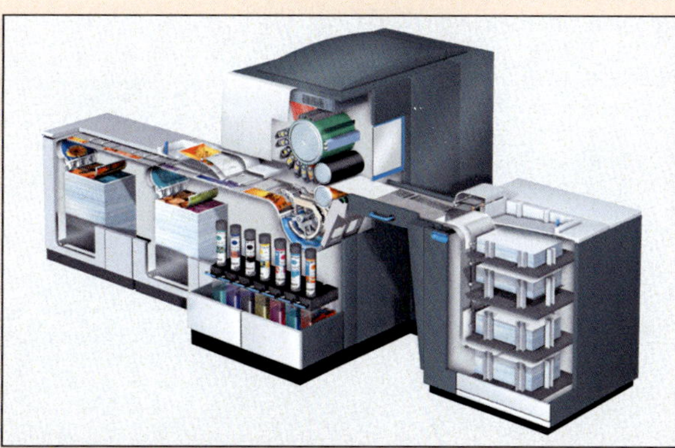
Digitaldruckmaschine (offene Ansicht)

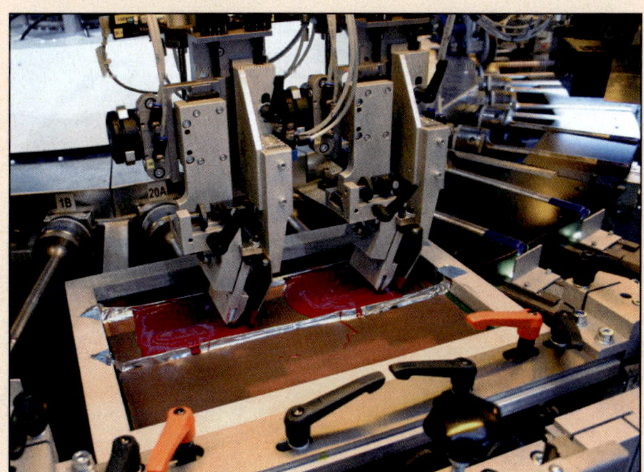
Siebdruckmaschine

Rollen-Offsetdruckmaschine LITHOMAN

Printprodukte

Ein exemplarischer Auszug aus dem gesamten Produktionsspektrum gedruckter Produkte:

- Akzidenzen (z. B. Geschäftsdrucksachen, Flyer, Unternehmenskommunikation)
- Bücher, Broschuren
- Werbung, Prospekte, Image-Broschüren
- Zeitungen, Anzeigen- und Wochenblätter
- Zeitschriften
- Kataloge
- Plakate
- technische Dokumentationen, Handbücher, Bedienungsanleitungen
- Etiketten
- Verpackungen aller Art
  z. B. Faltschachteln, flexible Verpackungen, Tuben, Flaschen, Kisten, Dosen, Becher aus unterschiedlichsten Materialien,
  z. B. Papier, Karton, Wellpappe, Kunststoff, Metall für verschiedenste Produkte,
  z. B. Lebensmittel, pharmazeutische Produkte, Kosmetik, Spiele, Spielzeug, technische Geräte, Werkzeug
- Tapeten
- Dekore

Bogen-Offsetdruckmaschine

Arbeitsablauf (exemplarisch vereinfacht)

Material:
- Bedruckstoffe
- Druckfarbe
- Lack, Hilfsmittel

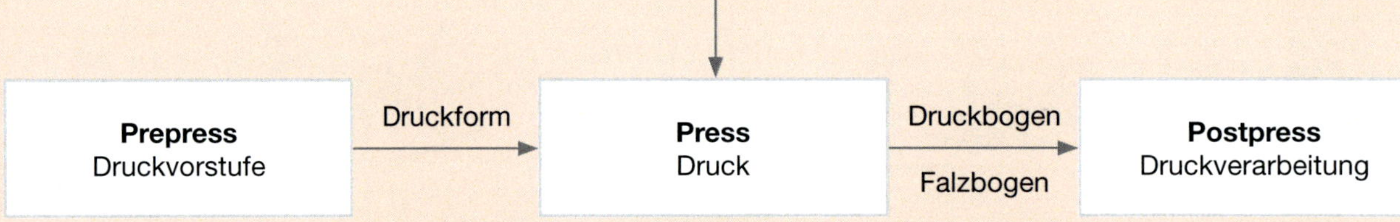

Druckprozess:
Informationsübertragung
Text, Bild, Grafik

1 Druckverfahren – Druckprodukte – Typische Merkmale

In der folgenden tabellarischen Übersicht stehen in der linken Spalte Hauptdruckverfahren, Druckprodukte oder Merkmale von Druckverfahren. Diese treffen im technischen Zusammenhang auf ein Druckverfahren oder auch mehrere Druckverfahren in den folgenden Spalten zu.

a) Markieren Sie das zutreffende Druckverfahren mit einem X (siehe Beispiel: Hochdruckverfahren).

b) Ist mehr als ein Druckverfahren zutreffend, markieren Sie das wichtigste Druckverfahren mit X, alle außerdem zutreffenden Druckverfahren mit einem (X). Begründen Sie in diesem Fall Ihre Entscheidung dazu auf einem separaten Blatt, dass in Ihrer Dokumentation abgeheftet wird.

Aussagen, zu beurteilende Kriterien/Merkmale	Offset-druck	Buch-druck	Flexo-druck	Sieb-druck	Blech-druck	Digital-druck	Rakel-tiefdruck
Hochdruckverfahren (Beispiel)		X	X				
Die Druckform muss vor dem Einfärben gefeuchtet werden.							
Die Druckform wird elektronisch graviert.							
Kleine Auflagen, farbig, Printing on Demand							
Flachdruckverfahren							
Die Druckform ist immer seitenverkehrt.							
Druck von Illustrierten in Großauflage							
Es sind beliebige Bedruckstoffe und Körper zu bedrucken.							
Druck von Tageszeitungen							
Es sind absolut deckende Farben zu drucken.							
System: Computer-to-Paper							
Druck von flexiblen Verpackungen auf Folien, Verbundmaterialien; personalisiertes Drucken							
Autotypischer Raster							
Bildelemente (Text, Grafik, Bild) der Druckform allg. gerastert							
Keine statische Druckform							
Direkter Rotationsdruck							
Auswaschdruckplatten mit hochstehenden Bildstellen							
Tiefenvariable oder tiefen- und flächenvariable Bildstellen							
Druckfarbe wird durch Rakel auf Bedruckstoff übertragen.							

Aussagen, zu beurteilende Kriterien / Merkmale	Offset-druck	Buch-druck	Flexo-druck	Sieb-druck	Blech-druck	Digital-druck	Rakel-tiefdruck
Druck von hochwertigen Akzidenzen, Büchern, Faltschachteln							
Druck von Wellpappe, Tragetaschen, Vordrucken							
Piezoelektrische Drop-on-Demand-Technologie							
Die Rasterweite ist von der Feinheit des Gewebes abhängig.							
Indirekter Rotationsdruck: Bogen- und Rollendruck							
Direkter Druck							
Die Druckfarbe ist niederviskos (dünnflüssig).							
Heatset-Druckfarben, Heißlufttrockner							
Einfärbung der Druckform: Kammerrakel, Rasterwalze							
Naturpapier und gestrichene Papiere sind gut zu bedrucken.							
Druck von Tafeln, Schildern, Körpern u. a.							
Druck von Textilien, z. B. Dekostoffe							
Drop-on-Demand							
Druck von Fachzeitschriften, z. B. PM, GEO, Computer							
Druck von Etiketten auf Papier / Stoff							
Einfärbung mit Elektronik-Ink (flüssig) oder Toner (Pulver)							
Erkennungsmerkmale: keine Schattierung, randscharfer Rasterpunkt, in den Spitzlichtern vielfach kein Rasterpunkt.							
Erkennungsmerkmale: Schattierung, Quetschrand, flächenvariabler Raster							
Erkennungsmerkmale: starker Quetschrand, keine Schattierung, relativ geringe Rasterweite, überwiegend Strich, Flächen							
Erkennungsmerkmale: Farbdichte im Rasterpunkt ungleichmäßig, keine autotypische Rasterung, Schrift ist gerastert							
Erkennungsmerkmale: große Farbschichtdicke, kein Quetschrand, geringe Rasterweite (Rasterfrequenz)							

2 Druckverfahren und Druckprodukte

In welchem(n) Druckverfahren werden aus wirtschaftlichen, technisch sinnvollen und qualitativen Gründen die folgenden Druckprodukte produziert? Es können auch mehrere Druckverfahren für ein bestimmtes Druckprodukt wirtschaftlich und technisch sinnvoll geeignet sein. Begründen Sie jeweils kurz Ihre Angabe.

a) Taschenbücher (klebegebundene Broschuren), Auflage 10 000 Exemplare

b) Mode-Prospekte, vierfarbig, 8 Seiten DIN A4, Auflage 25 000 Exemplare

c) DirectMarketing, personalisiert

d) Tageszeitungen, Gesamtauflage 180 000 Exemplare

e) Fotobuch, 10 Exemplare

f) Weichverpackungen auf Folien und Verbundmaterial

g) Loseblatt-Sammlung (Steuerrecht), Auflage 2 000 Ex.

h) Illustrierte, 4c, 220 Seiten, DIN A4, Auflage 600 000 Exemplare

i) Fachzeitschrift „Druck- und Medientechnik“, Auflage 20 000

j) Glastafel zur großflächigen Werbung in der Bahnhofshalle

k) Fachbuch mit hohem Bildanteil, 640 Seiten, Auflage 5 000 Exemplare

l) Tiefkühl-Verpackungen

m) Bannerdruck; vierfarbig auf textilem Material, Breite 40 cm, Länge 200 cm

n) Versandhauskataloge (800 Seiten Umfang), 1 Million Auflage

___

___

___

o) „Prüfandrucke" für einen Möbelprospekt zur Abstimmung in einem Herstellerverbund, DIN A4, 8 Seiten; vorab 200 Exemplare

___

___

___

p) Gedruckte elektronische Schaltungen

___

___

___

q) Etiketten, 4 Farben, gedruckt auf Spezialpapier

___

___

___

r) Display (Verkaufsständer)

___

___

___

s) Modelleisenbahnen und -autos

___

___

___

t) Geschenkdosen aus Blech

___

___

___

3 Druckverfahren im Vergleich

Für einen „Blick über den Zaun" des eigenen Tätigkeitsbereiches ist ein Vergleich der Druckverfahren bzw. spezieller Produktionstechniken wichtig. Nur so sind technische Details, Produktionsbedingungen, Einsatzbereiche, Wirtschaftlichkeit und produktspezifische Anforderungen zu analysieren und zu bewerten.

a) Erarbeiten Sie den Vergleich zwischen dem **Bogen-Offsetdruck** und dem **Rollen-Offsetdruck**. Erstellen Sie eine Tabelle mit den folgenden Vergleichskriterien:

- Einsatzbereiche
  - Produkte
- Druckformen
  - Arten
  - Herstellungsprozesse
  - Kosten Druckformherstellung
  - Standzeit, Auflagenbeständigkeit
- Bedruckstoffe
  - Arten
  - besondere Stärken im Druck von …
- Druckfarbentypen
  - Einsatzbereiche
  - Viskosität
  - Trocknung
- Bildwiedergabe
  - Grafik, Strich
  - Raster
  - Detailwiedergabe, Lichter-, Tiefenzeichnung
- prozessbezogene Qualität
  - Passergenauigkeit
  - Farbwiedergabe, Farbumfang
  - konstante Produktion
  - Standardisierung
  - Wiederholgenauigkeit
- Inline-Verarbeitung
  - Möglichkeiten
- Wirtschaftlichkeit, Kosten
  - Kosten für das Produktionssystem
  - Rüsten/Rüstzeiten bei Auftragswechsel
  - wirtschaftliche Auflagenhöhe min./max.
- Nachhaltige Produktion
  - Makulatur
  - Prozessbedingungen (spezifische Faktoren, Kosten)
- Umweltschutz Produktion:
  - Prozess, Energie, Verbrauchsmaterial, Abfall
- ergänzende Hinweise

Für Lösung bitte separates Blatt verwenden!

b) Vergleichen Sie Ihr Ergebnis im Team bzw. in der Klasse und optimieren Sie Ihre Angaben.

Erörtern Sie die Aufgabenstellung in der Gruppe!

4 Druckverfahren im Vergleich

Im Produktionsbereich „Illustrationsdruck“ stehen seit einigen Jahren der **Rollen-Offsetdruck** und der **(Rakel-)Tiefdruck** miteinander im Wettbewerb.

a) Erarbeiten Sie dazu einen Vergleich zwischen Rollen-Offsetdruck und Tiefdruck. Verwenden Sie dazu dieselben Kriterien, die in Aufgabe 3 aufgeführt sind.

Für Lösung bitte separates Blatt verwenden! 

b) Vergleichen Sie Ihr Ergebnis im Team bzw. in der Klasse und optimieren Sie ggf. Ihre Angaben.

Erörtern Sie die Aufgabenstellung in der Gruppe! 

5 Druckverfahren im Vergleich

Im Produktionsbereich „flexible Verpackungen“ stehen der **Flexodruck** und der **Tiefdruck** miteinander im Wettbewerb.

a) Erarbeiten Sie dazu einen Vergleich zwischen Flexodruck und (Rakel-)Tiefdruck. Verwenden Sie dazu dieselben Kriterien, die in Aufgabe 3 aufgeführt sind.

Für Lösung bitte separates Blatt verwenden! 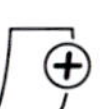

b) Vergleichen Sie Ihr Ergebnis im Team bzw. in der Klasse und optimieren Sie ggf. Ihre Angaben.

Erörtern Sie die Aufgabenstellung in der Gruppe! 

6 Sicherheit am Arbeitsplatz

Ein sicheres Arbeiten erhält die Gesundheit und Arbeitskraft eines jeden Mitarbeiters. Jeder Mitarbeiter muss daher auch selbst auf das Einhalten aller Sicherheitsvorschriften und ein bewusstes Handeln achten.

a) Wer ist in Ihrem Unternehmen/Betrieb allgemein für die Sicherheit als Sicherheitsbeauftragter verantwortlich? Tragen Sie den Namen, die interne Telefonnummer sowie den Arbeitsplatz ein.

____

____

____

b) Tragen Sie hier ein, wo in Ihrem Betrieb Sicherheitsinformationen und Sicherheitsdatenblätter aushängen bzw. ausliegen.

____

____

____

c) Tragen Sie hier ein, wo Material für die „Erste Hilfe“ und Hilfsmittel (Rettungswerkzeug u. Ä.) sofort zu bekommen sind.

____

____

7 Sicherheitszeichen

Erklären Sie jeweils die Bedeutung der Sicherheitszeichen.

a)  ____________________

b)  ____________________

c)  ____________________

d)  ____________________

e) 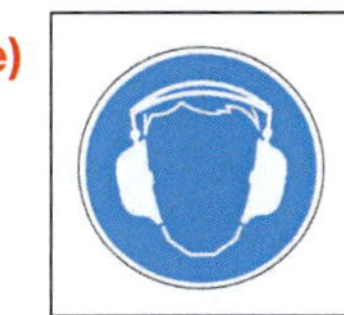 ____________________

f)  ____________________

8 Sicherheit am Arbeitsplatz

In Druckereien wird immer wieder mit verschiedenen Gefahrstoffen gearbeitet, die die Gesundheit schädigen können.

a) In welchen unterschiedlichen Formen (Zuständen, Arten) können Gefahrstoffe auftreten?

b) Auf welchen Wegen können diese Gefahrstoffe in den Körper gelangen?

9 Sicherheit am Arbeitsplatz

Die BG ETEM empfiehlt für verschiedene Arbeiten geeignete Schutzmaßnahmen.
Welches ist die beste Schutzmaßnahme bei Tätigkeiten mit hautschädigenden Stoffen?

10 Sicherheit am Arbeitsplatz

An der Druckmaschine müssen Sicherheitsschuhe getragen werden.
Nennen Sie drei Eigenschaften, die ein Sicherheitsschuh für den Einsatz benötigt.

11 Sicherheit am Arbeitsplatz

Die BG ETEM empfiehlt für verschiedene Arbeiten geeignete Schutzmaßnahmen.
Welche Empfehlungen gibt es für das Reinigen der Hände?

12 Sicherheit

Die Schwere eines Unfalls durch elektrischen Strom hängt von der Stromstärke, Dauer der Durchströmung und dem Stromweg durch den Körper ab.

a) Welche Stromstärke fließt bei Berührung eines unter 230 V stehenden Anlageteils über den Menschen, wenn sein Körperwiderstand ca. 1000 Ω beträgt?

b) Beschreiben Sie mögliche Folgen eines Stromunfalls.

13 Sicherheit am Arbeitsplatz

An einem Arbeitsplatz sehen Sie das abgebildete Zeichen. Welche Bedeutung hat es?

14 Sicherheit – Transport

Im Papierlager, der Druckerei und der Druckverarbeitung wird viel Material bewegt bzw. transportiert.
Wo darf das Transportgut niemals – auch nicht kurzzeitig – abgestellt werden?

15 Sicherheit am Arbeitsplatz

Für einige Arbeiten werden brennbare Flüssigkeiten verwendet.
Unter welcher Voraussetzung dürfen brennbare Flüssigkeiten an Arbeitsplätzen aufbewahrt werden?

16 Sicherheit am Arbeitsplatz

In einigen Arbeitsbereichen einer Druckerei kann trotz Abkapselung von Maschinenbereichen eine nicht zu vermeidende Lärmbelastung auftreten. Unheilbare Gehörschäden können die Folge sein.

a) Ab welchem Grenzwert in dB(A) sind Schutzmaßnahmen zwingend erforderlich?

b) Welche Möglichkeiten für den Gehörschutz können verwendet werden?

17 Sicherheit am Arbeitsplatz

In Druckereien werden brennbare Flüssigkeiten eingesetzt. Zu jedem Stoff gibt ein Sicherheitsdatenblatt die notwendigen Informationen für den richtigen Umgang. Nennen Sie die zwei wesentlichen Kriterien für die Einteilung brennbarer Flüssigkeiten in Gruppen und Gefahrenklassen.

18 Sicherheit am Arbeitsplatz

In einem Sicherheitsdatenblatt finden Sie Hinweise zum Flammpunkt. Sie vergleichen Flammpunkte von drei Lösemittel:

- Ethylalkohol (Ethanol) 12 °C
- Testbenzin > 21 bis < 55 °C
- Toluol 6 °C

Erklären Sie, was die Angabe des Flammpunktes am Beispiel der drei Lösemittel bedeutet.

19 Sicherheit am Arbeitsplatz

Im Betrieb erhalten Sie den Auftrag, sich die Sicherheitsdatenblätter in der Druckformherstellung und im Druck durchzuarbeiten.

a) Wo sind diese Sicherheitsdatenblätter zu finden?

b) Wozu dienen Sicherheitsdatenblätter?

c) Welche Informationen enthalten Sicherheitsdatenblätter?

d) Kopieren Sie ein Sicherheitsdatenblatt, das in Ihrem Arbeitsbereich zu beachten ist. Heften Sie diese Kopie in Ihrer Dokumentation ab.

20 Sicherheit am Arbeitsplatz

Sie arbeiten im Flexodruck. Während der Produktion, beim Beenden des Druckauftrages sowie am Schichtende werden mit (mit Lösemitteln gefeuchtete Putzlappen bzw. einer Bürste) die Rasterwalzen, Zylinder und Farbwannen gereinigt.

a) Beschreiben Sie Ihren persönlichen Arbeitsschutz beim Umgang mit Lösemitteln.

b) Wie sind gebrauchte Putzlappen nach der Verwendung am Arbeitsplatz zu lagern?

21 Sicherheit am Arbeitsplatz

Wird mit schnellflüchtigen Lösemitteln gearbeitet, kann es zu einem Brand kommen. Dementsprechend sind Sicherheitseinrichtungen und Feuerlöschgeräte in der Nähe der Gefahrenstellen anzubringen. Lösemittelbrände können sehr effektiv mit Kohlendioxidschnee gelöscht werden. Erklären Sie, warum dies so ist.

____

____

____

22 Sicherheit am Arbeitsplatz

In einer Broschüre der BG ETEM lesen Sie Informationen zu einer VOC-Richtlinie.

a) Geben Sie an, was die englische Abkürzung VOC „ausgeschrieben" bedeutet und wie die deutsche Übersetzung lautet.

____

____

b) Welche Ziele verfolgt diese Richtlinie?

____

____

23 Sicherheit am Arbeitsplatz

Um schnelle ärztliche Hilfe bei einem Unfall herbeizuholen, ist ein Notruf von großer Bedeutung. Je nach der Schwere des Unfalls kann eine genaue Information lebensrettend sein.

a) Die Informationen zu einem Notruf richten sich nach dem W-Schema mit fünf Angaben. Formulieren Sie dazu jeweils Ihre Angaben.

b) Wo finden Sie in Ihrem Betrieb ein Notruftelefon?

c) Skizzieren Sie farbig das entsprechende Sicherheitskennzeichen.

Für Lösung bitte separates Blatt verwenden! 

24 Sicherheit am Arbeitsplatz

Für das Arbeiten mit Lasern sind besondere Sicherheitsmaßnahmen zu beachten. Besonders Augen und Haut können geschädigt werden. Daher sind Hersteller von Geräten verpflichtet, durch technische Maßnahmen die Anwender zu schützen. Entsprechend der möglichen Gefährdung werden Systeme in Laserklassen eingeteilt.

a) Das Wort LASER ist die Abkürzung einer englischen Bezeichnung. Geben Sie diese Bezeichnung in Englisch sowie die deutsche Übersetzung an.

____

____

b) Welche drei Laserklassen gelten als besonders gefährlich?

____

c) Skizzieren Sie farbig das Warnschild „Warnung vor Laserstrahl".

25 Umweltschutz im Betrieb

Umweltschutz ist kein Schlagwort, sondern eine zwingende Notwendigkeit, das Leben auf der Erde zu erhalten. In Ihrem Betrieb wird über Umweltschutzmaßnahmen diskutiert. Dabei werden fünf Forderungen besonders herausgestellt:

- Energiebedarf verringern
- Verringern der Luftemission
- Verringern der Abwasserbelastung
- Vermeiden von Stoffen mit gesundheitsschädlichen Inhaltsstoffen
- Einsatz von Rohstoffen (Material) verringern

Erläutern Sie konkrete Maßnahmen, die im Betrieb umgesetzt werden sollen, um alle Forderungen soweit als möglich zu erfüllen.

Für Lösung bitte separates Blatt verwenden! 

26 Umweltschutz – Verantwortliches Handeln

„Ich selbst trage Verantwortung für alles, was ich tue!“ Verantwortliches Handeln im Umgang mit allen Materialien, Wasser und Energie ist für einen guten Medientechnologen selbstverständlich. Prüfen Sie darauf hin Ihr Verhalten am Arbeitsplatz.
Aufgabe ist das Optimieren des eigenen Verhaltens:

a) Was können Sie tun, um die Umwelt zu schonen, Abfälle zu verringern und Energie zu sparen?

b) Nennen Sie zu jedem Bereich mindestens zwei Handlungen oder Aktivitäten, die Sie selbst besonders beachten und umsetzen wollen.

Für Lösung bitte separates Blatt verwenden! 

27 Arbeitsplatz

Die Gestaltung und Organisation der Arbeitsplätze und der Arbeitsumgebung sind die wesentlichste Voraussetzung für ein störungsfreies und effizientes Arbeiten. Bei der in Japan entwickelten 5S-Methode handelt es sich um eine definierte Maßnahme und Methode. Sie wird im deutschen Sprachraum auch mit der Bezeichnung 5A zur Arbeitsgestaltung charakterisiert.
Grundprinzipien der 5S-Methode:

- 1. Seiri
  Sort: sortiere aus
  = Aussortieren
- 2. Seiton
  Set in Order: systematische Ordnung
  = Aufräumen
- 3. Seiso
  Shine: sauber halten/machen
  = Arbeitsplatzsauberkeit
- 4. Seiketsu
  Standardize: Standardisieren
  = Anordnung als Regel
- 5. Shitsuke
  Sustain: Selbstdisziplin und
  ständige Verbesserung

a) Welche Bedeutung haben diese einzelnen Begriffe für einen optimalen Arbeitsablauf? (Vergleichen Sie dazu u. a.: KVP, Arbeitszufriedenheit, fehlerfreie wirtschaftliche Prozesse.)

b) Veranschaulichen Sie Ihre Angaben jeweils durch zwei Beispiele.

Für Lösung bitte separates Blatt verwenden! 

28 Drucken – Entwicklung

Johannes Gutenberg wurde von dem bekannten Time Magazin im Jahr 2000 zum „Man of the Millennium“, dem Mann des Jahrtausends, gewählt.

a) Wann lebte Gutenberg?

____

b) Welche Gründe waren wohl für das Time Magazin so bedeutend, dass sie Gutenberg posthum diese herausragende Auszeichnung verliehen?

____

____

____

29 Drucken – Entwicklung

Johannes Gutenberg gilt als Erfinder des Buchdrucks, obwohl in Fernost bereits ähnliche Entwicklungen gemacht worden waren. Sein Ziel musste sein: So gut drucken, wie Mönche schreiben können.

a) Welche wesentlichen Erfindungen machte Gutenberg?

____

____

____

b) Was war das revolutionäre Neue dieser Erfindung, die die geistige Haltung und das Wissen der Menschen im Mittelalter so gewaltig veränderte?

____

____

____

c) Sein gedrucktes Hauptwerk ist heute noch u. a. im Gutenberg-Museum in Mainz zu bewundern. Wie heißt dieses Werk?

____

30 Drucken – Entwicklung

Gutenberg druckte mit einer manuell zu bedienenden Handpresse. Eingefärbt wurde die Druckform ebenfalls manuell mit Handballen. Man konnte in dieser Zeit nur einfarbig drucken. Im Jahr 1811 wurde erstmals ein neues Druckprinzip erfunden: „Fläche-gegen-Zylinder“, die sogenannte Schnellpresse.

a) Wer erfand die Schnellpresse?

____

b) Für welches bekannte Druckprodukt wurde diese „Schnellpresse“ erstmals eingesetzt?

____

31 Drucktechnik – Druckprinzip

In bestimmten Anwendungsbereichen wurde bzw. wird im Druckprinzip „Fläche gegen Fläche“ produziert. Vergleichen Sie dieses Druckprinzip mit dem Druckprinzip „Zylinder gegen Zylinder“.

a) Skizzieren Sie schematisch beide Druckprinzipien.

b) Erläutern Sie, warum ein Druck „Fläche gegen Fläche“ bei einer gleich großen Druckform (verwenden Sie als Beispiel das Format DIN A3) im Vergleich zum Druckprinzip „Zylinder gegen Zylinder“ eine wesentlich höhere Druckkraft erfordert.
Nutzen Sie dazu die Formel $F = p \cdot A$.

Für Lösung bitte separates Blatt verwenden! 

32 Druckverfahren

Im Druckprinzip Zylinder-gegen-Zylinder unterscheidet man zwischen direktem und indirektem Druck.

a) Skizzieren Sie beide Systeme schematisch vereinfacht und bezeichnen Sie jeweils die Zylinder.

b) Skizzieren Sie exemplarisch (ein Großbuchstabe ist dazu ausreichend) die Informationsübertragung von der Druckform auf den Bedruckstoff.

c) Geben Sie an, in welchen Druckverfahren direkte bzw. indirekte Systeme eingesetzt werden.

Für Lösung bitte separates Blatt verwenden! 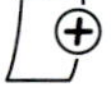

33 Drucktechnik – Druckprinzip

Heute werden in den unterschiedlichen Druckverfahren verschiedene Druckprinzipien eingesetzt. Skizzieren Sie heute eingesetzte Druckprinzipien und benennen Sie die Grundelemente.

Für Lösung bitte separates Blatt verwenden! 

34 Hauptdruckverfahren

Alle Druckverfahren lassen sich nach verfahrenstypischen Merkmalen übergeordneten Hauptdruckverfahren (Oberbegriff) zuordnen. Jedes Druckverfahren in dieser Gruppe hat die gleichen drucktechnischen Merkmale, die sich auf die Druckform beziehen.

a) Nennen Sie alle fünf Hauptdruckverfahren.

b) Beschreiben Sie jeweils das charakteristische Merkmal, nach dem sich diese Hauptdruckverfahren voneinander unterscheiden.

c) Ordnen Sie den Hauptdruckverfahren mindestens zwei Druckverfahren zu. Das derzeit bedeutendste Druckverfahren der Gruppe ist farbig zu unterstreichen.

Für Lösung bitte separates Blatt verwenden! 

35 Druckverfahren

Zur Vorbereitung auf einen Leistungstest erarbeiten Sie einen Vergleich von Druckmaschinen.

a) Skizzieren Sie prinzipiell vereinfacht das Druckwerk einer ...
   - Bogen-Offsetdruckmaschine (Modell: Einfarbendruck)
   - Rollen-Offsetdruckmaschine (Modell: Akzidenzdruck)
   - Flexodruckmaschine (Modell: Einfarbendruck)
   - Rakeltiefdruckmaschine (Rollendruck, Modell eines Druckwerkes)

   und benennen Sie die wesentlichen Bauelemente.

b) Beschreiben Sie, wie die Bildstellen der jeweiligen Druckform bei diesen Druckverfahren eingefärbt und gedruckt werden.

Für Lösung bitte separates Blatt verwenden! 

36 Druckverfahren

Bei allen Flachdruckverfahren liegen Bildstellen (druckende Elemente) und Nichtbildstellen annähernd (Differenz ca. 2 µm) auf einer Ebene.
Beschreiben Sie für einen fachlichen Laien die Wechselwirkungen zum Einfärben der Druckform des (konventionellen) Offsetdrucks mit zusätzlichen Skizzen. Verwenden Sie dazu u. a. die Fachbegriffe: **Oberflächenspannung**, **Benetzung**, **Grenzflächen**, **Kohäsion**, **Adhäsion**.

Für Lösung bitte separates Blatt verwenden! 

37 Druckverfahren

In der Fachzeitschrift „Publisher" werden grundlegende Verfahrenstechnologien der Druckindustrie in mehreren Folgen erläutert. Der aktuelle Beitrag beschreibt eine Xerografie. Beschreiben Sie, um welche Verfahrenstechnologie es sich handelt.

____

____

____

38 Druckverfahren: Erkennungsmerkmale

An verfahrenstypischen Merkmalen ist an einem Druckprodukt zu erkennen, in welchem Druckverfahren das Produkt hergestellt worden ist.
Beschreiben Sie, an welchen (einfachen) Merkmalen das Druckverfahren der folgenden Druckprodukte zu erkennen ist:

a) Offsetdruck

____

____

b) Flexodruck

____

____

c) Rakeltiefdruck (elektronische Zylindergravur)

____

____

39 Druckverfahren

Jedes Druckverfahren produziert aus technischen und teilweise auch wirtschaftlichen Gründen eine bestimmte Produktionspalette. Vergleichen Sie

- Bogen-Offsetdruck
- Rollen-Offsetdruck
- Flexodruck
- (Rakel-)Tiefdruck
- Siebdruck

Nennen Sie drei typische Einsatzbereiche bzw. wichtige Druckprodukte und begründen Sie, warum diese Produkte in diesem Druckverfahren gedruckt werden.

Für Lösung bitte separates Blatt verwenden! 

40 Druckverfahren: Offsetdruck

Der Offsetdruck ist derzeit weltweit das bedeutendste Druckverfahren.
Skizzieren Sie das Druckwerk einer Einfarben-Offsetdruckmaschine im Prinzip. Bezeichnen Sie daran die wesentlichen konstruktiven Elemente, zeichnen Sie zudem die Drehrichtung der Zylinder (Bogenanlage auf der rechten Seite der Skizze) ein.

Für Lösung bitte separates Blatt verwenden! 

41 Druckverfahren: Offsetdruck

Sie führen eine kleine Besuchergruppe durch den Betrieb und erklären in der Bogen-Offsetdruckerei: „Der Offsetdruck ist ein Flachdruckverfahren, bei dem Bildstellen und Nichtbildstellen annähernd auf einer Ebene liegen (Differenz 2 µm)." Das Drucken von einem Stempel kann sich jeder vorstellen. Aber wie kann denn im Flachdruck ein Bild eingefärbt und dann gedruckt werden?

a) Beschreiben Sie den Besuchern Ihres Betriebes, wie es möglich ist, nur die Bildstellen auf dieser ebenen Druckform einzufärben. Fügen Sie einfache Skizzen zum Einfärbungsprozess bei.

b) Erklären Sie zudem die „Informationsübertragung" der Bildstellen von der Druckform auf den Bedruckstoff. (Hinweis: Verwenden Sie dabei die Begriffe seitenverkehrt und seitenrichtig, fügen Sie dazu eine einfache Prinzipskizze bei.)

c) Erklären Sie dem Besucher, welche Auswirkungen im Druck aufgrund von Fehlern im Einfärbeprozess auftreten.

Für Lösung bitte separates Blatt verwenden! 

42 Druckverfahren: Offsetdruck

Sie haben mit Ihrem Team den Auftrag, in Ihrer Berufsschulklasse den Arbeitsablauf und die Produktion im Offsetdruck zu präsentieren und dazu ein Handout zu erstellen. Gedruckt werden Faltschachteln (nach Vorgabe eine Alternative dazu). Ihr Arbeitsergebnis, die Präsentation, drucken Sie aus und heften diese mit dem zu erarbeitenden Handout in Ihrer Dokumentation ab.

a) Erarbeiten Sie eine Präsentation.
Präsentieren Sie anschaulich – in stichpunktartiger Übersicht – den Arbeitsablauf der Produktion von Faltschachteln in den einzelnen Prozessstufen:
- Druckformherstellung
  digitale Produktionsdaten, druckfertige digitale Daten pro „Druckform" vorhanden
- Druck
  Produktion in einer Bogen-Offsetdruckmaschine
- Druckverarbeitung (kurze Hinweise ausreichend)

b) Erstellen Sie für alle Zuhörer ein Handout.
Verwenden Sie dazu zwei Spalten:
Spalte 1: Arbeitsbereich, -prozessschritt
Spalte 2: kurze Vorgangsbeschreibung

Für Lösung bitte separates Blatt verwenden!

43 Druckverfahren: Offsetdruck

Ein Druckmaschinenhersteller bietet eine „formatvariable Rollendruckmaschine mit Inline-Finishing" an.

a) Erklären Sie, was folgende Bezeichnungen bedeuten.

formatvariabel:

Inline-Finishing:

b) Für welche Produktbereiche werden diese Druckmaschinen eingesetzt?

44 Druckverfahren: Offsetdruck

Im Offsetdruck werden unterschiedliche Druckmaschinensysteme eingesetzt. Vergleichen Sie dazu:
- Bogen-Offsetdruckmaschinen 4/4
- Rollen-Offsetdruckmaschine (Coldset)
- Rollen-Offsetdruckmaschine (Heatset)

Beschreiben Sie
- prinzipielle Merkmale der Druckmaschinensysteme,
- die Produktionstechnik und
- verschiedene Einsatzbereiche.

Für Lösung bitte separates Blatt verwenden! 

45 Druckverfahren

Etiketten werden in verschiedenen Druckverfahren und Druckmaschinensystemen gedruckt. Dabei werden u. a. modular aufgebaute Rollendruckmaschinen, auch Hybriddruckmaschinen genannt, eingesetzt.

a) Erklären Sie die speziellen technischen Möglichkeiten dieser Drucksysteme.

b) In welchen anderen Verfahrenstechniken werden ebenfalls Etiketten gedruckt? Geben Sie dazu zwei Beispiele.

46 Druckverfahren

Aus einer Internetinfo zu einem Druckunternehmen: „Anspruchsvolle Reproduktionen verschiedenster Holzarten, die ihrem natürlichen Vorbild in nichts nachstehen, bilden den größten Teil der Dekorstruktur-Kollektion …".
Welches Druckverfahren wird für den Druck von unterschiedlichen Dekoren eingesetzt?

47 Druckverfahren: Rakeltiefdruck

Tiefdruckereien in Europa sind industriell produzierende Großbetriebe. Bedeutende Produktionsbereiche sind der Illustrationsdruck (hochauflagige Kataloge, Zeitschriften u. Ä.), der Druck flexibler Verpackungen und der Dekordruck.

a) Skizzieren Sie schematisch vereinfacht das Druckwerk und beschreiben Sie das Einfärben der Druckform und den Druckprozess.

b) Mit welchen maximalen (Rollen-)Arbeitsbreiten (ca. in cm) wird heute im Illustrationsdruck produziert?

Für Lösung bitte separates Blatt verwenden! 

48 Druckverfahren: Rakeltiefdruck

Große bedeutende Tiefdruckereien für den Illustrationsdruck haben in den letzten Jahren viele Druckaufträge an den Rollen-Offsetdruck verloren.
Erläutern Sie drei Gründe für diese Entwicklung.

____

____

____

49 Verpackungsdruck

In dem Produktionsbereich für flexible Verpackungen gibt es einen starken Wettbewerb zwischen dem Tiefdruck und dem Flexodruck.
Vergleichen Sie tabellarisch den (Rakel-)Tiefdruck und den Flexodruck für den Druck flexibler Verpackungen anhand der folgenden Parameter (z. B. Technik, Vorteil des Verfahrens gegenüber ...)

- Druckformherstellung
- Bedruckstoffe
- Druckqualität
- Prozessstabilität
- Wirtschaftlichkeit
- Standzeit der Druckform

Verwenden Sie zu der Bearbeitung ein separates Blatt. Heften Sie Ihr Arbeitsergebnis (den Vergleich) in Ihrer persönlichen Dokumentation ab.

Für Lösung bitte separates Blatt verwenden! 

50 Druckverfahren: Rakeltiefdruck

Sie haben mit Ihrem Team den Auftrag, in Ihrer Berufsschulklasse den Arbeitsablauf und die Produktion im (Rakel-)Tiefdruck zu präsentieren und dazu ein Handout zu erstellen. Gedruckt werden hochwertige flexible Verpackungen (Schokolade). Ihr Arbeitsergebnis, die Präsentation, drucken Sie aus und heften diese mit dem zu erarbeitenden Handout in Ihrer Dokumentation ab.

a) Erarbeiten Sie eine Präsentation.
Präsentieren Sie anschaulich – in stichpunktartiger Übersicht – den Arbeitsablauf der Produktion einer flexiblen Verpackung in den einzelnen Prozessstufen:
- Druckzylinderherstellung
  digitale Produktionsdaten, druckfertige digitale Daten pro „Druckform“ vorhanden
- Druck
  Produktion in einer Tiefdruckmaschine
- Druckverarbeitung (kurze Hinweise ausreichend)

b) Erstellen Sie für alle Zuhörer ein Handout.
Verwenden Sie dazu zwei Spalten:
Spalte 1: Arbeitsbereich, -prozessschritt
Spalte 2: kurze Vorgangsbeschreibung

Für Lösung bitte separates Blatt verwenden! 

51 Druckverfahren: Flexodruck

Sie haben mit Ihrem Team den Auftrag, in Ihrer Berufsschulklasse den Arbeitsablauf und die Produktion im Flexodruck zu präsentieren und dazu ein Handout zu erstellen. Gedruckt werden 6-farbige flexible Verpackungen für Tiernahrung. Ihr Arbeitsergebnis, die Präsentation, drucken Sie aus und heften diese mit dem zu erarbeitenden Handout in Ihrer Dokumentation ab.

a) Erarbeiten Sie eine Präsentation.
Präsentieren Sie anschaulich – in stichpunktartiger Übersicht – den Arbeitsablauf der Produktion in den einzelnen Prozessstufen
- Druckformherstellung
  digitale Produktionsdaten, druckfertige digitale Daten pro „Druckform“ vorhanden
- Druck
  Produktion in einer Flexodruckmaschine
- Druckverarbeitung (kurze Hinweise ausreichend)

b) Erstellen Sie für alle Zuhörer ein Handout.
Verwenden Sie dazu zwei Spalten:
Spalte 1: Arbeitsbereich, -prozessschritt
Spalte 2: kurze Vorgangsbeschreibung

Für Lösung bitte separates Blatt verwenden! 

52 Druckverfahren: Flexodruck

In einer Fachinformation lesen Sie die folgenden Informationen zum Flexodruck: „Der Flexodruck eignet sich besonders gut für Volltöne und Raster. In der Bildwiedergabe wird mittlerweile ebenfalls eine sehr hohe Qualität erzielt. Selbst bei feinen Farbverläufen und bei zarten Hauttönen erreicht der Flexodruck heute die Qualität von Tief- und Offsetdruck."
Erläutern Sie, welche technischen Entwicklungen zu einer solchen Qualitätsverbesserung geführt haben.

Für Lösung bitte separates Blatt verwenden! 

53 Druckverfahren: Digitaldruck

Der Digitaldruck arbeitet mit verschiedenen Technologien der Informationsübertragung auf den Bedruckstoff.

a) Beschreiben Sie zwei wesentliche Technologien (Grundprinzip).

b) Beschreiben Sie exemplarisch den Druckprozess (Informationsübertragung = Druck) bei einer der möglichen Verfahrenstechniken.

Für Lösung bitte separates Blatt verwenden! 

54 Druckverfahren: Digitaldruck

Der Digitaldruck schafft neue Märkte. Ebenso erweitert und ergänzt der Digitaldruck vorhandene Produktionsbereiche anderer Druckverfahren.

a) Erläutern Sie (z. B. einem neuen Auszubildenden), in welchen wesentlichen technischen Merkmalen sich Digitaldruckverfahren von allen „konventionellen" Druckverfahren unterscheiden.

b) Erläutern Sie, welche Vorteile der Digitaldruck gegenüber anderen Druckverfahren besitzt.

Für Lösung bitte separates Blatt verwenden! 

55 Druckverfahren: Digitaldruck

Jedes Druckverfahren hat spezifische technische und wirtschaftliche Stärken.

a) Wählen Sie fünf Beispiele für Druckaufträge aus, in denen der Digitaldruck bedeutende Vorteile gegenüber anderen Druckverfahren hat. Begründen Sie jeweils Ihre Ansicht.

b) Wählen Sie fünf Beispiele für Druckaufträge aus, bei denen der Digitaldruck aus technischen oder wirtschaftlichen Gründen nicht eingesetzt werden kann.

Für Lösung bitte separates Blatt verwenden! 

56 Druckverfahren: Digitaldruck

Sie haben mit Ihrem Team den Auftrag, in Ihrer Berufsschulklasse den Arbeitsablauf und die Produktion im Digitaldruck zu präsentieren und dazu ein Handout zu erstellen. Gedruckt werden Werbedrucke, Einladungen, personalisierte Drucke, Broschuren, Bücher, Dokumentationen u. Ä.
Druckauftrag: personalisierte Einladungen, vierfarbig, Format DIN A6 quer, 4 Seiten. Ihr Arbeitsergebnis, die Präsentation, drucken Sie aus und heften diese mit dem zu erarbeitenden Handout in Ihrer Dokumentation ab.

a) Erarbeiten Sie eine Präsentation.
Präsentieren Sie anschaulich – in stichpunktartiger Übersicht – den Arbeitsablauf einer Produktion in den einzelnen Prozessstufen:
- Druckvorstufe
  Druckfertige digitale Daten und Adressdaten (Datenbank) sind vorhanden.
- Druck
  Produktion in einer Digitaldruckmaschine
- Druckverarbeitung (kurze Hinweise ausreichend)

b) Erstellen Sie für alle Zuhörer ein Handout.
Verwenden Sie dazu zwei Spalten:
Spalte 1: Arbeitsbereich, -prozessschritt
Spalte 2: kurze Vorgangsbeschreibung

Für Lösung bitte separates Blatt verwenden! 

57 Druckprodukte – Druckverfahren

Der Etikettendruck umfasst ein sehr großes Spektrum unterschiedlichster Etiketten mit spezifischen Anforderungen der Kunden.

a) Nennen Sie zehn verschiedene Etiketten (Art bzw. Typ, Bezeichnung, Material, Einsatzbereich).

b) In welchen verschiedenen Druckverfahren werden Etiketten gedruckt? Nennen Sie vier Druckverfahren.

c) Erklären Sie, warum Haftetiketten für Becherverpackungen und Kunststoffdeckel aller Art für Lebensmittelverpackungen „... migrationsarm, lebensmittelkonform und physiologisch unbedenklich" sein müssen.

Für Lösung bitte separates Blatt verwenden! 

58 Druckprodukte – Druckverfahren

Es sind folgende Aufträge zu drucken:

A ADAC – Freizeit Mobil (Sonderheft)
Bedruckstoff: Bilderdruck-Papier, 110 g/m²
Umschlag: Bilderdruck-Papier, 175 g/m²
Format: 185 mm × 245 mm
Seiten: 72 Seiten Innenteil, 4 Seiten Umschlag
Druckfarben: 4
Verarbeitung: Sammeldrahtheftung
Gesamte Auflage: 100 000 Exemplare

B Firmenjubiläum – Personalisierte Einladungen
Bedruckstoff: Bilderdruck-Karton, 250 g/m²
Format: DIN A5 quer
Seiten: 6
Druckfarben: 4
Verarbeitung: Wickelfalz, 2 x gerillt
Gesamte Auflage: 50 Exemplare

C Lebensmittelverpackungen (Tiefkühlverpackung)
Bedruckstoff: Kunststofffolie
Druckmotiv: Flächen, grobe Raster, Schrift
Druckfarben: 5
Auflage: 120 000 Verpackungen (Abschnitte)

D Hochwertige Schokoladenverpackungen
Bedruckstoff: gussgestrichener Karton, 400 g/m²
Druckfarbe: 5 + Lack
Auflage: 100 000 Verpackungen

E Reisekatalog Spanien & Portugal
Bedruckstoff: LWC, 55 g/m² Innenteil, Bilderdruck, gl. gestrichen, 115 g/m²
Seiten: 296 Seiten Innenteil, 4 Seiten Umschlag
Druckfarben: 4c
Verarbeitung: Sammeldrahtheftung
Auflage: 1,5 Millionen

F Displays als Point of Sale („Produktständer“ zur Verkaufsforderung)
Bedruckstoff: Wellpappe
Druckfarbe: 5
Auflage: 1 000

G Haftetiketten (Rollen)
Bedruckstoff: Etikettenpapier, 100 g/m²
Format: 10 cm × 7 cm
Druckfarben: 6 + Mattlack
Gesamte Auflage: 50 000 Exemplare

In welchen Druckverfahren werden diese Aufträge wirtschaftlich und technisch sinnvoll gedruckt? Begründen Sie dazu jeweils Ihre Antwort.

Für Lösung bitte separates Blatt verwenden! 

59 Druckprodukte – Druckverfahren

Sie möchten von Ihrer Rucksack-Tour über viele Inseln Griechenlands (Titel: Insel-Hüpfen) mit den schönsten Bildern ein Fotobuch gestalten und in einer Auflage von fünf Exemplaren drucken lassen. Dazu haben Sie alle Bilddaten auf Ihrem Rechner.

a) Welches Druckverfahren eignet sich zur Herstellung dieses Fotobuches?

____

b) Beschreiben Sie in kurzer Form, wie Sie das Fotobuch gestalten und die Daten an die Druckerei (Produktion) weiterleiten.

____

____

____

c) Welches Papier wird allgemein für diesen Auftrag verwendet?

____

60 Druckprodukte – Druckverfahren

Eine Druckerei bietet einen speziellen Produktbereich an: „Dekoration – Komplette Rundumdekoration in brillanter Druckqualität bei einer Schrumpfrate von bis zu 80 % – Shrink Sleeves“

a) Um welche Produkte und Produkteigenschaften handelt es sich bei dem angebotenen Produkt? (Finden Sie dazu möglichst ein Anschauungsmuster.)

____

____

____

b) In welchem(n) Druckverfahren werden diese Produkte gedruckt?

____

____

____

61 Digitaldruck – Großformatdruck

Immer größer werden Einsatzbereiche für den digitalen Großformatdruck (LFP = Large Format Printing).

a) Erläutern Sie beispielhaft an zwei Druckprodukten, warum sich digitale Drucktechniken für kleine Auflagen dieser Produkte im Vergleich zu anderen Druckverfahren besonders eignen!

b) Welche Technologie (Verfahrenstechnik der Informationsübertragung) wird für den Großformatdruck eingesetzt?

Für Lösung bitte separates Blatt verwenden! 

62 Zeitungsdruck

Der Druck von Zeitungen und ähnlichen Produkten (z. B. Anzeigen- und Wochenblätter) erfordert ein technisch umfassendes Know-how von der Redaktion bis zum fertigen Druckprodukt sowie eine perfekte Logistik in allen Arbeitsbereichen.
Erarbeiten Sie ein Fachreferat mit dem Thema „Herstellung einer Tageszeitung im Rollen-Offsetdruck".
Zielgruppe: Junge Leser dieser Tageszeitung.
Bereiten Sie Ihre Aufgabe als Konzept auf einem separaten Arbeitsblatt vor. Dieses heften Sie in Ihrer Dokumentation ab. Beschreiben Sie einer Schulklasse (10. Klasse) anschaulich die Herstellung der Tageszeitung in den Produktionsbereichen

- Druckformherstellung,
- Druck,
- Versandraum.

Für Lösung bitte separates Blatt verwenden! 

63 Druckverfahren – Produktsicherheit

Das RFID-System (engl. Abk. für Radio Frequency Identification; Radiofrequenz-Identifikation) bietet die Möglichkeit der automatischen Identifizierung von Gegenständen und auch von Lebewesen.

a) Erklären Sie, warum ein solches System eingesetzt wird.

b) Geben Sie vier verschiedene Beispiele für einen Einsatz dieses Systems an.

c) Ermitteln Sie, wie dieses System prinzipiell funktioniert.

Für Lösung bitte separates Blatt verwenden! 

64 Fachwissen Druckprodukte (1)

Für das Fachwörterbuch Ihrer Klasse sind aus dem Bereich der Druckprodukte und des Drucks Fachbegriffe einfach und verständlich zu formulieren. Recherchieren und bearbeiten Sie im Team die folgenden Fachbegriffe. Nennen Sie ggf. die Bedeutung der (englischen) Abkürzungen sowie den deutschen Begriff dazu:

- Abluft
- Feuchtmittel
- Flexodruck: Druckplattendehnung
- Greiferrand
- Imprimatur
- Inline-Produktion
- Inmould-Etiketten
- Leitstand
- OEM
- Piezo-Inkjet-Technologie
- RFID
- Siebdruckgewebe
- Steindruck
- Strahlung im IR-Bereich
- „Tiegelprinzip"

Erörtern Sie die Aufgabenstellung in der Gruppe! 

65 Fachwissen Druckprodukte (2)

Für das Fachwörterbuch Ihrer Klasse sind aus dem Bereich der Druckprodukte und des Drucks Fachbegriffe einfach und verständlich zu formulieren. Recherchieren und bearbeiten Sie im Team die folgenden Fachbegriffe. Nennen Sie zudem die Bedeutung der (englischen) Abkürzungen sowie den deutschen Begriff dazu:

- Betriebsanweisung
- Dekordruck
- IPA
- ISBN
- Kupferstich
- LASER
- MHz
- Presseur
- Rollendruckmaschine
- Schnellpresse
- Siebdruck
- Strahlung im UV-Bereich
- Stream-Technologie
- Tubendruck
- wasserloser Offsetdruck

Erörtern Sie die Aufgabenstellung in der Gruppe! 

MULTIPLE-CHOICE-AUFGABEN

66 Sicherheitszeichen

Gebotsschilder haben die Sicherheitsfarbe:

(A) Blau

(B) Grün

(C) Rot

(D) Weiß

(E) Gelb

67 Sicherheitszeichen

Sicherheitszeichen haben nicht nur eindeutige Farben als Merkmal, sondern auch bestimmte Formen und Symbole. Welche Zeichen besitzen diagonale Querbalken?

(A) Verbotszeichen

(B) Rettungszeichen

(C) Gebotszeichen

(D) Hinweiszeichen

(E) Warnzeichen

68 Sicherheit

Für das Löschen von Lösemittelbränden eignet sich Kohlendioxidschnee besonders gut.
Warum ist dies so? Ergänzen Sie das Wort zu einem richtigen Satz: Kohlendioxid ...

(A) hat eine hohe Dichte und zerlegt die Lösemittel in unbrennbare Bestandteile.

(B) ist schwerer als Luft und verhindert in der Schneeform die Zufuhr von Sauerstoff.

(C) gerinnt in Lösemitteln und zersetzt brennbare Bestandteile in wasserlösliche Elemente.

(D) besitzt eine sehr hohe Verdunstungskälte, verringert die Temperatur und verdrängt den Sauerstoff.

69 Sicherheitszeichen

Die folgenden Angaben der Berufsgenossenschaften beschreiben mögliche Zeichen bei entsprechenden Sicherheitsfarben. Prüfen Sie die folgenden Aussagen dazu. Welche Angaben sind korrekt?

I Blau: Gebotszeichen
II Grün: keine Gefahr
Rettung: Einrichtungen für Sicherheit und Hilfe
III Gelb: Vorsicht. Achtung. Gefahr
IV Schwarz: besondere Vorsicht
Sicherheitskleidung und Schutzbrille tragen
V Rot: Verboten. Stop. Halt
Warnung vor unmittelbarer Gefahr

Suchen Sie alle richtigen Angaben aus den fünf Texten heraus und entscheiden Sie dann!
Richtig sind die Angaben:

(A) I und II

(B) I, II, III und IV

(C) I, II, III und V

(D) I und II

(E) III und V

70 Arbeitssicherheit

Sie haben sich eine kleine Schnittwunde zugezogen und versorgen diese mit einem Pflaster aus dem Verbandkasten. Was sollten Sie unbedingt tun?

(A) Da es nur eine kleine Verletzung ist, ist nichts Besonderes zu tun.

(B) Die Verletzung ist ins Verbandsbuch einzutragen.

(C) Vorsichtshalber ist zum Unfallarzt zu gehen.

(D) Der Verantwortliche für die Arbeitssicherheit ist zu informieren.

71 Sicherheit: Lärm

Ab welcher Lärmexposition muss ein im Lärmbereich Beschäftigter persönliche Gehörschutzmittel benutzen?

(A) 80 dB (A)

(B) 90 dB (A)

(C) 85 dB (A)

(D) 100 dB (A)

(E) 120 dB (A)

72 Sicherheit: Zeichen

Sämtliche Warnzeichen haben die Sicherheitsfarbe:

(A) Rot

(B) Blau

(C) Grün

(D) Schwarz

(E) Gelb

73 Sicherheit

Für die Beurteilung eines gesundheitsschädlichen Stoffes ist der Arbeitsplatzgrenzwert (AGW) entscheidend wichtig. Was gibt der AGW (vgl. MAK-Wert) konkret an?

(A) Die maximale Konzentration eines gesundheitsschädlichen Stoffes am Arbeitsplatz, die noch keine Schädigung hervorruft

(B) Die chemische Zusammensetzung eines gesundheitsschädlichen Stoffes in der Atemluft am Arbeitsplatz

(C) Den Anteil an gesundheitsschädlichem Kohlendioxid, den dieser Stoff an die Atemluft abgibt

(D) Die Schnelligkeit der Verdunstung lösemittelhaltiger, gesundheitsgefährdender Stoffe

(E) Physikalische und chemische Kennwerte der toxischen Wirkung

74 Sicherheit

Im Jahr 2010 ist eine neue Gefahrstoffverordnung (GefStoffV) in Kraft getreten. Diese Gefahrstoffverordnung gilt für …

(A) Stoffe und Zubereitungen mit einem unangenehmen Geruch

(B) Stoffe mit gefährlichen Eigenschaften (z. B. giftig, ätzend, krebserzeugend)

(C) Sprengstoffe

(D) Wasserverunreinigung, Luft- und Bodenverschmutzung

(E) Brand- und Explosionsgefahr

75 Sicherheit am Arbeitsplatz

Prüfen Sie die folgenden Angaben zu Sicherheitskennzeichen nach der Art des Zeichens, der Form und der Farbe.
Welche der Angaben ist *falsch*?

(A) Warnzeichen: dreieckig, gelb

(B) Rettungszeichen: rechteckig, grün

(C) Gebotszeichen: quadratisch, blau

(D) Verbotszeichen: rund, rot

76 Sicherheit am Arbeitsplatz

Welche genaue Bedeutung hat dieses Sicherheitskennzeichen?

(A) Verarbeitungsmaterial ist leicht entflammbar.

(B) Feuer, offenes Licht und Rauchen verboten

(C) Achtung: Brandschutzausrüstung tragen

(D) Warnung vor heißen Oberflächen oder Materialie

77 Arbeitssicherheit, Arbeitsschutz

Geben Sie an, welches Vorgehen bzw. Verhalten entsprechend der Vorgaben der BG ETEM (Berufsgenossenschaft Energie, Textil, Elektro, Medienerzeugnisse) zum Arbeitsschutz richtig ist.
Wer mit chemischen Substanzen arbeitet, sollte …

(A) zu Arbeitsbeginn eine Hautschutzsalbe auf die Hände auftragen.

(B) Hautschutzsalben verwenden, wenn mit gesundheitsschädlichen Stoffen gearbeitet wird.

(C) bei Kontakt mit chemischen Stoffen immer Handschuhe anzuziehen.

(D) bei Arbeitsende eine Handpflegecreme verwenden.

78 Sicherheit am Arbeitsplatz

Sicherheitsschuhe sind in Druckereien …

(A) nicht notwendig, da die Gefahr von Fußverletzungen sehr gering ist.

(B) nur in Rollendruckbetrieben zu tragen.

(C) zu tragen, da die Gefahr von Fußverletzungen besteht.

(D) vorgeschrieben in Betrieben mit mehr als 200 Mitarbeitern.

79 Hauptdruckverfahren

Alle Druckverfahren lassen sich Hauptdruckverfahren zuordnen. Welche der folgenden Zeilen nennt alle Hauptdruckverfahren?

(A) Buchdruck, Zeitungsdruck, Akzidenzdruck, Werkdruck

(B) Hochdruck, Flachdruck, Tiefdruck, Durchdruck, Digitaldruck

(C) Buchdruck, Tiefdruck, Flachdruck, Siebdruck

(D) Offsetdruck, Digitaldruck, Tiefdruck, Hochdruck

(E) Akzidenzdruck, Verpackungsdruck, Etikettendruck, Werkdruck, Zeitungsdruck

80 Hauptdruckverfahren

Alle Druckverfahren lassen sich Hauptdruckverfahren zuordnen. Welche der folgenden Zeilen nennen jeweils zwei Hauptdruckverfahren?

(A) Siebdruck, Flachdruck

(B) Tiefdruck, Digitaldruck

(C) Offsetdruck, Flachdruck

(D) Durchdruck, Hochdruck

(E) Flachdruck, Digitaldruck

81 Hauptdruckverfahren

In welcher der folgenden Zeilen werden ausschließlich Flachdruckverfahren genannt?

(A) Radierung, Steindruck, Offsetdruck, Lichtdruck

(B) Siebdruck, Offsetdruck, Lichtdruck, Serigrafie

(C) Buchdruck, Blechdruck, Offsetdruck, Radierung

(D) Offsetdruck, Steindruck, Lichtdruck, Blechdruck

(E) Steindruck, Offsetdruck, Siebdruck, Buchdruck

82 Druckverfahren – Technologien

In der Fachzeitschrift „Publisher" werden grundlegende Verfahrenstechnologien der Druckindustrie in mehreren Folgen erläutert. Der aktuelle Beitrag beschreibt eine Xerografie.
Um welche Verfahrenstechnologie handelt es sich?

(A) Elektrolyse im galvanischen Bad

(B) Elektrostatische Aufladung bei Folien und Papier

(C) Vervielfältigungsverfahren auf elektrostatischer Basis

(D) Elektronisch hergestellte Siebdruckschablonen

(E) Bebilderungsverfahren für Tiefdruckzylinder

83 Druckverfahren – Technologien

Ergänzen Sie den folgenden Satzteil zu einem korrekten Text! Der Tampondruck …

- (A) ist ein direktes Tiefdruckverfahren für das Bedrucken von Kleinauflagen auf beliebige Kunststoffe.
- (B) ist ein direktes Flachdruckverfahren für den Druck von Weichverpackungen.
- (C) ist ein indirektes Durchdruckverfahren für den Textildruck.
- (D) ist ein indirektes Tiefdruckverfahren für den Druck auf beliebig geformte Körper, eingesetzt vor allem im Werbemittelbereich.

84 Druckverfahren

In welchem Druckverfahren wird eine Rasterwalze zur Farbübertragung auf die Druckform eingesetzt?

- (A) Flexodruck
- (B) Tiefdruck
- (C) Siebdruck
- (D) Rollen-Offsetdruck
- (E) Digitaldruck

85 Druckverfahren – Einsatzbereich

Der Offsetdruck wird heute für die Produktion verschiedenster Druckprodukte eingesetzt.
Welche Druckprodukte mit sehr großem Seitenumfang in sehr hoher Auflage werden aus technischen und wirtschaftlichen Gründen nicht im Offsetdruck gedruckt?

- (A) Werkdruck: Bücher, Broschuren
- (B) Zeitungen, Wochenblätter
- (C) Akzidenzen, Prospekte
- (D) Bildbände, Werbebeilagen
- (E) Zeitschriften, Kataloge

86 Druckverfahren – Einsatzbereich

In der Information eines Unternehmens aus der Etikettenbranche ist zu lesen: „Die Etiketten werden direkt in die Spritzgussmaschine eingelegt und direkt mit dem Basismaterial verschmolzen." Um welches gedruckte Produkt handelt es sich hierbei?

- (A) Selbstklebeetiketten
- (B) Im Hybridverfahren gedruckte Etiketten
- (C) Inmould-Etiketten
- (D) Thermoplast-Etiketten

87 Druckverfahren – Einsatzbereich

Es sollen großformatige Plakate in einer Auflage von 1 000 Exemplaren für eine mehrmonatige Außenplakatierung auf Kunststofffolie gedruckt werden. Welches Druckverfahren eignet sich für diesen Auftrag am besten?

- (A) Illustrationstiefdruck
- (B) Flexodruck
- (C) Siebdruck
- (D) Tampondruck
- (E) Offsetdruck

88 Druckverfahren: Einsatzbereich

Es sind flexible Verpackungen (Folien) für Tiefkühlprodukte zu drucken. Welchen besonderen Vorteil hat der Rakeltiefdruck gegenüber dem Flexodruck?

- (A) Der Rakeltiefdruck druckt in konstanter hoher Druckqualität.
- (B) Der Rakeltiefdruck ist besonders bei geringeren Auflagen wirtschaftlicher.
- (C) Im Flexodruck sind keine Folien zu bedrucken.
- (D) Im Flexodruck können keine geeigneten Druckfarben für tiefe Temperaturen eingesetzt werden.

89 Druckverfahren – Einsatzbereich

Prüfen Sie die folgenden Kombinationen von einem Druckprodukt und einem Druckverfahren und entscheiden Sie, welche Angaben richtig sind.

I Tageszeitung, regionale Ausgabe: Auflage 8 000 – Digitaldruck
II Illustrierte: Auflage 1,5 Millionen, 304 Seiten – Rakeltiefdruck
III Modeprospekt: Auflage 100 000, 4c, 8 Seiten – Heatset-Rollen-Offsetdruck
IV Faltschachteln (Karton) – Bogen-Offsetdruck
V Tragetaschen (Kunststoff, Papier) – Flexodruck
VI personalisierte Flyer – Thermotransferdruck

Vollständig richtig sind die Angaben:

(A) I, II, III, IV

(B) II, III, IV, V

(C) II, III, IV, VI

(D) III, IV, V, VI

90 Druckverfahren – Druckprodukte

Um Eintrittskarten u. ä. Druckprodukte fälschungssicherer zu machen, eignet sich …

(A) die Lentikulartechnik.

(B) die Holografie.

(C) der Lichtdruck.

(D) die Xerografie.

91 Druckverfahren – Einsatzbereich

Für welchen Aufgabenbereich wird der Tampondruck eingesetzt?

(A) Großformatiger Flächendruck auf beliebige Kunststoffe

(B) Druck auf beliebig geformte Materialien bzw. Gegenstände

(C) Druck von sogenannten Wackelbildern

(D) Druck von 3-D-Bildern auf unterschiedliche Bedruckstoffe

92 Druckverfahren: Einsatzbereich

Im Digitaldruck können Aufträge gedruckt werden, die in anderen Druckverfahren entweder technisch oder wirtschaftlich nicht zu produzieren sind.
Beurteilen Sie dazu die folgenden Angaben zu typischen Einsatzbereichen des Digitaldrucks. Geben Sie danach an, welche der Angaben richtig sind.

I Bannerdruck, vierfarbig auf wetterbeständigem Spezialpapier, Breite 40 cm, Länge 200 cm
II Loseblattsammlungen für Steuerrecht mit Aktualisierungen pro Vierteljahr,
Auflagen bis 1 000 Exemplare, Format DIN A4
III Direct Marketing, personalisiert
IV Tageszeitung, die während einer Kreuzfahrt an Bord gedruckt wird
V Vorabdrucke für einen Möbelprospekt, DIN A4, 8 Seiten, Auflage 300 Exemplare

Richtig sind die Angaben:

(A) Alle Angaben sind richtig

(B) I, III, IV

(C) III, V

(D) II, III, IV, V

93 Druckverfahren: Einsatzbereich

Ein Kunde hat einen Auftrag mit 500 personalisierten Rundschreiben, 4c, Druckformat DIN A4.
Welches Druckverfahren muss dazu gewählt werden?

(A) Digitaldruck

(B) Bogen-Offsetdruck

(C) Siebdruck

(D) Large Format Printer

94 Druckverfahren – Druckprodukte

Zur Herstellung von Sicherheitsdrucken und anderen fälschungssicheren Druckprodukten eignet sich der …

(A) elektrostatische Digitaldruck.

(B) Flächendruck im Kupferstich.

(C) Flexodruck im indirekten Verfahren.

(D) Stichtiefdruck mit hochviskosen Farben.

95 Druckverfahren: Einsatzbereich

Ein Kunde bestellt kurzfristig eine Großflächenwerbung auf einem textilen Material für ein Festival. Auflage: 2 Exemplare, Druck 4c, Druckformat 400 cm × 150 cm. Welches Druckverfahren bzw. welche Technologie eignet sich für diesen Druckauftrag?

(A) LFP (Large Format Printer)

(B) Bogen-Offsetdruck

(C) Siebdruck

(D) Tampondruck

96 Druckverfahren – Erkennungsmerkmale

Jedes Druckverfahren unterscheidet sich von anderen durch typische Merkmale. Welche Merkmale treffen auf den Flexodruck zu?

(A) Hauptdruckverfahren: Hochdruck – Konturen der Druckelemente gerastert – guter Flächendruck, auch auf rauen Papieren – feine AM- und FM-Raster zu drucken

(B) Dünnflüssige Druckfarben – alle flexiblen Bedruckstoffe zu bedrucken – wirtschaftliche Druckformherstellung – Konturen der Druckelemente leicht unscharf

(C) Hauptdruckverfahren: Tiefdruck – Konturen der Druckelemente gerastert – nur Raster bis max. 48 L/cm zu drucken – alle flexiblen Bedruckstoffe zu bedrucken

(D) Hauptdruckverfahren: Hochdruck – nur für den Druck auf Folien und Wellpappe geeignet – Raster bis max. 60 L/cm zu drucken – zähflüssige Druckfarbe, die durch Verdunsten von Lösemitteln trocknet

97 Druckverfahren – Produktion

Zum Aufhellen des Drucks wird die Farbe mit Lösemitteln verschnitten. Dies ist üblich im:

(A) Rakeltiefdruck

(B) Rollen-Offsetdruck

(C) Siebdruck

(D) Digitaldruck

98 Druckverfahren – Erkennungsmerkmale

Der Flexodruck hat in den letzten Jahren an Bedeutung gewonnen.
Drucktechnische Merkmale des Flexodrucks sind:

(A) Hochdruckverfahren – Rollen-Rotationsdruck – dünnflüssige Druckfarben, physikalisch trocknend

(B) Flachdruckverfahren – Rollen-Rotationsdruck – dünnflüssige Druckfarben, physikalisch trocknend

(C) Tiefdruckverfahren – Rollen-Rotationsdruck – zähflüssige Druckfarben, oxidativ trocknend

(D) Hochdruckverfahren – Rollen-Rotationsdruck, indirekt – dünnflüssige Druckfarben, physikalisch-oxidativ trocknend

(E) Flachdruckverfahren – Rollen-Rotationsdruck – dünnflüssige Druckfarben, physikalisch trocknend

99 Druckverfahren – Produktion

Alle Druckverfahren arbeiten mit verfahrensspezifischen Technologien. Welches der Druckverfahren setzt eine Sleeve-Technologie ein?

(A) Rakeltiefdruck

(B) Elektrostatischer und Inkjet-Druck

(C) Flexodruck

(D) Thermotransferdruck

100 Druckverfahren

In welchem Druckverfahren wird eine Rasterwalze bei der Farbübertragung eingesetzt?

(A) Flexodruck

(B) Tiefdruck

(C) Siebdruck

(D) Rollen-Offsetdruck

(E) Digital-Drucksystem

101 Druckverfahren: Entwicklung

Der Digitaldruck hat in den letzten Jahren erheblich an Bedeutung gewonnen. Welche Angaben treffen vollständig auf Digitaldruckverfahren zu?

(A) Bogen- und auch Rollendruck – Farbmittel: flüssig oder Pulver – keine statische Druckform – variabler Druck, Personalisierung möglich

(B) Bogendruck – dünnflüssige Druckfarben, physikalisch trocknend – keine statische Druckform – variabler Druck, Personalisierung möglich

(C) Bogen- und Rollendruck – dünnflüssige Druckfarbe – statische Druckform – variabler Druck, Personalisierung möglich

(D) Rollendruck – indirekter Druck – statische Druckform – Druckfarbe: Toner (flüssig oder Pulver) – Personalisierung möglich – Printing-on-Demand

102 Druckverfahren – Erkennungsmerkmale

Sie betrachten unter einem Fadenzähler ein mehrfarbiges Druckprodukt und erkennen: autotypischer Raster, in den Spitzlichtern fehlen feinste Rasterpunkte, Rasterpunkte sind relativ randscharf ausgedruckt. Auf der Blattrückseite erkennen Sie keine Schattierung. Gedruckt wurde das Produkt im:

(A) Offsetdruck

(B) Buchdruck

(C) Rakeltiefdruck

(D) Flexodruck

(E) Lichtdruck

103 Druckverfahren – Veredelung

Mit einer Kammerrakel und einer Aniloxwalze wird ein Lack „appliziert". Dieses System wird eingesetzt …

(A) für direkte Veredelung im Tiefdruck (Illustration).

(B) bei einer Inline-Lackierung im Offsetdruck.

(C) bei einer Offline-Veredelung in speziellen Unternehmen.

(D) für einen leichten Schutzlack bei Digitaldrucken.

104 Druckverfahren – Druckprodukte

Der Digitaldruck unterscheidet sich in vielen technischen Parametern von allen anderen Druckverfahren. Prüfen Sie, welche der folgenden Angaben auf den Digitaldruck zutreffen?

I Keine oder nur eine temporäre Druckform
II Bedruckt werden können sowohl kleine Formate wie auch Großformate (Large Format Printing).
III Die Druckfarbe ist dünn- oder auch zähflüssig.
IV Variabler Druck, Personalisierung von Druckprodukten
V Wirtschaftlicher Einsatz nur für Kleinstauflagen

Richtig sind die Angaben:

(A) I, II, III, V

(B) I, II, III, IV, V

(C) II, III, V

(D) I, II, IV

105 Druckverfahren – Inline-Produktion

Ein Werbeprospekt wird mit einer Inline-Veredelung produziert. Damit meint man …

(A) das Drucken und Lackieren in einer Druckmaschine.

(B) das Lackieren der Druckbogen in einer Lackiermaschine unmittelbar nach dem Druck.

(C) das Drucken und Lackieren mit speziellen Öldrucklacken und UV-Trocknung.

(D) das Lackieren der Druckbogen durch ein Inkjet-System in der Bogenauslage.

(E) das Lackieren in einer separaten Fertigungsstraße nach dem Drucken.

106 Druckverfahren

Die Bezeichnung „Berliner Format" ist gebräuchlich im:

(A) Bogen-Offsetdruck

(B) Zeitungsdruck

(C) Tiefdruck

(D) Flexodruck

107 Druckverfahren

Beim Druck von Akzidenzen nennt eine der Angaben einen bedeutenden technischen Vorteil des Bogen-Offsetdrucks gegenüber dem Rollen-Offsetdruck. Welcher Hinweis trifft hierbei zu?

(A) Druckfarben ergeben einen hohen Glanz.

(B) Es sind leichtere Papiere einfacher zu bedrucken.

(C) Nach dem Druck mit Heatset-Druckfarben kann sofort weiterverarbeitet werden.

(D) Im Bogen-Offsetdruck können beliebige Drucklängen (Zylinderumfang) bedruckt werden.

108 Druckverfahren: Vergleich

Welchen besonderen Vorteil hat der Rakeltiefdruck (Rollendruck) gegenüber dem Rollen-Offsetdruck?

(A) Das Gummituch passt sich den Papieroberflächen sehr gut an.

(B) Wirtschaftlicher beim Druck sehr hoher Auflagen mit großem Seitenumfang

(C) Hoher Glanz beim Einsatz von Heatset-Druckfarben im Rakeltiefdruck

(D) Randscharfer Ausdruck aller Druckelemente im Rakeltiefdruck

109 Druckverfahren: Vergleich

Vergleichen Sie den Offsetdruck mit dem Flexodruck. Welches typische Merkmal trifft eindeutig auf den Flexodruck zu?

(A) Ein zonenweises Einstellen der Druckfarbe im Auflagendruck ist nicht möglich.

(B) Die Druckformen sind kostengünstiger.

(C) Raue Bedruckstoffe sind selbst mit feinen Rastern gut zu bedrucken.

(D) Bereits sehr kleine Auflagen sind kostengünstig zu produzieren.

110 Druckverfahren: Vergleich

Prüfen Sie die folgenden Angaben zum Rollen-Offsetdruck und Rakeltiefdruck (Rollendruck) und entscheiden Sie danach, welche Angaben richtig sind.

I Der Offsetdruck erfordert geringere Investitionen in der Druckvorstufe.
II Schnelle, kostengünstige Herstellung der Druckformen für den Offsetdruck ist gegeben.
III Der Offsetdruck ist im Zylinderumfang variabel.
IV Druckformen (Zylinder) im Tiefdruck haben eine sehr hohe Standzeit.
V Im Tiefdruck ist der Druck auf Papierbahnbreiten über 380 cm möglich.

Richtig sind die Angaben:

(A) I, II, III und IV

(B) I, II, IV und V

(C) I, III, IV und V

(D) II, III, IV und V

111 Druckverfahren – Vergleich

In bestimmten Produktionsbereichen konkurriert der Rollen-Offsetdruck mit dem Rakeltiefdruck. Prüfen Sie die nachfolgenden Angaben: Welche besonderen Vorteile hat der Rakeltiefdruck (Rollendruck) gegenüber dem Rollen-Offsetdruck?

I Einfachere, kostengünstigere Druckformherstellung
II Gedruckt wird ohne schnellflüchtige Lösemittel.
III Papierbahnbreiten über 400 cm sind zu bedrucken.
IV Sehr hohe Standzeit der Druckform
V Wirtschaftliche Produktion für umfangreiche Druckprodukte in sehr hohen Auflagen
VI Farbgebung ist zonenweise beim Druck exakt zu steuern.

Vorteile des Rakeltiefdrucks sind:

(A) I, III, V, VI

(B) I, II, IV, V

(C) II, III, IV, V, IV

(D) III, IV, V

112 Druckverfahren: Vergleich

Prüfen Sie die Angaben zu den verschiedenen Druckverfahren.

I Rakeltiefdruckmaschinen bedrucken Papierbahnbreiten bis > 400 cm.
II Flexodruckmaschinen arbeiten überwiegend im Bogendruck.
III Digitaldruckmaschinen besitzen keine „feste“ Druckform mit einem statischen Druckbild.
IV Zeitungsdruckmaschinen bedrucken Papierbahnen in vertikaler Bahnführung.
V Im Gegensatz zum Rakeltiefdruck hat der Flexodruck eine kostengünstige Herstellung der Druckform.

Richtig sind die Angaben:

(A) I, II, III und V

(B) II, III, IV und V

(C) I, III, IV und V

(D) II, IV und V

113 Druckverfahren – Offsetdruck

Der Offsetdruck ist ein indirektes Druckverfahren. Dabei werden Bildinformationen von der Druckform über ein Gummituch auf den Bedruckstoff übertragen. Welchen wesentlichen Vorteil bietet der Einsatz eines Gummituches für den Offsetdruck?

(A) Qualitativ guter Druck von Rastertonwerten und Flächen – auch auf rauen Bedruckstoffoberflächen

(B) Höhere Druckgeschwindigkeiten im Vergleich zu direkt arbeitenden Druckverfahren

(C) Sehr gute Wiedergabe von Schriften ohne Rasterung und Quetschrand

(D) Bessere Farbspaltung bei Nass-in-Nass-Druck in Mehrfarben-Druckmaschinen

(E) Geringere Tonwertzunahme im Rasterdruck, hoher Farbauftrag im Flächendruck

114 Druckverfahren: Vergleich

Welchen besonderen Vorteil hat der Illustrationstiefdruck gegenüber anderen Druckverfahren?

(A) Kostengünstige Druckformherstellung

(B) Zonenweise Korrekturen der Farbmenge möglich

(C) Bedruckstoffe in sehr breiten Bahnen zu verarbeiten

(D) Es werden keine Lösemittel im Druck benötigt.

115 Druckverfahren – Offsetdruck

Der Offsetdruck wird heute für verschiedenste Druckprodukte wirtschaftlich günstig eingesetzt.
Welches umfangreiche Produkt in sehr hoher Auflage wird aus technischen und wirtschaftlichen Gründen nicht im Offsetdruck gedruckt?

(A) Werkdruck (Bücher, Broschuren)

(B) Zeitungen

(C) Akzidenzen

(D) Faltschachteln

(E) Zeitschriften

116 Druckverfahren – Offsetdruck

Prüfen Sie, welche der folgenden Angaben zum konventionellen Offsetdruck richtig sind.

I Der Offsetdruck ist ein Flachdruckverfahren.
II Die Druckform im Offsetdruck ist seitenverkehrt.
III Die Druckfarbe ist niederviskos (dünnflüssig).
IV Gedruckt wird im direkten Bogen- und Rollen-Rotationsdruck.
V Die Druckform muss vor dem Einfärben der Bildstellen gefeuchtet werden.
VI Druckplatten werden heute fast ausschließlich in CtP-Systemen hergestellt.

Richtig sind die Angaben:

(A) I, II, III, V, VI

(B) II III IV V, VI

(C) I, V, VI

(D) II, IV, V, VI

117 Druckverfahren – Offsetdruck

In einer Rollen-Offsetdruckmaschine werden hochwertige Image-Broschüren und Kataloge gedruckt. Welche Trocknungsart wird dazu in der Produktion eingesetzt?

- (A) Wegschlagen und Oxidation
- (B) IR-Strahlung
- (C) UV-Strahlung
- (D) Verdunstung
- (E) Heatset-Trocknung

118 Druckmaschinen

Im Rollendruck werden Maschinen mit vertikalem und horizontalem Papierbahnlauf gebaut. Maschinen mit vertikalem Bahnlauf findet man überwiegend im:

- (A) Rakeltiefdruck (Verpackungsdruck)
- (B) Rakeltiefdruck (Illustrationsdruck)
- (C) Rollen-Offsetdruck (Akzidenzdruck)
- (D) Rollen-Offsetdruck (Zeitungsdruck)

119 Druckverfahren – Tiefdruck

Der Rakeltiefdruck ist hervorragend für den Druck von Bildern geeignet. Druckformen werden vielfach elektromechanisch graviert. Im Druck wird …

- (A) Druckfarbe in unterschiedlicher Schichtdicke auf den Bedruckstoff übertragen.
- (B) eine Halbtonvorlage durch autotypisches Rastern drucktechnisch wiedergegeben.
- (C) durch dickflüssige Druckfarbe ein optimaler Druckkontrast erreicht.
- (D) das Druckbild durch tiefenvariable Näpfchen direkt auf den Bedruckstoff gedruckt.
- (E) das Druckbild indirekt über einen Gummituchzylinder auf den Bedruckstoff übertragen.

120 Druckverfahren – Tiefdruck

Der Rakeltiefdruck eignet sich hervorragend für den Druck von Illustrationen in sehr hohen Auflagen. Prüfen Sie die folgenden Aussagen zum Rakeltiefdruck. Welche dieser Angaben ist richtig?

- (A) Die Druckfarbe wird in gleicher Schichtdicke auf den Bedruckstoff übertragen.
- (B) Bei einer elektromechanischen Gravur entstehen tiefen- und flächenvariable Näpfchen.
- (C) Durch eine dickflüssige Druckfarbe wird ein optimaler Druckkontrast erreicht.
- (D) Kopiervorlagen für die Zylinderherstellung sind seitenrichtige Negative.
- (E) Durch eine Verkupferung der Druckformzylinder-Oberfläche wird eine sehr hohe Standzeit (Auflagenfestigkeit) erreicht.

121 Druckverfahren – Digitaldruck

Durch den Digitaldruck sind neue Produktionsbereiche erschlossen und vorhandene ergänzt worden. Welche der folgenden Angaben treffen auf den Digitaldruck zu?

I Keine oder nur eine temporäre Druckform
II Die Informationsübertragung auf den Bedruckstoff kann z. B. mit der Bubble-Jet-Technologie erfolgen, dabei werden permanent Tröpfchen aus einer Düse auf den Bedruckstoff „geschossen".
III Variabler Druck mit Texten und Bilder möglich
IV Wirtschaftlich derzeit vor allem für kleine Auflagen
V Wichtig in der crossmedialen Kommunikation; damit können die benötigten papierbasierten Dokumente in Kleinstauflagen sowie auch personalisiert produziert werden.
VI Die wichtigsten Technologien im Digitaldruck sind die Xerografie (Elektrofotografie) und das Inkjet-Verfahren (Tintenstrahldruck).

Richtig sind die Angaben:

- (A) I, II, III, IV, V, VI
- (B) II, III, V, VI
- (C) I, III, IV, V, VI
- (D) II, III, IV, V, VI
- (E) I, IV, V

122 Druckverfahren – Digitaldruck

Ergänzen Sie den folgenden Satzteil zu einem korrekten Text! Das Inkjet-Verfahren ist …

(A) ein berührungsloser, elektronisch gesteuerter Druck mit Farbtröpfchen.

(B) eine Trocknungsanlage für den Rollen-Offsetdruck mit Heißluft.

(C) die elektronische Druckformherstellung für den Stoffdruck im Siebdruckverfahren.

(D) ein elektrostatischer, indirekter Tiefdruck für den Dekordruck.

(E) ein elektronisches Regelungssystem für Rollen-Rotationsdruckmaschinen.

123 Druckverfahren – Tiefdruck

Bei allen Tiefdruckverfahren liegen die nicht druckenden Elemente (Nichtbildstellen) auf einer Ebene, alle druckenden Elemente (Bildstellen) sind in der Druckform vertieft. Welche der folgenden Angaben nennt ausschließlich Tiefdrucktechniken?

(A) Lithografie, Rakeltiefdruck, Blechdruck, Tampondruck

(B) Rakeltiefdruck, Tampondruck, Flexodruck, Kupferstich

(C) Kupferstich, Tampondruck, Rakeltiefdruck, Stahlstichdruck

(D) Serigrafie, Kupferstich, Rakeltiefdruck, Inkjetdruck

124 Druckverfahren – Flexodruck

Druckplatten für den qualitativ hochwertigen Flexodruck sind:

(A) Polymerdruckplatten

(B) Stahldruckplatten

(C) Aluminiumdruckplatten

(D) Gummidruckplatten

125 Druckverfahren – Tiefdruck

Der Rakeltiefdruck ist hervorragend für den Druck von Bildern geeignet. Durch die elektronische Zylindergravur sind je nach Tonwert die …

(A) Näpfchentiefen und Näpfchenflächen unterschiedlich groß.

(B) Näpfchentiefen unterschiedlich groß und Näpfchenflächen gleich groß.

(C) Näpfchentiefen gleich groß und Näpfchenflächen unterschiedlich groß.

(D) Näpfchentiefen und Näpfchenflächen immer gleich groß.

126 Druckverfahren – Flexodruck

Ergänzen Sie den folgenden Satz zu einer korrekten Aussage: Im Flexodruck ist eine zonenweise Farbgebung bei Einfärbung mit einer Rasterwalze …

(A) genauso möglich und erforderlich wie bei Offsetdruckfarbwerken.

(B) nicht möglich, da die übertragene Farbmenge nur durch die Viskosität der Druckfarbe beeinflusst wird.

(C) nicht möglich, da die übertragene Farbmenge wesentlich durch die Parameter der Rasterwalze bestimmt wird.

(D) durch ein Umstellen der Näpfchengeometrie zu realisieren.

127 Druckverfahren – Flexodruck

Eine moderne Flexodruckmaschine mit einem Zentralzylinder und 6 Farbwerken druckt in einem Druckgang maximal …

(A) 6/0-farbig.

(B) 4/2-farbig.

(C) 3/3-farbig.

(D) 6/0 oder 4/2-farbig.

128 Druckverfahren – Druckprodukte

In welchem Druckverfahren werden die abgebildeten Druckprodukte gedruckt?

(A) Siebdruck

(B) Lettersetdruck

(C) Tampondruck

(D) Hybriddruck

129 Druckverfahren – Druckprodukt

Die Abbildung zeigt verschiedene gedruckte und verarbeitete Druckprodukte, die in einer größeren Stückzahl hergestellt worden sind. In welchem Druckverfahren bzw. welcher Druckverfahrenstechnik wurden diese Produkte gedruckt?

(A) Siebdruck

(B) Blechdruck

(C) Dekordruck

(D) Digitaldruck

130 Druckverfahren

Druckverfahren sind an bestimmten Merkmalen zu erkennen. Beurteilen Sie die stark vergrößerte Abbildung. In welchem Druckverfahren wurde gedruckt?

(A) Digitaldruck

(B) Rakeltiefdruck

(C) Rollen-Offsetdruck

(D) Flexodruck

131 Druckverfahren

Druckverfahren sind an bestimmten Merkmalen zu erkennen. Zu welchem Druckverfahren gehören die beiden stark vergrößerten Abbildungen?

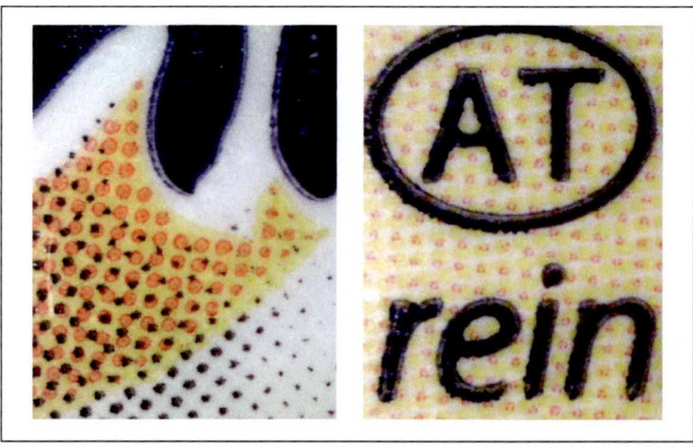

(A) Rakeltiefdruck

(B) Offsetdruck

(C) Flexodruck

(D) Lichtdruck

132 Druckverfahren – Druckprodukt

In welchem Druckverfahren können diese Gegenstände bedruckt werden?

- (A) Indirekter Flexodruck
- (B) Lettersetdruck
- (C) Direkter Flexodruck
- (D) Tampondruck

133 Druckmaschinen

Welche Funktion hat diese Einrichtung an einer Druckmaschine?

- (A) Schneiden der Papierbahn und Falzen über zwei Trichter
- (B) Zusammentragen von zwei Papierbahnen
- (C) Fräsen der Papierbahn und Leimen im Falz
- (D) Schneiden der Papierbahn und Wenden der Druckseiten

134 Druckverfahren

Die Abbildung zeigt eine moderne Druckmaschine für den Rollendruck. Welche Druckprodukte werden auf dieser Druckmaschine gedruckt?

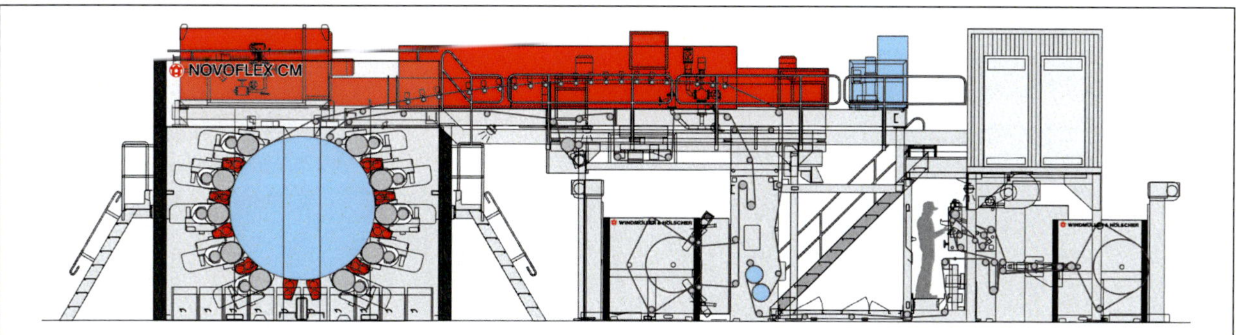

- (A) Illustrierte
- (B) Kataloge
- (C) Tageszeitungen
- (D) Weichverpackungen

135 Druckverfahren

Die Abbildung zeigt die Seitenansicht des Druckwerkes einer Druckmaschine.
In welchem Druckverfahren wird hierbei gedruckt?

- (A) Rakeltiefdruck
- (B) Siebdruck
- (C) Offsetdruck
- (D) Flexodruck

136 Druckverfahren

Die Abbildung zeigt eine moderne Druckmaschine für den Rollendruck. Welche Druckprodukte werden auf dieser Druckmaschine gedruckt?

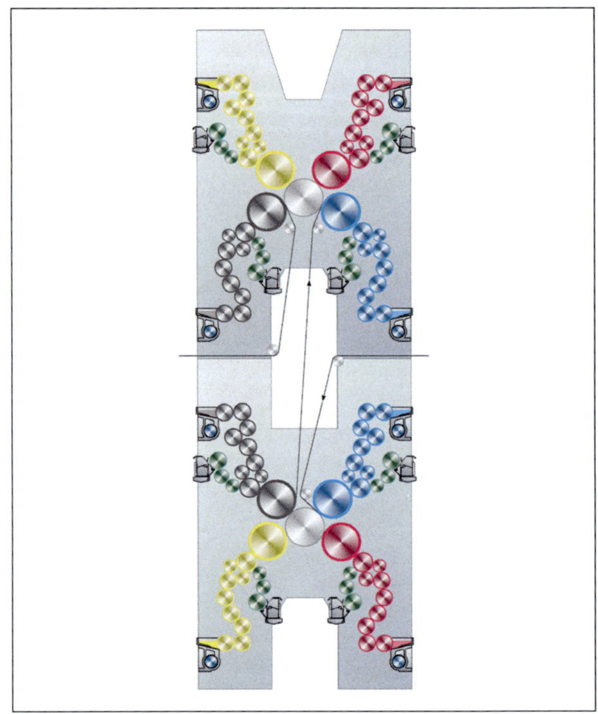

- (A) Illustrierte
- (B) Kataloge
- (C) Tageszeitungen
- (D) Weichverpackungen

137 Druckverfahren

Merkmale der abgebildeten Druckmaschine sind:
Rollendruck – horizontale Bahnführung – Nass-in-Nass-Druck – Trockner – Falzapparat.
In welchem Druckverfahren (Drucktechnik, Druckprodukt) wird gedruckt?

- (A) Rollen-Offsetdruck, Heatsetdruck
- (B) Rakeltiefdruck, Akzidenzdruck
- (C) Flexodruck, flexible Verpackungen
- (D) Tiefdruck, Dekordruck

138 Druckverfahren

Die Abbildung zeigt den Teil eines Druckwerkes. In welchem Druckverfahren wird hier gedruckt?

(A) Digitaldruck

(B) Siebdruck

(B) Blechdruck

(C) Tiefdruck

139 Druckverfahren – Druckprodukt

Die Abbildung zeigt den Druck einer großflächigen Werbung auf textilem Material. Auflage: 50 Exemplare, Druck vierfarbig. In welchem Druckverfahren wurde das Produkt gedruckt?

(A) Siebdruck

(B) Digitaldruck

(C) Bogen-Offsetdruck

(D) Tampondruck

140 Druckverfahren

Die Abbildungen zeigen Ihnen eine Druckmaschine sowie ein gedrucktes Produkt, das weiterverarbeitet wird. In welchem Druckverfahren wird gedruckt und um welchen speziellen Produktionsbereich handelt es sich?

(A) Rotationssiebdruck – Tapeten

(B) Tiefdruck – Dekor

(C) Flexodruck – Laminat

(D) Hybriddruckverfahren – Dekor, Tapeten

141 Druckverfahren

Die Abbildung zeigt eine moderne Druckmaschine. In welchem Druckverfahren und welcher Verfahrenstechnik wird gedruckt?

(A) Tampondruck – indirekter Tiefdruck

(B) Lettersetdruck – indirekter Hochdruck

(C) Siebdruck – direkter Durchdruck

(D) Hybriddruck – verschiedene direkt druckende Verfahrenstechniken

142 Druckverfahren

Der Lichtdruck ist ein hervorragendes Druckverfahren für den Faksimiledruck. Prüfen Sie die folgenden Angaben und entscheiden Sie danach, welche der Angaben richtig sind.

I Verfahrenstechnik für eine echte Halbtonwiedergabe im Druck durch das Runzelkornstrukturen.
II Zur Aufrasterung eignet sich ein Kornraster auf Halbtonfilm.
III Gedruckt wird im Prinzip Fläche – Zylinder.
IV Der Lichtdruck ist ein Flachdruckverfahren.
V Ein Vierfarbdruck (4c) ist nicht möglich.

Richtig sind die Angaben

(A) I, II, III, IV

(B) I, II, III, IV, V

(C) I, III, IV, V

(D) III, IV, V

143 Druckverfahren

In welcher Verfahrenstechnik werden die abgebildeten Produkte gedruckt?

(A) Flexodruck

(B) schmalbahniger Rollen-Offsetdruck

(C) Tiefdruck

(D) Hybriddruck

5 MATERIAL DRUCK

Einflussfaktoren auf die Papierauswahl

Die Auswahl eines geeigneten Bedruckstoffes für ein Druckprodukt ist immer ein Kompromiss und erfordert eine intensive Kommunikation zwischen Kunde, Grafikdesign und Produktionstechnik.

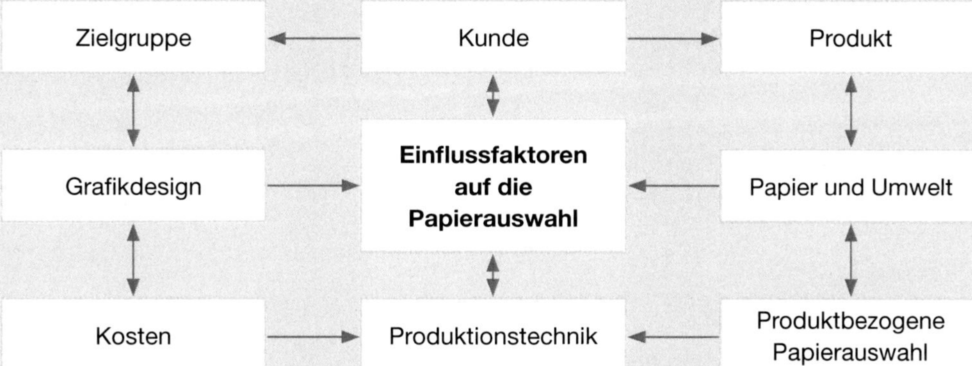

Papierauswahl

Nicht jeder Druckauftrag erfordert ein Papier der Spitzenklasse.
Teilweise gilt der Grundsatz: „good-enough-quality", z.B. geringeres Flächengewicht, satiniert, hochsatiniert oder leichter gestrichen.
Eine geforderte Spitzenqualität erfordert aber auch ein dementsprechend ausgezeichnetes Papier!

Eine qualifizierte Beratung zu geeigneten Papieren für ein bestimmtes Druckprodukt erfordert Kenntnisse der Produktion und typischer Eigenschaften der verschiedenen Papiersorten, Umweltbewusstsein sowie eine umfassende wirtschaftliche Kompetenz.

Jedes Druckprodukt stellt für den Druck und die Druckverarbeitung spezifische Anforderungen an den Bedruckstoff.
Die Auswahl von Papier und Karton wird durch unterschiedlichste Kriterien beeinflusst, z. B.:

- Anforderungen an das bedruckte Produkt: Repräsentation (Image) des Unternehmens, gute Lesbarkeit, hoher Glanz, Qualität der Bild-/Farbwiedergabe, geringe/hohe Flächenmasse (Gewicht/m^2), hohe Falz-, Reißfestigkeit, ökologische Zertifizierung der Faserstoffe, nachhaltige Produktion, leicht zu recyceln, geringe Kosten
- Grafikdesign: Ästhetik, Gestaltung, Zweck des Produktes, z. B. Imageträger für ein Unternehmen, Modekatalog, Verkaufsverpackung, Massenwerbung
- Anforderungen des (End-)Nutzers: Zweck, optische Eigenschaften, gute Lesbarkeit, Qualität der Bild- und Farbwiedergabe
- Kosten des Bedruckstoffes: Format, Qualität, Flächenmasse in g/m^2
- Eignung für die Produktion im Druck und der Druckverarbeitung:
  Bedruckbarkeit: Oberflächenbeschaffenheit, Ausrüstung und Veredelung des Papiers (Satinage, Strich), Opazität, Farbannahme, Farbtrocknung
  Verdruckbarkeit: Laufeigenschaften, Planlage, korrekte und gleichmäßige relative Feuchte,
  Weiterverarbeitung: Planlage, Falzfestigkeit, Eignung für die gewünschte Bindung und sonstige Verarbeitungsprozesse, z.B. Inline- oder Offline-Veredelung
- Ökologische Entscheidungen: Frischfaserpapier, Recyclingpapier, Fasermix, Zertifizierung des Papiers

Der Druckerei sind bei der Auswahl des einzukaufenden Bedruckstoffes enge Grenzen durch die Vorgaben des Kunden bzw. der Agentur (Grafikdesign o. Ä.) gesetzt.
Eine fachlich kompetente Beratung und Abstimmung (Kommunikation) zwischen allen Beteiligten ist zwingend erforderlich, um Probleme oder auch Reklamationen zu vermeiden.
Abhängig vom gewählten Bedruckstoff und den späteren Anforderungen an das Produkt muss die Druckerei die geeignete Druckfarbe auswählen.

Papier ist ein Werkstoff aus natürlichen, nachwachsenden Rohstoffen sowie einer Vielzahl von Zusatzstoffen, die dem Papier die aufgaben- und qualitätsbezogenen Eigenschaften verleihen.
Die Auswahl der geeigneten Papiere und Kartons erfordert Kenntnisse der Produktion sowie typischer Eigenschaften der verschiedenen Sorten.
Wichtige Eigenschaften für das Bedrucken und die Verarbeitung zu einem Endprodukt sind allgemein:

- Bedruckbarkeit
- Verdruckbarkeit
- Weiterverarbeitbarkeit

Papier und Umwelt

Papier ist grundsätzlich umweltfreundlich, denn ...

- Papier ist ein Naturprodukt.
- Papier wird in sehr hohem Anteil wiederverwertet (Kreislaufwirtschaft beim Recycling).
- Papier ist biologisch abbaubar.
- Papier kann ohne schädliche Nebenwirkungen deponiert werden.
- Papier ist ungefährlich für die Gesundheit des Menschen.
- Papier ist für jeden Einsatzbereich und die unterschiedlichsten Anforderungen in geeigneten Sorten herzustellen.

Der Einsatz von Papier ist jedoch aus ökologischen Gründen seit einigen Jahren immer wieder in der Diskussion.
Dabei geht es vor allem um das Abholzen wertvoller Waldbestände zur Gewinnung von Primärfaserstoffen und den Raubbau in Umweltschutzgebieten und Primärwäldern.
Ein bedeutendes Umweltschutzziel bei der Auswahl von Papier und Karton ist daher der

- ressourcenschonende Einsatz von Faserstoffen, aber auch eine
- ökologisch verantwortbare Produktion durch das Einsparen von Energie und Wasser sowie möglichst geringe Emissionen (CO_2).

Umweltkennzeichen bei Papieren und Kartons belegen die Herkunft der eingesetzten Primärrohstoffe aus einer zertifizierten nachhaltigen Forstwirtschaft.

In Deutschland ist die Wiederverwertung bereits gebrauchter Papiere ein wesentlicher Bestandteil der Papierfabrikation. Etwa 65 % der benötigten Faserrohstoffe wird aus recyceltem Altpapier gewonnen. Damit liegt Deutschland an der Spitze bei der Nutzung von Sekundärrohstoffen.
Zu beachten ist: Für eine gute Papierqualität aus Recyclingfaserstoff ist ein möglichst sortenreines Altpapier erforderlich.
Daher ist es wichtig, in der Druckerei Weißmakulatur und bedruckte Makulatur möglichst getrennt und sortenrein zu sammeln.

Makulatur

Eine effiziente Nutzung des eingekauften Papiers durch Makulaturminimierung ist ein sehr wichtiger Beitrag zum Umweltschutz:

- Bedruckstoffe sind mengen- und kostenmäßig das bedeutenste Material.
- Für Makulatur entstehen anteilige Einkaufs-, Produktions- und Lagerkosten sowie Kosten für die Entsorgung.
- Geringere Makulatur schont Ressourcen.

Maßnahmen zur Makulaturreduzierung

- Prozessorientierte Maßnahmen:
  Sachgerechtes Lagern von Rollen- und Formatpapieren,
  Klimatisierung in Lager- und Produktionsräumen, ausreichend lange Anpassungszeit verpackter Papiere (Paletten, Rollen) an das Raumklima
- Technikorientierte Maßnahmen:
  Gleiche Produktionsbedingungen erfordern eine Klimatisierung der Arbeitsräume sowie eine Farbwerkstemperierung, eine kontrollierte bzw. geregelte Aufbereitung des Feuchtmittels (Wasserhärte, pH-Wert, Leitfähigkeit) und dazu Sauberkeit im gesamten Produktionsprozess.
  Speicherung von Auftragsdaten, Voreinstellungen der Farbzonen zur Reduzierung der Anlaufmakulatur.
  Standardisierte Produktion nach PSO, um Abläufe zu optimieren und Fehler zu vermeiden.
  Sorgfältige Wartung und Kontrolle der Produktionsbereitschaft der Druckmaschine.
  Optimale Abstimmung von Bedruckstoffen, Druckfarben, Hilfsstoffen und Prozessbedingungen in der Druckmaschine.
  Geringstmögliches, gleichmäßiges Bestäuben (Pudern) im Druckprozess ermöglicht eine gute Stapelbildung, verringert das Verschmutzen, z. B. von Gummitüchern im Offsetdruck, und verursacht weniger Schwierigkeiten bei einem Veredeln und in der Druckverarbeitung.

Makulaturmangement

- Managment = planen, durchführen, kontrollieren
- Makulaturanfall ist nie auf null zu reduzieren.
- anfallende Makulatur für jeden Auftrag dokumentieren
- Makulatur den typischen Auftragsgruppen zuordnen
- Ursachen für Makulatur erfassen,
  Hinweise zur Fehleridentifikation und Fehlerursache durch Fogra-Fehlerkatalog
- Maßnahmen zur Reduzierung ergreifen
- regelmäßig prüfen, ob ergriffene Maßnahmen erfolgreich sind
- Verfahren und Abläufe weiter optimieren, Ergebnisse erfassen und protokollieren

BEDRUCKSTOFFE

1 Faserrohstoffe

Grundsätzlich unterscheidet man bei Faserrohstoffen zwischen Primär- und Sekundärfaserstoffen. Erklären Sie den prinzipiellen Unterschied zwischen beiden Faserrohstoffen.

2 Faserrohstoffe

a) Welche unterschiedlichen Arten von Primärfaserrohstoffen werden für die Produktion von Druckpapieren eingesetzt?

b) Beschreiben Sie die zwei wichtigsten Aufbereitungsverfahren der eingesetzten Faserrohstoffe. Geben Sie dazu die qualitativen Unterschiede sowie Vor- und Nachteile beider Verfahren an.

Für Lösung bitte separates Blatt verwenden!

3 Faserrohstoffe zur Papierherstellung

Erstellen Sie eine Übersicht mit dem Titel „Faserrohstoffe und deren Aufbereitung für die Papierherstellung". Die Übersicht soll in drei Spalten kurze Informationen geben zu …

- der Bezeichnung des Aufschlussverfahrens.
- prinzipiellen Verfahren der Aufbereitung zum Faserstoff (Halbstoff).
- den Vorteilen dieses Aufbereitungsverfahrens.
- Qualitätshinweisen.

Für Lösung bitte separates Blatt verwenden! 

4 Faserrohstoffe

Der wichtigste Primärfaserstoff ist das Holz. Dabei wird überwiegend Nadelholz eingesetzt. Begründen Sie, warum in Europa vor allem Nadelholz eingesetzt wird.

Für Lösung bitte separates Blatt verwenden! 

5 Faserrohstoffe

Für bestimmte Papier- und Kartonsorten werden neben Holz Einjahrespflanzen, Hadern und Kunststofffasern verwendet.

a) Was sind Einjahrespflanzen? Nennen Sie dazu zwei Beispiele.

b) Aus welchen Rohstoffen bestehen Hadern?

c) Begründen Sie, warum Hadern für bestimmte Papiersorten eingesetzt werden.

d) Für welche Druckprodukte werden heute Kunststofffasern eingesetzt?

6 Rohstoffaufbereitung

Holzstoff entsteht durch einen mechanischen Faseraufschluss von Holz.
Nennen und begründen Sie zu diesem Verfahren im Vergleich zu chemischen Aufschlussverfahren …

a) drei Vorteile.

b) drei Nachteile.

7 Rohstoffaufbereitung

Holzzellstoff (Zellstoff) entsteht durch einen chemischen Faseraufschluss von Holz.
Nennen und begründen Sie zu diesem Verfahren im Vergleich zu mechanischen Aufschlussverfahren …

a) drei Vorteile.

b) drei Nachteile.

8 Rohstoffaufbereitung

Industriell nicht verwertbares Holz fällt u.a. beim Durchforsten eines Waldes, durch Windbruch, Sturmschäden und als Industrierestholz (Holzabfälle aus Sägereien) an. Dieser Rohstoff wird zu sogenannten Hackschnitzeln zerkleinert.

a) Beschreiben Sie prinzipiell eine Möglichkeit, wie aus Hackschnitzeln Holzstoff (Holzschliff) gewonnen wird.

b) Beschreiben Sie prinzipiell eine Möglichkeit, wie aus Hackschnitzeln Zellstoff (Holzzellstoff) gewonnen wird.

9 Rohstoffaufbereitung

Sekundärfaserstoff (auch: Recyclingfaserstoff) wird aus sortiertem Altpapier gewonnen. Nicht jedes bedruckte Papier ist für diesen Prozess gut geeignet.

a) Welche wesentlichen Vorteile hat die Gewinnung von Sekundärfaserstoffen gegenüber Primärfaserstoffen?

b) Erläutern Sie, warum ein permanenter, unendlicher Kreislauf (Papierherstellung – Papiersammlung – Recycling und Gewinnung von Sekundärfaserstoff – Papierherstellung aus Sekundärfaserstoff – Papiersammlung und immer so weiter) nicht möglich ist.

10 Rohstoffaufbereitung

Recyclingfaserstoff eignet sich nicht für alle produktbezogenen Anforderungen.
Für welche Einsatzbereiche (Papiere, Produkte) wird Recyclingfaserstoff heute überwiegend eingesetzt? Geben Sie dazu vier Einsatzbereiche an.

Für Lösung bitte separates Blatt verwenden! 

11 Rohstoffaufbereitung

Primärfaserstoff wird überwiegend aus Holz gewonnen, das für die Papierproduktion aufbereitet werden muss. Dazu werden zwei grundsätzlich unterschiedliche Verfahren eingesetzt.
Begründen Sie dazu jeweils Ihre Ansicht:

a) Welche wesentlichen Vorteile hat die mechanische Faserstoffgewinnung gegenüber Verfahren mit chemischer Aufbereitung?

b) Welche wesentlichen Nachteile hat die mechanische Faserstoffgewinnung gegenüber einer chemischen Aufbereitung?

Für Lösung bitte separates Blatt verwenden! 

12 Rohstoffaufbereitung

In Ihrer Region wird ein Wald gründlich durchforstet. Das dabei anfallende Holz wird in bestimmte Längen geschnitten und an eine Papierfabrik geliefert. Diese „Holzabschnitte“ werden Holzprügel genannt. Daraus sollen in einem mechanischen Aufbereitungsverfahren Faserstoffe für die Produktion gewonnen werden.

a) Wie werden zwei dieser Verfahren zur mechanischen Faserstoffgewinnung genannt?

____

____

b) Worin unterschieden sich beide Verfahren?

____

____

c) Wie wird der gewonnene Faserstoff genannt?

____

d) Ergänzen Sie in der Skizze die fehlenden Begriffe.

① ____________

② ____________

③ ____________

④ ____________

⑤ ____________

Sortieren
Mahlen
Eindicken
Bleichen

Endprodukt: ____________

13 Rohstoffaufbereitung

Alle für die Papierherstellung eingesetzten Faserrohstoffe haben typische Vorteile und auch Nachteile im Vergleich zu anderen Rohstoffen. Vergleichen Sie Holzstoff, Zellstoff und Recyclingstoff prinzipiell miteinander.

Faserrohstoffe zur Papierherstellung im Vergleich			
	Holzstoff	**Zellstoff**	**Recyclingstoff**
Vorteile des Verfahrens (Ausbeute, Eigenschaften/ Qualität)			
Nachteile des Verfahrens			
Einsatzbereiche des Faserstoffs			

14 Altpapierrecycling

In Deutschland und in der Schweiz werden mehr als drei Viertel aller bedruckten Papiererzeugnisse nach dem Gebrauch gesammelt.

a) Welche Bedeutung hat das Recyceln von Altpapieren für die Papierherstellung und den Umweltschutz?

b) Erläutern Sie, warum das gesammelte Altpapier nicht in gleicher Menge wie bei der Anlieferung in den Kreislauf zur Papierherstellung einfließen kann.

c) Begründen Sie, warum ein möglichst sortenreiner Recyclingstoff für die Qualität des produzierten Papiers sehr wichtig ist.

15 Sekundärrohstoffe

Beurteilen Sie die folgenden Angaben. Begründen Sie danach, warum diese Angaben richtig oder falsch sind.

a) Durch ein kontinuierliches Recycling von Altpapier kann auf den Einsatz von Frischfasern verzichtet werden.

b) Im Digitaldruck bedrucktes Papier eignet sich problemlos für das De-inken beim Recyclingprozess.

c) UV-härtende Druckfarben zeigen derzeit überwiegend eine deutlich zu hohe Belastung des aufbereiteten Altpapiers mit Druckfarbenpartikeln.

16 Umweltbilanz bei der Verwendung von Altpapier

a) Für die Herstellung von 1 t Papier sind bis zu 1,8 t Altpapier (je nach Qualität und Sortierung) erforderlich. Begründen Sie, warum für die Produktion von Druckpapieren ein möglichst sortenreines (sortiertes) und sauberes Recyclingpapier erforderlich ist.

b) Die Herstellung von Altpapierrohstoff aus sortiertem Recyclingpapier ist bedeutend umweltschonender als die Produktion von Zellstoff aus Primärfasern. Erklären Sie, warum dies so ist. Berücksichtigen Sie dabei vergleichsweise (etwa in Prozent) den Bedarf an Wasser und Energie.

Für Lösung bitte separates Blatt verwenden! 

17 Sekundärrohstoffe

Beurteilen Sie die beiden folgenden Angaben und begründen Sie danach, ob bzw. warum diese richtig oder falsch sind.

a) Aus Altpapier gewonnene Fasern erreichen durch das De-inken einen hohen Weißgrad.

b) Altpapier ist mit einem Anteil von etwa 44 % in Deutschland und der Schweiz der wichtigste Rohstoff bei der Papier- und Pappeherstellung.

18 Recycling

In jeder Druckerei wird Makulatur gesammelt und später dem Recycling zugeführt. Warum sortiert man beispielsweise in der Zeitungsdruckerei anfallende Makulatur in „Weißmakulatur“ und in „bedruckte Makulatur“?

19 Recycling

Erläutern Sie, warum der folgende Satz korrekt ist: „Aus Altpapier mit minderer Qualität ist kein Faserstoff für ein Papier mit hoher Qualität zu gewinnen."

20 Altpapierrecycling

Bedrucktes Altpapier wird in europaweit festgelegten Qualitätsstufen sortiert. Das für die Papierproduktion geeignete Altpapier muss vor der Verwendung als Recycling-Faserstoff de-inkt werden.

a) Beschreiben Sie prinzipiell das in Europa übliche De-inking-Verfahren.

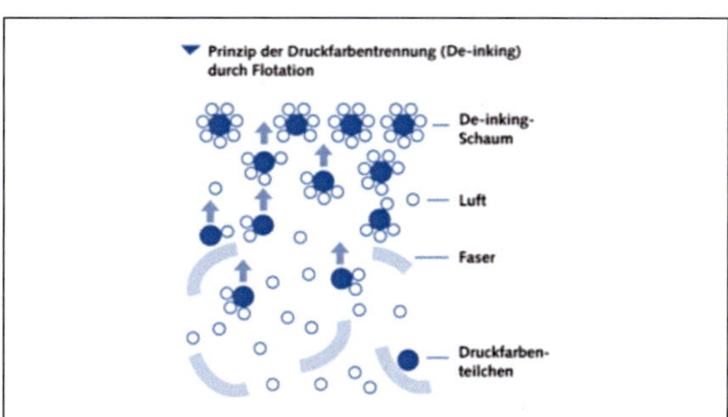

b) Der beim De-inking gewonnene Faserstoff kann anschließend noch oxidativ, z.B. mit Wasserstoffperoxid, gebleicht werden.
Begründen Sie, warum eine solche Bleiche insbesondere bei grafischen Papieren eingesetzt wird.

Für Lösung bitte separates Blatt verwenden! 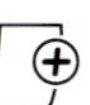

21 Altpapierrecycling

Europäische Papierhersteller gründeten 1989 die Internationale Forschungsgemeinschaft Deinking-Technik (INGEDE). In einer Information der INGEDE heißt es: „Wasserbasierende Druckfarben bereiten erhebliche Probleme beim Recyceln."
Begründen Sie, warum dies so ist.

22 Rohstoffaufbereitung

Ein aufbereiteter Faserstoff ist durch die Abkürzung DIP gekennzeichnet.
Um welchen Faserstoff handelt es sich?

23 Rohstoffaufbereitung

Nach dem De-inken wird die Faserstoffsuspension fraktioniert (sortiert).

a) Was geschieht bei dieser Fraktionierung?

b) Erklären Sie, warum die Faserstoffsuspension fraktioniert wird.

24 Rohstoffe, Hilfsstoffe

Für die Herstellung von bestimmten Papieren werden nach einer Rezeptur erforderliche Roh- und Hilfsstoffe zu einem Ganzstoff (Suspension) gemischt.
Nennen Sie vier wichtige Stoffe, die bei der Rezeptur für ein Schreibpapier verwendet werden.

25 Hilfsstoffe

a) Papierfabriken liegen immer an Flüssen.
Erläutern Sie die sehr große Bedeutung des Wassers für die gesamte Papierproduktion.

b) Nennen Sie vier Hilfsstoffe (außer Wasser), die für die Herstellung von Papier benötigt werden.
Geben Sie zu zwei Hilfsstoffen an, aus welchen Gründen bzw. zu welchem Zweck diese Stoffe eingesetzt werden.

Für Lösung bitte separates Blatt verwenden! 

26 Hilfsstoffe

Die Stoffrezeptur für ein Druckpapier enthält einen Anteil bestimmter Leimstoffe. Zusätzlich erhält das Papier in der Papiermaschine eine Oberflächenleimung.
Erläutern Sie den Zweck dieser beiden Arten der Leimung sowie die Wirkungen im produzierten Papier:

a) Stoffleimung

b) Oberflächenleimung

27 Papierherstellung: Hilfsstoffe

Ein Druckpapier soll durch den Zusatz von Hilfsstoffen eine höhere Opazität sowie eine Glätte erhalten.

a) Welche Hilfsstoffe sind dazu erforderlich?

b) Was bewirken diese Hilfsstoffe im Papier?

28 Hilfsstoffe

Bei bestimmtem Papier enthält die Rezeptur eine sehr geringe Menge optischer Aufheller.
Beschreiben Sie die Wirkung optischer Aufheller im fertigen Papier.

29 Hilfsstoffe

Faserstoffe werden aus verschiedenen Gründen gebleicht. Heute erfolgt das Bleichen (in Europa) nicht mehr mit chemischen Mitteln, die umweltbelastend sind.

a) Aus welchen Gründen werden Faserstoffe gebleicht? Geben Sie zwei Gründe an.

b) Welches stark umweltbelastende Bleichmittel wurde früher verwendet?

c) Nennen Sie ein umweltfreundlicheres Bleichmittel, das heute sehr häufig verwendet wird.

d) Ein Papier hat die Kennzeichnung TCF. Erklären Sie, was diese Kennzeichnung – frei übersetzt – bedeutet.

30 Hilfsstoffe

Füllstoffe sind verschiedenartige weiße, mineralische Stoffe, die Halbstoffen nach einer bestimmten Rezeptur zugesetzt werden, um bestimmte Papiereigenschaften zu erreichen oder zu verbessern.

a) Nennen Sie vier Füllstoffarten.

b) Beschreiben Sie fünf Eigenschaften im Papier, die durch Füllstoffe erreicht bzw. verbessert werden.

31 Hilfsstoffe

Papierfabriken liegen grundsätzlich an einem Fluss.

a) Erläutern Sie, welche Bedeutung das Wasser zur Aufbereitung zum Ganzstoff und für den Stoffauflauf hat.

b) Erklären Sie, warum das Brauchwasser (Wasser nach dem Gebrauch in der Produktion) nicht direkt wieder in den Fluss geleitet werden darf und welche Maßnahmen zuvor erforderlich sind.

32 Hilfsstoffe

Verschiedene Füllstoffe werden nach einer genauen Rezeptur den Halbstoffen zugemischt.

a) Wie wirkt sich der Zusatz von Füllstoffen auf die Opazität des Papiers aus?

b) Welche Bedeutung hat der Zusatz von Füllstoffen für die Satinage des maschinenglatten Papiers im Kalander?

33 Hilfsstoffe

Sogar weißen Papieren wird vielfach eine geringe Menge an Farbstoffen oder auch Farbpigmenten zugesetzt. Erklären Sie einem Laien, warum ein solcher Zusatz erfolgt und was er bewirkt.

34 Hilfsstoffe

Auf einer Papiermaschine wird ein Hygienepapier für Papiertaschentücher gefertigt.

a) Welche typische Eigenschaft muss dieses Hygienepapier unbedingt aufweisen?

b) Welche Hilfsstoffart darf daher nicht verwendet werden? Begründen Sie Ihre Ansicht.

35 Hilfsstoffe

Ein zu großer Anteil an Füllstoffen im Druckpapier ist mit drucktechnischen Nachteilen verbunden. Besonders im Offsetdruck kann es zu Druckschwierigkeiten und erheblichen Qualitätseinbußen kommen.

a) Nennen Sie vier Mängel im Papier, die durch zu viel Füllstoffe verursacht werden.

b) Wie wirken sich diese Mängel im Druckprozess aus?

c) Erklären Sie den Vorgang: Durch welches Prüfverfahren kann der Anteil an Füllstoffen im Papier ermittelt werden?

36 Faserstoff: Vorbereitung

Faserstoffe werden vor der Verwendung gemahlen. Das Verfahren der Mahlung entscheidet wesentlich über die Art und die Eigenschaften der Papiere. Der Papierhersteller unterscheidet grundsätzlich vier Arten der Mahlung:

- schneidende Mahlung: kurz oder lang
- schmierige (fibrillierende) Mahlung: kurz oder lang

a) Erklären Sie kurz mit einfachen Prinzipskizzen diese vier Arten der Mahlung.

b) Begründen Sie, welche Mahlungsart grundsätzlich eingesetzt werden sollte für:

- hochvolumiges Papier (vgl. Löschpapier)
- zähes, falzfestes, wenig saugfähiges Druckpapier

Für Lösung bitte separates Blatt verwenden! 

37 Faserstoff: Vorbereitung

Ordnen Sie die folgenden Eigenschaften entweder der schneidenden Mahlung (rösche Mahlung) bzw. der fibrillierenden Mahlung (schmierige Mahlung) zu:

a) Papier mit hoher Reißfestigkeit

____

b) Papier mit hoher Opazität

____

c) Papier mit hoher Saugfähigkeit

____

d) Papier mit hoher Falzfestigkeit

____

38 Energie

Die Papierindustrie benötigt für die Produktion sehr viel Energie in Form von Strom und Dampf. (Hinweis: siehe Kapitel 10. Nachhaltigkeit)

a) Für welche Arbeiten werden bei der Produktion große Mengen an Strom benötigt?

____

____

____

b) Wozu wird bei der Produktion Dampf benötigt?

____

____

____

c) Erklären Sie, was mit dem Satz gemeint ist: „Statt entsorgen – Energie erzeugen."

____

____

____

PAPIER: PRODUKTION

39 Papierproduktion

Erstellen Sie eine tabellarische Übersicht mit den einzelnen Produktionsphasen bei der Herstellung des Papiers auf einer Doppelsiebpapiermaschine (Duoformer).
Beschreiben Sie in der zweiten Spalte bei jeder einzelnen Phase kurz, was in diesem Produktionsabschnitt geschieht. Beginnen Sie mit dem Stoffauflauf und enden Sie mit auf einem Tambour aufgerollten Papier.

Für Lösung bitte separates Blatt verwenden! 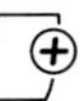

40 Papiermaschine: Stoffauflauf

Der Stoffauflauf hat die Aufgabe, die Stoffsuspension mit definierter Faserverteilung und gleichförmiger Geschwindigkeit auf das Sieb zu bringen.

a) Aus welchen wesentlichen Bestandteilen besteht diese Stoffsuspension?

b) Welchen Anteil (%) hat das Wasser an dieser Suspension?

41 Papiermaschine: Stoffauflauf

Der Stoffauflauf bestimmt maßgeblich die technologischen Eigenschaften einer Papierbahn. Nur durch eine hohe Präzision ist eine Konstanz der Papiereigenschaften, wie z. B. Flächengewichtsquerprofil, Faserhauptrichtung und gleichmäßige Formation, zu erreichen.
Was bedeuten die Eigenschaften …

a) Faserhauptrichtung?

b) gleichmäßige Formation?

42 Papiermaschine: Produktion

Die Abbildung zeigt einen Teil einer Langsiebpapiermaschine.

a) Tragen Sie in das Bild, ggf. mit farbigen Pfeilen, ein:
Stoffauflauf / Stoffdichte beim Stoffauflauf / Langsieb / Maschinenrichtung = Laufrichtung / Stoffdichte am Ende des Langsiebs / Pressenpartie

b) Beschreiben Sie, wie bei diesem System die Laufrichtung im Papier entsteht.

43 Papiermaschine: Produktion

Nasspressen pressen mechanisch einen großen Teil des Wassers aus der entstandenen Papierbahn (ein noch sehr empfindliches „Papiervlies“). Danach folgt eine sehr lange Trockenpartie.

a) Beschreiben Sie, warum diese Trockenpartie eine solche Länge und sehr viele Zylinder benötigt und wie die Papierbahn getrocknet wird.

b) Erläutern Sie, aus welchen Gründen eine gleichmäßige Trocknung der Papierbahn über die Bahnbreite und in der Bahnlänge mit minimalsten Toleranzen erforderlich ist.

c) Der Feuchtigkeitsgehalt (die sogenannte Gleichgewichtsfeuchte) ist für den Transport, die Lagerung und die Verarbeitung zu beachten. Welche relative Feuchte bei welcher Temperatur sollen übliche Druckpapiere enthalten?

d) Erklären Sie, welche Folgen sich aus Abweichungen von diesem Toleranzbereich ergeben können.

Für Lösung bitte separates Blatt verwenden! 

44 Papiermaschine: Langsiebpapiermaschine

Früher wurden fast ausschließlich Langsiebpapiermaschinen eingesetzt. Das Sieb ist ein endlos umlaufendes feines Metall- oder Kunststoffgewebe, das von Walzen getragen wird.

a) Beschreiben Sie den Vorgang der Blattbildung vom Stoffauflauf bis zur Überführung an die Nasspressenpartie.

b) Wie hoch ist ca. die Stoffdichte bei der Übergabe vom Sieb an die Nasspressenpartie?

c) Erläutern Sie, wie die sogenannte Zweiseitigkeit im Papier entsteht.

Für Lösung bitte separates Blatt verwenden! 

45 Papiermaschine: Produktion

Druckpapiere werden mit Langsiebpapiermaschinen oder hochmodernen Papiermaschinen mit Duoformern hergestellt.

a) Beschreiben Sie die Entstehung einer Papierbahn nach dem Stoffauflauf auf einem Langsieb.

b) Vergleichen Sie die Papierproduktion auf einem Langsieb mit der Produktion mit Duoformern. Erklären Sie dazu den Unterschied im Verfahren sowie am fertigen Papier an einer Produkteigenschaft.

c) Beschreiben Sie mit zusätzlichen anschaulichen Skizzen: Wie und wo entsteht die sogenannte Laufrichtung des Papiers?

d) Beschreiben Sie, wie und in welcher Fertigungsstufe ein echtes Wasserzeichen im Papier entsteht.

Für Lösung bitte separates Blatt verwenden! 

46 Druckpapiere: Eigenschaften

Bestimmte Papiere erhalten eine Stoffleimung und ggf. eine Oberflächenleimung.

a) Beschreiben Sie, was diese beiden Begriffe bedeuten und wie diese Leimungen jeweils erfolgen.

b) Erläutern Sie, aus welchen Gründen Papiere eine Stoffleimung und ggf. zusätzlich eine Oberflächenleimung erhalten.

Für Lösung bitte separates Blatt verwenden! 

47 Druckpapiere: Papiersorten

Zeitungsdruckpapiere bestehen heute fast ausschließlich aus 100 % Recyclingfaserstoffen.

a) Welche qualitativen Eigenschaften benötigen alle Zeitungsdruckpapiere? Begründen Sie diese kurz!

b) Erläutern Sie, warum der Recyclingfaserstoff eine bestimmte Qualität haben muss, um für die Produktion eines Zeitungspapiers geeignet zu sein.

Für Lösung bitte separates Blatt verwenden! 

48 Druckpapiere: Veredelung

Maschinenglatte Naturpapiere werden nach der Produktion in der Papiermaschine in einem Kalander veredelt.

a) Erklären Sie, wie Papier in einem Kalander veredelt wird. Fügen Sie zur Anschauung eine einfache Prinzipskizze des Vorganges bei.

b) Wie wird ein Papier nach dieser Veredelung bezeichnet?

Für Lösung bitte separates Blatt verwenden! 

49 Druckpapiere: Veredelung

Eine Kunde wünscht ein sehr stark gestrichenes Papier mit hohem Glanz. Das Flächengewicht (Papiergewicht) soll 60 g/m² nicht überschreiten. Strichauftrag 20 g/m² und Seite.
Erklären Sie dem Kunden, warum ein solches Papier nicht hergestellt werden kann und es zudem erhebliche Schwierigkeiten im Druck und der Druckverarbeitung geben würde.

Für Lösung bitte separates Blatt verwenden! 

50 Papiereigenschaften

An einem sehr kalten und feuchten Wintertag wird bei einer Zeitungsdruckerei Rollenpapier angeliefert.

a) Erläutern Sie, warum es erforderlich ist, das Rollenpapier einige Tage verpackt im Papierlager zu lagern, bevor es zum Druck eingesetzt wird.

b) Welche Bedingungen sind für das Lagern im Papierlager erforderlich?

51 Druckpapiere: Veredelung

Beschreiben Sie drei prinzipiell unterschiedliche Arten von Veredelungen.

a) Welche Arten von Veredelungen gibt es?

b) Warum werden Naturpapiere veredelt?

c) Beschreiben Sie, wie das Veredeln jeweils erfolgt.

d) Grundsätzlich gilt: Je höher der Glanz, desto geringer ist das (Papier-)Volumen.
Erklären Sie, warum bei einer Veredelungsart dieser Satz nicht gilt.

52 Papiereigenschaften

„Papier ist ein hygroskopischer Werkstoff."
Was bedeutet diese Aussage für

- die Lagerung des Papiers im Papierlager und in der Druckerei sowie für
- die Druckverarbeitung?

53 Papiereigenschaften

Von einem Papier wird eine sehr gute Rupffestigkeit und ein gutes Wegschlagverhalten verlangt. Erläutern Sie diese beiden Forderungen für den Druckprozess.

a) Rupffestigkeit

____

____

b) Wegschlagverhalten

____

____

54 Papiereigenschaften

Das Wetter schlägt kurzfristig von einem sehr warmen Sommertag auf Regen und niedrigere Temperaturen um. Beschreiben Sie, was jeweils

- für den Transport (Anlieferung zur Druckerei),
- bei der Lagerung im Papierlager der Druckerei und
- bei der Verarbeitung des Papiers in der Druckerei und der Druckverarbeitung

zu beachten ist, um Probleme durch den Bedruckstoff im Druck und in der Druckverarbeitung zu vermeiden.

Für Lösung bitte separates Blatt verwenden! 

55 Druckpapiere: Technische Angaben

Erklären Sie die Fachbegriffe:

a) maschinenglatt

____

____

b) satiniert

____

____

c) gestrichen

____

____

56 Druckpapiere: Technische Angaben

Erklären Sie die Fachbegriffe:

a) Laufrichtung

____

____

b) Volumen

____

____

c) Saugfähigkeit

____

____

57 Druckpapiere: Technische Angaben

Auf einem Lieferschein finden Sie folgende Angaben:
Original-Kunstdruckpapier, h´fr weiß, 120 g/m^2,
61 cm × 86 cm SB
Erklären Sie, was diese Angaben bedeuten.

Für Lösung bitte separates Blatt verwenden! 

58 Druckpapiere: Technische Angaben

Ein Papier hat eine Flächenmasse von 120 g/m^2 und eine Dicke von 100 µm.

a) Geben Sie die Formel an, nach der das Volumen des Papiers berechnet wird.

____

b) Welches Volumen hat das oben genannte Papier?

____

59 Druckpapiere: Technische Angaben

Ein Bedruckstoff hat eine Flächenmasse (Papiergewicht) von 120 g/m^2 und ein Volumen von 1,4. Welche Dicke hat das Papier?

____

60 Papiereigenschaften

Beschreiben Sie an jeweils zwei Beispielen, warum die Laufrichtung des Papiers für die Druckproduktion und das Endprodukt zu beachten ist.

a) Beispiel 1:

____

____

b) Beispiel 2:

____

____

61 Papiereigenschaften

Papiere haben je nach verwendeten Faserrohstoffen, Hilfsstoffen, der Rezeptur und der Papierproduktion unterschiedliche Eigenschaften. Grundsätzlich unterscheidet man für den Druckprozess zwischen Bedruckbarkeit und Verdruckbarkeit einer Papiersorte.

a) Erklären Sie, was diese beiden Begriffe bedeuten. Geben Sie zudem jeweils Auswirkungen auf den Druckprozess an.

b) Nennen Sie die oftmals in Englisch angegebenen Bezeichnungen für die Bedruckbarkeit und die Verdruckbarkeit.

Für Lösung bitte separates Blatt verwenden! 

62 Papiereigenschaften

Jedes Druckverfahren bzw. jede Produktionstechnik stellt verfahrenstechnische Anforderungen an die Eigenschaften des Bedruckstoffes. Füllen Sie die Tabelle aus: Geben Sie zu den folgenden Druckverfahren mindestens zwei grundsätzlich geforderte Papiereigenschaften an.

Anforderungen an Eigenschaften	
Druckverfahren / Produktionstechnik	**Papiereigenschaften**
Bogen-Offsetdruck (Akzidenz)	
Rollen-Offsetdruck Coldset	
Rollen-Offsetdruck Heatset	
Flexodruck	
Tiefdruck Illustration	
Digitaldruck Inkjet	
Digitaldruck Elektrofotografie	

63 Papiereigenschaften

Die Bedruckbarkeit eines Papiers ist für die Auswahl zu einem bestimmten Produkt entscheidend wichtig. Erläutern Sie, wie sich die Qualität der Papieroberfläche auf die Tonwertzunahme und den Druckkontrast beim Druck von Rasterbildern und Flächen auswirkt.

64 Papiereigenschaften

In einer Großdruckerei werden hochwertige Taschenbücher (technisch korrekt: Broschuren) auf Bilderdruckpapier im Rollen-Offsetdruck (Heatset-Trocknung) produziert. Nach dem Klebebinden und dem Einhängen in den Kartonumschlag werden die Broschuren dreiseitig beschnitten und auf Paletten gelagert.
Nach etwa einer Woche zeigt sich ein Problem:
Der Inhalt der Taschenbücher ist aus dem Umschlag „herausgewachsen", d. h., er ragt teilweise über den Rand des Umschlages hinaus.

a) Erläutern Sie eine mögliche Ursache für den Fehler.

b) Beschreiben Sie Möglichkeiten, wie ein solcher Fehler (weitgehend) vermieden werden könnte.

65 Digitaldruck: Papiereigenschaften

Geforderte Papiereigenschaften für den Digitaldruck (Tintenstrahldruck) sind u. a.: gute Farbaufnahme und Farbfixierung, geringe Cockling-Neigung, gute Wasserbeständigkeit(-festigkeit).
Erläutern Sie, warum diese Eigenschaften verfahrenstechnisch wichtig sind.

Für Lösung bitte separates Blatt verwenden! 

66 Papiereigenschaften

Tageszeitungen, Wochen- und Anzeigenblätter u. ä. Druckprodukte werden im Rollen-Offsetdruck gedruckt. Erklären Sie, warum Papiere für den Rollen-Offsetdruck (Coldset) ein sehr gutes Farbwegschlagverhalten aufweisen sollen.

67 Papiereigenschaften

Papiere für den Rollen-Offsetdruck (Heatset) benötigen bestimmte Eigenschaften. Erklären Sie, warum diese Papiere eine gute Oberflächenfestigkeit und grundsätzlich einen geringeren Feuchtigkeitsgehalt (Gleichgewichtsfeuchte, verglichen mit dem Bogendruck) aufweisen sollen.

68 Papiereigenschaften

Die Temperatur in einem Drucksaal steigt wegen des Ausfalls einer Klimaanlage deutlich an.

a) Welche Auswirkungen hat dies auf die relative Luftfeuchtigkeit? Begründen Sie Ihre Meinung!

b) Welche grundsätzliche Funktion hat eine Klimaanlage im Papierlager und in der Druckerei?

69 Papiereigenschaften

In einem Rollen-Druckverfahren wird ein LWC-Papier eingesetzt.

a) Was sind LWC-Papiere?

b) Für welche Druckprodukte und in welchen Druckverfahren werden LWC-Papiere eingesetzt?

c) Beschreiben Sie dazu:
Welche besonderen Vorteile gegenüber anderen Papieren haben LWC-Papiere unter ökonomischen und ökologischen Gesichtspunkten?

Für Lösung bitte separates Blatt verwenden! 

70 Papiereigenschaften

Welche Anforderungen, bezogen auf die Bedruckbarkeit, muss ein Papier für folgende Aufträge und das eingesetzte Druckverfahren erfüllen? Begründen Sie.

a) Zeitung, Rollen-Offsetdruck

b) Präsentationsmappen, Digitaldruck (Inkjet-System)

c) Technische Dokumentation (Maschinenhandbuch mit vielen farbigen Grafiken und Abbildungen), Digitaldruck (Tonersystem)

d) Schokoladenverpackung, Rakel-Tiefdruck

71 Papiereigenschaften

Das Produktionssortiment einer Papierfabrik bietet verschiedene Papiere, gekennzeichnet mit Abkürzungen, an. Beschreiben Sie kurz, was diese Abkürzungen (in Englisch mit deutscher Übersetzung) bedeuten und um welche Art von Papieren es sich jeweils handelt:

a) SC

b) ULWC

c) News

72 Papiereigenschaften

Die Bedruckbarkeit (engl. Printability) bezieht sich auf die Druckeignung eines Bedruckstoffes.
Nennen Sie dazu vier Eigenschaften des Bedruckstoffes, die sich auf den Druckprozess und die Druckqualität auswirken.

73 Papiereigenschaften

Die Verdruckbarkeit (engl. Runability) bezieht sich auf die Laufeigenschaften bzw. den Transport des Bedruckstoffes in der Druckmaschine.
Nennen Sie drei Eigenschaften, die für einen störungsfreien Druckprozess sehr wichtig sind und begründen Sie Ihre Meinung.

Für Lösung bitte separates Blatt verwenden! 

74 Papiereigenschaften

In einem Fachaufsatz zur Papierherstellung und der Verarbeitung des Papiers werden englische Begriffe verwendet.
Erklären Sie, was diese Begriffe übersetzt bedeuten und welche konkreten Eigenschaften damit beispielsweise gemeint sind:

a) Printability

b) Runability

c) Cockling

75 Papiereigenschaften

Industriell hergestellte Papiere haben eine mehr oder weniger starke Laufrichtung.

a) Erklären Sie mit zusätzlichen Skizzen:
Was ist eine Laufrichtung und wie entsteht diese im Papier?

b) Das „richtige" Klima (Umgebung, Lagerung) ist für ein problemloses Verarbeiten von Papieren sehr wichtig. Welches Klima ist für die Lagerung und die Produktion zu beachten (Angabe ca.; von/bis).

c) Erläutern Sie Wechselwirkungen zwischen Klima und Papier, bezogen auf die Laufrichtung.

Für Lösung bitte separates Blatt verwenden! 

76 Papiereigenschaften

Sie haben eine Tageszeitung mehrere Tage an einem sonnigen Platz liegen gelassen. Die äußere, dem Licht zugewandte Seite hat sich deutlich sichtbar verändert.

a) Beschreiben Sie, was sich sichtbar verändert hat.

b) Begründen Sie, wie es zu dieser Veränderung gekommen ist.

77 Papiereigenschaften

Sie haben den Auftrag, für das Druckpapier die für das Falzen optimale Laufrichtung auszuwählen.
Auftrag: Achtseitiger Prospekt, DIN A4, gedruckt auf Bilderdruckpapier mit 70 g/m^2, gedruckt in einer Druckform zum Umschlagen.

a) Skizzieren Sie diesen Druckbogen.
Tragen Sie in diese Skizze farbig die anzufordernde Laufrichtung für das Papier ein.

b) Welche konkrete Angabe (Bezeichnung) benötigt der Papierlieferant von Ihnen, damit Papier mit der richtigen Laufrichtung geliefert wird?

Für Lösung bitte separates Blatt verwenden! 

78 Papiereigenschaften

Vergleichen Sie ein glänzend gestrichenes Papier mit einem mattgestrichenen Papier.

a) Erklären Sie mit zusätzlichen anschaulichen Skizzen, warum ein Papier glänzt und ein anderes matt wirkt.

b) Vielfach bereiten mattgestrichene Papiere drucktechnische Schwierigkeiten. Was ist die Ursache für dieses Problem bzw. worin liegt es begründet?

Für Lösung bitte separates Blatt verwenden! 

79 Papiereigenschaften

Gussgestrichene Papiere und Kartons zeichnen sich durch typische Merkmale aus.

a) Beschreiben Sie drei dieser besonderen Merkmale.

b) Für welche Aufträge werden gussgestrichene Papiere und Kartons eingesetzt? Begründen Sie dazu Ihre Ansicht.

80 Papiereigenschaften

Ein Papierlieferant bietet Bilderdruckpapiere, Original-Kunstdruckpapiere und gussgestrichene Papiere an. Vergleichen Sie bei diesen drei Papiersorten wichtige Unterscheidungsmerkmale:

a) Sorten

b) prinzipieller Aufbau (Rohpapier, Strich)

c) Qualitäten

d) Papiergewichte in g/m^2

81 Papiereigenschaften

Sie haben den Auftrag, in einem Kurzreferat zu Eigenschaften von Papieren über „Akklimatisierung und Gleichgewichtsfeuchte“ zu sprechen.
Erklären Sie dazu vorab in kurzer Form, was unter beiden Begriffen zu verstehen ist:

a) Akklimatisierung

b) Gleichgewichtsfeuchte

82 Papiereigenschaften

Im Unterricht wird das Thema „Wichtige Papiereigenschaften für die Druckpraxis“ erarbeitet. Sie sollen die folgenden Eigenschaften und ihre Wirkung im Druckprozess erklären:

a) Rupffestigkeit

b) Dimensionsstabilität

c) Oberflächenleimung

d) Rückspalten der Druckfarbe

83 Rollen-Offsetdruck

Eine Auflage wird bei einem Raumklima von 19 °C und 55 % rel. Luftfeuchtigkeit problemlos bedruckt. Durch eine Störung in der Klimaanlage steigt die Raumtemperatur auf 26 °C ohne eine entsprechende Zufuhr von Feuchtigkeit. Immer stärker treten Probleme am Ende des Falzapparates auf.

a) Erklären Sie, wie sich das Raumklima durch den Anstieg der Temperatur verändert hat.

b) Erläutern Sie, aus welchen Gründen es zu den Problemen in der Auslage kommt.

84 Rollen-Offsetdruck: Heatset-Technologie

Sie verarbeiten für eine Broschüre, Endformat DIN A4, Falzbogen, von denen ein Teil im Bogen-Offsetdruck und ein weiterer Teil im Rollen-Offsetdruck gedruckt worden ist. Bei der Druckverarbeitung könnten bei unzureichender Auftragsplanung und Fehlern bei der Produktion Probleme entstehen.

a) Nennen Sie zwei Fehler, die auftreten können.

b) Erläutern Sie, wie es zu diesen Fehlern kommen kann.

Für Lösung bitte separates Blatt verwenden!

85 Rollen-Offsetdruck: Heatset-Technologie

Eine beidseitig bedruckte Papierbahn wird nach dem Druck getrocknet.

a) Nennen Sie zwei wichtige Aggregate nach dem Trocknen und vor dem Falzüberbau bzw. Falz.

b) Beschreiben Sie die Wirkungen auf die bedruckte Papierbahn (Aufgabe, Funktion).

Für Lösung bitte separates Blatt verwenden!

86 Rollen-Offsetdruck: Heatset-Technologie

In farbintensiven Bereichen auf einer Papierbahn kommt es zu einem sogenannten Blistering.

a) Was bedeutet dieser Begriff?

b) Welche Ursache(n) kann dieser Druckfehler haben?

87 Papiereigenschaften

Illustrierte in Großauflagen werden im (Rakel-)Tiefdruck gedruckt.

a) Erläutern Sie drei spezifische Eigenschaften, die das Papier aufweisen muss.

b) Sie haben Tageszeitungen und Illustrierte zum Anzünden eines „Lagerfeuers“. Eine der beiden Papiersorten brennt gut, die andere weniger gut bis gar nicht. Begründen Sie, warum dies so ist.

88 Papiereigenschaften

In der Eingangskontrolle prüfen Sie Papiere. Beschreiben Sie vier Prüfverfahren, mit denen die Laufrichtung eines Papiers festgestellt werden kann. Fügen Sie Ihren Beschreibungen jeweils einfache Skizzen bei.

Für Lösung bitte separates Blatt verwenden! 

89 Papiereigenschaften

Am Ende der Papiermaschine wird ein bei der Produktion nur leicht geglättetes Papier auf einem Tambour aufgerollt. Für bestimmte Qualitätsanforderungen kann dieses Papier in weiteren Prozessen veredelt werden.

a) Welche Möglichkeiten einer Veredelung der Papieroberfläche werden eingesetzt?

b) Beschreiben Sie drei Veredelungsverfahren. Geben Sie dazu jeweils die Bezeichnung für das veredelte Papier an.

Für Lösung bitte separates Blatt verwenden! 

DRUCKPRODUKTE ANALYSIEREN, BEDRUCKSTOFFE AUSWÄHLEN

90 Druckpapiere: Papiersorten

Papier ist das wichtigste Material in einer Druckerei. Umfassende Kenntnisse sind nicht nur für die Beratung des Kunden von großer Bedeutung. Bedeutender ist es für den Medientechnologen Druck, sein wichtigstes Material genau zu kennen und mögliche Wechselwirkungen mit anderen Materialien, weiteren Verarbeitungen und Veredelungen bei der Arbeitsvorbereitung und im Druckprozess zu berücksichtigen.

a) Nennen Sie fünf verschiedene Papiersorten, die Sie in Ihrem Betrieb bedrucken bzw. die Sie kennen.

b) Beschreiben Sie Eigenschaften dieser Papiersorten (z. B. Art, Bezeichnung/Sorte, Flächengewicht, Oberfläche).

c) Geben Sie jeweils zu diesen Papiersorten zwei mögliche Einsatzbereiche (ggf. auch Druckprodukte) an.

Für Lösung bitte separates Blatt verwenden! 

91 Druckpapiere: Druckproduktion und Kosten

Kunden verlangen bei Druckprodukten eine immer stärkere Farbigkeit und ein brillantes Druckergebnis mit optimaler Farbwiedergabe. Andererseits sollen die Kosten für das Papier, die bei hohen Auflagen den größten Teil der Gesamtkosten ausmachen, gesenkt werden. Daher werden inzwischen leichtgewichtige gestrichene Papiere eingesetzt.

a) Nennen Sie eine Kurzbezeichnung für ein solches Papier.

____

____

b) Welches Flächengewicht (Papiergewicht von – bis) haben diese Papiere?

____

____

c) Diese Papiere haben einen Strichauftrag zwischen 5 und 10 g/m^2 und Seite.
Welche Probleme können solche sehr leichten Papiere im Rollendruck (Tiefdruck, Heatset-Offsetdruck) verursachen?

____

____

____

d) Exemplarische Berechnung (nur als Beispiel):
Eine Illustrierte hat 320 Seiten, Format DIN A4,
Druckauflage 200 000 Exemplare,
Papierpreis: 1 Euro/kg
Vergleichen Sie die gesamten Papierkosten:
Sorte A: 72 g/m^2
Sorte B: 54 g/m^2
Um wie viel Euro wären bei dieser Auflage und der Wahl der Sorte B die Papierkosten zu verringern?

____

____

____

92 Druckpapiere: Papiersorten

Erklären Sie typische Merkmale und Einsatzbereiche der folgenden Papiersorten:

Papiersorte	Typische Merkmale	Einsatzbereiche
Naturpapier		
Satiniertes Papier		
Bilderdruckpapier		
Original-Kunst-druckpapier		
Gussgestrichener Karton		
Recyclingpapier		

93 Bedruckstoff: Papiereigenschaften

Jedes Druckprodukt benötigt ein den Anforderungen entsprechend geeignetes Papier.
Welche qualitativen bzw. spezifischen Eigenschaften sollen Papiere für die folgenden Druckprodukte haben?
Geben Sie dazu jeweils an:

- Papiersorte (mögliche Bezeichnung der Sorte, Art)
- mindestens zwei wesentliche Eigenschaften des Papiers und begründen Sie, warum diese wichtig sind
- Flächenmasse (g/m²). Eine Angabe „von – bis" ist dabei ausreichend.

	Papiersorte	Eigenschaften	Flächenmasse
Imageprospekt (Autohersteller) in Premium-Qualität			
Schreibpapier			
Illustrierte (Auflage 1,5 Mio.)			
Tageszeitung			
Flyer einer großen Supermarktkette (Großauflage)			

94 Druckpapiere: Sorten, Auswahl

Sie haben den Auftrag, für folgende Aufträge jeweils einen geeigneten Bedruckstoff auszuwählen.
Geben Sie dazu an:

- Art (= eine mögliche Sorte bzw. Papierklasse)
- Flächengewicht (Flächenmasse, g/m^2)
- sonst. wichtige, produktbezogenen Eigenschaften

a) Fachzeitschrift, z. B. MODE-TREND, mit hohem Bildanteil

____

____

____

b) Fachbuch mit einigen Farbbildern (4 c, 60 L/cm)

____

____

____

c) Tageszeitung, Wochenblatt

____

____

____

d) Verpackung für Kosmetik. Eingesetzte Veredelung: Prägung und verschiedene Lackierungen

____

____

____

e) Gebrauchsanleitung für technische Geräte (s/w-Bilder, Grafiken)

____

____

____

f) Taschenbuch (Broschurenblock sowie Umschlag)

____

____

____

g) Geschäftsbericht eines Großunternehmens (Umschlag, Inhalt)

____

____

____

h) Schreibpapier: Briefbogen eines Unternehmens mit Logo, Anschrift, Telefon, Bankverbindungen u. a.

____

____

____

95 Teamarbeit: Druckprodukte analysieren

Situation an der beruflichen Schule: Sie bearbeiten den Themenbereich „Bedruckstoffe analysieren“ in Kleingruppen im Unterricht an Ihrer beruflichen Schule.

a) Bringen Sie und auch alle anderen Mitschülerinnen und Mitschüler zu dem vereinbarten Termin je drei unterschiedliche Druckprodukte, die in der letzten Woche in ihrem Betrieb produziert worden sind, mit.

b) Jedes Team (Kleingruppe) gibt die eigenen drei Druckprodukte an ein anderes Team zur Analyse weiter.

c) Jede einzelne Gruppe berichtet vor dem Plenum, um welches Produkt es sich handelt, in welchem Druckverfahren gedruckt und welche Bedruckstoffsorte dafür verwendet worden ist.

96 Kundenberatung: Auftragsanalyse

Ein Kunde möchte seine Geschäftsausstattung mit einem neuem Design drucken lassen. Das Unternehmen stellt Softwareprodukte wie das „Professional Security System“ für Unternehmen her.
Welches Papier (Sorte, Flächengewicht, sonstige Eigenschaften) empfehlen Sie dem Kunden für die folgenden Druckprodukte. Begründen Sie dazu dem Kunden (hier als Text angeben) Ihre Auswahl und Empfehlung.
Hinweis: Falls möglich, beschaffen Sie zur Anschauung entsprechende Papiermuster!

a) Geschäftsdrucksachen mit Briefbogen, Rechnungen; 2-farbig bedruckt mit farbigem Logo und Text

b) Visitenkarten, 4c-Bilder, Logo einfarbig und Text

c) Imagebroschüre „Sicherheit im Unternehmen – Professional Security System“, Format: DIN A4 quer, Farben: 4c, Umfang: 16 Seiten

d) Präsentationsmappen für die Imagebroschüre und weitere Informationen

Für Lösung bitte separates Blatt verwenden! 

97 Kartonauswahl

Eine Schokoladenfabrik plant die Faltschachtel für hochwertige Mini-Pralinen.
Die Deckelschachtel soll nicht nur ein einfacher Schutz für den Inhalt sein, sondern sofort als ästhetischer, unverwechselbarer Blickfang im Verkaufsregal zu erkennen sein. Der Deckel wird mehrfarbig im Offsetdruck gedruckt, erhält eine Goldprägung sowie mehrere Blindprägungen, er wird zusätzlich lackiert. Druck: 4c, kleine Bilder von Pralinen mit 60 L/cm, Hintergrundfarbe des Deckels ist eine grüne Fläche.

a) Welche Kartonsorte empfehlen Sie dem Kunden für diesen Auftrag? Begründen Sie die Empfehlung.

b) Geben Sie zudem eine Alternative zu Ihrem ersten Vorschlag an.

c) Ermitteln Sie das Verhältnis der Kosten beider Kartonsorten anhand von Papierpreislisten eines Papiergroßhändlers (Kosten aus aktuellen Papierpreislisten im Internet entnehmen).

Für Lösung bitte separates Blatt verwenden! 

98 Kundenberatung: Auftragsanalyse

Für die folgenden Druckprodukte sollen Sie ein geeignetes Papier empfehlen. Begründen Sie Ihre Vorschläge zu den drei Produkten:

a) Image-Broschüre für hochpreisige, exklusive Großbild-Fernsehgeräte, 4c, FM-Raster, 32 Seiten, DIN A4, Rückendrahtheftung

b) Taschenbuch,
Inhalt: Text mit einfachen Grafiken, einfarbig
Format: 14,8 cm × 21,0 cm, Umfang: 672 Seiten
Umschlag: 4c, Text, Logo, Rasterbild 60 L/cm

c) Zeitungsbeilage (Rollen-Offsetdruck),
Text und Grafiken; Bilder mit 60 L/cm, 4c;
DIN A2 (gefalzt auf DIN A4),
Auflage: 180 000 Exemplare

Für Lösung bitte separates Blatt verwenden! 

99 Kundengespräch

Ein Kunde wünscht für einen Highend-Prospekt seines Unternehmens ein hochwertig gestrichenes Papier. Er wählt ein Original-Kunstdruckpapier aus dem Musterkatalog aus. Das Papiermuster hat ein Flächengewicht von 120 g/m².
Aufgrund der Kosten für dieses Papier sowie der Portokosten für den Versand fragt der Kunde, ob dieses Papier auch mit einem Flächengewicht von 80 g/m² bestellt werden kann.
Sie erläutern dem Kunden anschaulich, dass diese Papiersorte in einer geringeren Grammatur nicht produziert werden kann. Dazu skizzieren Sie in unterschiedlichen Farben den prinzipiellen Aufbau des Original-Kunstdruckpapiers, Flächenmasse 120 g/m².
Der Kunde soll aus Ihrer Skizze die Problematik anschaulich erkennen.

a) Skizzieren Sie schematisch ein Original-Kunstdruckpapier (Querschnitt, übereinanderliegende Schichten), geben Sie zu den einzelnen Schichten jeweils das Gewicht in g/m² (ca.) an.

b) Begründen Sie anhand der Skizze, warum diese Papiersorte erst ab einer bestimmten Grammatur angeboten werden kann.

Für Lösung bitte separates Blatt verwenden! 

100 Umweltzeichen: Welches Logo steht wofür?

Kunden verlangen für Top-Produkte nicht nur eine sehr gute Druckqualität, sondern verantwortungsbewusst auch die Auswahl eines umweltverträglichen Papiers.

a) Welches Logo steht wofür? Füllen Sie die Übersicht aus:

Umweltzertifizierte Produkte			
Abkürzung	**Bedeutung der Abkürzung**	**Internetadresse mit Informationen**	**Verfolgte Ziele der Zertifizierungen**
FSC			
PEFC			
EU-Ecolabel			
Der Blaue Engel			

b) In welchen wesentlichen Parametern unterscheiden sich FSC- und PEFC-Zertifizierungen?

___

___

101 Papiere für den Digitaldruck

Immer leistungsfähigere Digitaldruckmaschinen, z.B. im Farblaserdruck, erfordern für professionelle Druckergebnisse mit hoher Detailwiedergabe, sehr guter Farbtonwiedergabe und optimalem Druckkontrast speziell geeignete Papiere. Im Wesentlichen ist die Oberfläche des Papiers entscheidend.
Sie haben den Auftrag, einen sechsseitigen Prospekt, Wickelfalz, 4c-Druck, in einer Digitaldruckmaschine (Tonersystem Pulver) zu drucken. Der Kunde wünscht ein zertifiziertes Papier.

a) Welche verfahrenstechnisch wichtigen Eigenschaften muss dieses Papier aufweisen?

___

___

___

b) Welches Papier wäre für diese Produktion zu empfehlen? Geben Sie dazu eine mögliche Sorte (Art, Typ) und das Flächengewicht an.

___

102 Makulatur

Makulatur ist in allen Druckverfahren grundsätzlich nicht völlig zu vermeiden.
Erklären Sie einem „drucktechnischen Laien“ mögliche Gründe für das Entstehen von Makulatur. Beschreiben Sie dazu jeweils Möglichkeiten, Makulatur auf eine Mindestmenge zu reduzieren oder sogar zu verhindern:

a) im Papierlager

b) im Druckprozess

c) in der Druckverarbeitung

d) im Versand

Für Lösung bitte separates Blatt verwenden! 

103 Papiere für den Digitaldruck

Bei einem Digitaldrucksystem wird als Farbmittel ein ElectroInk eingesetzt. Der Hersteller der Digitaldruckmaschinen verlangt, dass nur von ihm zertifizierte (freigegebene) Papiersorten für eine gute Qualität verwendet werden sollen.
Welche besondere Oberflächenqualität wird gefordert und wodurch ist diese zu erreichen?

104 Vergleich von Papieren

Im Digitaldruck werden im Inkjetverfahren vergleichsweise verschiedene Papiere bedruckt:

- Naturpapier, ungeleimt
- Naturpapier, geleimt (SM-Papier)
- gestrichenes Inkjetpapier

a) Skizzieren Sie schematisch vereinfacht alle drei Papiersorten in einem Querschnitt und zeichnen Sie – exemplarisch und stark vergrößert – einige aufgedruckte Rasterpunkte ein.
Deutlich werden soll dabei der qualitative Unterschied in der Rasterpunktwiedergabe.

b) Begründen Sie, warum bei einem veredelten Papier grundsätzlich weniger Kosten für die Inkjet-Tinte (= Farbkosten) anfallen.

c) Geben Sie zwei weitere qualitative Vorteile von veredelten Papieren an.

105 Plakat im Digitaldruck

Für den Auftrag von 50 Großformat-Plakaten, 4c-Druck, ist ein geeignetes Rollenpapier auszuwählen. Gedruckt wird im Digitaldruck (LFP = Large Format Printing), Inkjet-Verfahren.
Begründen Sie jeweils Ihre Angaben.

a) Welche besonderen Eigenschaften benötigt das Plakatpapier für diesen Auftrag?

b) Welche Papiersorten empfehlen Sie? (Zwei Sorten dazu sind ausreichend.)

106 Präsentation: Veredelung

Die Qualität von Papier und Karton wird durch eine zusätzliche Veredelung der Oberflächen gesteigert, um die Druck- und Druckveredelungsqualität zu optimieren und vom Kunden gewünschte Produkteigenschaften hervorzuheben.

a) Erstellen Sie eine Präsentation (ggf. skizzenhafte Darstellung der Folien mit deutlich lesbarem Text) zu den verschiedenen Veredelungsarten von Papieren.

b) Skizzieren Sie darin schematisch den „Aufbau" des veredelten Rohpapiers mit den möglichen „Veredelungsschichten". Bezeichnen Sie diese. Geben Sie zudem fachlich korrekte Bezeichnungen für die veredelten Papiere an.

c) Erläutern Sie zudem, welche Qualitätsverbesserung durch diese Veredelung für die Produktion und das Produkt erreicht werden kann.

d) Bringen Sie zu Ihrer Präsentation vor der Klasse (oder Gruppe) Muster dieser Papiere im Format DIN A5 zur Anschauung mit.

Für Lösung bitte separates Blatt verwenden! 

107 Faltschachtelkarton

Sie sollen eine hochwertige Faltschachtel für eine Geschenkverpackung produzieren. Schlagen Sie dazu einem Kunden zwei geeignete Sorten Karton vor.

a) Welche beiden Kartonsorten wählen Sie für diese Verpackung aus? Begründen Sie Ihre Auswahl.

b) Erklären Sie drei Eigenschaften, die für den Druck der Faltschachteln wichtig sind.

Für Lösung bitte separates Blatt verwenden! 

108 Wellpappe

Kunden verlangen immer mehr nach grafisch gestalteten Transportverpackungen. Während früher ausschließlich Wellpappenverpackungen nur in zwei Schritten hergestellt werden konnten, ist heute mit einem neuen Wellpappentyp der Direktdruck möglich.

a) In welchen zwei Schritten wurden früher ausschließlich Wellpappenverpackungen hergestellt?

b) Welche besonderen Vorteile bieten Wellpappen mit der G-Welle für das Bedrucken?

c) Skizzieren Sie zwei Wellenberge und -täler. Tragen Sie in Ihre Skizze die Teilung und die Höhe ein.

109 Wellpappe

Wellpappe ist die wichtigste Transportverpackung. Sie ist durch verschiedene Kombinationen von Materialien und den Aufbau ideal an den Einsatzbereich anzupassen.

a) Beschreiben Sie mit zusätzlichen Skizzen die Unterschiede zwischen:

einseitiger Wellpappe

einwelliger Wellpappe

zweiwelliger Wellpappe

dreiwelliger Wellpappe

b) Welche Wellpappensorte lässt sich im Offsetdruck sehr gut bedrucken?

110 Wellpappe

Die für die Wellpappenproduktion eingesetzten Papiere unterscheiden sich grundsätzlich in zwei Sortengruppen: Deckenpapiere und Wellenpapiere.

a) Was sind Kraftliner, die als Deckenpapier eingesetzt werden?

b) Welche besonderen Qualitäten hat der Faserrohstoff für Kraftliner?

c) Kraftliner können auch mit einer weißen Decke hergestellt werden. Welche Vorteile bringt diese?

111 Wellpappe

Für Wellenpapiere werden Halbzellstoffpapiere und der sogenannte Wellenstoff eingesetzt.

a) Was sind Halbzellstoffe?
Beschreiben Sie dazu: Faserrohstoff, Aufschlussverfahren, Vorteile gegenüber Holzstoff und gegenüber Holzzellstoff.

b) Aus welchem Faserrohstoff besteht Wellenstoff?

Für Lösung bitte separates Blatt verwenden! 

112 Wellpappe

Point of Sale: „Farbig und im jeweiligen Erscheinungsbild der Marke bedruckt, sind sie als ‚stille Verkäufer' ein wesentliches Instrument der Markenführung …" Erläutern Sie, was mit dieser Aussage in einer Fachbroschüre gemeint ist.

113 Bedruckstoff: Blechtafeln

Metallverpackungen und Metallverschlüsse werden nicht in einzelnen Bogen, sondern in Tafeln im Blechdruck bedruckt. Die zu bedruckenden Tafeln haben Stärken von 0,12 mm bis 0,40 mm und ein Format bis 1 000 mm × 1 200 mm.

a) Welche Metalle werden als Bedruckstoff für den Blechdruck eingesetzt?

b) Warum müssen Blechtafeln vor dem Bedrucken beidseitig lackiert werden?

c) Erläutern Sie, warum für einen Farbdruck die zu bedruckende Seite mit einer weißen Druckfarbe deckend zu bedrucken ist.

114 Kunststoffe

Kunststoffe sind „Werkstoffe nach Maß".
Erklären Sie, was mit diesem Satz gemeint ist.

115 Bedruckstoff: Kunststoff

Polyester ist der „Familienname" für eine bedeutende Gruppe synthetischer, thermoplastischer Kunststoffe. Hierzu gehört u.a. PET (Polyethylenterephthalat).

a) Erklären Sie, was die Begriffe „synthetisch" und „thermoplastisch" bedeuten.

b) Nennen Sie fünf spezifische Vorteile von PET (im Vergleich zu anderen Kunststoffen).

c) Warum eignet sich PET beispielsweise besonders für Etiketten bzw. den Etikettendruck?

Für Lösung bitte separates Blatt verwenden! 

116 Bedruckstoff: Kunststoff

In-Mould-Labels (IML) sind bedruckte Etiketten, die mit einem geformten Kunststoffbehälter oder -deckel verbunden werden.

a) Als Kunststoff werden PP-Folien eingesetzt. Geben Sie an, welcher Kunststoff abgekürzt mit PP bezeichnet wird.

b) Vergleichen Sie Selbstklebeetiketten mit In-Mould-Etiketten. Beschreiben Sie, in welchem wesentlichen Punkt sich beide Etikettenarten unterscheiden.

Für Lösung bitte separates Blatt verwenden! 

117 Bedruckstoff: Kunststoff

Vielfach müssen Kunststofffolien vor dem Bedrucken vorbehandelt werden. Die Corona-Vorbehandlung ist dabei eine effektive Methode.
Aus welchem Grund sind diese Kunststofffolien vorzubehandeln?

118 Bedruckstoff: Kunststoff

Bei der Verdruckbarkeit von Kunststofffolien kann es zu erheblichen Problemen im Bogenlauf kommen.

a) Welche Probleme können beim Bogenlauf durch die Druckmaschine entstehen, wenn keine zusätzliche Ausrüstung vorhanden ist?

b) Welche Zusatzeinrichtungen in der Druckmaschine verhindern weitgehend solche Probleme?

119 Teamarbeit: Fachwörterbuch (1)

Sie erarbeiten mit Mitschülerinnen und Mitschülern ein kleines Fachwörterbuch. Die zu erarbeitenden Fachbegriffe wurden an kleine Teams ausgelost.
Ihre Aufgabe (bzw. Aufgabe des Teams) ist es, die folgenden Fachbegriffe für das Fachwörterbuch zu dem Themenbereich Bedruckstoffe zu erklären:

- chlorfrei gebleicht
- Chromoersatzkarton
- Füllstoffe
- FSC
- Gleichgewichtsfeuchte
- gussgestrichener Karton
- Hygienepapier
- Klima
- Langsiebpapiermaschine
- Laufrichtung
- Lignin
- mattgestrichenes Bilderdruckpapier
- Naturpapier
- Oberflächenleimung
- Papier ist randwellig
- Scheuerfestigkeit
- Wellpappe
- Zellstoff

Für Lösung bitte separates Blatt verwenden! 

120 Teamarbeit: Fachwörterbuch (2)

Sie erarbeiten mit Mitschülerinnen und Mitschülern ein kleines Fachwörterbuch. Die zu erarbeitenden Fachbegriffe wurden an kleine Teams ausgelost.
Ihre Aufgabe (bzw. Aufgabe des Teams) ist es, die folgenden Fachbegriffe für das Fachwörterbuch zu dem Themenbereich Bedruckstoffe zu erklären:

- Blisterverpackung
- Dimensionsstabilität
- Feuchtprobe
- Holzstoff
- maschinenglattes Papier
- Opazität
- Original-Kunstdruckpapier
- Papier tellert
- Papiervolumen
- PEFC
- Recyclingverfahren
- Rillfähigkeit
- rL (relative Luftfeuchtigkeit)
- Papiereigenschaft, Angabe: SC
- Schmalbahn
- TCF
- Volumen
- Wellpappe: Teilung, Höhe

Für Lösung bitte separates Blatt verwenden!

121 Teamarbeit: Fachwörterbuch (3)

Sie erarbeiten mit Mitschülerinnen und Mitschülern ein kleines Fachwörterbuch. Die zu erarbeitenden Fachbegriffe wurden an kleine Teams ausgelost.
Ihre Aufgabe (bzw. Aufgabe des Teams) ist es, die folgenden Fachbegriffe für das Fachwörterbuch zu dem Themenbereich Bedruckstoffe zu erklären:

- Ausrüsten des Papiers
- Breitbahn
- Chromopapier
- Dickdruckpapier
- Duoformer
- Bilderdruckpapier glänzend gestrichen
- Bilderdruckpapier Konsum
- Etikettendruckpapier: Papiersorten, Eigenschaften
- Hygrometer
- Hysteresis
- Klimatisierung des Papiers
- LWC-Papier: Papiersorte und Einsatzbereich
- maschinenglattes Papier
- Papierdicke
- Tambour
- Trockenpartie: Wasserentzug
- Zeitungsdruckpapier
- Wasserzeichen

Für Lösung bitte separates Blatt verwenden! 

PAPIER IN DER DISKUSSION

122 Eine These zum Energieverbrauch

„Für die Herstellung von Papier wird zu viel Energie verbraucht."
Der Verband Deutscher Papierfabriken (vdp) entgegnet dazu (vgl. www.vdp-online.de):

Die Wahrheit
Die Papierindustrie hat ihren Energiebedarf drastisch gesenkt. Die Papierindustrie erzeugt bereits heute einen erheblichen Teil ihrer benötigten Energie aus erneuerbaren Quellen.
Für jede industrielle Produktion wird Energie benötigt. Auch die Papierindustrie benötigt Energie zum Betrieb ihrer Maschinen und zur Trocknung der Papierbahn. Rund die Hälfte der benötigten Energie in der europäischen Papierindustrie stammt jedoch bereits heute aus erneuerbaren Energiequellen.
Für die Herstellung von 200 kg Papier, das ist ungefähr der durchschnittliche jährliche Pro-Kopf-Verbrauch in den Ländern der Europäischen Union, wird in Deutschland etwa 560 kWh Energie benötigt.

Ist das viel?
Zum Vergleich: 560 kWh entsprechen ...

- dem Stromverbrauch eines Spiele-Computers mit schnellem Prozessor in neun Monaten (767 kW pro Jahr bei vier Stunden Betrieb am Tag) (Quelle: ARD).
- dem Stromverbrauch einer einzigen 60-W-Energiesparlampe im Haushalt in dreieinhalb Jahren (ca. 7,5 Stunden Brenndauer/Tag).
- weniger als der Hälfte des jährlichen Stromverbrauchs eines durchschnittlichen Haushalts durch Standby-Schaltungen von Fernseher, Küchengeräten etc.

Die Papierindustrie arbeitet aus ökonomischen und ökologischen Gründen ständig an der Optimierung ihrer Prozesse. Der spezifische Energieverbrauch pro Tonne Papier konnte durch entschiedene Maßnahmen der Industrie allein seit 1990 um 27 Prozent reduziert werden (Quelle: VDP-Monitoring der Klimaschutzvereinbarung der deutschen Industrie).

a) Diskutieren Sie in der beruflichen Schule mit Mitschülerinnen und Mitschülern die These und die Entgegnung des Verbandes. Gibt es noch weitere Meinungen zu diesem Thema?
Protokollieren Sie in Kurzform das Ergebnis der Diskussion.

b) Erfassen Sie zu Hause Ihren Bedarf an Energie möglichst genau. Geben Sie an, welche Zeit elektrische Geräte (Handy, Computer, TV usw.) am Tag im Einsatz sind. Schauen Sie nach, welchen Verbrauch diese Geräte pro Stunde haben, und tragen Sie Ihre Daten in eine eigene Liste ein.

c) Vergleichen Sie Ihre Liste mit den Listen anderer in der beruflichen Schule (oder im Betrieb).

d) Berechnen Sie die Energiekosten pro Jahr. Erkundigen Sie sich dazu nach den aktuellen Kosten pro kWh.

Erörtern Sie die Aufgabenstellung in der Gruppe! 

123 Eine These zum Umweltschutz

Beurteilen Sie die These „Die Herstellung von Papier vernichtet wertvollen Waldbestand" aus verschiedenen Sichten.
Dazu sind Sie (oder ein Teammitglied) jeweils:

- Interessenvertreter der Papierfabriken
- Vertreter einer Umweltschutzorganisation
- privater Waldbesitzer
- Professor für Holzwirtschaft

Für Lösung bitte separates Blatt verwenden! 

124 Papiertest

Sie benötigen eine Druckform, die Texte, Bilder und Flächen sowie einen Druckkontrollstreifen enthält. Bedrucken Sie mit dieser Druckform nacheinander fünf verschiedene gestrichene und ungestrichene Papiersorten. Verwenden Sie Papiere mit annähernd gleichem Flächengewicht. Stimmen Sie die Farbgebung auf das zuerst verwendete Papier optimal ab. Ändern Sie danach im Druck die Farbgebung für jedes andere Papier nicht. Druckauflage: ca. 50 Bogen (10 Bogen pro Papiersorte)

a) Beurteilen Sie visuell das Druckergebnis (Bedruckbarkeit, Bildwiedergabe u. a.) bei den einzelnen Papiersorten.

b) Messen Sie mit den üblichen Messgeräten je einen Bogen der unterschiedlichen Papiersorten aus. Vergleichen Sie das Druckergebnis (Dichte Vollton, Tonwertzunahme, Druckkennlinie, ggf. farbmetrische Unterschiede) bei den einzelnen Papiersorten.

c) Erstellen Sie eine Übersicht zu dem visuellen und messtechnischen Vergleich der Papiersorten mit Ihren Ergebnissen.

Für Lösung bitte separates Blatt verwenden!

125 Umweltschutz

Im Süden Chiles, einer strukturschwachen Region, produziert ein Unternehmen in einer sehr großen Fabrik seit einigen Jahren Zellstoff in den Gebieten der Ureinwohner, den Mapuchos. Das Unternehmen beschäftigt eine große Zahl einheimischer Arbeiter.
Ein noch ungelöstes bedeutendes Umweltproblem besteht in der mangelhaften Reinigung des Abwassers, das derzeit weitgehend ungeklärt über Kanäle offen oder durch Rohre direkt ins Meer geleitet wird und insbesondere den Fischfang nachhaltig beeinflusst. Aber auch starke Emissionen in der Luft belasten die Menschen in der Region.

Wie könnten diese Konflikte verringert oder sogar einvernehmlich gelöst werden?

Diskutieren Sie die Problematik miteinander aus verschiedenen Sichten als:

- Arbeiter der Zellstofffabrik
- Mapucho, Ureinwohner in dieser Region, der von Ackerbau im Familienbetrieb und vor allem vom Fischfang lebt
- verantwortlicher Regional-Gouverneur
- Geschäftsführer der Zellstofffabrik

Erörtern Sie die Aufgabenstellung in der Gruppe!

126 Organische und gedruckte Elektronik

Seit einiger Zeit revolutionieren organische und gedruckte Schaltungen die Mikroelektronik. Kunststoffe in vielerlei Gestalt mit universell einstellbaren Werkstoffeigenschaften, als Thermo- oder Duroplast oder Elastomer sind von einfachen Gebrauchsgegenständen bis zu konstruktiv anspruchsvollen Strukturelementen inzwischen überall im Einsatz.

a) Erklären Sie die charakteristischen Merkmale von Thermoplasten, Duroplasten und Elastomeren.

b) In welchen Aufgaben- bzw. Anwendungsbereichen wird die „organische und gedruckte Elektronik" derzeit eingesetzt?

c) Gedruckt wird von der Rolle in einer Feinheit von ca. zehn Mikrometern. In welchen Druckverfahren werden diese Materialien bedruckt?

127 Organische und gedruckte Elektronik

Diese neue Kunststoff-basierte Mikroelektronik vereinigt Kompetenzen der Chemie, der Elektronik und der Drucktechnik. Gedruckt wird auf sehr dünne Folien oder Beschichtungen, die auf allen möglichen Objekten (Materialien) aufgebracht werden können. Infomieren Sie sich zu völlig neuen Produkten. Fertigen Sie dazu jeweils stichpunktartige Notizen an.

a) OLED´s (organische Leuchtdioden)

b) gedruckte Batterien

c) RFID-Lösungen

d) flexible Displays

Für Lösung bitte separates Blatt verwenden! 

128 Papierberechnung

Eine Lieferung Bilderdruckpapier, 80 g/m², im Format 75 cm × 100 cm, wiegt einschließlich der Verpackung 290,46 kg. Für das Verpackungsmaterial werden 2 % des Papiergewichtes (Masse) kalkuliert.
Berechnen Sie die Anzahl der gelieferten Bogen.

____

____

____

MULTIPLE-CHOICE-AUFGABEN

129 Papierherstellung, Umweltschutz

Bei der Aufbereitung der Rohstoffe für die Papierherstellung werden Faserstoffe gebleicht, um eine unerwünschte Färbung zu beseitigen und einen geforderten Weißgrad zu erreichen. Seit Jahren arbeitet die Industrie an umweltschonenden Bleichtechnologien. Welche Chemikalie verursachte im früher üblichen Bleichprozess große Umweltprobleme?

(A) Wasserstoffperoxid

(B) elementares Chlor

(C) Natronlauge

(D) Ozon

(E) Eisen(III)chlorid

130 Papierherstellung: Hilfsstoffe

Durch Leimung des Bedruckstoffes bei der Herstellung wird im Druckprozess …

(A) die Saugfähigkeit herabgesetzt.

(B) die Reißfestigkeit erhöht.

(C) die Farbannahmefähigkeit verbessert.

(D) ein schnelleres Trocknen der Druckfarben erreicht.

131 Material: Bedruckstoffe

Für welchen der angeführten Aufträge eignet sich am besten ein B-Stoff-Papier?

(A) für hochwertige Kunstkataloge

(B) für Wandkalender

(C) für Zeitungen

(D) eine Computerzeitschrift

132 Material: Bedruckstoffe

Welche Folgerung ist zu ziehen, wenn Sie an einem Papierstapel randwelliges Papier feststellen?
Die relative Feuchtigkeit ...

(A) des Papierstapels ist zu hoch, das Papier ist bei zu hoher Temperatur gelagert.

(B) im Lagerraum ist höher als die Gleichgewichtsfeuchte (relative Feuchtigkeit) im Papierstapel.

(C) des Papierstapels ist zu hoch, das Papier ist zu kalt gelagert.

(D) im Lagerraum ist niedriger als die Feuchtigkeit im Papierstapel.

133 Material: Bedruckstoffe

Im Rollen-Offsetdruck ist ein ungestrichens, satiniertes Naturpapier zu bedrucken. Mit welcher Kurzbezeichnung ist das Papier im Handel?

(A) HWC-Papier

(B) B-Stoff-Papier

(C) LWC-Papier

(D) Zeitungspapier

(E) Bilderdruckpapier

134 Papierherstellung: Eigenschaften

Ergänzen Sie diesen Satz zu einer korrekten Aussage: Ein „Maß“ für die Lichtundurchlässigkeit des Papiers ist …

(A) die Transparenz.

(B) die Opazität.

(C) der Reflexionsfaktor.

(D) die Flächendeckung.

(E) die Dichte.

135 Papiersorten und Druckproduktion

In welcher Drucktechnik und für welche Druckprodukte werden LWC-Papiere vorwiegend eingesetzt?

(A) Rollen-Rotationsdruck: Zeitungen, Werkdruck

(B) Bogen-Offsetdruck: Faltschachteln, Lebensmittelverpackungen

(C) Bogen-Offsetdruck: Hochwertige Prospekte, Werbung, Displays

(D) Flexodruck: Weichverpackungen, Beutel, Tüten

(E) Rollen-Rotationsdruck: Versandhauskataloge, Zeitschriften, Prospekte

136 Papierherstellung: Eigenschaften

Welche der folgenden Angaben zu Bedruckstoffen ist richtig?

(A) Wichtige Eigenschaften für die Verdruckbarkeit sind unter anderem: Glätte der Oberfläche, geringe Zweiseitigkeit, Oberflächenbeschaffenheit, Rupffestigkeit, Staubfreiheit.

(B) Wichtige Eigenschaften für die Bedruckbarkeit sind unter anderem: Planlage, Flächenmasse (Papiergewicht), keine elektrostatische Aufladung, gute Dimensionsstabilität.

(C) Ein Recycling-Papier besteht aus reinem Zellstoff sowie Zusätzen von Altpapier.

(D) Papier sollte bei einer Temperatur von 20 bis 22 °C und einer relativen Luftfeuchtigkeit von 45 bis 55 % gelagert werden.

137 Papierherstellung: Eigenschaften

Sie prüfen die Laufrichtung eines Kartons mit dem Bogenformat 70 cm × 100 cm. Die Fasern liegen parallel zur Bogenbreite 100 cm.
Wie wird ein solcher Druckbogen – bezogen auf die Laufrichtung der Fasern – fachlich richtig genannt?

(A) Schmalbahn

(B) Breitbahn

(C) Maschinenbahn

(D) Parallelbahn

138 Papierherstellung: Eigenschaften

Auf welchen Papierfaserstoff treffen die folgenden Merkmale zu?
Sehr hohe Faserstoffausbeute, hohe Opazität, leichteres Vergilben, geringere Festigkeit, Standarddruckpapiere für Akzidenzen, Bücher, Taschenbücher u. Ä.

(A) Primärfaserstoff: Holzstoff (auch: Holzschliff)

(B) Primärfaserstoff: Zellstoff

(C) Recyclingfaserstoff: aufbereitetes Altpapier

(D) Primärfaserstoff: Hadern, Einjahrespflanzen

139 Papierherstellung: Eigenschaften

Die statische Elektrizität ist ein physikalisches Phänomen, das auch im Druckprozess Schwierigkeiten bereiten kann. Welche der Angaben zur statischen Elektrizität sind richtig?

(A) Die statische Elektrizität hängt mit der unterschiedlichen Zusammensetzung verschiedener Stoffe zusammen.

(B) Stoffe mit guter elektrischer Leitfähigkeit verursachen keine Störungen, weil ein Elektronenaustausch sofort nach der Trennung der Stoffe erfolgt.

(C) Papier mit einer sehr geringen Gleichgewichtsfeuchte (trockenes Papier) leitet Elektrizität gut.

(D) Statische Elektrizität tritt nur bei schlecht leitenden Stoffen auf.

(E) Durch statische Elektrizität treten Störungen in der Elektronik der Druckmaschine auf.

140 Papierherstellung: Eigenschaften

Prüfen Sie die folgenden Angaben von 1 bis 5. Entscheiden Sie danach, welche dieser Angaben richtig sind.

I Tellern des Papierstapels tritt auf, wenn ein Papierstapel mit normalem Feuchtegehalt einer trocknen Umgebungsluft ausgesetzt wird.
II Papierbogen „kleben" aneinander. Ursache ist wahrscheinlich eine statische Aufladung (d.h. statische Elektrizität).
III Der Begriff Opazität bezeichnet die Lichtundurchlässigkeit des Papiers.
IV Für den Druck feinster Raster eignen sich besonders satinierte, ungestrichene Papiere.
V Papier dehnt sich bei Feuchtigkeitsaufnahme in der Breite der Faser stärker als in der Länge der Faser.

Von den vorherigen fünf Angaben sind richtig:

(A) I, II, III, IV

(B) II, III, IV, V

(C) I, II, III, V

(D) I, III, IV, V

141 Papierherstellung

Die Abbildung zeigt die Siebpartie einer Papiermaschine. Welche Angabe dazu ist richtig?

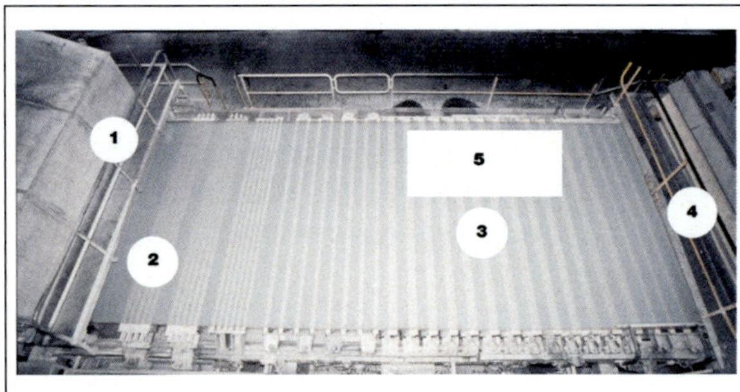

(A) Ziffer 1: Beginn der Trockenpartie

(B) Ziffer 3: Auf dem Langsieb entsteht durch seitliches Schütteln die Dehnrichtung des Papiers.

(C) Ziffer 5: Bogenpapier, das in dieser Form aus der Papierbahn geschnitten ist, wird Schmalbahn genannt.

(D) Ziffer 4: Ein zusätzliches Aggregat nach dem Langsieb erzeugt ein Wasserzeichen.

142 Papierherstellung

Die Abbildung zeigt einen Teil einer Papiermaschine. Prüfen Sie die folgenden Angaben zu der Abbildung.

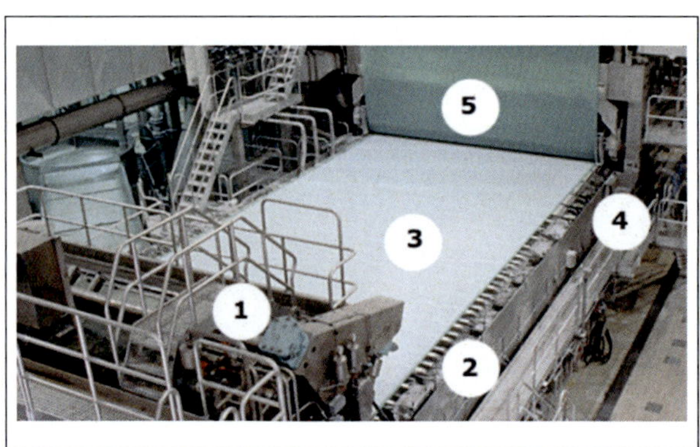

I Ziffer 1 zeigt den Stoffauflauf. Der Stoff besteht nur aus ca. 2 % Feststoff und 98 % Wasser.
II Ziffer 2: Auf dem Langsieb verdunstet das Wasser zu einem großen Teil aus dem Stoff.
III Ziffer 3: Auf dem Langsieb wird der Stoff weitgehend entwässert, es entsteht die Laufrichtung im Papier.
IV Ziffer 4: Am Ende des Langsiebs hat der Stoff bereits eine Dichte vom ca. 90 %.
V Ziffer 5: Der Faserstoff wird an die Nasspressenpartie übergeben.

Richtig sind die Angaben:

(A) I, II, III

(B) I, II, III, IV

(C) I, III, IV, V

(D) I, III, V

143 Papierherstellung: Eigenschaften

In welchem Fall nimmt ein Papierstapel Feuchtigkeit an den Rändern auf und wird dadurch randwellig?

(A) Drucksaal: 40 % relative Luftfeuchtigkeit, 22 °C, Papierstapel: 55 % relative Feuchte, 20 °C

(B) Der Papierstapel ist wesentlich wärmer als die Raumtemperatur.

(C) Der Papierstapel hat eine deutlich niedrigere Feuchtigkeit als die Raumluft; die Temperatur im Raum und im Papierstapel ist gleich.

(D) Drucksaal: 55 % relative Luftfeuchtigkeit, 22 °C, Papierstapel: 55 % relative Feuchte, 23 °C

DRUCKFARBE

144 Farbe – Druckfarbe

Physikalisch ist zwischen Lichtfarben und materiellen Farben, z. B. Druckfarben und Malerfarben, zu unterscheiden. Dazu betrachten Sie (bei Tageslicht) ihre Umgebung oder die Bildwiedergabe auf einem Monitor sowie andererseits ein gedrucktes Farbbild. Erläutern Sie diesen grundsätzlichen physikalischen Unterschied zwischen Lichtfarben und materiellen Farben.

Für Lösung bitte separates Blatt verwenden! 

145 Farbe – Druckfarbe

Theoretisch sind alle Farbtöne aus den subtraktiven Grundfarben zu mischen.

a) Erläutern Sie, warum dies aber in der Praxis nicht möglich ist. Verwenden Sie bei Ihrer Erläuterung u. a. die Fachbegriffe Reflexion, Absorption, Optimalfarbe, reale Druckfarbe.

b) Grafische Veranschaulichung der Problematik: Skizzieren Sie Magenta als Beispiel für die Reflexion einer optimalen Farbe und einer realen Druckfarbe.

c) Beschreiben Sie die Problematik, die sich aus diesen „Fehlern" für die Bildwiedergabe und den Vierfarbdruck ergibt.

Für Lösung bitte separates Blatt verwenden! 

146 Farbe – Druckfarbe

„Farbmittel absorbieren einen bestimmten Spektralanteil des auftreffenden Lichts. Dadurch erhalten sie ihren spezifischen Buntton."
Erläutern Sie diese Wirkung mit zusätzlichen Skizzen am Beispiel eines gelben Bunttons.

Für Lösung bitte separates Blatt verwenden! 

147 Farbe – Druckfarbe

Ein bedeutendes Unternehmen hat bei seinem äußeren Erscheinungsbild (Corporate Design) eine verbindlich festgelegte Hausfarbe. Diese ist für alle Druckprodukte verbindlich.

a) Erläutern Sie, warum es sehr schwierig oder gar unmöglich ist, mit den Prozessfarben den Farbton der „Hausfarbe" zu drucken.

b) Welche Möglichkeiten bestehen, diese Hausfarbe möglichst ohne bzw. mit einer geringstmöglichen Farbtonabweichung auf unterschiedliche Papiere zu drucken?

Für Lösung bitte separates Blatt verwenden! 

148 Farbe – Druckfarbe

Schmuckfarben oder spezielle Hausfarben sind nur in wenigen Fällen mit den Skalendruckfarben CMYK zu drucken. Um diese Druckfarben sicher und konstant zu mischen, gibt es Mischfarbensysteme und Grundfarbensysteme von Druckfarbenherstellern.

a) Nennen Sie zwei dieser Mischfarbensysteme.

____

b) Erläutern Sie, warum Mischfarbensysteme unterschiedliche Farbfächer zur Auswahl von Farbtönen anbieten.

____

____

____

149 Farbe – Druckfarbe

Farbtöne können in der „Farbmischküche" einer Druckerei gemischt werden. Eine professionelle Möglichkeit des Mischens bietet ein Farbrezeptierungssystem. Dazu sind u.a. ein Spektralfotometer, ein PC mit einer Software zur Farbrezeptierung, eine Waage, Mischgeräte und ein Andruckgerät erforderlich.

a) Erläutern Sie, warum ein Spektralfotometer benötigt wird.

b) Nennen Sie vier technische bzw. wirtschaftliche Gründe, nach denen die Investitionen für ein solches System sinnvoll sind.

c) Beschreiben Sie, wie ggf. vorhandene Restfarben verwendet werden können.

150 Druckverfahren – Druckfarbe – Bedruckstoff – Druckprodukt

Bei der Rezeptur und Herstellung der Druckfarben sind die verschiedensten Anforderungen des Druckverfahrens und des Druckproduktes sowie die Wechselwirkungen aller Prozessparameter zu berücksichtigen.

a) Beschreiben Sie beispielhaft drei verschiedene Wechselwirkungen im Druckprozess.

b) Warum werden im Offsetdruck hochviskose Druckfarben benötigt?

c) In welchen Druckverfahren werden niederviskose Druckfarben eingesetzt?
Beschreiben Sie prinzipiell das Einfärben der Druckform bei zwei Druckverfahren.

Für Lösung bitte separates Blatt verwenden! 

151 Licht – Farbe – Druckfarbe

Sie vergleichen eine gedruckte Farbe unter verschiedenem Licht (z. B. Glühlampen, Neon- und LED-Leuchten). Erläutern Sie, warum der gleiche gedruckte Farbton bzw. das gleiche Bild beim Betrachten unter verschiedenen Lichtquellen nicht gleich aussieht.

Für Lösung bitte separates Blatt verwenden! 

152 Druckfarben

Um eine optimale Einfärbung der Druckform und Übertragung der Druckfarbe auf den Bedruckstoff zu ermöglichen, müssen viele Faktoren (Parameter) aufeinander abgestimmt werden. Erklären Sie in diesem Zusammenhang die folgenden Begriffe:

a) Kohäsion

b) Adhäsion

c) Oberflächenspannung

d) Grenzflächenspannung

___

___

___

e) Benetzung

___

___

___

153 Druckfarbe: Bestandteile

Jede Druckfarbe ist aus Farbmitteln, Bindemitteln, Hilfsmitteln (Additive) und teilweise auch Lösemitteln bzw. Wasser zusammengesetzt.

a) Welche „Aufgaben" haben Farbmittel in einer Druckfarbe?

___

___

b) Welche wesentlichen Aufgaben haben Bindemittel?

___

___

154 Druckfarbe: Zusammensetzung

Druckfarben sind aus verschiedenen Komponenten zusammengesetzt.
Ergänzen Sie die fehlenden Prozentangaben (ca. bzw. Angabe von – bis %).
Druckfarbentyp: hochviskos, Offsetdruck

Pigmente	10–20	%
Bindemittel	___	%
Additive (Hilfsmittel)	___	%
Organische Lösemittel	___	%
Wasser	___	%

155 Druckfarbe

Die Rheologie ist eine Wissenschaft, die sich mit dem Fließverhalten von materiellen Stoffen befasst.
Erklären Sie einem neuen Auszubildenden an einem Beispiel aus der Praxis, was die folgenden Begriffe bedeuten.

a) Konsistenz

___

___

___

b) Viskosität

___

___

___

c) Zügigkeit (Tack)

___

___

___

156 Druckfarbe: Zusammensetzung

Druckfarben sind aus verschiedenen Komponenten zusammengesetzt.
Ergänzen Sie die fehlenden Prozentangaben (ca. bzw. Angabe von – bis %)
Druckfarbentyp: niedrigviskos, Lösemittelbasis

Pigmente	___	%
Bindemittel	10–20	%
Additive (Hilfsmittel)	___	%
Organische Lösemittel	___	%
Wasser	___	%

157 Druckfarbe: Zusammensetzung

Druckfarben sind aus verschiedenen Komponenten zusammengesetzt.
Ergänzen Sie die fehlenden Prozentangaben (ca. bzw. Angabe von – bis %)
Druckfarbentyp: niedrigviskos, wässrige Basis

Pigmente	5–25	%
Bindemittel	15–30	%
Additive (Hilfsmittel)	________	%
Organische Lösemittel	________	%
Wasser	________	%

158 Druckfarbe: Bestandteile

Man unterscheidet Farbmittel systematisch nach DIN 55944 in zwei Gruppen: anorganische und organische Farbmittel. Anorganische Farbmittel sind mineralische und metallische Pigmente. Organische Farbmittel sind organische Pigmente und organische Farbstoffe. In Druckfarben werden fast ausschließlich Pigmente als Farbmittel eingesetzt.

a) Durch welche wesentliche Eigenschaft unterscheiden sich Pigmente von Farbstoffen?

b) Welcher Rohstoff (Pigment) wird überwiegend für schwarze Druckfarben verwendet?

c) Was bedeutet der Hinweis: Schwarze Druckfarben erhalten eine Schönung?

d) Für welche Druckfarben werden metallische, blättchenförmige Pigmente eingesetzt? Welche Metalle werden dazu verwendet?

159 Druckfarbe: Pigmente

Metallische Pigmente werden in Silber- und Goldbronzefarben verwendet. Alle Metallpigmente besitzen eine erheblich höhere Teilchengröße als die anderen Pigmente.

a) Beschreiben Sie, welchen Einfluss die Teilchengröße auf den Glanz des Metallpigments hat.

b) Erklären Sie, warum es im Tiefdruck und Flexodruck möglich ist, erheblich größere Teilchen als im Offsetdruck zu verarbeiten?

160 Druckfarbe: Bestandteile

Anorganische Pigmente haben insgesamt nur noch eine geringere Bedeutung.

a) Nennen Sie zwei Weißpigmente.

b) Welches Weißpigment besitzt eine sehr hohe Deckkraft?

161 Druckfarbe: Bindemittel

Bindemittel (auch Bindekörper genannt) umhüllen das pulverförmige Pigment.

a) Beschreiben Sie vier wesentliche Aufgaben, die Bindemittel in einer Offsetdruckfarbe erfüllen müssen.

b) Aus welchen Rohstoffen werden Bindemittel für Druckfarben hergestellt? Nennen Sie drei Rohstoffe.

Für Lösung bitte separates Blatt verwenden! 

162 Druckfarbe: Bindemittel

Das Bindemittel der Druckfarbe muss verschiedenste Aufgaben erfüllen: Benetzung und Stabilisierung des Pigments, Übertragung der Druckfarbe in der Druckmaschine, Trocknung und Verfestigung des Farbfilms auf dem Bedruckstoff. Zusätzlich beeinflusst es viele Eigenschaften des fertigen Drucks.

a) Erklären Sie, was eine Benetzung des Pigments ist und welchen Zweck diese hat.

b) Erläutern Sie, warum Bindemittel ausschlaggebend für mechanische Beanspruchungen des Drucks sind.

Für Lösung bitte separates Blatt verwenden! 

163 Druckfarbenherstellung

Wichtigstes Ziel bei der Herstellung der Druckfarbe ist es, alle Komponenten intensiv zu mischen und das Pigment im Bindemittel feinst zu verteilen. Der Fachmann nennt diesen Vorgang dispergieren. Dabei wird das Pigment mit Bindemittel umhüllt, also benetzt. Für diese Arbeiten werden spezielle Maschinen eingesetzt. Beschreiben Sie prinzipiell den Einsatzzweck und den Arbeitsvorgang der folgenden Maschinen:

- Dissolver
- Rührwerkskugelmühlen
- Dreiwalzenstuhl

Für Lösung bitte separates Blatt verwenden! 

164 Druckfarben: Eigenschaften

Erklären Sie einem Auszubildenden an einem Beispiel aus der Praxis die Fachbegriffe …

a) Viskosität

b) Zügigkeit

165 Druckfarbe: Bestandteile

Druckfarben müssen problemlos vom Farbkasten bis zur Druckform transportiert werden.
Erläutern Sie, warum alle für den Offsetdruck eingesetzten Druckfarben keine leicht flüchtigen Lösemittelanteile enthalten dürfen.

166 Druckfarbe: Bestandteile

Mit einer Vielzahl von Additiven (Hilfsmittel) kann der Druckfarbenchemiker verschiedene Eigenschaften von Druckfarben beeinflussen und steuern.
Beschreiben Sie kurz drei Eigenschaften von Druckfarben, die mit Additiven eingestellt werden können.

Für Lösung bitte separates Blatt verwenden! 

167 Druckfarben: Eigenschaften

Der Medientechnologe Druck kann mit nur einfachen Mitteln einen groben Test zur Bestimmung der Viskosität und Zügigkeit einer Offsetdruckfarbe durchführen. Beschreiben Sie einen solchen Test mit den betreffenden Angaben für die:

a) Viskosität

b) Zügigkeit

168 Druckfarben: Eigenschaften

Druckfarben sind genau auf das Druckverfahren, die Druckform, den Bedruckstoff und die Anforderungen des Druckprodukts abzustimmen.
Beschreiben Sie jeweils drei Wechselwirkungen (Abhängigkeiten aller Parameter voneinander), wenn folgende Produkte gedruckt werden:

- Flexodruck: flexible Verpackung (Kunststofffolie)
- Tiefdruck: Lebensmittelverpackung (Kunststofffolie)
- Rollen-Offsetdruck: Tageszeitung
- Tampondruck: Button
- Bogen-Offsetdruck: Geschäftsbericht mit Inline-Lackierung
- Tiefdruck: Dekor

Für Lösung bitte separates Blatt verwenden! 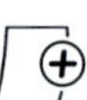

169 Druckfarben: Eigenschaften

Im Bogen-Offsetdruck bedruckte Bogen können durch eine Inline-Lackierung veredelt werden, um die Oberfläche des Druckes gegen mechanische oder chemische Beanspruchung zu schützen und/oder das Erscheinungsbild des Druckes zu verbessern bzw. gezielt zu optimieren.

a) Nennen Sie drei mögliche Veredelungen durch Inline-Lackierungen.

____

____

b) Welche Echtheiten der Druckfarben sind bei diesen drei Verfahren grundsätzlich zu beachten?

____

____

170 Druckfarben: Offsetdruck

Ein drucktechnisches Problem ist das Nebeln einer Druckfarbe.

a) Wie wirkt sich das Nebeln im Druckprozess aus?

____

b) Worin können Ursachen für das Nebeln liegen?

____

____

171 Druckfarben: Offsetdruck

Messwerte für die Zügigkeit hängen von dem verwendeten Messgerät ab. Typische Werte für Druckfarben für den Bogen-Offsetdruck liegen zwischen 9 und 13, Heatset-Druckfarben zwischen 7 und 12, Coldset-Druckfarben typischerweise unter 5.

a) Mit welchem Bestandteil der Druckfarbe wird hauptsächlich die Zügigkeit eingestellt?

____

____

b) Welche Folgen kann eine zu hohe Zügigkeit im Druckprozess und bei unterschiedlichen Papiersorten haben?

____

____

172 Druckfarben: Eigenschaften

Bestimmte Druckfarben haben sogenannte thixotrope Eigenschaften. Erläutern Sie an einem konkreten Beispiel, was thixotrope Eigenschaften sind und welche Vorteile diese im Druckprozess (Beispiel: Bogen-Offsetdruck) haben.

Für Lösung bitte separates Blatt verwenden! 

173 Druckfarben

Mineralöle sind Gemische, die aromatische Kohlenwasserstoffe enthalten. Diese Gemische sind toxikologisch nicht ausreichend untersucht. Bei der Überwachung von Verpackungen auf dem deutschen Markt wurden Belastungen von verpackten Lebensmitteln mit Mineralölen festgestellt.

a) Was bedeutet der Begriff toxikologisch?

b) Welche Bindemittel (Gruppe, Basis-Rohstoffe) werden anstelle von Mineralölen in Druckfarben eingesetzt?

c) Für Lebensmittelverpackungen sollen migrationsoptimierte Druckfarbensysteme eingesetzt werden. Erklären Sie, was darunter zu verstehen ist.

Für Lösung bitte separates Blatt verwenden! 

174 Druckfarben: Lösemittelbasierte Tiefdruck-/Flexodruckfarben

Der Aufbau von Druckfarben ist für alle Druckverfahren prinzipiell gleich. Anforderungen an Bindemittel, Additive und Lösemittel sind jedoch sehr spezifisch auf das jeweilige Farbsystem zugeschnitten.
Möglicher Aufbau von Druckfarben:

Pigmente	5–20 %
Bindemittel	10–20 %
Additive	1–3 %
organische Lösemittel	50–80 %

Beschreiben Sie die Bedeutung, die Aufgabe bzw. den Zweck des Einsatzes von:

a) Pigmenten

b) Bindemitteln

c) Additiven

d) organischen Lösemitteln

175 Druckfarben: Lösemittelbasierte Tiefdruck-/Flexodruckfarben

Die Trocknungsgeschwindigkit der Druckfarbe wird durch die Verdunstungszahl beschrieben.

a) Vergleichen Sie beispielhaft dazu die zwei am meisten eingesetzten Lösemittel.

b) Erklären Sie, was eine Verdunstungszahl angibt: Lösemittel A hat die Verdunstungszahl 8,3, Lösemittel B die Verdunstungszahl 2,9.

c) Zu welchem Zweck werden z. B. Lösemittel mit der Verdunstungszahl 70 eingesetzt?

Für Lösung bitte separates Blatt verwenden! 

176 Druckfarben: Lösemittelbasierte Tiefdruck-/Flexodruckfarben

In Tiefdruck- und Flexodruckfarben werden verschiedene Additive und Lösungsmittel eingesetzt. Beschreiben Sie kurz, welche Bedeutung die folgenden Stoffe in der Druckfarbe haben:

a) Weichmacher

b) Netzmittel

c) Haftvermittler

177 Druckfarben: Lösemittelbasierte Tiefdruck-/Flexodruckfarben

Hauptauswahlkriterien für Lösemittel sind Lösungs- und Trocknungseigenschaften.

a) Welche zwei Lösemittel enthalten die meisten Flexodruck- und Tiefdruckfarben?

b) Rein esterbasierte Druckfarben werden nur im Tiefdruck eingesetzt. Warum eignen sich diese Lösemittel nicht für den Flexodruck?

178 Druckfarben: Flexodruckfarben

Für den Druck feiner Raster und abhängig von der Druckmaschinengeschwindigkeit darf die Druckfarbe nicht zu schnell trocknen.

a) Erklären Sie, warum die Druckfarbe entsprechend eingestellt werden muss.

b) Mit welchem „Hilfsmittel“ ist die Druckfarbe einzustellen?

179 Druckfarben: Flexodruck

Für das Bedrucken von Lebensmittelverpackungen werden speziell rezeptierte, mineralölfreie Flexodruckfarben empfohlen.

a) Welcher Druckfarbentyp eignet sich daher und wird üblicherweise eingesetzt?

b) Beschreiben Sie dazu etwa den Anteil wichtiger Komponenten dieser Druckfarbe in Prozent.

180 Druckfarben: Lösemittelbasierte Tiefdruck-/Flexodruckfarben

Flexible Verpackungen sind vielfältigen Einflüssen und Anforderungen ausgesetzt. Erläutern Sie in diesem Zusammenhang die Echtheiten:

a) Füllgutechtheiten

b) Heißsiegelfestigkeit

c) Migrationsbeständigkeit

d) Scheuerfestigkeit

e) Lichtechtheit

181 Druckfarben: Tiefdruck

In einem offenen Gefäß ist eine geringe Menge druckfertiger Tiefdruckfarbe abgefüllt worden. Sie prüfen nach 10 Minuten den Inhalt des Gefäßes.
Was hat sich verändert? Begründen Sie, warum es sich verändert hat.

Für Lösung bitte separates Blatt verwenden! 

182 Druckfarben: Tiefdruck

Die Viskosität einer Tiefdruckfarbe wird in der Druckerei mit einem Auslauf-Viskosimeter (Auslaufbecher u. a.) geprüft.

a) Beschreiben Sie, wie eine solche Prüfung erfolgt.

b) Sie vergleichen zwei Tiefdruckfarben A und B in der Viskosität. Sie erhalten die Werte 15 s für Druckfarbe A und 40 s für Druckfarbe B.
Erläutern Sie, welche Druckfarbe zähflüssiger ist.

c) Beschreiben Sie den Einfluss der Temperatur auf die Viskosität einer Druckfarbe.

Für Lösung bitte separates Blatt verwenden! 

183 Druckfarben: Tiefdruck

Sie vergleichen in einem Druckversuch die Wirkung der Zugabe von Verschnitt auf eine Tiefdruckfarbe. Gedruckt wurde dazu ein Feld mit 100 % Flächendeckung.
Test A: 100 % Stammfarbe
Test B: 20 % Stammfarbe und 80 % Verschnitt
Beschreiben Sie, welche optischen und farbmetrischen Unterschiede dieser Test ergab.

184 Druckfarben: Eigenschaften, Test

Ein wichtiges Testverfahren ist der Robinson-Test.

a) Für welche Druckprodukte ist es wichtig, diesen Test durchzuführen?

b) Was wird dabei getestet?

185 Druckfarben: Flexodruck

Sie lesen zum Flexodruck in einem Fachbuch den Merksatz: „Die Druckfarben-Viskosität ist festzulegen und im Druck einzuhalten, alle Intensitätsveränderungen sind mit dem Verschnitt durchzuführen."
Begründen Sie, warum dieser Merksatz richtig ist.

186 Druckfarben: Flexodruck

Sie bedrucken im Flexodruck eine Kunststofffolie. Erklären Sie, warum die Oberflächenspannungen der Druckfarbe und des Bedruckstoffes aufeinander abgestimmt sein müssen und wie dies erfolgen kann.

Für Lösung bitte separates Blatt verwenden! 

187 Druckfarben: Flexodruck

Der Druckprozess ist von einer Vielzahl von Faktoren abhängig.

a) Welche Einflüsse hat eine Änderung der Viskosität auf das Druckergebnis?

b) Aus welchen Gründen wird der Druckfarbe Verschnitt zugegeben?

188 Druckfarben: Flexodruck

Wasserbasierende Farbsysteme trocknen physikalisch.

a) Für welche Bedruckstoffarten werden wasserbasierende Druckfarben hauptsächlich eingesetzt?

b) Beschreiben Sie den Trocknungsprozess auf einem Bedruckstoff.

c) Wasser hat die Verdunstungszahl 80.
Welchen Siedepunkt (in °C) hat Wasser?

189 Druckfarben: Trocknung

Bei saugfähigen Bedruckstoffen wie Papier und Karton dringen bevorzugt die niedrigviskosen Bestandteile der pastösen Druckfarbe in die Kapillaren des Bedruckstoffes ein.

a) Was sind Kapillaren?

b) Wie wird diese Trocknungsart genannt?

c) Beschreiben Sie den Vorgang des Trocknens.

190 Druckfarben: Trocknung

In einer Fachinformation lesen Sie: „In einem nachgeschalteten Reinigungsprozess wird die Abluft von den verdampften Anteilen befreit. Hierfür wird in der Regel eine thermische oder auch regenerative Nachverbrennung eingesetzt."

a) In welchem Druckmaschinensystem wird gedruckt?

b) Beschreiben Sie den gesamten Vorgang bis zum Durchtrocknen des Farbfilms.

Für Lösung bitte separates Blatt verwenden!

191 Druckfarben: Trocknung

Die Trocknung (Filmbildung) von Offsetdruckfarben auf dem Bedruckstoff erfolgt durch physikalische und/oder chemische Reaktionen.

a) Beschreiben Sie zwei physikalische Trocknungsvorgänge. Geben Sie dazu die verwendeten Bedruckstoffe an.

b) Beschreiben Sie prinzipiell zwei chemische Trocknungsvorgänge.

Für Lösung bitte separates Blatt verwenden!

192 Druckfarben: Trocknung

Gedruckt wird ein vierfarbiger Kunstkalender auf einem spezialgestrichenen Bilderdruckpapier. Sie drucken im Bogen-Offsetdruck mit geeigneten (konventionellen) Druckfarben.
Beschreiben Sie den gesamten Trocknungsvorgang sowie den zeitlichen Ablauf (Circaangaben sind ausreichend).

Für Lösung bitte separates Blatt verwenden!

193 Druckfarben: Trocknung

Im Bogen-Offsetdruck mischen Sie zu einer physikalisch-chemisch trocknenden Druckfarbe Trockenstoff bei. Beschreiben Sie die möglichen Folgen bei …

a) zu wenig Trockenstoff.

b) zu viel Trockenstoff.

194 Druckfarben: Rollen-Offsetdruck

Heatset-Druckfarben werden für maschinenglatte Papiere, B-Stoff-Papiere (ungestrichene, satinierte Naturpapiere) und gestrichene Papiere angeboten.

a) Wie unterscheiden sich die Heatset-Druckfarben für die genannten Bedruckstoffe in der vom Hersteller gelieferten Zügigkeit?

b) Wie kann sich die unterschiedliche Zügigkeit auf das Druckergebnis auswirken?

195 Druckfarben: Sicherheit

Farbsysteme mit darin enthaltenen Lösemitteln sind als „leicht entzündlich“ eingestuft. Daher sind alle Sicherheitsvorschriften (produktbezogene und persönliche Sicherheit) sehr genau einzuhalten.

a) Nennen Sie vier solcher wichtigen Sicherheitsvorschriften.

b) Sie müssen sich über diese Sicherheitsvorschriften informieren. Wo finden Sie hierzu Informationen (allgemein und in Ihrem Betrieb)?

Für Lösung bitte separates Blatt verwenden!

196 Druckfarben: Eigenschaften

Sie drucken einen Prospekt auf einem gestrichenen Papier mit einer „normalen“ Offsetdruckfarbe. Der druckfrische Druck zeigt einen höheren Glanz im Vergleich zur getrockneten Druckfarbe.
Erläutern Sie diese „Erscheinung“ mit zusätzlichen einfachen Skizzen.

Für Lösung bitte separates Blatt verwenden! 

197 Druckfarben: Trocknung

Eine gelieferte Druckfarbe mit einem Anteil von Sikkativen startet bei jedem Luftkontakt mit der Filmbildung. Der Vorgang beginnt bereits bei einer offen stehenden Farbdose: Auf der Oberfläche bildet sich eine Haut. Bei langen Pausen beim Druck müssen deshalb der Farbkasten und die Druckwalzen gewaschen werden.

a) Mit welchen Substanzen wurde es möglich, sogenannte kastenfrische Druckfarben herzustellen?

____

____

b) Die Substanz darf allerdings nur in der Druckfarbe wirken, sie muss bei der Informationsübertragung auf dem Bedruckstoff jedoch „verschwunden“ sein. Warum ist dies zwingend erforderlich?

____

____

198 Druckfarben: Vergl. lösemittel-/wasserbasierter Farbsysteme

Ordnen Sie die Kriterien bzw. Eigenschaften dem richtigen System zu. Setzen Sie dazu vor jeder Angabe ein „L“ (Lösemittelbasis) oder ein „W“ (Wasserbasis).

- ☐ Explosionsschutz erforderlich
- ☐ schnelle Trocknung
- ☐ spezielle Lagervorschriften
- ☐ Abwasserreinigung erforderlich
- ☐ kein Gefahrgut/Gefahrstoff
- ☐ Trocknung sehr energieaufwendig
- ☐ Abluftreinigung erforderlich
- ☐ hohe Echtheiten
- ☐ unproblematische Lagerung
- ☐ gute Sensorik
- ☐ entflammbar, Gefahrgut
- ☐ eingetrocknete Farbreste leicht anzulösen

199 Druckfarben: Trocknung

Frisch gedruckte Bogen bzw. Falzbogen werden in die Auslage verschiedener Druckmaschinen geführt. Für die Weiterverarbeitung müssen die Druckfarben entsprechend getrocknet sein.
Erklären Sie dazu wesentliche Unterschiede im Trocknungsprozess bei:

- oxidativer Trocknung
- IR-Trocknung
- UV-Trocknung
- Coldset-Druck

Für Lösung bitte separates Blatt verwenden! 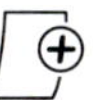

200 Druckfarben: Trocknung

Bei Druckfarben für den Bogen-Offsetdruck unterscheidet man zwischen

- rein wegschlagenden,
- walzenfrischen,
- kastenfrischen und
- (stark) oxidativ trocknenden Druckfarben.

Beschreiben Sie diese vier Druckfarbentypen in ihrem Einsatz bzw. den Eigenschaften in der Druckmaschine, ihrem Glanz und ihrer Scheuerfestigkeit.

Für Lösung bitte separates Blatt verwenden! 

201 Druckfarben: Strahlenhärtende Farbsysteme

UV-härtende Farbsysteme (Druckfarben, Lacke) sind lösemittelfrei und ermöglichen schnelle und sichere Produktionsabläufe.

a) Aus welchen wesentlichen Bestandteilen setzen sich UV-Druckfarben zusammen?

b) In welchen Wellenbereichen erzeugen UV-Strahler (ca. von–bis) Energie für die Trocknung der Druckfarben und Lacke?

c) Beschreiben Sie prinzipiell den „Trocknungsprozess“, die Härtung der Druckfarbe.

Für Lösung bitte separates Blatt verwenden! 

202 Druckfarben: Strahlenhärtende Farbsysteme

Im Bogen-Offsetdruck werden UV-Druckfarben sehr häufig im Akzidenz- und Verpackungsdruck eingesetzt. Für welche Druckprodukte (Aufgabenbereiche) werden im Flexodruck bereits mit Erfolg UV-Flexodruckfarben eingesetzt?

203 Druckfarben

Diese Trocknungsart wird in verschiedenen Druckverfahren eingesetzt: Durch ein spezielles Licht zerfallen Fotoinitiatoren und lösen danach die Polymerisation aus.

a) Um welche Art einer Trocknung handelt es sich?

b) In welchem Wellenbereich (etwa) strahlt dieses spezielle Licht Energie ab?

c) Beschreiben Sie prinzipiell vereinfacht, wie der Trocknungsvorgang abläuft.

d) Welche wesentlichen Vorteile hat diese Trocknungsart gegenüber „konventioneller“ Trocknung?

204 Druckfarben – Druckpapier

Sie haben einen Druckauftrag, 4c, mit brillanten Bildern und vielen Farbflächen auf einem spezialgestrichenen Bilderdruckpapier in der ersten Auflage gedruckt. Der Kunde wünscht einen Nachdruck, allerdings möchte er ein kostengünstigeres holzstofffreies (h´fr) SC-Papier verwenden.
Erklären Sie (dem Kunden) die deutlichen Unterschiede in der Bild- und Farbwiedergabe. Fügen Sie Ihrer Erklärung einfache Skizzen bei, die diese Problematik veranschaulichen.

Für Lösung bitte separates Blatt verwenden! 

205 Druckfarben – Druckpapier

Druckpapiere erfordern jeweils geeignete Druckfarben. Geben Sie dazu eine fachlich richtige Empfehlung für eine Druckfarbe (Typ bzw. Trocknung) bei folgenden Druckpapieren bzw. Druckprodukten:

a) mattgestrichenes Papier

b) SC-Papier

c) Werbebeilage (kurzfristige Auslieferung, geringerer Farbglanz, geringere Scheuerfestigkeit ausreichend)

206 Druckfarben – Druckpapier

Skalendruckfarben können grundsätzlich auf alle handelsüblichen Papiere gedruckt werden. Erläutern Sie, warum es aber nicht sinnvoll ist, eine hochglänzende Druckfarbe auf ein Naturpapier zu drucken.

207 Druckfarben – Druckpapier

Ein Farbabrieb (Scheuern) der Druckfarbe auf einem Druckprodukt tritt relativ leicht bei mattgestrichenen Papieren auf.

a) Beschreiben Sie, warum es gerade bei mattgestrichenen Papieren leicht zu einem Scheuern kommen kann.

b) Sie stellen fest, dass bei dieser Druckfarbe-Druckpapier-Kombination ein Scheuern wahrscheinlich sein kann. Eine andere Materialkombination ist nicht möglich. Durch welche drucktechnische Möglichkeit kann der Farbabrieb, das Scheuern, verhindert werden?

208 Druckfarben: Echtheiten

Angaben auf dem Etikett von Druckfarbendosen nach dem Eurostandard geben wichtige Auskünfte durch Symbole und Hinweise.
Was bedeuten dabei die folgenden Angaben?

a) Licht (Lichtechtheit)

b) Deckfähigkeit

c) Alkali

d) Trocknung

209 Druckfarbe: Eigenschaften

Sie haben auf einem gestrichenen Papier einen Prospekt (Vierfarbdruck) zu drucken, der mit Dispersionslack veredelt wird.

a) Erläutern Sie, warum die Prozessfarben eine möglichst hohe Transparenz aufweisen müssen.

b) Welche Echtheiten muss die Druckfarbe für dieses Produkt aufweisen?

210 Druckfarben

Im Offsetdruck können je nach Farbwerks- und Feuchtwerkskonfiguration bei höheren Druckgeschwindigkeiten Farbspaltungsschwierigkeiten auftreten.

a) Erklären Sie den Fachausdruck Farbspaltung.

b) Welche Druckschwierigkeit kann durch eine mangelhafte Farbspaltung im Rollen-Offsetdruck auftreten?

211 Druckveredelung: Lack

Kunde Mads Martens wünscht für einen hochwertigen Modekatalog einen Umschlag, beidseitig 4/4 bedruckt, auf einem spezialgestrichenen Papier mit besonderen Lackeffekten. Die Kundenberaterin empfiehlt dazu eine Drip-off-Lackierung.

a) Welche Lackeffekte können erzielt werden?

b) Beschreiben Sie eine geeignete Druckmaschinenkonfiguration (Anzahl der Druckwerke u. a.) sowie die Applikation des Lacks (Inline-Produktion).

Für Lösung bitte separates Blatt verwenden! 

212 Druckveredelung: Lack

Als Oberflächenschutz, zur Veredelung oder für das Erreichen bestimmter Effekte werden Druckbogen in verschiedenen Verfahren lackiert.

a) Öldrucklacke: Beschreiben Sie den grundsätzlichen Aufbau sowie typische Nachteile dieser Lacksorten gegenüber anderen Lacken.

b) Dispersionslacke: Beschreiben Sie den grundsätzlichen Aufbau sowie typische Vorteile gegenüber einem Öldrucklack.

c) UV-Lacke: Beschreiben Sie den grundsätzlichen Aufbau sowie typische Vorteile dieser Lacke gegenüber anderen Lackarten.

Für Lösung bitte separates Blatt verwenden! 

213 Druckveredelung: Lack

Sie verwenden einen UV-Lack. Dieser Lack härtet beim Bestrahlen durch einen sehr rasch wirkenden chemischen Vernetzungsvorgang aus.

a) Warum wird dieser Lack gerne für Umschläge hochwertiger Broschüren und Zeitschriften sowie in der Verpackungsindustrie eingesetzt?

b) Es sollen Druckbogen, gedruckt mit konventioneller Druckfarbe, mit einem UV-Lack veredelt werden. Was muss getan werden, um eine gute Haftung des Lacks zu gewährleisten?

Für Lösung bitte separates Blatt verwenden! 

214 Druckfarben

Für spezielle Bedruckstoffe bzw. Druckprodukte werden Zweikomponenten-Druckfarben eingesetzt.

a) Für welche Arbeiten werden diese Druckfarben beispielsweise eingesetzt?

____

____

____

b) Beschreiben Sie den Trocknungsprozess.

____

____

____

215 Druckfarben: Glossar (1)

Für ein Glossar zu Druckfarben und Lacken sollen Sie (mit Ihrer Arbeitsgruppe) die folgenden Fachbegriffe kurz erläutern:

- Farbmittel
- Füllgut
- Gaschromatografie
- Golddruckfarbe
- GMP, engl. Abk.: Good Manufacturing Practice
- HKS-Farbmischsystem
- Inhibitoren
- Lasur
- Lichtechtheit
- Migration
- Robinson-Test
- Sensorik, sensorische Bewertung
- Sikkative
- Trocknungsart bei migrationsarmen Druckfarben
- wegschlagend

Erörtern Sie die Aufgabenstellung in der Gruppe! 

216 Druckfarben: Glossar (2)

Für ein Glossar zu Druckfarben und Lacken sollen Sie (mit Ihrer Arbeitsgruppe) die folgenden Fachbegriffe kurz erläutern:

- Alkaliechtheit
- Bindemittel
- Beurteilung von Farben: Wirkung des Lichts
- Entsorgung von Druckfarbenresten und Farbdosen
- Farbstoff
- Inkjet-Farben
- Konterdruck und Farbreihenfolge
- Legierung
- oxidativ trocknende Druckfarbe
- Pantone
- Ruß
- Sicherheitsdatenblatt
- Skalendruckfarben
- Stammfarbe
- Zwei-Komponenten-Druckfarbe

Erörtern Sie die Aufgabenstellung in der Gruppe! 

MULTIPLE-CHOICE-AUFGABEN

217 Farbwiedergabe

Zu welchem Zweck wird in der Druckvorstufe und der Druckerei ein Farbfächer benutzt?

(A) Die Fächer dienen als Basis für die densitometrische und spektralfotometrische Messung von Druckfarben.

(B) Die Fächer zeigen alle Basisfarben, die mit Prozessfarben zu drucken sind. Der Fächer K zeigt die Farben des Monitor und der Fächer N die Farben im Druck.

(C) Das HKS-Mischsystem bietet Sonderfarben für gestrichene und ungestrichene Papiere, die nur unzureichend mit Prozessfarben wiedergegeben werden können.

(D) Dargestellt werden Sonderfarben außerhalb des Farbraumes der Druckfarben, die jedoch auf dem Monitor wiedergegeben werden können.

218 Druckfarben

Prüfen Sie die folgenden Angaben zu Druckfarben und entscheiden Sie danach, welche richtig sind:

I Die Viskosität ist ein Maß für die Zähflüssigkeit einer Druckfarbe.
II Flexodruckfarben trocknen durch das Verdunsten von Lösungsmitteln.
III IR-Druckfarben sind nach dem Bestrahlen im Trockner sofort trocken.
IV Der Einsatz von UV-Druckfarben erfordert bestimmte Schutzmaßnahmen.
V Farbmittel für schwarze Druckfarben ist vor allem Ruß.

Richtig sind die Angaben:

(A) I, II, IV, V

(B) II, III, IV, V

(C) I, II, IV, V

(D) I, II, III, V

(E) II, IV, V

219 Druckfarben

Ein Offsetdrucker wählt für jeden Druckauftrag eine geeignete Druckfarbe aus. Das Etikett auf der Farbendose gibt für die Eigenschaften der Druckfarbe wichtige Informationen. Lesen Sie die folgenden Angaben und entscheiden Sie danach:

I Die höchste Lichtechtheit haben Druckfarben mit der Kurzbezeichnung WS 8.
II Die Angabe „deckend“ bei einer Offsetdruckfarbe bedeutet, dass der Untergrund nach dem Druck nicht völlig abgedeckt ist.
III Eine oxidativ trocknende Druckfarbe trocknet auf dem Bedruckstoff in etwa einer halben Stunde hart durch.
IV Für das Drucklackieren muss die Druckfarbe keine besonderen Echtheiten aufweisen.
V Durch den Zusatz von Trockenstoff erfolgt ein sehr schnelles und hartes Durchtrocknen bei allen Offsetdruckfarben.

Richtig sind die Angaben:

(A) I, II, IV

(B) I, II, III, IV

(C) I, III, IV

(D) III, IV, V

(E) II, III, V

220 Druckfarben: Eigenschaften

Bei Druckfarben bezeichnet man mit dem Fachbegriff Rheologie:

(A) die Lichtechtheit

(B) das Fließ- bzw. Verformungsverhalten

(C) die Zügigkeit

(D) die Klebkraft

(E) die Zähflüssigkeit

221 Druckfarben: Eigenschaften

Mit dem Fachbegriff Tack (Tackwert) bezeichnet man bei einer Druckfarbe …

- (A) das Frischhalteverhalten.
- (B) die Schnelligkeit der Trocknung.
- (C) die Zügigkeit.
- (D) die Zähflüssigkeit.
- (E) die Feuchtmittelaufnahmefähigkeit.

222 Druckfarben

Eine wichtige Eigenschaft der Druckfarbe ist der Tack. Welche Angabe definiert diesen Fachbegriff richtig?

- (A) Fließfähigkeit einer Druckfarbe entsprechend dem Bindemittelaufbau
- (B) Farbintensität und -konzentration durch spezielle Pigmente für den Offsetdruck
- (C) Widerstand einer Druckfarbe gegen Spaltung. Der Tack ist nicht viskositätsabhängig.
- (D) Viskositätsabhängige Klebkraft der Druckfarbe
- (E) Lichtechtheit der Druckfarbe, die von der Art und Korngröße der Pigmente abhängig ist

223 Druckfarben: Eigenschaften

Mit welcher Maßeinheit (nach SI-Einheiten) wird die Viskosität einer Druckfarbe gemessen?

- (A) Pascal Sekunden
- (B) Newton pro cm
- (C) Tack Sekunden
- (D) Joule pro cm
- (E) Newton Sekunden

224 Druckfarben: Eigenschaften

Der erreichbare Glanz einer oxidativ trocknenden Offsetdruckfarbe ist im Wesentlichen abhängig von …

- (A) den Bindemitteln in der Druckfarbe und der Oberfläche des Bedruckstoffes.
- (B) der Art und Konzentration der Pigmente.
- (C) den Pigmenten und der Bedruckstoffoberfläche.
- (D) der Zugabe von Druckölen, Pasten und Trockenstoffen.
- (E) den zur Trocknung eingesetzten Strahlern und der Temperatur.

225 Druckfarben: Eigenschaften

Der Sammelbegriff für die Fließeigenschaften einer Druckfarbe heißt:

- (A) Konsistenz
- (B) Thixotropie
- (C) Viskosität
- (D) Adhäsion
- (E) Kohäsion

226 Druckfarben: Eigenschaften

Die Viskosität einer Druckfarbe wird gemessen in der physikalischen Einheit:

- (A) Pa N/m^2
- (B) N
- (C) Pa s
- (D) J
- (E) pH

227 Druckfarben

Prüfen Sie die folgenden Angaben zu Druckfarben und entscheiden Sie danach, welche richtig sind:
I Der Tack bezeichnet die Zügigkeit einer Offsetdruckfarbe. Er beeinflusst das Spaltverhalten der Druckfarbe, z.B. zwischen Farbwalzen.
II Je größer die Viskosität einer Druckfarbe ist, desto dickflüssiger ist die Farbe.
III Farbmittel sind alle farbgebenden Bestandteile einer Druckfarbe.
IV Nach DIN ISO genormte Druckfarben für den Tiefdruck eignen sich als Standardfarben für alle Druckaufträge.
V Pigmente sind unlöslich in Bindemitteln und Lösemitteln.

Richtig sind die Angaben:

(A) I, II, IV, V

(B) II, III, IV, V

(C) I, II, IV, V

(D) I, II, III, V

(E) II, IV, V

228 Druckfarben

Prüfen Sie die folgenden Angaben zu Druckfarben und entscheiden Sie danach, welche richtig sind:
I Die Viskosität gibt den Grad der Fließfähigkeit einer Druckfarbe an.
II Flexodruckfarben trocknen durch das Verdunsten von Lösungsmitteln.
III IR-Druckfarben sind nach dem Bestrahlen im Trockner sofort trocken.
IV Der Einsatz von UV-Druckfarben erfordert vorgeschriebene Schutzmaßnahmen.
V Farbmittel für schwarze Druckfarben ist vor allem Ruß.

Richtig sind die Angaben:

(A) I, II, III, IV, V

(B) II, III, IV, V

(C) I, II, IV, V

(D) I, II, III, V

(E) II, IV, V

229 Druckfarben: Eigenschaften

Druckfarben für den Verpackungsdruck müssen entsprechend der Art und Verwendung der Verpackung bestimmte Echtheitseigenschaften besitzen. Welche der folgenden Echtheitsanforderungen ist für Lebensmittelverpackungen besonders wichtig?

(A) Lackierechtheit für Dispersionslack

(B) Lichtechtheit

(C) Geruchs- und Geschmacksneutralität

(D) Hitzebeständigkeit

(E) UV-Beständigkeit

230 Druckfarben: Eigenschaften

Die Lichtechtheit (WS) bei Druckfarben ist bei bestimmten Druckprodukten besonders zu beachten. Welche aus zwei Basisfarben zu gleichen Teilen gemischte Sonderfarbe hat die höchste Lichtechtheit?

	Basisfarbe	Basisfarbe B
(A)	WS 3	WS 4
(B)	WS 4	WS 1
(C)	WS 4	WS 6
(D)	WS 5	WS 8
(E)	WS 6	WS 7

231 Druckfarben: Additive, Hilfsmittel

Viele Druckprodukte erfordern eine hohe Scheuerfestigkeit. Mit welchem Zusatzstoff (Additiv) ist die Scheuerfestigkeit zu verbessern?

(A) Trockenstoff

(B) Wachspaste

(C) Druckpaste

(D) Puffer

(E) Leinölfirnis

232 Druckfarben: Eigenschaften

Ergänzen Sie die folgenden beiden Worte zu einem fachlich korrekten Satz: Thixotrope Druckfarben …

(A) sind besonders gut für lichtechte und wetterfeste Außenplakate einzusetzen.

(B) erhalten durch mechanische Einwirkungen im Druckprozess eine geschmeidigere Konsistenz.

(C) eignen sich speziell für den Akzidenzdruck im Rollen-Offsetdruck (Heatset-Trocknung).

(D) trocknen durch Verdunsten von Lösemitteln und erfordern nur geringe Waschintervalle.

(E) bleiben über Nacht im Farbkasten und auf den Farbwalzen frisch.

233 Druckfarben: Eigenschaften

Prüfen Sie die folgenden Angaben zu Druckfarben und entscheiden Sie danach, welche richtig sind:

I Die Zügigkeit gibt den Grad der Fließfähigkeit einer Druckfarbe an.

II Eine einfache Prüfung der Viskosität zähflüssiger Druckfarben erfolgt mit dem Spachteltest. Geprüft wird, wie die Druckfarbe von dem Spachtel abläuft.

III Im Tiefdruck und Flexodruck werden als Bindemittel Kunstharze und zusätzlich leicht flüssige Lösemittel eingesetzt.

IV UV-Druckfarben trocknen im Wesentlichen durch Polymerisation von Monomeren und Prepolymeren.

V Werden als Bindemittel Mineralöle eingesetzt, kann die Intensität der Trocknung durch Trockenstoffe verbessert werden.

Richtig sind die Angaben:

(A) I, II, IV, V

(B) II, III, IV

(C) I, II, IV, V

(D) I, II, III, V

(E) I, IV, V

234 Druckfarben Offsetdruck: UV

UV-Druckfarben trocknen durch …

(A) eine Reduktion der Bindemittel.

(B) eine Polymerisation, die durch Fotoinitiatoren ausgelöst wird.

(C) Oxidation mit dem Luftsauerstoff.

(D) Penetration in die Bedruckstoffoberfläche.

235 Druckfarben

Im Rollen-Offsetdruck eingesetzte Heatset-Druckfarben trocknen durch das …

(A) Verdunsten und die Fotopolymerisation der Bindemittel im Heißlufttrockner.

(B) Verdampfen leicht flüchtiger Mineralöle und anschließende Kühlung.

(C) Verbrennen der Lösemittel und den Silikonauftrag im Trockner.

(D) Bestrahlen mit Quecksilberdampflampen und Verdunsten von Lösemitteln.

236 Drucktechnische Probleme

Ein besonderes drucktechnisches Problem sind sogenannte Kontaktvergilbungen. Wodurch entsteht dieses Problem?

(A) Die unbedruckte Papierseite nimmt flüchtige Spaltprodukte aus der Druckfarbe auf. Dies führt zu Farbtonveränderungen auf dieser Papierseite.

(B) Stark holzhaltiges Papier vergilbt durch Lichteinwirkung.

(C) Die Oberfläche alkalisch gestrichener Papiere vergilbt durch einen zu niedrigen pH-Wert des Feuchtmittels.

(D) Bei beidseitig bedruckten Papieren schlägt die Druckfarbe auf der Rückseite des Druckbogens zur Vorderseite durch.

6 DRUCK-VERARBEITUNG

Druckverarbeitung

Der Arbeitsbereich des Medientechnologen Druckverarbeitung ist produktbezogen außerordentlich vielfältig.
Er umfasst die Produktionsbereiche
- Akzidenz
- Buchproduktion und
- Zeitung.

In diesem Kapitel sollen nur die Bereiche erarbeitet werden, die für Medientechnologen Druck besonders zu beachten sind.

Qualität und wirtschaftlicher Erfolg entstehen nur durch ein gemeinsames Verstehen und Handeln in der gesamten Prozesskette:

Jeder kleinste Fehler in der Druckverarbeitung macht aus dem besten Druck Makulatur.
Entsprechend gilt: Voraussetzung für ein qualitativ gutes Endprodukt sind einwandfrei an die Druckverarbeitung gelieferte Druckbogen oder Falzbogen:
- exakte Stapel
- scheuerfest getrocknete Druckfarbe
- keine mechanischen Beschädigungen
- in der Fertigung beachtete klimatische Bedingungen (randwellig, tellern)

Arbeitsprozesse in der Druckverarbeitung

Material:
- Klebstoffe
- textile Werkstoffe
- metallische Werkstoffe
- Spezialpapiere
- Karton, Pappen

Prepress
Druckvorstufe

→ Druckform →

Press
Druck

→ Druckbogen / Falzbogen →

Postpress
Druckverarbeitung

Verarbeitung zu einem Endprodukt, u. a.:
- Schneiden, Falzen, Stanzen, Rillen, Nuten, Prägen
- Binden: Sammeln, Zusammentragen, Rückendrahtheften, Klebebinden, Fadenheften, Endfertigung, Verpacken

Übersicht Falzarten

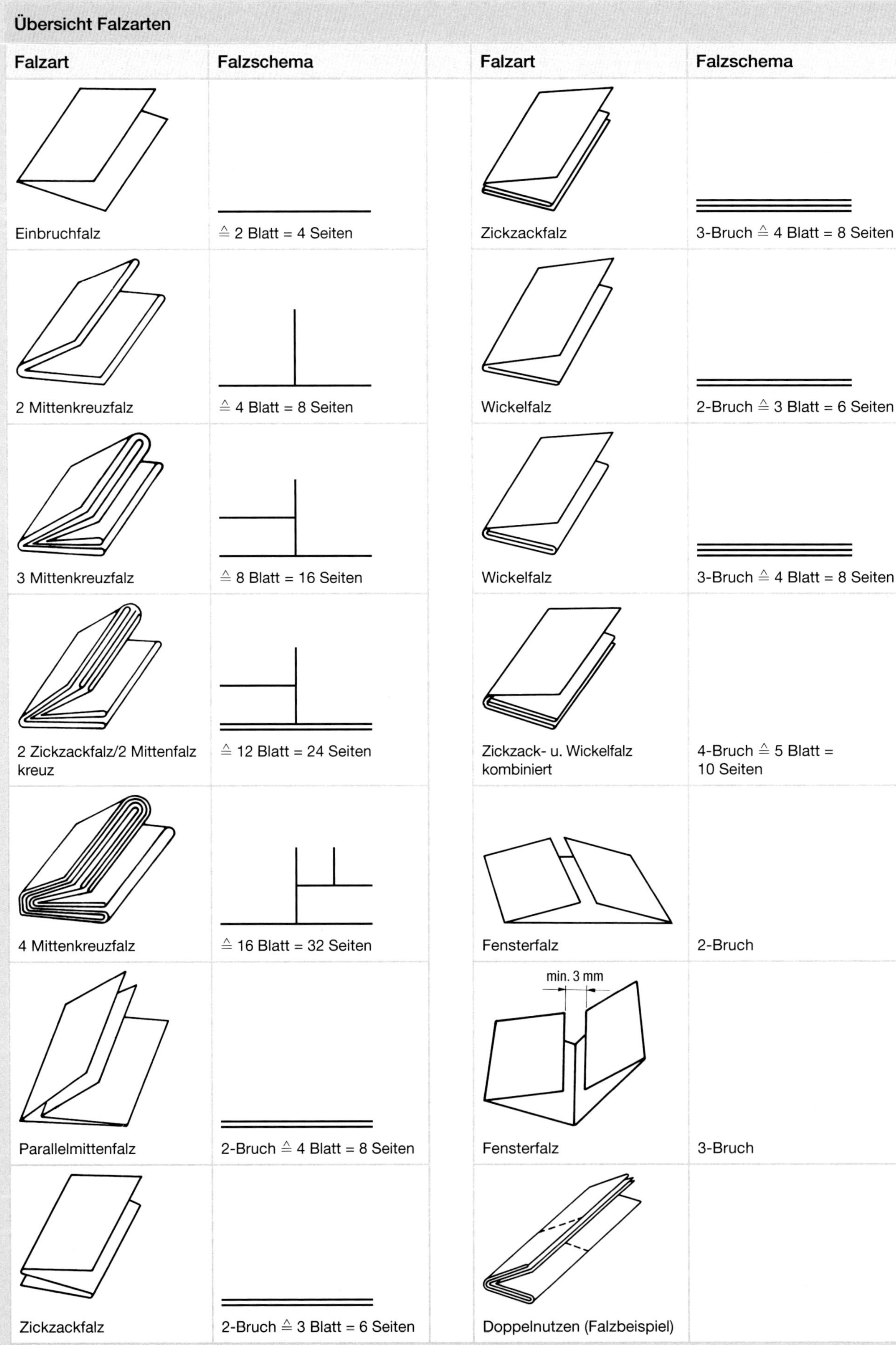

Falzart	Falzschema	Falzart	Falzschema
Einbruchfalz	≙ 2 Blatt = 4 Seiten	Zickzackfalz	3-Bruch ≙ 4 Blatt = 8 Seiten
2 Mittenkreuzfalz	≙ 4 Blatt = 8 Seiten	Wickelfalz	2-Bruch ≙ 3 Blatt = 6 Seiten
3 Mittenkreuzfalz	≙ 8 Blatt = 16 Seiten	Wickelfalz	3-Bruch ≙ 4 Blatt = 8 Seiten
2 Zickzackfalz/2 Mittenfalz kreuz	≙ 12 Blatt = 24 Seiten	Zickzack- u. Wickelfalz kombiniert	4-Bruch ≙ 5 Blatt = 10 Seiten
4 Mittenkreuzfalz	≙ 16 Blatt = 32 Seiten	Fensterfalz	2-Bruch
Parallelmittenfalz	2-Bruch ≙ 4 Blatt = 8 Seiten	Fensterfalz	3-Bruch
Zickzackfalz	2-Bruch ≙ 3 Blatt = 6 Seiten	Doppelnutzen (Falzbeispiel)	

1 Druckverarbeitung – Papiertechnische Voraussetzungen

Bereits in der Auftragsplanung sind Voraussetzungen für eine sichere und problemlose Druckverarbeitung zu beachten. Um Fehler, Mängel oder gar Makulatur zu vermeiden, dürfen nach dem Druck nur einwandfreie Druckbogen an die Druckverarbeitung geliefert werden. Stichpunkte zu papiertechnischen Voraussetzungen:

- ausreichender Zuschuss
- richtige Laufrichtung
- Druckformat mit ausreichendem Beschnitt
- kantengleich gestapelte Druckbogen
- Planlage der Druckbogen

Führen Sie jeweils zu den Stichpunkten aus, welche Bedeutung diese für das Arbeiten in der Druckverarbeitung haben.

Für Lösung bitte separates Blatt verwenden!

2 Produkte – Merkmale

Je nach Produktionsbereichen des Betriebes werden verschiedenste Produkte in der Druckverarbeitung hergestellt. Die Palette reicht von Falzprodukten und Broschuren bis zu hochwertigen Büchern.
Beschreiben Sie kurz charakteristische Merkmale folgender Produkte nach dem Inhalt (Seiten des Produktes) und der erforderlichen Bindung:

a) Einzelblattbroschur

b) einlagige Broschur

c) mehrlagige Broschur

3 Druckverarbeitung – Drucktechnische Voraussetzungen

Der Medientechnologe Druck hat einen „Kunden" – den Medientechnologen Druckverarbeitung. Und diesen Kunden muss er mit seiner Arbeit zufriedenstellen. Um Fehler, Mängel oder gar Makulatur zu vermeiden, dürfen nach dem Druck nur einwandfreie Druckbogen an die Druckverarbeitung geliefert werden. Stichpunkte zu drucktechnischen Voraussetzungen:

- rechtwinkliger Stand der Seiten auf dem Druckbogen
- Druck- und Falzanlage
- Druckfarben
- Makulatur, Schimmelbogen
- ausreichender Zuschuss

Führen Sie jeweils zu den Stichpunkten aus, welche Bedeutung diese für das Arbeiten in der Druckverarbeitung haben.

Für Lösung bitte separates Blatt verwenden! 

4 Produkte – Merkmale

Die Umgangssprache bezeichnet Produkte oftmals nicht mit dem technisch korrekten Begriff. Für einen Laien ist dies auch nicht erforderlich.

a) Ein Kunde kauft im Buchhandel ein Taschenbuch. In der Umgangssprache ist diese Bezeichnung üblich. Erklären Sie dazu den technisch korrekten Fachbegriff.

b) Beschreiben Sie, in welchen Merkmalen sich dieses „Taschenbuch" von einem Buch (technisch korrekter Fachbegriff) unterscheidet.

5 Produkte – Merkmale

Eine Computer-Zeitschrift hat insgesamt 196 Seiten DIN A4. Gedruckt wurde im Rollen-Offsetdruck.
Die im Falzapparat gefalzten Produkte zu je 16 Seiten sind auf Paletten in der Druckverarbeitung angeliefert. Ebenso ist der Umschlag – auf einem stärkeren Papier gedruckt – bereitgestellt. Hergestellt werden muss eine einlagige Broschur.

a) Beschreiben Sie in Stichpunkten die Herstellung dieser Broschur in der Druckverarbeitung.

b) Welche Druckseiten stehen auf dem äußersten Falzbogen?

c) Welches Problem entsteht beim Verarbeiten dieses Produkts an den mittleren Falzbogen, das bereits in der Druckvorstufe berücksichtigt werden muss?

6 Verarbeitungstechniken – Schneiden

Das Schneiden von unbedruckten oder bedruckten Bogen sowie von verarbeiteten Produkten ist ein sehr wichtiger Arbeitsvorgang. Dabei werden flexible Werkstoffe getrennt.
Grundverfahren sind das

- Messerschneiden (Messerschnitt) und
- Scherenschneiden (Scherenschnitt).

Beschreiben Sie die Unterschiede beim Schneidevorgang zwischen beiden Verfahren.

7 Produkte – Merkmale

Ein Buch hat 400 Seiten. Gedruckt wurde zu 16 Seiten zum Umschlagen in einer Druckform im Bogen-Offsetdruck. Der Buchblock wird mit einer Klebebindung gebunden.

a) Beschreiben Sie die Verarbeitung der Druckbogen bis zum zusammengetragenen Buchblock.

b) Erklären Sie den Ablauf der Klebebindung.

Für Lösung bitte separates Blatt verwenden! 

8 Verarbeitungstechniken – Schneiden

Für bestimmte Aufgabenbereiche werden unterschiedliche Schneidemaschinen eingesetzt.

a) Für welche Schneidearbeiten werden Planschneidemaschinen eingesetzt?

b) Für welche speziellen Schneidearbeiten werden Dreimesserautomaten eingesetzt?

9 Verarbeitungstechniken – Schneiden

Für ein rationelles dreiseitiges Beschneiden werden Dreimesserautomaten eingesetzt.

a) Welche Produkte werden in der Regel mit diesem System beschnitten?

b) Beschreiben Sie den Schneidevorgang mit einem Dreimesserautomaten.

10 Verarbeitungstechniken – Schneiden

Das Schneiden eines Papierstapels an einer Planschneidemaschine ermöglicht ein präzises, kantenscharfes Trennen.
Beschreiben Sie den Schneidevorgang an einer Planschneidemaschine.

11 Verarbeitungstechniken – Schneiden

Eine Papierstapel kommt auf Druckformat vorgeschnitten an die Druckmaschine. Beim Fortdruck stellen Sie fest, dass die Schnittkanten „verkleben" (zusammenhaften) und damit der Papierlauf gestört wird. Welche Ursache kann dieser Fehler haben?

12 Verarbeitungstechniken – Schneiden

Einlagige Broschuren (Zeitschriften, Magazine u. Ä.) werden allgemein in Fertigungsstraßen hergestellt. Auf Endformat geschnitten werden diese Produkte in sogenannten Fließdreischneidern (Trimmer) – integriert in die Fertigungsstraße.
Beschreiben Sie das Beschneiden in einem solchen Schneidesystem.

13 Verarbeitungstechniken – Schneiden

Selbst großformatige Papierstapel lassen sich bei modernen Schneidemaschinen leicht auf dem Schneidetisch bewegen. Erklären Sie, durch welche Technik dies möglich ist.

14 Verarbeitungstechniken – Schneiden

Für eine eindeutige Kommunikation ist eine gemeinsame Fachsprache erforderlich. Erklären Sie, was die folgenden Fachbegriffe bedeuten und fügen Sie dazu jeweils eine einfache Skizze bei:

- Formatangabe (Nennen Sie dazu ein Beispiel in cm-Angaben zu Hoch- und Querformat.)
- Winkelschnitt
- Trennschnitt
- Zwischenschnitt
- Beschnitt
- randabfallender Beschnitt
- Nutzen

Für Lösung bitte separates Blatt verwenden! 

15 Verarbeitungstechniken – Schneiden

Das Schneiden soll möglichst nach technischen, ergonomischen und wirtschaftlichen Gesichtspunkten erfolgen. Schnittfolgen werden bei modernen Schneidemaschinen am Leitstand programmiert.
Auftrag

- Endformat: 210 mm × 297 mm
- Rohformat: 610 mm × 860 mm
- Anlagewinkel (Druckbogen, siehe Skizze) links oben
- Schneidauftrag: Vierseitenbeschnitt und 4 Trennschnitte

Geben Sie die Schneidefolge an den entsprechenden Positionen in der Skizze an (Reihenfolge: 1 bis 8).

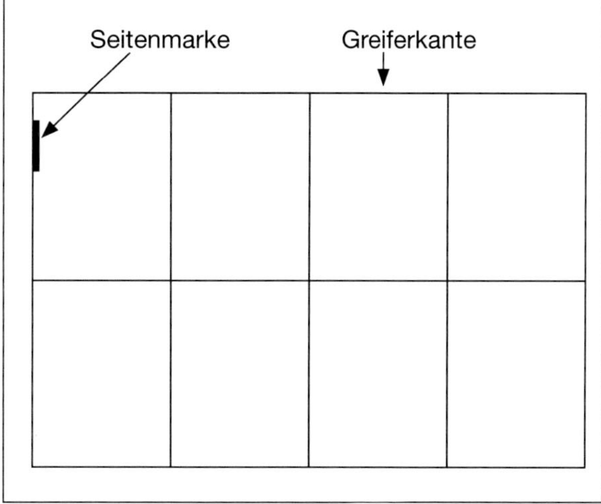

16 Verarbeitungstechniken – Stanzen

Zum Trennen nicht rechtwinkliger Endprodukte, z.B. Faltschachteln und Etiketten, werden Stanzmaschinen eingesetzt. Gedruckt wurde ein Bogen mit 48 Nutzen (einzelne Faltschachteln).

a) Beschreiben Sie den prinzipiellen Vorgang des Stanzens bei einer Faltschachtel.

____

____

____

b) Welcher weitere Arbeitsschritt folgt nach dem Stanzen?

____

____

____

17 Falzen

Ein störungsfreies Falzen in einer Falzmaschine erfordert bestimmte Eigenschaften des Papiers.

a) Nennen Sie drei negative Eigenschaften des Papiers für das Falzen und beschreiben Sie mögliche Probleme oder qualitative Mängel am Falzprodukt.

____

____

____

b) Durch welche Maßnahme(n) kann ein Papier mit einem höheren Flächengewicht (g/m^2) doch noch exakt gefalzt werden?

____

____

____

18 Falzen

Mehrseitige Druckprodukte im Akzidenz- und Werkdruck entstehen durch ein- oder mehrmaliges Falzen von bedruckten Planobogen.

a) Erklären Sie einem Laien, warum die einzelnen Seiten auf einem Druckbogen in einer bestimmten Anordnung ausgeschossen sein müssen.

b) Skizzieren Sie zur Veranschaulichung einen Druckbogen, der mit 8 Seiten Hochformat, Format DIN A4, in einer Druckform zum Umschlagen gedruckt worden ist. Beschreiben Sie an diesem Beispiel, wie der Druckbogen verarbeitet werden muss.

c) Erklären Sie, was die Bezeichnung Hochformat bedeutet, wie groß der Druckbogen sein muss und wo der gefalzte Druckbogen beschnitten werden muss.

Für Lösung bitte separates Blatt verwenden! 

19 Falzarten

Bei den bekannten Falzarten unterscheidet der Fachmann zwischen Kreuz- und Parallelfalzarten. Wie viele Seiten haben diese Falzungen?

a) 3 Mittenkreuzfalz (früher: 3-Bruch …)

____

b) 2 Wickelfalz (früher: 2-Bruch …)

____

c) 2 Zickzackfalz

____

d) 2 Zickzackfalz / 1 Mittenkreuzfalz

____

e) 2 Parallelmittenfalz

____

20 Falzarten

Eine Einladungskarte erhält einen Fensterfalz, 3-Bruch.

a) Skizzieren Sie das teilweise geöffnete Falzprodukt.

b) Wie viele Seiten hat diese Einladungskarte?

c) Was ist für einen einwandfreien letzten Falz zu beachten?

21 Falzschema – Ausschießen

Mit einfachen Strichen wird die Falzart und -reihenfolge dargestellt. Man nennt diese Darstellung Falzschema.

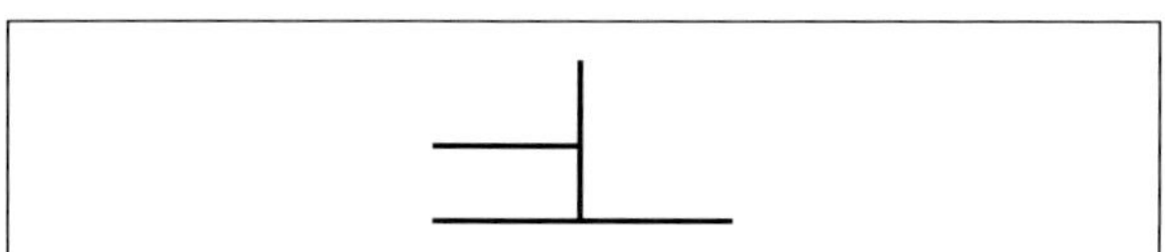

a) Falzen Sie ein Blatt Papier nach dem Falzschema. Tragen Sie die entsprechenden Seiten (beginnend mit Seite 1) fortlaufend im Fuß jeder Seite ein.

b) Wie wird fachlich korrekt nach neuer Terminologie diese Falzart genannt?

c) Zeichnen Sie einen ausgeschossenen Bogen, wenn in einer Druckform zum Umschlagen gedruckt wird. Tragen Sie in Ihre Darstellung die Druckanlage sowie die buchbinderische Anlage ein.

22 Falzschema – Ausschießen

Das Falzschema zeigt zwei parallele Linien.

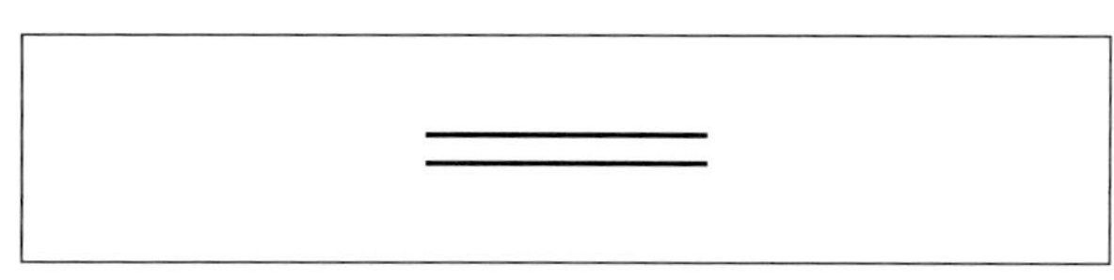

Gefalzt werden könnte nach diesem Falzschema beispielsweise mit einem symmetrischen sowie mehreren asymmetrischen Falzungen.

a) Welche Falzprodukte könnten mit zwei parallelen Falzungen – symmetrisch und asymmetrisch – hergestellt werden? Skizzieren Sie schematisch diese Produkte.

b) Wie viele Seiten haben diese Produkte jeweils?

23 Broschur – Ausschießen

Ein Sachbearbeiter bespricht mit Ihnen einen neuen Auftrag für einen Ferienpark, den er zu bearbeiten hat. Er bittet Sie um Skizzen zu der Produktion.

Format: 297 mm x 210 mm
Umfang: 16 Seiten
Heftung: Rückendrahtheftung
Druck: gedruckt zum Umschlagen in einer Druckform

a) Skizzieren Sie das Falzschema für diesen Auftrag.

b) Erstellen Sie das Ausschießschema. Tragen Sie darin die Stellung der einzelnen Seiten (einzutragen im Fuß der Seiten), die Druckanlage und die buchbinderische Anlage, den Bund, ggf. erforderliche Schnitte vor dem Falzen sowie den Beschnitt ein.

Für Lösung bitte separates Blatt verwenden! 

24 Broschur – Ausschießen, Bogenformat

Eine Broschur wird in 16-seitigen Bogen in einer Druckform zum Umschlagen gedruckt.
Format: DIN A4, Hochformat
Umfang: 64 Seiten
Heftung: Rückendrahtheftung

a) Schießen Sie den 2. Bogen aus und zeichnen Sie das Ausschießschema.

b) Wie groß muss mindestens der Druckbogen sein? Fertigen Sie dazu eine Arbeitsskizze an, in die Sie alle Maße eintragen.

Für Lösung bitte separates Blatt verwenden! 

25 Falzmaschinen

Für das maschinelle Falzen gedruckter Bogen werden Falzmaschinen eingesetzt. Je nach Verarbeitung von einzelnen Bogen unterscheidet man zwei Falzmaschinensysteme und eine Kombination aus beiden:

- Taschen- oder Stauchfalzmaschinen
- Schwert- oder Messerfalzmaschinen

a) Skizzieren Sie schematisch ein Werk einer Taschenfalzmaschine und benennen Sie darin die für das Falzen wichtigen Bauelemente.
Zeichnen Sie in Ihre Skizze ein, wie prinzipiell ein Falzvorgang (ein Bruch) abläuft.

b) Skizzieren Sie schematisch ein Werk einer Schwertfalzmaschine und benennen Sie darin die für das Falzen wichtigen Bauelemente.
Zeichnen Sie in Ihre Skizze ein, wie prinzipiell ein Falzvorgang (ein Bruch) abläuft.

Für Lösung bitte separates Blatt verwenden! 

26 Falzmaschinen

Um fehlerfrei und mit höchsten Leistungen zu falzen, müssen Druckbogen sachgerecht aus der Druckerei an die Druckverarbeitung übergeben werden.
Nennen Sie drei Voraussetzungen für ein fehlerloses, sicheres Falzen. Begründen Sie, warum die genannten Kriterien für das Falzen wichtig sind.

Für Lösung bitte separates Blatt verwenden! 

27 Falzmaschinen

Moderne Falzmaschinen arbeiten mit elektronischen Steuerungen und zusätzlichen Einrichtungen.

a) In einer Information zu einer Schwertfalzmaschine steht, dass sie taktunabhängig arbeitet.
Was bedeutet dies?

____

____

____

b) Eine andere Falzmaschine bietet die Möglichkeit, Schlitz-, Stanz- und Perforierwerkzeuge einzusetzen. Für welche Arbeiten bzw. welche Produkte werden in einer Falzmaschine diese Werkzeuge genutzt?

____

____

____

28 Falztechniken

In Illustrationsdruckmaschinen wird die bedruckte Papierbahn nach dem Druck verarbeitet. Grundsätzlich ist der erste Falz ein Trichterfalz.

a) Beschreiben Sie mit einer zusätzlichen Prinzipskizze, wie die Papierbahn den ersten Falz erhält.

b) Bei einem System ist eine Falzklebetechnik integriert. Erklären Sie, wozu und wie diese Technik eingesetzt wird.

Für Lösung bitte separates Blatt verwenden! 

29 Falzen – „Regeln“

In der Praxis ist es für Experten nicht erforderlich, ein Falzmuster für „Standardfalzungen“ zu erstellen, da das Ausschießschema bekannt ist. Es reicht, den ausgeschossenen Bogen nach bestimmten „Regeln“ zu prüfen (Check der Anordnung u.a.).
Erstellen Sie eine Checkliste mit fünf (Prüf)Regeln.

Für Lösung bitte separates Blatt verwenden! 

30 Zusammentragen von Falzbogen

Eine Broschur oder ein Buch hat einen Inhalt mit vielen gedruckten Seiten. Für ein solches Produkt ist es erforderlich, die entsprechende Anzahl von gefalzten Bogen (Falzbogen) zu einem „Block" zusammenzufügen. Das korrekte Zusammentragen ist durch Flattermarken zu prüfen.

a) Skizzieren Sie als Beispiel einen zusammengetragenen Buchblock mit 6 Falzbogen, dabei liegt die erste Seite oben. Tragen Sie die Flattermarken dieser Falzbogen bei richtigem Zusammentragen ein.

b) Was bezeichnet der Fachmann als Bogensignatur?

Für Lösung bitte separates Blatt verwenden! 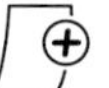

31 Sammelheften

Viele mehrseitige Prospekte, Kataloge und Zeitschriften werden in Sammelheftmaschinen (Fertigungsstraßen) geheftet und zu einem Endprodukt verarbeitet. Eine Motorsport-Zeitschrift hat 192 Seiten DIN A4, Hochformat. Gedruckt wurde auf einem leicht gestrichenen Papier mit 60 g/m^2, einfaches Volumen.
Alle benötigten Falzbogen zu je 16 Seiten liegen gestapelt auf Paletten in der Druckverarbeitung.

a) Beschreiben Sie beispielhaft den Vorgang des Sammelns und Heftens.

b) Wie dick ist die Zeitschrift?

c) Welches Problem ist beim Sammeldrahtheften bei Produkten mit einem höheren Umfang zu beachten?

d) Wie viel wiegt ein Exemplar der Zeitschrift?

32 Sammeln von Falzbogen

Durch das Sammeln und Heften von Falzbogen entsteht eine einlagige Broschur.

a) Erklären Sie, was eine einlagige Broschur ist.

b) Vergleichen Sie das Zusammentragen mit dem Sammeln von Falzbogen. Welcher wesentliche Unterschied ist für das Ausschießen zu beachten?

c) Ein Falzprodukt ist mit einem Überfalz vorn gefertigt worden. Was ist ein Überfalz und wozu wird in dieser Art gefalzt?

33 Binden

Eine optimale Bindequalität ergibt immer noch die Fadenheftung (Hinweis: Hier heißt es fachlich tatsächlich Heftung und nicht Bindung). Dies gilt insbesondere für umfangreiche Bücher und wertvolle Bücher mit langer Haltbarkeit.
Ein Buchblock soll aus 30 Falzbogen mit einer Fadenheftung gebunden werden. Die Falzbogen liegen verarbeitungsfertig auf Paletten gestapelt in der Buchbinderei.

a) Beschreiben Sie in kurzer Form die Fertigung des Buchblocks.

b) An welchen Seiten wird der fertige Buchblock beschnitten?

34 Binden

Sach- und Fachbücher, „Taschenbücher", Reiseliteratur und viele andere mehrlagige Produkte werden mit einer (Block-)Klebebindung gebunden. Die Bindequalität ist bei hochwertigen Materialien ebenfalls sehr gut.

a) Erklären Sie den Fachbegriff „mehrlagig".

b) Erläutern Sie fertigungstechnische Unterschiede zwischen der Fadenheftung und der Klebebindung.

c) Welcher Arbeitsgang beim Klebebinden ist bereits in der Arbeitsvorbereitung und der Druckvorstufe zu beachten?

d) Skizzieren Sie einen 16-seitigen Bogen (8 Blatt). Tragen Sie an den entsprechenden Positionen die Bezeichnungen Kopf, Fuß, Bund und Außensteg sowie die erforderlichen Beschnittflächen ein.

Für Lösung bitte separates Blatt verwenden! 

35 Binden

Die Zeitschrift „Landlust", Format DIN A4 hoch, 4c, wird klebegebunden. Auf vielen Seiten stehen an allen Seitenrändern randabfallende Bilder.

a) An welchen Seiten werden die Bilder beschnitten?

b) Wie groß müssen die Bilder mindestens sein?

c) Skizzieren Sie eine Druckseite. Zeichnen Sie darauf ein, welche Laufrichtung das Papier haben sollte. Begründen Sie, warum die Laufrichtung für die Produktion wichtig und den Leser angenehm ist.

Für Lösung bitte separates Blatt verwenden! 

36 Binden

Für besondere Arbeiten wie Wandkalender, Bedienungsanleitungen, Wanderführer, Handbücher u. ä. Produkte werden verschiedene Bindungen für diese Einzelblattbroschuren genutzt. Um verschiedene Sonderbindungen einzusetzen, ist vor dem Binden ein Stanzen erforderlich. Der Kunde wünscht für eine Bedienungsanleitung ein Bindeverfahren, das ein völliges Umschlagen der Seiten und eine völlige Planlage bietet. Nennen Sie dazu zwei geeignete Bindeverfahren.

37 Binden

Die (Block-)Klebebindung ist für die Produktion großer Auflagen wie Taschenbücher, klebegebundene Zeitschriften, Kataloge, Geschäftsberichte u. Ä. die kostengünstigste und rationellste Bindetechnik. Die komplette Verarbeitung erfolgt in Fertigungsstraßen.

a) Erklären Sie, welche Bedeutung – je nach Art des Bedruckstoffes unterschiedlich – eine Rückenbearbeitung für die Qualität der Bindung hat.

b) Welche Materialbreite ist grundsätzlich für die Rückenbearbeitung auf dem Druckbogen zu berücksichtigen?

38 Klebebindung – Fadenheftung

Ein Kunde verlangt Informationen zu den möglichen Bindeverfahren für ein umfangreiches Fachbuch. Das Buch hat 320 Seiten im Format 165 mm × 235 mm, es erhält einen flexiblen Einband (Buchdecke) und einen gerundeten Rücken. Neben der Ausführung und Technik interessieren den Kunden auch die voraussichtlichen Kosten im Vergleich zueinander.

a) Erläutern Sie dem Kunden wesentliche Vorteile, die für eine Klebebindung sprechen.

b) Beschreiben Sie als Alternative zu einer Klebebindung die Vorteile der Fadenheftung.

c) Erklären Sie dem Kunden eine weitere Alternative und die entsprechenden Unterschiede: Herstellung des Fachbuches in einer Broschur mit einem vierfach gerilltem Umschlag.

39 Verarbeitung

Druckmaschinen mit Inline-Finishing bzw. -Verarbeitung integrieren die Weiterverarbeitung unmittelbar nach dem Druck in ein Maschinensystem. Im Zeitungsdruck können beispielsweise die gedruckten und gefalzten Zeitungen unmittelbar über ein Transportsystem (Kettengreifer o. Ä.) in den Versandraum transportiert werden. Dort werden ggf. Beilagen eingesteckt, die entsprechenden Packeinheiten verpackt und die Pakete auf die Versandfahrzeuge transportiert. Die Produktionsleistung der Druckmaschine bestimmt also den Arbeitstakt auch im Versandraum. Dieses Verfahren kann Vorteile und auch Nachteile haben.

a) Welche Vorteile hat das Inline-Verfahren bei der Produktion von regionalen Zeitungen, bei denen vielfach Beilagen eingesteckt werden?

b) Erklären Sie an praktischen Beispielen zwei Vorteile eines Offline-Verfahrens, bei dem Druckmaschine und Versandraum getrennt arbeiten.

40 Verarbeitung

Ein Buch wird in einer Auflage von 25 Exemplaren, Umfang 360 Seiten, zweifarbig, in einer Digitaldruckmaschine (Elektrofotografie, Toner) gedruckt. Gedruckt wird auf einem Naturpapier mit 80 g/m². Das Buch soll klebegebunden werden. Die Laufrichtung des Papier muss rechtwinklig zum Bund verlaufen.

a) Welche Bedeutung hat die Laufrichtung für das Falzen und die Klebebindung?

b) Erklären Sie, warum Falzmaschinen im Einlauf vielfach mit Ionisationsstäben ausgerüstet sind.

c) Warum wird im Digitaldruck zur Herstellung des Buchblocks keine übliche Zusammentragmaschine benötigt?

41 Fachbegriffe (1)

Für das fachliche Glossar Ihrer Klasse hat Ihr Team die Aufgabe, die folgenden Fachwörter kurz und präzise zu erklären. Ihre Bearbeitung stellen Sie der Klasse in einer Präsentation vor. Diskutieren Sie miteinander darüber und optimieren Sie ggf. Ihre Erklärung.

- Blindprägung
- Buchdecke (Bestandteile, „Aufbau" mit Skizze)
- Drahtrückstichbroschur
- Hotmelt
- Lochperforation
- PUR
- rillen
- Schweizer Broschur
- stauchen
- Überzugpapier (Buchdecke)
- Vorsatz: Spiegel

Für Lösung bitte separates Blatt verwenden! 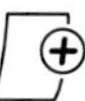

42 Fachbegriffe (2)

Für das fachliche Glossar Ihrer Klasse hat Ihr Team die Aufgabe, die folgenden Fachwörter kurz und präzise zu erklären. Ihre Bearbeitung stellen Sie der Klasse in einer Präsentation vor. Diskutieren Sie miteinander darüber und optimieren Sie ggf. Ihre Erklärung.

- Adhäsion (Klebstoff)
- Blindband
- Bogensignatur
- Dispersionsklebstoff
- Hinterklebematerial
- Kapitalband (auch: Kaptalband)
- nuten
- Pagina
- Prägefoliendruck
- ritzen
- Schlitzperforation
- stanzen
- Vorsatz: fliegendes Blatt

Für Lösung bitte separates Blatt verwenden! 

43 Broschuren

Das Erlebnishotel „Quelle“ bestellt einen Sommerkatalog.

Format: DIN A4 quer
Umfang: 96 Seiten
Material: Inhalt 120 g/m², glänzend gestrichen, weiß Bilderdruck (einfaches Volumen)
Umschlag 250 g/m², glänzend gestrichen, weiß Bilderdruck
Bindung: Schweizer Broschur

a) Berechnen Sie die Dicke des Broschurenblocks.

____

b) Skizzieren Sie das Produkt mit geöffnetem Umschlag und beschreiben Sie dazu diese Art der Bindung.

c) Wie viel Gramm wiegt ca. der gesamte Katalog? Berechnen Sie für Klebstoff, Rückenbreite des Umschlages und sonstige Materialien pauschal 5 g.

____

44 Buchproduktion

Mit Ihrem Team (ggf. auch allein) erarbeiten Sie den Arbeitsablauf zur Herstellung eines Buches. Das Buch wird mit einer Fadenheftung gebunden und hat einen Schutzumschlag. Technische Hinweise:

- Druck
  Inhalt: Rollen-Offsetdruck, 22 Falzbogen zu 16 Seiten, auf Paletten vorhanden
  Schutzumschlag: Bogen-Offsetdruck, gedruckt und lackiert auf Paletten vorhanden
- Druckverarbeitung
  Alle erforderlichen Materialien stehen an den Arbeitsplätzen bereit. Der Buchblock wird in Fadenheftung gebunden.

a) Beschreiben Sie in einer tabellarischen Übersicht alle wesentlichen Arbeitsschritte zur Herstellung eines Buches mit einem Schutzumschlag. (Hinweis: Ausarbeitung auf separatem Arbeitsblatt. Heften Sie dieses in Ihrer Dokumentation ab.)

b) Präsentieren Sie den Arbeitsablauf in kurzer Form zu den einzelnen Prozessstufen. Verwenden Sie ergänzende grafische Informationen, Bilder oder zusätzliche Anschauungsmuster.

Für Lösung bitte separates Blatt verwenden! 

MULTIPLE-CHOICE-AUFGABEN

45 Schneiden

Bogenpapier wird mit Planschneidemaschinen geschnitten. Das Schneidewerkzeug arbeitet nach dem Prinzip:

- (A) Messerschnitt
- (B) Scherenschnitt
- (C) Hebelschnitt
- (D) Druckschnitt

46 Schneiden – Beschnitt

Ein Taschenbuch soll gedruckt und mit einer Klebebindung gebunden werden. Mehrere Seiten enthalten ganzseitige Bilder. An welchen Seiten muss für die Druckweiterverarbeitung Beschnitt eingeplant werden?

- (A) Kopf und Fuß
- (B) Kopf, rechts außen und Fuß
- (C) Rechts außen und Fuß
- (D) Kopf, rechts außen, Bund und Fuß
- (E) Rechts außen, Bund und Fuß

47 Schneiden und Falzen

Ein Druckbogen soll einen 2-Mittenkreuzfalz (2-Bruch-Kreuzfalz) erhalten. An welchen Seiten ist die buchbinderische Anlage?

- (A) 1/2
- (B) 3/4
- (C) 5/6
- (D) 4/5

48 Schneiden und Falzen

Prüfen Sie alle nachfolgenden Angaben. Entscheiden Sie danach, welche dieser Angaben richtig sind.

I Ein Fließdreischneider (Trimmer) arbeitet nach dem Prinzip des Scherenschnitts.
II Der Winkelschnitt an Papierbogen ermöglicht ein exaktes Anlegen in der Druckmaschine.
III Wenn zum Umschlagen mit einer Druckform gedruckt worden ist, entstehen durch einen Trennschnitt zwei Nutzen.
IV Der Greiferrand der Druckmaschine ist immer als Beschnitt zu berücksichtigen.
V Bei Planschneidemaschinen steht das Schneidmesser unmittelbar vor dem Beginn des Schneidens parallel zum Papierstapel.
VI Der erste Schnitt eines bedruckten Papierstapels ist grundsätzlich ein Winkelschnitt gegenüber der Druckanlage.

Richtig sind die Angaben:

(A) I, II, III, IV

(B) I, III, V, VI

(C) I, II, III, VI

(D) II, III, IV, V

(E) II, IV, V, VI

49 Verarbeitung

In der Druckverarbeitung werden Fachbezeichnungen verwendet, die jedem am Produktionsprozess Beteiligten eindeutig bekannt sein müssen. Welcher der folgenden Fachbegriffe bzw. Verarbeitungshinweise ist nicht korrekt?

(A) Bund: Kante einer Druckseite, an der die Bindung bzw. Heftung erfolgt

(B) Druck mit zwei Druckformen: Auf einer Seite eines Druckbogens stehen alle zu druckenden Seiten, nach dem beidseitigen Druck sind zwei Nutzen auf diesem Druckbogen.

(C) Äußere Druckform: Die äußere Form beginnt immer mit der ersten Seite des jeweiligen Druckbogens.

(D) Umstülpen: Bogenwendung in der Druckmaschine, bei der die Vorderanlage wechselt und die Seitenmarke an der gleichen Bogenseite bleibt

50 Verarbeitung

In der Druckverarbeitung wird auf eine exakte Registerhaltigkeit beim Falzen geachtet. Das heißt, dass ...

(A) alle Seitenkanten des Falzbogen genau aufeinanderliegen.

(B) nach dem Falzschema gefalzt wird.

(C) die Satzspiegel der Druckseiten deckungsgleich übereinanderstehen.

(D) mit einem Registersystem ein scharfer Falz (Bruch) erreicht wird.

51 Falzen

Zu einem Auftrag ist in die Auftragstasche das folgende Falzschema eingetragen. Wie viele Seiten hat der nach diesem Falzschema gefalzte Bogen bei einem Mittenfalz?

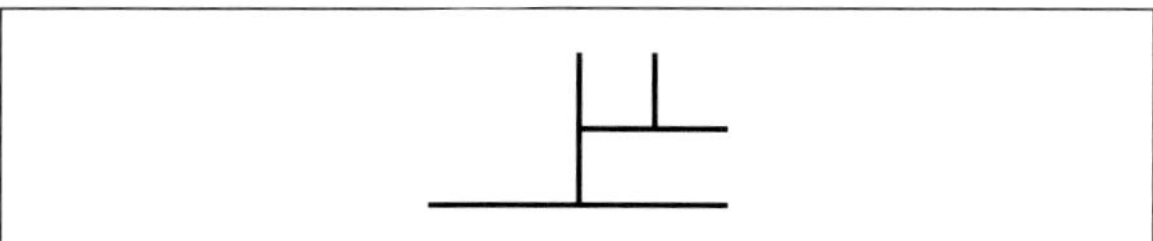

(A) 12 Seiten

(B) 16 Seiten

(C) 32 Seiten

(D) 48 Seiten

52 Heften

Druckprodukte mit mehreren Seiten werden in einem „Sammelhefter" geheftet. Welche Angabe beschreibt die Art und Arbeitsweise eines Sammelhefters?

(A) Maschinensystem, mit dem alle benötigten Falzbogen automatisch zusammengetragen und danach durch den Rücken geheftet werden

(B) Automatische Sammeln aller Falzbogen und Heften auf Krepp-Papier

(C) Fertigungsstraße, in der alle Falzbogen gesammelt und durch den Rücken geheftet werden

(D) Automatisches Zusammentragen aller Falzbogen, Abfräsen des Rückens, Rückenbearbeitung und Klebebindung

53 Broschurenherstellung

Eine Broschur soll drahtgeheftet werden. Bei der digitalen Montage (Seitenpositionen, Ausschießen u.a.) und der Produktion in der Druckverarbeitung ist zu beachten, dass …
I im Rücken genutet wird.
II keine Rückenperforation eingesetzt wird.
III ein Fräsrand im Bund eingerechnet werden muss.
IV kein Fräsrand zu berücksichtigen ist.
V die Falzbogen gesammelt werden.
VI die Falzbogen zusammengetragen werden.

Welche der vorstehenden Angaben sind richtig?

(A) I, III, VI

(B) II, IV, V

(C) III, V

(D) II, IV

54 Broschurenherstellung

Ein Auftrag über 25 000 Kataloge, 264 Seiten DIN A4 Hochformat, wird klebegebunden. Die gedruckten Bogen liegen gefalzt in der Druckverarbeitung. Welcher der angegebenen Arbeitsfolgen gibt den richtigen Arbeitsablauf an?

(A) Sammeln – zusammentragen – klebebinden – Rücken fräsen und bearbeiten – in den Umschlag einhängen – dreiseitig beschneiden – Produkte stapeln

(B) Zusammentragen – klebebinden – Rücken fräsen und bearbeiten – dreiseitig beschneiden – in den Umschlag einhängen – sammeln – Produkte stapeln

(C) Zusammentragen – Rücken fräsen und bearbeiten – klebebinden – dreiseitig beschneiden – in den Umschlag einhängen – Produkte stapeln

(D) Zusammentragen – Rücken fräsen und bearbeiten – klebebinden – in den Umschlag einhängen – dreiseitig beschneiden – Produkte stapeln

55 Fachbegriffe

Wichtige Hilfszeichen für die Druckverarbeitung sind Schneidezeichen und Flattermarken. Wozu werden Flattermarken benötigt?

(A) Registerkontrolle durch starke Linien bei beidseitig bedruckten Bogen

(B) Markierungen, die alle Standdifferenzen am Stapel zeigen

(C) Abgestufte Zeichen, die eine optische Falzkontrolle vor dem Sammeldrahtheften ermöglichen

(D) Markierungen zur Kontrolle der richtigen Reihenfolge und Vollständigkeit zusammengetragener Blocks vor dem Binden

56 Fachbegriffe

In der Praxis werden viele Fachbegriffe benutzt, die ein fachlicher Laie nicht kennt. Welcher der folgenden Fachbegriffe ist nicht korrekt?

(A) Ausschießen: Anordnen der Druckseiten auf einem Druckbogen, sodass nach dem Falzen die Seiten in fortlaufender Reihenfolge stehen

(B) Bogensignatur: Nummer des Falzbogens in fortlaufender Reihenfolge, steht meist im Fuß der ersten Seite eines Druckbogens

(C) Rillen: Beim Rillen wird das Material wulstartig verdrängt.

(D) Greiffalz, Überfalz: Der Greiffalz bzw. Überfalz ermöglicht das maschinelle Zusammentragen der Falzbogen.

7 DRUCKMASCHINEN: SYSTEME, WARTUNG

Druckmaschinen

Der Medientechnologe Druck muss für einen fachgerechten und wirtschaftlichen Einsatz von Geräten, Druckmaschinen und immer komplexeren Systemen ein gutes technisches Verständnis für die verschiedenen Prozessabläufe und die damit zusammenhängenden Wirkzusammenhänge (Ursache – Wirkung) besitzen. Hierzu gehören:

- Kenntnisse zu Funktionen mechatronischer Systemkomponenten
- Bedienen mechatronischer Systeme und Prüfen der Funktionen
- Einsetzen der Mess-, Steuer- und Regeltechnik sowie von Informationen verarbeitenden Technologien
- sachgerechtes Warten und Pflegen zur Gewährleistung einer andauernden Betriebsbereitschaft
- Erkennen und Beschreiben von Fehlfunktionen und kompetentes Kommunizieren mit dem technischen Service

Moderne Druckmaschinen – Systeme aus Mechanik, Elektronik und Informatik – können aus 100 000 und mehr Einzelteilen aufgebaut sein. Dazu kommt eine aufwendige Software zur Steuerung des gesamten Systems.
Bei hohen Druckleistungen müssen feinste Elemente und Rasterpunkte in Größen von Hundertstel Millimetern konstant und in gleicher Qualität exakt in verschiedenen Druckfarben auf den Bedruckstoff gedruckt werden.
Dies erfordert höchste Präzision wichtiger Teile: Die Genauigkeitsanforderungen bei bestimmten Bauelementen betragen dabei
0,000 001 m = 0,001 mm = 1 Tausendstel mm.

Mechanik

Mecha-
tronik

Informatik

Elektronik

Mechatronik: Zusammenwirken von Mechanik, Elektronik und Informatik

Die Maschinentechnik hat in den letzten Jahrzehnten einen bedeutenden Wandel durchlaufen. Dabei sind im hochwertigen Maschinenbau Mechanik, Elektronik und Computertechnik (= Informationsverarbeitung) zu einem komplexen System zusammengewachsen. Man nennt dieses neue System, das die verschiedenen und früher einzelnen technischen Fachgebiete zusammenfasst, Mechatronik.

Mechatronische Systeme bestehen prinzipiell aus:

- einem mechanischen Aufbau mit tragenden und bewegenden Baugruppen (Druckmaschine z. B.: Grundgestell, Anleger, Transport, Übergaben, Greifer, Ausleger, Lager, Farbwerk, Walzen)
- Sensoren, die Informationen über den Prozessverlauf erfassen (Fühler, Messwertgeber)
- Prozessoren, in denen die Informationen ausgewertet und nach bestimmten Regeln Stellgrößen erzeugt werden
- Aktoren, in denen die Stellgrößen in Kräfte, Bewegungen, elektrische Spannungen oder andere Größen umgesetzt werden, die auf das Grundsystem einwirken (Stellglieder)

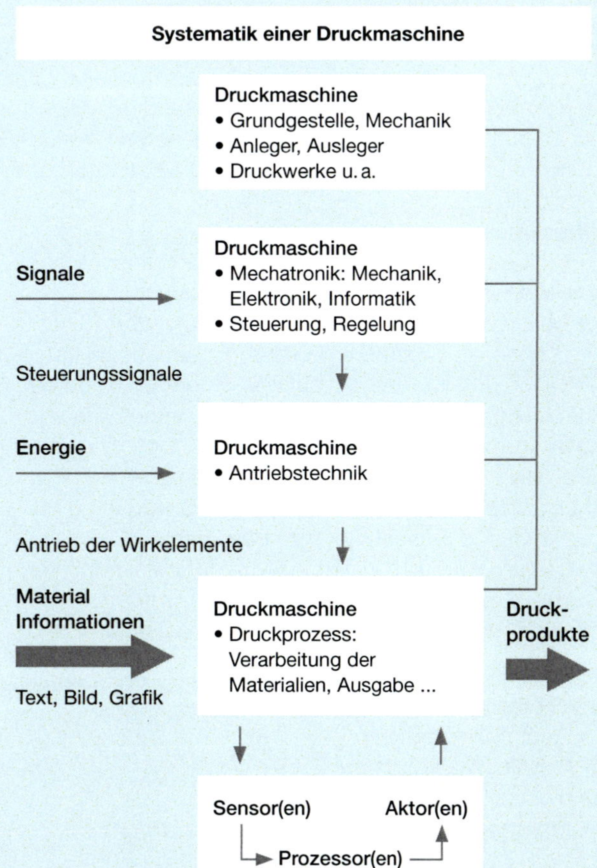

Instandhaltung der Druckmaschine

Nach DIN 31051 wird unter der Bezeichnung „Instandhaltung“ die Kombination aller technischen und administrativen Maßnahmen sowie Maßnahmen des Managements während des Lebenszyklus einer Betrachtungseinheit (Bauelement, Gerät, Druckmaschine u. a.) zur Erhaltung des funktionsfähigen Zustandes oder der Rückführung in diesen, sodass sie die geforderte Funktion erfüllen kann, verstanden.
Zur Instandhaltung eines Maschinensystems gehören:
- Wartung
  (Maßnahmen zur Verzögerung der Abnutzung)
- Inspektion
  (Feststellung und Beurteilung des Istzustandes, Bestimmung der Ursachen der Abnutzung und Ableitung von Maßnahmen)
- Instandsetzung
  (Maßnahmen zur Rückführung in den funktionsfähigen Zustand)
- Verbesserung
  (Kombination aller Maßnahmen zur Steigerung der Funktionssicherheit ohne Änderung der Grundfunktionen)

Eine gut gewartete und gepflegte Druckmaschine ist nicht nur die „Visitenkarte“ des Medientechnologen Druck, sie ist auch die wesentlichste Voraussetzung für eine wirtschaftliche, störungsfreie Produktion und eine gute Druckqualität.
Eine qualifizierte Wartung durch sachkundige Mitarbeiter sowie das Einhalten vorgeschriebener Wartungsintervalle sind Voraussetzung für Leistungen des Herstellers innerhalb der Garantiezeit.
Druckmaschinenhersteller liefern mit der Druckmaschine eine umfassende technische Dokumentation als Betriebsanleitung (Maschinenhandbuch) für alle Arbeiten an der Druckmaschine aus. Manche Hersteller bieten ein separates Handbuch „Betriebsanleitung – Pflege und Wartung“ zusätzlich an oder integrieren ein Menü mit der Angabe zu Wartungsintervallen und Wartungsarbeiten in den Leitstand.
Bei allen Wartungsarbeiten ist zu eigenem Gesundheitsschutz und zur Vermeidung von Schäden an Maschinen und Einrichtungen zu beachten:
- Die Druckmaschine darf nur von dafür ausgebildeten Personen bedient und betrieben werden.
- Alle Sicherheits- und Unfallverhütungsvorschriften sind bei Wartungsarbeiten zu beachten.

Sicherheitseinrichtungen an Maschinen sind
- nicht abzumontieren,
- nicht zu manipulieren,
- nicht zu umgehen und
- täglich auf einwandfreie Funktion zu prüfen.

Ferndiagnose und Fernwartung

Druckmaschinen ohne Elektronik sind heute nicht mehr vorstellbar: Das gesamte System wird über Elektronik und die dazugehörende Software vom Leitstand aus gesteuert.
Schnelle Internetverbindungen ermöglichen den externen Zugriff auf die Druckmaschine und das Bearbeiten und Beheben von Störungen über das Internet und eine WebCam. Für die Ferndiagnose und -wartung sind diese Maschinensysteme mit einem Modem ausgestattet. Bei Funktionsstörungen ist direkt eine Servicehotline mit qualifizierten Fachkräften zu erreichen.

Nutzen (Angabe nach KBA):
- 50 % aller Fernwartungen führen zur Problemlösung ohne fremde Hilfe.
- Weitere 20–30 % aller per Fernwartung bearbeiteten Aufgaben werden mit Kundentechnikern oder Druckern gelöst (in allen anderen Fällen ist ein Technikereinsatz notwendig).
- Bei ca. 30 % aller Fernwartungen wird festgestellt, dass Ersatzteile benötigt werden, wobei durch gezielte Eingriffe in Abstimmung mit dem Kunden die Maschine weiter nutzbar sein kann.

Druckmaschinen: Merkmale und Bauarten

	Druckprinzip				Bedruckstoff: Art und Produktion		
	Fläche – Fläche	Fläche – Zylinder	Zylinder – Zylinder direkt	Zylinder – Zylinder indirekt	Bogendruck	Rollendruck	Körperdruck (geformte Produkte)
Hochdruck							
Buchdruck	■[1]	■[1]	■[2]	–	■	■	–
Flexodruck	–	–	■	–	□[3]	■	–
Lettersetdruck	–	–	–	■	□[4]	–	■[4]
Tiefdruck							
Rakeltiefdruck	–	–	■	–	–	■	–
Tampondruck	■	–	–	–	–	–	■[5]
Flachdruck							
Steindruck	■	■	–	–	■	–	–
Offsetdruck	–	□[6]	–	■	■	■	–
Blechdruck	–	□[6]	–	■	■	–	–
Lichtdruck	–	■	–	–	■	–	–
Durchdruck							
Siebdruck	■	■	■	–	■	■	■
Filmdruck	–	■	■	–	–	■	–
Digitaldruck							
Elektrofotografie	□[7]	□[7]	□[7]	□[7]	■	■	–
Inkjet-System	□[7]	□[7]	□[7]	□[7]	■	■	–

Legende: ■ = trifft zu; □ = trifft teilweise zu

[1] In Europa nur noch geringe Bedeutung für die Druckproduktion, eingesetzt für Sonderarbeiten wie Rillen, Stanzen, Prägen, Nummerieren. [2] In Europa keine Bedeutung mehr.
[3] Wellpappendruck. [4] Kaum mehr im Bogendruck eingesetzt. Gedruckt werden überwiegend farbige Produkte wie Becher, Tuben u. Ä. [5] Bedruckt werden können alle plan liegenden und geformten Materialien. [6] Eingesetzt nur für den Andruck.
[7] Temporäre bzw. ohne Druckform (Datenübertragung: Basis Elektrofotografie- bzw. Inkjet-System), Informationsübertragung durch Druck erfolgt in verschiedenen Systemen direkt oder auch indirekt.

1 Druckmaschinen – System

Druckmaschinen sind technische Systeme, die aus einer Vielzahl von zusammenwirkenden Maschinenteilen und mechanischen Getrieben bestehen. Hinzu kommen mechatronische Komponenten zur Automatisierung verschiedener Prozesse.

a) Ergänzen Sie zu einer korrekten Formel:

Arbeit = Kraft … ______________________

Leistung = Arbeit … ______________________

Leistung = Kraft · Weg … ______________________

Druck = Kraft … ______________________

Geschwindigkeit = Weg … ______________________

1 Watt = 1 Volt … ______________________

b) Erklären Sie die Bezeichnung Mechatronik.

____

____

c) Aus welchen Komponenten können mechatronische Systeme prinzipiell bestehen?

____

____

d) Welche wesentlichen Vorteile besitzen mechatronische Systeme gegenüber rein mechanischen?

____

____

2 Druckmaschinen – Mechanik

Für lösbare Verbindungen im Maschinenbau eignen sich u. a. Schrauben, Stifte und Keile.

a) Skizzieren Sie eine Kopfschraube und im Vergleich dazu eine Senkschraube mit einer Schraubenlänge von 30 mm.

b) Für welche Verbindungen werden Rändelschrauben eingesetzt?

c) Welche besonderen Vorteile haben Schrauben mit Kreuzschlitzen?

Für Lösung bitte separates Blatt verwenden! 

3 Druckmaschinen – Energie

Druckmaschinen zeichnen sich durch komplexe Wechselbeziehungen zwischen verschiedenen Komponenten aus. Besonders die laufenden Kosten veranlassen Betriebe zu neuen Investitionen.
Der Energieverbrauch im Druckprozess gilt als ein bedeutender Kostenfaktor. Darum sind Unternehmen bemüht, Energie effizient zu nutzen.
Um präzise Verbrauchsdaten an einer Druckmaschine zu erfassen, liefert ein Druckmaschinenhersteller ein Energiemessgerät. (Folgende Aufgaben sind ggf. exemplarisch zu bearbeiten, wenn keine konkreten Daten vorliegen.)

a) Ermitteln Sie, welche Baugruppen – in der Druckmaschine und im Produktionsprozess unmittelbar zusammenwirkende Peripheriegeräte – Energie (Strom) verbrauchen.

b) Ermitteln Sie die Energiekosten (Circaangaben) für eine Druckmaschine bzw. die gesamte Druckerei in Ihrem Betrieb.

c) Erklären Sie den Begriff Energieeffizienz.

d) Erfragen Sie, welche Kosten für elektrische Energie oder eine kWh zu bezahlen sind. Nehmen Sie an, die Energieeffizienz könnte um 5 % verbessert werden. Berechnen Sie, wie viel Euro pro Jahr eingespart werden könnten (Druckmaschine oder gesamte Druckerei).

Für Lösung bitte separates Blatt verwenden! 

4 Druckmaschinen – Mechanik

Im Maschinenbau wird grundsätzlich zwischen formschlüssigen und kraftschlüssigen Kraftübertragungen unterschieden.
Beschreiben Sie jeweils die Funktion und nennen Sie dazu ein Beispiel an der Druckmaschine.

a) formschlüssige Kraftübertragung

____

____

____

b) kraftschlüssige Kraftübertragung

____

____

____

5 Druckmaschinen – Mechanik

Getriebe sind Maschinenelemente, die mechanische Kräfte und Bewegungen übertragen. Aus zusammengesetzten einzelne Teilen ergeben sich mechanische Grundgetriebe.
Benennen Sie die folgenden grafischen Darstellungen mit der Bezeichnung des (Grund-)Getriebes sowie der einzelnen Teile (Ziffern an den Getrieben) und nennen Sie je ein Einsatzbeispiel an einer Druckmaschine.

a)

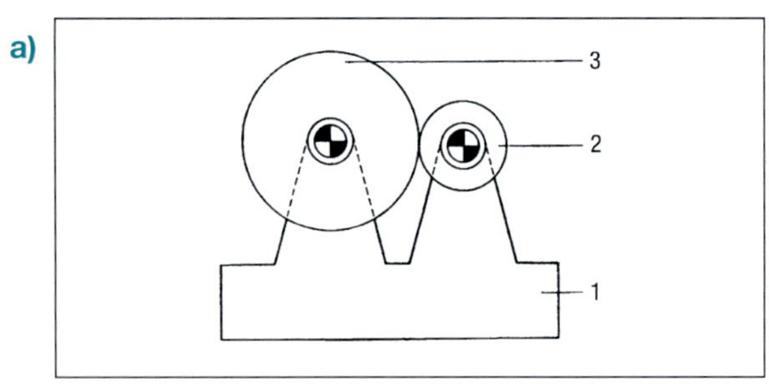

b)

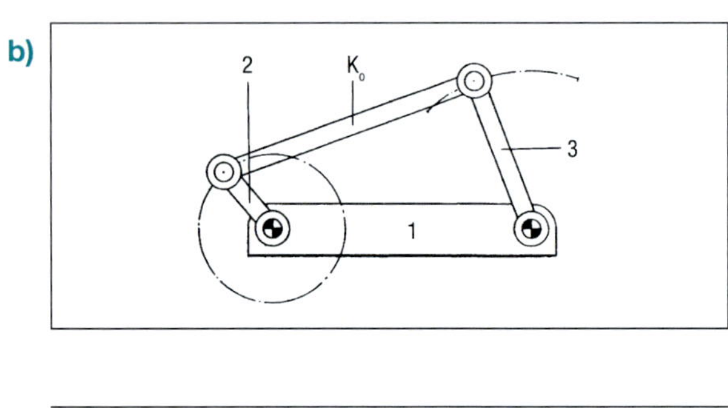

c)

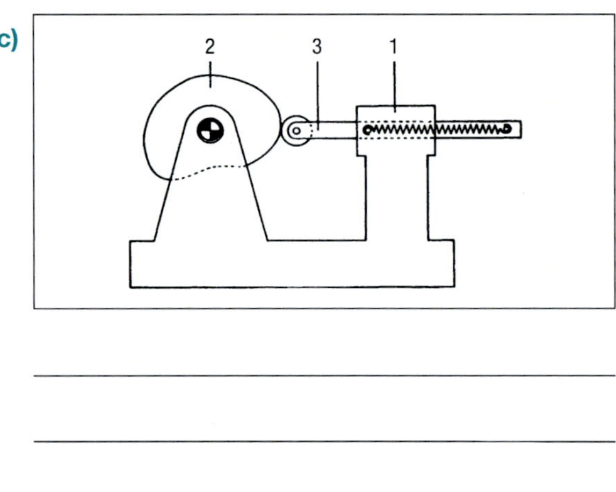

d)

2 3

1

e)

2

3 1

f)

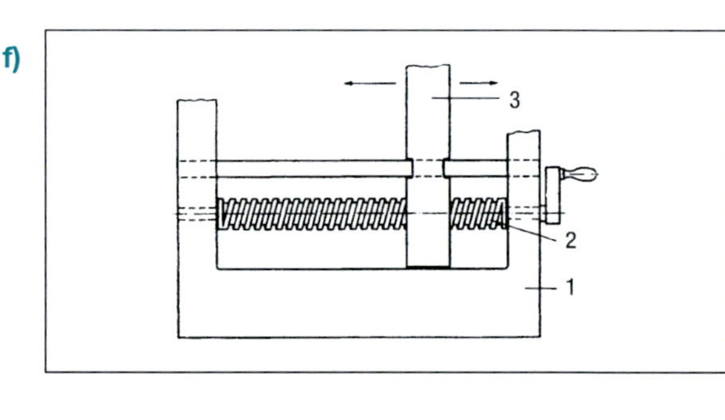

6 Druckmaschinen – Mechanik

An der Druckmaschine werden Zahnräder mit und ohne Evolvente eingebaut.

a) An welchen Baugruppen werden Zahnräder ohne Evolvente eingesetzt? Erklären Sie, warum diese Verzahnung in diesen Bereichen ausreichend ist.

b) An welchen Baugruppen werden Zahnräder mit Evolvente eingesetzt? Erklären Sie, warum diese Verzahnung in diesen Bereichen besonders wichtig ist.

7 Druckmaschinen – Mechanik

In Druckmaschinen werden zu bestimmten Kraftübertragungen unterschiedliche Räder eingesetzt. Benennen Sie die folgenden Räder (Name, Typ) und geben Sie an, wozu diese eingesetzt werden.

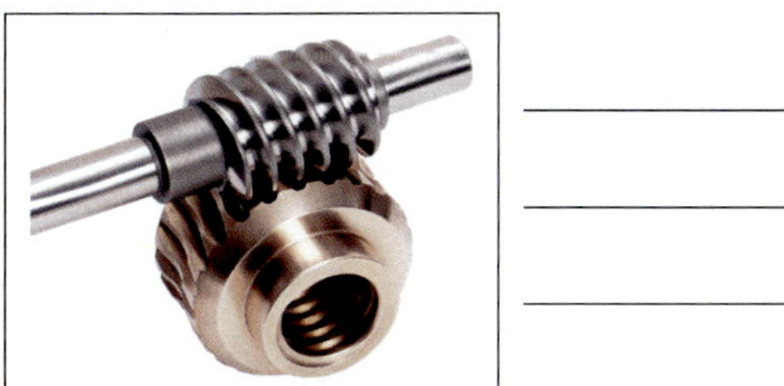

8 Druckmaschinen – Mechanik

Schrauben werden im Maschinenbau überwiegend für lösbare Verbindungen eingesetzt.
Benennen Sie die folgenden Schrauben.

9 Druckmaschinen – Mechanik

In der Maschinenbautechnik werden elastische, zwangsläufige und stufenlose Getriebe eingesetzt. Beschreiben Sie die typischen Eigenschaften der Kraftübertragung bei diesen Getriebearten sowie einen möglichen Anwendungsbereich in der Druckmaschine.

a) elastische Getriebe

b) zwangsläufige Getriebe

c) stufenlose Getriebe

10 Druckmaschinen – Mechanik

Im Maschinenbau werden für unterschiedlichste Bewegungsabläufe Kraftübertragungselemente wie Achsen, Wellen und Exzenter eingesetzt.

a) Beschreiben Sie, wie sich Achsen und Wellen voneinander unterscheiden.

b) Skizzieren Sie schematisch einen Exzenter und beschreiben Sie den Bewegungsablauf.

c) Welche Bewegungen in der Druckmaschine werden exzentrisch gesteuert? Nennen Sie ein Beispiel.

Für Lösung bitte separates Blatt verwenden! 

11 Druckmaschinen – Mechanik

Zu einem Getriebe lesen Sie folgende Informationen: Direkte Kraftübertragung, eine Kontaktrolle läuft in einer eingefrästen Nut (Nutführung).

a) Um welches (Grund-)Getriebe handelt es sich?

---

b) Welcher Bewegungsablauf ist damit zu steuern?

---

12 Druckmaschinen – Mechanik

Eine besondere Bedeutung haben im Maschinenbau verschiedene Lager: Sie führen und tragen umlaufende Wellen und Achsen. Beschreiben Sie Gleitlager nach folgenden Kriterien, beachten Sie dabei insbesondere Laufeigenschaften, Pflege, Schmierung, Wartung und Kosten.

a) Aufbau, Prinzip

---

b) Einsatzbereich an Druckmaschinen

---

c) Vorteile (z. B. Platz für den Einbau, Belastbarkeit …)

---

d) Nachteile gegenüber Wälzlagern

---

13 Druckmaschinen – Mechanik

Eine besondere Bedeutung haben im Maschinenbau verschiedene Lager: Sie führen und tragen umlaufende Wellen und Achsen. Beschreiben Sie Wälzlager nach folgenden Kriterien, beachten Sie dabei insbesondere Laufeigenschaften, Pflege, Schmierung, Wartung und Kosten.

a) Aufbau, Prinzip, Arten von Wälzlagern

---

b) Einsatzbereiche in Druckmaschinen

---

c) Vorteile im Vergleich zu Gleitlagern

---

d) Nachteile im Vergleich zu Gleitlagern

---

14 Druckmaschinen – Mechanik

Zylinder in den Druckwerken müssen absolut exakt und schwingungsfrei laufen.

a) Erläutern Sie, warum diese Forderung für eine sehr gute Druckqualität so entscheidend ist.

b) Vergleichen Sie die Kraftübertragung zwischen einer Geradverzahnung und einer Schrägverzahnung und beschreiben Sie die Unterschiede.

Für Lösung bitte separates Blatt verwenden! 

15 Druckmaschinen – Mechanik

Zahnräder gehören zu den wichtigsten Maschinenelementen: Sie übertragen Drehmomente in Getrieben. Das Bild zeigt ein Zahnrad mit Geradverzahnung und Evolvente.

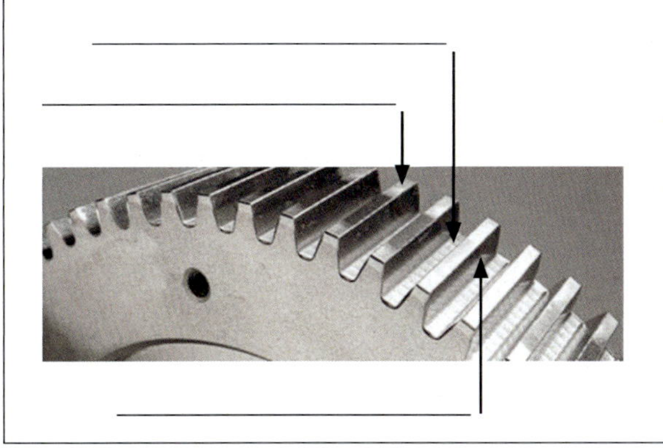

a) Was zeigen die Pfeile? Tragen Sie die drei korrekten Bezeichnungen an dem Zahnrad ein.

b) Skizzieren Sie – prinzipiell vereinfacht – jeweils einen einzelnen Zahn eines Zahnrades in der Profilansicht ohne und mit einer Evolvente.

c) Beschreiben Sie wesentliche Vorteile einer Evolventenverzahnung im Druckmaschinenbau.

16 Druckmaschinen – Mechanik

In einem Fachbuch finden Sie zum Druckwerk den Hinweis: „Basis für die ideale Stellung und ein optimales Abrollen der Zahnräder der Zylinder in einem Druckwerk ist der sogenannte Teilkreis (auch: Teilkreisbereich)."

a) Warum ist der Teilkreis bzw. der Teilkreisbereich an Zahnrädern im Druckwerk so bedeutend?

b) Skizzieren Sie den Zahn eines Zahnrades und tragen Sie daran den Teilkreis bzw. Teilkreisbereich ein.

c) Erklären Sie die Bedeutung des Teilkreisbereiches für den Druck unterschiedlich dicker Bedruckstoffe.

17 Druckmaschinen – Mechanik

An beiden Seiten außerhalb der Druckflächen sind am Druckformzylinder, am Drucktuchzylinder und auch am Druckzylinder hochwertige Ringe aus Stahl angebracht. Diese Ringe sind absolut rund und exakt auf ein bestimmtes Maß geschliffen. Je nach ihrer Funktion bezeichnet man diese Ringe Messringe oder Schmitzringe.

a) Wozu dienen Messringe und Schmitzringe?

b) An welchen Zylindern im Druckwerk befinden sich Messringe bzw. Schmitzringe?

c) Begründen Sie, warum sich die Ringe am Druckzylinder im Durchmesser von den Ringen am Druckform- und Drucktuchzylinder unterscheiden.

18 Druckmaschinen – Mechanik

Bei Bogen-Offsetdruckmaschinen unterscheidet man im Druckwerk zwischen Nichtschmitzringläufern und Schmitzringläufern.

a) Erläutern Sie die technischen Unterschiede im Druckprozess zwischen Nichtschmitzringläufern und Schmitzringläufern.

b) Erklären Sie, was in diesem Zusammenhang eine Vorspannung ist und wozu diese dient.

Für Lösung bitte separates Blatt verwenden! 

19 Druckmaschinen – Mechanik

Das Druckwerk einer Druckmaschine kann als Nichtschmitzringläufer oder Schmitzringläufer konstruiert sein. Ordnen Sie jeweils den beiden Systemen und Zylindern die Bezeichnungen Messring oder Schmitzring zu.

a) Nichtschmitzringläufer:

Druckformzylinder = ... ______

Drucktuchzylinder = ... ______

Druckzylinder = ... ______

b) Schmitzringläufer:

Druckformzylinder = ... ______

Drucktuchzylinder = ... ______

Druckzylinder = ... ______

20 Druckmaschinen

Ordnen Sie die folgenden Begriffe oder Hinweise jeweils einem Druckverfahren zu:
Vorrakel/Rakel; Rakel/schnell verdunstende Lösemittel; indirekter Druck/Drucktuch; Sleeve/Kammerrakel

a) Offsetdruck

______

b) Flexodruck

______

c) Siebdruck

______

d) Tiefdruck

______

21 Druckmaschine – Technologie

Skizzieren Sie – schematisch vereinfacht – die Druckwerke der folgenden Druckmaschinen und benennen Sie daran wesentliche Baugruppen bzw. -teile:

a) Flexodruck (Zentralzylindersystem)

b) Tiefdruck (Rakel-Tiefdruckmaschine für den Druck flexibler Verpackungen)

c) Rollen-Offsetdruck (Akzidenzdruck)

d) Rollen-Offsetdruck (Zeitung)

e) Tampondruckmaschine

f) Digitaldruckmaschine

Für Lösung bitte separates Blatt verwenden! 

22 Druckmaschinen im Betrieb

In einer Bogen-Offsetdruckerei werden Druckmaschinen verschiedener Hersteller eingesetzt.

a) Skizzieren Sie exemplarisch zwei Druckwerke (nur Druckplatten-, Drucktuch- und Druckzylinder sowie die Bogenübergabe) bei einer Druckmaschine mit einem doppelt großen Druckzylinder.

b) Erklären Sie spezifische Vorteile doppelt großer Druckzylinder.

c) Was bedeuten die Angaben 8/0, 4/4?

d) In einer Druckmaschine wird eine Bogenwendeeinrichtung eingesetzt. Beschreiben Sie, wozu diese Einrichtung eingesetzt wird, und erklären Sie dazu prinzipiell die Funktion.

Für Lösung bitte separates Blatt verwenden! 

23 Offsetdruck – Einfärbung

In einer Bogen-Offsetdruckmaschine wird die Druckfarbe durch Farbspaltung vom Farbwerk über geeignete Walzen auf die (gefeuchtete) Druckform übertragen.

a) Kennzeichnen Sie in der Grafik mit einem Pfeil und fortlaufenden Ziffern: Druckformzylinder (auch: Druckplattenzylinder), Farbduktor, zwei (beliebige) Verreibwalzen, drei Reibzylinder, Farbauftragswalzen, Farbheber, zwei Beschwerwalzen, Feuchtauftragswalze, Brückenwalze, Feuchtschöpfwalze

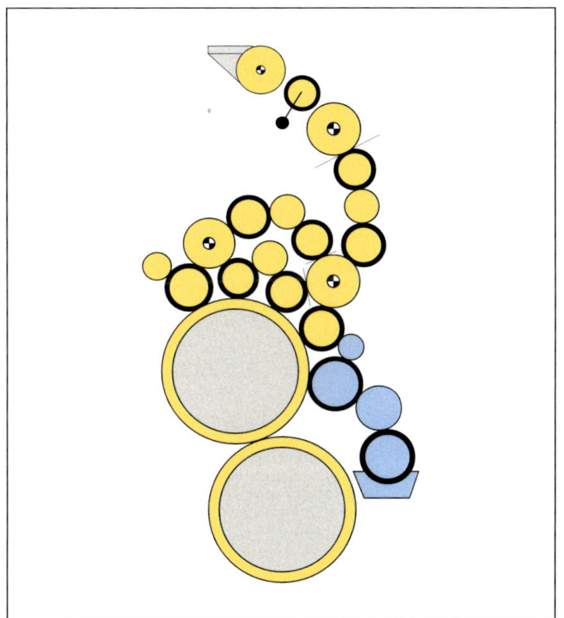

b) Nennen Sie die Walzenbezüge (Oberfläche der Walze) beim Farbduktor, bei Reibzylindern, Farbauftragswalzen, Übertragwalze und den Feuchtauftragswalzen.

c) Warum ist der Walzenbezug einer Walze aus Chrom und der anderer Walzen aus Rilsan?

d) Im Zusammenhang mit der Farbübertragung ist der Farbfluss sehr wichtig. Beschreiben Sie, was ein Farbfluss ist.

e) Beschreiben Sie prinzipiell, in welchen Phasen die Druckform für jeden Druck eingefärbt wird.

24 Druckmaschinen im Betrieb

Ihr Ausbildungsplatz ist eine Offsetdruckerei, die im Bogen-Offsetdruck produziert.

a) Geben Sie an, welche Druckmaschinen (genaue Bezeichnung, max. Druckformat, Druckfarbenanzahl, spezielle Ausstattungen) in Ihrem Betrieb eingesetzt werden.

b) Welche der Druckmaschinen drucken ohne bzw. mit Schmitzringpressung?

c) Erklären Sie, welche Bedeutung die sogenannten Aufzüge am Druckformzylinder und am Drucktuchzylinder für den Druckprozess haben.

25 Druckmaschinen im Betrieb

Druckwerke im Bogen-Offsetdruck haben eine typische Stellung der Zylinder in einem Druckwerk.
Man spricht vielfach von einer „5-Uhr-Stellung" bzw. „7-Uhr-Stellung".

a) Skizzieren Sie schematisch ein Druckwerk mit einer „5-Uhr-Stellung".

b) Skizzieren Sie schematisch ein Druckwerk mit einer „7-Uhr-Stellung".

Für Lösung bitte separates Blatt verwenden! 

26 Druckmaschine – Technologie

In Rollen-Rotationsdruckmaschinen wird der Bedruckstoff den Druckwerken von einem Rollenwechsler zugeführt. Das gesamte System ist so komplex, dass es heute nur mit elektronischer Unterstützung gesteuert bzw. geregelt werden kann.

a) Beschreiben Sie die grundlegenden Funktionen und Abläufe bei einem automatischen Rollenwechsel. Beginnen Sie mit der Vorbereitung einer neuen Rolle.

b) Der Bedruckstoff muss kantengenau mit gleichmäßiger Bahnspannung den Druckwerken zugeführt werden. Erläutern Sie, warum eine gleichmäßige Bahnspannung erforderlich ist.

Für Lösung bitte separates Blatt verwenden! 

27 Wasserloser Offsetdruck

Erfolgreich eingesetzt wird der wasserlose Offsetdruck im Bogen- und im Rollendruck.

a) Nennen Sie je eine Bogen- und eine Rollendruckmaschine, die ausschließlich im wasserlosen Offsetdruck produziert.

b) Die Drucktechnologie unterscheidet sich wesentlich durch spezielle Druckformen (Druckplatten) und das Druckwerk. Beschreiben Sie die wesentlichen Unterschiede im Druckwerk.

c) Warum muss das Farbwerk, z. B. ein Kurzfarbwerk, temperiert werden?

d) Beschreiben Sie das Einfärben der Druckform im wasserlosen Offsetdruck.

28 Flexodruck – Einfärbung

Jedes Druckverfahren hat für das Einfärben der Druckform verfahrensspezifische Technologien. Sie lesen in einer fachlichen Notiz: „Im Flexodruck ist eine zonenweise Farbgebung bei Einfärbung mit einer Rasterwalze ebenso einfach wie im Offsetdruck.“ Prüfen Sie diese Aussage! Wie lautet Ihr fachlicher Kommentar dazu?

29 Tiefdruck, Flexodruck – Einfärbung

Tiefdruck und Flexodruck haben spezifische Systeme zur Einfärbung der Druckformen.

a) Skizzieren Sie das Einfärbesystem im Tiefdruck. Beschreiben Sie dazu den Vorgang des Einfärbens.

b) Welche Möglichkeiten zur Steuerung der Farbgebung hat der Tiefdrucker an der Druckmaschine?

c) Skizzieren Sie das Einfärbesystem im Flexodruck. Beschreiben Sie dazu den Vorgang des Einfärbens.

d) Welche Möglichkeiten zur Steuerung der Farbgebung hat der Flexodrucker an der Druckmaschine?

Für Lösung bitte separates Blatt verwenden! 

30 Druckmaschine – Technologie

Bis vor wenigen Jahren wurde fast ausschließlich die mechanische „Königswelle“ für den Antrieb an Mehrfarben- oder Rollendruckmaschinen eingesetzt.

a) Beschreiben Sie grundsätzlich das Antriebsprinzip einer Druckmaschine über eine Königswelle. Beginnen Sie dabei mit dem Hauptantrieb.

b) Erläutern Sie zwei wesentliche Nachteile dieses Konzepts.

c) Wie arbeitet dagegen prinzipiell eine moderne „elektronische Welle“?

d) Erläutern Sie zwei wesentliche Vorteile dieser neuen Technologie am Beispiel einer Druckmaschine aus Ihrem Betrieb (z. B. Bogen-Offsetdruckmaschine, 4/4).

Für Lösung bitte separates Blatt verwenden! 

31 Druckmaschine – Technologie

Aussage in einer Fachzeitschrift: „Großformatige Druckmaschinen mit modernster (Antriebs-)Technologie können auch kleinere Auflagen wirtschaftlich drucken. Diese neue Technologie hilft, die Fixkosten zu senken. Denken Sie an einen Bücherdrucker mit einer Druckmaschine im 6b-Format, die vier-über-vier druckt."

a) Wie viele Seiten im Buchformat 170 mm × 240 mm können beidseitig vierfarbig pro Druckgang gedruckt werden?

____

b) Erklären Sie, warum der Druckplattenwechsel bei allen Druckwerken simultan in kürzester Zeit erfolgen kann und somit ein sehr schneller Auftragswechsel möglich ist.

____

____

____

32 Druckmaschinen – Mechatronik

Das Zusammenwirken von Mechanik, Elektronik und Informatik zur Mechatronik hat die Konstruktion von Druckmaschinen und damit auch die Produktion völlig verändert.
Dementsprechend wandelten und wandeln sich weiterhin auch die Anforderungen an fachliche Kompetenzen der Drucker bzw. der Medientechnologen Druck.

a) Informieren Sie sich im Betrieb über konkrete Anforderungen an Sie als verantwortlichen Mitarbeiter an Ihrem Arbeitsplatz.
(Hinweise: Arbeiten im Team, Aufgabenbereiche, erforderliche Qualifikationen und Kompetenzen)

Für Lösung bitte separates Blatt verwenden! 

b) Diskutieren Sie die betrieblichen Informationen zu Anforderungen an Ihren Arbeitsplatz mit Ihren Mitschülern in der beruflichen Schule.
Ergänzen Sie Ihre Angaben durch wichtige Hinweise aus der Sicht anderer. Notieren Sie diese und heften Sie alle Informationen in Ihrer Dokumentation ab.

Erörtern Sie die Aufgabenstellung in der Gruppe! 

33 Druckprozess – Digitaldruck

Im Digitaldruck erfolgt je nach Verfahrenstechnik die Informationsübertragung mit Tonern oder Tinten (flüssigen Farbmitteln).

a) Beschreiben Sie stichpunktartig den Prozessablauf bei der Elektrofotografie (Pulvertoner) vom Aufladen der Fotoleitertrommel bis zum Druck auf den Bedruckstoff.

____

____

____

b) Beschreiben Sie stichpunktartig den Prozessablauf bei der Elektrofotografie (Flüssigtoner) bis zum Druck auf den Bedruckstoff.

____

____

____

c) Beschreiben Sie stichpunktartig den Prozessablauf bei einem Inkjet-Verfahren bis zum Druck auf den Bedruckstoff.

____

____

____

34 Druckmaschinen – Pneumatik, Hydraulik

An Druckmaschinen früherer Generationen bildete die Mechanik – neben der elektrischen Antriebstechnik – das technische „Grundgerüst". Nur wenige Komponenten aus der Pneumatik und Hydraulik wurden genutzt. Bereiten Sie schriftlich einen Kurzvortrag zum Thema „Pneumatik und Hydraulik an Druckmaschinen" vor. Diese Vorbereitung erarbeiten Sie auf separatem Papier. Heften Sie Ihre Ausarbeitung in Ihrer Dokumentation ab.
Informieren Sie in Ihrem Kurzvortrag zu:

- Eignung und Einsatzbereich
- Medium
- Steuerstrecke
- Vorteile
- Nachteile

Für Lösung bitte separates Blatt verwenden! 

35 Druckmaschinen – Mechatronik

Mechatronische Systeme nehmen Signale auf, verarbeiten diese und führen danach vorgegebene Aktionen aus. Beschreiben Sie die Funktionen bzw. Abläufe bei der Steuerung ...

a) der Blasluft im Anleger.

b) des Bogenlaufs vom Anleger auf den Anlagetisch.

c) beim Ausrichten des Bogens und der Bogenübergabe an das Druckwerk.

d) der Bogenübergabe in einer Wendeeinrichtung.

Für Lösung bitte separates Blatt verwenden! 

36 Druckmaschinen – Sensoren

In Druckmaschinen werden verschiedenartige Sensoren für unterschiedliche Aufgaben eingesetzt. Beschreiben Sie kurz Funktionen (Wirkungen, Einsatzbereiche) folgender Sensorentypen:

a) aktive Sensoren

b) passive Sensoren

c) piezoelektrische Sensoren

d) kapazitive Sensoren

e) optoelektronische Sensoren

Für Lösung bitte separates Blatt verwenden! 

37 Druckmaschinen – Regelung

Moderne Druckmaschinen arbeiten mit einer Farbregelung im Druckprozess. Vorgabe dazu ist der O.K.-Bogen (Druckfreigabe, Gut zum Druck).
Beschreiben Sie prinzipiell den Ablauf einer Farbregelung im Auflagendruck.

Für Lösung bitte separates Blatt verwenden! 

38 Druckmaschinen – Hydraulik

Die Hydraulik ist die Lehre von den Bewegungen und Gleichgewichtszuständen mit Flüssigkeiten.

Erklären Sie, wie in einem hydraulischen System mit einer kleinen Kraft ein hoher Druck erzeugt werden kann.

39 Druckmaschinen – Pneumatik

Die Pneumatik befasst sich mit der Druckluft. Diese wird u. a. zur Steuerung im Maschinenbau eingesetzt.

a) Geben Sie die Formel an, nach der der Druck gemessen wird.

b) In welcher Einheit (nach SI) wird der Luftdruck gemessen?

c) Wie wird prinzipiell Saug- und Blasluft am Anleger einer Druckmaschine erzeugt?

Für Lösung bitte separates Blatt verwenden! 

40 Druckmaschinen – Pneumatik

Auf dem Arbeitstisch einer Schneidemaschine sind schwere Papier- oder Kartonstapel zu bewegen. Beschreiben Sie die Technik, mit der auch schwere Stapel relativ leicht bewegt werden können.

Für Lösung bitte separates Blatt verwenden! 

41 Druckmaschinen – Anpressdruck

Eine Maschine hat eine genutzte Produktionsfläche von 600 cm^2, eine andere Maschinen eine Produktionsfläche vom 1 000 cm^2. Die auf diese Flächen einwirkende Kraft beträgt jeweils 1 000 N.
Berechnen Sie den (Anpress-)Druck auf beide Flächen.

42 Druckmaschinen

Eine Rollen-Druckmaschine läuft mit einer Geschwindigkeit von 15 m/s.
Wie viel Meter Papier laufen in 5 Minuten durch die Druckmaschine?

43 Druckmaschine – Steuerung

Moderne Steuerungstechniken ermöglichen eine sichere, wirtschaftliche Produktion.

a) Erklären Sie das wesentliche Merkmal einer Steuerung (Steuerungsstrecke).

___

___

___

b) Beschreiben Sie ein Beispiel zu einer manuellen Steuerung an der Druckmaschine.

___

___

___

44 Druckmaschine – Steuerung

Die digitale Steuerung am Leitstand ermöglicht sichere und präzise Fernsteuerungen und automatische Steuerungen.

a) Beschreiben Sie eine Fernsteuerung an Ihrer Druckmaschine.

b) Beschreiben Sie exemplarisch den Ablauf bei einer automatischen Steuerung an einer Bogen-Offsetdruckmaschine (oder bei einem Vorgang an einer Druckmaschine aus Ihrem Betrieb).
Beim Fortdruck läuft ein Druckbogen zu spät in die elektronische Bogenkontrolle an den Vordermarken. Welche vorgegebenen Steuerungen (Folgesteuerung) lösen automatisch aus?

Für Lösung bitte separates Blatt verwenden! 

45 Programmsteuerung in der Druckverarbeitung

In der Druckverarbeitung sind aus einem gedruckten Bogen einzelne Nutzen zu schneiden. Der Mitarbeiter setzt dazu eine Programmschneidemaschine ein. Beschreiben Sie die Aufgaben des Mitarbeiters und den Arbeitsablauf.

Für Lösung bitte separates Blatt verwenden! 

46 Programmsteuerung in der Druckvorstufe

Druckformen werden aus digitalen Daten hergestellt. Für den Offsetdruck werden Druckplatten in CtP-Systemen bebildert und verarbeitet. Für die Herstellung von Tiefdruckzylindern steuern digitale Daten die elektromechanische Zylindergravur.

a) Beschreiben Sie, welche einzelnen Arbeitsschritte zur Druckplattenherstellung mit einem CtP-System programmgesteuert ablaufen.

b) Beschreiben Sie, wie digitale Daten programmgesteuert Bildinformationen (Druckbildelemente) in den Zylinder gravieren.

Für Lösung bitte separates Blatt verwenden! 

47 Druckmaschine – Leitstand

In modernen Druckmaschinen laufen viele Prozesse automatisiert ab. Der zentrale Leitstand ist die Kommunikations- und Bedienungszentrale der Druckmaschine. Der Leitstand kann verschiedenste Voreinstelldaten aus der Druckvorstufe übernehmen (CIP3) oder in ein Produktionsmanagementsystem (CIP4) integriert sein. Vom Leitstand aus können (fast) alle Parameter im Produktionsprozess eingestellt und überwacht werden.

a) Welche auftragsbezogenen Voreinstelldaten können in den Leitstand „eingelesen" werden?

___

___

___

b) Was bedeutet die Abkürzung CIP3?

___

c) Was bedeutet die Bezeichnung CIP4?

___

d) Welche weiteren Möglichkeiten (in Ergänzung zu CIP3) ermöglicht die Anbindung des Leitstandes an CIP4?

___

___

48 Druckmaschine – Leitstand

Alle modernen Druckmaschinen verfügen über einen Leitstand. Über den Leitstand ist der gesamte Druckprozess zu steuern.

a) Nennen Sie zehn Beispiele für mögliche Steuerungen am Leitstand.

____

____

____

b) Großformatige Bogen-Offsetdruckmaschinen sind mit einem Großbildschirm ausgestattet.
Welche Informationen sind damit darstellbar?

____

____

____

49 Druckmaschine – Leitstand

Die Bedienung der Druckmaschine über einen zentralen Leitstand ist Stand der Technik. Weitergehende Technologien integrieren bereits ein Workflow-Management in dieses System.

a) Beschreiben Sie fünf verschiedene Leitstandsfunktionen an einer Druckmaschine aus Ihrem Betrieb.

b) Erklären Sie, welche Möglichkeiten die Integration der Druckmaschine in ein Workflow-Management bietet.

Für Lösung bitte separates Blatt verwenden! 

50 Druckmaschine – Steuerung, Regelung

Druckmaschinen sind komplexe technische Produktionssysteme. Sie können nur wirtschaftlich eingesetzt werden, wenn eine störungsfreie, permanente Produktion gewährleistet wird. Stillstand und Fehler verursachen nur Kosten. Alle modernen Druckmaschinen sind heute mit mehr oder weniger umfassenden Steuer- und Regeltechniken ausgestattet.
Erklären Sie an konkreten Beispielen den Unterschied zwischen einer Steuerung und einer Regelung.

Für Lösung bitte separates Blatt verwenden! 

51 Druckmaschine – Leitstand

In einem Prospekt zu einer Rollen-Offsetdruckmaschine lesen Sie, dass der Leitstand mit einer Wartungsanzeige und einem „integrierten Fernwartungsmodul" arbeitet.

a) Beschreiben Sie, welche Informationen Ihnen eine Wartungsanzeige bietet.

b) Erklären Sie an einem Beispiel, wozu ein integriertes Fernwartungsmodul genutzt wird und welche Vorteile dieses Modul für den Betrieb und die Produktion bringt.

Für Lösung bitte separates Blatt verwenden! 

52 Druckmaschine – Regelung

Alle Regelungen arbeiten im Unterschied zu Steuerungen in einem geschlossenen Regelkreis.

a) Was ist ein „geschlossener Regelkreis"?

b) Beschreiben Sie prinzipiell am Beispiel der Farbwerkstemperierung den Ablauf einer Regelung. Verwenden Sie dazu u. a. die Begriffe: Regelkreis, Sollwert, Störgröße, Messglied, Regelgröße, Regelabweichung, Stellglied.

c) Skizzieren Sie diesen geschlossenen Regelkreis (vgl. Signalflussplan).

Für Lösung bitte separates Blatt verwenden! 

53 Druckmaschine – Regelung

In allen Druckverfahren werden Regelungen für automatisierte Prozessabläufe eingesetzt. Ein Hersteller von Flexodruckmaschinen bietet ein geschlossenes Kreislaufsystem zur Versorgung der Druckmaschinen mit Farbe einschließlich einer automatischen Mess- und Regeleinrichtung für die Farbviskosität an.
Beschreiben Sie prinzipiell, wie die Farbviskosität permanent geregelt wird.

____

____

____

54 Druckmaschine – Steuerung, Regelung

Eine Flexodruckmaschine hat einen Abwickler mit einer Bahnspannungseinrichtung und Zwischentrocknungseinrichtungen sowie eine Haupttrocknung.

a) Erklären Sie die grundsätzlichen Funktionen dieser Aggregate.

b) Sind diese Aggregate nach ihrer Funktion eine Steuerung oder eine Regelung?
Begründen Sie jeweils Ihre Meinung.

55 Druckmaschine – Technologien

An Druckmaschinen eines Maschinenherstellers wird eine Inline-Inspektion eingesetzt.

a) Zu welchem Zweck wird dieses Inspektionssystem eingesetzt?

b) Welche Fehler oder Mängel erkennt das System?

56 Druckmaschine – Technologie

Bei allen Druckmaschinenherstellern und bei Entscheidungen zu neuen Investitionen steht das Verkürzen der Rüstzeiten mit an oberster Position. Erklären Sie, warum die Rüstzeiten so sehr im Vordergrund stehen.

57 Druckmaschine – Technologie

In vielen öffentlichen und technischen Bereichen werden unterschiedliche Lichtschranken eingesetzt. Alle Lichtschranken sind elektronisch-optische Systeme.

a) Beschreiben Sie prinzipiell das automatische Öffnen einer Tür durch eine Lichtschranke.

b) An Ihrer Druckmaschine gibt es Funktionen, die durch Lichtsender gesteuert werden. Nennen Sie zwei Steuerungen und beschreiben Sie exemplarisch diese Funktionen.

58 Instandhaltung der Druckmaschine

Ein Druckmaschinenhersteller schreibt zum Thema „Instandhaltung – Pflege und Wartung" im Vorwort seiner technischen Dokumentation u. a.:
„Voraussetzungen zur Garantie; Zum Erhalt der Garantieleistungen innerhalb der zugesagten Garantiezeit:

- Nur die in der Schmierstofftabelle aufgeführten Schmierstoffe verwenden.
- Wartungsintervalle einhalten und Wartungsarbeiten genau befolgen.
- Es ist zu klären, wer die Maschine wartet. Die Wartung ist zu protokollieren.
- Wartungs- und Instandhaltungsarbeiten sowie Grundeinstellungen dürfen nur Personen ausführen, die hierfür geschult und autorisiert sind."

a) Lassen Sie sich die technischen Informationen Ihrer Druckmaschine zur Pflege und Wartung zeigen und laufende Aufgaben erklären. Fassen Sie die wichtigsten Informationen in einer Checkliste zusammen.

b) Beschreiben Sie, was zur Sicherheit vor jeder Wartungsarbeit an der Druckmaschine erfolgen muss.

c) Ermitteln Sie aus den Unterlagen, welche Schmierstoffe und Waschmittel für welchen Zweck eingesetzt werden dürfen. Erstellen Sie dazu eine eigene übersichtliche Liste.

Für Lösung bitte separates Blatt verwenden! 

59 Druckmaschine – Regelung

Sie arbeiten an einer Rollen-Offsetdruckmaschine für den Illustrationsdruck. Die Druckmaschine ist mit einer großen Zahl von Steuerungen und Regelungen ausgestattet, die eine sichere Produktion in höchster Druckqualität ermöglichen.
Beschreiben Sie prinzipiell die technische Funktion zur Steuerung bzw. Regelung …

a) der Bahnkante.

b) des Schnittregisters.

60 Druckmaschine – Technologie

In der Fachzeitschrift Deutscher Drucker trägt ein Artikel den Titel „Retrofit, Wartung, Service: Ein dicht besetztes Feld".

a) Übersetzen Sie sinngemäß die englische Bezeichnung Retrofit.

b) Beschreiben Sie, welche technischen und wirtschaftlichen Ziele mit diesen Maßnahmen erreicht werden sollen.

c) „Immer mehr Rollen-Offsetdruckereien für den Akzidenz- und den Zeitungsdruck nutzen den Trend zum Outsourcing von …"
Erklären Sie, was dieser englische Begriff bedeutet und welche Ziele damit erreicht werden sollen.

61 Druckmaschine – Technologien

Standardisierte Datenformate wie PPF und JDF schaffen völlig neue Möglichkeiten im gesamten Produktionsprozess einer Druckerei.

a) Was bedeuten die Abkürzungen PPF und JDF?

b) Beschreiben Sie drei Möglichkeiten, wie mit diesen Technologien der gesamte Herstellungsprozess von Druckprodukten erweitert und optimiert werden kann.

62 Instandhaltung der Druckmaschine

Nach den Normen DIN 31051 bzw. DIN EN 13306 ist die Instandhaltung der Oberbegriff für verschiedene technische und administrative Maßnahmen, den gesamten „Lebenszyklus" einer Maschine, einer Anlage, eines Systems o. Ä. in einem funktionsfähigen Zustand zu erhalten oder in den funktionsfähigen Zustand zurückzuführen.

a) Welche vier Arbeits- bzw. Aufgabenbereiche gehören danach zur Instandhaltung?

b) Instandhaltungsarbeiten erfordern Zeit, in der eine Druckmaschine nicht produzieren kann. Erläutern Sie wirtschaftliche Ziele, die der Betrieb durch eine sachgerechte Instandhaltung erreichen will.

63 Wartungsarbeiten an der Druckmaschine

Die regelmäßige Pflege der Druckmaschine erhöht die Sicherheit und Arbeitszufriedenheit, eine regelmäßige sachgerechte Wartung die Wirtschaftlichkeit des Systems und Qualität im Druckprozess.
Beschreiben Sie je zwei Wartungsarbeiten und die dazu ggf. erforderlichen Hilfsmittel (Reinigungs- und Waschmittel, Schmierstoffe u. a.) an den folgenden Aggregaten:

a) Anlegesystem

____

____

b) Anlagetisch, Anlage

____

____

c) Farbwerk, Farbkasten

____

____

d) Wasserkasten, Feuchtmittelzufuhr

____

____

e) Feuchtmittelaufbereitung

____

____

f) Druckwerk: Zylinder, Mess-/Schmitzringe

____

____

g) Drucktuch (Gummituch)

____

____

h) Greifer

____

____

i) Puderapparat

____

____

j) Auslegesystem

____

____

k) Sensoren, Fotozellen

____

____

64 Wartungsarbeiten an der Druckmaschine

Zu einer sachgerechten Wartung gehören auch ein umweltgerechtes Arbeiten und die Entsorgung von Resten, Rückständen oder Abfällen.

a) Beschreiben Sie allgemein ein umweltgerechtes Arbeiten bei Wartungen.

b) Fragen Sie im Betrieb Ihren Ausbilder, was mit Altöl, Ölresten, Waschbenzin, benutzten Ölfilterpatronen u. a. Hilfsstoffen und Materialien zu geschehen hat. Schreiben Sie diese Informationen auf und heften Sie diese in Ihrer Dokumentation ab.

c) Erklären Sie, wie Sie sachgerecht mit ausgelaufenem oder verschüttetem Öl umgehen.

d) Warum dürfen Ölrückstände nicht in die Kanalisation gelangen?

Für Lösung bitte separates Blatt verwenden! 

65 Wartungsarbeiten an der Druckmaschine

Für eine einwandfreie Farbdosierung und ggf. auch Voreinstellung ist der Farbkasten gründlich zu warten. Sie haben den Auftrag, den gesamten Farbkasten und das Farbdosiersystem (je nach System mit Zonenschrauben oder Dosierelementen) zu reinigen. Mögliche Stichpunkte dazu: restliche Druckfarbe entfernen, Seitenwände, Laufrollen, Farbkasten, Dosierelemente, Farbduktor, Entsorgung leerer Farbdosen, verwendete Reinigungsmittel, benutzte Putzlappen. Beschreiben Sie die gesamte Wartung (Reinigung) in einer fachlich üblichen Reihenfolge.

Für Lösung bitte separates Blatt verwenden! 

66 Wartungsarbeiten an der Druckmaschine

Leicht flüchtige Reinigungsmittel aus der manuellen Reinigung werden in der Regel über die Putzlappen entsorgt.

a) Für das manuelle Reinigen verwenden Sie Handschuhe und Putzlappen. Beschreiben Sie, wie Sie einen Putzlappen „richtig" (Sicherheit!) in die Hand nehmen.

b) Wie soll möglichst der Putzlappen mit Reinigungsmittel befeuchtet werden?

c) Begründen Sie, aus welchen Gründen der Einsatz von Mehrwegputzlappen sinnvoll ist.

d) Warum ist es sehr wichtig, benutzte Putzlappen in stets gut verschlossenen Behältern kurzzeitig zu lagern?

67 Wartungsarbeiten an der Druckmaschine

Zur Vorbeugung vor Brand- und Explosionsgefahren insbesondere beim Einsatz von Farben, Lösemitteln, Hilfsstoffen und Putzlappen ist die richtige Lagerung und Verwendung wichtig. Im Zusammenhang mit Lösemitteln ist von VOC-Emissionen zu lesen.

a) Was bedeutet die Abkürzung „VOC" (englische Bezeichnung und deutsche Übersetzung)?

b) Welche Wirkungen haben VOC-Emissionen?

c) Ermitteln Sie, welche Lösemittel in Ihrem Betrieb bzw. an Ihrem Arbeitsplatz eingesetzt werden. Lassen Sie sich in dem sachgerechten Umgang mit diesen Lösemitteln unterweisen. Schreiben Sie diese Informationen auf und heften Sie diese in Ihrer Dokumentation ab.

Für Lösung bitte separates Blatt verwenden!

68 Wartungsarbeiten an der Druckmaschine

Gummiwalzen an Druckmaschinen werden bei jeder Umdrehung deformiert. Zudem kommen sie in Kontakt mit Druckfarbe, ggf. Feuchtmittel und Druckplatten sowie mit Lösemitteln und Luft. Alle diese Faktoren erzeugen insbesondere bei schnelllaufenden Druckmaschinen hohe mechanische, thermische und chemische Belastungen. Nur mit sauberen und technisch einwandfreien Walzen ist die Druckform optimal einzufärben.
Erläutern Sie zu jedem der folgenden Punkte geeignete bzw. erforderliche Wartungsarbeiten:

a) Härteprüfung und optische Prüfung

b) Walzeneinstellung

c) Walzenreinigung

d) Ablagerungen

e) Walzenlager

69 Wartungsarbeiten an der Druckmaschine

Für das umweltgerechte Entsorgen bzw. Recyceln von Lösemitteln gibt es verschiedene Möglichkeiten. Nennen Sie zwei Möglichkeiten dazu.

70 Glossar (1)

Beschreiben Sie für ein Glossar mit Ihrem Team die nachfolgenden Bauelemente, Aggregate oder technischen Elemente.
Stellen Sie allen Teams Ihre Ergebnisse vor und diskutieren Sie Optimierungen, wenn dies zum Verständnis oder zur Verdeutlichung erforderlich ist.
Heften Sie alle schriftlichen Ergebnisse in Ihrer persönlichen Dokumentation ab.

- Aktor
- Bahnbeobachtungssysteme
- Einzugwerk
- elektronische Welle (Art, Bedeutung)
- Getriebe, Grundgetriebe
- kraftschlüssige Bewegung (Kraftübertragung)
- Lösemittelrückgewinnung
- Registerregelung (korrekt: Passerregelung)
- Sensor
- Sollwert
- Wendestangen
- Zahnradgetriebe (Rädergetriebe)

Für Lösung bitte separates Blatt verwenden! 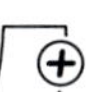

71 Glossar (2)

Beschreiben Sie für ein Glossar mit Ihrem Team die nachfolgenden Bauelemente, Aggregate oder technischen Elemente.
Stellen Sie allen Teams Ihre Ergebnisse vor und diskutieren Sie Optimierungen, wenn dies zum Verständnis oder zur Verdeutlichung erforderlich ist.
Heften Sie alle schriftlichen Ergebnisse in Ihrer persönlichen Dokumentation ab.

- Abluftreinigung
- Automatisierung
- Bogenwendesystem (Bogen-Offsetdruck)
- Einfärbung der Druckform im Flexodruck
- Drop-on-Demand
- Hydraulik
- Königswelle
- Kupplung (Funktion, Einsatzbereiche)
- Pfeilverzahnung
- Schmitzring
- Übersetzung (Getriebe)
- Zentralzylindermaschine

Für Lösung bitte separates Blatt verwenden! 

72 Glossar (3)

Beschreiben Sie für ein Glossar mit Ihrem Team die nachfolgenden Bauelemente, Aggregate oder technischen Elemente.
Stellen Sie allen Teams Ihre Ergebnisse vor und diskutieren Sie Optimierungen, wenn dies zum Verständnis oder zur Verdeutlichung erforderlich ist.
Heften Sie alle schriftlichen Ergebnisse in Ihrer persönlichen Dokumentation ab.

- Adsorptionstechnik
- automatische Papierrollenlogistik
- ElektroInk-Technologie
- „Farbwerk" im Rakeltiefdruck (Einfärbesystem)
- Einzelantrieb
- formschlüssige Kraftübertragung
- Istwert
- Jobticket
- Mechatronik
- Pneumatik
- Rüstzeitverkürzung
- Wälzlager

Für Lösung bitte separates Blatt verwenden! 

73 Glossar (4)

Beschreiben Sie für ein Glossar mit Ihrem Team die nachfolgenden Bauelemente, Aggregate oder technischen Elemente.
Stellen Sie allen Teams Ihre Ergebnisse vor und diskutieren Sie Optimierungen, wenn dies zum Verständnis oder zur Verdeutlichung erforderlich ist.
Heften Sie alle schriftlichen Ergebnisse in Ihrer persönlichen Dokumentation ab.

- Altöl
- Bahnspannungsregelung
- Exzenter
- Drucklinie
- Druckluft
- Druckprinzip
- „Farbwerk" im Flexodruck (Einfärbesystem)
- Instandhaltung
- Kurvengetriebe, Kurvenscheibe
- Messring
- Schmierung
- umfangs- und breitenvariable Produktion

Für Lösung bitte separates Blatt verwenden! 

MULTIPLE-CHOICE-AUFGABEN

74 Druckmaschinen – System

Ab welcher elektrischen Spannung (Wechselspannung) kann Strom für den Menschen lebensgefährliche sein?

(A) 50 Volt

(B) 80 Volt

(C) 100 Volt

(D) 220 Volt

(E) 380 Volt

75 Druckmaschinen – System

Mit welchem Maß wird die Stärke des elektrischen Stroms angegeben?

(A) Watt

(B) Kilowatt

(C) Ohm

(D) Ampere

(E) Volt

76 Druckmaschinen – System

Elektrischer Strom wird u. a. für die Beleuchtung und den Antrieb von Maschinen und Geräten eingesetzt. Ergänzen Sie hierzu den folgenden Satz mit der richtigen Angabe.
Eine elektrische Sicherung im Stromkreis …

(A) schützt die in Richtung Verbraucher liegenden Leitungen vor Überlastung.

(B) verhindert einen Kurzschluss.

(C) schützt Menschen vor einem elektrischen Schlag.

(D) verstärkt die Belastbarkeit von elektrischen Leitungen.

77 Druckmaschinen – System

Welche der folgenden Einheiten ist bei der Größe „Arbeit“ der Einheit 1 Nm gleich?

(A) 1 kJ

(B) 1 Ws

(C) 1 W

(D) 9,81 J

(E) 1 kW

78 Druckmaschinen – System

Prüfen Sie die folgenden physikalischen Informationen. Welche dieser Angaben ist *falsch*?

(A) Druck = (Druck-)Kraft : Fläche

(B) Adhäsion: molekulare Kräfte zwischen verschiedenen Stoffen bzw. Körpern, z. B. das Haften von Druckfarbe auf einer Oberfläche

(C) Temperatur: 1 °C = + 273 K

(D) Längenmaß: 1 µm = 10^{-6} m

(E) Messen: An einer Bügelmessschraube sind keine „Mikrometer“ abzulesen.

79 Druckmaschinen – System

Welche Beschreibung kennzeichnet die typischen Eigenschaften einer Fotozelle?

(A) Ein Sensor, der beim Auftreffen von Licht eine elektrische Spannung erzeugt

(B) Ein elektronisches Bauelement, das Licht aussendet, wenn eine elektrische Spannung angelegt wird

(C) Ein Sensor, der bei einer Belichtung einen höheren Widerstand erhält

(D) Ein Sensor, dessen elektrischer Widerstand bei einer Belichtung abnimmt

80 Druckmaschinen – Getriebe

Die Drehzahländerung vom Antrieb zum Abtrieb nennt man Übersetzung bzw. Übersetzungsverhältnis. Übersetzungen ins Langsame werden auch Untersetzungen genannt.
Welches formschlüssige Getriebe eignet sich für sehr große Übersetzungen, z. B. 60 : 1?

(A) Differenzialgetriebe

(B) Kegelradgetriebe

(C) Kurvengetriebe

(D) Schneckengetriebe

81 Druckmaschinen – Getriebe

Welche Art der Verzahnung wird in den Druckwerken aller modernen Druckmaschinen eingesetzt?

(A) Schrägverzahnung mit einer Zykloide

(B) Pfeilverzahnung mit einer Evolvente

(C) Geradverzahnung mit einer Evolvente

(D) Pfeilverzahnung mit einer Zykloide

(E) Schrägverzahnung mit einer Evolvente

82 Druckmaschinen – Zylindersysteme

Für die Druckqualität ist die richtige Druckabwicklung an einer Offsetdruckmaschine sehr wichtig.
Welche der folgenden Angaben trifft zu?

(A) Eine korrekte Druckabwicklung ist dann gegeben, wenn alle Druckplatten-, Drucktuch- und Druckzylinder den gleichen Durchmesser besitzen.

(B) Wird mit der gleichen Druckplatte bei gleichen Aufzugstärken anstelle von Papier (0,1 mm dick) ein Karton (0,4 mm dick) gedruckt, so wird das Druckbild länger.

(C) Bei einem Nichtschmitzringläufer führt ein Verstellen der Zylinder aus der idealen Teilkreislinie zu Druckschwierigkeiten.

(D) Das Druckbild wird immer im gleichen Winkel über das Gummituch auf das Papier übertragen.

83 Druckmaschinen – Zylindersysteme

Aus welchem technischen Grund ist ein Teilkreisbereich beim Zahneingriff der Zylinder des Druckwerkes einer Offsetdruckmaschine erforderlich?
Um bei unterschiedlichen Aufzugstärken …

(A) immer die gleiche Drucklänge zu erreichen.

(B) ein Spiel in den Zahnrädern zu vermeiden.

(C) Passerdifferenzen durch das Verstellen des Druckzylinders ausgleichen zu können.

(D) eine optimale Abwicklung zu erreichen.

(E) Beschädigungen der Druckplatte, des Gummituches und des Bedruckstoffes zu vermeiden.

84 Druckmaschinen – Zylindersysteme

Der Teilkreis einer Bogen-Offsetdruckmaschine ist eine wesentliche Bezugsgröße für die Abwicklung und die Aufzugstärken. Bei welchem Zylinder bzw. bei welchen Zylindern liegt der Messring unter der Teilkreishöhe?

(A) Druckplattenzylinder

(B) Gummituchzylinder

(C) Druckzylinder

(D) Gummituch- und Druckzylinder

(E) Bei allen drei Zylindern

85 Druckmaschinen – Zylindersysteme

Welcher der folgenden Einflüsse ist unbedeutend für eine korrekte Abwicklung im Druckprozess?

(A) Stärke des Bedruckstoffes

(B) Aufzugstärken

(C) Zusammensetzung und Härte des Aufzuges am Gummituchzylinder

(D) Druckformat, insbesondere die Zylinderbreite

(E) Anpressdruck im Druckprozess

86 Druckmaschinen – Mechatronik

In der Technik werden immer mehr elektronische Bauelemente zur Steuerung von verschiedensten Funktionen eingesetzt. Eine integrierte Schaltung ist …

(A) eine Kombination verschiedener Fotozellen, die für unterschiedliche Wellenlängen empfindlich sind.

(B) eine Zusammenfassung verschiedener Schaltkreise mit Halbleiterelementen auf einem Träger.

(C) ein elektronischer Widerstand für die digitale Steuerung eines Systems durch Licht.

(D) ein System zur Wandlung analoger Daten in digitale Daten.

(E) ein Bauelement, das geringe Ströme verstärkt und somit eine höhere Leistung erbringt.

87 Druckmaschinen – Einfärbung der Druckform

Prüfen Sie die folgenden technischen Angaben zum Einfärben der verschiedenen Druckformen von I bis V und entscheiden Sie, bei welcher Lösung (A, B, C, D oder E) alle Angaben korrekt sind. Markieren Sie danach diese Lösung.

I Das Einfärben der Druckform im konventionellen Offsetdruck erfolgt in zwei Phasen: Feuchten der Nichtbildstellen und Einfärben der Bildstellen.
II Eine Farbkammerrakel überträgt im Flexodruck die niedrig viskose Druckfarbe auf eine Rasterwalze, die die Druckform einfärbt.
III Über die Farbkammerrakel kann die Druckfarbe zonenweise gesteuert (dosiert) werden.
IV Im Tiefdruck läuft eine Rasterwalze in einem Farbbehälter mit hoch viskoser Druckfarbe. Eine Rakel entfernt die überschüssige Druckfarbe von der Rasterwalze, die anschließend den Druckformzylinder einfärbt.
V In Digitaldruck wird bei Inkjet-Verfahren zur Einfärbung der Bildtrommel das Continous-Verfahren eingesetzt.

Richtig sind die Angaben:

(A) I, II

(B) I, III, IV, V

(C) I, II, III

(D) II, III, V

(E) II, III, IV, V

88 Druckmaschinen – Bogen-Offsetdruck

Welche der folgenden Angaben zu Mehrfarbendruckmaschinen ist *falsch*?

(A) Die Druckwerke einer Vierfarbendruckmaschine in Reihenbauweise haben insgesamt 12 Zylinder.

(B) Bei der Satellitenbauweise drucken vier Druckform- und Gummituchzylinder an einen Druckzylinder.

(C) Eine Offsetdruckmaschine in Vierzylinderbauweise druckt zwei Farben auf eine Seite des Bedruckstoffes.

(D) Alle Offsetdruckmaschinen in Reihenbauweise haben gleich große Druckform-, Gummituch- und Druckzylinder.

89 Druckmaschinen – Bogen-Offsetdruck

In welchem Bauteil einer Bogen-Offsetdruckmaschine werden Zangengreifer eingesetzt?

(A) In einer Satellitendruckmaschine zur Übergabe des Bogens an das nächste Druckwerk

(B) An der Wendetrommel einer Schön- und Widerdruckmaschine mit Dreitrommel-Wendung

(C) Zur Übernahme des Druckbogens vom Anlegetisch an das erste Druckwerk

(D) Bei der Übernahme des Druckbogens an Schön- und Widerdruckmaschinen mit Eintrommel-Wendung

90 Druckmaschine

Welche der folgenden Druckmaschinen kann einen Presseursleeve einsetzen?

(A) Digitaldruckmaschine, Basis Elektrofotografie

(B) Rollen-Offsetdruckmaschine, Zeitung

(C) Rollen-Offsetdruckmaschine, Akizidenz

(D) Tiefdruckmaschine, Verpackung

(E) Flexodruckmaschine, Verpackung

91 Druckmaschinen – Bogen-Offsetdruck

Welche Angabe zu Anlegern an einer Bogen-Offsetdruckmaschine ist richtig?

(A) Einzelbogenanleger sind besonders für hohe Druckleistungen geeignet.

(B) Anleger mit Rollenquerschneider eignen sich nicht für eine Schuppenanlage.

(C) Schuppenanleger ermöglichen einen ruhigen, kontinuierlichen Bogenlauf zur Anlage.

(D) Bei Schuppenanlegern wird jeder Druckbogen an der Bogenvorderkante angesaugt und auf den Anlagetisch transportiert.

92 Druckmaschinen – Bogen-Offsetdruck

Welche der folgenden Angaben zur Druckmaschinentechnik ist *falsch*?

(A) Bei sogenannten Schmitzringläufern laufen beim Druck die Schmitzringe des Druckform- und Gummituchzylinders unter Vorspannung aufeinander ab.

(B) Der Druck mit Schmitzringkontakt vermeidet im Druckprozess auftretende Schwingungen.

(C) Bei Nichtschmitzringläufern laufen beim Druck die Schmitzringe des Gummituch- und Druckzylinders unter Vorspannung aufeinander ab.

(D) Schmitzringläufer haben gleich große Laufringe aus gehärtetem Stahl an den Stirnseiten des Druckform- und Gummituchzylinders.

93 Druckmaschinen

Eine Flexodruckmaschine (Rollen-Rotationsdruckmaschine) mit einem Zentralzylinder und sechs Farbwerken druckt in einem Druckgang maximal:

(A) 6/0-farbig

(B) 4/2-farbig

(C) 3/3-farbig

(D) 6/0- oder 4/2-farbig

94 Druckmaschinen – Bogen-Offsetdruck

Farbvoreinstellsysteme übernehmen die Daten zu Flächendeckungen auf dem Druckbogen aus der Druckvorstufe. Damit sind Rüstzeiten zu verkürzen und Makulatur zu sparen. Entscheidende Voraussetzung ist eine exakte Farbdosierung.
Welche der folgenden Angaben zur Farbdosierung ist *falsch*?

(A) Der Farbduktor im Farbkasten dreht sich in die gleiche Richtung wie der Druckformzylinder.

(B) Farbkästen mit einem durchgehenden Farbmesser arbeiten nicht nebenwirkungsfrei.

(C) Beim Öffnen einer Farbzone mit Zonenschrauben werden auch benachbarte Farbzonen beeinflusst.

(D) Die Farbzonen sind bei einem Messerfarbkasten vom Leitstand aus zu steuern.

95 Druckmaschinen – Bogen-Offsetdruck

Welche der folgenden Angaben zur Farbdosierung trifft auf diese Abbildung zu?

(A) Im Farbkasten ist zu wenig Druckfarbe, dadurch entstehen Streifen auf dem Farbduktor.

(B) Die Farbmenge in einzelnen Zonen wird durch Farbdosierelemente gesteuert.

(C) Das Farbmesser ist defekt und muss ausgetauscht werden.

(D) Die Druckfarbe ist im Farbkasten zonenweise emulgiert und muss gewechselt werden.

96 Druckmaschinen

Ergänzen Sie den folgenden Satz zu einer korrekten Aussage: Im Flexodruck ist eine zonenweise Farbgebung bei Einfärbung mit einer Rasterwalze …

(A) genauso möglich und erforderlich wie bei Offsetdruckfarbwerken.

(B) nicht möglich, da die übertragene Farbmenge nur durch die Viskosität der Druckfarbe beeinflusst wird.

(C) nicht möglich, da die übertragene Farbmenge wesentlich durch die Parameter der Rasterwalze bestimmt wird.

(D) durch ein Umschalten in eine andere Näpfchengeometrie zu realisieren.

97 Druckmaschinen – Bogen-Offsetdruck

Der zentrale Arbeitsplatz für den Drucker an modernen Druckmaschinen ist der Leitstand.
Welche Funktion ist nicht am Leitstand zu steuern?

(A) Farbwerk: Einstellung der Zonenschrauben zur Farbsteuerung

(B) Druckvoreinstellungen: Druckeinstellung an den Druckwerken

(C) Bedruckstofftransport: Grundeinstellung vom Anleger bis zur Auslage

(D) Farb- und Feuchtwerk: Farb- und Feuchtmittelsteuerung

98 Druckmaschinen – Bogen-Offsetdruck

Eine umstellbare Schön- und Widerdruckmaschine mit acht Druckwerken hat in der Mitte der Druckwerke eine Wendeeinrichtung.
Welche Möglichkeiten für den Druck bietet diese Technik?

(A) 4/4 und 2/6

(B) 2/6 und 4/4

(C) 8/0 und 4/4

(D) 6/2 und 8/0

99 Druckmaschinen

Technische Angaben zum Druckprozess; welche der folgenden technischen Angaben ist richtig?

(A) Nass-in-Nass-Druck = Drucken mehrerer Druckfarben auf einen Bedruckstoff ohne Zwischentrocknung.

(B) Waschmittel mit einem hohen Benzolgehalt (< 10 %) sind zum Reinigen besonders gut geeignet.

(C) Bei längerem Fortdruck im Offsetdruck sinkt die Temperatur im Farbwerk.

(D) Eine hohe Oberflächenspannung des Feuchtmittels ist Voraussetzung für eine gute Benetzung der Nichtbildstellen (nicht druckende Bereiche auf der Druckform).

100 Druckmaschinen – Bogen-Offsetdruck

Prüfen Sie, welche Angaben zutreffen und kennzeichnen Sie Ihre gesamte Lösung in den Antworten A, B, C oder D. Nur bei einer Lösung sind alle Angaben korrekt!

I Farbdosiersysteme arbeiten nebenwirkungsfrei.
II Farbdosierelemente sind vom Leitstand aus zu steuern.
III Filmfeuchtwerke arbeiten immer ohne eine Feuchtauftragswalze.
IV Durch eine Brückenwalze kann das Feuchtwerk direkt mit dem Farbwerk verbunden werden.
V Filmfeuchtwerke führen kontinuierlich Feuchtmittel.

Markieren Sie die Zeile mit den richtigen Lösungen.

(A) I, II, III, IV, V

(B) I, II, III, V

(C) I, III, IV, V

(D) II, IV, V

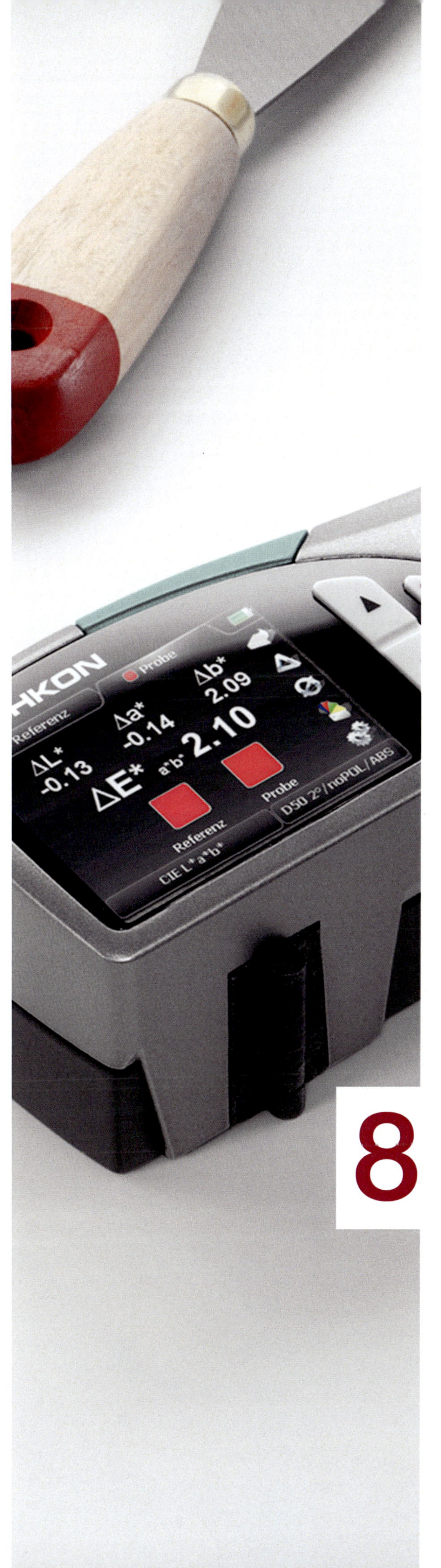

8 MESSEN UND PRÜFEN IM PROZESS

Messen und Prüfen im Prozess

Eine konstante, produktbezogen gute Qualität ist die Grundlage für zufriedene Kunden. Im Unternehmen zählen daneben die Mitarbeiterzufriedenheit und die Wirtschaftlichkeit zu den Erfolgsfaktoren.

Wirtschaftlichkeit erfordert ein umweltbewusstes Handeln aller am Produktionsprozess Beteiligten. Ein Kernpunkt für erfolgreiches Handeln ist die Reduzierung von Fehlern aller Art und von Makulatur.

- Jeder Fehler im gesamten Prozess reduziert den wirtschaftlichen Erfolg des Unternehmens.
- Fehler in der richtigen Auswahl aller benötigten Materialien sowie nicht beachtete Wechselwirkungen zwischen eingesetzten Materialien oder im Produktionsprozess verursachen Kosten und Ärger.
- Der Bedruckstoff ist mengenmäßig das am meisten gebrauchte und kostenintensivste Material.
- Der Bedruckstoff ergibt die größte Abfallmenge.
- Für Makulatur entstanden Kosten im Einkauf und im Lager. Zudem sind weitere Kosten für die Entsorgung zu berücksichtigen.

Der Produktionsprozess im Druck ist ein komplexer Arbeitsablauf mit vielen Einflussfaktoren und Abhängigkeiten voneinander wie in einem Netzwerk. Um diese Wechselwirkungen zu kennen, zu beurteilen und zu bewerten, ist ein sachgerechtes Messen und Prüfen vom Wareneingang bis zum Endprodukt erforderlich.
Das Messen, Prüfen und Dokumentieren ist die wichtigste Voraussetzung für die Prozesssteuerung und Qualitätssicherung und damit für eine rationelle, standardisierte und wirtschaftliche Produktion.

Messen: Gummituchzylinder

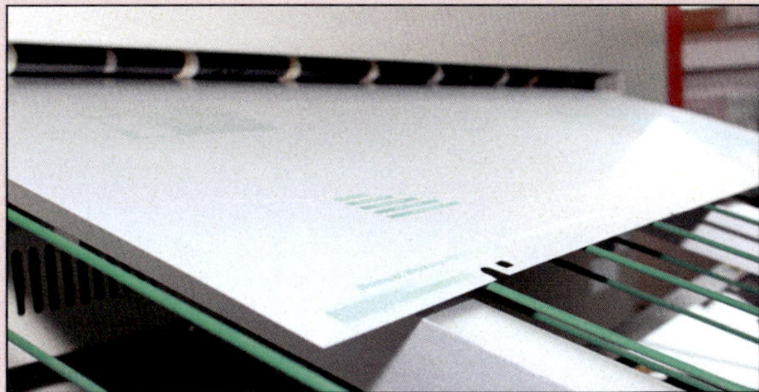

Offsetdruckplatte

Toolbox

Der Medientechnologe Druck ist verantwortlich für eine störungsfreie, qualitativ gute und wirtschaftliche Produktion. Seine Kompetenz zeigt sich im rechtzeitigen Erkennen von Mängeln bzw. Fehlern im Druck, der Analyse und sofortigen Beseitigung von Fehlern, z. B.

- liegt ein Fehler aus der Druckvorstufe oder an der Druckform vor?
- hat der Fehler seine Ursache im eingesetzten Material bzw. durch Wechselwirkungen der Materialien?
- sind Einstellungen oder Mängel an der Druckmaschine die Ursache für einen Fehler?

Härtemessgerät

Produktionsprozess Druck

Der Produktionsprozess ist ein komplexer Arbeitsablauf mit vielen Einflussfaktoren und Abhängigkeiten voneinander wie in einem Netzwerk. Die Übersicht zeigt beispielhaft die Vielfalt der Parameter und Zusammenhänge bzw. Wechselwirkungen.

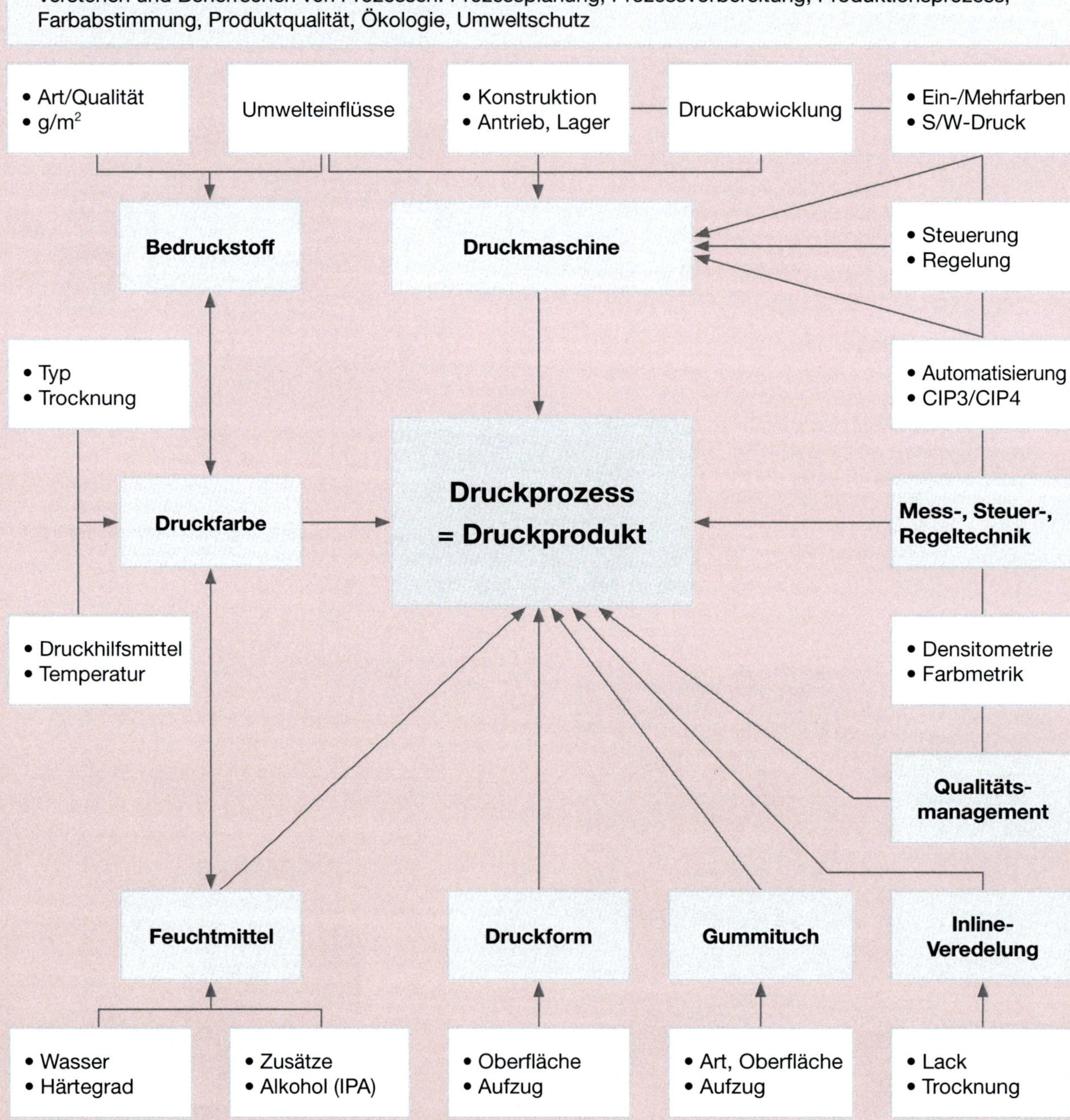

1 Druckbogen – Einteilung

Das digitale Ausschießen und die digitale Bogenmontage sind heute Stand der Technik. Für die Arbeit werden alle benötigten Daten aus der (digitalen) Auftragstasche und der Druckvorstufe übernommen.

a) Welche Angaben für einen Druckauftrag benötigen Sie, um digital eine Einteilung des Druckbogens aufzubauen?

b) Sie lesen in einer Bildschirmmaske die beiden Bezeichnungen Papierbeginn und Greiferrand. Erklären Sie, wie sich diese beiden Größen voneinander unterscheiden. Fügen Sie zur Veranschaulichung eine einfache Skizze bei.

2 Papier – Berechnungen

Ein Drucker stapelt insgesamt zwei Paletten Papier „Luxomagic" im Format 44 cm × 63 cm mit einer Grammatur von 135 g/m² und einem 1,2-fachen Volumen in der Druckmaschine vor. Auf einer Palette befinden sich 8000 Bogen.

a) Wie hoch ist der Papierstapel auf einer Palette?

b) Wie schwer ist das gesamte Papier, welches der Drucker stapeln muss?

c) Wie viele Postkarten im Standardformat könnten mit dem Papier bedruckt werden?

3 Druckbogen – Hilfszeichen

Produkt: Flyer „Brunnenfest in Gaisbeuren",
4 Seiten DIN A4 (Hochformat).
Druckbogenformat 430 mm × 610 mm

a) Tragen Sie in die Skizze des Standbogens ein:
- Druckanlage
- Seitenmarke an der korrekten Position
- Stellung der einzelnen Seiten (ausschießen, Paginierung im Fuß der Seiten)
- Beschnitt: Kopf 3 mm, weitere Beschnitte sind selbst zu berechnen und einzutragen. Skizzieren Sie mit feinen Linien die Positionen von Schneidmarken und der Falzmarke.

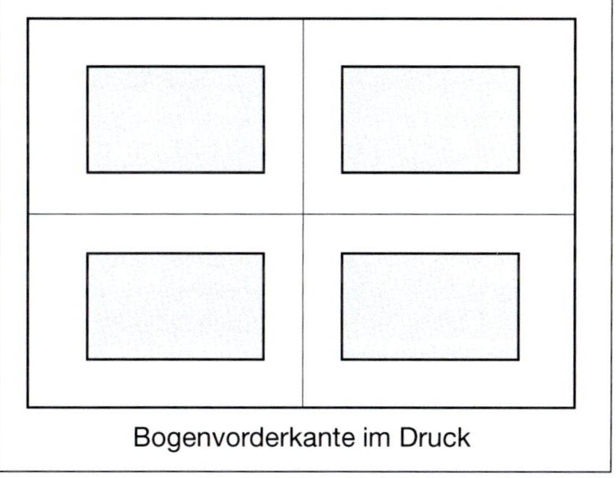

b) Erklären Sie, wie und wo die Seitenmarke seitlich positioniert sein muss, damit sie Ihren Zweck erfüllt.

c) Eine Seitenmarke ist in ihrer Art und Form nicht vorgegeben, sondern in jedem Betrieb vereinbart. Skizzieren Sie zwei Beispiele, wie eine solche Marke aussehen kann (Art, Form, Linienstärke).

d) Erklären Sie den Unterschied zwischen der Druckanlage und der buchbinderischen Anlage.

4 Druckbogen – Einteilung, Hilfszeichen

Die Abbildung zeigt einen Druckbogen (Widerdruck), der in einer Bogen-Offsetdruckmaschinen 4/0 gedruckt wird.

a) Skizzieren Sie verkleinert das Ausschießschema des Schöndrucks.

b) Markieren Sie in der Abbildung alle wichtigen Markierungen, Hilfszeichen oder sonstige Kontrollelemente mit einem Pfeil und einer fortlaufenden Ziffer. Erstellen Sie dazu eine Legende mit der Bedeutung der angegebenen Elemente.

5 Druckbogen – Hilfszeichen

Produkt: Geschäftsbericht
Umfang: 16 Seiten DIN A4 hoch
Druck: Schön- und Widerdruckmaschine, 4c
Druckbogen: 630 mm × 880 mm
Tragen Sie in die Skizze ein:

- Seitenzahl für den äußeren Bogen im Fuß der Seiten
- Seitenmarke, Falzmarken und Schneidezeichen
- Bezeichnen Sie alle Linien auf dem Bogen

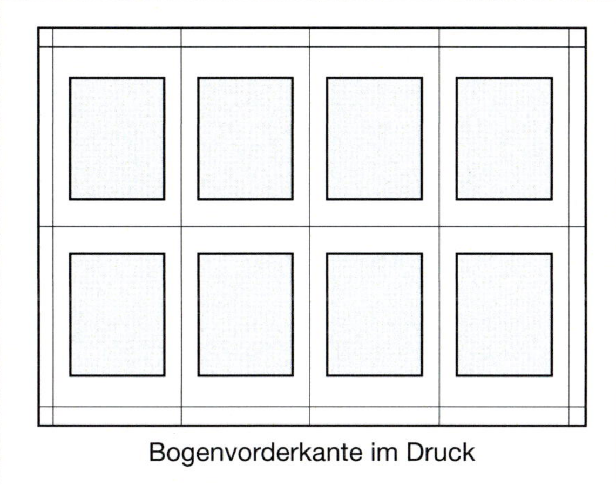

6 Papier – Formate

DIN-Formate ermöglichen eine optimale Nutzung des Papiers im Druckprozess.

a) Wie sind Papierformate der DIN-A-Reihe „aufgebaut“, um beliebige DIN-Formate dieser Reihe ohne Abfall herausschneiden zu können?

b) Ein Bogen DIN A0 ist das Ausgangsformat der DIN-A-Reihe. Wie groß ist dieser Bogen in mm?

c) Wie groß ist ein Bogen im Format DIN A2 sowie der dazugehörige Rohbogen in mm?

d) Wie viel Nutzen im Format DIN A5 (Blatt) erhalten Sie aus einem Bogen im Format DIN A1? (Nutzen Sie zur Berechnung eine einfache Potenzrechnung.)

7 Prüfen – Laufrichtung

Die Laufrichtung, auch Maschinenrichtung genannt, bezeichnet bei Papieren die Richtung, in der sich die Fasern auf dem Sieb der Papiermaschinen hauptsächlich ausrichten.

a) Skizzieren Sie exemplarisch das Langsieb einer Papiermaschine (als Rechteck). Tragen Sie mit einem Pfeil die Produktionsrichtung der Papiermaschine sowie die Laufrichtung des Papiers ein.

b) Papier kann unterschiedlich aus einer Papierbahn geschnitten werden. Nach der DIN kennzeichnet man dementsprechend Papiere mit den Bezeichnungen Schmalbahn (SB) und Breitbahn (BB). Wie werden die beiden Papiere A und B, Format 70 cm × 100 cm, demnach korrekt bezeichnet?

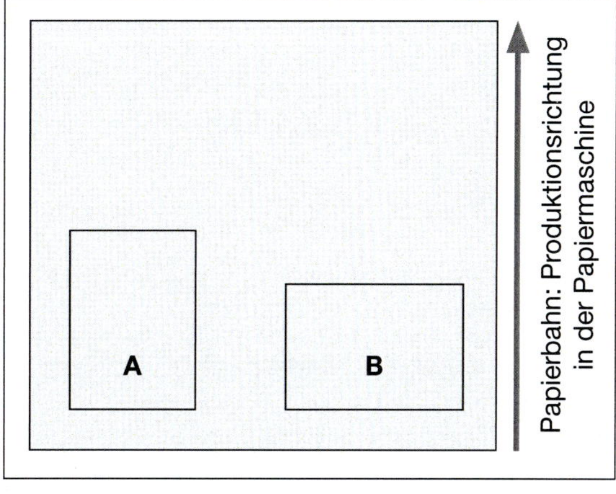

8 Papier – Berechnungen

Eine Broschur, Format DIN A5, Umfang 512 Seiten, soll auf einem Papier mit 135 g/m² gedruckt werden. Berechnen Sie für den postalischen Versand das Gewicht pro Broschüre. Für Druckfarbe, Bindematerial u. a. rechnen Sie 2 g hinzu.

9 Papier – Messen und Prüfen

Aus der umfangreichen Toolbox zur Materialkontrolle setzt eine Druckerei dieses Gerät ein.

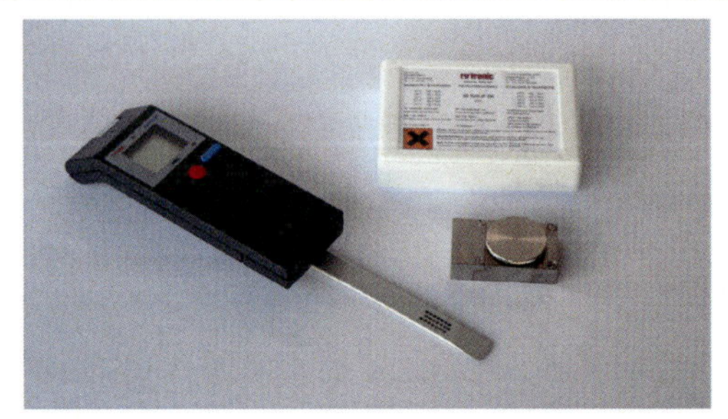

a) Für welche Prüfung bzw. Messung wird das Gerät eingesetzt?

b) Welche Messwerte werden digital angezeigt?

c) Erklären Sie, welche Bedeutung diese Messwerte für die Praxis haben.

10 Prüfen – Laufrichtung

Für einige Druckprodukte und Produktionstechniken ist die Laufrichtung (möglichst) zu beachten. Eine falsche bzw. ungeeignete Laufrichtung kann verschiedene Probleme verursachen.
Welche Laufrichtung soll das Papier bei den genannten Produkten jeweils haben und begründen Sie, warum diese wichtig ist:

a) Buch (Werkdruck)

b) Taschenbuch (Broschur mit Klebebindung)

c) Kalender (Endformat 80 cm x 60 cm)

d) Werbung, 3-Wickelfalz (3-Bruch), Papier 115 g/m^2

e) Digitaldruck (Elektrofotografie)

11 Prüfen – Laufrichtung

Die Laufrichtung des Papiers ist für viele Produkte und ein problemloses Arbeiten sehr wichtig.

a) Papier ist ein hygroskopisches Material. Erläutern Sie, in welcher Faserrichtung das Papier allgemein eine größere Festigkeit und bessere Dimensionsstabilität aufweist.

b) Welche Laufrichtung hat ein Rollenpapier?

c) Skizzieren Sie in einem Rechteck exemplarisch einige extra breite Papierfasern (Modell).
Erklären Sie dazu in einer weiteren Skizze, wie sich diese Fasern bei Aufnahme von (Luft-)Feuchtigkeit verändern und welche Wirkung dies auf die Faserstruktur hat.

12 Prüfen – Laufrichtung

Die Laufrichtung von Papier ist allgemein mit einfachen Methoden zu prüfen. Prüfen Sie dazu die folgenden Skizzen. Benennen Sie die einzelnen Prüfungen. Tragen Sie in die Skizzen die Laufrichtung farbig ein.

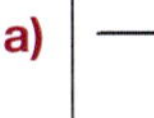

a) 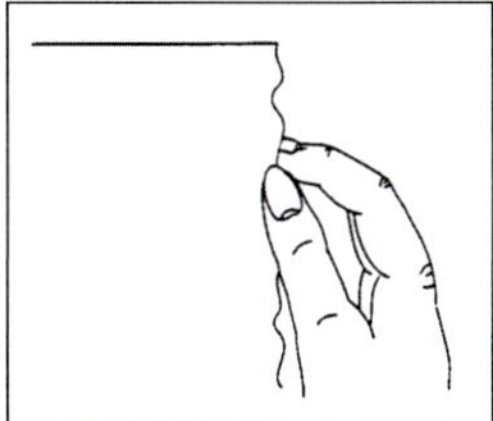

b) 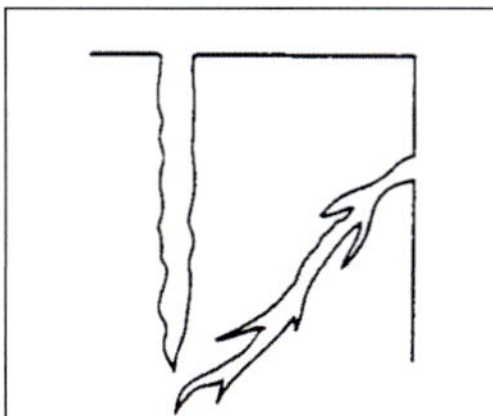

c) 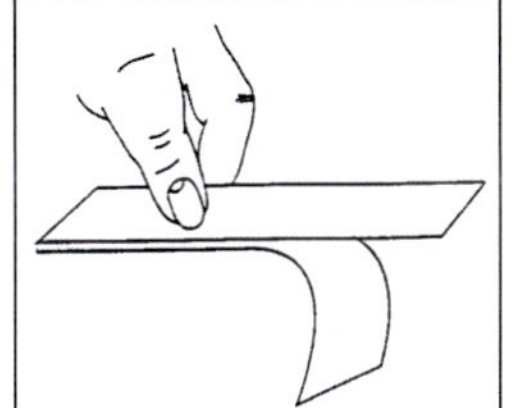

d) 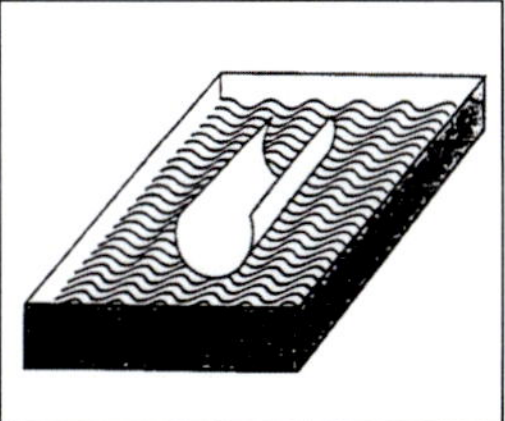

13 Papier – Berechnungen

Für ein Taschenbuch ist der Umschlag herzustellen. Der Mediengestalter benötigt für den Entwurf Angaben über die bedruckbare Fläche des Buchrückens. Sie haben die Aufgabe, die erforderliche Information zu berechnen:

Format: DIN A 6, hoch
Inhalt: 720 Seiten
Bedruckstoffe:
Inhalt 115 g/m^2 mit 1,2-fachem Volumen,
Umschlag 200 g/m^2 mit 1,1-fachem Volumen
Bindung: Klebebindung

a) Berechnen Sie die gesamte Rückenstärke der Broschur (Endergebnis auf ganze Millimeter aufrunden).

b) Welche Fläche steht für die Gestaltung des Buchrückens zur Verfügung, wenn an allen vier Seiten ein Rand von je 2 mm freigelassen werden muss?

14 Prüfen – Laufrichtung

Für einen Prospekt ohne angeschnittene Bilder oder Flächen, der zu 16 Seiten DIN A4 im Hochformat in zwei Druckformen (4/4-Druck) gedruckt werden soll, muss das Papier bestellt werden.

a) Welches Papierformat muss (minimal) für diesen Auftrag bestellt werden?

b) Welche Laufrichtung soll das zu bestellende Papier aufweisen?

15 Papier – Berechnungen

Die genaue Rückenbreite eines Buchblocks zu berechnen, ist problematisch, weil die Bindung, die Anzahl der Heftlagen und die Art des Papiers die Rückenbreite beeinflussen. Daher ist zu einer exakten Ermittlung ein Blindmuster mit dem vorgesehenen Einbandmaterial (Umschlag oder Buchdecke) zu erstellen.
Auftrag: Fachbuch
Umfang: 1 000 Seiten
Papier: Bilderdruckpapier, 80 g/m^2, Volumen 1,2
Berechnen Sie die Buch-Gesamtstärke in mm, wenn für die Buchdecke insgesamt 4 mm berücksichtigt werden.

16 Papier – Klima

In einer Großdruckerei werden Taschenbücher (Broschuren mit Klebebindung) produziert. Der Inhalt wird in einer Rollen-Offsetdruckanlage mit Heißlufttrocknung, der Umschlag auf Karton in einer Bogen-Offsetdruckmaschine gedruckt. Das Papier hat eine Laufrichtung parallel zum Rücken.
Nach dem dreiseitigen Beschneiden der fertig verarbeiteten Broschuren tritt nach einiger Zeit ein Fehler auf: Die Inhaltsseiten stehen aus dem Umschlag vor. Man nennt dieses Problem, das unter bestimmten Bedingungen auftritt, „auswachsen".
Erklären Sie, wie es dazu kommen kann.

17 Messen – Materialdicke

Der Aufzug für den Druckplattenzylinder benötigt eine bestimmte Stärke (Dicke).

a) Welche Stärke hat normalerweise der Aufzug an Ihrer Druckmaschine?

b) Stellen Sie diesen Aufzug mit allen benötigten Materialien in der geforderten Gesamtstärke zusammen. Messen Sie diese genau aus.
Dokumentieren Sie die Zusammensetzung sowie die einzelnen Maße (Druckplatte sowie Art und Dicke der verwendeten Unterlagen). Heften Sie Ihre Daten in Ihrer Dokumentation ab.

Für Lösung bitte separates Blatt verwenden! 

18 Messen der Dicke – Information

Die Messung der Dicke von Druckpapieren ist für viele Einstellungen an der Druckmaschine wichtig. Papierhersteller und Prüflabore verwenden Dickenmessgeräte mit veränderbaren Prüfflächen und unterschiedlichen Anpresskräften. Diese hochwertigen elektronisch arbeitenden Geräte sind mit digitaler Anzeige der Messwerte ausgestattet.
In der Druckerei werden mechanische Papierdickenmessgeräte mit einstellbarem Druck (Anpressung) eingesetzt, bei denen die Messwerte an einer Skala abzulesen sind oder digital angezeigt werden.
Ein einfaches, leicht zu bedienendes Gerät ist die Messschraube (Bügelmessschraube).

a) Tragen Sie die Bezeichnungen für die Elemente der Messschraube ein.

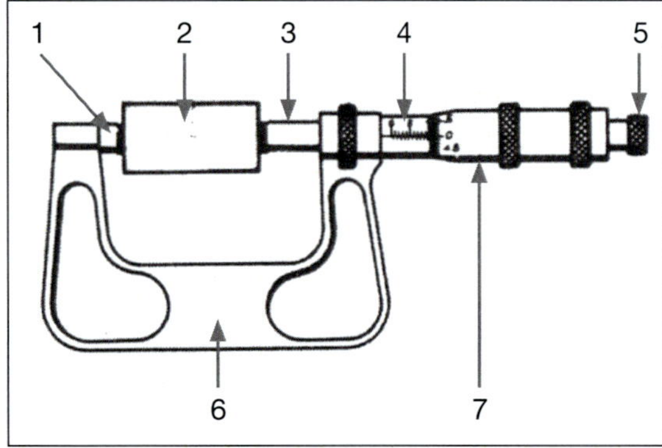

1. ______
2. zu messendes Material ______
3. ______
4. ______
5. ______
6. ______
7. ______

b) Lesen Sie auf den Skalen A bis E den jeweiligen Messwert ab und tragen ihn ein.

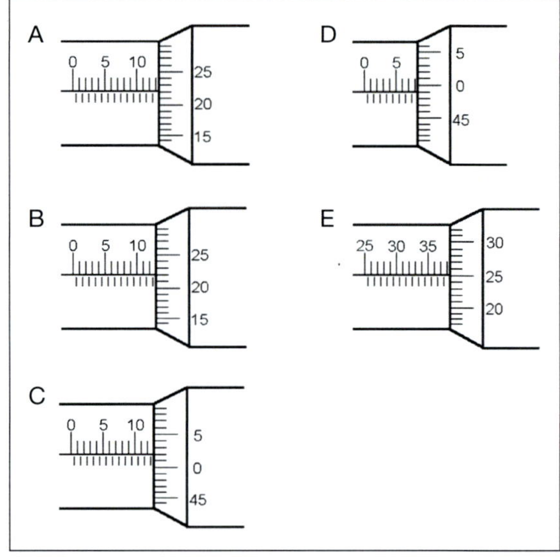

A ______

B ______

C ______

D ______

E ______

19 Messen – Papiervolumen

Je nach Art des verwendeten Fasermaterials und einer möglichen Satinage sind Papiere mit gleichem Flächengewicht unterschiedlich dick. Das Volumen gibt das Verhältnis zwischen der Dicke des Bedruckstoffes und dem Flächengewicht in g/m² an.

a) Mit welcher Formel ist das Papiervolumen zu berechnen?

______

b) Ein Papier hat eine Dicke von 80 µm bei einem Flächengewicht von 100 g/m². Berechnen Sie das Volumen des Papiers.

______

20 Papier – Papiergewicht

Mit einer einfach zu bedienenden Papierwaage kann rasch das Flächengewicht in g/m² gemessen werden. Beschreiben Sie das Messen mit dieser Papierwaage.

21 Messen – Material

Sie benötigen für den Druck einer Fachinformation 20 000 Bogen Offsetdruckpapier, 80 g/m², 0,9-faches Volumen, im Format 61 cm × 86 cm SB. Im Papierlager steht das benötigte Papier auf einer Palette, Papierstapelhöhe 1,5 m.

a) Berechnen Sie die Anzahl der Bogen auf dem Stapel (rein rechnerische Lösung, die in der Praxis abweichen kann). Reicht die Papiermenge auf diesem Stapel danach für diesen Auftrag aus?

b) Was bedeuten die Angaben:
0,9-faches Volumen, 61 cm × 86 cm SB?

22 Messen – Materialdicke

Einfach abzulesen sind Dickenmessgeräte mit einer (analogen oder digitalen) Messwertanzeige. Diese Geräte gibt es mit unterschiedlichen Messeinsätzen, um die Messfläche dem Material entsprechend anzupassen, z. B. Papier und Karton, Gummitücher.
Nummerieren Sie fünf unterschiedliche Materialien (z. B. verschiedene Papiere, Karton, Folien, Gummitücher, Aufzug vom Druckplattenzylinder).
Verwenden Sie allein oder mit einem Team ein zur Verfügung stehendes Messgerät. Messen Sie alle Muster. Erstellen Sie eine Tabelle mit der laufenden Nummer, der Bezeichnung des gemessenen Materials sowie dem Messergebnis. Vergleichen Sie nach den Messungen Ihre Ergebnisse mit anderen.
Heften Sie Ihre Tabelle in Ihrer Dokumentation ab.

Erörtern Sie die Aufgabenstellung in der Gruppe! 

23 Messen – Papiervolumen

In der Kundenberatung will ein Kunde die Dicke eines Buchblocks bei zwei unterschiedlichen Bedruckstoffen für seinen Auftrag (Roman) vergleichen.
Umfang: 30 Falzbogen mit je 16 Seiten
Papier A: Offsetdruckpapier, 80 g/m², 1,2-faches Volumen
Papier B: Werkdruckpapier, 90 g/m², 2,2-faches Volumen
Berechnen Sie die jeweilige Dicke des Buchblocks.

24 Papier – Materialeigenschaften

Im Labor einer Papierfabrik werden spezielle Eigenschaften des Papiers geprüft, die für die Druckproduktion wichtig sind.

a) Für welche Druckverfahrenstechnik wird ein Blistertest am Papier durchgeführt?

b) Welche Papiereigenschaft wird damit ermittelt?

25 Papier – Materialeigenschaften

Die Gleichgewichtsfeuchte (relative Feuchte in einem Papier) ist für gestrichene Papiere, die im Rollen-Offsetdruck mit Heatset-Trocknung gedruckt werden, sehr wichtig.

a) Geben Sie an, welche Gleichgewichtsfeuchte das Papier haben soll und begründen Sie, warum eine bestimmte Feuchte wichtig ist.

b) Mit welchen Messmethoden ist die relative Papierfeuchte in einem Stapel oder einer Rolle zu ermitteln? Beschreiben Sie das Messen in einer Papierrolle.

26 Messen – Luftfeuchtigkeit

Für einen störungsfreien Arbeitsablauf ist die Luftfeuchtigkeit genau zu beachten. In einer Diskussion werden Fragen gestellt, die Sie beantworten sollen.

a) „Was bedeutet denn eigentlich die Luftfeuchtigkeit?“

b) „Wie kommt es dazu, dass sich an Scheiben manchmal feinste Feuchtigkeit niederschlägt?“

c) „Wie hängen denn die Temperatur und die Luftfeuchtigkeit zusammen?“

d) „Und was ist dann die relative Luftfeuchtigkeit?“

e) „Wie kann ich die relative Luftfeuchtigkeit messen und wie wird diese relative Luftfeuchtigkeit angegeben?“

f) „Was passiert denn in einem geschlossenen Raum mit der relativen Luftfeuchtigkeit, wenn am Wochenende die Temperatur deutlich sinkt?“

Für Lösung bitte separates Blatt verwenden! 

27 Papier – Klima

In modernen Produktionsanlagen der Papierindustrie wird das Papier überwiegend mit einer rel. Feuchte von 50 % ± 5 % für den Bogen-Offsetdruck gefertigt. Nach der Ausrüstung wird das Papier so verpackt, dass es vor Klimaschwankungen der Umgebung geschützt ist. Trotzdem kann es durch ungünstige Bedingungen bei Transport und Lagerung zu Veränderungen kommen.

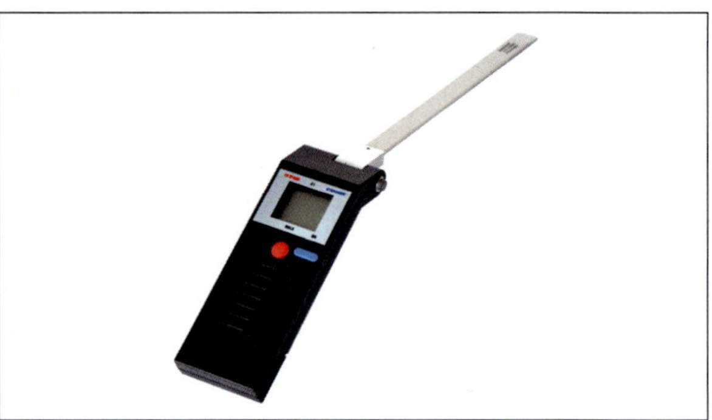

a) Ein Auftrag soll dringend gedruckt werden. Bei einer Messung mit einem Stechhygrometer wurde ein Feuchtgehalt von weniger als 45 % im Papierstapel ermittelt. Welche Probleme kann diese geringe Gleichgewichtsfeuchte im Druckprozess verursachen?

b) Der Auftrag muss gedruckt werden. Welche Möglichkeiten haben Sie, Probleme beim Druck zu verringern?

28 Papier – Klima

In der Luft ist immer eine bestimmte Menge an Feuchtigkeit in Form von Wasserdampf enthalten. Beim Messen der Luftfeuchtigkeit wird jedoch immer die relative Feuchtigkeit der Luft (rL) angegeben. Erklären Sie die Zusammenhänge, die diese Angabe begründen.

29 Papier – Klima

Angeliefertes Papier muss vor dem Druck und der Verarbeitung klimatisiert sein. Papierfasern sind hygroskopisch, dadurch ändert sich die Papiergröße durch Feuchtigkeitsaufnahme und Feuchtigkeitsabgabe.

a) Welche klimatischen Verhältnisse sollen im Papierlager, in der Druckerei und der Druckverarbeitung konstant eingehalten werden?

____

____

b) Mit welchen Verfahren bzw. technischen Geräten ist das Einhalten des „idealen Klimas“ möglich?

____

____

30 Papier – Klima

Eine zu geringe Zeit der Klimatisierung oder ungünstige klimatische Bedingungen im Papierlager oder im Drucksaal können erhebliche Probleme im Druck und in der Druckverarbeitung bereiten.

a) Erklären Sie Ursachen für einen randwelligen Papierstapel und zu erwartende Folgen in der weiteren Verarbeitung.

____

____

____

b) Erklären Sie Ursachen für einen Stapel mit tellerndem Papier und zu erwartenden Folgen in der weiteren Verarbeitung.

____

____

____

31 Materiallieferung – Auftragsinformation

Eine mit dem Kunden vereinbarte produktbezogene Qualität muss ganzheitlich betrachtet werden.
D.h.: Fehlerfreie Vorlagen und Daten des Kunden, qualitätsbezogene (standardisierte) Prozesse in der Druckvorstufe, im Druck und der Druckverarbeitung sowie ein geeignetes, mängelfreies Material. Ihr Betrieb erhält eine Lieferung Papier für einen Druckauftrag. Sie sollen die durch die Spedition Müller gelieferten Paletten annehmen und den Empfang quittieren. Bestellt wurde durch den Sachbearbeiter:
Krüger Papierfabriken, Luxglanz Bilderdruckpapier, glänzend weiß, 105 000 Bogen, 70 cm × 100 cm SB, 80 g/m², PEFC-zertifiziert.

a) Informationen zur Lieferung
Sie haben eine Kopie der Bestellung durch den Sachbearbeiter erhalten und sollen danach die einzelnen Angaben zu der Bestellung erklären. Was bedeuten die Angaben:

Bilderdruckpapier, glänzend weiß ____________________

70 cm × 100 cm SB ____________________

80 g/m² ____________________

PEFC-zertifiziert ____________________

b) Wareneingang
Eine Kontrolle der Papierlieferung beginnt mit dem Vergleich der Bestellung und den Lieferungsunterlagen (Warenbegleitpapiere) der Spedition. Nach diesem Vergleich stimmen die Angaben überein. Erklären Sie, warum eine Wareneingangskontrolle sehr wichtig ist.

____

____

Beschreiben Sie mit konkreten Beispielen, worauf Sie bei der Warenannahme achten und welche Prüfungen Sie durchführen. Erst danach quittieren Sie den Empfang der Papierlieferung. (Hinweise: abladen, Verpackung, bestellter Artikel, Schaden, Menge)

____

____

____

c) Weitere Informationen
Berechnen Sie das Gesamtgewicht der Lieferung in Kilogramm und Tonnen.

____

Begründen Sie, warum ein bestimmtes Material für die Verpackung verwendet werden soll.

____

____

32 Materiallieferung Rollenpapier

Für den Druck von anspruchsvollen Magazinen bestellt eine Tiefdruckerei Papier mit den folgenden Angaben:
Sorte: Ultra Silk G, LWC
Oberfläche: softkalandriert, seidenmatt, extraglatt
Stoffeintrag: Holzstoff/Zellstoff, Streichfarbe
Rollendurchmesser: 100 cm
Rollenbreite: 320 cm
Kern: 100 mm
Verpackung: Kraftpapier, mit Polyethylen laminiert
Zertifikate: EMAS, EN 16001, EU-Umweltzeichen, FSC, PEFC (u. a.)
Flächengewicht: 57 g/m^2
Volumen: 0,90
Weißgrad: 83,0 % (D65, ISO 2470-2)
Lab-Werte: 91,0; –0,2; –0,4
Opazität: 91 % (ISO 2471)
Glanz Hunter: 45,0 % (ISO 8254-1)
Glätte PPS: 0,9 µm (ISO 8791-4)

Erklären Sie, was diese Angaben zum Papier bedeuten und welche Papiereigenschaften beschrieben werden:

a) LWC

b) softkalandriert

c) Kern

d) Kraftpapier, mit Polyethylen laminiert

e) Volumen 0,90

f) Weißgrad

g) Opazität

h) Glanz

i) Glätte

33 Materialeigenschaften – Folie

Bestimmte Kunststofffolien lassen sich nur unzureichend oder gar nicht bedrucken. Ursache ist vielfach eine ungeeignete Oberflächenspannung der Folie. Informationen zu der idealen Oberflächenspannung für eine gute Farb- oder Lackhaftung bietet der Lieferant. Es sind aber auch Tests in der Druckerei möglich.

a) Wie kommt es dazu, dass durch eine ungeeignete Oberflächenspannung Druckfarbe oder Lack nicht haften?

b) Durch eine Corona-Vorbehandlung ist die Oberflächenspannung der Folie so zu verändern, dass eine gute Druckfarben- und Lackhaftung möglich ist. Beschreiben Sie prinzipiell die Wirkung der Corona-Vorbehandlung auf die zu bedruckende Folie.

c) Mit Test-Tinten ist die Oberflächenspannung zu bestimmen. Wie wird ein solcher Test durchgeführt?

34 Materialeigenschaften – Papier

Sie führen eine Gruppe Besucher durch eine Zeitungsdruckerei und sind im Papierrollenlager. Die interessierten Besucher stehen in einem klimatisierten Lagerraum und sehen viele gestapelte Rollen Zeitungspapier. Die Besucher fragen, Sie antworten jeweils.

a) „Warum kann eine Papierbahn im Druck reißen?"

b) „Wie oft kommt es denn zum Reißen einer Papierbahn im Druck – einmal am Tag oder weniger?"

c) „Was ist denn eine Reißlänge?"

d) „Warum muss das Papier klimatisiert gelagert werden?"

e) „Wie lange müssen die Papierrollen nach der Anlieferung im Papierrollenlager stehen, bevor sie für die Produktion genutzt werden können?"

f) „Welche Schwierigkeiten können auftreten, wenn das Papier nicht ausreichend klimatisiert ist?"

g) „Auf dem Etikett der Verpackungen stehen die Angaben Newsprint, 48 g/m^2 und 100 % Recycling. Was bedeuten diese Angaben?"

h) „Was kostet etwa 1 kg Zeitungspapier?"

i) „Wie viel Meter Papier sind etwa auf einer solchen Papierrolle?"

j) „Wieviel Tonnen Papier werden etwa in einer Nacht verbraucht?" (Fragen Sie zur Vorbereitung Ihrer Führung einen Zeitungsdrucker oder Fachmann aus der Produktion.)

35 Materialeigenschaften

Im Labor werden verschiedene Eigenschaften eines Papiers geprüft. Erklären Sie, was mit diesen Prüfungen ermittelt wird und wie sich Eigenschaften auf den Druckprozess auswirken können.

a) Aschegehalt

b) Metamerie

c) Mottling-Test

d) optische Aufheller

e) pH-Wert

f) relative Feuchtigkeit

g) Scheuertest

h) Weiße (ISO)

36 Materialeigenschaften – Druckfarbe

Die Bedruckstoffoberfläche und die Druckfarbe müssen in der Oberflächenspannung aufeinander abgestimmt sein, damit eine ausreichende Benetzung im Druckprozess möglich ist. Nur so ist eine einwandfreie Druckbildübertragung und ein Haften der Druckfarbe zu erreichen.

a) Erklären Sie die Bezeichnung Oberflächenspannung an Beispielen.

b) Skizzieren Sie schematisch eine gute und eine weniger gute Benetzung eines Untergrundes. Zeichnen Sie dazu den entsprechenden Randwinkel ein.

c) Welche Fehler treten bei einer mangelhaften Benetzung im Druckprozess auf?

d) Erklären Sie, in welchem Zusammenhang (Wechselwirkungen) Oberflächenspannung und Benetzung stehen.

Für Lösung bitte separates Blatt verwenden! 

37 Druckfarbe – Rezeptur

Die Druckerei Höhn hat für einen Kunden ein warentragendes Display im Bogen-Offsetdruck zu drucken. Dazu liefert der Kunde den gewünschten Hintergrundfarbton, gedruckt auf einem weißen Naturpapier. Im Farbmischlabor muss eine Rezeptur aus vorhandenen Grundfarben für diesen Farbton erarbeitet werden, nach der die Druckfarbe für die Produktion gemischt wird. Der Kunde erhält zur Prüfung und Freigabe einen Andruckstreifen mit einer Farbtoleranzkarte (plus/minus).

a) Beschreiben Sie die erforderliche Ausstattung im Farbmischlabor der Druckerei.

____

____

____

b) Beschreiben Sie den Ablauf in einem modernen Farbmischlabor einer Druckerei zur exakten Farbabstimmung und Erstellung der Rezeptur.

____

____

____

38 Materialeigenschaften – Licht und Farbe

Für ein optimales Abstimmen bzw. Abmustern von (Druck-)Farben sind eine bestimmte Lichtart sowie definierte Bedingungen nach ISO 3664 vorgeschrieben. Die Abbildung zeigt optimale Bedingungen der Lichtart.

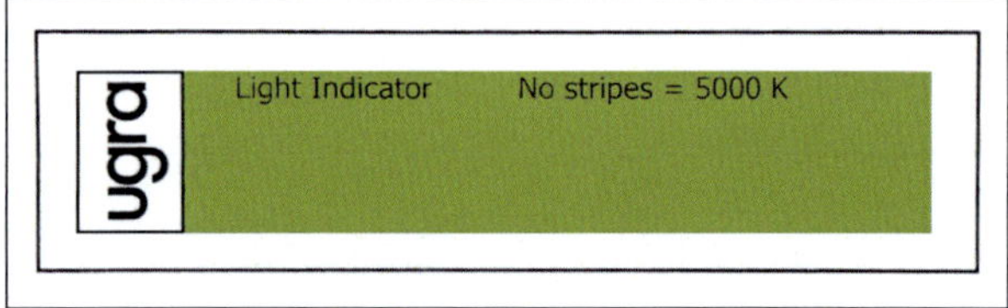

Beschreiben Sie, welche Informationen der Ugra-Farbtemperatur-Indikator bei ungeeigneter Lichtart anzeigt.

____

____

____

39 Materialeigenschaften – Druckfarbe

Mit einer einfachen Testmethode ist die Haftung von Druckfarben oder Lacken zu prüfen. Dazu hat sich ein Klebestreifen-Test (Tesafilm o. Ä.) mit einem etwa 10 cm langen und 2 cm breiten Streifen bewährt.

a) Beschreiben Sie das Vorgehen bei dieser Prüfung (UV-Druckfarben und -Lacke, Flexodruckfarben u. a.) und interpretieren Sie unterschiedliche Ergebnisse.

____

____

____

b) Welche Ursachen können ggf. festgestellte Mängel (verfahrensbezogen: Offsetdruck, Flexodruck, Tiefdruck) haben? Geben Sie eine Möglichkeit an, wie Sie das Problem beseitigen können.

____

____

____

40 Materialeigenschaften – Druckfarbe

Tiefdruck- und Flexodruckfarben werden üblicherweise von der Druckfarbenfabrik in einer höheren Viskosität als im Druck benötigt angeliefert. Durch Zugabe geeigneter Lösemittel wird in der Druckerei die Farbe auf die geeignete Druckviskosität eingestellt.

a) Warum werden Tiefdruck- und Flexodruckfarben nicht in der benötigten Druckviskosität von dem Druckfarbenhersteller angeliefert?

b) Sie bestimmen in Ihrem Betrieb die Viskosität der Druckfarbe mit einem Auslaufbecher. Welche Viskosität wird vergleichsweise für den Druck auf Folien bzw. auf saugfähigem Papier eingestellt?

41 Materialeigenschaften – Druckfarbe

In Druckereien wird für das Messen der Viskosität ein Auslaufbecher verwendet. Eingesetzt werden verschiedene Auslaufbecher, die sich im Material, der Form, dem Füllvolumen sowie dem Durchmesser und der Länge der Düse unterscheiden.

a) Beschreiben Sie das Messen der Viskosität mit einem Auslaufbecher.

b) Durch welche Messfehler kann das Messergebnis beeinflusst werden?

c) Um die Viskosität im Druckprozess konstant zu halten, wird ein spezielles Messgerät in der Farbversorgung eingesetzt. Welches Messgerät wird bei dieser Regelung prinzipiell verwendet?

d) Wie ändert sich die Viskosität durch den Einfluss der Temperatur?

42 Materialeigenschaften – Feuchtmittel

Basis für das Feuchtmittel ist grundsätzlich Leitungswasser, das entsprechend der Trinkwasserverordnung aufbereitet ist. Es enthält immer eine (zulässige) regional unterschiedliche Menge an Gasen, Mineralstoffen und sonstigen Stoffen.

a) Skizzieren Sie die Mess-Skala des pH-Wertes mit entsprechenden Angaben zum Verhalten und der Stärke (unterster bis oberster Wert). Tragen Sie darin den idealen pH-Wert des Feuchtmittels mit Angabe der Werte (Angabe von – bis) ein.

b) Wasser A hat einen pH-Wert pH 6. Im Vergleich dazu hat das Wasser B einen Wert pH 4. Erklären Sie den Unterschied in der Wirkung und Stärke.

c) Welche Temperatur sollte das Feuchtmittel (Angabe von – bis) haben?

Für Lösung bitte separates Blatt verwenden! 

43 Materialeigenschaften – Feuchtmittel

Der pH-Wert beeinflusst den Druckprozess im Offsetdruck. Ordnen Sie den Parametern in der Tabelle jeweils die zutreffenden Gegensatzpaare in der richtigen Reihenfolge zu:

- schlechter – besser
- langsamer – schneller
- niedriger – höher
- schwächer – stärker
- langsamer – höher

	pH-Wort 3 4 5 6 7
Freilaufen der Druckplatte	–
Wasseraufnahme in der Druckfarbe	–
Oxidative Trocknung der Druckfarbe	–
Korrosionsgefahr (Risiko) Maschinenteile	–

44 Materialeigenschaften – Wasser

Wasser sieht zwar überall gleich aus, ist aber seinen Inhaltsstoffen nach eine sehr unterschiedlich zusammengesetzte Flüssigkeit. Auch in Druckereien wird Wasser für verschiedene Einsatzbereiche benötigt, z. B. für die Luftbefeuchtung und als Feuchtmittel im Offsetdruck. Dafür sind bestimmte Eigenschaften und eine konstante Qualität des Wassers erforderlich. Zwei wichtige Merkmale zur Wasserqualität sind der pH-Wert und der dH-Wert (Angabe in °dH, nach SI-Einheiten Millimol pro Liter, mmol/l).

a) Jedes Wasserwerk gibt Informationen über die Zusammensetzung des Wassers und weitere Parameter an. Erkundigen Sie sich, wie die Zusammensetzung des Wassers in Ihrer Region ist.

b) Nennen Sie fünf Stoffe, die in einer mehr oder weniger großen Menge im Wasser enthalten sein können.

c) Definieren Sie, was der pH-Wert ist.

d) Welche Information zum Wasser gibt der pH-Wert? Geben Sie dazu die Messwertskala des pH-Wertes an und bezeichnen Sie die beiden Endpunkte.

e) Beschreiben Sie zwei Möglichkeiten zur Messung des pH-Wertes bei Wasser.

f) Welche Information zur Wasserqualität gibt der dH-Wert (Schweiz auch fH-Wert) an?

g) Welche Bedeutung hat der dH-Wert für das Feuchtmittel?

h) Beschreiben Sie eine Möglichkeit zur Messung des dH-Wertes bei Wasser.

45 Materialeigenschaften – Feuchtmittel

Im Druckprozess würde sich der pH-Wert durch verschiedene Einflüsse aus dem idealen Bereich heraus verändern.

a) Erklären Sie, durch welche Einflüsse sich der pH-Wert im Druckprozess verändert.

b) Nennen Sie eine Möglichkeit, den pH-Wert im Druckprozess konstant zu halten.

46 Materialeigenschaften – Feuchtmittel

Die Offsetdruckplatte muss vor dem Einfärben gleichmäßig mit Feuchtmittel benetzt werden. In Feuchtmittelzusätzen sind Stoffe enthalten, die die Benetzung der Nichtbildstellen verbessern.

a) Skizzieren Sie exemplarisch einen großen Tropfen auf einem Untergrund mit einer guten Benetzung (geringe Oberflächenspannung) und einen mit einer schlechten Benetzung (hohe Oberflächenspannung).

b) Tragen Sie in Ihre Skizze den Randwinkel ein.

47 Materialeigenschaften – Feuchtmittel

Als Basis für das Feuchtmittel im Offsetdruck wird Trinkwasser verwendet. Die Messung der Leitfähigkeit (auch Leitwert genannt) informiert grundsätzlich nur darüber, wie gut elektrische Ladungen in einer Lösung transportiert werden können.
Als messbares „Transportmittel" müssen in dem flüssigen Medium (Feuchtmittel) Ionen aus gelösten Salzen vorliegen. Mit zunehmendem Salzgehalt (der Menge der Ionen) steigt die elektrische Leitfähigkeit. Gemessen wird die Leitfähigkeit mit einem multifunktionalen Prüfgerät, mit dem u. a. pH-Wert, die Leitfähigkeit und die Temperatur gemessen werden können.

a) Erklären Sie, welche Informationen Ihnen die Messung der Leitfähigkeit bzw. des Leitwertes für die Praxis im Druckprozess gibt.

b) Mit welcher Maßeinheit wird die Leitfähigkeit gemessen?

c) Beschreiben Sie das richtige Vorgehen zur Messung der Leitfähigkeit (Hinweis: vom Leitungswasser zum Prozesswasser).

Für Lösung bitte separates Blatt verwenden! 

48 Materialeigenschaften – Feuchtmittel

Der Leitwert sollte an frisch angesetztem Feuchtmittel gemessen werden, um eine Basis für weitere Messungen im Druckprozess und sachgerechte Informationen zu erhalten. Genutzt wird der Leitwert, um die Feuchtmittelzusatzkonzentration und die Prozessstabilität durch Verunreinigungen zu überwachen.
Geben Sie an, wie sich der Leitwert durch folgende Einflüsse verändert:

a) steigende Temperatur im Feuchtmittel

____

b) höherer Anteil von IPA im Feuchtmittel

____

c) höhere Verunreinigungen im Feuchtmittel

____

d) geringere Menge an Feuchtmittelzusatz

____

49 Materialeigenschaften – Feuchtmittel

Isopropanolalkohol (IPA) ist ein sehr gutes Netzmittel, das u. a. die Oberflächenspannung des Feuchtmittels reduziert, eine gleichmäßige Feuchtung fördert und die Druckwerke durch Verdunstungskälte kühlt.

a) Beschreiben Sie das Messen der IPA-Konzentration mit einem manuell zu bedienenden Aräometer (Messspindel).

b) Erläutern Sie, warum heute auf den Zusatz von IPA verzichtet werden soll bzw. nach gesetzlichen Vorgaben verzichtet werden muss.

Für Lösung bitte separates Blatt verwenden! 

50 Materialeigenschaften – Feuchtmittel

Um konstante Prozessbedingungen im Druck zu erhalten, ist eine Regelungsanlage zur Feuchtmittelaufbereitung erforderlich. Aufbereitungsanlagen dieser Art gibt es in verschiedenen Ausbaustufen. Informieren Sie Ihre Klassengemeinschaft zur Feuchtmittelaufbereitung mit einer kurzen Präsentation.
Hinweise zu Inhalten Ihrer Präsentation:

- Warum ist eine Feuchtmittelaufbereitung für einen konstanten Produktionsprozess erforderlich?
- Welche Aufgaben hat das Aufbereitungssystem zu erfüllen bzw. welche Prozessbedingungen sollen erreicht werden?
- Warum ist eine Regelung zur Aufbereitung erforderlich?
- Welche Aufbereitungsanlage wird in Ihrem Betrieb verwendet?
- Wie muss diese Anlage gewartet werden?

Erstellen Sie dazu das Manuskript für einzelne Folien Ihrer Präsentation.

Erörtern Sie die Aufgabenstellung in der Gruppe! 

51 Materialeigenschaften

Im Flexodruck und im Rakeltiefdruck werden Rotationsviskosimeter eingesetzt. Beschreiben Sie die Aufgabe und die Funktion des Regelsystems.

____

____

____

52 Materialeigenschaften – Lack

Dispersionslacke werden grundsätzlich in der optimalen Verarbeitungsviskosität ausgeliefert, sie sind bei Raumtemperatur zu lagern. Vor dem Gebrauch ist der Lack gründlich aufzurühren.
In der Praxis wird zur Prüfung der Viskosität ein Auslaufbecher nach DIN 53211-4 bzw. DIN EN 2431 (4-mm-Öffnung, 100 ml Inhalt) verwendet. Bei ca. 20 °C ist eine Auslaufzeit von etwa 40 s üblich.

a) Beschreiben Sie das Messen der Viskosität mit dem Auslaufbecher in allen Phasen: Vorbereitung, Messung, Beendigung.

b) Ergänzen Sie den Satz: „Je höher die Viskosität,

desto ___________flüssiger ist der Lack."

c) Interpretieren Sie die wesentliche Aussage aus der Grafik.

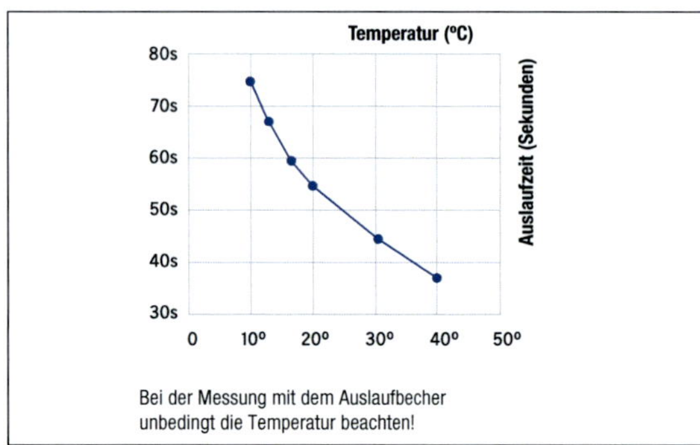

Für Lösung bitte separates Blatt verwenden!

53 Materialeigenschaften – Tiefdruckzylinder

Tiefdruckzylinder benötigen für die Druckformherstellung und den Druck neben weiteren Anforderungen eine bestimmte Härte der Kupfer- bzw. Chromschicht. Gemessen wird die Härte mit einem Härteprüfgerät, das mit einem „Eindringkörper", einer Pyramide aus Diamant, eine definierte Prüfkraft erzeugt.

a) Nach welchen Verfahren erfolgt diese Härteprüfung?

____

____

b) Geben Sie an, welche Härte ein geeignetes Kupfer hat.

____

54 Messung – Temperatur

Für Messungen der Temperatur im Druckprozess ist ein Infrarot-Thermometer einzusetzen. Dabei ist es sinnvoll. das IR-Thermometer so oft wie möglich zu nutzen, um aktuelle „Daten" von Aggregaten, Einrichtungen und Materialien zu dokumentieren. Nach mehrfachem Erfassen und Protokollieren der Temperaturen von Maschinenzuständen und Materialien erhalten Sie ein Gefühl für „Ihr" Druckmaschinensystem. Dies hilft Ihnen, Unregelmäßigkeiten zu entdecken und Probleme zu vermeiden.
Welche drucktechnischen Fehler bzw. Mängel können auftreten, die sich durch die IR-Temperaturmessung analysieren lassen?

a) Bahntemperatur im Rollen-Offsetdruck

____

____

b) Kühlwalzentemperatur im Rollen-Offsetdruck

____

____

c) Temperatur des Gummituchs

____

____

d) Materialkontrollen

____

____

e) überhitzte Druckmaschinenteile

____

____

55 Messung – Tiefdruckzylinder

Eine Tiefdruckerei arbeitet beim Druck von flexiblen Verpackungen mit Zylinderumfängen von 580 mm bis 850 mm. Berechnen Sie die Durchmesser des minimalen und des maximalen Zylinderumfangs.

____

____

56 Materialeigenschaften – Volumen

Die Abbildung zeigt das 3-D-Volumenmessgerät µ-SURF-MOBILE. Das Gerät kann auch zur Topologie von Zylinderoberflächen und Rauigkeitsmessungen eingesetzt werden.

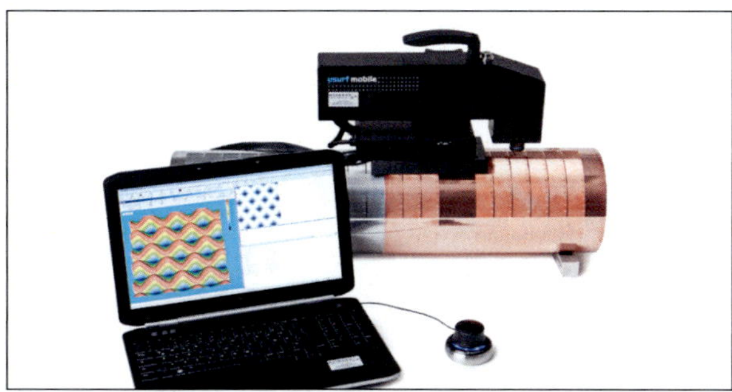

a) Beschreiben Sie Aufgabenbereiche bei verschiedenen Druckverfahren, bei denen zur Qualitätskontrolle ein Volumenmessgerät eingesetzt werden kann.

b) Ordnen Sie den Abbildungen jeweils die richtige Bezeichnungen zu: **gravierte Näpfchen**, **geätzte Näpfchen**, **Anilox**.

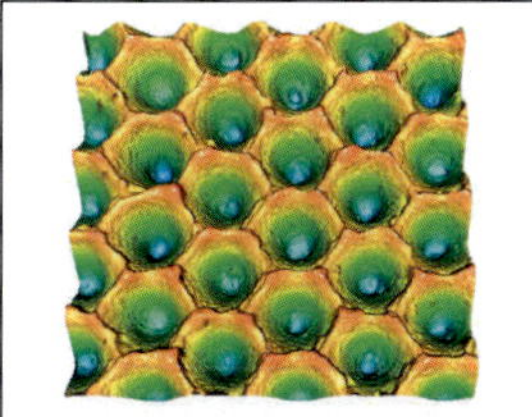

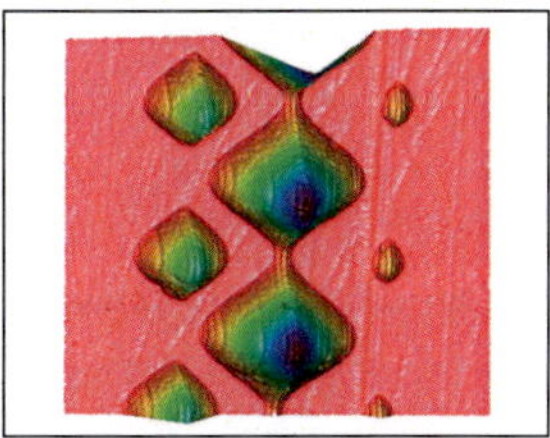

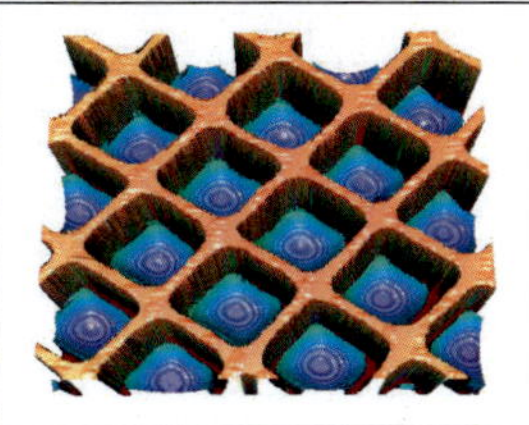

c) Erklären Sie den Begriff Topologie.

57 Messung – Tiefdruckzylinder

Der Umfang eines Tiefdruckzylinders ist mit einem Präzisionsmessgerät mit einer Messgenauigkeit von ± 0,0005 mm zu messen.

a) Berechnen Sie den Zylinderumfang in mm bei einem Durchmesser von 320 mm.

b) Geben Sie die Messgenauigkeit in µm an.

58 Druckprodukte – Sicherheit

Arzneimittelverpackungen müssen neben einer vorteilhaften Optik fälschungssicher und kindersicher sowie mit einer Blindenschrift versehen sein. Gemäß einer Studie der WHO werden 7 % aller Arzneimittelverpackungen weltweit gefälscht. Nicht nur der wirtschaftliche, sondern vor allem auch der gesundheitliche Schaden ist sehr bedeutend.

a) Nennen Sie sechs mögliche Sicherheitselemente (Bedruckstoff, Druckverfahren, Druckfarben, Effekte, Prägung u. a.) und beschreiben Sie kurz deren Eigenschaften.

b) In einem Fachgespräch wird über Barcodes und die RFID-Technologie gesprochen. Erklären Sie, wie sich beide Technologien prinzipiell unterscheiden.

c) Die Punkte der Blindenschrift müssen gut lesbar (abtastbar) sein. Um gute Ergebnisse zu erreichen, darf die Materialoberfläche nicht aufplatzen. Wie hoch müssen mindestens die geprägten Zeichenelemente sein?

d) Wie wird die Blindenschrift auch – nach dem „Erfinder" – bezeichnet?

Für Lösung bitte separates Blatt verwenden! 

59 Materialeigenschaften – Elastomere

Die Härte von Gummi und anderen Elastomeren kann mit einem mechanischen und einem digitalen Härtemessgerät ermittelt werden. Der gemessene Wert wird auf einer Shore-A-Skala in Grad Shore A angezeigt. (Hinweis: Für verschiedenartige Werkstoffe werden unterschiedliche Messgeometrien und entsprechende Shore-Skalen verwendet.)

a) Beschreiben Sie prinzipiell, wie die Härte gemessen wird.

____

____

____

b) Warum ist eine genaue Messung der Härte eines Gummituches im Drucksaal entsprechend der Norm EN ISO 868:1998 nicht möglich?

____

____

60 Offsetdruck – Aufzug

In einer Offsetdruckmaschine haben Zylinder für ein optimales Druckergebnis einen bestimmten Durchmesser. Der Gummituchzylinder hat dazu einen Aufzug, der aus einem Drucktuch und (kalibrierten) Unterlagen oder auch geeigneten Folien zusammengesetzt ist. Der Aufzug wird in einer ganz exakt ermittelten Stärke gemäß dem Maschinenhandbuch (Technische Dokumentation) aufgezogen.
Beschreiben Sie das Messen der Aufzughöhe des Gummituchzylinder-Aufzuges mit dem im Betrieb üblichen Verfahren.

____

____

____

61 Offsetdruck – Aufzug

Für ein einfaches Messen des Aufzugs am Gummituchzylinder ist ein Messlineal geeignet. Hilfsmittel dazu sind drei gleiche schmale, lange Papierstreifen. Die Grafik zeigt einen Gummituchzylinder mit einem Gummituch einschließlich der Unterlagen (Aufzug).

a) Ergänzen Sie die fehlenden Angaben in der Grafik und beschreiben Sie danach, wie Sie die Höhe des Aufzuges mit einem Messlineal ermitteln.

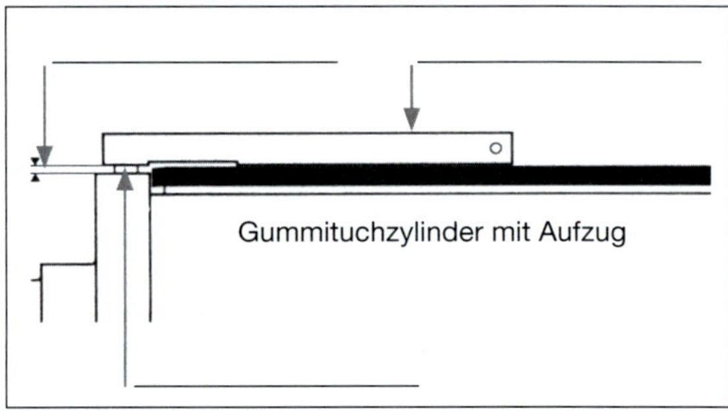

b) Beschreiben Sie, welches Messergebnis Sie bei der folgenden Grafik erhalten. Begründen Sie.

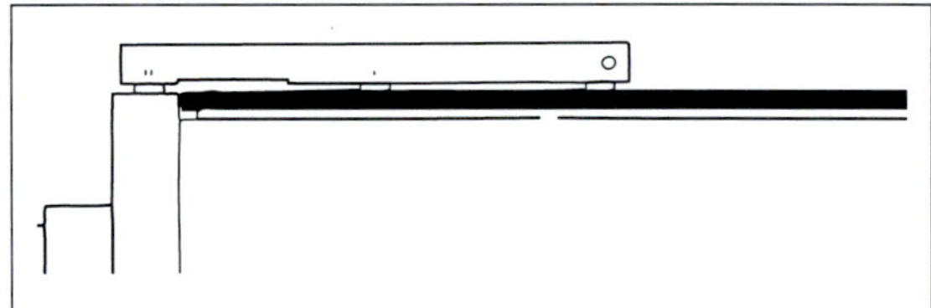

62 Offsetdruck – Aufzug

Um alle Aufzüge schnell und exakt zu messen, arbeiten Sie mit einer Aufzug-Zylindermessuhr.

a) Beschreiben Sie den Aufbau des Präzisionsmessgerätes (auch: Zylindermesseinrichtung).

b) Beschreiben Sie das Messen der Aufzugstärke in den einzelnen Phasen.

c) Welcher Messwert wird immer an der rechten Uhr abgelesen?

d) Lesen Sie die Messwerte an den beiden Zylindermessuhren ab und schreiben Sie diese auf.

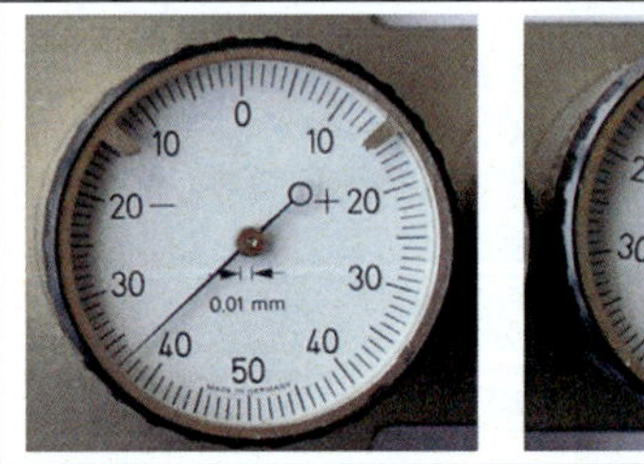

Für Lösung bitte separates Blatt verwenden! 

63 Messen – Bildpasser

Ein Merkmal der Qualität im Druck ist der Passer, d. h. die exakte Position der einzelnen Teilfarben eines Bildes im Zusammendruck. Zwischen gerasterten Teilbildern sollte die Passerabweichung nicht größer sein als die Hälfte der Rasterweite (Rasterfrequenz). Wie groß sollte demnach maximal die Passabweichung bei einem Raster mit 80 L/cm in µm sein?

64 Messen – Messwerte

Im Zusammenhang mit dem Offsetdruckprozess sind verschiedene physikalische Vorgänge, Reaktionen oder Wirkungen bekannt. Ordnen Sie die hier folgenden Angaben den Begriffen richtig zu: Wasserstoffionenkonzentration, mN/m, Pa oder bar, D50, °C, µS, Δ E (Delta E), A, Randwinkel, °dH, V, m/s.

Begriff	Zuordnung
Druck	
pH-Wert	
Stromstärke	
Härtegrad des Wassers	
Geschwindigkeit	
Benetzungsgrad	
Oberflächenspannung	
Leitfähigkeit	
Temperatur	
Farbabstand	
elektrische Spannung	
Lichtart	

65 Druckprozess – Beobachtung

In Druckprozessen, bei denen von Rolle auf Rolle gedruckt wird, ist zur Qualitätskontrolle die laufende Bahn zu beobachten. Eingesetzt wird dazu ein Stroboskop. Technische Daten (u. a.):

Frequenzbereich: 0 bis 12500 FPM
Blitzdauer: < 5 µs

a) Erklären Sie die „Wirkung“ und Funktion eines Stroboskops.

b) Warum ist ein Frequenzbereich von 0 bis 12 500 FPM (flash per minute) erforderlich?

c) Beschreiben Sie, warum das Druckbild unter bestimmten Bedingungen stehen bleibt, rückwärts oder vorwärts läuft.

66 Messen – Maßeinheiten

Rechnen Sie die Größen (Zahlenwert und Einheit) in eine andere Einheit um. Tragen Sie Ihre Lösung daneben ein.

Zahlenwert und Einheit					Ergebnis
12,5	m	in	mm	=	
0,3	cm	in	m	=	
0,05	mm	in	µm	=	
25	µm	in	mm	=	
12 000	cm^2	in	m^2	=	
2	dm^2	in	cm^2	=	
1	ha	in	m^2	=	
35000	mg	in	kg	=	
2500	kg	in	t	=	
18 000	min	in	h	=	
3,3	h	in	min	=	
12000	s	in	h	=	
12	MB	in	Byte	=	
18 500	KB	in	MB	=	

67 Fehler im Druck – Ablegen

Fehler: Ablegen der Druckfarbe im Stapel

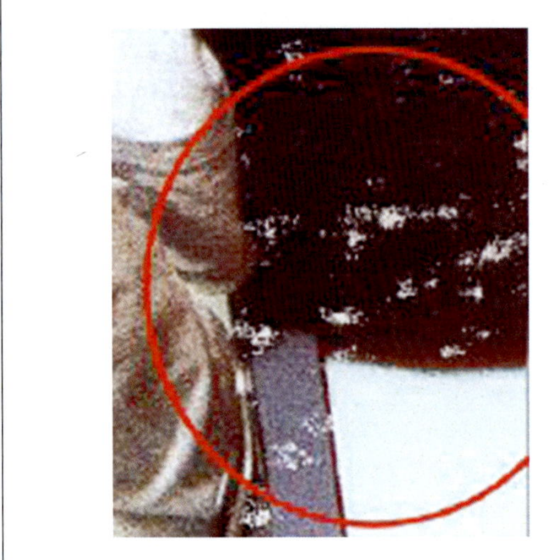

Fehlerdefinition und Auswirkungen: Übertragen von noch „frischer“, nicht verfestigter Druckfarbe von der Oberfläche eines bedruckten Bogens auf die Unterseite des darüber liegenden Bogens im Auslagestapel. Dadurch entsteht einerseits eine Fehlstelle im Druckbild und andererseits eine Verschmutzung auf der Unterseite des darüber liegenden Bogens. Folge ist eine Verschmutzung der Rückseite eines unbedruckten Bogens oder des Druckbildes bei einem beidseitigen Druck. Ein starkes Ablegen kann auch zu einem partiellen Zusammenkleben der Druckbogen führen.

a) Beschreiben Sie fünf mögliche Ursachen.

b) Beschreiben Sie vier mögliche Maßnahmen, mit denen das Ablegen verhindert werden kann.

Für Lösung bitte separates Blatt verwenden! 

68 Fehler im Druck – Trocknung

Fehler: Die Druckfarbe trocknet nicht, verzögert oder zu langsam.

a) Beschreiben Sie diesen Fehler und mögliche Auswirkungen im Druckprodukt.

b) Beschreiben Sie drei mögliche Ursachen.

c) Beschreiben Sie drei mögliche Maßnahmen zur Vermeidung des Fehlers.

Für Lösung bitte separates Blatt verwenden! 

69 Fehler im Druck – Dublieren

Fehler: Das Druckbild dubliert.

Nr.: 6424869

a) Beschreiben Sie diesen Fehler und Auswirkungen im Druckbild.

b) Beschreiben Sie drei mögliche Ursachen.

c) Beschreiben Sie drei mögliche Maßnahmen zur Vermeidung des Fehlers.

Für Lösung bitte separates Blatt verwenden! 

70 Fehler im Druck – Planlage

Fehler: Unzureichende Planlage des Bedruckstoffes, Verspannungen

a) Beschreiben Sie diesen Fehler und mögliche Auswirkungen im Druckbild.

b) Beschreiben Sie drei mögliche Ursachen.

c) Beschreiben Sie drei mögliche Maßnahmen zur Vermeidung des Fehlers.

Für Lösung bitte separates Blatt verwenden! 

71 Fehler im Druck – Schieben

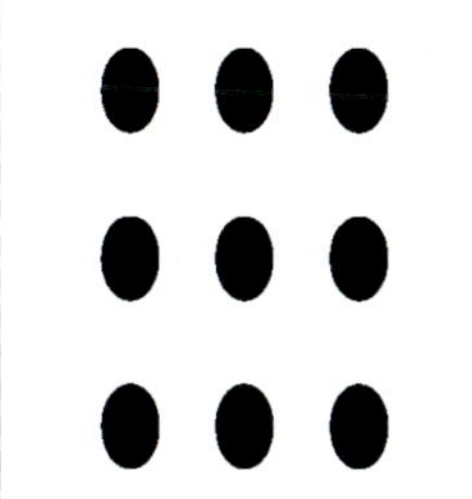

Fehler: Der Rasterpunkt wird in einer Richtung verzerrt.

a) Beschreiben Sie diesen Fehler und mögliche Auswirkungen im Druckbild.

b) Beschreiben Sie drei mögliche Ursachen.

c) Beschreiben Sie drei mögliche Maßnahmen zur Vermeidung des Fehlers.

Für Lösung bitte separates Blatt verwenden!

72 Fehler im Druck – Passer

Fehler: Passerdifferenzen im Druckprozess

a) Beschreiben Sie diesen Fehler und seine Auswirkungen im Druckbild.

b) Beschreiben Sie drei mögliche Ursachen.

c) Beschreiben Sie drei mögliche Maßnahmen, mit denen Passerdifferenzen zu beseitigen sind.

Für Lösung bitte separates Blatt verwenden!

73 Fehler im Druck – Tonwertzunahme

Fehler: Fehlerhafte Tonwertzunahme im Druckprozess

a) Beschreiben Sie diesen Fehler und mögliche Auswirkungen im Druckbild und auf die Standardisierung des Druckprozesses (vgl. PSO).

b) Beschreiben Sie fünf mögliche Ursachen.

c) Beschreiben Sie vier mögliche Maßnahmen zur Optimierung bzw. zur Vermeidung des Fehlers.

Für Lösung bitte separates Blatt verwenden!

74 Fehler im Druck – Elektrostatik

Fehler: Elektrostatische Aufladung des Bedruckstoffes

a) Beschreiben Sie diesen Fehler und mögliche Auswirkungen im Druckprozess.

b) Beschreiben Sie drei mögliche Ursachen.

c) Beschreiben Sie zwei mögliche Voraussetzungen, durch die eine elektrostatische Aufladung des Bedruckstoffes im Druckprozess verhindert werden kann. Erklären Sie außerdem zwei Maßnahmen, mit denen Schwierigkeiten reduziert oder sogar verhindert werden können, wenn im Druck Probleme auftreten.

Für Lösung bitte separates Blatt verwenden!

75 Fehler im Druck – Scheuern

Fehler: Druckfarbe abgescheuert

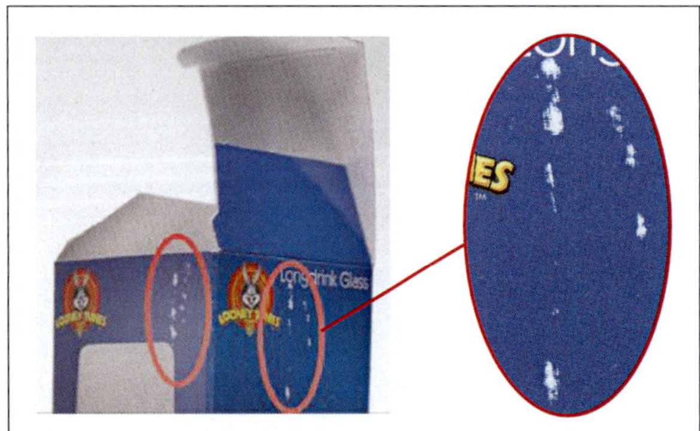

Farbabrieb an einer Verkaufsverpackung mit zugehöriger Vergrößerung

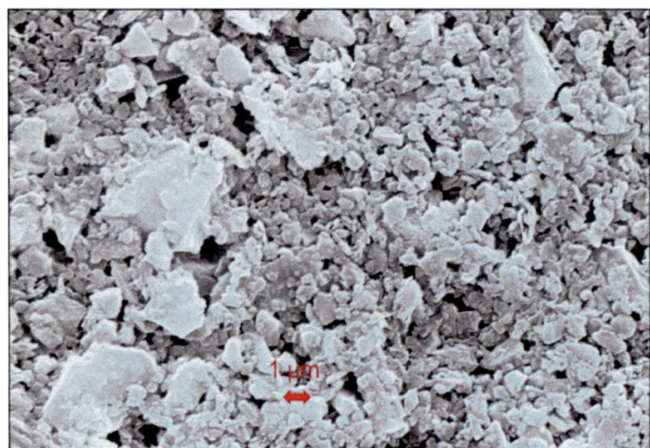

5 000-fache Vergrößerung der Oberfläche eines matt gestrichenen Papiers

a) Beschreiben Sie diesen Fehler und Auswirkungen im Druckbild.

b) Beschreiben Sie drei mögliche Ursachen.

c) Beschreiben Sie drei mögliche Maßnahmen zur Vermeidung des Fehlers.

Für Lösung bitte separates Blatt verwenden! 

MULTIPLE-CHOICE-AUFGABEN

76 Papier – Klima

Für den Druck und die Weiterverarbeitung ist das Einhalten einer bestimmten Luftfeuchtigkeit eine wesentliche Bedingung für problemloses Arbeiten. Die relative Luftfeuchtigkeit wird gemessen mit einem …

(A) Hygrometer.

(B) Hygroskop.

(C) Manometer.

(D) Barometer.

(E) Baroskop.

77 Papier – Klima

In einem Arbeitsraum wird eine relative Luftfeuchtigkeit von 60 % gemessen. Diese Angabe bedeutet:

(A) In der Luft sind 60 g Wasserdampf in 1 m^3 des Raumes enthalten.

(B) Das Verhältnis von Feuchtigkeitsmenge und Temperatur in der Luft beträgt 60 %.

(C) Bei 0 Grad Celsius sind 60 g Wasser in 1 m^3 Luft enthalten.

(D) Die Luft enthält 60 % der bei dieser Temperatur möglichen Sättigungsmenge an Wasserdampf.

78 Papier – Messen und Prüfen

Bei langfristigen Messungen im Drucksaal wird ein Thermohygrograph eingesetzt.
Für welche Messungen ist das Gerät einzusetzen?

(A) Prognose für den zu erwartenden Klimaverlauf in der Druckerei am folgenden Tag

(B) Absolute Luftfeuchtigkeit und relative Raumfeuchtigkeit

(C) Absolute und relative Temperatur

(D) Raumtemperatur und relative Luftfeuchtigkeit

(E) Absolute und relative Luftfeuchtigkeit

79 Papier – Klima

Welche Folgerung ist zu ziehen, wenn Sie an einem Papierstapel randwelliges Papier feststellen? Die relative Feuchtigkeit …

(A) des Papierstapels ist zu hoch, das Papier ist bei zu hoher Temperatur gelagert.

(B) im Lagerraumes ist höher als die relative Feuchtigkeit im Papierstapel.

(C) des Papierstapels ist zu hoch, das Papier ist zu kalt gelagert.

(D) im Lagerraum ist niedriger als die Feuchtigkeit im Papierstapel.

80 Druckfarbe – Messen, Prüfen

Der Sammelbegriff für die Fließeigenschaften einer Druckfarbe heißt:

(A) Konsistenz

(B) Thixotropie

(C) Viskosität

(D) Adhäsion

(E) Kohäsion

81 Druckfarbe – Messen, Prüfen

Mit dem Begriff Tack (auch Tackwert) bezeichnet man bei einer Druckfarbe ...

(A) die Zügigkeit.

(B) das Frischhalteverhalten.

(C) die Schnelligkeit der Trocknung.

(D) die Zähflüssigkeit.

(E) die Feuchtmittelaufnahmefähigkeit.

82 Druckfarbe – Messen und Prüfen

Mit welcher Maßeinheit (nach SI-Einheiten) wird die Viskosität einer Druckfarbe gemessen?

(A) Pascal Sekunden

(B) Newton pro cm

(C) Tack Sekunden

(D) Joule pro cm

(E) Newton Sekunden

83 Druckfarbe – Eigenschaften

Druckfarben für den Verpackungsdruck müssen entsprechend der Art und Verwendung der Verpackung bestimmte Echtheitseigenschaften besitzen. Welche der folgenden Echtheitsanforderungen ist im Allgemeinen besonders wichtig?

(A) Lackierechtheit für Dispersionslack

(B) Lichtechtheit

(C) Geruchs- und Geschmacksneutralität

(D) Hitzebeständigkeit

(E) UV-Beständigkeit

84 Offsetdruck – Feuchtmittel

Die Angabe °dH (nach SI-Einheiten: mmol/l) ist ein Maß für die …

(A) sogenannte Härte des Wassers, gemessen wird der Anteil an Kalzium- und Magnesiumsalzen.

(B) Wasserstoffionenkonzentration des Wassers, die die Fließeigenschaften des Wassers beeinflusst.

(C) Verdunstungsgeschwindigkeit des Wassers im Vergleich zu Äther.

(D) Oberflächenspannung des Wassers auf verschiedenen Bedruckstoffen.

(E) Menge feinster gelöster Teilchen oder Mikroorganismen im Feuchtmittel.

85 Drucktechnik – Rasterwalzen

Kurzfarbwerke mit Rasterwalzen werden im Flexodruck und auch im Offsetdruck eingesetzt. Prüfen Sie dazu die folgenden Angaben und entscheiden danach, welche Merkmale richtig sind.

I Eine zonale Farbsteuerung ist nicht möglich.
II Kurzfarbwerke eignen sich nur für den Flexodruck und den wasserlosen Offsetdruck.
III Das Schöpfvolumen der Rasterwalze bestimmt den Farbauftrag.
IV Kurzfarbwerke eignen sich für direkt und indirekt arbeitende Druckwerke.
V Kurzfarbwerke erfordern eine Temperierung.

Richtig sind:

(A) I bis IV

(B) I, II, IV, V

(C) I, III, IV

(D) II, III, IV, V

(E) II, IV, V

86 Offsetdruck – Feuchtmittel

Welchen Einfluss hat die Wasserhärte im Offsetdruck?

(A) Weiches Wasser führt zu einem starken Emulgieren der Druckfarbe.

(B) Der pH-Wert wird bei Wasserhärten unter 15 °dH stark verändert.

(C) Bei Wasserhärten über 15 °dH können Tonerscheinungen auftreten und Raster zusetzen.

(D) Wasserhärten über 20 °dH erhöhen den Druckkontrast.

(E) Bei zu hartem Wasser trocknet die Druckfarbe sehr langsam oder gar nicht, bei zu weichem Wasser trocknet die Druckfarbe zu schnell.

87 Offsetdruck – Feuchtmittel

Für den Offsetdruck mit konventionellen Druckplatten ist die Härte des im Feuchtmittel verwendeten Wassers von großer Bedeutung. Welchen Einfluss hat die Wasserhärte für den Druckprozess?

(A) Wasserhärten unter 5 °dH erhöhen die Tonwertzunahme.

(B) Weiches Wasser führt sehr leicht zum Emulgieren der Druckfarbe.

(C) Wasserhärten über 15 °dH können ein Tonen verursachen und Rastertonwerte zusetzen.

(D) Hartes Wasser erhöht den Druckkontrast und lässt Raster brillant erscheinen.

(E) Die Wasserhärte steht in einem direkten Zusammenhang mit dem pH-Wert des Wassers: 1 °dH = 0,5 pH.

88 Offsetdruck – Feuchtmittel

Welcher Bestandteil im Feuchtmittelzusatz hält den pH-Wert in einer bestimmten Schwankungsbreite weitgehend konstant?

(A) Puffer

(B) Alkohol

(C) Phosphorsäure

(D) Gummiarabicum

(E) Halogene

89 Offsetdruck

An einer Offsetdruckmaschine befinden sich am Druckplattenzylinder, Gummituchzylinder und am Druckzylinder Messringe. An welchem Zylinder liegen die Messringe unter dem Teilkreis?

(A) Druckplattenzylinder

(B) Gummituchzylinder

(C) Druckzylinder

(D) Keine Angabe ist richtig: Alle Messringe liegen immer auf Höhe des Teilkreises.

90 Materialeigenschaft

Mit dem Fachbegriff Opazität bezeichnet man: ...

(A) die Lichtundurchlässigkeit.

(B) die Reflektion.

(C) die Remission.

(D) die spektrale Kennlinie eines Stoffes.

(E) die Lichthelligkeit.

91 Materialeigenschaft

Welche Stoffeigenschaft wird in Grad Shore (° Shore) gemessen?

(A) Härtegrad von Kupfer, Chrom u. a.

(B) Konsistenz von Dispersionsklebstoffen

(C) Lichtfarbe, bezogen auf den absoluten Nullpunkt

(D) Wasserhärte von Feuchtmittelkonzentraten

(E) Härte von Gummi

92 Physikalische Grundlagen

Prüfen Sie die nachfolgenden Angaben. Entscheiden Sie jeweils, welche der Angaben korrekt sind, und kreuzen Sie danach diese Lösung an.

I Der absolute Nullpunkt liegt bei –273 °C.
II Die Basiseinheit für die Kraft ist N (Newton).
III Die Basiseinheit für den Druck ist Pa (Pascal), in der Praxis wird allgemein die größere Einheit bar (Bar) verwendet.
IV Die Formel für das ohmsche Gesetz: $U = R \cdot I$.
V Die Beleuchtungsstärke wird in lx (Lux) gemessen.

Richtig sind die Angaben:

(A) I, II, IV

(B) I, II, III, IV, V

(C) I, III, IV, V

(D) II, III, IV

(E) II, III, V

93 Materialeigenschaft

Tiefdruckzylinder benötigen für eine einwandfreie Gravur Kupfer mit einer bestimmten Härte. Nach welchem Verfahren wird die Härte gemessen?

(A) Brinell

(B) Vickers

(C) Rockwell

(D) Mohs

94 Materialeigenschaft

Im Zusammenhang mit Flüssigkeiten wird von der Oberflächenspannung gesprochen. Was ist unter diesem Begriff zu verstehen?

(A) Elektrische Leitfähigkeit der Flüssigkeit in mS

(B) Wirksamkeit einer Flüssigkeit beim Lösen von fettartigen Stoffen

(C) Anziehende molekulare Kräfte zwischen verschiedenen Stoffen

(D) Fähigkeit eines Stoffes, Sauerstoff an der Oberfläche anzulagern

(E) Molekulare Kraft, die eine Flüssigkeit der Ausdehnung ihrer Oberfläche entgegensetzt

95 Materialeigenschaften

Die Metamerie ist ein physikalisches Phänomen, dass bei der Beurteilung von farbigen Materialien auftreten kann. Welche Angabe zu diesem Phänomen ist richtig?

(A) Körperfarben werden sowohl unter dem Betrachtungslicht D50 und D65 gleichartig wahrgenommen.

(B) Ein bestimmtes Material leuchtet unter Lichteinwirkung auf (Fluoreszenz).

(C) Bei der Betrachtung eines Materials unter Schwarzlicht reflektieren Mikropartikel in verschiedenen Farben.

(D) Die Farben eines Materials werden bei der Betrachtung unter einer bestimmten Licht identisch, bei anderen Lichtarten aber unterschiedlich wahrgenommen.

96 Materialeigenschaft

Ein Maß für die Lichtundurchlässigkeit des Papiers ist ...

(A) die Opazität.

(B) die Transparenz.

(C) der Reflexionsfaktor.

(D) die Flächendeckung.

(E) die Dichte.

97 Mathematische Grundlagen

Prüfen Sie die nachfolgenden Angaben. Entscheiden Sie jeweils, welche der Angaben korrekt sind und kreuzen Sie danach diese Lösung an.

I Zehnerpotenz: Vorsatz G (Giga) = 10^6
II Zahlensystem: Das binäre Zahlensystem benutzt nur zwei Ziffern zur Darstellung aller Zahlen.
III Einheiten: 1 Zoll = 1,45 cm
IV Potenzen: $4^4 = 256$
V Potenzen: $2^8 = 516$

Richtig sind die Angaben:

(A) I, II, IV, V

(B) II, IV

(C) I, II, III, V

(D) II, III, IV

98 Mathematische Grundlagen

Gedruckt werden soll ein Plakat, das um den gesamten Umfang (Mantel) einer Litfaßsäule geklebt wird. Die Litfaßsäule hat einen äußeren Durchmesser von 180 cm, das Plakat soll eine Höhe von 300 cm haben. Welche Fläche in m² hat dieses Plakat? Die Fläche ist auf drei Stellen nach dem Komma aufzurunden.

(A) 16,965 m²

(B) 7,634 m²

(C) 30,537 m²

(D) 15,269 m²

99 Materialeigenschaften

Die folgenden Angaben zu Wechselwirkungen von Licht und Materialeigenschaften können Fehler enthalten. Prüfen Sie, welche Angaben korrekt sind. Kreuzen Sie danach die korrekte Lösung an.

I Emission: Licht wird von einem Selbstleuchter im Winkel von 45 Grad abgestrahlt.
II Reflexion: Licht wird von einem Material gerichtet oder ungerichtet (diffus) zurückgestrahlt.
III Transmission: Auftreffendes Licht durchdringt ein Material zu mindestens 50 %.
IV Absorption: Licht von einem Material „verschluckt“.
V Farbe: Wird nur ein Teil des auftreffenden Lichts durch das Material zurückgestrahlt, verändert sich die Lichtfarbe.

Eindeutig richtig sind die Angaben:

(A) I, II, IV

(B) I, III, V

(C) II, III, IV

(D) II, IV, V

(E) III, IV, V

100 Physikalische Grundlagen

Prüfen Sie die nachfolgenden Angaben. Entscheiden Sie jeweils, welche der Angaben korrekt sind und kreuzen Sie danach diese Lösung an.

I Volumen: 1 dm³ = 1 000 cm³ = 1 l (Liter)
II Fläche: 1 ha = 10 000 m²
III Zeit: 1 h (Stunde) = 3 600 s
IV Temperatur: 1 °C = 273 K (Kelvin)
V Elektrische Stromstärke: Einheit 1 A (Ampere)

Richtig sind die Angaben:

(A) II, III, IV

(B) III, IV, V

(C) I, II, III, V

(D) I, III, IV, V

9 PROZESS-STANDARDS

Printprodukte und Qualität

Ziel aller Produktionsprozesse in einer Druckerei ist nicht die permanente Spitzenqualität, sondern der wirtschaftliche Erfolg sowie das Erreichen und Halten einer produktbezogen geforderten bzw. definierten Qualität.

Wichtige Voraussetzungen dazu sind:
- die Motivation und ein verantwortliches Handeln aller am Prozess beteiligten Mitarbeiter,
- eine organisatorische und technische Prozessoptimierung sowie
- ein Qualitätsmanagement auf der Basis eines Standards.

Einzelne Normen wurden durch den bvdm (Bundesverband Druck und Medien e.V.) zu einem Standard praxisgerecht umgesetzt.

Wesentliche Ziele:
- ein sinnvoller, technisch aktueller Weg für die Druckproduktion
- eine möglichst sichere Beherrschung aller Prozessstufen und Einflussfaktoren
- definierte Schnittstellen
- Vorgabe von Sollwerten und unvermeidbaren Toleranzen
- eine wirtschaftliche Produktion

Es entstanden umfassende Handbücher zu Prozess-Standards für den Offsetdruck und den Digitaldruck
- ProzessStandard Offsetdruck (PSO), bvdm 2012
- ProzessStandard Digitaldruck (PSD), fogra 2012

Immer mehr Betriebe arbeiten nach Standards und lassen sich diese Kompetenzen zertifizieren.

Der Medientechnologe Druck ist verantwortlich für
- die geforderte, dem Standard entsprechende Prozessbereitschaft seiner Druckmaschinesowie
- eine gleichbleibend gute Druckproduktion innerhalb enger Toleranzen.

Voraussetzungen für die Prozessbereitschaft:
- standardisierter Arbeitsablauf beim Rüsten und im Auflagendruck
- optimale Abwicklung
- keine Streifenbildung, kein Schieben oder Dublieren
- passgenaues Drucken
- gleichmäßige Einfärbung
- geringe Tonwertzunahme (Toleranzen im Standard)
- geringstmögliche Farbschwankungen

Altona Test Suite

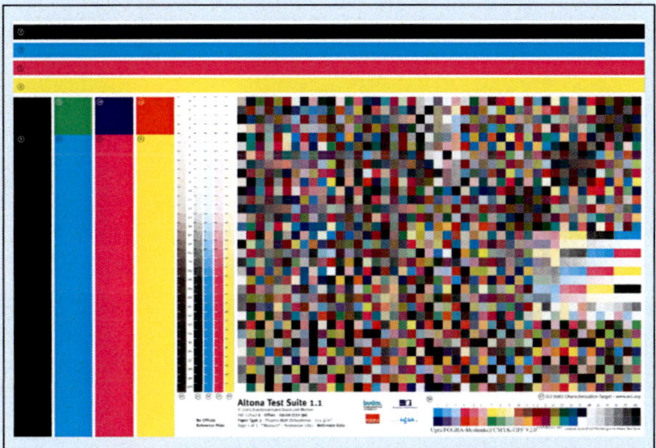

Seite 1 „Measure“ mit Testtafeln ECI2002 (DIN 16614, ISO 12642)

Seite 2 „Visual“: PDF/X-3-Datei zur Überprüfung der PDF/X-3-Kompatibilität im Workflow

Testform mit 8 Seiten stehend

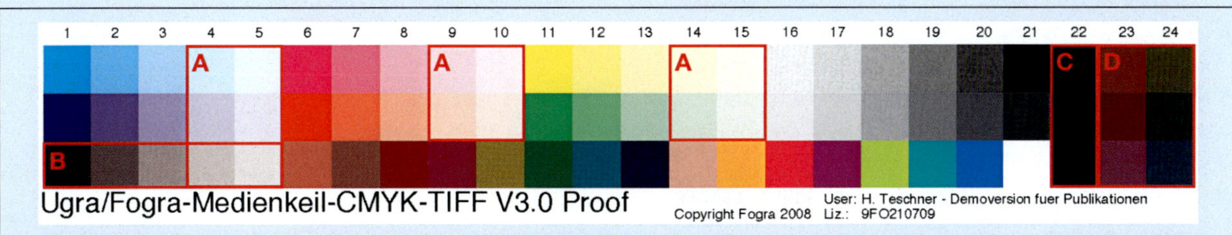

Ugra/Fogra-Medienkeil CMYK V3.0 Proof für manuelle Auswertungen, Feldgröße 6 mm × 6 mm, hier mit den neu hinzugefügten Feldern

Einflussfaktoren auf die Druckqualität im Offsetdruck –

ein komplexes Zusammenspiel in einem Netzwerk aus Mitarbeitern, Betriebsmitteln und Materialien

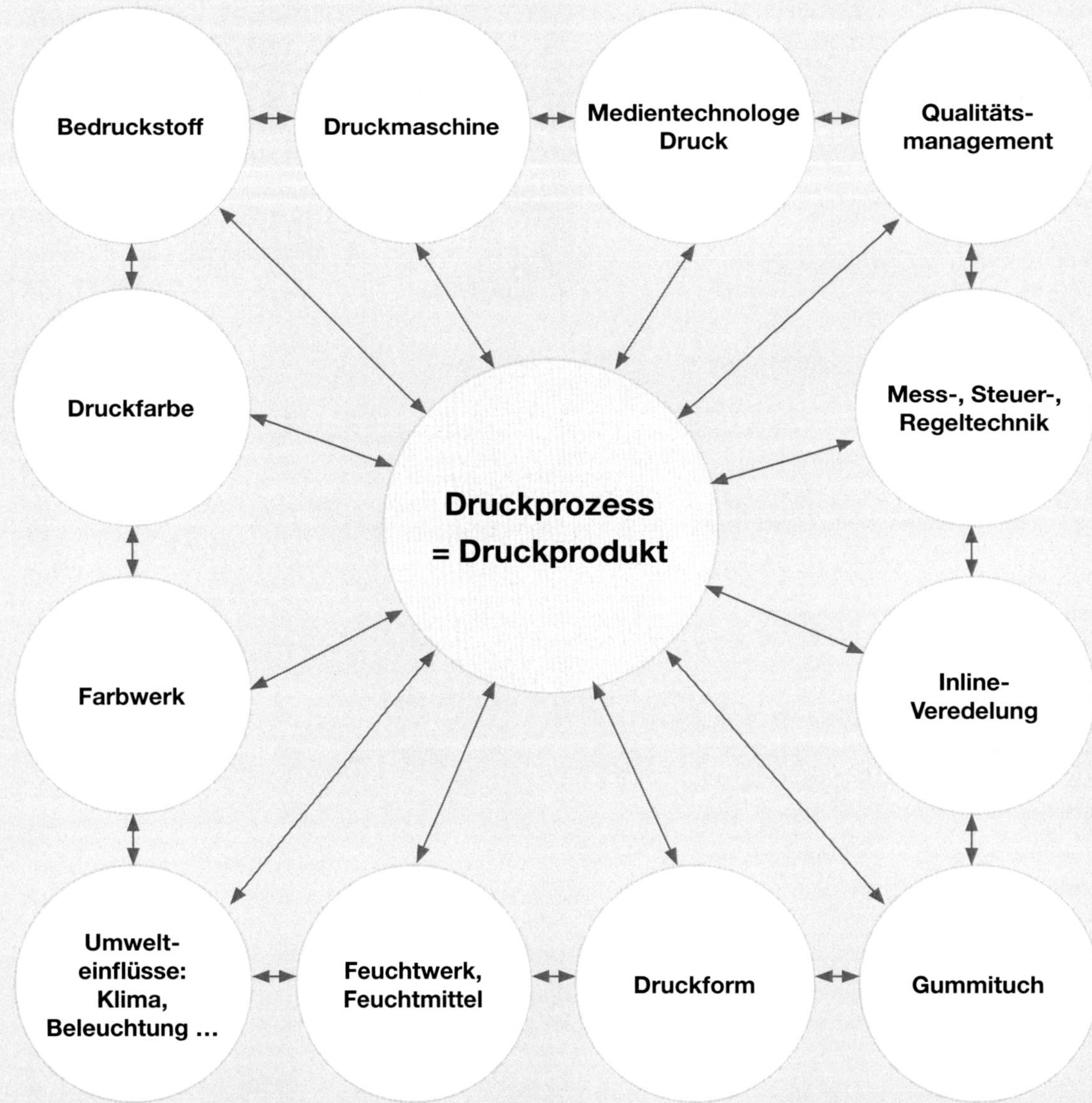

Arbeitet die Druckvorstufe im Standard und liegt dem Kunden ein Kontraktproof vor, erfolgt die Freigabe für den Druck (GzD = „Gut zum Druck").

Für den Offsetdruck werden danach die Druckplatten standardisiert – heute fast ausschließlich – im digitalen Prozessablauf (Computer-to-Plate) hergestellt.

Die Druckmaschine wird – vielfach mit Voreinstelldaten aus der Auftragsbearbeitung und der Druckvorstufe sowie Steuer- und Regeltechniken – eingerichtet (gerüstet). Basis sind auch hier Standards für den Druckprozess. Mit dem O.K.-Bogen wird der Auflagendruck freigegeben.

Beim Druck der Auflage hat das komplexe Druckmaschinensystem durch eine Vielzahl von Parametern und Wechselwirkungen einen bedeutenden Einfluss auf die Qualität.

Um eine gleichbleibende Qualität im Auflagendruck zu erreichen, muss der Medientechnologe Druck dieses System beherrschen.

1 Qualität – Produkte

Ein Druckunternehmen als Dienstleister am Markt hat nur Erfolg, wenn die Erwartungen der Kunden erfüllt oder sogar auch einmal übertroffen werden. Ein Druckauftrag ist nach Produkt, Format, Umfang, Auflage, Gestaltung, Farben, Bedruckstoff u. a. eindeutig zu definieren. Und trotzdem kann es zu Problemen und Unstimmigkeiten kommen. Schreiben Sie zu den folgenden Fragen stichwortartig Ihre Ansicht.

a) Warum kann es bei einem Druckauftrag zu Unstimmigkeiten oder Problemen zwischen dem Kunden und der Druckerei oder auch bei der Druckproduktion innerhalb des Betriebes kommen?

b) Was vermuten Sie: Welche Mängel reklamieren Kunden relativ oft bei Druckaufträgen? Begründen Sie.

2 Qualität – Produkte

Im Produktionsprozess einer Druckerei wird konsequent ein Colormanagement eingesetzt und standardisiert nach ProzessStandard Offsetdruck produziert.

a) Erklären Sie, was dies für die gesamte Produktion bedeutet.

b) Trotzdem kann es über die Wiedergabe von Farbbildern in einer hochwertigen Broschüre Unstimmigkeiten mit dem Kunden geben. Erklären Sie, aus welchen Gründen dies sein kann.

3 Qualität – Farbe im Druckprozess

Farben sind exakt zu messen und damit physikalisch eindeutig zu definieren. Physikalisch nicht zu messen ist dagegen die (optische) Wirkung von Farben auf einen Betrachter.

a) Erklären Sie, warum die optische Wirkung, das Farbempfinden also, nicht bei allen Menschen gleich ist.

b) Ein Freund möchte von Ihnen die Hausfarbe der Telekom präzise beschrieben haben. Erläutern Sie, warum dies nur unzureichend genau möglich ist.

c) Beurteilen Sie die optische Farbwirkung der jeweils elf gleichen Farbstreifen auf den vier unterschiedlichen Hintergründen und beschreiben Sie dazu Ihren Eindruck.

4 Qualität – Farbe im Druckprozess

Sehen können wir nur, wenn Licht vorhanden ist! D. h.: Unsere Augen empfangen Lichtenergie und übermitteln Signale über Nervenreize an das Gehirn. Das Gehirn interpretiert diese Signale und „empfindet“ eine Farbe – so wie wir es gelernt haben. Dieses „System“ ist jedoch nicht absolut und konstant, sondern wird durch viele Faktoren beeinflusst.

a) Erläutern Sie an der Abbildung den Simultankontrast. Vergleichen Sie jeweils dazu die Farbwirkung: Warum wirken die Kreisringe oben und unten im Farbton unterschiedlich?

___

___

___

b) Der farbige Kreisring hat den gleichen Farbton. Erklären Sie, warum der Kreisring unterschiedlich wirkt.

___

___

___

c) Welche Folgerung ziehen Sie daraus, wenn Prüfdrucke (Proofs) oder Druckbogen unter verschiedenen Umwelteinflüssen (Licht, Umfeld) abgemustert werden sollten?

___

___

___

5 Qualität – Produkte

Ein wichtiger Kunde bestellt für eine Fachmesse, die Ende dieses Monats stattfindet, einen hochwertigen Produktkatalog. Er arbeitet mit einer Agentur zusammen, die die Konzeption und das Layout entwickelt hat und die Daten mit einem Proof liefern soll. Die vollständigen Daten liefert die Agentur „ideenwelt“ am 1. dieses Monats an die Druckerei.

- Auflage:
  12 000 Exemplare
- Umfang:
  128 Seiten
- Format:
  Querformat DIN A4
- Bedruckstoff:
  Bilderdruckpapier, 90 g/m^2, glänzend gestrichen
- Druckfarben:
  Skalenfarben + Hausfarbe (grün)
- Druckverarbeitung:
  Klebebindung
- Lieferung, Verpackung:
  je 100 Exemplare in einem Karton

a) Druckerei (Hinweis: Sie vertreten in der Antwort die Interessen der Druckerei):
Welche Anforderungen stellen Sie an die Qualität der Daten, die Ihnen die Agentur liefern muss, sowie an den Proof?

b) Kunde (Hinweis: Sie vertreten in der Antwort den Kunden):
Beschreiben Sie Merkmale der von Ihnen geforderten „guten Qualität“ bei diesem Produkt. Führen Sie alle Ihnen wichtigen Punkte übersichtlich auf.

Für Lösung bitte separates Blatt verwenden! 

6 Qualität – Produkte

Ihr Kunde ist ein bedeutender Hersteller von Schokolade, die in mehreren Sorten auf dem Markt ist. Gedruckt wird die flexible Verpackung im Tiefdruck. Das Produkt ist eine Einstoffverpackung aus Polypropylen mit dem sogenannten „Knick-Pack“. Es werden große Auflagen in der jeweiligen Sortenfarbe gedruckt.
Sie sind Kunde: Erläutern Sie Ihre Anforderungen an die Qualität der Verpackungen, die Sie immer wieder in festgelegten typischen Farben für Ihre unterschiedlichen Schokoladensorten drucken lassen.

___

___

___

7 Qualität – Produkte

Ihr Unternehmen druckt Tageszeitungen, Wochenblätter, Anzeigenblätter und Werbematerialien auf Naturpapier im Rollen-Offsetdruck. Als Herausgeber der Tageszeitung starten Sie eine Befragung Ihrer Kunden zur Thematik „Tageszeitung im Druck".
Ihr Ziel ist es, die Meinung der Leser zur „Qualität" der gedruckten Zeitung (nicht zu redaktionellen Aspekten) zu erfahren.

a) Sie sind ein aktiver Leser dieser Zeitung. Schreiben Sie also Ihre Meinung zur Qualität der Tageszeitung: Was gefällt Ihnen gut? Und was könnte in der gedruckten Ausgabe optimiert werden?

____

____

____

b) Sie sind Autohändler und ein Anzeigenkunde. Was sollte aus Ihrer Sicht so bleiben und was sollte verbessert werden?

____

____

____

8 Qualitätsmanagement

In Ihrem Unternehmen wird ein „Audit" mit externen Personen durchgeführt.

a) Erklären Sie, was ein Audit ist und wer ein Audit durchführen darf.

____

____

____

b) Beschreiben Sie, welche Ziele ein Audit im gesamten Prozessablauf Ihres Betriebes haben kann.

____

____

____

9 Qualität – Produkte

In Ihrem Unternehmen werden flexible Verpackungen in hochwertiger Flexodruckqualität hergestellt. Gedruckt werden u. a. Nahrungsmittelverpackungen auf hochtransparente OPP-Folien (Orientiertes Polypropylen, längs gestreckt) und CPP-Folien (Cast Polypropylen, ungestreckt). Beide Folien sind heißsiegelfähig und lebensmittelecht.
Welche Qualitätsanforderungen stellen Ihre Kunden an die gedruckten Produkte für Nahrungsmittel?

____

____

____

10 Qualität – Prozesse

Die Qualität eines Druckproduktes beginnt bereits in einer kompetenten Kommunikation mit dem Kunden, einem guten Vertrauensverhältnis und einer Beratung, die die Bedürfnisse und Anforderungen des Kunden im Blick hat. Ihr Kunde ist ein bedeutender Autohersteller im Premium-Segment. Er möchte seinen exklusiven Kunden ein wertvolles Präsent überreichen. Sie als Kundenberater empfehlen eine individuell gedruckte Einladung für ein Autorennen auf dem Nürburgring mit allen Events an zwei Tagen.

a) Beschreiben Sie, wie eine solche Einladung im Erscheinungsbild und Inhalt exklusiv „aufgebaut" sein könnte.

____

____

____

b) In welchem Druckverfahren soll die Einladung für 100 Ehrengäste gefertigt werden? Begründen Sie dazu Ihre Entscheidung.

____

____

____

11 Qualität – Prozesse

Ein Praktiker sagte: „Qualität wird nicht erprüft, sondern im Unternehmen gelebt und erzeugt." Erklären Sie, was der Fachmann damit grundlegend aussagen will.

12 Qualität – Prozesse

Die Qualität im Produktionsprozess ist ganzheitlich zu sehen. Betrachten Sie dazu verschiedene Arbeitsbereiche in einem Produktionsprozess.
Nennen Sie zu jedem dieser Arbeitsbereiche vier Merkmale, die für den nachfolgenden Arbeitsbereich und dessen weitere Arbeiten zu einer guten Qualität wichtig sind. Begründen Sie kurz Ihre Angaben.

Verkaufsaußendienst:

Verkaufsinnendienst:

Druckvorstufe und Druckformherstellung:

Druck:

Druckverarbeitung:

Versand/Auslieferung an den Kunden:

13 Qualitätsmanagement – Begriffe

Zu einer eindeutigen Kommunikation ist die Bedeutung wichtiger Begriffe im Qualitätsmanagement zu Technik und Werkzeugen erforderlich. Erarbeiten Sie dazu die Bedeutung der folgenden Fachbegriffe.

Messen:

Prüfen:

Kalibrieren:

Justieren:

Eichen:

Standardisieren:

14 Prozesstechnik

Im „ProzessStandard Offsetdruck" (bvdm 2012) sind Standarddruckbedingungen aufgeführt, deren Parameter in einem Standard festgelegt werden. Ein Ziel ist es, durch standardisierte Prozesse das Druckergebnis durch Charakterisierungsdaten und ICC-Profile festzulegen.

a) Welche Parameter werden in den Standarddruckbedingungen definiert und festgelegt?

b) Was bedeuten in diesem Zusammenhang prinzipiell Charakterisierungsdaten und ICC-Profile?

15 Druckqualität – Druckprozess

Im QM-System bedeutet der Begriff „Prüfen“ das Feststellen, ob der Prüfungsgegenstand eine oder mehrere vorgegebene Bedingungen erfüllt. Mit dem Prüfen ist daher immer der Vergleich mit vorgegebenen Bedingungen verbunden. Für den Auflagendruck liegt ein verbindlich abgezeichneter Bogen „Gut zum Druck“ (O.K.-Bogen) vor. Die Druckqualität im Auflagendruck wird visuell sowie auch messtechnisch geprüft.

a) Visuelle Prüfungen: Nennen Sie vier Fehler im Druckprozess (aus der eigenen betrieblichen Praxis) und erklären Sie, wie sich diese Fehler im Druck bzw. Druckbild auswirken.

b) Visuelle und messtechnische Prüfungen: Nennen Sie zwei Mängel im Druckbild und erklären Sie, wie sich diese Fehler optisch sichtbar auswirken.

Für Lösung bitte separates Blatt verwenden! 

16 Druckqualität – Standardisierung

Der ProzessStandard Offsetdruck (bvdm 2012) beschreibt Methoden und Mittel der Prozesskontrolle und Prozesssteuerung und damit, was, wie und womit optimiert und standardisiert werden kann. Sie informieren Ihre Kunden über die Kompetenz Ihres Unternehmens. Nennen Sie vier Vorteile der standardisierten Druckproduktion in Ihrem Unternehmen und erläutern Sie dazu Vorteile, die der Kunde durch Ihre Kompetenz im Prozess hat.

Für Lösung bitte separates Blatt verwenden! 

17 Druckqualität – Standardisierung

Ziel der Standardisierung, z. B. im ProzessStandard Offsetdruck nach ISO 12647-2, ist ein durch Normen festgelegter industrieller Produktionsablauf, dem bestimmte Materialien, Vorgaben, Sollwerte und Toleranzen für den gesamten Prozess zugrunde liegen.

a) Erläutern Sie, warum die Druckvorstufe (Bildverarbeitung, Farbseparation, Proof, CtP) von den fachgerecht ermittelten Standardbedingungen im Druckprozess ausgehen muss.

____

____

____

b) Erklären Sie die fachliche Aussage: „Mängel in Ton- und Farbwerten digitaler Daten aus der Druckvorstufe sind nicht im Druck zu korrigieren.“

____

____

18 Prozesstechnik

In einer Fachinformation lesen Sie: „Wie stark sich die im Druckprozess unvermeidlichen Schwankungen der einzelnen Druckfarben auswirken, hängt entscheidend von dem in der Druckvorstufe gewählten Bildaufbauprinzip ab.“ Erklären Sie die für einen stabilen Druckprozess bedeutenden Fragen zum Bildaufbau.

a) Erklären Sie prinzipiell zwei unterschiedliche Verfahren der Farbseparationen für den Bildaufbau.

b) Aus welchen Druckfarbenanteilen bestehen Graubereiche in den beiden genannten Verfahren?

c) Wie erfolgt in den beiden genannten Verfahren das Abdunkeln farbiger Bildbereiche?

d) Wie werden Schatten- und Tiefenzeichnungen erzeugt?

Für Lösung bitte separates Blatt verwenden! 

19 Druckqualität – Standardisierung

Ein Referent hält einen Vortrag zum Themenbereich „Standards und Colormanagement in der täglichen Praxis“. Auf einem Chart heißt es: „Charakterisierungsdaten und normkonforme Farbprofile werden der Druckerei zur Verfügung gestellt“. Erklären Sie:

a) Was sind Charakterisierungsdaten und Farbprofile?

____

____

____

b) Wo bzw. wie werden Charakterisierungsdaten und Farbprofile im Produktionsprozess eingesetzt?

____

____

____

20 Druckqualität – Standardisierung

Voraussetzung für eine Optimierung aller Prozesse und damit einer Standardisierung ist eine einwandfreie, bestmögliche Grundeinstellung der Druckmaschine. Weitere Parameter, die einen Einfluss auf das Druckergebnis haben, bezeichnet man als Druckbedingungen. Beschreiben Sie dazu kurz:

a) Grundeinstellungen an der Druckmaschine

b) Druckbedingungen:
Einflüsse durch die Druckvorstufe

c) Druckbedingungen:
Einflüsse durch das Material

d) Druckbedingungen:
Einflüsse durch Umgebungsbedingungen (z. B. Licht, Klima)

e) Druckbedingungen:
Einflüsse im Druck bzw. Auflagendruck

Für Lösung bitte separates Blatt verwenden!

21 Druckqualität – Standardisierung

Voraussetzung für eine Standardisierung der gesamten Prozesskette und eine Zertifizierung, z. B. nach dem ProzessStandard Offsetdruck, ist eine optimale Vorbereitung der Druckmaschine. Der Druckprozess wird durch eine Vielzahl von Parametern beeinflusst. Das Druckmaschinenprofil beschreibt deshalb immer den Druckprozess und weniger die Druckmaschine. Erklären Sie zu jedem der folgenden Parameter an mindestens zwei Beispielen, was der Medientechnologe Druck prüfen und ggf. optimieren muss.

a) Funktionsfähigkeit der gesamten Druckmaschine (hierzu vier Beispiele)

b) Wartung

c) Einfärbung: Farbwerk, Farbwalzen

d) Feuchtung: Feuchtsystem, Feuchtwalzen

e) Druckabwicklung, Zylinderaufzüge

f) Druckfarbe

g) Druckhilfsmittel

h) Druck mit einer Testdruckform

Für Lösung bitte separates Blatt verwenden!

22 Druckqualität – Standardisierung

Ein sehr schnelles, sicheres Rüsten der Druckmaschine spart Zeit und Makulatur und somit Kosten. Immer mehr bestimmen in einer modernen Druckmaschine Mess-, Steuer- und Regeltechniken einschließlich vieler Automatikunterstützungen die Abläufe und die standardisierte Produktion. Dazu gehören z. B. Bedienung am Leitstand, Farbzonenfernsteuerung, Farbvoreinstellungskennlinien, Eingabe gespeicherter Farbprofile, Einfärbeprogramm, „Farb-Wasser-Kurven", automatischer Druckplattenwechsel, Inline-Messungen.
Sie haben den Auftrag, einem neuen Auszubildenden die Vorteile dieser neuen Techniken im Vergleich zu früheren Arbeitsweisen an der Druckmaschine zu erklären.

- Bedienung am Leitstand
- Farbzonenfernsteuerung
- Farbvoreinstellungskennlinien
- „Farb-Wasser-Kurven"
- automatischer Druckplattenwechsel
- Inline-Messungen

Für Lösung bitte separates Blatt verwenden!

23 Druckqualität – Colormanagement

Das Colormanagement im Produktionsprozess hat das Ziel, Farbreproduktionen von beliebigen analogen und digitalen Bildvorlagen visuell möglichst farbidentisch in verschiedenen Ein- und Ausgabegeräten und im Druck auf unterschiedlichen Bedruckstoffen wiederzugeben. Eine besondere Bedeutung in diesem Prozess haben Farbprofile.

a) Erklären Sie prinzipiell, was Farbprofile sind.

b) Man unterscheidet grundsätzlich Geräteprofile sowie spezielle Profilarten, z. B. für den Proofdruck oder die Umrechnung in andere Farbräume. Welche Parameter beschreibt ein Druckmaschinenprofil?

c) Erklären Sie die Bedeutung des Druckmaschinenprofils für den gesamten Produktionsprozess.

24 Druckqualität – Prozesse

Ein idealer Workflow hat das Ziel, Farben der Bildvorlagen (Farbinformationen) von der Eingabe bis zur Ausgabe weitgehend konstant zu halten.

a) Erklären Sie, warum Colormanagement-Systeme (CMS) im Workflow benötigt werden.

b) Nennen Sie ein geräteunabhängiges Farbsystem.

c) Erklären Sie, warum das Arbeiten in einem geräteunabhängigen Farbraum Vorteile bietet.

25 Druckqualität – Prozesse

Im digitalen Workflow geht es darum, Farben möglichst genau zu erkennen und in der Ausgabe (Proof, Druck) wiederzugeben. Nennen Sie je drei wichtige Einflussfaktoren (z. B. Art, Material, Prozess) für die Erkennung bzw. die Wiedergabe von Farben zu:

a) Vorlagen

b) Eingabe und Verarbeitung

c) Ausgabe

26 Druckqualität – Colormanagement

Jedes betriebliche Colormanagement-System benötigt Vorgaben bzw. Voraussetzungen. Beschreiben Sie „Vorgaben" bzw. Voraussetzungen und Zusammenhänge für ein Colormanagement-System. Verwenden Sie dazu die folgenden Fachbegriffe: ICC-Profile – drucktechnische Ausgabe – standardisierte Prozesse – Eingabe – charakterisierte Geräteeigenschaften

Für Lösung bitte separates Blatt verwenden! 

27 Druckqualität – Prozesse

In einem Fachartikel zum Colormanagement schreibt der Autor u. a.: „Jedes Ein- und Ausgabegerät arbeitet in einem spezifischen Farbraum. Colormanagement umfasst ein System von ‚Hilfsmitteln' mit dem Ziel, bei allen erforderlichen Arbeitsprozessen in unterschiedlichen Geräten farblich möglichst dasselbe Ergebnis zu erhalten. Dies ist durch die technische Beschaffenheit der Geräte physikalisch nicht möglich … Die Charakteristik der eingesetzten Geräte ist jedoch messbar und somit in einen anderen Farbraum umzurechnen …"

a) Beispiel: Digitalkamera, Monitor, Separation in den Ausgabefarbraum, Digitalproof, Druck.
Erklären Sie, warum nicht alle genannten Geräte den gleichen Farbraum wiedergeben können.

b) Erklären Sie, wozu Charakterisierungsdaten benötigt werden.

c) Was sind Farbprofile (ICC-Profile) und wozu werden diese eingesetzt?

d) Erklären Sie den Unterschied zwischen einem geräteabhängigen und einem geräteunabhängigen (medienneutralen) Farbraum.

28 Druckqualität

Für manche Aufgaben im Druckprozess ist das Auge ein sehr gutes „Messinstrument“. Dies ist beispielsweise gegeben, wenn bestimmte Kontrollelemente paarweise vorliegen oder bei der Bildbewertung farbig aufgebauter neutraler Grautöne.

a) Nennen Sie zwei Kontrollfeldelemente, die mit dem Auge (ggf. einem zusätzlichen Fadenzähler) sicher ausgewertet werden können.

b) Sie vergleichen einen Druckbogen für einen Modekatalog mit vielen Farbtönen nahe der Grauachse mit dem O.K.-Bogen. Warum ist für den Vergleich bei bunt aufgebauten „neutralen“ Grautönen das Auge besonders empfindlich?

c) Begründen Sie aus dieser Erkenntnis die Bedeutung der Graubalancefelder in Kontrollstreifen.

29 Druckqualität – Abmustern

Farben sind (individuelle) Sinnesempfindungen, die wir über unser Auge wahrnehmen. Individuell bedeutet, dass nicht alle Menschen Farben in gleicher Weise erkennen. Etwa zehn Prozent der Menschen sind farbfehlsichtig oder nur eingeschränkt farbtüchtig.

a) Welche (einfache) Möglichkeit gibt es, eine Farbenfehlsichtigkeit oder die Farbtüchtigkeit der Augen zu ermitteln?

b) Der Kunde kommt zum Abstimmen seines Druckauftrages an die Druckmaschine. Erläutern Sie mögliche Probleme für die Druckfreigabe.

30 Druckqualität – Abmustern

Prüfverfahren (Proof) und Offsetdruck geben jeweils mit völlig anders aufgebauten Farbmitteln ein Farbbild wieder. Dies kann bei der Abmusterung unter ungeeigneten Lichtbedingungen zu Farbverfälschungen führen.

a) Wie wird dieser Fehler der Farbverfälschung genannt?

b) Je nach Lichtquelle verändern sich Farben bei einem Prüfdruck (Proof) oder auch einem Druck. Begründen Sie, warum dies so ist.

c) Welche Lichtart mit welcher Beleuchtungsstärke ist nach ISO 3664 vorgeschrieben?

d) Neben der Lichtquelle beeinflusst auch das Umfeld (z. B. des Abstimmplatzes) das Farbempfinden. Wie soll demnach ein Abstimmplatz für ein möglichst gutes Abstimmen gestaltet sein?

31 Druckqualität – Abmustern

Für das Beurteilen und Messen beim Auflagendruck ist nach dem ProzessStandard Offsetdruck (PSO) grundsätzlich eine schwarze Unterlage zu verwenden.

a) Begründen Sie, warum keine weiße Unterlage für diese Aufgabe verwendet werden soll.

b) Für welche Aufgabe ist eine weiße Unterlage zu verwenden?

32 Druckqualität – Abmustern

Mit dem „Farbwiedergabe Demonstrator“ ist mit unterschiedlichen Lichtquellen die optische Wirkung des Lichtes beim Abstimmen eines Druckauftrages (Prüfdruck, Auflagendruck, Druckfreigabe) deutlich zu demonstrieren.

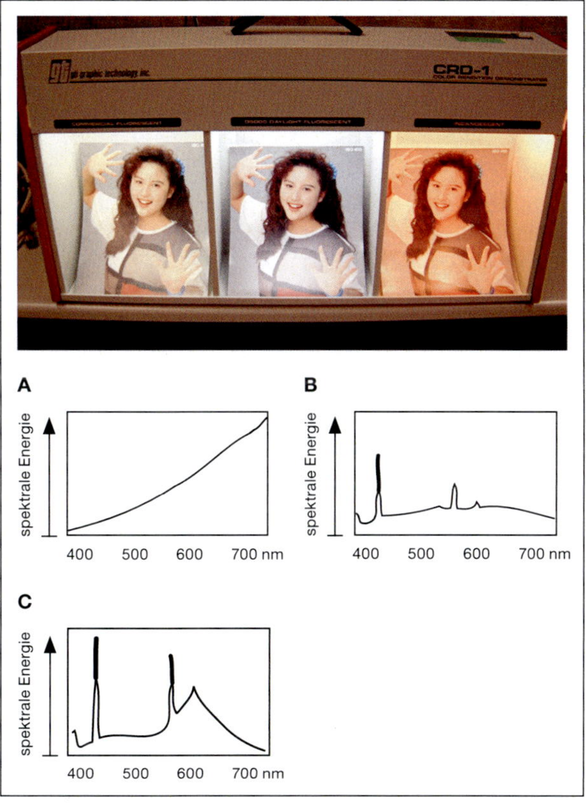

a) Interpretieren Sie die Lichtfarbe (Farbwiedergabe) der „spektralen Steckbriefe“.

____

____

____

b) Ordnen Sie danach die richtigen Bezeichnungen den Bildern im „Farbwiedergabe Demonstrator“ zu: Glühlampe, Tageslicht (Kunstlicht), kommerzielle Leuchtstofflampe. Schreiben Sie die Bezeichnungen an die betreffende Grafik.

33 Druckqualität – Abmustern

Die ISO 3664:2009 legt für die Druckindustrie die Lichtart D50 (D = daylight, 50 = 5000 K) fest. Diese ideale, fehlerfreie Lichtart ist in der geforderten Spektralverteilung derzeit durch künstliche Lichtquellen nicht zu erreichen. (Hinweis: Festgelegt wurden die Lichtarten und Messbedingungen M0, M1, M2 und M3.)

a) Beschreiben Sie beispielhaft, welche Informationen die Spektralverteilung (Spektralkurve) einer Lichtquelle gibt.

b) Erläutern Sie, welche Bedeutung ein verbindlich festgelegtes, einheitliches Licht für die Beurteilung von Farben hat.

c) Erklären Sie zudem, warum das Abstimmlicht eine bestimmte Beleuchtungsstärke aufweisen muss. Geben Sie dazu an, welche Beleuchtungsstärke für das Abstimmlicht benötigt wird.

d) Druckpapiere enthalten sehr oft optische Aufheller. Begründen Sie, warum es bei bestimmten Lichtbedingungen dadurch zu Problemen beim Abstimmen zwischen einem Proof und einem Druck kommen kann.

Für Lösung bitte separates Blatt verwenden! 

34 Druckqualität – Abmustern

Im Zusammenhang mit unterschiedlichen Spektralverteilungen von Lichtquellen (z. B. Lichtart D50 im Vergleich zu einem anderen Kunstlicht) wird das Phänomen Metamerie diskutiert.

a) Erklären Sie den Begriff Metamerie und mögliche Auswirkungen im Druckprozess.

____

____

____

b) In der Praxis wird vielfach der Ugra-Farbtemperatur-Indikator eingesetzt. Erklären Sie, wie Informationen mit diesem Indikator angezeigt werden.

ugra | Light Indicator | No stripes = 5000 K

____

____

____

35 Messgeräte – Messaufgaben

Nicht jedes Messgerät eignet sich für jede Aufgabe im Produktionsprozess. Vergleichen Sie dazu die drei Messtechniken: Farbmessung, Densitometrie, Bildanalyse.

a) Nennen Sie drei Aufgaben, für die die Farbmessung besonders oder sogar ausschließlich geeignet ist.

b) Nennen Sie drei Aufgaben, für die die Densitometrie besonders oder sogar ausschließlich geeignet ist.

c) Nennen Sie eine Aufgabe, für die die Bildanalyse besonders geeignet ist.

36 Messgeräte – Densitometer

Die Farbdichte und die Farbschichtdicke stehen zueinander (bis zu einem maximalen Wert) in einem bestimmten Verhältnis. Erklären Sie den Zusammenhang zwischen Farbdichte und Farbschichtdicke.

37 Messgeräte – Densitometer

Im Drucksaal werden Auflichtdensitometer (kurz nur Densitometer genannt) eingesetzt.

a) Skizzieren Sie das Messprinzip des Densitometers und beschreiben Sie es kurz. Beginnen Sie dabei mit der abgestrahlten Lichtintensität (= 100 %) und erklären Sie den Strahlengang.

b) Erklären Sie, wie es möglich ist, nicht nur Hell-/Dunkel-Werte, sondern auch lasierende Prozessfarben in der (relativen) Farbschichtdicke zu messen.

Für Lösung bitte separates Blatt verwenden! 

38 Messen – Densitometer

In der densitometrischen Messtechnik sind grundlegende Zusammenhänge zur Ermittlung der Dichte durch die Fachbegriffe zu erklären:

- Transparenz (bzw. Transparenzgrad)
- Reflexion (bzw. Reflexionsgrad, Reflexionsfaktor)
- Opazität (bzw. Opazitätsgrad)
- Absorption (bzw. Absorptionsgrad)

a) Erklären Sie die entsprechenden Fachbegriffe, die zur Berechnung der Dichte bei Aufsichtsvorlagen bzw. Drucken erforderlich sind.

b) Berechnen Sie die Dichte an einem exemplarischen Beispiel zu einer Auflichtvorlage: aufgestrahltes Licht 100 %, gemessenes Licht (im Messelement des Densitometers) 10 %.

Für Lösung bitte separates Blatt verwenden! 

39 Messgeräte – Densitometer

Die gemessene und optisch sichtbare Farbdichte einer Druckfarbe ist wesentlich abhängig von der Art der Pigmente, der Pigmentkonzentration in der Druckfarbe und von der aufgedruckten Farbschichtdicke. Der Farbort einer Prozessfarbe ist in einem bestimmten Toleranzrahmen durch eine Norm festgelegt. Beschreiben Sie jeweils Änderungen im Farbort und das Ergebnis bei der densitometrischen Messung.

a) Prozessfarbe Cyan:
höhere Farbgebung = kräftiger gedruckter Farbton

b) Prozessfarbe Cyan:
geringere Farbgebung = heller gedruckter Farbton

c) Erklären Sie, warum die Farbdichte nichts über den Buntton einer Farbe aussagt.

40 Messgeräte – Densitometer

Die Farbdichte ist ein Maß für die Schichtdicke einer bestimmten Druckfarbe auf dem Bedruckstoff. In den Strahlengang eines Densitometers wurden zusätzlich Polarisationsfilter eingesetzt.

a) Erklären Sie an einem konkreten Beispiel, aus welchem Grund Polarisationsfilter eingesetzt werden.

____

____

b) Welchen Dichteunterschied würde im Auflagendruck eine Messung ohne und eine Messung mit einem Polarisationsfilter ergeben?

____

____

41 Messgeräte – Densitometer

Zwischen der Farbschichtdicke und der mit einem Densitometer gemessenen Farbdichte besteht ein enger Zusammenhang. Ein Densitometer strahlt Licht auf ein bedrucktes Messfeld auf einem weißen Papier. Das Licht durchdringt die lasierende Farbschicht, wird dabei abgeschwächt und zusätzlich durch das Papier gestreut. Das danach in einem bestimmten Winkel vom Messfeld reflektierte „Restlicht" wird über ein Linsensystem und Farbfilter von einem Messfühler erfasst.

a) In welchen Winkeln kann das Licht nach der Norm auf das Messfeld auftreffen?

____

b) In welchen Winkelgraden kann das Licht nach der Norm auf den Messfühler auftreffen?

____

c) Erläutern Sie, warum Farbfilter bei der Messung bunter Druckfarben eingesetzt werden.

____

____

d) Erklären Sie, warum ein Densitometer logarithmische Messwerte anzeigt.

____

____

42 Messgeräte – Densitometer

In einem Fachartikel lesen Sie: „Ein Densitometer ist kein Metermaß, d. h. mit einem bestimmten Densitometer gemessene Werte sind immer relative Messwerte."

a) Erklären Sie, was diese Aussage bedeutet.

b) Erläutern Sie die Problematik der Dichtemessung: Sie drucken auf einem weißen Papier ein Cyan und messen in einem Messfeld die Dichte 1.6. Bei einem folgenden Auftrag drucken Sie die hellgrüne Hausfarbe eines Unternehmens und messen ebenso die Dichte 1.6.

Für Lösung bitte separates Blatt verwenden! 

43 Messgeräte – Densitometer

„Die Dichte ist der negative dekadische Logarithmus des Reflexionsfaktors", heißt es in einer Veröffentlichung.

a) Erklären Sie einfach und verständlich die Zusammenhänge zwischen aufgestrahltem bzw. auftreffendem Licht, der Absorption, der Reflexion und der im Densitometer angezeigten Dichte.

b) Die Messung einer gerasterten Fläche zeigt die Dichte D = 1.0 an. Beschreiben Sie, welche Vorgänge im Densitometer diesen Messwert ergeben haben. (Hinweis: Das auftreffende Licht ist immer 100 %.)

Für Lösung bitte separates Blatt verwenden! 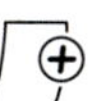

44 Messgeräte – Densitometer

Um ein Densitometer korrekt zu nutzen, sind bestimmte Voraussetzungen erforderlich.

a) Warum muss ein Densitometer kalibriert werden? Beschreiben Sie, wie eine Kalibrierung durchgeführt wird.

b) Vor der Messung ist ein Densitometer zu nullen. Warum ist dieser Schritt erforderlich? (Hinweis: Moderne Geräte führen diesen Schritt vollautomatisch aus.)

Für Lösung bitte separates Blatt verwenden! 

45 Messtechnik – Flächendeckung

Mit einem Densitometer ist die Schichtdicke einer (lasierenden) Druckfarbe im Vollton zu messen. Ebenso zu messen ist der Anteil der bedeckten Fläche durch Rasterpunkte. Es gilt: Je größer die durch Rasterpunkte bedeckte Fläche ist, desto kräftiger ist der optische Farbeindruck.
Beschreiben Sie Ihr Vorgehen, die Flächendeckung (den Flächendeckungsgrad F_D) einer Rasterfläche zu ermitteln.

______

______

______

46 Messtechnik – Flächendeckung

Bei der autotypischen Rasterung eines Bildes entstehen durch unterschiedlich große Rasterpunkte optisch unterschiedliche Tonwerte. Unterschiedliche Rastertonwerte (Angabe in %) entstehen also durch eine variable Flächendeckung.

a) In der Praxis wird zwischen einer geometrischen Flächendeckung und einer optischen Flächendeckung unterschieden. Beschreiben Sie den Unterschied zwischen beiden Fachbegriffen.

______

______

______

b) Erklären Sie die Bezeichnung integrale Messung.

______

______

______

c) Begründen Sie, warum der gleiche Rastertonwert in einem gedruckten Rasterbild immer größer ist als die geometrische Flächendeckung der Rasterelemente in einem Datensatz bzw. auf einem Film (Kopiervorlage).

______

______

______

d) Moderne Densitometer ermitteln und berechnen verschiedenen Prozessdaten. Bei einer Messung wird die sogenannte Murray-Davies-Formel verwendet. Was wird mit dieser Formel berechnet?

______

______

______

47 Messtechnik – Lichtfang

In einer Fachzeitschrift wird in einem Artikel über die Bestimmung der optisch wirksamen Flächendeckung im Druck mit dem Densitometer der Begriff „Lichtfang“ verwendet.

a) Erläutern Sie, was fachlich unter der Bezeichnung Lichtfang verstanden wird. Fügen Sie zur Veranschaulichung eine Skizze dazu bei.

b) Beschreiben Sie die „Wirkung“, die der Lichtfang auf das Sehen eines Bildes und auf das densitometrisch ermittelte Messergebnis hat.

Für Lösung bitte separates Blatt verwenden! 

48 Messtechnik – Tonwertzunahme

Tonwerte werden in einem gerasterten Bild durch flächenvariable oder frequenzmodulierte Rasterpunkte wiedergegeben. Bei einem AM-Raster wird beispielsweise der Mittelton geometrisch durch 50 % durch Rasterpunkte bedeckte und 50 % unbedeckte Fläche wiedergegeben. Dieser Tonwert ist auf einem Film (Kopiervorlage) oder in den digitalen Daten vorhanden.

a) Erklären Sie die Bezeichnung Tonwertzunahme.

b) Durch welche Einflüsse kommt es im Druckprozess zu einer Tonwertzunahme?

c) Sie drucken unter sonst gleichen Bedingungen einen Auftrag mit Bildern, Rasterweite 60 L/cm, und einen Auftrag mit Bildern, Rasterweite 120 L/cm. Begründen Sie, warum die Tonwertzunahme bei dem feineren Raster höher ist. Veranschaulichen Sie Ihre Antwort durch exemplarische einfache Skizzen.

Für Lösung bitte separates Blatt verwenden! 

49 Messtechnik – Tonwertzunahme

Die Tonwertzunahme wird in Prozent (%) angegeben. Da die Tonwertzunahme nicht in allen Tonwertbereichen gleich groß ist, ist der entsprechende Bezugswert (auf einem Messfeld) anzugeben.

a) Die Tonwertzunahme ist in verschiedenen Tonwertbereichen unterschiedlich groß. In welchem Bereich ist die Tonwertzunahme am größten?

b) Ein modernes Densitometer zeigt im Druck einen Tonwert von 52 % bei einer Tonwertzunahme von 12 % an. Wie groß ist demnach der (geometrische) Tonwert in den Daten des Messfeldes?

50 Messtechnik – Tonwertzunahme

Im ProzessStandard Offsetdruck ist für einen standardisierten Druck die Spreizung der Buntfarben (= Graubalancebedingungen) zu beachten: Die Differenz der Tonwertzunahmen darf im Mittelton nicht mehr 5 % im Auflagendruck betragen. Gemessen wurden im Cyan 12 %, im Magenta 11 % und im Gelb (Yellow) 17 %.

a) Ist die Vorgabe des PSO bei diesem Beispiel eingehalten?

b) Welche farbliche Auswirkung auf Graubalance und Farbtöne hat die Spreizung in diesem Beispiel?

51 Messtechnik – Tonwertzunahme

Das Densitometer kann im Druckbild nicht zwischen einer optischen und einer mechanischen Tonwertzunahme (Rasterpunktverbreiterung) unterscheiden und ermittelt einen gesamten Messwert.

a) Beschreiben Sie die Ursachen für eine optische und eine mechanische Tonwertzunahme.

b) Erklären Sie, warum sich die Tonwertzunahme zwischen gestrichenen Papieren und Naturpapieren (ungestrichene Papiere) deutlich unterscheidet.

52 Messtechnik – Druckkennlinie

Die Druckkennlinie ist eine grafische Darstellung, die den Zusammenhang aufzeigt, wie weit der gedruckte Rasterpunkt von dem (geometrisch exakt gemessenen) Rasterpunkt auf einem Film, in einem digitalen Datensatz oder auf einer Druckplatte abweicht.

a) Erklären Sie, warum die Druckkennlinie (im engeren Sinne) nur für eine bestimmte Druckmaschine und die eingesetzten Materialien gültig ist.

b) Mit welchen „Hilfsmitteln“ wird eine Druckkennlinie nach Standarddruckbedingungen an der Druckmaschine ermittelt?

c) Skizzieren Sie, wie eine Druckkennlinie grafisch aufgebaut und dargestellt wird.

53 Messtechnik – Druckkennlinie

Die Druckkennlinie ist ein eindeutiges Mittel zur Kommunikation im Produktionsprozess zwischen dem Druck und der Druckvorstufe.
Erklären Sie, welche Informationen die Druckvorstufe durch die Druckkennlinie erhält und welche Prozesse (Technik, Einstellungen) danach abgestimmt werden.

Für Lösung bitte separates Blatt verwenden! 

54 Messtechnik – Druckkennlinie

Der Druckprozess wird durch viele Parameter beeinflusst. Demnach ist eine Druckkennlinie unter bestimmten konstanten Bedingungen herzustellen. Nennen Sie zu den folgenden Parametern jeweils mehrere Bedingungen, die den Druckprozess beeinflussen:

- Druckmaschine
- Bedruckstoff
- Druckfarbe
- Feuchtmittel
- Druckbedingungen, Prozess

Für Lösung bitte separates Blatt verwenden!

55 Messtechnik – Druckkennlinie

Kennlinien sind übersichtliche grafische Darstellungen, die Zusammenhänge zwischen Wertepaaren aufzeigen. Für den gesamten Druckprozess gibt eine korrekt erstellte Druckkennlinie wichtige Informationen.

a) Wie ist eine Druckkennlinie grafisch aufgebaut?

____

____

b) Welche Informationen sind daraus zu entnehmen?

____

____

56 Messtechnik – Druckkennlinie

Für ein standardisiertes Drucken ist eine „optimale“ Grundeinstellung der Druckmaschine erforderlich. Grafisch dargestellt wird die Wiedergabe der Tonwerte in der Druckkennlinie.
Erklären Sie jeweils, wie die einzelnen Parameter den Druck (und damit die Kennlinie) beeinflussen:

- Druckfarbe (Druckfarbenserie), Druckhilfsmittel
- Farbwerktemperierung
- Anpressdruck, Kissprint
- Abwicklung, Aufzüge
- Drucktuch (Gummituch)
- Feuchtung
- Schieben bzw. Dublieren
- Farbreihenfolge

Für Lösung bitte separates Blatt verwenden!

57 Messtechnik – Druckkennlinie

Mit einem geeigneten Kontrollmittel wurden die in der Tabelle aufgeführten Wertepaare bei einer Volltonfärbung D_V 1.5 ermittelt.

Tonwert % Datensatz	Tonwert % Druck	Tonwertzunahme %
5	8	
10	14	
20	26	
30	40	
40	52	
50	63	
60	73	
70	82	
80	90	
90	96	
95	99	

a) Welches Kontrollmittel ist für die Ermittlung der Daten im Druck einzusetzen?

____

____

b) Tragen Sie die jeweilige Tonwertzunahme in die obere Tabelle ein.

c) Zeichnen Sie die entsprechende Kennlinie für die Tonwertzunahme im Druck in das Diagramm auf der folgenden Seite ein.

Tonwertzunahme im Druck

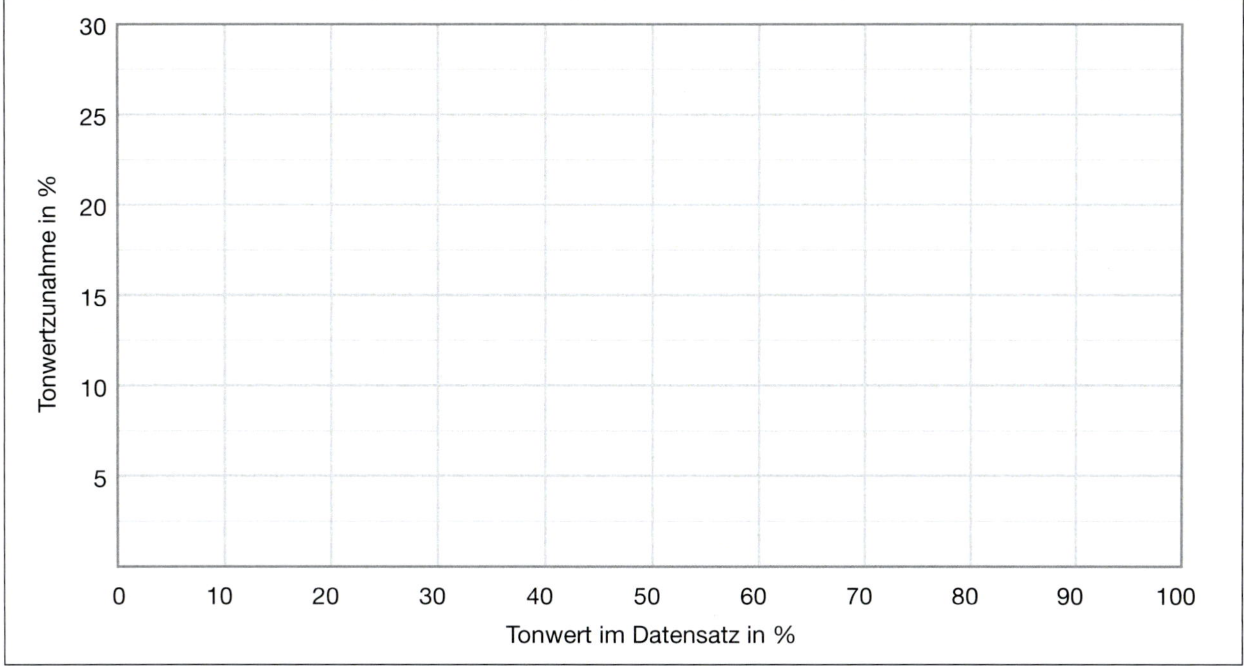

58 Computer-to-Plate – Messen auf der Druckform

Die Druckformherstellung erfolgt heute fast ausschließlich durch eine Direktbebilderung aus dem digitalen Datenbestand. Dabei fährt der Laser die Druckplatte zeilenweise ab. Aus einer bestimmten Anzahl von Pixeln mit einem Durchmesser von beispielsweise 10 µm entstehen einzelne Rasterpunkte auf der Druckplatte. Tonwerte müssen auf der Druckplatte innerhalb einer Toleranz liegen. Die gewünschte Tonwertübertragung ist bei der Bebilderung durch den RIP zu steuern.

a) Für einen standardisierten Prozess ist das CtP-System im RIP zu linearisieren. Erklären Sie, was darunter zu verstehen ist.

b) Nach dem Linearisieren erfolgt in einem weiteren Schritt eine Prozesskalibrierung, auch Tonwertkorrekturkennlinie genannt. Beschreiben Sie den Grund für diese Prozesskalibrierung.

c) Ermitteln Sie die Tonwertveränderungen in der folgenden Tabelle.

d) Erklären Sie, warum nach der Prozesskalibrierung alle Tonwerte im Minus-Bereich liegen.

Für Lösung bitte separates Blatt verwenden! 

	Datensatz	10 %	20 %	30 %	40%	50 %	60 %	70 %	80 %	90 %
OHNE Tonwertkorrektur	Tonwert auf der Platte	7,1	16	25,2	34,8	45,1	55,2	65,7	77,2	88,1
	Tonwert-veränderung									
MIT Linearisierung	Tonwert auf der Platte	10,1	20,5	29,6	40,4	49,5	59,5	68,7	79,5	89,2
	Tonwert-veränderung									
MIT Prozess-kalibrierung	Tonwert auf der Platte	7	16,3	26,4	36,9	46,8	56,9	67,7	79,8	89,5
	Tonwert-veränderung									

59 Messtechnik – Druckkennlinie

Zeichnen Sie exemplarisch jeweils zwei Druckkennlinien in ein Diagramm für die gegebenen drucktechnischen Bedingungen bzw. Vorgaben ein:

a) zwei Druckkennlinien für den Druck auf Naturpapier (rote Linie) und einen Druck auf einem Bilderdruckpapier (grüne Linie)

b) zwei Druckkennlinien für einen Druck mit hohem Anteil von Druckhilfsmitteln in der Druckfarbe (rote Linie) und einen Druck ohne Druckhilfsmittel in der Druckfarbe (grüne Linie)

c) zwei Druckkennlinien für einen Druck mit stark überhöhtem Anpressdruck (rote Linie) und einen Druck mit Kissprint + 0,10 mm (grüne Linie)

Für Lösung bitte separates Blatt verwenden! 

60 Standardisierung – Papierklassen

Nach ISO 12647-2 und demnach auch im Prozess-Standard Offsetdruck sind Papiere zu bestimmten Klassen zusammengefasst.

a) Erklären Sie, warum es eine Einteilung der Bedruckstoffe in Papierklassen gibt.

____

____

b) Sie haben einen Druckauftrag, 4c, 80 L/cm, auf einem Bilderdruckpapier gedruckt. Der Kunde legt Wert auf eine gute Ton- und Farbwertwiedergabe. Er wünscht für die Nachauflage ein ungestrichenes Offsetdruckpapier, weiß. Erklären Sie dem Kunden das Problem.

____

____

____

61 Standardisierung – Druckfarbentrocknung

Sie drucken einen hochwertigen Katalog in einer Bogen-Offsetdruckmaschine mit Inline-Messung. Sie messen danach das gleiche Messfeld (Fläche) außerhalb der Druckmaschine 5 Sekunden nach dem Druck und ein weiteres Mal 1 bis 2 Tage nach dem Druck. Vergleichen Sie dabei die Helligkeit, die Buntheit und die Dichte. Beschreiben Sie, was sich im Vergleich zu der frisch aufgedruckten Farbschicht ändert:

a) 5 Sekunden nach dem Druck

____

____

b) 1 bis 2 Tage nach dem Druck

____

____

62 Messtechnik – Farbannahme

Die Messung der Farbannahme dient der Überprüfung, wie gut sich zwei nacheinander gedruckte Prozessfarben zueinander verhalten. Sie wird nach verschiedenen Formeln berechnet.

a) Erklären Sie an einem Beispiel (zwei übereinandergedruckte Farben) die Bedeutung der Farbannahme.

b) Die Farbannahme wird in % angegeben. Beschreiben Sie, wie mit einem Messgerät die Farbannahme ermittelt wird.

Für Lösung bitte separates Blatt verwenden! 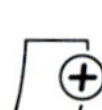

63 Farbreihenfolge

Im Offsetdruck ist für den Bogen- und den Rollendruck (Zeitung) grundsätzlich eine bestimmte Farbreihenfolge vorgegeben.

a) Nennen Sie die Farbreihenfolge für den Bogendruck.

____

b) Nennen Sie die Farbreihenfolge für den Rollendruck (Zeitung).

____

c) Beschreiben Sie einen Grund, warum z. B. im Bogendruck von der vorgegebenen Farbreihenfolge abgewichen werden muss.

____

____

____

64 Kontrollmittel

Im Prozess eingesetzte Kontrollmittel sind Filme oder digitale Dateien. Sie sind aus Elementen zusammengesetzt, die bestimmte Kontrollen in einem Arbeitsprozess ermöglichen und Fehler visuell oder messtechnisch sichtbar machen. Zu den Kontrollmitteln gehören Kontrollmarken, Kontrollstreifen, Kontrollbilder und Testformen. Beschreiben Sie …

a) zwei im Auflagendruck eingesetzte Kontrollmarken.

b) zu welchen Kontrollen Signalfelder eingesetzt und wie diese ausgewertet werden.

c) den grundsätzlichen Aufbau von Farbbalance-Kontrollfeldern.

d) warum Farbbalance-Kontrollfelder eine Störung in der Farbführung schneller anzeigen, als dies im Farbbild zu erkennen ist.

e) wozu Auflösungsfelder verwendet werden.

65 Kontrollmittel

Wichtige Elemente aus einem Druckkontrollstreifen werden messtechnisch im Auflagendruck ausgewertet.

a) Nennen Sie drei typische Arten von Kontrollfeldern.

b) Begründen Sie, warum ein für den standardisierten Druck geeigneter Kontrollstreifen bestimmte Kontrollfelder (mindestens) enthalten muss.

66 Kontrollmittel

In einem Fachartikel der ECI wird ein Kapitel mit „Tone value increase – TVI10" überschrieben. Viele Grunddokumente wie auch die ISO 12647-2 sind in Englisch geschrieben. Daher kommen diese Bezeichnungen und Abkürzungen.

a) Übersetzen Sie diese Bezeichnung ins Deutsche.

b) Bei der Info Tone value increase – TVI10 handelt es sich um ein Datenblatt. Was bedeutet danach bei der Abkürzung TVI die angehängte 10?

67 Kontrollmittel

Die Graubalance, auch Farbbalance genannt, ist eine wichtige Kenngröße im Auflagendruck. Bedingungen, Ziel: Nach festgelegten Druckbedingungen und Betrachtungsbedingungen ergibt der Zusammendruck bestimmter Felder in den Prozessfarben eine unbunte Farbe, d. h. ein neutrales Grau.
Beispiel für Rastermessfelder im Mittelton (nach PSO): Cyan 50 %, Magenta 40 %, Yellow 40 %.

a) Erklären Sie, warum nicht jeweils 50 % der Prozessfarben CMY ein neutrales Grau ergeben.

b) Die Graubalance ist so optimal wie nur möglich zu erhalten. Dies ist bei einem industriellen Druckprozess nur mit geringen Toleranzen einzuhalten. Wie groß dürfen die Toleranzen sein?

68 Prozess-Steuerung – Bewerten

Eine Druckerei druckt standardisiert nach Prozess-Standard Offsetdruck (PSO).

a) Beschreiben Sie, welche Sollwerte und Toleranzen für das Einrichten der Druckauflage prinzipiell gelten.

b) Nach welchen Vorgaben, Sollwerten und Toleranzen erfolgt der Auflagendruck.

c) Definieren Sie den Begriff Abweichungstoleranz.

69 Messtechnik

Für die Produktion werden spezifische Informationen benötigt, die messtechnisch ermittelt werden. Dazu werden in Messgeräten Formeln hinterlegt, nach denen die aktuellen Daten berechnet werden. Geben Sie an, was mit den Formeln jeweils berechnet wird.

a) $A_{\text{D wirksam}} = A_{\text{D geometrisch}} + A_{\text{D optisch}}$

b) $A\,(\%) = \frac{1 - 10^{-DR}}{1 - 10^{-DV}} \cdot 100$

(D_V = Dichte Vollton, D_R = Dichte Raster)

c) $\Delta A\,(\%) = A_D - A_F$
Verwendet wird auch die Formel
$TZ\,(\%) = F_D - F_F$

d) $K\,(\%) = \frac{D_V - D_R}{D_V} \cdot 100$

70 Messen – Bewerten

Viele Messgeräte bieten zur Auswertung der Graubalancefelder eine besondere Funktion an. Sie messen die CMYK-Dichten simultan und zeigen diese gemeinsam an. Bei neutralem Grau sind alle Teilfarbdichten gleich hoch. Farbstiche ergeben Abweichungen. Die Graubalance bzw. Farbbalance informiert über Größe, Richtung und Ursache des Farbstichs und über notwendige Korrekturmaßnahmen.

a) Durch welche Mängel kann ein roter Farbstich im Druckbild verursacht sein?

b) Erklären Sie, warum sich ein Farbstich in sehr bunten, kontrastreichen Bildern weniger störend auswirkt als in weniger bunten und kontrastarmen Bildern.

71 Messtechnik

In einem Referat mit dem Thema „Spektrale Messtechnik – Von manueller Messung zur Inline-Messung“ zeigt der Referent eine Folie mit der Angabe: Datenexport zur Realisierung von Closed-Loop-Systemen mit automatischer Regelung der Farbzonen.
Erklären Sie, was der Referent mit dieser Aussage meint und welche Möglichkeit sich dadurch bietet.

72 Messtechnik – Druckpraxis

Sie vergleichen den Farbton eines Druckes mit geringer Einfärbung mit dem Farbton eines weiteren Druckes, der mit deutlich höherer Farbdichte (Farbschichtdicke) gedruckt worden ist.
Erklären Sie, wie und warum sich durch eine höhere Farbschichtdicke auch der Farbton ändert.

73 Messtechnik

Ein technisches Datenblatt beschreibt ein Messgerät: „Messverfahren: vergütete Mikroskop-Optik mit hochauflösender Digitalkamera und digitaler Bildanalyse …“

a) Wie wird ein solches Messgerät bezeichnet?

____

b) Für welche Messungen ist dieses Messgerät einzusetzen?

____

c) Warum sind diese Messungen nicht mit einem normalen Densitometer durchzuführen?

____

____

____

74 Messtechnik

Die beiden Druckflächen haben die gleiche Farbdichte (Abb. nur als exemplarisches Muster): $D_V = 1.60$.

a) Erklären Sie, warum trotz gleicher Farbdichte der Farbton nicht übereinstimmt.

____

____

____

b) Ein exemplarischer Fall: Sie messen im Druckprozess die Vorlage (hier als Muster links) und den Druck (hier als Muster rechts) spektralfotometrisch aus. Wie gehen Sie vor, um im Druck den Farbton der Vorlage zu erreichen?

____

____

____

75 Messtechnik – Fachbegriffe (1)

Zu einer eindeutigen Kommunikation in der Messtechnik ist eine gemeinsame Sprache (Fachterminologie) erforderlich. Erläutern Sie dazu die folgenden Fachbegriffe und präsentieren Sie diese im Team:

- absolut
- Bildgradation
- Bildkontraste
- dreidimensional
- „echtgrau“
- Flächendeckungsgrad (%)
- Fogra
- Konformität
- optischer Aufheller
- Referenz
- relativ
- Toleranz

Erörtern Sie die Aufgabenstellung in der Gruppe! 

76 Messtechnik – Fachbegriffe (2)

Zu einer eindeutigen Kommunikation in der Messtechnik ist eine gemeinsame Sprache (Fachterminologie) erforderlich. Erläutern Sie dazu die folgenden Fachbegriffe und präsentieren Sie diese im Team:

- „buntgrau“
- divergieren
- Farbannahme
- Farbbalance
- Farbkontraste
- homogen
- konvergieren
- Papiertyp
- Referenzmessung
- relativer Druckkontrast, K (%)
- Tonwert
- Ugra
- Volltondichte

Erörtern Sie die Aufgabenstellung in der Gruppe! 

77 Farbmesstechnik

Die Dichtemessung ist „farbenblind“, d. h., sie erkennt keine Farben in ihrem Buntton und ihrer Buntheit. Mit der spektralen Farbmessung ist es dagegen möglich, Farben mit Daten (drei Farbmaßzahlen) zu erfassen, eindeutig zu definieren und weiterzugeben. Beschreiben Sie, was unter den drei charakteristischen Angaben zu verstehen ist, nach denen Farben definiert werden können: **Buntton**, **Buntheit**, **Helligkeit**.

Für Lösung bitte separates Blatt verwenden! 

78 Farbmesstechnik

Der Farbraum ist eine räumliche, dreidimensionale Darstellung visuell wahrnehmbarer Farben. In der Druckindustrie wird zum Zweck der Standardisierung allgemein der CIELab-Farbraum verwendet.

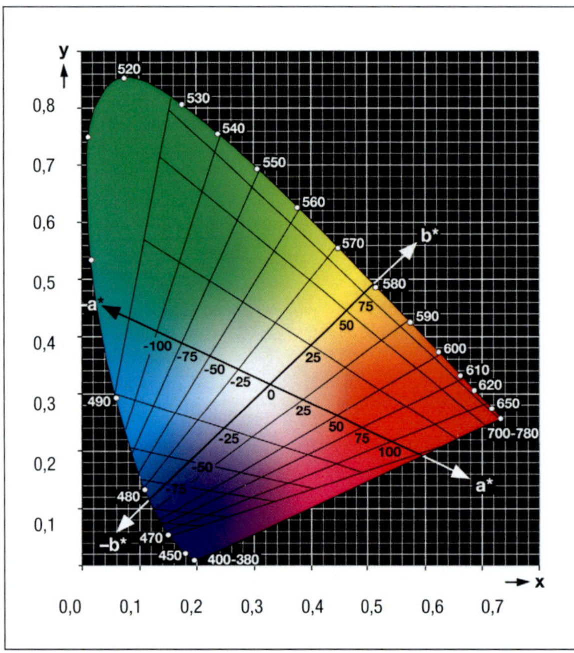

a) CIE = Commission Internationale de l´Eclairage. Übersetzen Sie diese Bezeichnung sinngemäß ins Deutsche.

b) Mit den drei Farbortkoordinaten L*, a* und b* ist eine Position im Farbraum genau zu definieren. Erklären Sie, welche Informationen diese drei Koordinaten jeweils geben.

c) Die Farbkoordinaten im Lab-Farbraum sollen einen weitgehend empfindungsgemäßen Farbraum wiedergeben. Was bedeutet dabei „empfindungsgemäß“?

79 Farbmesstechnik

Welche Farbe wird durch diesen Lab-Wert angegeben? Ergänzen Sie jeweils …

L	a	b	= ergibt die Farbe
0	0	0	
100	0	0	
50	0	0	
50	0	100	
50	0	–100	
50	100	0	
50	–100	0	

80 Farbmesstechnik – Farbabstand

Der Farbabstand ΔE ist im CIELab-Farbraum der gesamte räumliche Abstand zwischen zwei Farben, die miteinander verglichen werden sollen, z. B. Prüfdruck oder O.K.-Bogen mit dem Druckbogen. Sie vergleichen eine Farbe und messen diese spektralfotometrisch aus. Dabei erhalten Sie die Werte
L* 64/a* 2,7/b* 42
Der O.K.-Bogen der Vorauflage hat die SOLL-Werte
L* 53/a* 8,8/b* 54,5.

a) Um welche Farbe (Farbton) handelt es sich?

b) Berechnen Sie den Farbabstand ΔE der einzelnen Werte und die Gesamtdifferenz:
$\Delta E_{ab} = \sqrt{(\Delta L^2 + \Delta a^2 + \Delta b^2)}$

c) Bewerten Sie die ermittelten Farbdifferenzen sowie die Angabe zum gesamten Farbabstand.

81 Farbmesstechnik – Farbabstand

Sie prüfen spektralfotometrisch die CIELab-Färbung der Prozessfarben. Sie erhalten die folgenden Werte:

Farbe	Lab-SOLL	Lab-IST
C	54/–36/–49	54,3/–33/–51
M	46/72/–5	48,5/73,1/–2,8
Y	88/–6/90	88,8/–5,7/84,6
K	16/0/0	16,6/0,3/–0,5

Tragen Sie die von Ihnen berechneten Werte ein:

	Lab-Differenz	ΔE
C		
M		
Y		
K		

82 Farbmesstechnik

Für Farbmessungen von Druckfarben zur Erarbeitung von Farbrezepturen und die Farbmessung im Druckprozess wird der CIELab-Farbraum angewendet. Mit den drei Farbortkoordinaten L*a*b* (kurz: Lab) ist der genaue Farbort in diesem räumlichen System anzugeben.

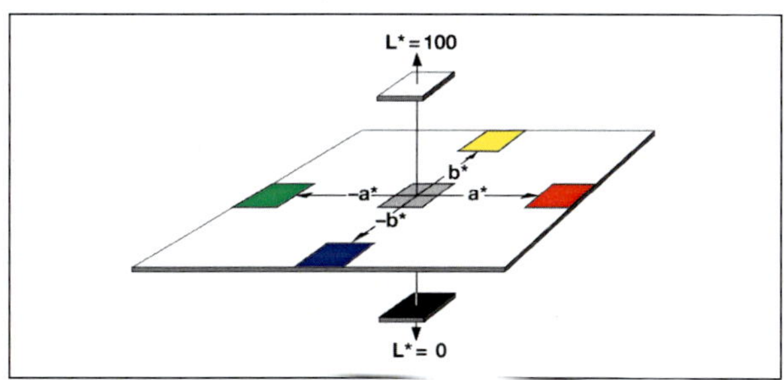

a) Welcher Farbraum wird mit diesem System abgedeckt?

______

______

b) Nennen Sie im CIELab-Farbraum die drei Achsen und ihren Verlauf (von … nach).

______

______

______

c) Wie wird die Theorie genannt, nach der der Farbraum konstruiert ist?

______

d) Welchen spezifischen Vorteil hat die Angabe einer Farbe im CIELab-Farbraum für den gesamten Produktionsprozess?

______

______

______

e) Die spektrale Messung der Lab-Werte einer Probe ergibt: L = 60; a = 1; b = –50. Beschreiben Sie mit Worten, welchen Farbton dieses Messung angibt.

______

______

______

f) Schätzen Sie, welchen Lab-Wert der grüne Farbton hat. Tragen Sie die Koordinaten hier ein.

L = ______

a = ______

b = ______

g) Wenn möglich: Messen Sie diesen Farbton spektralfotometrisch aus. Tragen Sie die Messwerte (Koordinaten) hier ein.

L = ______

a = ______

b = ______

h) Vergleichen Sie die geschätzten und gemessenen Werte und erklären Sie: Warum ist es nicht einfach, diesen Wert durch ein Schätzen zu ermitteln? Begründen Sie Ihre Meinung.

______

______

______

83 Farbmesstechnik

Den gleichen Farbraum wie CIELab nutzt auch das CIELCh-System. Dieses System ist mit seinen Farbkoordinaten für das menschliche Farbempfinden leichter zu interpretieren als die abstrakten Lab-Werte. Der Buchstabe L bedeutet Luminanz (Helligkeit), er kennzeichnet die Vertikale in der Mitte des Farbkörpers. Es ist die Unbuntachse bzw. Grauachse. Interpretieren Sie die drei Abbildungen:

a) Welches Merkmal wird mit L = 50 beschrieben?

b) Was bedeutet der Buchstabe C und welches charakteristische Merkmal einer Farbe wird damit beschrieben?

c) Was bedeutet der Buchstabe h (eine Winkelangabe, daher h) und welches charakteristische Merkmal einer Farbe wird damit beschrieben.

84 Messgeräte

Mit Farbmessgeräten ist eine Farbe eindeutig durch Kennzahlen zu beschreiben.

a) Beschreiben Sie den schematischen Aufbau eines Spektralfotometers.

b) In welchem Wellenbereich (von ... bis ...) wird Licht erfasst und in der gewünschten Ausgabe angezeigt?

c) Geben Sie vier Aufgaben an, für die ein Spektralfotometer eingesetzt werden kann.

Für Lösung bitte separates Blatt verwenden! 

85 Messgeräte

In der betrieblichen Praxis stehen für spezielle Aufgaben unterschiedliche Messgeräte zur Verfügung.

a) Für welche Aufgaben ist dieses Messgerät in der Praxis einzusetzen?

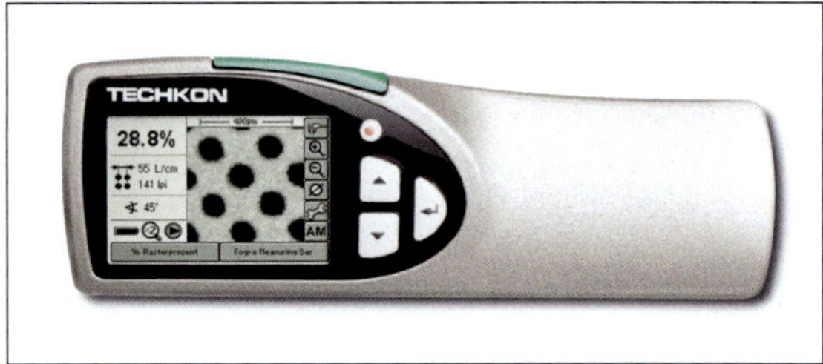

b) Für welche Aufgaben ist dieses Messgerät in der Praxis einzusetzen?

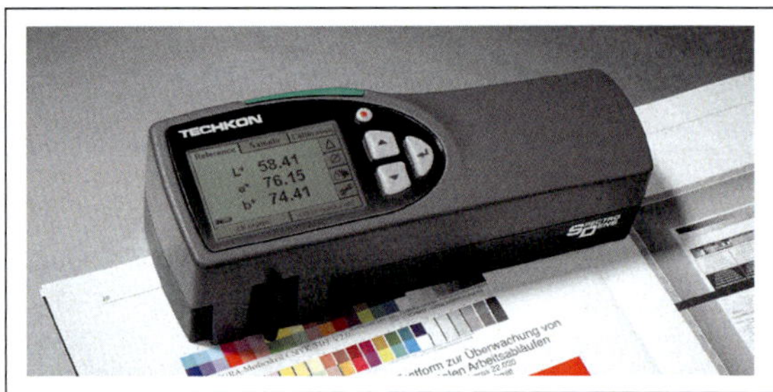

86 Farbmesstechnik

Vorgabe für eine Messung ist der Sollwert auf dem O.K.-Bogen. Gemessen und verglichen werden gleiche Messfelder im Auflagendruck. Farbunterschiede zwischen zwei Messwerten ergeben Differenzen im LAB-Farbraum. Das Kurzzeichen für die Angabe einer mathematischen Differenz ist der griechische Buchstabe Δ (Delta).

a) Wie wird der aktuell gemessene Wert, verglichen mit dem O.K.-Bogen, genannt?

b) Aus welchen Werten setzt sich der gesamte Farbabstand ΔE zusammen?

c) Beurteilen Sie die Aussage und begründen Sie Ihre Meinung dazu: Bei einem gleichen Farbstand ΔE können visuell deutlich sichtbare, unterschiedliche Farbverschiebungen auftreten.

Für Lösung bitte separates Blatt verwenden! 

87 Prüfdruck

In einem digitalen Produktionsprozess zur Herstellung von Druckprodukten sind visuelle Kontrollen in verschiedenen Arbeitsphasen zwingend erforderlich.

a) Erklären Sie, warum der früher übliche Andruck heute seine Bedeutung fast vollständig verloren hat.

b) Beschreiben Sie Unterschiede zwischen einem Softproof und einem Formproof.

c) Geben Sie wesentliche Kontrollen an, die mit einem Softproof geprüft werden.

d) Geben Sie wesentliche formale, gestalterische oder sonstige Bereiche an, die mit einem Formproof geprüft werden.

e) Welche Forderungen sind an einen Prüfdruck zu stellen, damit er als Kontraktproof geeignet ist.

88 Prüfdruck – Medienkeil

Ein farbverbindlicher Prüfdruck (Proof) muss nach dem MedienStandard Druck einen Fogra-Medienkeil V2 oder V3.0 aufweisen.

a) Begründen Sie, warum diese Forderung gestellt wird.

b) Beschreiben Sie in kurzer Form das Auswerten des Medienkeils und das Beurteilen der Qualität des Prüfdrucks.

89 Prüfdruck

Der Kunde verlangt zur Beurteilung der Farbwiedergabe vor dem Druck einen verbindlichen Prüfdruck. Mit einem professionellen Colormanagement-System sind Druckprozesse im Auflagendruck auf kalibrierten und profilierten Druckern präzise zu simulieren.

a) Mit welchem „Drucksystem" ist der Auflagendruck für einen farbverbindlichen Prüfdruck (Proof) optimal zu simulieren?

b) Erklären Sie, warum der im Auflagendruck verwendete Papiertyp (Bedruckstoff) bei der Herstellung des Proofs zu beachten ist.

c) Warum wird dieser High-End-Proof Kontraktproof genannt?

90 Drucktechnik – Qualität

System Brunner (CH) erkannte bereits früh ein optisches Problem: Je weniger oder schwächer (Farb-)Kontraste in einem Bild vorhanden sind, desto empfindlicher reagiert das Auge auf Farbschwankungen. Erklären Sie, warum messtechnisch gleiche Farbdifferenzen (ΔE) in einem Modekatalog (überwiegend Bilder der Bildkontrastklasse 0 und 1) wesentlich stärker zu sehen sind als in einer Broschüre zum Oktoberfest in Blumenau (überwiegend Bilder der Bildkontrastklasse 2 und 3).

91 Kosten für Fehler

Fehler kosten Geld. Sie minimieren den Gewinn und damit den wirtschaftlichen Erfolg des Unternehmens. Fehler gefährden demnach Arbeitsplätze! Die durchschnittlichen Fehlerkosten in der deutschen Druckindustrie betragen rund 3,5 % des erzielten Jahresumsatzes. Ein sehr wesentliches Ziel eines jeden Unternehmens muss es daher sein, Fehler zu vermeiden, Makulatur zu reduzieren und dadurch den Gewinn zu steigern.
Das Unternehmen „Druckwerk Zentrum" hat einen Jahresumsatz von 5 000 000 € und kalkuliert mit einem Gewinn von 5 %.

a) Wie hoch ist der kalkulierte Gewinn pro Jahr?

b) Wie hoch sind die Fehlerkosten pro Jahr und pro Monat bei 3,5 % Fehlleistungen?

c) Wie hoch wären die Fehlerkosten pro Monat, wenn die Fehlleistungen auf 2 % gesenkt werden könnten?

92 Drucktechnik – Qualität

System Brunner hat erstmals Qualitätsansprüche von Druckprodukten entsprechend dem Verwendungszweck und den Kundenansprüchen in fünf verschiedene Kategorien eingeteilt.

a) Erläutern Sie, warum es nicht sinnvoll oder möglich ist, alle Druckprodukte in High-End-Qualität zu produzieren.

b) Stellen Sie selbst vier Qualitäts-Kategorien auf. Benennen Sie diese mit einer Bezeichnung (Typ, Klasse) und beschreiben Sie dazu jeweils wesentliche qualitative Kriterien für die Zuordnung. Nennen Sie dazu jeweils zwei Produktbeispiele.

Für Lösung bitte separates Blatt verwenden! 

93 Prüfdruck

Der durch den Kunden abgezeichnete Kontraktproof muss verbindlich hergestellt sein.

a) Formulieren Sie in zwei oder drei Sätzen das Ziel und den Zweck eines Kontraktproofs.

b) Das Proofsystem muss verschiedene Anforderungen erfüllen, die sich u.a. auf die Prozessstabilität, die Farbstabilität, den Farbumfang sowie den verwendeten Raster und RIP beziehen. Definieren Sie für drei der genannten Fachbegriffe in einem Satz jeweils wichtige Anforderungen an das Proofsystem.

94 Drucktechnik – Qualität

System Brunner sieht in der Tonwertzunahme ein bedeutendes Kriterium zur Steuerung der Druckqualität. Erläutern Sie die Richtigkeit der beiden Aussagen:

a) Je grober die Raster, desto kleiner ist die gesamte Randzonensumme und umso geringer ist die gesamte Tonwertzunahme. Je feiner die Raster, desto mehr Rasterpunkte pro Flächeneinheit, desto höher ist die Randzonensumme. Dementsprechend höher ist die gesamte Tonwertzunahme.

b) Die Tonwertzunahme steigt durch die Änderung der Randzonen bis zum Mittelton (50 %) an und fällt danach bis zur Tiefe wieder ab.
Skizzieren Sie zur Visualisierung des Problems drei Rasterzellen mit jeweils einem einzelnen Rasterpunkt (grün) in jeder Rasterzelle.
A = 5 %, A = 50 % und A = 95 %
Tragen Sie in Schwarz jeweils die Randzone ein.

Für Lösung bitte separates Blatt verwenden! 

MULTIPLE-CHOICE-AUFGABEN

95 Farbe – Abmustern

Für das Beurteilen und Abstimmen von Ton- und Farbwerten zwischen dem Andruck und dem Auflagendruck ist ein geeignetes Licht am Abstimmplatz eine wichtige Voraussetzung.
Welches Kunstlicht ist nach ISO 3664:2009 vorgegeben?

(A) Lichtart D65

(B) Lichtart A100

(C) Lichtart D50

(D) Normlicht C

96 Messtechnik – Densitometer

Welche Angaben zum Einsatz eines Densitometers in der Druckerei sind richtig? Beurteilen Sie folgende Aussagen und entscheiden Sie danach!

I Messergebnisse verschiedener Densitometer können an dem gleichen Messfeld trotz richtiger Handhabung unterschiedlich Ergebnisse anzeigen.
II Alle lasierenden Mischfarben werden mit einem komplementärfarbigen Filter gemessen.
III Das Densitometer ist vor Beginn der Messungen auf den betreffenden Bedruckstoff zu nullen: der Dichtewert des unbedruckten Papiers zeigt danach den Wert 0.00.
IV Beim Auflagendruck soll grundsätzlich eine schwarze Unterlage verwendet werden.
V Bei stark strukturierter bzw. ungleichartiger Oberfläche des Bedruckstoffes sollte auf eine möglichst gleiche Anordnung bei den Messungen geachtet worden.

Richtig sind die Angaben:

(A) I, II, III, IV

(B) I, III, IV, V

(C) II, III, IV, V

(D) II, III, V

(E) II, III, IV

97 Messtechnik

Nicht jedes Messgerät ist für jede Aufgabe geeignet. Prüfen Sie die folgenden Angaben zur Eignung der Densitometrie, Farbmessung und Bildanalyse auf ihre Richtigkeit. Welche der Angaben trifft zu?

I Für das Erstellen der Druckkennlinie einer Druckmaschine eignet sich die Densitometrie.
II Die Bildanalyse eignet sich optimal zur Tonwertmessung von Rasterpunkten auf einer Druckplatte.
III Für die Kontrolle der Tonwertzunahme im Druck eignet sich optimal die Farbmessung.
IV Für die Farbschichtdickensteuerung im Druck ist die Densitometrie ausschließlich geeignet.
V Eine Messung im Bild ist nur mit der Farbmessung möglich.

Welche der Antworten nennt alle richtigen Angaben?

(A) I, II, IV

(B) I, III, V

(C) II, III, IV, V

(D) I, II, IV, V

98 Messtechnik – Densitometer

Der angezeigte Messwert eines (Auflicht-)Densitometers ist …

(A) die Potenz der Remission.

(B) der Exponent der Transparenz.

(C) der dekadische Logarithmus der Absorption.

(D) der binäre Logarithmus der Dichte.

99 Messtechnik – Densitometer

Für welche Aufgabe bzw. Messung ist ein Densitometer nicht geeignet?

(A) Kontrolle der Volltonfärbung im Auflagendruck

(B) Erstellen der Druckkennlinie in der Druckmaschine

(C) Bestimmen des Farbtons, der Sättigung und Helligkeit beliebiger Farben

(D) Ermitteln der Tonwertzunahme im Druck

100 Messtechnik

Die Messtechnik (Densitometrie, Farbmetrik) ist ein eindeutiges Verständigungsmittel zwischen der Druckvorstufe und dem Druck. Grundlage der Kommunikation ist der ProzessStandard Offsetdruck (PSO). Welche Angaben dazu sind richtig?

I Nach der Druckkennlinie kann in der Druckvorstufe die Kennlinie der Kopiervorlage bzw. der digitalen Bilddaten korrekt reproduziert werden.
II Die standardisierte Druckformherstellung ist Voraussetzung für einen standardisierten Druck.
III Andruck und Proof müssen spitzer als der Fortdruck hergestellt werden.
IV Gedruckt wird immer in der Normalfärbung mit festgelegten Dichte- bzw. Lab-Werten.
V Die Druckkennlinie zeigt dem Drucker grafisch die Tonwertzunahme zwischen digitalem Datensatz und dem Druck.

Richtig sind die Angaben:

(A) I, II
(B) I, III, IV
(C) I, II, V
(D) II, III, IV, V
(E) III, IV, V

101 Messtechnik – Druckprozess

Geometrische Veränderungen bei der Bildinformationsübertragung von Rastern von der Kopiervorlage zum Druck sind verfahrensbedingt nicht zu vermeiden. Ebenso führen fehlerhafte Einstellungen der Druckmaschine zu Tonwertveränderungen.
Welche der folgenden Angaben sind in diesem Zusammenhang richtig?

(A) Dublieren und Schieben im Druckprozess verringern die Tonwertzunahme.
(B) Durch das Bebildern der Druckplatte mit Streulicht ist eine Tonwertzunahme weitgehend auszuschalten.
(C) Das im Vierfarbdruck unvermeidliche Moiré ist die Hauptursache für die Tonwertzunahme.
(D) Feinere Rasterfrequenzen (Rasterweiten) ergeben im Druck eine höhere Tonwertzunahme als grobere Rasterfrequenzen.

102 Messtechnik – Druckprozess

Moderne Densitometer berechnen viele drucktechnische Werte durch ein Programm. Welcher Wert wird durch die folgende Formel berechnet?

$$\frac{D_{(1+2)} - D_1}{D_2} \cdot 100$$

(A) Normalfärbung
(B) Druckkontrast
(C) Farbannahme
(D) Tonwertzunahme
(E) Flächendeckungsgrad

103 Messtechnik – Druckprozess

Welcher drucktechnisch wichtige Wert wird durch die folgende Formel berechnet?

$$\frac{D_V - D_R}{D_V}$$

(A) Tonwertzunahme
(B) Relativer Druckkontrast
(C) Abnutzung von Rasterfeldern im Vergleich zum Vollton
(D) Färbungskonstante
(E) Farbannahme

104 Messtechnik – Densitometer

Die Opazität wird nach folgender Formel berechnet:

(A) Durchgelassenes Licht : auftreffendes Licht
(B) Auftreffendes Licht : durchgelassenes Licht
(C) Dichte : Transparenz
(D) Lichtstärke : Beleuchtungsfläche
(E) Beleuchtungsfläche : Licht

105 Messtechnik – Densitometer

Aussagefähige Messwerte lassen sich mit einem Auflichtdensitometer in der Druckerei bei folgenden Druckfarben erzielen:

- (A) Nur bei Druckfarben der Europaskala
- (B) Grundsätzlich bei allen lasierende Druckfarben
- (C) Bei beliebigen Druckfarben und Lacken
- (D) Alle Druckfarben außer Tagesleuchtfarben und Metallicfarben

106 Messtechnik – Druckprozess

Frische, noch nicht getrocknete Druckfarbe glänzt erheblich stärker auf einem Druckbogen als ein trockener Farbfilm. Welcher Filter in einem Densitometer schaltet Glanzunterschiede zwischen einem frisch gedruckten und einem getrockneten Farbfilm weitgehend aus?

- (A) Farbfilter
- (B) Neutralfilter
- (C) Glanzfilter
- (D) Polarisationsfilter
- (E) IR-Filter

107 Messtechnik – Druckprozess

Welche Information erhält ein Fachmann durch die Druckkennlinie?

- (A) Druckbeginn der Druckmaschine, Greiferrand
- (B) Kurve des Farbabfalls vom Druckanfang bis zum Druckende
- (C) Grafische Darstellung der Tonwertunterschiede zwischen Kopiervorlage und Druck
- (D) Schematische Darstellung der Bildwiedergabe aller Tonwerte der Vorlage
- (E) Passergenauigkeit einzelner Druckwerke

108 Messtechnik – Druckprozess

Im Nass-in-Nass-Druck in Mehrfarben-Offsetdruckmaschinen ist die Farbannahme (FA) ein wichtiges qualitatives Merkmal. Welche Felder eines Druckkontrollstreifens werden für die densitometrische Messung der Farbannahme verwendet?

- (A) Felder der Grundfarben mit einem 40%igen Rastertonwert
- (B) Felder der Grundfarben mit einem 70%igen Rastertonwert
- (C) Graubalancefelder
- (D) Übereinanderdruck-(Trapping-)Felder

109 Messtechnik

In der Densitometrie werden zur Messung von Buntfarben Farbfilter eingesetzt. Durch welchen Filter betrachtet erscheint dabei eine lasierende gelbe Druckfarbe auf weißem Papier schwarz bzw. sehr dunkel?

- (A) Gelb-Filter
- (B) Blau-Filter
- (C) Cyan-Filter
- (D) Grün-Filter

110 Messtechnik

Die Auflösung ist eine wichtige Kenngröße für eine standardisierte Kopie auf Offsetdruckplatten. Sie ist …

- (A) definiert durch die Breite der feinsten Linien, die gleichzeitig als positive Linie und negative Spalte kopiert werden können.
- (B) die standardisierte Belichtungszeit, die durch den RIP automatisch ermittelt wird.
- (C) die durch den Druckplattenhersteller festgelegte optimale Belichtungsintensität.
- (D) ein Maß für die erforderliche Dichte im Raster, die ohne Tonwertverschiebungen auf die Druckplatte zu übertragen sind.

111 Messtechnik – Densitometer

Welcher Filter minimiert bei einer densitometrischen Farbdichtemessung messtechnische Unterschiede zwischen einer frisch gedruckten, glänzenden Druckfarbe und einer getrockneten, matteren Druckfarbe?

(A) UV-Filter

(B) IR-Filter

(C) Glanzfilter

(D) Polarisationsfilter

112 Kennlinie

Die x-Achse in dem Koordinatensystem einer Druckkennlinie ist die …

(A) waagerechte Achse.

(B) Ordinatenachse.

(C) Linie mit der höchsten Druckdichte.

(D) Diagonale.

113 Kennlinie

Die y-Achse in dem Koordinatensystem einer Druckkennlinie ist die …

(A) horizontale, waagerechte Achse.

(B) vertikale, senkrechte Achse.

(C) Kurve der Normalfärbung.

(D) Diagonale der optimale Tonwertwiedergabe.

114 Messtechnik – Farbraum

Mit welchem Buchstabe wird im CIELab-Farbraum die Helligkeit angegeben?

(A) L

(B) C

(C) I

(D) E

115 Farbe – Spektrum

Jede Farbe ist durch ihr Spektrum gekennzeichnet. Im CIELab-Farbraum ist jeder Farbe ein bestimmter Farbort genau zuzuweisen. Mit welchen Größen ist eine Farbe im CIELab-Farbraum eindeutig zu bestimmen?

(A) Helligkeit, Rot-Grün-Achse, Gelb-Blau-Achse

(B) Buntton, Sättigung, Helligkeit

(C) Rot-Cyan-Achse, Blau-Gelb-Achse, Grün-Magenta-Achse

(D) Farbton, Dichte im Vollton, Dichte im Rasterton

(E) Densitometrische Dichte, Rot-, Grün-, Blauanteil

116 Kennlinie

Kennlinien sind grafische Informationen von Zusammenhängen in einem Koordinatensystem. Druckereien erstellen für ihre Druckmaschinen und Prozesse Druckkennlinien, die in einer Datenbank gespeichert werden. Welche der folgenden Angaben zu Kennlinien sind richtig?

I Die Druckkennlinie zeigt auf, wie weit der gedruckte Rasterpunkt (Tonwert) von dem Rasterpunkt auf dem Film (Kopiervorlage) bzw. dem Datensatz abweicht.

II Informationen aus Kennlinien sind nur für eine ganz bestimmte Druckmaschine und definierte Druckbedingungen gültig.

III Die Druckkennlinie hängt von vielen Parametern wie Farbdichte im Vollton, Bedruckstoff, Druckfarbe und Anpressdruck ab.

IV Die Ermittlung der Tonwertzunahme im Dreivierteltoն ist am aussagekräftigsten, da hier die Abweichungen im Tonwert am größten sind.

V Über die Druckkennlinie wird die Tonwertabnahme berücksichtigt: Die Rasterpunkte werden in der Druckvorstufe in den entsprechenden Tonwerten vergrößert.

Richtig sind die Angaben:

(A) II, III IV, V

(B) II, III IV

(C) III, IV, V

(D) I, II, III, V

(E) I, II, III

10 NACHHALTIGE PRODUKTION

Nachhaltige Produktion

Nachhaltigkeit – Begriff heute

Der Begriff Nachhaltigkeit wird inzwischen für unterschiedlichste Bereiche und in verschiedenster Bedeutung angewandt. Nachhaltigkeit (sustainability) bedeutet:

- umfassende Herausforderung und Strategie, die ökologisches, ökonomisches und soziales Handeln umfasst
- Ziel: Generationenverantwortung und -gerechtigkeit durch langfristige, vorausschauende und konstruktive Strategien
- Nachhaltiges Handeln ist immer ein ganzheitliches Konzept, das sich aus unterschiedlichen Kriterien mit vielen einzelnen Elementen zusammensetzt.

Nachhaltige Entwicklung (sustainable development)

„Dauerhafte Entwicklung mit einem umfassenden verantwortungsvollen Handeln, die den Bedürfnissen der heutigen Generation entspricht, ohne die Möglichkeiten künftiger Generationen zu gefährden, ihre eigenen Bedürfnisse zu befriedigen und ihren Lebensstil zu wählen." (nach: René Theiler, VSD)

Ökologie / Umweltschutz

Ökonomie / Wirtschaftswachstum

Soziale Entwicklungen

Herstellung von Druckprodukten – ein nachhaltiger Prozess?

- Jeder Produktionsprozess verursacht mehr oder weniger große Belastungen der Umwelt.
- Ziel aller am Prozess Beteiligten muss es daher sein, Belastungen so gering wie nur möglich zu halten.

Analyse der Prozesse

- Meilensteine auf dem Weg
  Um eigene Prozesse und ihre relevanten Faktoren im Detail zu erfassen, ist eine systematische Analyse des Istzustandes erforderlich.
- Erfassen von Istdaten zu einer Analyse
  Eine ökonomische und ökologische Analyse erfasst vor allem Stoff- und Energieströme (Input und Output) und die Produktionstechnologie unter Berücksichtigung der Produkte und Produktionsleistungen.
  Ziele, Hinweise:
  Effiziente Nutzung von Ressourcen und Material.
  Nachhaltige Abläufe in allen Prozessstufen.
- Bogen-Offsetdruck
  - Input Bogen-Offsetdruck (Beispiel Akzidenzdruck): Material und Hilfsstoffe
  - Druckmaschinensystem: elektrische Energie, Energieeffizienz des Druckmaschinensystems
  - Output Bogen-Offsetdruck (Beispiel Akzidenzdruck): Druckprodukte, dazu Makulatur, Papierabfall, Farbreste, Lackreste, beschädigte Gummitücher, Luftemissionen, Abwasser u.a.
  - Erfassung und Auswertung

Nachhaltigkeit in der kreativen Phase

Kommunikation mit dem Kunden:
Verantwortungsvolle Beratung und Produktplanung erfordert Kommunikationsfähigkeit und kompetentes Wissen um die „Sache".

- Papierauswahl: produktbezogene Forderungen des Kunden, Papiersorte und -qualität, Papiergewicht (Rohstoffbedarf, Kosten, Porto für Versand), Kostenrahmen, Druckproduktion und Druckverarbeitung sowie das Beachten ökologischer Kriterien
- Druckfarben: Anzahl, Sonderfarben, Effekte?
- Veredelung: erforderlich? Art? Verfahren?
- Druckverarbeitung
- Auflage (keine Überproduktion)
- Archivierung, Recycelbarkeit der Produkte

Technische Forderung für die Produktion:
Umsetzen der Vorlagen nach Standards zu produktionsgerechten PDF-Daten (ISO 15930, PDFX-ready), um Fehlproduktionen zu vermeiden und dadurch die Rentabilität zu steigern

- Kommunikation Farbe: Farbverbindliche Vorlagen und eindeutige Vereinbarungen
- Datenanlieferung an die Druckvorstufe: Vermeiden von Fehlern durch genaues Beachten der Vorgaben, Checkliste der Druckerei

Nachhaltigkeit in der Druckvorstufe Offsetdruck

- IT-Infrastruktur, Vernetzung
- Workflow-Managementsystem
- standardisierte Dateneingangsprüfung
- Colormanagement im gesamten Produktionssystem
- Proof: Stand-Proof (Plott), Kontrakt-Proof (farbverbindliche Ausgabe für den Kunden), ggf. Softproof und Druck nach Standards
- CTP-System
  - energieoptimierte Systeme: geringer Stromverbrauch, hochwirksame Laser, geringe Abwärme
  - Prozessautomatisierung
  - Offsetdruckplatten: geringer Energiebedarf für die Bebilderung im CTP-System, benötigte Standzeit (Auflagenbeständigkeit), geringer Wasser- und Chemikalienverbrauch oder chemiefreie Druckplattenverarbeitung, die auf den Einsatz eines alkalischen Entwicklers verzichtet, den Wasserverbrauch stark reduziert, die Energiekosten senkt und den Wartungsaufwand verringert

Nachhaltigkeit im Offsetdruck

Vermeidung oder größtmögliche Verringerung von
- Prozessemissionen: CO_2- und andere Gase, Wärme, Abluft, Lärm u. a.
- Abfall: Makulatur, Reststoffe (Druckfarbe, Lösemittel), Abwasser, Chemikalien u. a.
- Energie: Geräte, Maschinen und Anlagen mit geringem Energieverbrauch. Einsatz von Technologien zur Wärme- und Energierückgewinnung

Optimierte Produktionsprozesse
- Workflow-Managementsystem
- geringer Energiebedarf: Energieeffizienz des gesamten Produktionssystems, u. a. Klimatisierung, Druckmaschine (Antrieb, Saug- und Blasluft, Trockner, Zusatzaggregate)
- ProzessStandards, z.B. ProzessStandard Offsetdruck (PSO), ProzessStandard Digitaldruck (PSD)
- Feuchtmittel: automatische Wasser- und Feuchtmittelaufbereitung
- Kühlung der Farbwalzen
- Funktionsbereitschaft: selbstjustierende Systeme (z.B. Walzenschlösser, Bogenlauf, Bahneinzug), „vorausschauende Wartung“ durch Wartungsprogramme, Fernwartung
- Stapellogistik: Anlage und Auslage, Nutzung von standardisierten Paletten, wiederverwertbare Transportverpackungen
- moderner, effektiver Fuhrpark (Abgasnormen, vermeiden von Leerfahrten)
- Direktantriebe mit sehr hohem Wirkungsgrad
- Inline-Produktion, Inline-Finishing, weniger Arbeitsschritte, weniger Energie, geringerer Logistikaufwand

Verbesserter Umweltschutz, geringere Emissionen
- mineralölfreie Druckfarben: Bindemittel basieren auf nachwachsenden Rohstoffen
- optimierte Feuchtmittelzusätze für alkoholfreien Druck, Reduzierung von VOC-Emissionen

Produktionseffizienz: Steuer- und Regeltechnik, Automatisierung
- Vernetzung: JDF-Workflow (CIP3, CIP4)
- weniger Produktionsunterbrechungen = Energieeinsparung und Makulaturreduzierung, konstantere Qualität
- kurze Rüstzeiten
- Inline-Prozesskontrolle, Inline-Regelungen der Druckqualität, Überwachung des Drucksystems

Emissionsreduzierung Bogen-Offsetdruck
- alkoholfreier Druck (ohne IPA im Feuchtmittel)
- wasserloser Druck
- Farbnebelabsaugung
- minimierter Pudereinsatz, selektives (trennscharf zu steuerndes) Pudern
- Luftversorgung mit hohem Wirkungsgrad und geringem Energiebedarf
- automatische Farbversorgung: Kartuschen
- Trocknersystem (IR-/Heißluft) mit stufenlos einstellbarer Leistung und integrierter Wärmerückgewinnung

Makulaturreduzierung Bogendruck
- Farbvoreinstellung
- automatische Farbmessung und -regelung
- Abspeicherung der Lufteinstellung
- Farbgebung, exakte Position der Farbmengendosierungselemente
- Bogeninspektionssystem
- Ausschleusung von Makulaturbogen

Energieeffizienz, Energieeinsparung und Emissionsreduzierung bei Rollen-Offsetdruckmaschinen
- integrierte Nachverbrennungsanlage, z. B. thermisch-regenerativ
- optimierter Trocknungsprozess mit sehr hohem thermischen Wirkungsgrad
- Energieeinsparung durch Nutzung der Energie der Prozesslösemittel
- Energierückgewinnung
- Emissionsreduzierung

Makulaturreduzierung Rollen-Offsetdruckmaschine
- Inline-Regelungen der Druckqualität, Überwachung des Drucksystems
- automatische Wasch- und Reinigungssysteme
- optimierte Schnittregisterregelung = hohe Makulatureinsparung bei jedem Rollenwechsel und nach jedem Gummituchwaschen
- hohe Schnittgenauigkeit

„Klimaneutralität“

Die sogenannte Klimaneutralität ist kein aktiver Umweltschutz, sondern lediglich die Bereitschaft, für den Umweltschaden, den man verursacht hat, mit einer Ausgleichszahlung aufzukommen.
- Nachhaltig ist es, Schadstoffe zu vermeiden oder auf ein Mindestmaß zu reduzieren.
- Klimaneutralität, eine korrektere Bezeichnung ist ein klimafreundliches Handeln, bezeichnet die Minderung von Emissionen sowie die Optimierung der Prozesse und erst danach eine Kompensation von Treibhausgasemissionen durch Kauf von Emissionszertifikaten (Ausgleichszahlungen).

Grundsätzlich gilt in dieser Reihenfolge:
- Vermeiden von Emissionen,
- Reduzieren von Emissionen und danach
- Ausgleichen unvermeidbarer Emissionen.

Der ganzheitliche Kontext mit Integration anderer Aspekte des Umweltschutzes und der Prozessbedingungen macht klimaneutrales Drucken erst glaubwürdig.

1 Nachhaltigkeit

Die Bezeichnung Nachhaltigkeit stammt ursprünglich aus der Forstwirtschaft. Sie begründete die Kritik an einem unverantwortlichen Handeln gegen die Natur und dem Streben nach einem maximalen, aber kurzfristigen Gewinn. Bereits 1713 forderte deshalb Hans Carl von Carlowitz ein nachhaltiges Handeln in der Forstwirtschaft. Seine grundlegende Forderung zur Nachhaltigkeit im Handeln lautete (sinngemäß):

____

____

____

2 Nachhaltigkeit

Sie lesen in verschiedenen Publikationen und in unterschiedlichsten Zusammenhängen den Begriff „Nachhaltigkeit".

a) Erklären Sie, was allgemein mit diesem Begriff gemeint ist.

b) Erläutern Sie an einem konkreten Beispiel eine nachhaltige Waldbewirtschaftung.

c) Wie können Sie sich selbst „nachhaltig" (im Sinne des Wortes) verhalten? Beschreiben Sie dazu jeweils Ihr Verhalten an drei konkreten Beispielen im privaten Bereich und am Arbeitsplatz.

Für Lösung bitte separates Blatt verwenden!

3 Nachhaltigkeit

Über die Nachhaltigkeit wird seit vielen Jahren geredet. Es finden immer wieder weltweite Konferenzen statt, auf denen öffentliche Erklärungen herausgegeben werden. Grundsätzlich sind sich alle teilnehmenden Länder einig: Sie wollen ein ausgewogenes Zusammenwirken von drei Dimensionen erreichen. Erklären Sie, was diese drei Dimensionen bedeuten:

a) ökologische Herausforderungen bzw. ökologisches Handeln

b) ökonomische Herausforderungen bzw. ökonomisches Handeln

c) soziale Herausforderungen bzw. soziales Handeln

Für Lösung bitte separates Blatt verwenden!

4 Ausbreitung von Wüsten

Nach einer Prognose der Vereinten Nationen werden zur Mitte des 21. Jahrhunderts 9,1 Milliarden Menschen auf der Erde leben – 2,3 Milliarden mehr als heute. Die Weltbevölkerung wächst dabei besonders in den ärmsten Ländern. Jahr für Jahr gehen Äcker und Weiden, Wiesen und Seen in der dreifachen Größe der Niederlande verloren.

a) Wie viel km^2 wertvolles Land, das für die Ernährung und das Leben auf der Erde notwendig ist, gehen demnach jährlich etwa verloren?

____

b) Um wie viel Prozent steigt die Weltbevölkerung demnach bis zur Mitte des 21. Jahrhunderts im Vergleich zu heute?

____

c) Ermitteln Sie die Fläche des Bundeslandes, in dem Sie leben.

____

5 Wald – illegaler Holzeinschlag

Weltweit wird alle zwei Sekunden ein Waldgebiet in der Größe eines Fußballfeldes (Beispiel: 100 m lang, 70 m breit) illegal abgeholzt. Dies beeinflusst nicht nur das weltweite Klima!

a) Berechnen Sie, wie viel m^2 pro Tag und pro Jahr danach illegal abgeholzt werden.

____

b) Wie groß ist die gesamte Fläche in Hektar (ha)?

____

c) Welches deutsche Bundesland kommt dieser Fläche im Vergleich am nächsten?

____

d) Diskutieren Sie in Ihrem Team (in der Klasse) die beiden Fragen: Was muss in diesen Ländern und vor allem in den Industrieländern getan werden, um den illegalen Holzeinschlag oder z.B. auch Brandrodungen für den Sojaanbau u.Ä. zu stoppen? Welche grundsätzliche Verantwortung haben die Industrieländer?

Erörtern Sie die Aufgabenstellung in der Gruppe!

6 Nachhaltigkeit

Internationale Klimakonferenzen enden vielfach mit Kompromissen, die nur wenig geeignet sind, die eigentlichen Ziele zu erreichen. Leider sind nationale Interessen stärker als der Wille, das verbindlich zu vereinbaren, was getan werden muss.
Diskutieren Sie verschiedene Standpunkte und die Problematik in drei Gruppen. Fassen Sie Ihre Stellungnahmen (Redebeiträge, „Rote Linie" für Ihre Zustimmung zu Vereinbarungen durch nationale Interessen u. a.) und das gesamte Ergebnis der Diskussion schriftlich zusammen. Heften Sie diese Aufzeichnung in Ihrer Dokumentation ab.

- Gruppe „Entwicklungsländer" mit großen Waldflächen und Bodenschätzen (Kohle, Erdöl u. a.)
- Gruppe „Schwellenländer" mit hohen Wachstumsraten, besonders in der Industrie (hierzu gehören z. B. Südafrika, Mexiko, Thailand u.v.a.; je nach Kriterien der Einteilung werden auch China, Indien, Brasilien dazu gerechnet)
- Gruppe der „Industrieländer" mit großer wirtschaftlicher Stärke und einem hohen Technologiestandard, hohem Pro-Kopf-Einkommen, kapitalintensiven Güterproduktionen, sehr hoher Produktivität, hohem Bildungsniveau

Erörtern Sie die Aufgabenstellung in der Gruppe! 

7 Umwelt – Klima

Das Leben auf der Erde ist sehr stark vom Klima abhängig.

a) Beschreiben Sie, was der Begriff „Klima" allgemein bedeutet.

____

____

____

b) Begründen Sie, warum das Leben auf der Erde sehr stark vom Klima abhängig ist.

____

____

____

8 Nachhaltigkeit – Möglichkeiten in der Praxis

Für ein nachhaltiges Handeln gibt es in allen Bereichen der Medienproduktion vielfältige Möglichkeiten.

a) Beschreiben Sie stichpunktartig fünf verschiedene Möglichkeiten in der kreativen Phase (Gestaltung, Datenerstellung).

b) Beschreiben Sie kurz fünf verschiedene Möglichkeiten in der Druckvorstufe (Dateneingang bis Druckformherstellung).

c) Beschreiben Sie kurz fünf verschiedene Möglichkeiten im Druckprozess.

d) Beschreiben Sie kurz fünf verschiedene Möglichkeiten in der Druckverarbeitung.

Für Lösung bitte separates Blatt verwenden! 

9 Umwelt – Klima

Das Klimasystem der Erde droht sich wesentlich durch das Verhalten des Menschen zu verändern. Ein wichtiger Grund ist das übermäßige Verbrennen fossiler Energieträger, die den natürlichen Treibhauseffekt in hohem Maße verstärken. Der natürliche Treibhauseffekt wird zu rund zwei Dritteln vom Wasserdampf in der Atmosphäre verursacht. Verschiedene Gase tragen jedoch zu einem schädlichen Treibhauseffekt bei.

a) Nennen Sie drei „fossile Energieträger".

____

____

____

b) Welche Gase tragen zu einem schädlichen Treibhauseffekt bei? Nennen Sie dazu drei dieser schädlichen Gase.

____

____

c) Welches dieser Treibhausgase dient als Richtgröße für alle anderen Treibhausgase? Geben Sie die chemische Formel dieses Gases an.

____

10 Umwelt – Klima

In einem Artikel zu Auswirkungen von Umweltbelastungen werden die Begriffe Treibhauseffekt und Treibhausgase genannt.

a) Erklären Sie, was ein Treibhauseffekt ist.

b) Wodurch entsteht ein schädlicher Treibhauseffekt?

c) Vergleichen Sie die zwei Gase Kohlendioxid und Methan. Geben Sie dazu die chemische Formel, die Klimawirksamkeit (Faktor) und – in etwa – die Verweildauer in der Atmosphäre an.

11 Umwelt – Klima

Der „Gold-Standard" ist ein Zertifikat und besonderes Gütesiegel für technische Klimaschutzprojekte – möglichst unter Berücksichtigung sozialer und ökologischer Kriterien.

a) Wer ist berechtigt, mit Zertifikaten zu handeln?

b) Nennen Sie zwei Beispiele für Zertifikate nach dem Gold-Standard.

12 Umwelt – Klima

Klimaneutralität bzw. klimafreundliches Handeln im Unternehmen ist nicht durch den Ankauf von Zertifikaten zu kaufen – der Betrieb muss danach leben. Begründen Sie, warum für ein verantwortungsvolles klimafreundliches Handeln diese Reihenfolge gelten muss:

1. Vermeiden von Emissionen,
2. Reduzieren von Emissionen und danach
3. Ausgleichen unvermeidbarer Emissionen.

Für Lösung bitte separates Blatt verwenden! 

13 Umwelt – Druckproduktion

Eine Fachzeitschrift berichtet über Emissionen bei der Druckproduktion. In dem Beitrag wird auch über ISO 14000 ff., Emissionen, Immissionen und einen CO_2-Footprint gesprochen. Erklären Sie die Bedeutung dieser Begriffe:

Ökologie

ISO 14000 ff

Emissionen

Immissionen

CO_2-Emissionen

Energieeffizienz

14 Umwelt – Klima

Der Emissionshandel gehört zu den Vereinbarungen bzw. Beschlüssen (Mechanismen) des Kyoto-Protokolls.

a) Welches Ziel wurde in diesem Kyoto-Protokoll festgelegt?

____

____

b) Erklären Sie das Grundprinzip (Sinn, Zweck, Ziel) des Emissionshandels.

____

____

____

c) Ein Teil der „Verschmutzungsrechte" wird von den Staaten kostenlos zugeteilt. Erklären Sie an einem Beispiel, aus welchen Gründen ein Betrieb zusätzliche Zertifikate kauft und wozu diese Mittel eingesetzt werden.

____

____

____

15 Umwelt – EMAS

Zertifikate dokumentieren verantwortliches Handeln und Glaubwürdigkeit gegenüber dem Kunden:
„Das haben wir alles durchgearbeitet.
Das haben wir erreicht und dokumentiert.
Das haben uns neutrale Stellen bescheinigt.
Das sind unsere weiteren Ziele."

a) Was bedeutet die Abkürzung EMAS (in Englisch und – sinngemäß – in Deutsch)?

____

____

b) Was ist die EMAS und welche Aufgaben hat sie?

____

____

____

16 Umwelt – Klimainitiative der Druck- und Medienverbände

Information aus dem Internet (www.klima-druck.de):
„CO_2-Emissionen neutralisieren (Kompensation)
Nach der Berechnung können Sie die entstandenen CO_2-Emissionen für einzelne Druckprodukte stilllegen. Dies geschieht durch Investition in hochwertige Klimaschutzprojekte. Dadurch werden Ihre Druckprodukte klimaneutral."

a) Erklären Sie, was mit dieser Information gemeint ist.

____

____

____

b) Welche Leistungen bietet die Klimainitiative darüber hinaus (grundlegend) an.

____

____

____

17 Umwelt – Papier

Für die Herstellung von Papier wird Holz als Rohstoff benötigt. Eine nachhaltige Waldbewirtschaftung (Forstwirtschaft) schützt einerseits wertvolle Ressourcen und vereint andererseits ökologische, soziale und ökonomische Interessen, die in relativer Gleichwertigkeit stehen müssen. Ein Verzicht auf Papier ist weder sinnvoll noch gewollt. Durch großflächig angelegte, zertifizierte Plantagen und nachhaltiges Aufforsten sind aber Naturwälder zu schonen.

a) Was bedeutet der Begriff Ressourcen?

b) Erklären Sie, was eine nachhaltige Waldbewirtschaftung ist.

c) Eukalyptus ist eine besonders rasch wachsende Baumart, deren Faserstoff sehr gut für die Papierherstellung verwendet werden kann.
Erläutern Sie mögliche Probleme, die durch das Anlegen sehr großer, nicht zertifizierter Plantagen entstehen können.

Für Lösung bitte separates Blatt verwenden! 

18 Umwelt – Zertifikate

Informieren Sie sich über die folgenden Umweltlabels. Geben Sie jeweils an, welche wesentlichen Kriterien bei diesen Labels besonders geprüft und zertifiziert werden. Drucken Sie sich alle Labels aus und kleben Sie diese zu Ihren Antworten ein.

- PEFC
- FSC
- Blauer Engel
- EU-Blume
- Nordic Swan

Für Lösung bitte separates Blatt verwenden! 

19 Projekt: Planung und Information im Betrieb

Ihr Betrieb plant, zukünftig ausschließlich klimaneutral bzw. klimafreundlich zu drucken. Zu diesem Themenbereich gibt es eine erste Betriebsversammlung.

a) Was muss im Betrieb getan werden, damit Sie und alle anderen Mitarbeiter hinter diesem Projekt stehen und sich dafür aktiv einsetzen?

b) Was ist klimaneutral? Beurteilen Sie kritisch diese Bezeichnung.

c) Sie wollen gründlich informiert sein. Stellen Sie deshalb für die Betriebsversammlung zu diesem Themenbereich eine Liste mit Ihren eigenen W-Fragen auf: Was? Wie? Warum? Wozu?

Für Lösung bitte separates Blatt verwenden! 

20 Umwelt – Glossar

Erarbeiten Sie mit Ihrem Team (oder alleine) die folgenden Fachbegriffe für das Glossar der Klasse. Diskutieren Sie mit der anderen Gruppe Ihre Angaben. Halten Sie Ihre geprüften Angaben schriftlich fest.

- Biodiversität
- CO_2-Footprint
- Energieeffizienz
- ISO 14000 (und folgende)
- Nachhaltig bewirtschaftete Wälder
- Fotovoltaik
- Stromverbrauch in privaten Haushalten (vgl. u. a.: www.hea.de)
- VOC

Erörtern Sie die Aufgabenstellung in der Gruppe! 

21 Umwelt – Glossar

Erarbeiten Sie mit Ihrem Team (oder alleine) die folgenden Fachbegriffe für das Glossar der Klasse. Diskutieren Sie mit der anderen Gruppe Ihre Angaben. Halten Sie Ihre geprüften Angaben schriftlich fest.

- CO_2
- Emissionshandel
- Gold Standard
- Methan (Wirksamkeit, Entstehung, Belastung)
- Ökobilanz
- Stoffstrommanagement
- Treibhauseffekt

Erörtern Sie die Aufgabenstellung in der Gruppe! 

22 Umwelt – Papier

In einem Druckprodukt sehen Sie das Label „FSC-Mix“ aufgedruckt. Erklären Sie, welche Faserqualität hierbei zertifiziert worden ist.

____

____

____

23 Abfall

Die Menge an Abfall ist ein wichtiges Merkmal für eine nachhaltige Produktion und damit für die Effizienz einer Produktion bzw. eines gesamten Unternehmens.

a) Was ist der Definition nach Abfall?

____

____

____

b) Erläutern Sie vier wirtschaftliche Vorteile der Abfallreduzierung im Betrieb.

____

____

____

24 Makulatur – Gewinn

Ein exemplarisches Beispiel: Ein Unternehmen hat in einem Jahr 20 Millionen Euro Papierkosten. Durchschnittlich fallen bei der Produktion 10 % Makulatur an. Durch verschiedene Maßnahmen gelingt es, die Makulaturquote um 1 % zu senken.

a) Um wie viel Euro kann damit ca. der Gewinn (wirtschaftlicher Erfolg!) gesteigert werden?

____

____

____

b) Erklären Sie hierzu, welche Umweltaspekte mit der Makulatureinsparung verbunden sind.

____

____

____

25 Prozesse – ganzheitlich betrachtet

In der Papier- und der Druckindustrie werden durch optimierte oder völlig neue Verfahren und Abläufe technologische Prozesse kontinuierlich verbessert. Viele Unternehmen der Druckindustrie können nachweisen, dass sie erfolgreich Leistungen und Prozesse im Rahmen eines gesamten Umweltmanagement verbessert haben. Voraussetzung ist ein ganzheitliches Konzept, dessen Maßnahmen in einzelnen Meilensteinen umgesetzt werden.

a) Erklären Sie, warum nur ein ganzheitliches Konzept den gewünschten Erfolg bringen kann.

b) Welche Bereiche umfasst beispielsweise aktuell das Umweltmanagement in einem Betrieb?

c) Die Mitarbeiter müssen im gesamten Prozess „mitgenommen“ werden, um die geplanten Ziele zu erreichen. Erklären Sie, was damit gemeint ist.

Für Lösung bitte separates Blatt verwenden! 

26 Prozesse im Druck

In Bogen- und Rollen-Druckmaschinen werden vielfach Trockner nach dem Druckprozess eingesetzt. Vergleichen Sie unter dem Gesichtspunkt des Umweltschutzes (Energiebedarf, Abwärme bzw. Abgase, Gesundheitsschutz u. a.)

- IR-Trockner,
- UV-Trockner und
- Heatset-Trockner.

Für Lösung bitte separates Blatt verwenden! 

27 Prozesse – ganzheitlich betrachtet

Analysieren Sie in Ihrer Klasse die Übersicht „Prozesse in Betrieben“. Jedes Team (ggf. auch ein Einzelner) übernimmt dabei einen der dargestellten Prozessfaktoren: ISO 14001, ISO 9001, Arbeitsschutz und Gesundheitsschutz, klimaneutrales/klimafreundliches Drucken, Papierzertifizierung, ProzessStandard Offsetdruck (PSO).

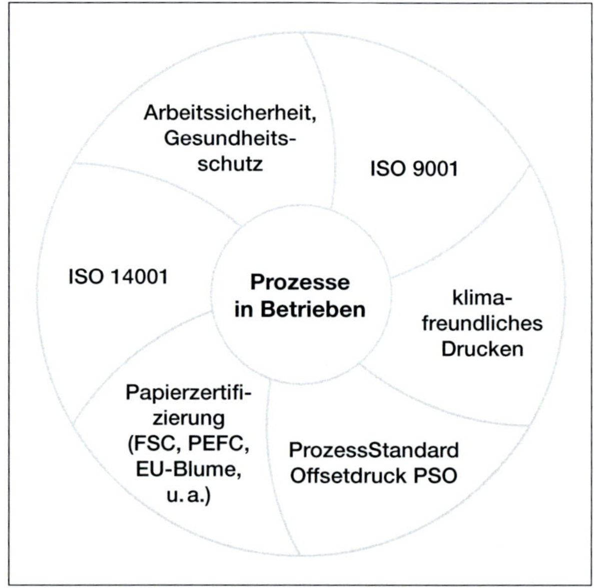

Berichten Sie anschaulich allen Teams, welche Bedeutung der von Ihnen zu erarbeitende Prozessfaktor für den gesamten Prozess und die Kompetenz am Markt hat. Dokumentieren Sie Ihre Arbeitsergebnisse.

Erörtern Sie die Aufgabenstellung in der Gruppe! 

11 BOGENDRUCK

Arbeitsablauf im Druckprozess

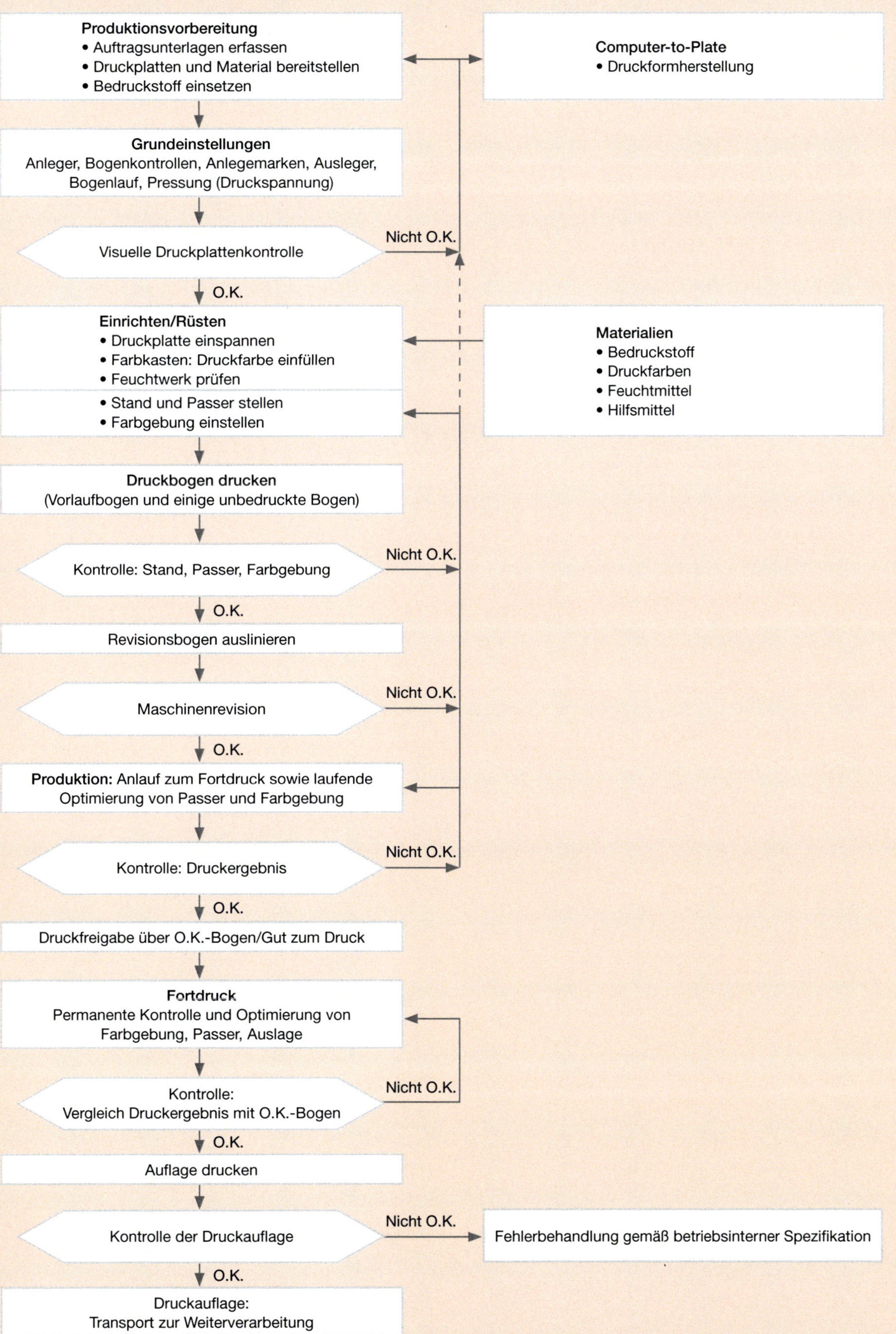

Arbeitsablauf im Druckprozess mit CIP3- oder CIP4-Daten

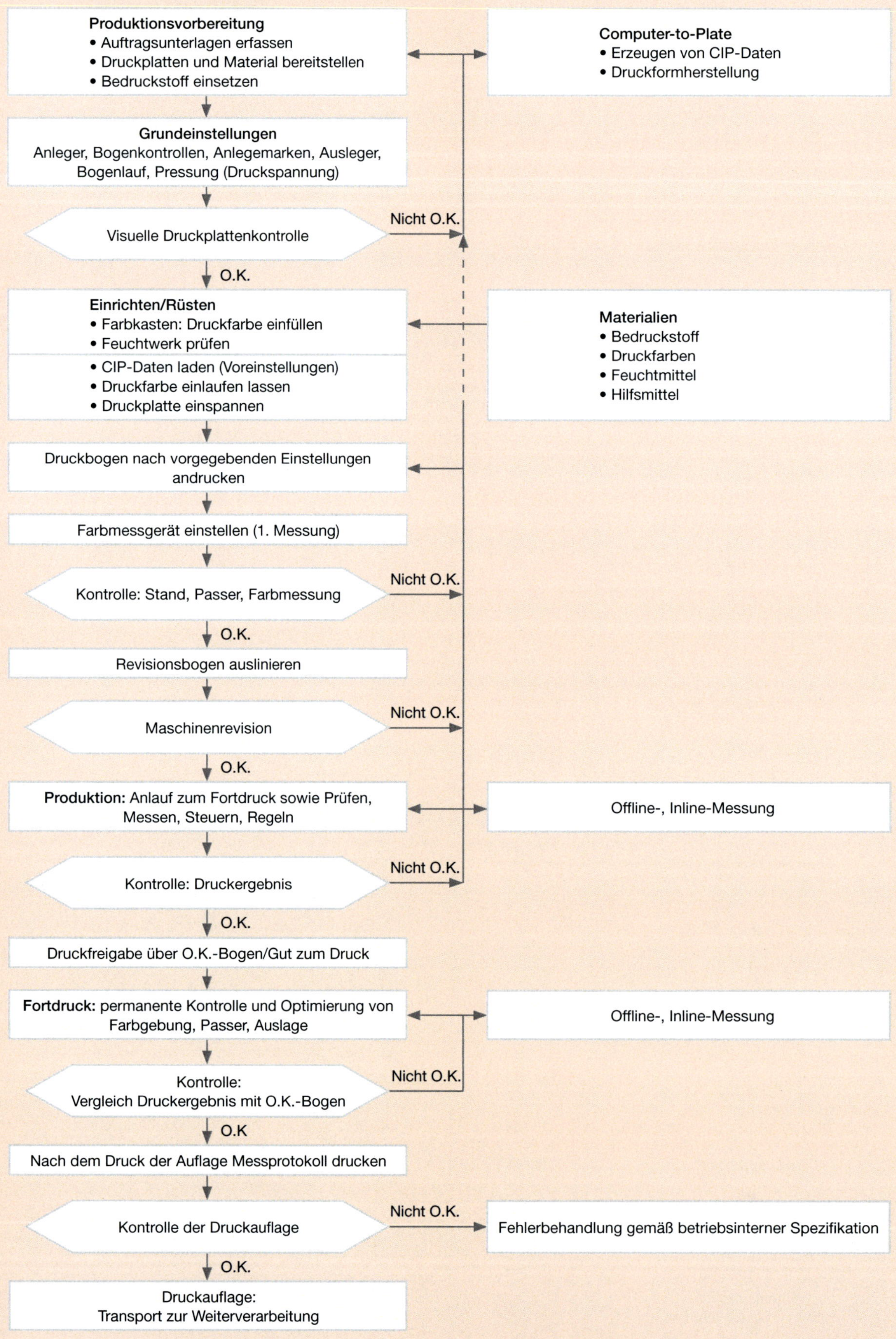

1 Druckmaschinen

In einem Fachbuch sehen Sie die schematischen Abbildungen von drei Bogen-Offsetdruckmaschinen. Nennen Sie zu den drei Abbildungen jeweils den Druckmaschinenhersteller und die Produktionstechnik mit Anzahl der Druckwerke, Produktionsmöglichkeiten und wichtigen Zusatzeinrichtungen.

a) Druckmaschine 1

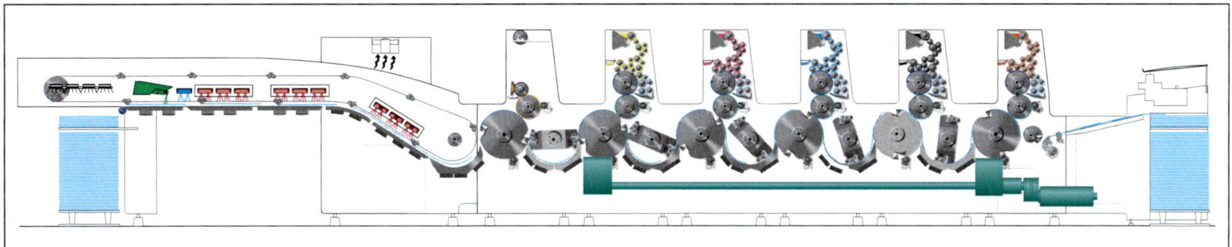

---

b) Druckmaschine 2

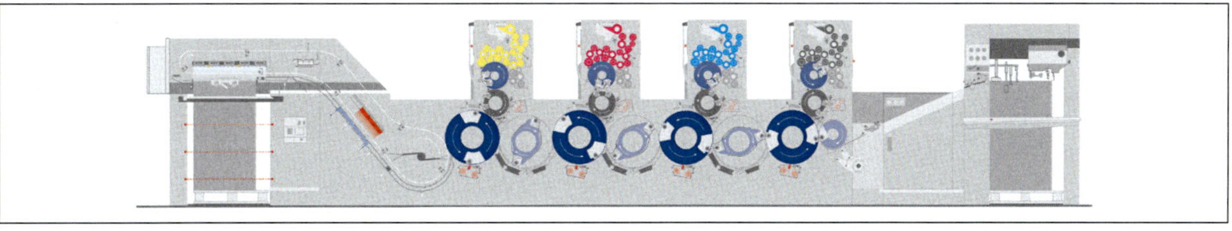

---

c) Druckmaschine 3

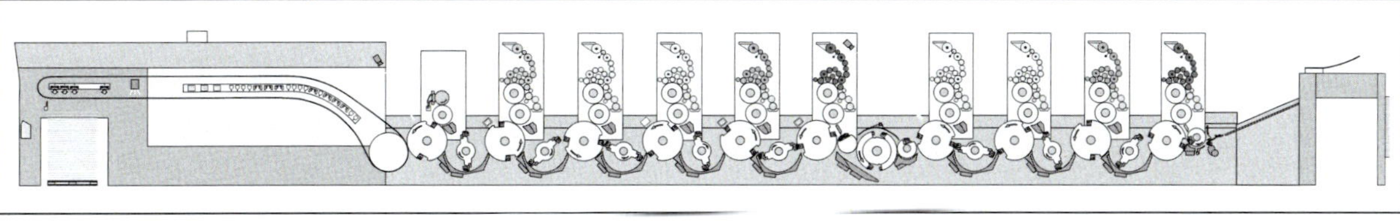

---

2 Druckmaschine – Konstruktion

Prinzipiell unterscheiden sich Druckwerke von Bogen-Offsetdruckmaschinen konstruktiv in verschiedenen Bauweisen: Dreizylinder-, Vierzylinder-, Fünfzylinder- sowie Satellitenbauweise.

a) Skizzieren Sie diese vier Bauweisen (Systeme) und benennen Sie darin die einzelnen Zylinder.

b) Welche der genannten Bauweisen (Systeme) wird heute überwiegend eingesetzt? Begründen Sie dazu Ihre Ansicht.

c) Erklären Sie die Bezeichnung „Reihenbauweise“.

d) Erläutern Sie: Was bedeutet die Angabe „Nass-in-Nass-Druck“?

Für Lösung bitte separates Blatt verwenden! 

3 Druckmaschine – Konstruktion

Die Abbildung zeigt eine Druckmaschine vom Anleger bis zum Ausleger (in zwei Teilen).

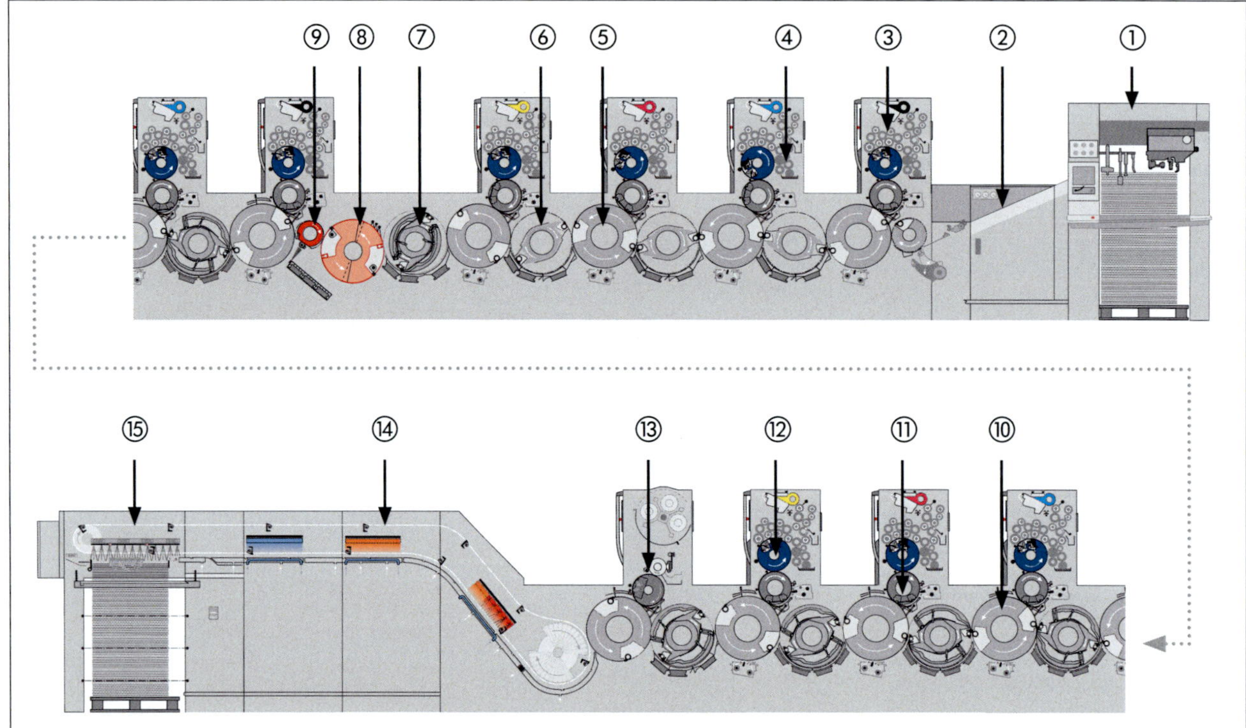

a) Welcher Druckmaschinenhersteller liefert diese Druckmaschine?

____

b) Beschreiben Sie, um welchen Typ (Bauart, Ausstattung, Produktionsmöglichkeiten) es sich bei dieser Druckmaschine handelt.

____

c) Bearbeiten Sie dieses Schema: Tragen Sie zu den Ziffern 1 bis 15 die korrekten Bezeichnungen (Bauelementen) ein.

① ______________________________

② ______________________________

③ ______________________________

④ ______________________________

⑤ ______________________________

⑥ ______________________________

⑦ ______________________________

⑧ ______________________________

⑨ ______________________________

⑩ ______________________________

⑪ ______________________________

⑫ ______________________________

⑬ ______________________________

⑭ ______________________________

⑮ ______________________________

4 Druckmaschine – Konstruktion

Auf dem Markt sind heute Bogendruckmaschinen für verschiedene Produktions- und Einsatzbereiche. Beschreiben Sie kurz, um welche Druckmaschinenkonstruktion es sich handelt.

1/0: ______________________________

____

4/0: ______________________________

____

4/4: ______________________________

____

6/6: ______________________________

____

2/6: ______________________________

____

5 Druckmaschine – Konstruktion

Die Zylinder im Druckwerk müssen aus drucktechnischen Gründen „beweglich" sein.

a) Erklären Sie die in der Schemazeichnung dargestellten Bewegungsmöglichkeiten.

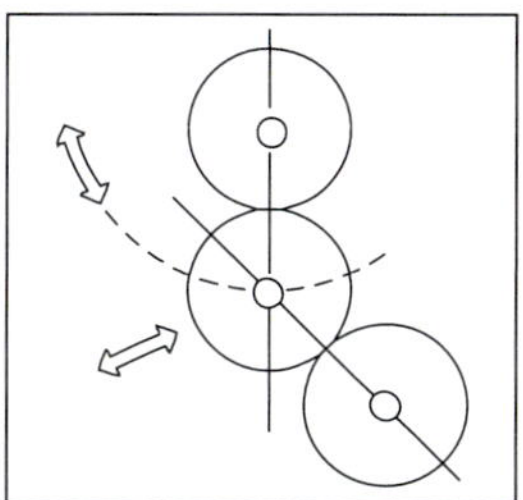

____

____

____

____

b) Die Anordnung der Druckwerke wird in der Praxis „7-Uhr-Stellung" oder „5-Uhr-Stellung" genannt. Skizzieren Sie beide Stellungen.

6 Druckmaschine – Konstruktion

Sie erklären einem neuen Auszubildenden die Grundkonstruktion einer Bogen-Offsetdruckmaschine. Das Thema lautet: „Offsetdruckmaschinen übertragen die Bildinformationen der Druckform durch Druckfarbe und Anpresskraft über den Gummituchzylinder indirekt auf den Bedruckstoff." Der Auszubildende möchte zu den folgenden technischen Informationen von Ihnen erfahren, was diese jeweils genauer bedeuten. Erklären Sie:

a) Im Offsetdruck wird indirekt gedruckt.

b) Das Druckwerk wird über schräg verzahnte Zahnräder angetrieben.

c) Das Einfärbesystem im Druckwerk besteht aus dem Feuchtwerk und dem Farbwerk.

d) Die Druckform wird durch gummibezogene Walzen eingefärbt.

e) Druckplatten- und Gummituchzylinder laufen mit Schmitzringpressung aufeinander.

f) Eine präzise Abwicklung der Zylinder ist eine wichtige Voraussetzung für eine hohe Druckqualität.

g) Der Druckbogen wird schuppenförmig auf den Anlagetisch befördert, durch Marken exakt ausgerichtet und an das Druckwerk passergenau übergeben.

h) Die Bogenauslage muss sorgfältig eingestellt werden, damit die Bogen kantengenau ausgelegt werden und ein Ablegen verhindert wird.

Für Lösung bitte separates Blatt verwenden! 

7 Druckmaschine – Konstruktion

Druckmaschinen haben sehr viele sich bewegende Bauelemente, die in Lagern geführt werden müssen.

a) Nennen Sie vier Anforderungen an die Lager der Zylinder in einem Druckwerk.

b) Erklären Sie den Unterschied zwischen Gleitlagern und Wälzlagern. Geben Sie dazu jeweils spezifische Vorteile an.

c) Begründen Sie, warum im Druckwerk Wälzlager nur bei Schmitzringläufern eingesetzt werden können.

Für Lösung bitte separates Blatt verwenden! 

8 Druckmaschine – Konstruktion

Bogen-Offsetdruckmaschinen werden entsprechend der Anforderungen der Kunden konfiguriert. Eine Kunde bestellt die abgebildete Druckmaschine.

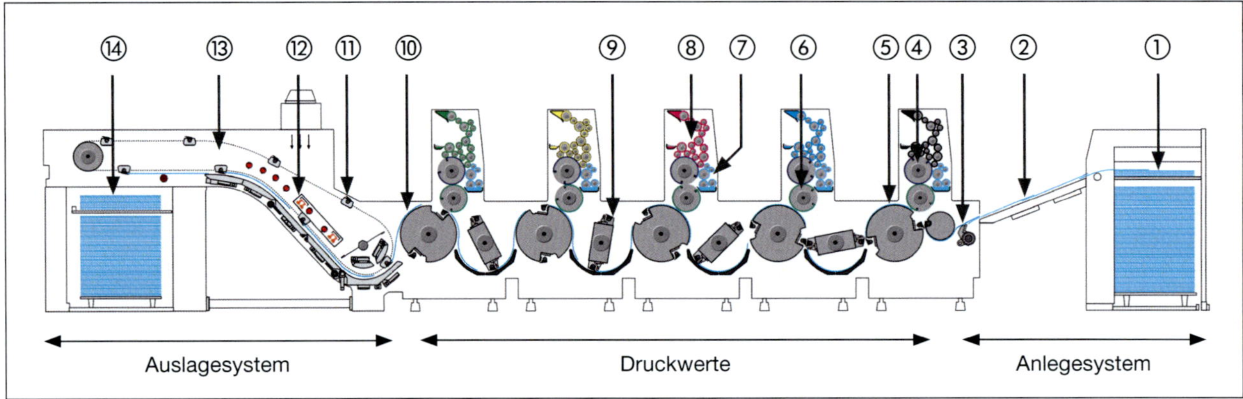

a) Welcher Druckmaschinenhersteller liefert diese Druckmaschine?

b) Beschreiben Sie, um welchen Typ (Bauart, Ausstattung, Produktionsmöglichkeiten) es sich bei dieser Druckmaschine handelt.

c) Bearbeiten Sie dieses Schema: Tragen Sie zu den Ziffern 1 bis 14 die korrekten Bezeichnungen (Bauelemente) ein.

① ______ ⑧ ______

② ______ ⑨ ______

③ ______ ⑩ ______

④ ______ ⑪ ______

⑤ ______ ⑫ ______

⑥ ______ ⑬ ______

⑦ ______ ⑭ ______

9 Druckmaschinentechnik

Ein Druckmaschinenhersteller wirbt mit einer Systemtechnologie „Value Added Printing“.

a) Erklären Sie diese Bezeichnung.

b) Welche Möglichkeiten soll „Value Added Printing“ für die Druckerei bieten?

10 Druckmaschine – Antrieb

Für den Hauptantrieb der Druckwerke werden grundsätzlich verschiedene Antriebstechniken eingesetzt. Erklären Sie dazu die charakteristischen Merkmale der folgenden Antriebstechniken:

a) Zahnradantrieb, Räderzug

b) Längswellen- und Zahnradantrieb

c) Direkt-Antrieb: Einzelantrieb der Druckwerke

11 Druckmaschinentechnik

Jede moderne Druckmaschine ist ein komplexes mechatronisches System. Beschreiben Sie die folgenden Baugruppen oder Vorgänge in einer kurzen schriftlichen Ausarbeitung.

a) Farbwerk: vorderlastiges Farbwerk, Farbfluss, Einstellung des Verreibungseinsatzes

b) Funktion: Einstellung des Passers (seitlich und in Umfangsrichtung) bei laufender Produktion

c) Funktion: Druckan- und -abstellung zwischen Druckplatten- und Gummituchzylinder. Die Steuerung erfolgt durch einen Pneumatikzylinder. Skizzieren Sie die Bewegung.

d) Funktion: Fernverstellung der Druckbeistellung zwischen Gummituch- und Druckzylinder. Die Steuerung erfolgt durch …

e) Funktion: Druckan- und -abstellung zwischen Gummituch- und Druckzylinder. Die Steuerung erfolgt durch doppelte Pneumatikzylinder. Skizzieren Sie die Bewegungen.

f) Funktion: Diagonalpasserkorrektur

Für Lösung bitte separates Blatt verwenden! 

12 Druckmaschine – Antrieb

Bei der Druckproduktion lässt sich durch das Zusammenspiel der verschiedenen Komponenten durch Verbesserungen im Produktionsprozess eine effizientere Produktion erreichen. Ansatzpunkte sind u. a. der Druckmaschinenantrieb, die Kompressoren, Wartung und Einstellung der Maschine, die Arbeitsweise der Mitarbeiter und die Auswahl der Verbrauchsmaterialien. Druckmaschinen arbeiten mit einem Hauptantrieb sowie bis 1000 „Nebenantrieben“.

a) Ermitteln Sie, welchen Hauptantrieb (Bauart, Typ) „Ihre“ Druckmaschine im Betrieb hat.

b) Klären Sie, warum diese Antriebsart verwendet wird.

c) Vergleichen Sie einen Gleichstromantrieb mit einem Drehstromantrieb nach den Kriterien Wartung und Stromverbrauch.

d) Nennen Sie fünf Nebenantriebe in der Druckmaschine für einzelne Baugruppen, Funktionen, Einstellungen.

13 Instandhaltung

Eine wirtschaftliche und qualitativ gute Produktion ist nur mit einer technisch einwandfreien Druckmaschine möglich. Die Norm DIN 31051 unterscheidet für das Instandhalten vier Grundmaßnahmen.

a) Nennen Sie diese Grundmaßnahmen.

b) Beschreiben Sie, welche Aufgaben oder Arbeiten zu drei Grundmaßnahmen gehören.

Für Lösung bitte separates Blatt verwenden! 

14 Wartung

Ein wichtiger Aufgabenbereich des Medientechnologen Druck ist eine sachgerechte, permanente Wartung. Dazu gibt das Maschinenhandbuch (Technische Dokumentation) wichtige Angaben.

a) Nennen Sie vier Aufgaben der Wartung.

b) Welche Informationen, Vorgaben u. Ä. finden Sie zu den genannten Aufgaben im Maschinenhandbuch?

c) Beschreiben Sie mögliche Probleme, wenn diese Wartungsarbeiten nicht oder nicht sachgerecht durchgeführt werden.

Für Lösung bitte separates Blatt verwenden! 

15 Wartung

Modernste Kommunikationstechnologie macht es möglich: Ein neues Konzept bieten die Druckmaschinenhersteller durch einen Onlineservice zur Ferndiagnose und -wartung. Die Druckmaschine muss dazu mit einem Modem und entsprechender Technik ausgerüstet sein.

a) Beschreiben Sie prinzipiell ein solches Konzept (technische Voraussetzungen, Aufgaben u. a.).

b) Erläutern Sie vier Vorteile, die eine leistungsstarke Druckerei durch dieses Wartungskonzept und den Kontakt über eine Servicehotline bekommt.

Für Lösung bitte separates Blatt verwenden! 

16 Wartung – Einfärbesystem

Beschreiben Sie kurz das sachgerechte Reinigen und grundlegende Warten des …

a) Farbwerks.

____

____

b) Feuchtwerks.

____

____

17 Wartungsarbeiten

Im Maschinenhandbuch oder in einem speziellen Wartungshandbuch sind Wartungsarbeiten nach bestimmten Betriebsstunden und periodisch durchzuführenden Arbeiten aufgeführt. Manche Hersteller geben Checklisten dazu vor, in denen die ausgeführten Arbeiten zu bestätigen sind (z. B. Tätigkeit/Arbeit …, O.K. …, ausgeführt am …).
Erstellen Sie beispielhaft eine Liste mit erforderlichen Wartungsarbeiten an den folgenden Aggregaten und sonstigen Anlagen (in Klammern stehen Mindestangaben dazu):

- Anleger (3)
- Anlage (3)
- Druckwerke, Übergabe (2)
- Wendung (1)
- Ausleger (2)
- Luftversorgung (2)
- Leitstand (2)
- Waschanlagen (2)

Für Lösung bitte separates Blatt verwenden! 

18 Wartung – Schmierung

Verschiedene mechanische Bauelemente, z. B. Saugkopf, Greifer, Rollenhebel, Laufflächen und Lager, sind periodisch zu schmieren.

a) Geben Sie nach dem Maschinenhandbuch Ihrer Druckmaschine an drei Beispielen an, welche Schmierstoffe zu verwenden sind.

b) Beschreiben Sie Ihr Verhalten: Sie stellen fest, dass am Getriebekasten Schmiermittel (Öl) ausgelaufen ist. Auf dem Bodenblech ist bereits eine größere Lache zu sehen.

Für Lösung bitte separates Blatt verwenden! 

19 Druckplattenzylinder

Die Druckplatte wird im Bogendruck auf den Druckplattenzylinder gespannt. Dabei sind die Spannschienen nicht gleich.

a) Welche Besonderheit hat die vordere Spannschiene am Druckbeginn?

____

____

b) Erklären Sie, warum insbesonders bei großformatigen Bogendruckmaschinen die hintere Spannschiene unterteilt ist.

____

____

____

20 Wartung – Schmitzringe

Um eine optimale Abwicklung in der Druckzone zu gewährleisten und Beschädigungen zu vermeiden, sind die Schmitzringe regelmäßig und bei Verschmutzungen zu reinigen.

a) An welchen Zylindern einer Bogen-Offsetdruckmaschine sind Schmitzringe angebracht?

____

____

b) Beschreiben Sie den gesamten Ablauf des Reinigens: Sicherheit, Ablauf, erforderliche Materialien.

____

____

____

21 Druckprozess – Drucktuch

Im Druckprozess wird die Bogenvorderkante von zahlreichen Greifern des Druckzylinders gehalten. In der Druckzone überträgt das Gummituch durch Druck gegen den Druckzylinder die Bildinformationen auf den Bedruckstoff. Je nach Farbmenge auf dem Gummituch „klebt" der Bogen mehr oder weniger auf dem Gummituch. Man nennt dieses Verhalten Nachlaufneigung. Besonders bei dünnen, instabilen Bedruckstoffen kann es zu Passerdifferenzen an der Bogenhinterkante kommen.

a) Skizzieren Sie einen normalen (rechtwinkligen) Druckbogen. Tragen Sie in diese Skizze einen möglichen Verzug ein.

b) Beschreiben Sie Möglichkeiten, mit denen Sie das Problem beseitigen können.

Für Lösung bitte separates Blatt verwenden!

22 Drucktuch

Das Drucktuch, allgemein nur Gummituch genannt, muss feinste eingefärbte Bildelemente von der Druckplatte übernehmen und diese ton- und farbwertgenau auf den Bedruckstoff übertragen. Der Druckfarbenfilm wird dazu von der Druckplatte zum Gummituch und vom Gummituch zum Bedruckstoff zweimal gespalten.

a) Skizzieren Sie schematisch den Aufbau der früher ausschließlich verwendeten sogenannten konventionellen Gummitücher.

b) Skizzieren Sie exemplarisch den Aufbau eines kompressiblen Gummituchs.

c) Erklären Sie die wesentlichen Vorteile kompressibler Gummitücher im Vergleich zu „konventionellen" Gummitüchern im Druckprozess.

Für Lösung bitte separates Blatt verwenden!

23 Drucktuch

Mit der Bezeichnung Adhäsion wird das Haften von Molekülen an Grenzflächen durch die Wirkung molekularer Anziehungskräfte beschrieben. Sie tritt bei bestimmten Materialkombinationen mehr oder weniger stark auf, so z. B. Druckfarbe auf dem Gummituch, Druckfarbe auf dem Papier, Papier auf dem Gummituch.

a) Von welchen Eigenschaften des Gummituches wird dessen Adhäsionsneigung beeinflusst?

____

____

b) Unterschiedliche Strukturen und Schliffe beeinflussen mit anderen Einflussfaktoren stark den QR-Effekt. Was bedeutet diese Abkürzung und welcher Effekt ist damit gemeint?

____

____

c) Welche Einflussfaktoren wirken im Druckprozess außerdem auf die Größe der Adhäsion ein?

____

____

____

24 Drucktuch

Drucktücher sollen einerseits kostengünstig sein, anderseits aber auch beste Druckergebnisse bieten (Kosten-Nutzen-Verhältnis).

a) Nennen Sie drei allgemeine Anforderungen an das Gummituch.

______

______

b) Nennen Sie drei drucktechnisch sehr wichtige Qualitätsmerkmale, die ein Gummituch aufweisen soll.

______

______

25 Drucktuch

In „Ihrer" Druckmaschine werden ausschließlich kompressible Gummitücher eingesetzt.

a) Erklären Sie, was die Bezeichnung „kompressibel" bei einem Gummituch bedeutet.

______

______

b) Beschreiben Sie die „Wirkung" der Kompressibilität im Druckprozess und die erforderlichen Einstellungen zur Abwicklung (Aufzug, Druckspannung).

______

______

______

26 Druckplattenwechsel

Ihre Druckmaschine arbeitet mit einem Direktantrieb. Welche besonderen Vorteile ergeben sich durch diese Antriebstechnik beim Wechsel der Druckplatten in Verbindung mit einem halb- oder vollautomatischen Druckplattenwechsel?

______

______

27 Drucktuch

Drucktücher werden allgemein im erforderlichen Druckmaschinenformat bestellt und geliefert. Das Einspannen eines neuen Drucktuchs auf dem Gummituchzylinder erfordert ein sorgfältiges Arbeiten.

a) Beschreiben Sie stichpunktartig, wie Drucktücher sachgerecht gelagert werden.

b) Begründen Sie, warum die seitlichen Kanten der Drucktücher versiegelt sein müssen.

c) Beschreiben Sie das praxisgerechte Montieren (Einspannen) des gesamten Aufzuges auf dem Gummituchzylinder. Hinweise: Das Gummituch ist noch nicht eingeschient. Beachten Sie die Aufzugshöhe. Geben Sie dabei an, warum das Spannen mit einem Drehmomentschlüssel sinnvoll ist.

Für Lösung bitte separates Blatt verwenden! 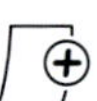

28 Drucktuch – Pflege, Reinigung

Gummitücher müssen produktionsabhängig und auch regelmäßig gereinigt werden. Die Reinigungsintervalle werden maßgeblich vom eingesetzten Papiertyp bestimmt.

a) Beschreiben Sie das manuelle Reinigen eines Gummituches. Geben Sie die dabei verwendeten Hilfsmittel an.

______

______

______

b) Erklären Sie, warum bei Reinigungsmitteln der Flammpunkt eine sehr wichtige Bedeutung hat.

______

______

______

c) Erläutern Sie, warum nur zertifizierte Waschmittel verwendet werden dürfen.

______

______

______

29 Drucktuch – Pflege, Reinigung

Sie arbeiten an einer Druckmaschine mit einer automatischen Gummituchwascheinrichtung.

a) Geben Sie an, mit welcher Wascheinrichtung (Hersteller, Typ) die Druckmaschine arbeitet.

b) Beschreiben Sie den Ablauf einer automatischen Gummituchreinigung.

c) Nennen Sie je ein Beispiel: Welche Sicherheitsmaßnahmen, Maßnahmen zum Umweltschutz und zur Entsorgung sind zu beachten?

Für Lösung bitte separates Blatt verwenden! 

30 Druckplattenwechsel

Druckplatten können manuell eingesetzt und auf den Druckplattenzylinder gespannt werden. Viele Druckmaschinen sind inzwischen mit einem halb- oder vollautomatischen Druckplatteneinzug ausgestattet.

a) Beschreiben Sie prinzipiell den Ablauf beim Wechsel eines Jobs mit einem halb- oder vollautomatischen Plattenwechselsystem.

b) Welche Vorteile bietet ein halb- oder vollautomatisches Druckplattenwechselsystem?

31 Bogenübergabe

Beim „Geradeausdruck" z. B. 4/0, muss der bedruckte Bogen jeweils an das folgende Druckwerk übergeben werden. Beschreiben Sie diese Bogenübergabe an Ihrer Druckmaschine im Betrieb. Geben Sie dazu vorab an, an welcher Druckmaschine Sie arbeiten.

32 Druckzylinder

Umgangssprachlich bezeichnet man nur einseitig druckende Bogen-Offsetdruckmaschinen als „Geradeausmaschinen", beidseitig druckende Maschinen als Schön- und Widerdruckmaschinen (SuW- bzw. S/W-Druck).

a) Welche Oberfläche besitzen Geradeausmaschinen am Druckzylinder?

b) Erklären Sie, warum (serienmäßig) der Zylinder mit einer korrosionshemmenden Oberflächenbeschichtung ausgerüstet ist.

c) Begründen Sie, warum Druckzylinder nach der Wendung eine spezielle Oberfläche benötigen.

33 Bogenübergabe – S/W-Druck

Um beide Seiten des Druckbogens zu bedrucken, wird der Druckbogen innerhalb der Druckmaschine automatisch gewendet.

a) Erklären Sie unabhängig vom Wendesystem, wie der Druckbogen gewendet wird.

b) Begründen Sie, warum das zu bedruckende Papier „gut" beschnitten sein muss.

34 Bogenübergabe – S/W-Druck

Druckmaschinen verschiedener Hersteller wenden den Druckbogen für den Widerdruck mit einer Eintrommel-, Zweitrommel- oder Dreitrommel-Wendeeinrichtung.

a) Welcher Druckmaschinenhersteller setzt diese Wendetechnik ein? Beschreiben Sie den Wendevorgang.

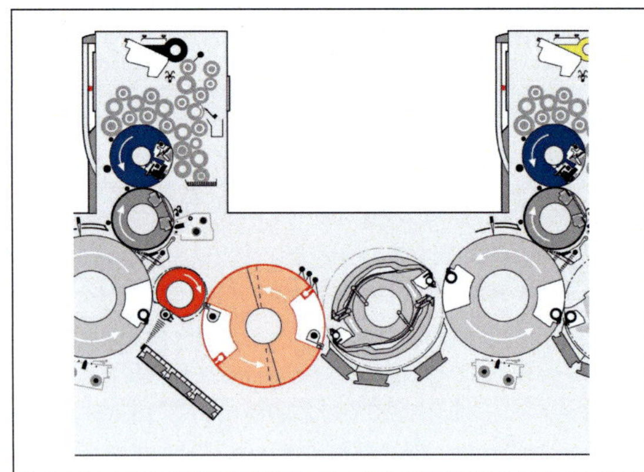

b) Welcher Druckmaschinenhersteller setzt diese Wendetechnik ein? Beschreiben Sie den Wendevorgang.

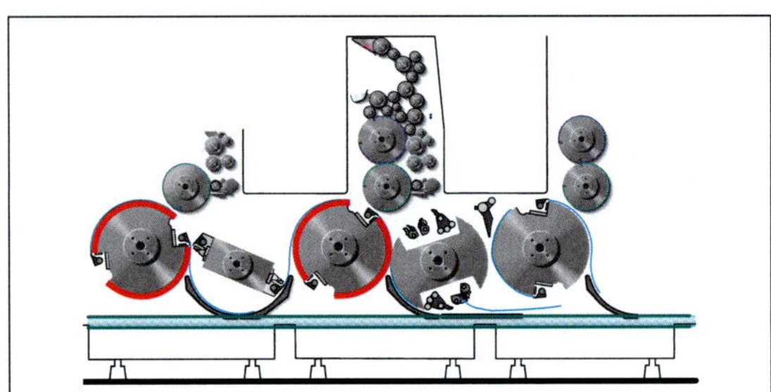

Für Lösung bitte separates Blatt verwenden! 

35 Bogenübergabe – S/W-Druck

Die Abbildung zeigt Ihnen zwei Druckwerke und eine Wendeeinrichtung.

a) Zu welchem Typ gehört diese Wendeeinrichtung?

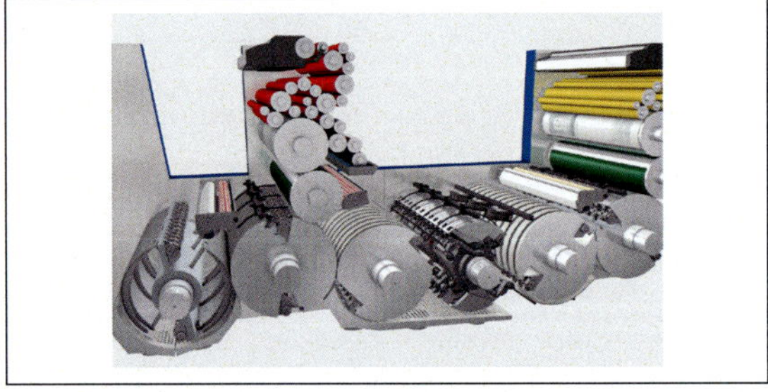

b) Die Skizzen zeigen Ihnen den Schön- und Widerdruckbogen. Es werden 16 Seiten auf dieser S/W-Druckmaschine gedruckt. Falz: 3-Mitten-Kreuzfalz. Tragen Sie die Kolumnenziffern (Seitenzahlen) aller 16 Seiten jeweils im Fuß an der korrekten Position in das Ausschießschema ein.

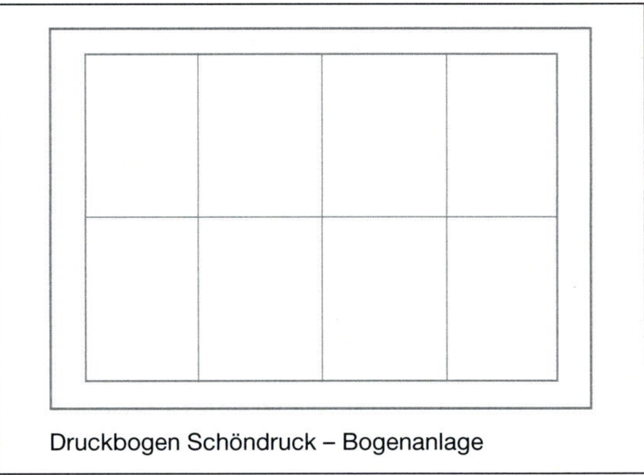

Druckbogen Schöndruck – Bogenanlage

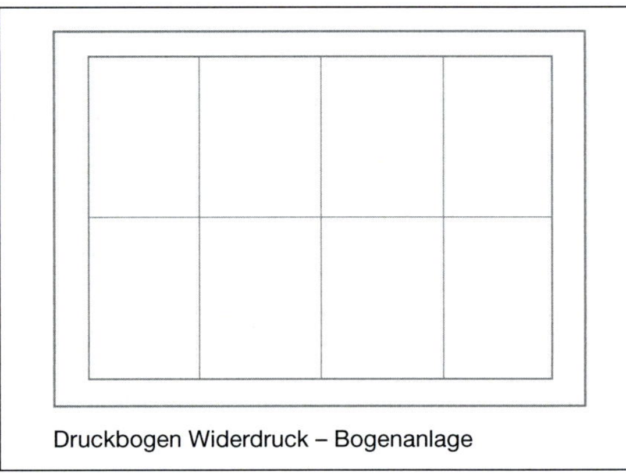

Druckbogen Widerdruck – Bogenanlage

c) Was muss für den S/W-Druck jeweils in der Druckvorstufe, bei der Anlieferung des Papiers an die Druckmaschine und beim Druck beachtet werden?

36 Anleger – Rollenquerschneider

Eine besondere Produktionsmöglichkeit bieten Bogen-Offsetdruckmaschinen, die mit einem Rollenquerschneider ausgestattet sind.

a) Beschreiben Sie die Funktion dieses Anlegesystems vom Abrollen bis zur Bogenanlage.

b) Bei welchen Auftragsstrukturen ist der Einsatz dieser Systeme wirtschaftlich?

Für Lösung bitte separates Blatt verwenden! 

37 „Wasserloser“ Offsetdruck

In Ihrer Berufsfachschulklasse diskutieren Sie über Vor- und Nachteile des „wasserlosen“ Offsetdrucks im Vergleich zum „konventionellen“ Offsetdruck. Zusammenfassend erarbeiten Sie im Team eine Übersicht in der folgenden Form mit drei Spalten.

Aufbau der Tabelle:
- Spalte 1: Parameter nach folgenden Vorgaben: Aufgaben 1. bis 11.
- Spalte 2: Offsetdruck mit Feuchtmittel
- Spalte 3: Offsetdruck ohne Feuchtmittel

Vergleichen Sie in dieser tabellarischen Übersicht die Techniken des Offsetdrucks unter folgenden Kriterien:

1. Druckmaschinen:
   Typischer Aufbau, wesentliche Bauelemente und wichtige Voraussetzungen für die Produktion
2. Kosten der Druckmaschine (ca.), einschließlich ggf. zusätzlich erforderlicher Zusatzaggregate
3. Energieverbrauch des gesamten Drucksystems
4. Druckformen (Druckplatten):
   - Hersteller (Auswahl für Anwender)
   - Druckformherstellung (CtP …)
   - Qualität: Tonwert- und Farbwiedergabe, Empfindlichkeit der Bildstellen
   - Auflagenbeständigkeit
5. Material: Bedruckstoffe
   besondere Eigenschaften, Sorten, Kosten …
6. Material: Druckfarben, Druckhilfsmittel
   besondere Eigenschaften, Sorten, Kosten …
7. Rüsten der Druckmaschine:
   Aufwand, Zeit
8. Auflagendruck:
   Prozessstabilität, konstante Druckproduktion (z. B. Farbschwankungen)
9. Druckqualität:
   Bildwiedergabe, Farbwiedergabe/Brillanz …
10. Nachhaltigkeit, Umweltschutz
11. Zusammenfassung
    (Ihre Ansicht zu dem Vergleich)

Für Lösung bitte separates Blatt verwenden! 

38 Anleger – Bogenlauf

Die Steuerung des Saugbändertisches ermöglicht eine Bogenverlangsamung kurz vor dem Anlagebereich (Vordermarken, Seitenmarke).
Erklären Sie, warum eine Bogenverlangsamung erforderlich ist.

____

____

39 Druckmaschine – Abwicklung

Zur Prozessbereitschaft der Druckmaschine gehört eine bestmögliche Abwicklung. Das heißt: Das Abrollen der Zylinder gegeneinander muss in absoluter Laufruhe ohne störende Einflüsse erfolgen. Dies ist nur durch ein optimales Zusammenwirken verschiedener Faktoren möglich.
Erklären Sie jeweils kurz, welchen Einfluss die folgenden Faktoren auf die Abwicklung haben.

a) Grundelemente, Seitengestelle

____

____

b) Lager der Zylinder

____

____

c) Zahnräder (Antrieb)

____

____

d) Schmitzringe

____

____

e) Messringe

____

____

f) Druckplattenzylinder: Aufzug

____

____

g) Gummituchzylinder: Aufzug

____

____

h) Wartung der Druckmaschine

____

____

40 Anleger

Bogendruckmaschinen führen mit einem Einzelbogenanleger oder einem Schuppenanleger zu bedruckende Bogen vom Papierstapel dem Anleger zu.

a) Einzelbogenanleger: Beschreiben Sie den Bogenlauf vom Anlegestapel bis zu den Vordermarken.

b) Schuppenanleger: Beschreiben Sie den Bogenlauf vom Anlegestapel bis zu den Vordermarken.

c) Vergleichen Sie die Leistungen beider Anleger und geben Sie jeweils den Einsatzbereich an.

Für Lösung bitte separates Blatt verwenden! 

41 Anleger

Zu Steuerung und Positionierung des Anlegers werden Sensoren eingesetzt.

a) Beschreiben Sie, wie die für die Produktion erforderliche Stapelhöhe bei einem Schuppenanleger geregelt wird.

b) Einige Druckmaschinen sind mit zusätzlichen elektromechanischen Sensoren auf der A- und B-Seite zur seitlichen Korrektur der Stapeltragplattenposition ausgestattet. Begründen Sie, aus welchem Grund diese Sensoren eingesetzt werden.

42 Anleger – Bogenlauf

Die über den Bändertisch laufenden Druckbogen kommen schräg zur Bogenanlage.
Beschreiben Sie, wie Sie das Problem an Ihrer Druckmaschine (bitte angeben!) lösen können.

43 Anlegetisch

Auf früher üblichen Anlegetischen wurden die Bogen auf Bändern und mit darauf aufliegenden Rollen und Bürsten zur Bogenanlage transportiert.

a) Beschreiben Sie Vorteile (Pflege, Wartung, Handling), die ein moderner Saugbändertisch bietet.

b) Welchen Vorteil bieten in den Anlegetisch versenkte Saugbänder?

44 Anleger – Bogenanlage

Vor der Übergabe an das Druckwerk wird jeder Bogen exakt an Vordermarken und einer Seitenmarke ausgerichtet.

a) Ihre Druckmaschine hat vier Vordermarken.
Sie drucken ein Offsetdruckpapier mit 80 g/m^2 im vollen Druckformat. Beschreiben Sie, wie Sie die Vordermarken einstellen.

b) Erläutern Sie grundsätzliche Unterschiede zwischen einer pneumatischen und konventionellen Seitenmarke in Aufbau, Technik und Funktion.

c) Welche Vorteile im Handling hat eine pneumatische Seitenmarke gegenüber einer mechanischen Seitenmarke.

45 Anleger – Bogenlauf

Zur Sicherung eines fehlerfreien Bogentransports werden Kontrolleinrichtungen auf dem Weg vom Anleger bis zur Bogenanlage eingesetzt. Beschreiben Sie prinzipiell die Funktion und Einsatzposition (Einbau) einer:

a) elektromechanischen Doppelbogenkontrolle

____

____

____

b) Ultraschall-Doppelbogenkontrolle

____

____

____

46 Bogenübergabe

Der Druckbogen wird mit unterschiedlichen Techniken nach dem Ausrichten an das Druckwerk übergeben.
Beschreiben Sie die Bogenübergabe durch das abgebildete System.

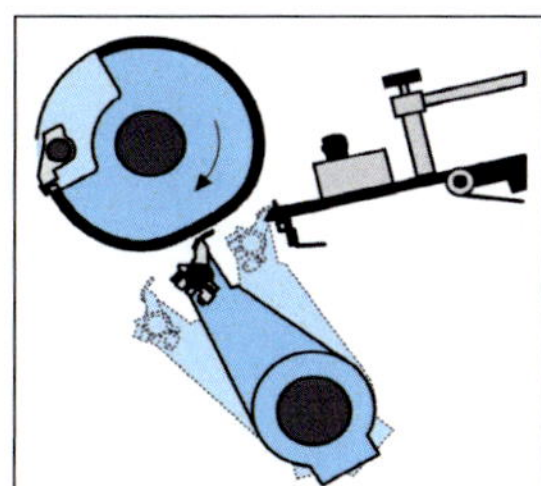

____

____

____

47 Farbwerk – Konstruktion

In Offsetdruckmaschinen (Bogen- und Rollendruck) werden Heberfarbwerke, Filmfarbwerke und Kurzfarbwerke eingesetzt.

a) Beschreiben Sie zu allen drei Systemen die Technik der Farbübertragung in der gesamten Druckbreite von einem Farbbehälter (Farbkasten) in das Farbwerk.

b) In welchen Druckmaschinen werden diese drei Farbwerksysteme überwiegend eingesetzt?

Für Lösung bitte separates Blatt verwenden! 

48 Bogenlauf

Eine exakte Bogenanlage und -übergabe ist die Voraussetzung für eine störungsfreie Produktion, einen korrekten Stand und einen fehlerfreien Passer.
Beschreiben Sie aus Ihrer Praxis:

a) das Vereinzeln der Bogen vom Papierstapel

b) den Bogenlauf vom Anlegestapel bis zur Bogenanlage auf dem Anlegetisch

c) das Einstellen der Vordermarken und Seitenmarke und die Bogenanlage

d) die Bogenübergabe an das erste Druckwerk

e) die weiteren Bogenübergaben (z. B. bei 4/0)

f) das Einstellen der Auslage, um eine gute Stapelqualität zu ereichen

Für Lösung bitte separates Blatt verwenden! 

49 Farbwerk – Aufbau

Zur Übertragung der Druckfarbe von einem Farbbehälter auf die Druckform werden Walzen eingesetzt. Vergleichen Sie dazu zwei Walzenpaare:
Abbildung A zeigt die Kombination von zwei „harten“ Walzen (z. B. Stahl, Rilsan), Abbildung B die Kombination einer „harten“ und einer „weichen“ Walze (z. B. mit weichelastischem Gummi bezogen).

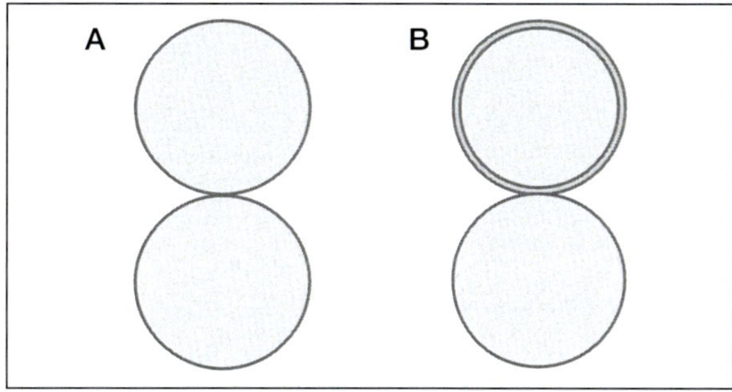

a) Bei welchem Walzenpaar ist die Belastung in der Berührungsfläche (Kontaktzone) größer?

b) Begründen Sie, welche Kombination von Walzenpaaren im Farbwerk einer Offsetdruckmaschine grundsätzlich eingesetzt wird?

c) Harte Walzen im Farbwerk werden vielfach mit Rilsan überzogen. Welchen besonderen Vorteil hat dieses Material auf den harten Walzen?

Für Lösung bitte separates Blatt verwenden! 

50 Farbwerk – Konstruktion

Das Schema zeigt das Farbwerk einer Bogen-Druckmaschine und die Übersicht zu allen Farbwalzen. Ergänzen Sie die Bezeichnungen der jeweiligen Walzen entsprechend der Zahlen.

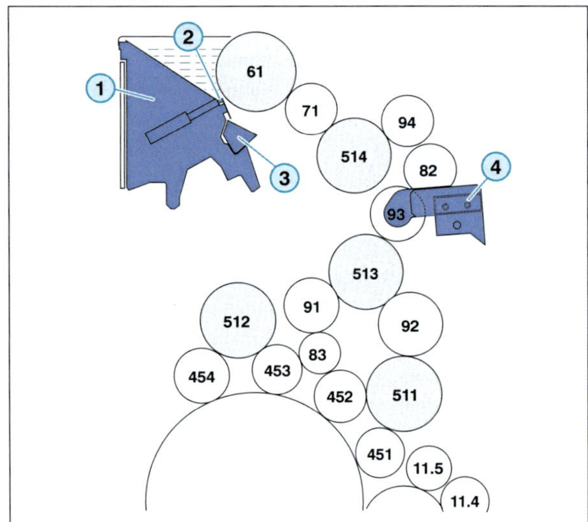

1 Farbkasten ______

2 ______

61 ______

71 ______

82, 83 ______

91 bis 94 ______

451 bis 454 ______

511 bis 514 ______

51 Farbwerk – Grundlagen

Aufgabe des Farbwerkes ist es, die Druckform rasch, kontinuierlich, gleichmäßig und streifenfrei mit der erforderlichen Farbschichtdicke zu versorgen.

a) Beschreiben Sie wesentliche Unterschiede sowie Vor- und Nachteile zwischen einer Farbdosierung mit Zonenschrauben und mit Dosierelementen.

______

______

______

b) Erklären Sie, wie es möglich ist, eine hochviskose, zähflüssige Druckfarbe über verschiedene Walzen bis zur Druckform zu transportieren.

______

______

______

c) Mit welcher Farbschichtdicke in µm sind etwa die Bildstellen auf der Druckform eingefärbt?

______

52 Farbwerk – Farbkasten

Für die Farbdosierung (Steuerung) der einzelnen Farbzonen werden heute in Farbkästen nebenwirkungsfrei arbeitende Dosierelemente mit eigenem Mikroprozessor einsetzt.

a) Erklären Sie, warum eine Fernsteuerung mit früher eingesetzten Zonenschrauben nicht möglich ist.

b) Beschreiben Sie die nebenwirkungsfreie Farbdosierung mit einem Dosierelement an einer beliebigen Druckmaschine. Skizzieren Sie dieses Dosierelement. Geben Sie zudem die Bezeichnung der Druckmaschine dazu an.

c) Nennen Sie zwei andere nebenwirkungsfrei arbeitenden Dosierelemente (andere Hersteller).

Für Lösung bitte separates Blatt verwenden! 

53 Farbwerk – Druckwalzen

Für den Transport von Druckfarbe und Feuchtmittel werden Druckwalzen mit harten Oberflächen oder elastischen Bezügen und mit unterschiedlichen Durchmessern eingesetzt. Erklären Sie jeweils die Funktion (Aufgabe) und die Eigenschaft der Walzen (hart, weich, Härte in Shore A).

a) Farbduktor

______

______

b) Filmwalze

______

______

c) Farbreiber

d) Farbauftragswalzen

e) Feuchtauftragswalzen

54 Farbwerk – Konstruktion

Je nach Anordnung der Walzen in einem Farbwerk unterscheidet man grundsätzlich zwischen einem vorderlastigen und hinterlastigen Farbwerk.
Zeichnen Sie jeweils den Farbfluss mit einem dicken Stift in das Farbwerkschema ein.

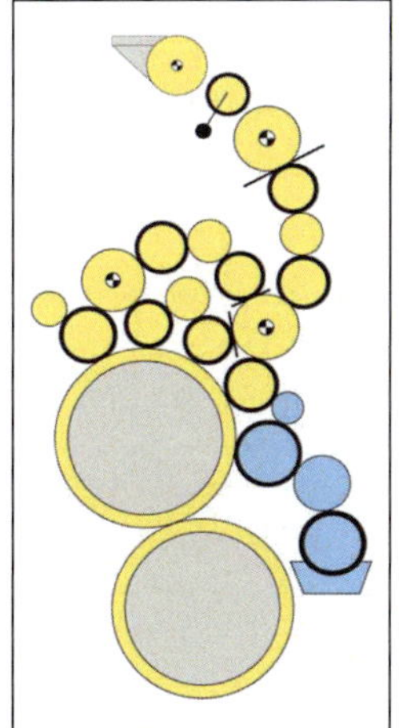

55 Farbwerk – Konstruktion

Bei jedem „Anfahren" der Druckmaschine müssen sich die bei der permanenten Produktion herrschenden Bedingungen erst wieder einlaufen.

a) Erklären Sie, was der Druckfachmann unter der Steuerträgheit eines Farbwerkes versteht.

b) Zeichnen Sie ein Diagramm, das die Steuerträgheit des Farbwerks nach einem Maschinenstopp bei neuem Anlaufen zum Fortdruck verdeutlicht.

Für Lösung bitte separates Blatt verwenden! 

56 Farbwerk – Konstruktion

Ein gutes Einfärbesystem erreicht sehr schnell nach dem Druckbeginn das optimale Farbe-Wasser-Gleichgewicht und führt der Druckform konstant eine gleichmäßige Farbschichtdicke zu. Ein weiteres qualitatives Merkmal ist eine rasche Reaktion bei erforderlichen Korrekturen in der Farbgebung während des Auflagendrucks. Erklären Sie wichtige konstruktive Einflussfaktoren auf das Einfärbesystem im Detail.

a) Farbheber

b) kontinuierliche Farbzufuhr

c) Farbfluss

d) Nebenwirkungsfreiheit

e) Anzahl der Walzen, Farbspeichervolumen

f) Walzen im Farbwerk: Arten, Material und Oberflächeneigenschaften, Durchmesser

g) Verreibung

h) traversierende Farbauftragswalzen

57 Farbwerk – Konstruktion

In Bogen-Offsetdruckmaschinen werden unterschiedlich konstruierte Walzenfarbwerke eingesetzt. Die Konstruktion beeinflusst u. a. den Farbtransport.

a) Erklären Sie Vorteile, wenn der Duktor permanent angetrieben wird.

____

____

b) Eine Druckmaschine arbeitet mit einer geschwindigkeitskompensierten Farbgebung und Feuchtung. Erläutern Sie an einem konkreten Beispiel aus der Produktion die Vorteile dieser Konstruktion.

____

____

____

c) In einer Information heißt es: „Mit einem vorderlastigen Farbfluss wird die Druckform optimal eingefärbt." Erklären Sie, was ein vorderlastiger Farbfluss ist und welchen Vorteil der Druckmaschinenhersteller in dieser Konstruktion sieht.

____

____

____

d) Zeichnen Sie mit einem farbigen dicken Stift den Farbfluss in dieses Farbwerk ein.

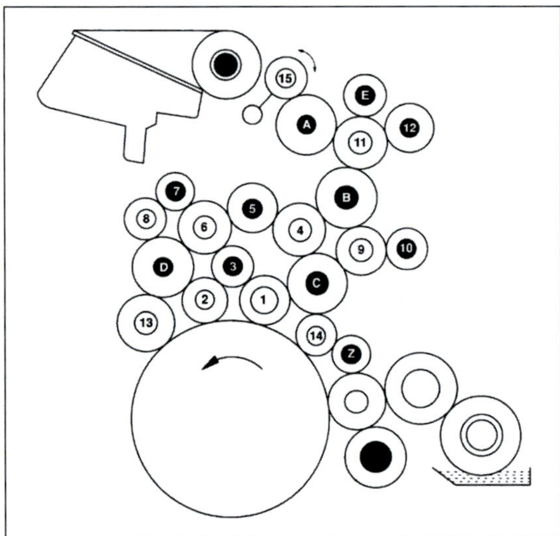

58 Farbwerk – Konstruktion

Ein gutes Farbwerk einer Bogen-Offsetdruckmaschine soll eine kurze Reaktionszeit und gleichzeitig ein hohes Speichervolumen haben.

a) Was ist mit einer kurzen Reaktionszeit gemeint?

____

b) Erklären Sie, warum ein hohes Speichervolumen einerseits vorteilhaft, andererseits aber auch nachteilig sein kann.

____

____

59 Farbwerk – Konstruktion

In Offsetdruckmaschinen werden verschiedene Farbwerksysteme eingesetzt.

a) Beschreiben Sie wesentliche Unterschiede zwischen einem Kurzfarbwerk (z. B. Anicolor von Heidelberg) sowie einem „konventionellen" Farbwerk im Aufbau und der Art der Einfärbung.

____

____

____

b) Ergänzen Sie an der Abbildung die Bezeichnungen der sieben Bauelemente (Systemtechnik des Farbwerks, Zylinder).

____

____

____

____

____

____

____

60 Farbwerk – Konstruktion

Die Abbildung zeigt das an einer Speedmaster eingesetzte Einfärbesystem Hycolor mit Farbwerk und Feuchtwerk.

a) Beschreiben Sie die technischen Besonderheiten dieses Systems und möglicher Variablen im Einsatz.

b) Das System ist mit einer Temperierung in zwei Kreisläufen ausgestattet. Begründen Sie, warum eine Temperierung des Farbwerkes für den Produktionsprozess wichtig ist.

61 Farbwerk – Systemumstellung

An einer Druckmaschine ist ein konventionelles Farbwerk am Bedienpult zu einem speziellen Kurzfarbwerk (ein Teilbereich aus dem konventionellen Farbwerk) umzustellen. Nennen Sie zwei Gründe, warum eine Umstellung vorteilhaft sein kann.

62 Farbwerk – Systemumstellung

Bei einer Druckmaschine ist eine Farbwerktrennung zwischen den Auftragswalzen und den zugehörenden Farbreibern sowie allen anderen Walzen des Farbwerks automatisch bei einer Druckunterbrechung zu aktivieren. Erklären Sie, welchen besonderen Vorteil der Druckmaschinenhersteller mit dieser Umstellung für die Produktion bietet.

63 Farbwerk – Einstellungen

Beim Auflagendruck kommt es zu einem Stopper und die Druckmaschine steht für eine kurze Zeit. Erklären Sie, warum beim nachfolgenden Anlaufen der Druckmaschine nicht sofort die Sollfarbschichtdicke erreicht wird.

64 Farbwerk – Farbzufuhr

Druckfarben für den Offsetdruck haben eine hohe Viskosität und damit eine relativ geringe Fließfähigkeit.

a) Erklären Sie, wie ein mögliches „Stehenbleiben“ der Druckfarbe im Farbkasten verhindert werden kann.

b) Beschreiben Sie die Wirkung dieser Maßnahme auf die Druckfarbe.

65 Farbwerk – Farbzufuhr

In einer Bogen-Offsetdruckmaschine wird ein automatisches Nachfüllsystem für Druckfarbe im Farbkasten eingesetzt.

a) Beschreiben Sie, zu welchem Zweck dieses System eingesetzt wird und welche Vorteile es bietet.

b) Beschreiben Sie prinzipiell die Technik (Funktion, Einrichtung, Ablauf) dieser Nachfüllsysteme.

66 Farbwerk – Farbzufuhr

Durch einen Fehler ist zu viel Druckfarbe in das Farbwerk eingelaufen. Nennen Sie stichpunktartig vier Möglichkeiten, die Farbmenge zu reduzieren.

67 Farbwerk – Farbeinlauf

Ein Hersteller von Druckmaschinen beschreibt den Farbeinlauf bei Neustart eines Jobs ohne Druckfarbe im Farbwerk: „Alle Farbschieber werden auf eine parallele Position gefahren – Farbeinlauf mit einem gleichmäßig dicken Farbfilm über die gesamte Druckbreite als Basis – Farbschieber werden in die benötigten Positionen gefahren, die für die spezifische Farbgebung der Druckform erforderlich sind."

a) Begründen Sie, warum dieser Ablauf sinnvoll ist.

b) Erläutern Sie, wie in einem digitalen Workflow eine druckformbezogene Farbvoreinstellung möglich ist.

68 Farbwerk – Farbvoreinstellung

In einem digitalen Workflow können verschiedene Komponenten aus den Bereichen Management, Auftragsbearbeitung, Produktionssteuerung, Betriebswirtschaft und Produktionstechnik zusammenarbeiten. Die Anbindung der Druckproduktion an die Druckvorstufe ermöglicht u. a. die Farbvoreinstellung. Basis dazu ist der noch nicht separierte digitale Druckbogen als PDF-Datei.

a) Beschreiben Sie prinzipiell diesen Ablauf in der Druckvorstufe ab dem RIP und die erforderliche Berechnung zur Steuerung der Farbzonenöffnungen.

b) Skizzieren Sie eine prinzipielle Übersicht dazu mit dem Titel „Digitaler Workflow zur Farbvoreinstellung".

Für Lösung bitte separates Blatt verwenden! 

69 Farbwerk – Einstellungen

Einige Walzen im Farbwerk müssen justiert werden, um eine optimale Farbübertragung zu ermöglichen und Druckschwierigkeiten zu vermeiden. Beachten Sie dazu die Angaben des Herstellers im Druckmaschinenhandbuch (Technische Dokumentation).

a) Welche Walzen sind im Farbwerk (allg.) zu justieren?

b) Skizzieren Sie eine Walzenkombination mit korrekter Justierung und ein weiteres Walzenpaar mit einer zu starken Anstellung.

c) Beschreiben Sie die drucktechnischen Folgen einer zu starken Anstellung dieses Walzenpaares: Farbauftragswalze zum Farbreiber.

d) Beschreiben Sie drucktechnische Schwierigkeiten, wenn die Farbauftragswalzen zu stark an den Druckplattenzylinder angestellt sind.

70 Farbwerk – Einfärbung

Walzen in einem Farbwerk haben unterschiedliche Durchmesser und Oberflächen. Erläutern Sie, warum die Farbauftragswalzen und auch andere Walzen im Farbwerk unterschiedliche Durchmesser haben.

71 Farbwerk – Einstellungen

Eine sorgfältige Grundeinstellung der Druckmaschine ist die Basis für ein qualitativ gutes, standardisiertes Drucken. In der „Technischen Dokumentation" der Druckmaschine sind alle erforderlichen Informationen und Handlungsanweisungen genau beschrieben. Walzen sind genau nach Herstellervorgabe zu justieren. Erklären Sie …

a) warum Justierarbeiten nicht bei kalten Walzen vorgenommen werden sollen.

b) warum die Justierung der Walzen immer von der Einstellung Plus nach Minus vorzunehmen ist.

c) mit welcher Methode ein sicheres Justieren der Farbauftragswalzen zum Farbreiber möglich ist.

d) mit welcher Methode ein sicheres Justieren der Farbauftragswalzen zur Druckplatte möglich ist.

e) warum alle Walzen unbedingt parallel zueinander zu stellen sind.

72 Farbwerk – Systemverstellung

Bei Farbwerken ist der Einsatzzeitpunkt der seitlichen Verreibung zu verstellen.

a) Nennen Sie ein Beispiel, in dem diese Verstellung sinnvoll verwendet werden kann.

b) Erklären Sie, warum es aus technischen Gründen zu diesem Problem kommen kann.

Für Lösung bitte separates Blatt verwenden! 

73 Farbwerktemperierung

Viele Bogen-Offsetdruckmaschinen sind mit einer Temperierung des Farbwerks ausgestattet.

a) Beschreiben Sie drei Vorteile, die die Kosten für eine Farbwerktemperierung rechtfertigen.

b) Welche Walzen im Farbwerk werden direkt an das System angeschlossen und temperiert?

74 Feuchtwerk – Konstruktion

Das Schema zeigt das Feuchtwerk einer Bogen-Druckmaschine. Ergänzen Sie die Bezeichnungen der jeweiligen Walzen entsprechend der Zahlen.

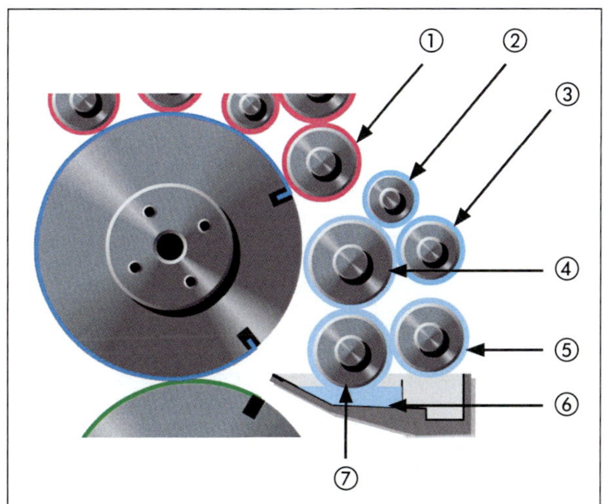

①

②

③

④

⑤

⑥

⑦

75 Feuchtwerk – Konstruktion

Eine Druckmaschine arbeitet mit einem Filmfeuchtwerk.

a) Beschreiben Sie wesentliche Unterschiede dieses Systems zu einem konventionellen Heberfeuchtwerk.

b) Erklären Sie, warum in manchen Feuchtwerken ein keramikbeschichteter Feuchtduktor eingesetzt wird.

76 Trocknung

Offsetdruckfarben für den Bogendruck bestehen aus Pigmenten, Bindemitteln, Ölen und Additiven (Zusatzstoffe). Bindemittel für Akzidenzdruckfarben enthalten Harze und oxidativ trocknende Öle.

a) Beschreiben Sie die oxidative Trocknung auf einem frisch gedruckten Bogen (prinzipieller Ablauf).

b) Welche Probleme können besonders bei hoher Farbgebung, schweren Bedruckstoffen und schnelllaufenden Mehrfarben-Druckmaschinen in der Auslage auftreten?

c) Beschreiben Sie verschiedene Möglichkeiten, diese Probleme zu vermeiden.

77 Feuchtwerk – Konstruktion

Das Feuchtwerk ist bei einigen Druckmaschinenmodellen umstellbar. Vergleichen Sie dazu die beiden folgenden Abbildungen.

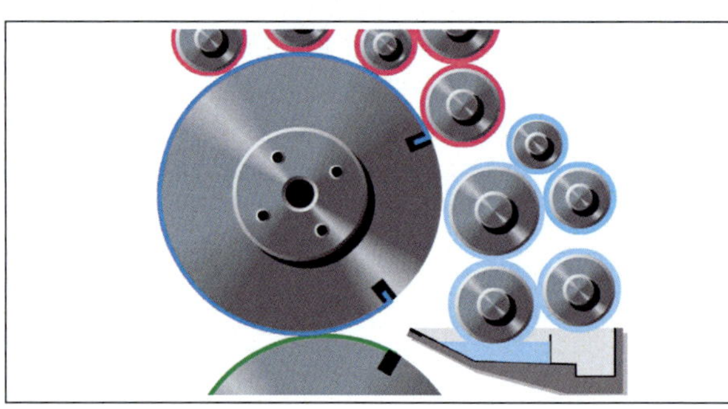

a) Beschreiben Sie den Unterschied zwischen den beiden Einstellungen.

b) Erläutern Sie, wie der Einfärbeprozess der Bildstellen bei beiden Systemen erfolgt.

78 Bestäubung

Ergänzen Sie die folgenden Satzanfänge zu einer sachlich richtigen Aussage (in den Klammern nach dem Satzanfang steht die Anzahl der von Ihnen jeweils zu gebenden Angaben).

a) Die Funktionsfähigkeit des Puderapparates und der Puderdüsen … (1)

b) Mehr Puder ist erforderlich bei … (2)

c) Ein Zuviel an Puder kann zu erheblichen Schwierigkeiten führen, z. B. … (4)

d) Für die Auswahl der Pudersorte (Art, Typ, Rohstoff) ist entscheidend … (2)

79 Bestäubung

Ein Druckauftrag auf gestrichenem Papier wird mit oxidativ trocknenden Druckfarben gedruckt. Der Druckfarbe wurde ein empfohlener Trockenstoff beigemischt. Durch einen gezielten, gleichmäßigen und richtig dosierten Auftrag eines geeigneten Bestäubungspuders sollen Probleme in der Auslage verhindert werden.

a) Welche Wirkung hat der Trockenstoff auf den Trocknungsprozess?

b) Wie „wirkt" der Bestäubungspuder auf gedruckte Bogen in der Bogenauslage?

c) Erläutern Sie an drei Beispielen, warum ein fehlerhaftes Bestäuben die Druckqualität beeinträchtigt.

80 Trockner – Trocknung

Kürzere Produktionszeiten erfordern eine rasche Druckverarbeitung nach dem Druck. Der Betrieb plant bei einer Neuinvestition in eine Bogen-Offsetdruckmaschine einen zusätzlichen Trockner ein.

a) Nennen Sie zwei Trocknerarten und beschreiben Sie jeweils stichwortartig die Trocknung der Druckfarbe.

b) Stellen Sie jeweils zwei Vor- und Nachteile der genannten Systeme gegenüber.

Für Lösung bitte separates Blatt verwenden!

81 Trockner – Trocknung

Häufig werden nach dem letzten Druck- oder Lackwerk Infrarottrockner auf dem Weg zur Auslage eingesetzt.

a) Beschreiben Sie die Wirkung der Energie der Infrarotstrahlen auf den Druckbogen und die Druckfarbe. Beachten Sie dabei physikalische und chemische Vorgänge.

b) In welchem Wellenbereich liegt die Infrarotstrahlung?

Für Lösung bitte separates Blatt verwenden!

82 Drucktechnische Probleme

In großen Druckflächen eines Plakates stellen Sie einen deutlichen Farbabfall fest.

a) Erklären Sie, wie Sie einen Farbabfall erkennen.

b) Erklären Sie wesentliche Ursachen für einen Farbabfall.

c) Beschreiben Sie Möglichkeiten, dieses Problem zu beseitigen.

83 Drucktechnische Probleme

Sie drucken eine große Fläche mit verschiedenen Druckelementen in einer Tonfarbe. Im Druckbild stellen Sie ein starkes Schablonieren fest.

a) Skizzieren Sie (stark verkleinert als Modell) eine Druckfläche, in der ein solcher Fehler leicht auftreten kann.

b) Beschreiben Sie Möglichkeiten, dieses Problem zu beseitigen.

84 Drucktechnische Probleme

Im Druckbild können Querstreifen (parallel zur Zylinderachse) auftreten. Durch welche Mängel im Druckprozess kann dieser Fehler auftreten?

85 Drucktechnische Probleme

Bei dem Auftreten von Mottling hilft vielfach nur ein Austauschen des verwendeten Papiers gegen eine andere Sorte.

a) Wie zeigt sich dieser Fehler im Druckbild?

b) Erklären Sie, wie es zu diesem Problem kommt.

86 Drucktechnische Probleme

Beim Rüsten der Druckmaschine erkennen Sie die Bildung von Falten auf dem bedruckten Bogen.

a) Beschreiben Sie mögliche Ursachen für diese Faltenbildung.

b) Mit welchen Maßnahmen kann das Problem beseitigt werden?

87 Drucktechnische Probleme

Beim Bedrucken eines leichten Papiers kommt es insbesondere in flächigen Bildelementen zum Rupfen.

a) Wie erkennen Sie das Rupfen?

b) Welche Ursachen kann das Rupfen haben?

c) Mit welchen Abhilfemaßnahmen können Sie das Rupfen beseitigen?

88 Digitaler Workflow

In der digitalen Druckvorstufe werden aus digitalen Daten für die einzelnen Druckfarben die erforderlichen Druckplatten und PPF-Dateien hergestellt bzw. erzeugt. Beschreiben Sie, welche Informationen in diesen PPF-Dateien für die einzelnen Druckplatten (Druckfarben) enthalten sind und wozu diese verwendet werden.

Für Lösung bitte separates Blatt verwenden! 

89 Druckleistung – Wirtschaftlichkeit

Bogen-Offsetdruckmaschinen werden mit immer höheren Druckleistungen pro Stunde angeboten. Ein Druckmaschinenhersteller liefert eine neue Generation aus, die anstelle von 15 000 Druck/h jetzt mit 18 000 Druck/h produziert.

a) Berechnen Sie die Leistungssteigerung in Prozent.

b) Eine Druckerei produziert überwiegend kleinere und mittlere Auflagen im 4/4-Druck. Erläutern Sie, warum die Senkung der Makulatur und vor allem kürzere Rüstzeiten wichtiger für diese Druckerei sind als eine höhere Druckleistung.

c) Beschreiben Sie mehrere Möglichkeiten, die Makulatur zu reduzieren und die Rüstzeiten zu senken.

90 Prozesse – Voraussetzungen

Um den Druckprozess und die drucktechnische Wiedergabe aller Bildelemente zu erfassen, wird eine Testform angedruckt und die Druckbogen danach ausgewertet.

a) Beschreiben Sie den grundsätzlichen Aufbau solcher Testformen.

b) Welche „Informationen“ werden aus dem Druck der Testform ausgewertet?

91 Prozesse – Voraussetzungen

Die Einführung eines sinnvollen Colormanagements erfordert die Optimierung des gesamten Workflows. Nur so ist es möglich, farbige Bildinformationen im Druck optimal „auszugeben“. Voraussetzung dazu ist das Abstimmen aller am Prozess beteiligten Geräte. Basis der Druckproduktion ist eine optimierte Druckmaschine nach den Standardeinstellungen gemäß der Bedienungsanleitung.
Beschreiben Sie sechs Maßnahmen zur Optimierung des Druckprozesses (Kontrollen, Prüfungen, Material u. a.).

Für Lösung bitte separates Blatt verwenden! 

92 Rüsten der Druckmaschine

Das Einrichten der Druckmaschine – vielfach auch Rüsten genannt – ist oft noch zeitaufwendig und dadurch besonders kostenintensiv. Für eine wirtschaftliche Produktion ist daher ein rationelleres Arbeiten erforderlich. Dies fordert Planung und systematisches Handeln, um den Arbeitsablauf zu optimieren. Manche Arbeitsabläufe werden fast „automatisch“ ausgeführt, sodass man sich als Medientechnologe Druck kaum mehr Gedanken darüber macht, warum der Ablauf so und nicht anders ist.

a) Erfassen Sie stichpunktartig in einer übersichtlichen Liste bei drei verschiedenen Aufträgen innerhalb einer Woche
- Datum der Arbeit,
- Auftrag mit Kurzbeschreibung,
- Arbeitsschritte in der ausgeführten Reihenfolge vom Eingang der Auftragsdaten bzw. den Vorbereitungen für den Beginn der Arbeiten am Auftrag bis zum Beginn des Auflagendrucks sowie
- die dafür erforderlichen Zeiten.

b) Vergleichen Sie bei den Aufträgen die ausgeführten Arbeitsschritte in der Reihenfolge sowie die benötigten Zeiten.
Gab es wesentliche Abweichungen? Wenn ja, begründen Sie in Stichpunkten, warum es zu diesen Abweichungen kam.

c) Machen Sie sich zu den Aufträgen Notizen für Optimierungen bei ähnlichen Aufträgen.

Für Lösung bitte separates Blatt verwenden! 

93 Druckprozess – Bogenanlage

Durch einen Fehlbogen stoppt der Anleger beim Auflagendruck. Beschreiben Sie die unmittelbar ablaufenden Funktionen in der Druckmaschine.

94 Druckprozess – Bogenanlage

Mit unterschiedlichen optischen und kapazitiven Sensoren wird der Bogenlauf auf dem Anlegetisch abgetastet und kontrolliert. Ein Fehler tritt bei der Produktion auf. Beschreiben Sie jeweils das Erfassen des Fehlers und die unmittelbar folgenden Steuerungen (Funktionen) in der Druckmaschine.

a) Frühbogen-Abtastung

b) Schrägbogen-Abtastung

c) Spätbogen-Abtastung

95 Passer – Drucklänge

Bei bestimmten Offsetdruckmaschinen ist eine geringe Drucklängenänderung während der Produktion möglich. Diese Steuerung ist in sehr feinen Schritten von 0,01 mm plus und minus möglich.
Welche Antriebs- und Steuerungstechnik macht die Korrekturen möglich?

96 Passer

Passerdifferenzen beeinträchtigen in starkem Maße die Qualität der Bildwiedergabe. Alle Bildelemente beim Farbdruck oder bei der Inline-Veredelung müssen daher passgenau übereinanderstehen. Differenzen können maschinen- oder materialbedingt sein.

a) Nennen Sie drei Beispiele: Ursachen für maschinenbedingte Passerdifferenzen.

b) Nennen Sie drei Beispiele: Ursachen für bedruckstoffbedingte Passerdifferenzen.

97 Passer

Der Passer ist an Druckmaschinen manuell zu steuern oder automatisch zu regeln.

a) Erklären Sie, wie mit Elektromotoren der Passer im Druck in seitlicher Position und in Umfangsposition gesteuert werden kann.

b) Welche Möglichkeiten gibt es, eine Diagonalpasserkorrektur (Schrägpasserkorrektur) durchzuführen.

c) Alle Druckmaschinenhersteller bieten Inline-Systeme an, die den Seiten-, Umfangs- und Diagonalpasser (vielfach fehlerhaft Register genannt) automatisch regeln. Nennen Sie ein solches System und die Genauigkeit, mit der geregelt wird.

98 Passer

Differenzen im Passer sind nicht bei allen Druckarbeiten gleich stark und störend zu erkennen. So gibt es auch kein Maß, was gut oder was schlecht ist.
Eine Grundregel besagt: Die Abweichung im Passer darf beim Rasterdruck nicht mehr als die Hälfte der Rasterweite betragen.
Sie drucken einen Auftrag mit einem AM-Raster, 60 L/cm. Bis zu welcher Abweichung in µm dürfte danach ein Passerfehler im Bild auftreten?

99 Lackierung

Um bei unterschiedlichen Anforderungen an die Lackierung das optimale Verfahren zu bieten oder variabel zu sein, werden unterschiedliche Systeme wie Doppellack-, UV-Lack- und Hybridsysteme angeboten.

a) Beschreiben Sie das System für eine „totale" (ausschließliche) UV-Lackierung, den Trockenprozess und die Vorteile dieses Systems.

b) Erklären Sie, wie mit einem Doppellacksystem veredelt wird.

c) Beschreiben Sie prinzipiell das Lackieren mit einem Hybridsystem.

100 Veredelung mit Lack – Trocknung

Zusätzlich zu IR-Strahlern sind in einem Lacktrockner Heißluftdüsen integriert. Erläutern Sie die Funktion und Wirkung dieser zusätzlichen Trocknung.

Für Lösung bitte separates Blatt verwenden! 

101 Lackwerk

Die Abbildung zeigt das Kammerrakelsystem an einer Heidelberger Speedmaster.

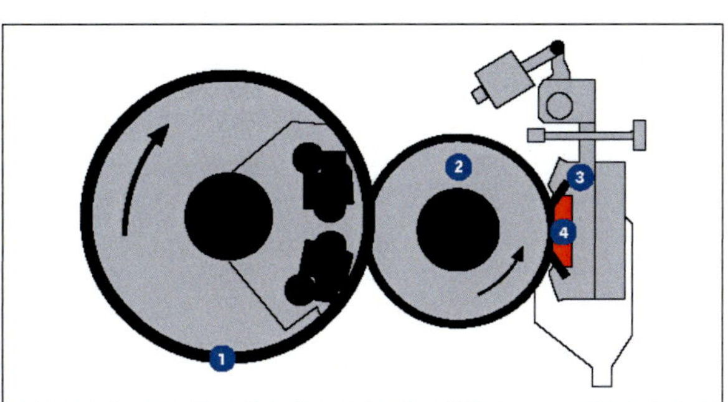

a) Geben Sie an, welche „Elemente" in der Grafik mit den Ziffern 1 bis 4 dargestellt sind.

①

②

③

④

b) Beschreiben Sie die Funktion dieses Systems und die Möglichkeit zur Dosierung der Lackmenge.

102 Veredelung mit Lack – Probleme

Sie prüfen nach dem Anlaufen der Druckmaschine die gedruckten und lackierten Druckbogen im Stapel. Sie stellen ein leichtes Blocken fest.

a) Wie zeigt sich dieser Fehler?

b) Sie müssen sofort handeln. Beschreiben Sie verschiedene Möglichkeiten zur Abhilfe.

103 Veredelung mit Lack – Probleme

Bei einer Benetzungsstörung bildet der Lack keinen geschlossenen Film in der Druckfläche aus, sondern er perlt von der Oberfläche ab. Beschreiben Sie das (physikalische) Problem, das höchstwahrscheinlich die Ursache für die Störung ist.

Für Lösung bitte separates Blatt verwenden! 

104 Blechdruck

Der Einsatz von hochwertigen Metallverpackungen ist fast unbegrenzt. Gedruckt werden verschiedene Bleche für Metallverpackungen und Metallverschlüsse, die in der Nahrungs- und Genussmittel-, Kosmetik- und chemischen Industrie eingesetzt werden.

a) Im Blechdruck werden nicht Bogen, sondern Tafeln bedruckt. Erklären Sie, warum für einen Farbdruck entsprechende Flächen mit weißem Lack vorzudrucken sind.

____

____

b) Beschreiben Sie prinzipiell den Aufbau einer Mehrfarben-Blechdruckmaschine vom Anleger bis zur Auslage.

____

____

____

c) Welches Unternehmen in Deutschland baut Blechdruckmaschinen?

____

105 Terminologie (1)

Zu einer eindeutigen Kommunikation in der Druckerei und mit dem Service ist eine gemeinsame Sprache (Fachterminologie) erforderlich. Erarbeiten Sie dazu – möglichst in einem Team – die folgenden Fachbegriffe und präsentieren Sie danach Ihre Terminologie:

- Adhäsion
- Aufzugshöhe
- CIP3, CIP4
- Direct Drive
- Gummituchwascheinrichtung
- halbautomatischer Druckplattenwechsel
- Passer
- pneumatische Steuerung
- Sinking
- UV-Trocknung
- Vollerwerden
- Zonenrakel mit Hartmetallspitzen

Erörtern Sie die Aufgabenstellung in der Gruppe! 

106 Terminologie (2)

Zu einer eindeutigen Kommunikation in der Druckerei und mit dem Service ist eine gemeinsame Sprache (Fachterminologie) erforderlich. Erarbeiten Sie dazu – möglichst in einem Team – die folgenden Fachbegriffe und präsentieren Sie danach Ihre Terminologie:

- Auftragsdaten
- doppelt großer Druckzylinder
- Drip-off-Lack
- Druckbildverlängerung
- Farbvoreinstellung
- geschwindigkeitskompensiertes Filmfeuchtwerk
- hydraulische Steuerung
- Kammerrakel
- Kissprint
- Tuchwascheinrichtung (Gummituch)
- Schieben
- Unterschnitt

Erörtern Sie die Aufgabenstellung in der Gruppe! 

107 Terminologie (3)

Zu einer eindeutigen Kommunikation in der Druckerei und mit dem Service ist eine gemeinsame Sprache (Fachterminologie) erforderlich. Erarbeiten Sie dazu – möglichst in einem Team – die folgenden Fachbegriffe und präsentieren Sie danach Ihre Terminologie:

- Abwicklung
- Dispersionslack
- Druck mit Schmitzringkontakt
- Farbschieber
- geschwindigkeitskompensierte Farbduktordrehzahl
- Grenzflächenspannung
- QR-Effekt
- Register
- Schmieren (Fehler im Druck)
- Schmitzringläufer
- Standzeit
- Wenderart des Druckbogens im Schön- und Widerdruck

Erörtern Sie die Aufgabenstellung in der Gruppe! 

MULTIPLE-CHOICE-AUFGABEN

108 Physikalische Grundbegriffe

Druckprozesse beruhen auf physikalischen Vorgängen und lassen sich damit erklären. Welche der folgenden Aussagen ist richtig?

(A) Kohäsion = molekulare Kräfte innerhalb eines Stoffes, die den Zusammenhalt bewirken

(B) Adhäsion = physikalische Eigenschaft zur Beschaffenheit von Stoffen: flüssig, gasförmig oder fest

(C) Benetzung: Ein hoher Randwinkel einer Flüssigkeit ergibt eine gute Benetzung eines festen Stoffes.

(D) Oberflächenspannung: molekulare Kräfte, die die Oberfläche einer Flüssigkeit auseinanderspreitet

109 Physikalische Grundbegriffe

Druckprozesse beruhen im Wesentlichen auf physikalischen Wechselwirkungen von Kohäsion und Adhäsion. Kohäsion ist …

(A) die Benetzungsfähigkeit eines Stoffes mit einer Flüssigkeit.

(B) das Emulgieren von Feuchtmittel und Druckfarben.

(C) der Grad der Klebrigkeit einer Druckfarbe.

(D) die Zusammenhangskraft von Molekülen gleicher Art.

(F) eine Fachbezeichnung für Trocknungseigenschaften der Druckfarbe.

110 Offsetdruck – Druckprozess

Der Offsetdrucker muss seinen Druckprozess kennen, um Zusammenhänge und Wechselwirkungen verstehen zu können. Welche der folgenden Aussagen zum Offsetdruckprozess ist *nicht* richtig?

(A) Isopropanolalkohol (IPA) im Feuchtmittel verringert die Oberflächenspannung.

(B) Adhäsion = physikalische Eigenschaft eines Stoffes, die ein Aneinanderhaften bzw. Anziehen von Molekülen verschiedener Stoffe bewirkt, z. B. das Benetzen von Nichtbildstellen durch Feuchtmittel.

(C) Ein niedriger Randwinkel des Feuchtmittels ergibt eine gute Benetzung der Nichtbildstellen.

(D) Puffer im Feuchtmittel fangen Härtebildner auf und halten den Härtegrad konstant.

111 Offsetdruck – Einfärben der Druckform

Prüfen Sie die folgenden technischen Angaben von 1 bis 5 und entscheiden Sie, bei welcher Lösung (A, B, C, D, E) alle Angaben korrekt sind.
Markieren Sie danach diese Lösung!

I Das Einfärben der Druckform im konventionellen Offsetdruck erfolgt in zwei Phasen: Feuchten der Nichtbildstellen und Einfärben der Bildstellen.
II Die Übertragung der sehr dünnflüssigen Druckfarbe vom Farbkasten auf die Druckform erfolgt durch Gummiwalzen.
III Kohäsion = molekulare Kräfte zwischen verschiedenen Stoffen; Adhäsion = molekulare Kräfte innerhalb eines Stoffes (z. B. der Druckfarbe)
IV Farbreiber haben grundsätzlich die gleiche Drehrichtung wie der Druckformzylinder.
V Farbfluss: Farbtransport, der durch Anordnung der Walzen im Farbwerk vom Farbkasten zu den Auftragswalzen mengenmäßig gesteuert wird

Richtig sind die Angaben:

(A) I, II, III, IV

(B) II, III, IV, V

(C) I, III, V

(D) I, IV, V

(E) III, IV, V

112 Druckverfahren – Offsetdruck

In welcher Farbreihenfolge wird in Mehrfarben-Offsetdruckmaschinen beim Druck 4/0 normalerweise (nach Standard) gedruckt?

(A) C + M + Y + K

(B) C + K + M + Y

(C) K + Y + C + M

(D) K + C + M + Y

113 Druckverfahren – Offsetdruck

Eine umstellbare Schön- und Widerdruckmaschine mit acht Druckwerken hat in der Mitte der Druckwerke eine Wendeeinrichtung. Welche Druckmöglichkeiten sind bei dieser Technik möglich?

(A) 4/4 und 2/6

(B) 2/6 und 4/4

(C) 8/0 und 4/4

(D) 6/2 und 8/0

114 Druckverfahren – Offsetdruck

Welche der folgenden Angaben zu Mehrfarbendruckmaschinen ist *falsch*?

(A) Die Druckwerke einer Vierfarbendruckmaschine in Reihenbauweise haben insgesamt zwölf Zylinder.

(B) Bei der Satellitenbauweise drucken vier Druckform- und Gummituchzylinder an einen Druckzylinder.

(C) Eine Offsetdruckmaschine in Vierzylinderbauweise druckt zwei Farben auf eine Seite des Bedruckstoffes.

(D) Alle Offsetdruckmaschinen in Reihenbauweise haben gleich große Druckform-, Gummituch- und Druckzylinder.

115 Offsetdruck – Rüsten der Druckmaschine

Welche Reihenfolge beschreibt in Stichpunkten ein systematisches Rüsten der Druckmaschine?

(A) Auftragstasche sorgfältig lesen – Druckplatten und benötigtes Material bereitstellen – Anleger und Bogenlauf einstellen – Druckplatten wechseln und Druckwerke einstellen – Auslage prüfen und ggf. optimieren

(B) Druckplatten und benötigtes Material bereitstellen – Auslage prüfen und ggf. optimieren – Anleger und Bogenlauf einstellen – Auftragstasche sorgfältig lesen – Druckplatten wechseln und Druckwerke einstellen – Andruck erstellen

(C) Anleger und Bogenlauf einstellen – Druckplatten wechseln und Druckwerk einstellen – Auslage prüfen und ggf. optimieren – Auftragstasche sorgfältig lesen – Druckplatten und benötigtes Material bereitstellen

(D) Druckplatten und benötigtes Material bereitstellen – Anleger und Bogenlauf einstellen – Druckplatten wechseln und Druckwerk einstellen – Walzen reinigen – Auslage prüfen und ggf. optimieren – Auftragsangaben genau lesen

116 Offsetdruck – Rüsten digital gesteuerter Druckmaschinen

Der Leitstand ist der zentrale Arbeitsplatz an digital gesteuerten Druckmaschinen. Lesen Sie die folgenden Angaben. Welche dieser Angaben enthält einen Fehler?

(A) Auftragsdaten können in das System eingelesen werden.

(B) Prozesssteuerungen für den Anleger, den Bogenlauf und den Passer erfolgen zentral.

(C) Die erforderliche Balance (Farb-/Wasser-Gleichgewicht) zwischen Feuchtigkeits- und Farbmenge wird automatisch optimiert.

(D) Alle Funktionen werden bei der Produktion zum richtigen Zeitpunkt aktiviert oder gestoppt.

117 Offsetdruck – Leitstand

Der zentrale Arbeitsplatz für den Drucker an modernen Druckmaschinen ist der Leitstand. Welche Funktion ist nicht am Leitstand zu steuern?

(A) Farbwerk: Einstellung der Zonenschrauben zur Farbsteuerung

(B) Druckvoreinstellungen: Druckeinstellung (Pressung) an den Druckwerken

(C) Bedruckstofftransport: Grundeinstellung vom Anleger bis zur Auslage

(D) Farb- und Feuchtwerk: Farb- und Feuchtmittelsteuerung

118 Vernetzte Druckerei

Basis für den Datenaustausch in einem Auftragsmanagementsystem sind eine einheitliche „Sprache“ in der Datentechnik und im Datenformat sowie entsprechende Schnittstellen. Welcher Begriff kennzeichnet diese Basis für eine solche Vernetzung?

(A) Colormanagement-Schnittstelle

(B) PDF-Schnittstelle

(C) CPC-Schnittstelle

(D) JDF-Schnittstelle

119 Offsetdruck – Druckmaschinentechnik

Prüfen Sie die folgenden Angaben und finden Sie eine falsche Information heraus. Welche Angabe zur Druckmaschinentechnik ist *falsch*?

(A) Bei Schmitzringläufern laufen beim Druck die Schmitzringe des Druckform- und Drucktuchzylinders unter Vorspannung aufeinander ab.

(B) Der Druck mit Schmitzringkontakt vermeidet im Druckprozess auftretende Schwingungen.

(C) Bei Nichtschmitzringläufern laufen beim Druck die Schmitzringe des Gummituch- und Druckzylinders unter Vorspannung aufeinander ab.

(D) Schmitzringläufer haben gleich große Laufringe aus gehärtetem Stahl an den Stirnseiten des Druckform- und Gummituchzylinders.

120 Druckmaschinen – Zylindersysteme

Der wirksame Durchmesser des Gummituchzylinders einer Offsetdruckmaschine ist kleiner als die Durchmesser von Druckplatten- und Druckzylinder. Beurteilen Sie die folgenden Angaben und entscheiden Sie danach, welche Angaben korrekt sind.

I Dadurch ist ein genauer Passer zu erreichen.
II Die so korrigierte Abwicklung ermöglicht ein punktscharfes Ausdrucken.
III Eine Papierstreckung in Umfangsrichtung des Druckzylinders wird verringert.
IV Durch diese Korrektur ist eine genaue Drucklänge zu erzielen.
V Diese Korrektur wirkt einer Wulstbildung insbesondere bei konventionellen Gummitüchern entgegen.

Richtig sind die Angaben:

(A) I, IV

(B) I, II, III, IV

(C) II, III, V

(D) II, IV, V

(E) III, IV, V

121 Offsetdruck – Druckmaschinentechnik

In welchem Bauteil einer Bogen-Offsetdruckmaschine werden Zangengreifer eingesetzt?

(A) In einer Satellitendruckmaschine zur Übergabe des Bogens an das nächste Druckwerk

(B) An der Wendetrommel einer Schön- und Widerdruckmaschine mit Dreitrommel-Wendung

(C) Zur Übernahme des Druckbogens vom Anlegetisch an das erste Druckwerk

(D) Bei der Übernahme des Druckbogens an Schön- und Widerdruckmaschinen mit Eintrommel-Wendung

122 Anlegersysteme

Offsetdruckmaschinen werden mit verschiedenen Anlegerkonstruktionen angeboten. Welche Angabe zu dem Anleger an einer Bogen-Offsetdruckmaschine ist richtig?

(A) Einzelbogenanleger sind besonders für hohe Druckleistungen geeignet.

(B) Anleger mit Rollenquerschneider eignen sich nicht für eine Schuppenanlage.

(C) Schuppenanleger ermöglichen einen ruhigen, kontinuierlichen Bogenlauf zur Anlage.

(D) Bei Schuppenanlegern wird jeder Druckbogen an der Bogenvorderkante angesaugt und auf den Anlagetisch transportiert.

123 Offsetdruck – Farbdosierung

Für die Farbgebung während des Auflagendrucks ist eine exakte Steuerung die wichtigste Voraussetzung. Welche der folgenden Angaben zur Farbdosierung ist *falsch*?

(A) Der Farbduktor im Farbkasten dreht sich in gleiche Richtung wie der Druckformzylinder.

(B) Farbkästen mit einem durchgehenden Farbmesser arbeiten nicht nebenwirkungsfrei.

(C) Beim Öffnen einer Farbzone mit Zonenschrauben werden auch benachbarte Farbzonen beeinflusst.

(D) Die Farbzonen sind bei einem Messerfarbkasten vom Leitstand aus zu steuern.

124 Offsetdruck – Auflagendruck

Aus Umweltschutz- und Wirtschaftlichkeitsgründen (Kosten) ist der Einsatz von Isopropanolalkohol (IPA) möglichst vollständig zu vermeiden. Welche Maßnahme ist *ungeeignet* für ein alkoholreduziertes Drucken?

(A) pH-Wert des Feuchtmittels erhöhen

(B) Temperierung des Farbwerkes

(C) Konstante Feuchtmittelaufbereitung

(D) Geeignete Feuchtmittelzusätze

125 Farbdosierung

Prüfen Sie das Einfärbesystem auf der Abbildung und entscheiden Sie: Welche der folgenden Angaben zum Farbkasten trifft bei diesem Bild zu?

(A) Im Farbkasten ist zu wenig Druckfarbe, dadurch entstehen „Streifen“.

(B) Die Farbmenge wird durch Farbdosierelemente gesteuert.

(C) Das Farbmesser ist defekt und muss ausgetauscht werden.

(D) Die Druckfarbe ist im Farbkasten emulgiert.

126 Farbwerke – Kurzfarbwerk

Kurzfarbwerke mit Rasterwalzen werden im Flexodruck und auch im Offsetdruck eingesetzt. Welche der folgenden Merkmale treffen auf diese Farbwerke zu?

I Eine zonale Farbregelung ist möglich.
II Die gesamte Rastermenge wird durch das Schöpfvolumen der Rasterwalze bestimmt.
III Kurzfarbwerke sind im wasserlosen Offsetdruck nicht möglich.
IV Kurzfarbwerke haben eine sehr kompakte Bauweise.
V Kurzfarbwerke eignen sich für direkte und indirekte Druckverfahren.

Richtig sind die Angaben:

(A) I bis V

(B) I, II, III, V

(C) II, III, IV

(D) II, IV, V

127 Offsetdruck – Feuchtwerk

Prüfen Sie, welche Angaben zu Feuchtwerken zutreffen, und kennzeichnen Sie anschließend Ihre Lösung. (Nur bei einer Lösung sind alle Angaben korrekt!)

I Farbdosiersysteme arbeiten nebenwirkungsfrei.
II Farbdosierelemente sind vom Leitstand zu steuern.
III Geschwindigkeitskompensierte Feuchtwerke korrigieren entsprechend der Druckgeschwindigkeit die Feuchtmittelzufuhr.
IV Durch eine Brückenwalze kann das Feuchtwerk direkt mit dem Farbwerk verbunden werden.
V Sogenannte Filmfeuchtwerke arbeiten heberlos und führen kontinuierlich Feuchtmittel.

Welche der Angaben von I bis V sind richtig? Markieren Sie die Zeile mit allen richtigen Angaben.

(A) I, II, III, IV, V

(B) I, II, III, V

(C) I, III, IV, V

(D) II, III, IV

128 Offsetdruck – Druckprozess

Prüfen Sie die folgenden Angaben von I bis V. Entscheiden Sie danach, welche dieser Angaben richtig sind und geben Sie Ihre Lösung an!

I Der Zusatz von Isopropanol zum Feuchtmittel muss verringert werden, um Umweltbelastungen durch Verdunsten organischer Verbindungen zu verringern.
II Je stärker Bildkontraste sind, desto geringer empfindlich reagiert das Auge bei Farbschwankungen der Prozessfarben.
III Je höher die Gesamthärte des Wassers ist, desto besser eignet es sich als Feuchtmittel für den (konventionellen) Offsetdruck.
IV Gestrichene Papiere eignen sich sehr gut für den Druck feinster Rasterpunkte.
V Ein stark unterkühlt angeliefertes Papier sollte im Papierlager sofort ausgepackt werden, um sich rasch an das Klima im Raum anzupassen.

Von den vorherigen fünf Angaben sind richtig:

(A) I, II, III

(B) I, II, IV

(C) II, III V

(D) III, IV, V

129 Druckprozess

Die elektrostatische Aufladung von Bedruckstoffen beeinflusst die Verdruckbarkeit erheblich. Bei welchen Bedruckstoffen bzw. welchen Bedingungen besteht dieses Problem besonders?

(A) Kartonagen mit einer Flächenmasse über 350 g/m²

(B) Gestrichenen Druckpapieren mit Papiergewichten über 170 g/m²

(C) Bedruckstoffen mit einer Stapelfeuchtigkeit unter 40 % rel. Feuchte

(D) Hohe Luftfeuchtigkeit im Drucksaal, über 60 % rL

130 Offsetdruck

Hochwertige Farbdrucksachen im Offsetdruck werden heute auf Druckmaschinen mit Farbsteuerung gedruckt. Wichtige technische Voraussetzung dafür ist:

(A) Der Einsatz von niederviskosen Druckfarben und eine Aniloxwalze

(B) Ein nebenwirkungsfreies Dosiersystem im Farbkasten

(C) Ein hohes Speichervolumen und ein kurzer Weg vom Farbkasten zum Druckplattenzylinder

(D) Der Einsatz von Zonenschrauben aus Kunststoff und eines verzugsfreien Stahlmessers

131 Technische Angaben zum Druckprozess

Welche der folgenden technischen Angaben ist richtig?

(A) Inline-Veredelung = Drucken und Veredeln in einem Arbeitsgang

(B) Waschmittel mit einem hohen Benzolgehalt (< 10 %) sind zum Reinigen besonders gut geeignet.

(C) Bei längerem Fortdruck sinkt die Temperatur im Farbwerk.

(D) Eine hohe Oberflächenspannung des Feuchtmittels ist Voraussetzung für eine gute Benetzung der Nichtbildstellen (nicht druckende Bereiche auf der Druckform).

132 Offsetdruck

Der Leitstand ist die Bedienzentrale für die Produktion in der Druckmaschine. Warum werden Hochlaufkurven am Leitstand gespeichert?

(A) Zur Energieeinsparung

(B) Um schneller drucken zu können

(C) Um die Farb-Wasser-Balance den unterschiedlichen Maschinengeschwindigkeiten anzupassen

(D) Um Papiere mit höheren Grammaturen drucken zu können

133 Offsetdruck – Praxis

Das rasche Erkennen von Fehlern im Druck und das fachgerechte Beseitigen erfordern gute Prozesskenntnisse. An welchen Merkmalen erkennt der Medientechnologe Druck Walzenstreifen im Offsetdruck? Ergänzen Sie: Diese Fehler treten …

(A) axial im Druckbild auf und verändern ihre Position von Bogen zu Bogen.

(B) radial im Druckbild auf und verändern ihre Postion nicht.

(C) radial und axial im Druckbild auf und führen zu einer Tonwertzunahme.

(D) radial im Druckbild auf und verändern ihre Position von Bogen zu Bogen.

(E) axial im Druckbild immer an gleicher Stelle auf.

134 Offsetdruck – Praxis

An einer Offsetdruckmaschine befinden sich am Druckplattenzylinder, Gummituchzylinder und am Druckzylinder Messringe. An welchem Zylinder liegen die Messringe unter dem Teilkreis?

(A) Druckplattenzylinder

(B) Gummituchzylinder

(C) Druckzylinder

(D) Keine Angabe ist richtig: Alle Messringe liegen immer auf Höhe des Teilkreises.

135 Offsetdruck – Praxis

Für die Druckqualität ist die richtige Druckabwicklung an einer Offsetdruckmaschine sehr wichtig. Welche der folgenden Angaben trifft zu?

(A) Eine korrekte Druckabwicklung ist dann gegeben, wenn alle Platten-, Gummituch- und Druckzylinder den gleichen Durchmesser besitzen.

(B) Wird mit der gleichen Druckplatte bei gleichen Aufzugstärken anstelle von Papier (0,1 mm dick) ein Karton (0,4 mm dick) gedruckt, so wird das Druckbild länger.

(C) Bei einem Nichtschmitzringläufer führt ein Verstellen der Zylinder aus der idealen Teilkreislinie zu Druckschwierigkeiten.

(D) Das Druckbild wird immer im gleichen Winkel über das Gummituch auf das Papier übertragen.

136 Offsetdruck – Praxis

Beim Druck von Akzidenzen ist ein besonderer Vorteil des Bogen-Offsetdrucks gegenüber dem Rollen-Offsetdruck, dass …

(A) die Ablegegefahr geringer ist.

(B) leichtere Papiere zu bedrucken sind.

(C) eine sehr schnelle Druckweiterverarbeitung möglich ist.

(D) Druckfarben eine sehr hohe Brillanz ergeben.

(E) grundsätzlich beliebige Formate (min. bis max. Druckformat) bedruckt werden können.

137 Offsetdruck – Praxis

Fehler im Druckprodukt führen zu Makulatur. An welchen Merkmalen erkennt der Drucker das Schmieren?

(A) Es zeigen sich Wasserstreifen im Druckbild.

(B) Am Druckanfang bilden sich „Wassernasen".

(C) Die Farbannahme in Bildstellen ist ungleichmäßig.

(D) An Rasterpunkten zeigt sich ein Dublieren.

(E) Es erfolgt flächige Farbannahme in bildfreien Bereichen.

138 Offsetdruck – Praxis

Wesentliche Ursachen für den sogenannten Farbabfall bei Bogen-Offsetdruckmaschinen ist ...

(A) der Zylinderkanal am Druckplattenzylinder und der Umkehrpunkt der Farbreiber.

(B) der Umkehrpunkt der Farbreiber im Farbwerk und die Spaltfähigkeit der Druckfarbe.

(C) die Menge des einemulgierten Feuchtmittels und der Alkoholzusatz.

(D) das Wegschlagverhalten der Druckfarben und die Art des Bedruckstoffes.

(E) das Feuchtmittel und die verwendete Druckfarbe.

139 Offsetdruck – Praxis

Durch welchen Fehler kommt es beim Druck mit konventionellen Offsetdruckplatten zum Schmieren? Durch ...

(A) einen zu hohen pH-Wert.

(B) Oxidationserscheinungen auf der Druckplatte.

(C) zu wenig Feuchtmittel.

(D) zu hohe Druckgeschwindigkeit.

(E) einen zu hohen Anpressdruck zwischen Druckplatte und Gummituch.

140 Offsetdruck – Feuchtmittel

Ermitteln Sie, welche Angabe zum Feuchtmittel *falsch* ist!

(A) Die Gesamthärte des Wassers entsteht durch Kalzium- und Magnesium-Anteile im Wasser.

(B) Isopropanolalkohol im Feuchtmittel erhöht die Oberflächenspannung und verbessert die Benetzung.

(C) Puffer als Feuchtmittelzusatz dienen zum Einstellen und Konstanthalten des pH-Wertes.

(D) Isopropanolalkohol verdunstet sehr schnell.

141 Offsetdruck – Praxis

Für den Offsetdruck mit konventionellen Druckplatten ist die Härte des im Feuchtmittel verwendeten Wassers von großer Bedeutung. (Hinweis: Nach gesetzlichen Vorgaben erfolgt die Angabe des Härtebereichs in Deutschland in vier und in der Schweiz in sechs Härtestufen; Umrechnung 1 °dH = 0,1783 mmol/l). Welchen Einfluss hat die Wasserhärte für den Druckprozess?

(A) Wasserhärten unter 5 °dH erhöhen die Tonwertzunahme.

(B) Weiches Wasser führt zum Emulgieren der Druckfarbe.

(C) Wasserhärten über 15 °dH können ein Tonen verursachen und Rastertonwerte zusetzen.

(D) Hartes Wasser erhöht den Druckkontrast und lässt Raster brillant erscheinen.

(E) Die Wasserhärte steht in einem direkten Zusammenhang mit dem pH-Wert des Wassers: 1 °dH = 0,5 pH.

142 Offsetdruck – Praxis

Basis für das exakte Einstellen der Aufzugstärken am Platten- und Gummituchzylinder ist der Teilkreis. Welche Angabe dazu ist korrekt?

(A) Schmitz- oder Messringe am Druckplatten- und Gummituchzylinder sowie die Zylinderoberfläche des Druckzylinders liegen genau auf Teilkreishöhe.

(B) Schmitz- und Messringe aller Zylinder im Druckwerk einer modernen Offsetdruckmaschine liegen auf Teilkreishöhe.

(C) Die exakte Höhe der Teilkreise ist an Skalen der einzelnen Zylinder abzulesen.

(D) Schmitzringe liegen genau auf Teilkreishöhe, Messringe liegen immer unter Teilkreishöhe.

(E) Alle Zylinderdurchmesser im Druckwerk einer Offsetdruckmaschine liegen immer exakt auf Höhe des Teilkreises.

143 Offsetdruck – Praxis

Welcher Bestandteil im Feuchtmittelzusatz hält den pH-Wert in einer bestimmten Schwankungsbreite weitgehend konstant?

(A) Puffersubstanzen

(B) Alkohol

(C) Phosphorsäure

(D) Gummiarabicum

(E) Halogene

144 Offsetdruck – Lack

Für verschiedene Veredelungen von Druckprodukten bieten Inline-Verfahren erhebliche wirtschaftliche Vorteile. Die Bezeichnung Inline-Verfahren bedeutet:

(A) Drucken und Lackieren in einem Arbeitsgang in der Druckmaschine

(B) Lackieren der Druckbogen in einer Lackiermaschine unmittelbar nach dem Druck

(C) Drucken und Lackieren mit speziellen Öldrucklacken und anschließender UV-Trocknung in der Druckmaschine

(D) Lackieren der Druckbogen mit Dispersionslack durch ein Sprühsystem in der Bogenauslage

145 Offsetdruck – Praxis

Prüfen Sie die folgenden Angaben zur Druckabwicklung und entscheiden Sie dann, welche beiden Aussagen eine vollständig richtige Angabe enthalten.

I Schmitzringläufer: Soll das Druckbild verlängert werden, so ist der Aufzug des Platten- und des Gummituchzylinders zu verstärken und der Anpressdruck dementsprechend zu verringern.

II Schmitzringläufer: Soll das Druckbild verlängert werden, ist der Druckplattenzylinderaufzug zu verringern und der Anpressdruck zwischen Druckplatten- und Gummituchzylinder entsprechend zu erhöhen.

III Schmitzringläufer: Soll das Druckbild verkürzt werden, so ist der Aufzug des Druckplattenzylinders zu verstärken. Um die gleiche Dicke ist der Gummituchzylinderaufzug zu verringern.

IV Nichtschmitzringläufer: Soll das Druckbild verkürzt werden, so ist der Aufzug des Druckplattenzylinders zu verstärken. Um den gleichen Wert ist der Anpressdruck zwischen Druckplatten- und Gummituchzylinder zu verringern.

V Nichtschmitzringläufer: Soll das Druckbild verlängert werden, so ist der Gummituchzylinderaufzug zu verstärken. Der Anpressdruck zwischen Druckplatten- und Gummituchzylinder sowie zwischen Gummituch- und Druckzylinder ist dementsprechend zu verringern.

VI Schmitzringläufer: Bei diesen Druckmaschinensystemen ist eine Veränderung der Druckbildlänge nicht möglich.

Richtig sind die beiden Angaben:

(A) I und II

(B) II und III

(C) III und IV

(D) IV und V

(E) IV und VI

12 ROLLENDRUCK – PRODUKTION UND PRODUKTE

Rollendruck – ein Überblick

In allen Hauptdruckverfahren wird auch oder sogar ausschließlich im Rollendruck gedruckt.

Hauptdruck-verfahren	Druckverfahren	Produktionssysteme, Produktbereiche (u. a.)
Hochdruck	Flexodruck	flexible Verpackungen
Flachdruck	Offsetdruck	Akzidenzen Zeitschriften Zeitungen
Tiefdruck	Rakeltiefdruck Stichtiefdruck Stahlstich u. Ä.	Illustrierte flexible Verpackungen Sicherheitsdruck
Digitaldruck*	Inkjet	Hybriddruck
Durchdruck*	Siebdruck	Hybriddruck

* Eingesetzt in Hybrid-Drucksystemen. Beide Druckverfahren sind hier nur der Information wegen aufgeführt. Der Digitaldruck ist ein eigener Schwerpunkt in der Ausbildung zum Medientechnologen Druck, der Siebdruck ein eigenständiger Ausbildungsberuf.

Entwicklungen

Beeindruckend ist die rasant gestiegene Leistungsfähigkeit neuer Rollendrucksysteme. Damit ändern sich die geforderten Kompetenzen der Mitarbeiter. Wirtschaftliche und daraus abgeleitete technische Forderungen des Marktes an den Druckmaschinenhersteller bestimmen die weitere Entwicklung.

- Prozesse: Automatisierung durch eine umfassende Steuer- und Regeltechnik, Messtechnik, Vernetzung, Management-Informations-Systeme (MIS)
- Prozessbereitschaft: kürzeste Rüstzeiten, Voreinstellsysteme, standardisierte Produktion
- Ökologie: nachhaltige Produktionsprozesse

Rollen-Offsetdruck (Akzidenzdruck)

Produktionsschwerpunkte und typische Vorteile sind der Druck von Prospekten, Zeitschriften, Broschuren (Taschenbucher) und Werbebeilagen in größeren Auflagen. Weiterhin wird heute eine Vielzahl von hochwertigen Kunst- und Bildbänden in hohen Auflagen mit Heatset-Druckfarben gedruckt. Es können Papiere mit geringem Gewicht (Flächenmasse ab 30 g/m^2) gedruckt werden.
Durch integrierte Weiterverarbeitungssysteme wird das Produkt „Inline“ verarbeitet (z. B. gefalzt, geheftet). Leistungssteigerungen der Druckmaschine auf zurzeit 96 Seiten pro Zylinderumdrehung und Bahngeschwindigkeiten bis 16 Meter pro Sekunde sowie eine sehr hohe Automatisierung durch Mess-, Steuer- und Regeltechnik sind die aktuellen Entwicklungen. Damit können ca. 4 Millionen farbige Seiten im Format DIN A4 pro Stunde gedruckt werden.
Diese Druckmaschinen werden ständig zu „neuen Generationen“ individuell für die spezifischen Anforderungen der Kunden weiterentwickelt.
Für kleinere Auflagen und spezielle Produkte (z. B. Faltschachteln, Etiketten, flexible Verpackungen) sind schnell rüstbare, schmalbahnige Maschinenkonzepte gefragt, die sogar stufenlos formatvariabel produzieren.
Mit diesen unterschiedlichen Druckmaschinensystemen bewegt sich der Rollen-Offsetdruck einerseits an der Nahtstelle zum großformatigen Bogen-Offsetdruck, andererseits aber auch in klassische Einsatzbereiche des Illustrationstiefdrucks.

Rollen-Offsetdruck (Zeitungsdruck)

Die Zeitungsproduktion stellt eine produktspezifische Besonderheit innerhalb des Rollen-Offsetdrucks dar. Flexibilität, Schnelligkeit, Automatisierungskomponenten und auch die mehrfarbige Produktion stellen die Rahmenbedingungen der Drucksysteme dar. Spezielle Anforderungen an die Mitarbeiter werden insbesondere durch termingebundene Produktionsprozesse in Nachtschichten bestimmt.
Neben der reinen Zeitungsproduktion werden in der Tagesproduktion auch Beiprodukte gefertigt.
Die Verringerung der Rüstzeiten durch automatischen Druckplatteneinzug, Voreinstellsysteme und die Koppelung mit weiteren digitalen Informationen für die Druckproduktion sind bei neuen Druckmaschinensystemen für eine Entscheidung maßgebend.
Die Trennung zwischen reinem Akzidenzdruck und Zeitungsdruck wird bei neuen Druckmaschinensystemen durch variabel einsetzbare Maschinentechnologien wie die Kombination von Coldset- und Heatset-Systemen sowie erweiterten variablen Falzanlagen teilweise aufgehoben (Semicommercialdruck).
Neue Aggregate bieten immer mehr zusätzliche Produktionsmöglichkeiten für die Inline-Fertigung.

Flexodruck

Flexodruckmaschinen arbeiten fast ausschließlich im rotativen Rollendruck. Einsatzbereiche des Flexodrucks sind vor allem unterschiedlichste flexible Verpackungen aber auch Beutel und Tragetaschen auf unterschiedlichen Bedruckstoffen sowie Hygienepapiere und Fließstoffe werden bedruckt.
Typische Bedruckstoffe sind z. B. Papier, Kunststoff- und Metallfolien, Verbundmaterialien und Wellpappe. Auch hier ist eine große produktbedingte Bandbreite gegeben, vom einfachen einfarbigen Aufdruck (Text, flächige Druckelemente) bis hin zum hochwertigen mehrfarbigen Druckbild. Der Trend: mehrfarbiger Druck in hoher Qualität.

Tiefdruck (Illustration)

Der Illustrationstiefdruck (Rollen-Rotationsdruck) ist das klassische Verfahren für eine industrielle, automatisierte Produktion von Zeitschriften und Katalogen mit einem hohen Seitenumfang in sehr großer Auflage. Dieses Marktsegment steht derzeit in einem starken Wettbewerb mit dem Rollen-Offsetdruck (Akzidenz).
Der Bedarf an (sehr) hohen Auflagen geht von Jahr zu Jahr zurück. Der Versandhandel ist wirtschaftlich mehr und mehr unter Druck geraten. Das hat zur Folge, dass das Auftragsvolumen insgesamt erheblich sinkt. Onlinekataloge der Reiseveranstalter und des Versandhandels bieten Interessenten und potenziellen Kunden neue Möglichkeiten für ihre Angebote und lassen das Auftragsvolumen der gedruckten Produkte weiter schrumpfen.

Tiefdruck (flexible Verpackung)

Eine herausragende Bedeutung für den Druck flexibler Verpackungen hat der Tiefdruck im Rollen-Rotationsdruck. Diese speziellen Druckmaschinen produzieren mit bis zu 12 Druckwerken (Druckfarben) und Druckbreiten von ca. 800 mm bis 1300 mm.
Mittlere und große Auflagen werden in konstanter Qualität entsprechend produktspezifischen Anforderungen auf Folien aller Art sowie Verbundmaterialien gedruckt. Wegen geringer werdendem Auftragsvolumen (= Auftragslängen im Rollendruck) ist besonders ein einfacher, schneller und sicherer Auftragswechsel wirtschaftlich entscheidend. Unterstützt werden diese Aggregate durch Voreinstellsysteme für das „Register" (Passer) und Steuer- und Regelsysteme (Längs- und Querregister u. a.).
Gedruckt werden flexible Verpackungen für Lebensmittel, Babynahrung, Käse- und Molkereierzeugnisse, Süßwaren, Kaffee, Tee, Fertiggerichte u. ä. Produkte. Gedruckt werden auch Tubenlaminate.

Tiefdruck (Dekor, Beläge, Tapeten)

Eine Sonderstellung nimmt der Dekortiefdruck (Rollen-Rotationsdruck) ein. In spezialisierten Druckereien oder auch Industrieunternehmen, die „Inline" fertigen, werden verschiedenste Möbeldekore, Fußbodenbeläge u. Ä. auf Spezialpapier oder auch Kunstofffolien gedruckt. Mit nur wenigen Druckfarben entstehen unterschiedlichste Holz-, Stein- oder Fantasiedekore. Produktspezifische Eigenschaften und Maschinenkonfigurationen mit speziellen Produktionsabläufen ergeben für die Mitarbeiter besondere Anforderungen. Wichtig ist besonders das Mischen und die Auswahl geeigneter Druckfarben sowie eine sichere Farbbeurteilung.

Hybriddruck

Hier arbeiten variable schmalbahnige Rollendruckmaschinen in verschiedenen produktbezogenen Konfigurationen für den Sicherheitsdruck und den Druck von Hochsicherheitsprodukten wie Banknoten, Briefmarken, Wertpapieren, Steuermarken. Gedruckt werden außerdem Druckprodukte wie Booklets, Tickets, Etiketten, Inmold-Etiketten und Faltschachteln.
Eine für Hochsicherheitsprodukte mögliche Inline-Systemkonfiguration besteht zum Beispiel aus Aggregaten:

- Tiefdruck, Stichtiefdruck (direkt, indirekt)
- Offsetdruck
- Siebdruck (rotativ)
- Hologramm-Applikation
- Buchdruck-Nummerierung
- automatische Zählung
- Inline-Qualitätsprüfung
- Schneiden, Verpacken

Verfahrenstechniken für alle anderen Produkte werden entsprechend den Produktanforderungen eingesetzt:

- Offsetdruck
- Flexodruck
- Kombinationen, ggf. auch mit Buchdruckwerken für Nummerierungen, Prägungen u. Ä. oder Digitaldruck- und Siebdruckwerken

1 Rollendruck

Ordnen Sie den folgenden Druckprodukten jeweils ein für den Druck typisches Verfahren zu. Beachten Sie: Es können auch mehrere Druckverfahren möglich sein. Begründen Sie kurz Ihre Angaben.

a) Tageszeitungen

b) Illustrierte (Großauflage, hoher Seitenumfang)

c) Fachzeitschriften

d) Weichverpackungen

e) Preprint (Wellpappe)

f) Nassleim-, Selbstklebe-, In-mould-Etiketten

g) Zeitungsbeilagen

2 Rollendruck

Vergleichen Sie die folgenden drei schematischen Abbildungen von Rollendruckmaschinen. Geben Sie zu jeder Druckmaschine die Verfahrenstechnik an und erklären Sie, an welchen Merkmalen Sie diese Technik erkannt haben.

a) 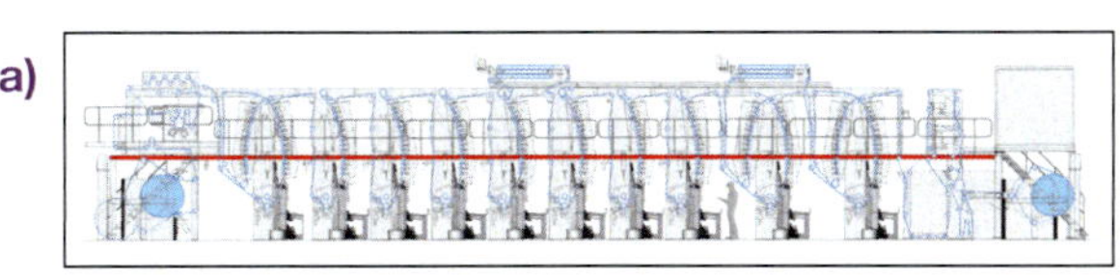

b) 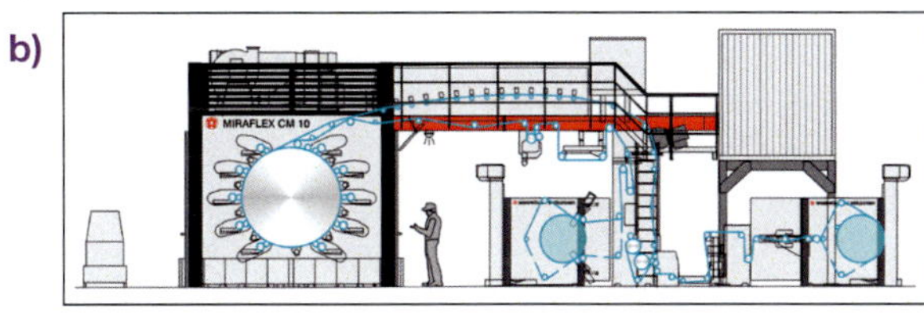

c)

3 Rollendruck

Bei der Investition in eine neue Druckmaschine ist für eine Entscheidung besonders die Dauer der Rüstzeit ein wesentliches Kriterium. Erläutern Sie, warum die Rüstzeiten so bedeutend sind.

4 Rollendruck

Die schematische Abbildung zeigt eine Rollen-Offsetdruckmaschine.

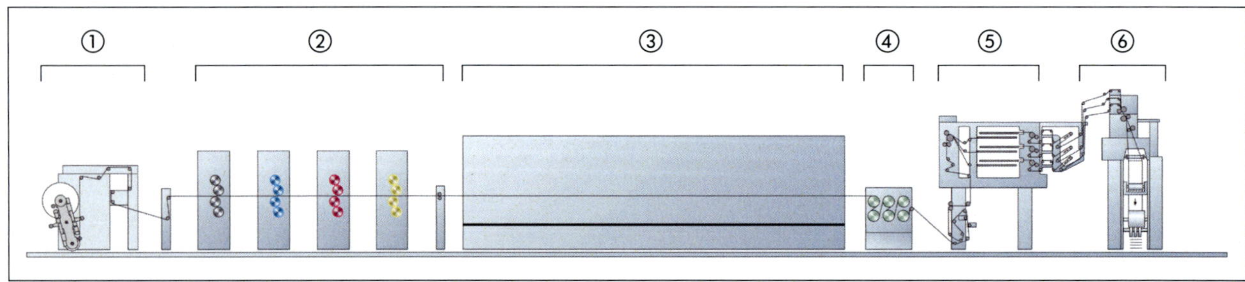

a) Bezeichnen Sie alle wichtigen Baugruppen der Druckmaschine.

① = ______________________ ④ = ______________________

② = ______________________ ⑤ = ______________________

③ = ______________________ ⑥ = ______________________

b) Begründen Sie, für welche Druckprodukte diese Druckmaschine typischerweise eingesetzt wird.

____

5 Rollen-Offsetdruck

Für verschiedene Produktionsbereiche gibt es spezielle Rollen-Offsetdruckmaschinen. Beschreiben Sie dazu wichtige konstruktive Merkmale (Aufbau, typische Bauelemente) zu Rollen-Offsetdruckmaschinen für den …

a) Akzidenzdruck.

____

____

____

b) Zeitungsdruck.

____

____

____

c) schmalbahnigen Druck.

____

____

____

6 Rollen-Offsetdruckverfahren im Vergleich

Im Rollen-Offsetdruck werden prinzipiell Druckmaschinen für den Akzidenz- und Zeitungsdruck gebaut. Außer diesen Systemen gibt es Semicommercial-Druckmaschinen und schmalbahnige Druckmaschinen.

a) Erläutern Sie, was Semicommercial-Druckmaschinen sind und wofür diese Systeme eingesetzt werden.

____

____

b) Beschreiben Sie kurz wesentliche Bauelemente und Funktionen schmalbahniger Druckmaschinen.

____

____

____

c) Nennen Sie fünf Produkte, die in schmalbahnigen Druckmaschinen produziert werden.

____

____

____

7 Rollendruckverfahren im Vergleich

Alle Druckverfahren haben spezifische Stärken im Vergleich zu anderen Verfahrenstechniken. Daher sind alle Druckverfahren aus technischen, qualitativen oder wirtschaftlichen Gründen für ein bestimmtes Produktionsprogramm besonders oder sogar ausschließlich geeignet. Durch permanente Entwicklungen in der Technologie (Steuer- und Regeltechnik, Vernetzung u. a.) und im gesamten Fertigungsprozess (Workflow) sowie durch neue kundenbezogene Anforderungen ist ein stetiger Wandel festzustellen. Bereiten Sie schriftlich – möglichst mit einem Team – ein informatives Referat vor, in dem Sie „Ihr" Druckverfahren analysieren und mit „Pro" und „Contra" (im Vergleich zu …) sachlich vorstellen.

Vorzustellen sind (Auswahl, ggf. durch Losverfahren):

- Rollen-Offsetdruck (Heatset-Druck)
- Rakeltiefdruck (Illustration, Akzidenz)
- Rakeltiefdruck (Verpackung)
- Flexodruck (Verpackung)
- Rollen-Offsetdruck (schmalbahnig)
- Hybrid-Druckmaschinen

Mögliche Kriterien bei Ihrem Referat sollen sein:

- Einsatzbereiche, Produkte
- Druckvorstufe, Druckform
- Druck
  - Prozessstabilität
  - Druckqualität
  - Umwelt
  - Bedienung
- Druckweiterverarbeitung (inline)
- Wirtschaftlichkeit
- Perspektiven im Markt

Ihre Aufgaben:

a) schriftliche Vorbereitung als Manuskript

b) Referat mit visueller Präsentation (nach Vorgaben in der Berufsschule)

c) Handout für alle Teilnehmer

Erörtern Sie die Aufgabenstellung in der Gruppe! 

8 Druckverfahren im Vergleich

Permanente Entwicklungen in der Druckvorstufe und der Druckformherstellung sowie im Druckmaschinenbau verändern nicht nur Prozessabläufe (Workflow), sondern auch Einsatzbereiche und Wirtschaftlichkeit der Druckverfahren im Wettbewerb untereinander. Vergleichen Sie dazu aktuelle Entwicklungen der Produktionstechniken. Berücksichtigen Sie zu diesem Vergleich Einsatzbereiche (Produkte), Wirtschaftlichkeit, Entwicklungen und Perspektiven bei …

a) Bogen-Offsetdruck und Rollen-Offsetdruck.

b) Rollen-Offsetdruck und (Rakel-)Tiefdruck beim Druck von Akzidenzen, Illustrierten, Katalogen u. Ä.

c) Bogen-Offsetdruck – Digitaldruck (Bogendruck).

Für Lösung bitte separates Blatt verwenden! 

9 Offsetdruckverfahren im Vergleich

Offsetdruckmaschinen arbeiten im Bogen- und im Rollendruck. Vergleichen Sie für den Druck von Akzidenzen beide Druckmaschinensysteme. Nennen Sie dazu drei Vorteile und drei Nachteile der Rollen-Druckmaschinen im Vergleich zu Bogen-Druckmaschinen.

a) Vorteile

______

______

b) Nachteile

______

______

10 Druckverfahren – Druckprodukte

Jedes Druckverfahren hat verfahrenstypische Eigenschaften, durch die es für die Produktion bestimmter Druckprodukte besonders geeignet ist.
Erläutern Sie, in welchem Druckverfahren die abgebildeten Produkte aus technischen und qualitativen Gründen gedruckt werden.

______

______

______

11 Druckverfahren im Vergleich

Schmalbahnige Rollen-Offsetdruckmaschinen sind durch ihre Technik u. a. für den Druck von verschiedenen Etiketten, flexiblen Verpackungen, Mailings, Werbedrucken und den Druck auf Folien und Karton gut geeignet.

a) Der formatvariable Offsetdruck ist ein besonderer Vorteil dieser Druckmaschinen. Erklären Sie, durch welche Technologie in diesen Rollen-Offsetdruckmaschinen ein formatvariabler Druck möglich ist.

b) Druckmaschinen können zu Hybrid-Druckmaschinen und mit Stationen zur Veredelung konfiguriert werden. Erklären Sie die Bezeichnung Hybrid-Druckmaschine.

c) Geben Sie an, welche Produktionsmöglichkeiten Hybrid-Druckmaschinen bieten.

12 Rollen-Offsetdruckverfahren im Vergleich

Im Akzidenzdruck werden völlig anders aufgebaute Druckfarben im Vergleich zum Zeitungsdruck benötigt.

a) Wie werden die beiden Drucktechnologien, bezogen auf die Druckfarbenart und -trocknung, genannt?

b) Erklären Sie den wesentlichen Unterschied zwischen den Druckfarbenarten in Bezug auf die Farbtrocknung in beiden Systemen.

13 Zeitungsdruck

Der Druck von Zeitungen und ähnlichen Produkten (z. B. Anzeigen- und Wochenblätter) erfordert ein technisch umfassendes Know-how von der Redaktion bis zum Druckprodukt sowie eine perfekte Logistik.

- Ihr Auftrag: Schriftliche Vorbereitung eines Fachreferates
- Thema: Herstellung einer Tageszeitung
- Inhalt: Beschreiben Sie die Produktion einer Tageszeitung mit regionalen Ausgaben vom Dateneingang der fertigen digitalen Druckseiten über die Druckformherstellung bis zum versandfertigen Produkt.

Erarbeiten Sie dazu Informationen in übersichtlicher Form mit technischen Angaben zu:

- Druckformherstellung: Verfahrenstechnik (prinzipieller Ablauf, Produkt)
- Druck: prinzipieller Prozessablauf für den 4/4-Druck; dazu einfache Skizze zu den Druckwerken und der Bahnführung beim Druckprozess
- Bedruckstoff: Art, Qualität, g/m^2
- Versandraum: Einstecken von zwei Beilagen, verpacken in Schrumpffolie, verladen und versenden

Für Lösung bitte separates Blatt verwenden! 

14 Rollen-Offsetdruck

Einer der größten „Giganten“ im Rollen-Offsetdruck ist die Lithoman S von manroland-web. Sie arbeitet mit einer Bahngeschwindigkeit von bis zu 18 m/s bei 45 000 Umdrehungen/h, einer maximalen Papierbahnbreite von 2860 mm und einem Umfang von 1228 mm.

a) Wieviel m^2 druckt die Lithoman bei einer Zylinderumdrehung?

b) Mit welcher Geschwindigkeit in km/h druckt die Anlage bei voller Leistung?

c) Eine Besonderheit an dieser Druckmaschine sind die sogenannten Sleeves anstelle eines üblichen Gummituchs. Erläutern Sie, warum kein konventioneller Gummituchzylinder verwendet wird.

15 Rollen-Offsetdruck – PSO

Der ProzessStandard schafft die Voraussetzungen für eine industrielle, standardisierte Produktion. Dazu informiert eine Rollen-Offsetdruckerei ihre Kunden im Internet zu besonderen Maßnahmen bei der Produktion. Unter anderem wird herausgestellt:
„Unsere in allen Druckmaschinen integrierten Farbregelsysteme regeln auch die Graubalance der Buntfarben. Das bringt insbesondere bei schwierigen, zum Teil „monochromen“ Sujets erhebliche Qualitätsvorteile mit sich …“
Erläutern Sie, warum die zusätzliche Farbregelung nach der Graubalance bei diesen Bildvorlagen (Sujets) erhebliche Qualitätsvorteile mit sich bringt.

16 Rollen-Offsetdruck

Rollen-Offsetdruckmaschinen bieten höchste Leistungen bei standardisierter Produktion. Um die Wirtschaftlichkeit und den Mehrwert der Druckprodukte zu erhöhen, werden zusätzliche Inline-Finishing-Komponenten in den Produktionsprozess integriert.
Beschreiben Sie zwei Inline-Finishing-Anlagen und nennen Sie dazu ein entsprechendes Produkt.

Für Lösung bitte separates Blatt verwenden! 

17 Rakeltiefdruck

Der (Rakel-)Tiefdruck ist derzeit das wirtschaftlichste Druckverfahren, um umfangreiche Druckprodukte (z. B. Kataloge, Illustrierte) in sehr hohen Auflagen industriell zu drucken.

a) Beschreiben Sie prinzipiell und übersichtlich den Arbeitsablauf der Produktion im Illustrationstiefdruck vom Eingang der Produktionsdaten (Texte, Bilder, Layout) bis zum gedruckten Produkt.

b) Beschreiben Sie mit zusätzlichen anschaulichen Skizzen die elektromechanische Zylinderherstellung für den Rakeltiefdruck (Illustrationsdruck).

Für Lösung bitte separates Blatt verwenden! 

18 Rakeltiefdruck

Tiefdruckmaschinen für den Akzidenz- und Illustrationsdruck sind industrielle Produktionssysteme.

a) Skizzieren Sie prinzipiell das Druckwerk.

b) Beschreiben Sie die Einfärbung der Druckform und den Druckprozess.

c) Erläutern Sie das Trocknen der Druckfarben.

d) Mit welchen Arbeitsbreiten (von … bis maximal …) wird heute im Illustrationsdruck produziert?

Für Lösung bitte separates Blatt verwenden! 

19 Rakeltiefdruck

Eine bedeutende Tiefdruckerei produziert hochwertige flexible Verpackungen mit einer umfassenden technischen Anlage und Ausstattung.

a) Tiefdruckanlagen mit bis zu elf Farbwerken: Erklären Sie an einem Beispiel, warum elf Druckeinheiten (Druckwerke) erforderlich sein können.

b) Inline-Kaschierung: Was sind Kaschierungen und wozu sind diese bei bestimmten Verpackungen erforderlich?

c) Kaltkleber und Heißsiegel-Dispersionsbeschichtung: Nennen Sie Beispiele für Anwendungen, bei denen diese Technologien verwendet werden.

d) Computergesteuerte Farbmischanlagen: Begründen Sie, warum eine eigene, computergesteuerte Farbmischanlage in der Druckerei wirtschaftlich und qualitativ erforderlich ist.

20 Flexodruck

Der Flexodruck erobert immer mehr Marktanteile in verschiedenen Produktbereichen. Die Druckqualität ist bei entsprechenden drucktechnischen Voraussetzungen – produktbezogen – gut bis hervorragend. Ebenso wird die Prozessstabilität und die Wirtschaftlichkeit gut bewertet.

a) Nennen Sie drei Produktbereiche, in denen mit dem Flexodruck erfolgreich produziert wird.

b) Begründen Sie, warum diese Produkte besonders im Flexodruck wirtschaftlich und qualitativ gut gedruckt werden.

21 Flexodruck

Das System der Einfärbung im Flexodruck unterscheidet sich wesentlich von dem Einfärbesystem im Offsetdruck.

a) Flexodruck: Beschreiben Sie prinzipiell das Farbwerk, die typische Art der Druckfarbe, die Farbübertragung auf die Druckform und die Druckfarbentrocknung.

b) Offsetdruck: Beschreiben Sie prinzipiell das Farbwerk, die typische Art der Druckfarbe und die Farbübertragung auf die Druckform.

22 Flexodruck

Farbwerke an modernen Flexodruckmaschinen gewährleisten eine kontinuierliche Einfärbung der Druckform.
Beschreiben Sie den Aufbau und die Funktion eines Flexodruckfarbwerks. Verwenden Sie dazu alle folgenden Begriffe: Druckfarbe, Farbübertragung, Rasterwalze, Farbsteuerung bzw. Farbregelung, Viskositätsregelung, Näpfchengeometrie, Farbkammerrakel.

Für Lösung bitte separates Blatt verwenden! 

23 Flexodruck – Rakeltiefdruck

Weichverpackungen werden sowohl im Flexodruck als auch im Tiefdruck gedruckt.

a) Welche Produkte zählen zu Weichverpackungen? Nennen Sie zehn verschiedene Beispiele.

b) Nennen Sie je drei Beispiele für Weichverpackungen, die im Flexo- bzw. im Tiefdruck gedruckt werden.

c) Erläutern Sie besondere Vorteile (Wirtschaftlichkeit, Druckqualität, Prozessstabilität), die der Rakeltiefdruck für den Druck von Weichverpackungen besitzt.

d) Erläutern Sie besondere Vorteile (Wirtschaftlichkeit, Druckqualität, Prozessstabilität), die der Flexodruck für den Druck von Weichverpackungen besitzt.

Für Lösung bitte separates Blatt verwenden! 

24 Sicherheit

Für alle Arbeiten an Druckmaschinen gelten Sicherheitsvorschriften.

a) Welche Institution erlässt diese?

b) Was bedeutet das Zeichen „Geprüfte Sicherheit" an Maschinen und Geräten?

c) Welche Grundregel gilt bei allen Wartungs- und Reparaturarbeiten an der Druckmaschine?

25 Druckverfahren

Die Abbildung zeigt Ihnen eine Arbeit des Medientechnologen Druck an der Druckmaschine.

a) Erklären Sie, welches Druckmaschinensystem abgebildet ist. Begründen Sie Ihre Angabe.

b) Beschreiben Sie unterschiedliche Möglichkeiten der Druckproduktion in diesen Druckmaschinen.

Für Lösung bitte separates Blatt verwenden! 

26 Sicherheit

Erläutern Sie kurz die folgenden Sicherheitsbegriffe bzw. -bezeichnungen.

Flammpunkt: ______

______

dB(A): ______

______

statische Elektrizität: ______

______

Schall: Gehörschutz: ______

______

Sicherheitsschuhe: ______

______

Sicherheitsbeauftragter: ______

______

27 Wartung

Eine gründliche Wartung des gesamten Drucksystems ist eine wesentliche Aufgabe des Medientechnologen Druck und stellt eine wichtige Voraussetzung für die Prozesssicherheit während der Produktion dar.

a) Beschreiben Sie beispielhaft fünf Reinigungs- und Wartungsarbeiten vor dem Produktionsbeginn.

b) Mögliche Probleme an der Druckmaschine sind von einem geschulten, erfahrenen Fachmann mit dem menschlichen „Überwachungssystem" (z. B. Sehen, Hören, Riechen) zu erkennen, bevor ein Drucksystem ausfällt. Nennen Sie drei Beispiel dazu.

c) Welche Informationen sind beispielsweise mit einer Wärmebildkamera bzw. thermografischen Einrichtungen an der Druckmaschine zu bekommen?

Für Lösung bitte separates Blatt verwenden! 

28 Wartung

Durch eine sachgerechte Wartung sind Maschinenstörungen zu vermeiden.

a) Erklären Sie den Begriff „präventive Wartung".

______

______

______

b) Nennen Sie fünf Gründe, warum das Schmieren der Druckmaschine erforderlich ist.

______

______

______

c) Welche Arbeiten sind regelmäßig zur Wartung einer Bahnkantensteuerung bzw. -regelung zu erledigen?

______

______

______

29 Produktion – Vernetzung

Prozesse und Prozessabläufe in Druckereien werden mehr und mehr vernetzt. Beschreiben Sie die sich daraus ergebenden Vorteile an je drei konkreten Beispielen zu:

- Produktions-, Auftragsplanung
- Druckvorstufe, Druckformherstellung
- Druck
- Betriebsabrechnung

Für Lösung bitte separates Blatt verwenden! 

30 Systemtechnik

Rollendruckmaschinen sind komplexe mechatronische Systeme. Insbesondere die Steuer- und Regeltechnik hat die Aufgabenbereiche des Medientechnologen Druck wesentlich verändert. Erklären Sie an je einem Beispiel die …

a) Steuerung eines Ablaufes an der Druckmaschine.

___

___

___

b) Regelung eines Ablaufes an der Druckmaschine.

___

___

___

31 Systemtechnik

In einem geschlossenen Regelkreis (engl. Closed Loop) werden permanent automatische Inline-Messungen durchgeführt. Sensoren erfassen permanent den Druckoutput (Istwert).

a) Erläutern Sie – schematisch vereinfacht und übersichtlich – die Regelung der Farbwiedergabe im Druckprozess. Verwenden Sie dazu u. a. die Begriffe: Inline-Messung, Toleranzbereich, Generierung eines Stellsignals, Sollwert, Differenz, zu kontrollierender Prozess, Messfelder.

b) Erläutern Sie beispielhaft den Ablauf einer Passerregelung in einem geschlossenen Regelkreis.

Für Lösung bitte separates Blatt verwenden! 

32 Produktion

Durch die Vernetzung der Druckereien werden viele Arbeitsabläufe wirtschaftlicher und rationeller gestaltet. Beschreiben Sie an zwei Beispielen, welche Daten zur Voreinstellung der Druckmaschine übermittelt werden.

Für Lösung bitte separates Blatt verwenden! 

ROLLEN-OFFSETDRUCK

33 Wartung – Druckwerk

Alle Druckmaschinen müssen ständig sachgerecht gewartet werden. Beispiel: An den Zylindern im Druckwerk einer Rollen-Offsetdruckmaschine besteht die Gefahr der Korrosion.

a) Erklären Sie, was eine Korrosion ist und wodurch sie entstehen kann.

b) Beschreiben Sie Wartungsarbeiten, um Korrosionen zu verhindern.

c) Beschreiben Sie vier weitere Wartungsarbeiten am Farbwerk und Feuchtwerk.

Für Lösung bitte separates Blatt verwenden! 

34 Wartung – Trockner

Der Heißlufttrockner muss in regelmäßigen Abständen gewartet werden.

a) Welche Maßnahmen sind erforderlich, um Explosionen durch Gaslecks zu vermeiden.

___

___

___

b) Nennen Sie drei Wartungsarbeiten nach Anweisung aus dem Maschinenbuch.

___

___

___

35 Wartung – Falzwerk

Fehler im Druckprodukt hängen oft mit unzureichender Prüfung und Einstellung oder mit mangelnder Wartung zusammen. Beschreiben Sie dazu Probleme, die an den folgenden Aggregaten auftreten können.

Kühlwalzen:

Wendestangen:

Lufteinstellung an Wendestangen und Falztrichtern:

Zugwalzen:

Anpresswalzen:

Längsschneideeinrichtung:

Falztrichter:

36 Systemtechnik – Rollen-Offsetdruckmaschine

Beschreiben Sie stichpunktartig die Aufgaben bzw. Funktionen der folgenden Druckmaschinenelemente oder Baugruppen.

automatischer Rollenwechsler:

Einzugwerk:

Eindruckwerk:

Bahnkantenregelung:

Vierzylinderbauweise:

Filmfarbwerk:

Turbofeuchtwerk:

Kühlwalzen:

Längsschneideeinrichtung:

Wendestangen:

Zugwalzen:

Falztrichter:

Klappen-Falzapparat:

37 Systemtechnik

Aus einer technischen Information zu Rollendruckmaschinen: „Automatisch können fast alle Maschinenkomponenten, insbesondere Überbau und Falzapparat, auf die neue Produktion voreingestellt werden. Nach Auswahl des entsprechenden Auftrags und Ausschießschemas am Leitstand werden Längsschneidemesser, Wendestangen, Schnittregister und Falztrichter automatisch positioniert."

a) Erklären Sie, wie bzw. wo Voreinstelldaten „erzeugt" werden.

b) Welcher „Kommunikationsstandard" wird zur detaillierten Beschreibung von Druckaufträgen und zum direkten Informationsaustausch zwischen den verschiedensten Anwendungen und Systemen genutzt?

38 Offsetdruck – Technischer Vergleich

Vergleichen Sie die drei Rollen-Offsetdruckmaschinensysteme für den Zeitungsdruck, den Illustrationsdruck und für Hybridproduktionen. Geben Sie jeweils stichpunktartig zu jeder Technologie an: typische Merkmale der Technologie, Papierbahnweg durch die Druckwerke, Anwendungsbereiche (Produkte).

a) Zeitungsdruck

b) Illustrationsdruck

c) Hybridproduktion

Für Lösung bitte separates Blatt verwenden!

39 Zeitungsdruck

In einem technischen Datenblatt zu einer Zeitungsdruckmaschine stehen die Angaben: doppelt breit, Doppelumfang. Erklären Sie die Bedeutung dieser Angaben. Geben Sie dazu an, wie viele Seiten im vollen Druckformat gedruckt werden.

40 Zeitungsdruck

Bei Zeitungsdruckmaschinen lesen Sie die beiden Angaben Broadsheet und Tabloid.
Erklären Sie die Bedeutung dieser Bezeichnungen.

41 Papierrollen – Rollenlogistik

Papierrollenlogistik bedeutet die integrierte Steuerung aller Materialflüsse: Ein optimales Zusammenwirken durch Automatisierung und Leittechnik von der Anlieferung und Eingangskontrolle über die Lagerung bis hin zur Bedarfsberechnung, Vorbereitung und Einbringung in die Rollenwechsler.
Welche wirtschaftlichen Vorteile hat der Einsatz einer automatisierten Rollenlogistik?

42 Papierrollen – Rollenlogistik

Insbesondere bei Fehlern an der Papierrolle ist eine eindeutige Identifikation der Papierrolle und damit die Warenrückverfolgung bis zur Papierfabrik sehr wichtig. Vor allem gilt dies bei Reklamationen. Teilweise wird bereits die RFID-Technologie zur Warenidentifikation eingesetzt.

a) Welche Vorteile bietet die RFID-Technologie im Vergleich zur Barcode-Technologie?

b) Wo wird das Identifikationsmerkmal (Transponder) angebracht, um bis zum letzten Meter der ablaufenden Rolle die Informationen zu erhalten?

43 Papierrollen

Unsachgemäßes Lagern und eine mangelhafte Handhabung von Papierrollen verursachen verschiedene Störungen in der Produktion und sogar Bahnbrüche. Die Folge ist eine höhere Makulaturmenge und damit höhere Kosten.

a) Beschreiben Sie, wie eine Rolle gelagert und für die Produktion vorbereitet werden muss.

b) Nennen Sie vier Wartungsarbeiten an Rollenwechslern.

44 Rollenwechsler

Die Druckproduktion in Rollendruckmaschinen beginnt am Rollenwechsler.

a) Beschreiben Sie den Aufbau des abgebildeten Rollenwechslers im Prinzip.

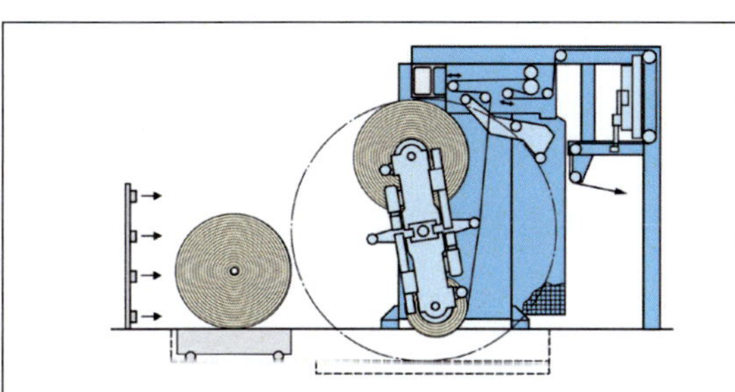

b) Erklären Sie den Ablauf eines „fliegenden“ Rollenwechsels.

Für Lösung bitte separates Blatt verwenden! 

45 Rollenwechsler

Für bestimmte Produktionsbedingungen eignet sich ein Speicherrollenwechsler. Beschreiben Sie prinzipiell den Ablauf eines Rollenwechsels.

Für Lösung bitte separates Blatt verwenden! 

46 Bahnkante

Das Druckbild muss in einem bestimmten Stand (Position, Abstand) auf die Bahn gedruckt werden. Dazu ist es erforderlich, die Bahnkante kontinuierlich auf die gleiche Position auszurichten.

a) Erläutern Sie die Bedeutung einer exakten Bahnausrichtung für die gesamte Produktion.

b) Beschreiben Sie den prinzipiellen Ablauf einer Bahnkantenregelung.

47 Bahnspannung

Eine konstante Bahnspannung ist bei allen Druckmaschinenzuständen wie beim Anfahren, Beschleunigen, Hochfahren, Abbremsen und Rollenwechsel erforderlich.

a) Erläutern Sie drei Probleme, die durch eine schwankende Bahnspannung auftreten können.

b) Beschreiben Sie die Funktion von Pendelwalzen.

c) Beschreiben Sie, wie die Bahnspannung an modernen Druckmaschinen „eingestellt“ wird.

48 Bahnspannung

Für eine optimale Bahnspannung gilt: „So wenig Bahnspannung wie nötig und nicht so viel wie möglich.“ Eine wichtige Festigkeitseigenschaft des Papiers ist der Bruchwiderstand.

a) Die Bahnspannung hat eine mehr oder weniger große Auswirkung auf die Dehnung der Papierbahn. Beschreiben Sie die Auswirkungen der Papierbahndehnung bei einem Farbdruck.

b) Erklären Sie, wie in einem Labor der Bruchwiderstand des Papiers ermittelt wird.

c) Eine Papiersorte hat einen vergleichsweise geringen Bruchwiderstand. Welche Probleme können dadurch bei der Produktion in einer Rollen-Offsetdruckmaschine auftreten?

49 Bahnspannung

Die Dehnung der Papierbahn im Druck ist von unterschiedlichen Faktoren abhängig. Ein besonderes Problem ist dabei die (Nass-)Dehnung quer zum Bahnlauf, die man Fanout nennt.

a) Von welchen Faktoren hängt dieser Fanout ab? Nennen Sie drei Beispiele.

b) Von welchen Faktoren hängt eine Längsdehnung der Papierbahn ab? Nennen Sie drei Beispiele.

50 Bahnlauf

Neue Druckaufträge erfordern oftmals eine Änderung des Bedruckstoffes. Sie arbeiten an einer Druckmaschine mit einem automatischen Papiereinzug.

a) An welcher Druckmaschine arbeiten Sie?

b) Beschreiben Sie, wie an Ihrer Druckmaschine eine neue Bahn am Ende der automatischen Einzugskette bis zur „Auslage“ eingezogen wird. Geben Sie wichtige Kenndaten an.

51 Bahnwandern

Bei der Produktion stellen Sie ein Wandern der Bahn fest, d. h., sie bewegt sich regelmäßig in einer bestimmten Folge von einer Seite der Druckmaschine zur anderen.
Welche Fehler oder Mängel können das Wandern der Bahn verursachen?

52 Bahnverschiebung

Sie kontrollieren den Bahnlauf und stellen eine starke Bewegung der Bahn zu einer Seite der Druckmaschine fest.

a) Welche Folgen kann dieser Fehler verursachen?

b) Beschreiben Sie mögliche Ursachen dieses Fehlers.

53 Leitstand

Die elektronische Steuerung und Kontrolle aller Funktionen, Voreinstellungen und Abläufe im Produktionsprozess erfolgt bei Rollen-Druckmaschinen an modernen Leitständen.

a) Nennen Sie fünf Informationen, die Sie am Leitstand zu Voreinstellungen, zum Rüsten und während des Produktionsablaufs erhalten können.

b) Beschreiben Sie vier Vorgänge, die Sie vom Leitstand aus bedienen.

Für Lösung bitte separates Blatt verwenden! 

54 Druckwerk

Rollen-Offsetdruckmaschinen werden entsprechend den Kundenvorgaben konstruiert und konfiguriert. Die Abbildung zeigt einen Druckturm mit Druckwerken.

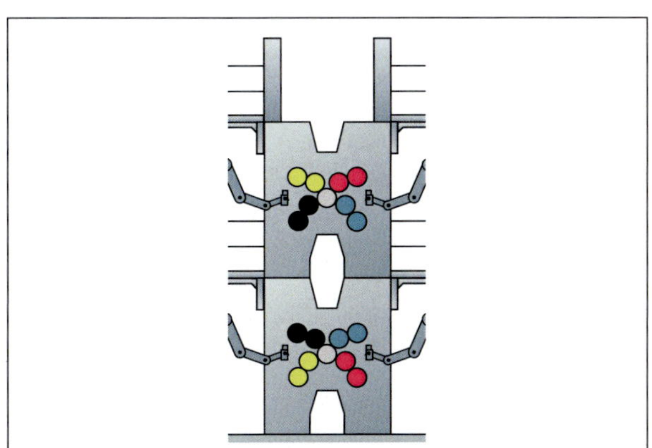

a) Wie wird diese Anordnung der Zylinder im Druckwerk genannt?

____

b) Zeichnen Sie deutlich mit einem Farbstift die Bahnführung in die Abbildung ein.

c) Welche zwei bedeutenden Vorteile hat diese Zylinderanordnung?

____

____

d) Welche möglichen Nachteile (Produktion, Handling) ergeben sich aus der Anordnung der Zylinder.

____

____

55 Druckwerk

Die Abbildung zeigt den Druckturm einer Rollen-Offsetdruckmaschine mit vertikaler Bahnführung für einen 4/4-Druck.

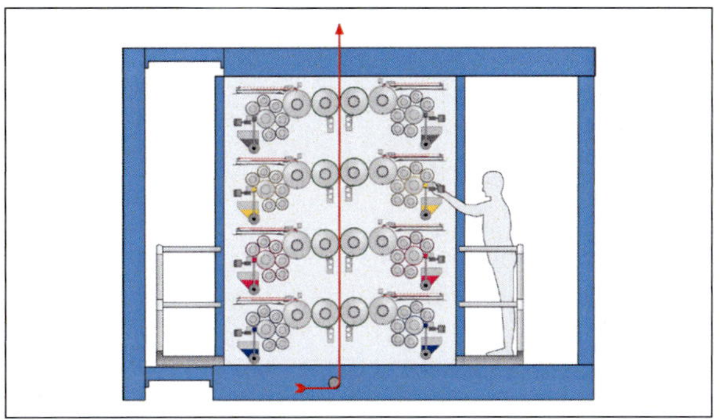

a) Mit welcher Farbreihenfolge wird gedruckt?

____

b) Betrachten Sie die Druckwerke: Mit welcher Verfahrenstechnik wird gedruckt?

____

56 Druckwerk

Ein Druckmaschinenhersteller liefert eine Rollen-Offsetdruckmaschine in der Achterturmbauweise mit H-Druckeinheiten.
Erklären Sie diese Bezeichnungen und das Drucken mit dieser Bauweise.

____

____

____

57 Druckwerk

Eine Zeitungsdruckerei stellt eine neue Rotationsdruckmaschine auf, die mit zwei übereinanderliegenden 9er-Satelliten druckt.
Erklären Sie den Druckprozess für einen 4/4-Druck mit diesem Drucksystem.

____

____

____

58 Druckwerk

Die KBA Cortina ist eine wasserlos druckende Rollen-Offsetdruckmaschine.

a) Sie sollen die herausragenden Vorteile dieser Drucktechnologie für einen Prospekt zusammenstellen. Welche fünf Highlights stellen Sie heraus?

b) Erläutern Sie drei dieser genannten Highlights in kurzer Form.

c) Nennen Sie fünf Faktoren, die die Qualität des wasserlosen Druckprozesses beeinträchtigen können.

d) Beschreiben Sie am Beispiel von drei Einflussfaktoren mögliche drucktechnische Probleme.

Für Lösung bitte separates Blatt verwenden! 

59 Druckwerk – Einfärbesystem

Die Abbildung zeigt im Schema das Druckwerk einer Rollen-Offsetdruckmaschine.

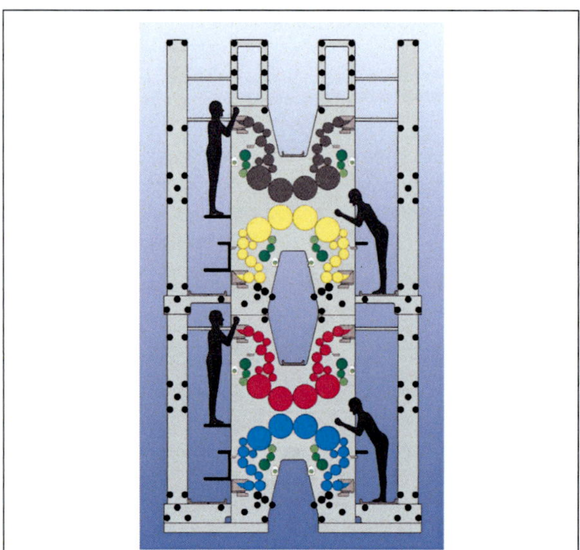

a) Erklären Sie, welche Produkte auf dieser Druckmaschinen produziert werden. Begründen Sie dazu Ihre Antwort.

b) Zeichnen Sie mit einer farbigen Linie den Papierlauf in diese Abbildung ein.

c) Diese Druckmaschine arbeitet mit einem Filmfeuchtwerk und einem Filmfarbwerk. Erklären Sie zu beiden Systemen den Unterschied zu einem Sprühfeuchtwerk und Heberfarbwerk.

Für Lösung bitte separates Blatt verwenden! 

60 Druckwerk

Eine Rollen-Offsetdruckmaschine für den Zeitungsdruck wird in den Versionen 4/2 und 6/2 angeboten. Erklären Sie den Unterschied zwischen diesen beiden Versionen.

61 Hochlaufkurven

Eine moderne Rollen-Offsetdruckmaschine wird heute von niedrigen Drehzahlen auf eine hohe Produktionsgeschwindigkeit gefahren. Um bei einer Änderung der Maschinendrehzahl keine Makulatur zu produzieren, eine nahezu optimale Farbe-Wasser-Balance und damit eine konstante Farbdichte zu erhalten, werden Steuer- und Regelsysteme eingesetzt. Diese „erzeugen“ spezielle Hochlaufkurven, die jeweils für Materialkombinationen gelten.

a) Begründen Sie, warum zwischen einer geringen Maschinendrehzahl beim Einrichten und einer hohen Produktionsgeschwindigkeit Unterschiede in der Einfärbung der Druckform (Feuchtmittel, Druckfarbe) auftreten.

b) Erklären Sie, welche Parameter durch Hochlaufkurven dynamisch und drehzahlabhängig geändert werden.

62 Heatset-Trocknung

Heatset-Anlagen unterliegen der Genehmigungspflicht, wenn sie mehr als 25 kg/h Lösemittel in der Druckfarbe verarbeiten.
Nennen Sie eine Vorschrift, technische Regelung oder Norm, die beim Einsatz von Heatset-Anlagen zu beachten ist.

63 Farbkasten

Der Farbkasten und das Farbmesser eines Farbkastens sollen regelmäßig gewartet und nachjustiert werden. Dabei ist darauf zu achten, dass das Farbmesser keinen direkten Kontakt zum Farbduktor hat.

a) Beschreiben Sie, warum das Farbmesser regelmäßig nachjustiert werden muss.

b) Beschreiben Sie das Justieren des Farbkastens in die Grundeinstellung.

c) Mit welchem Gerät ist dabei die Farbschichtdicke zu messen?

64 Heatset-Trocknung – Nachverbrennung

Nach dem Druck in einer Rollen-Offsetdruckmaschine mit Heatset-Trocknung durchläuft die Papierbahn einen Hitzetrockner. Zur Reinigung der Abgase haben sich thermische Nachverbrennungsanlagen (TNV) bewährt.

a) Erklären Sie, welche Stoffe als Abgas in der Abluft des Trockners auftreten.

b) Beschreiben Sie prinzipiell die Funktion einer thermischen Nachverbrennungsanlage.

c) Wärme kann zurückgewonnen werden. Wozu kann diese Wärme genutzt werden?

65 Heatset-Trocknung

Die im Rollen-Offsetdruck beidseitig bedruckte Papierbahn durchläuft den Heißlufttrockner (Heatset).

a) Nach einer Faustregel ist eine bestimmte Verweildauer der Papierbahn im Trockner notwendig. Wie viele Sekunden sind danach erforderlich?

b) Erklären Sie, warum der Trockner in mehrere Sektionen unterteilt ist.

c) Beschreiben Sie den Trocknungsprozess bis zum durchgehärteten Farbfilm auf der Papierbahn.

d) Vor dem Einlaufen in den Überbau und das Falzwerk wird die Papierbahn allgemein mit einer Silikonemulsion beschichtet. Beschreiben Sie die Wirkungen (Aufgaben, Zweck) dieser Beschichtung.

66 Überbau – Zusatzeinrichtungen

In Rollen-Offsetdruckmaschinen für den Akzidenzdruck läuft die Papierbahn vor dem Einlauf in den Überbau und das Falzwerk durch ein Silikonwerk.

a) Welche Aufgaben hat der Silikonauftrag?

b) Welche Folgen ergeben sich aus einer zu hohen und einer zu niedrigen Einstellung der Silikonmenge?

67 Rüsten der Druckmaschine

Das Einrichten der Druckmaschine – vielfach auch Rüsten genannt – ist oft noch zeitaufwendig und dadurch besonders kostenintensiv. Für eine wirtschaftliche Produktion ist daher ein rationelleres Arbeiten notwendig. Dies erfordert Planung und systematisches Handeln, um den Arbeitsablauf zu optimieren. Manche Arbeitsabläufe werden fast „automatisch" ausgeführt, sodass man sich als Medientechnologe Druck kaum mehr Gedanken darüber macht, warum der Ablauf so und nicht anders ist. Immer mehr werden Prozessabläufe vernetzt und automatisiert, (fern-) gesteuert und geregelt.

Aufgaben an Ihrer Druckmaschine:

a) Erfassen Sie stichpunktartig in einer übersichtlichen Liste bei drei verschiedenen Aufträgen innerhalb einer Woche
   - Datum der Arbeit,
   - Auftrag mit Kurzbeschreibung,
   - Arbeitsschritte in der ausgeführten Reihenfolge vom Eingang der Auftragsdaten bzw. den Vorbereitungen für den Auftragsbeginn bis zum Beginn des Auflagendrucks

   sowie
   - die dafür erforderlichen Zeiten.

b) Vergleichen Sie bei den Aufträgen die ausgeführten Arbeitsschritte in der Reihenfolge sowie die benötigten Zeiten.
   Gab es wesentliche Abweichungen? Wenn ja: Begründen Sie in Stichpunkten, warum es zu diesen Abweichungen kam.

c) Machen Sie sich zu den Aufträgen Notizen für Optimierungen bei ähnlichen Aufträgen.

Für Lösung bitte separates Blatt verwenden! 

68 Falzapparat – Überbau

Der Überbau ermöglicht durch Schneiden der Papierbahn und Variationen im Einsatz von Wendestangen eine Vielfalt von Produktionsmöglichkeiten im Falzapparat. Beschreiben Sie einen möglichen Produktionsablauf im Überbau sowie den ersten Falz.

___

___

___

69 Falzsystem – Überbau

Eine Rollen-Offsetdruckmaschine ist mit fernbedienbaren, luftumspülten Wendestangen und fernbedienbaren Registerwalzen ausgestattet.

a) Welche Funktionen haben Wendestangen im Überbau des Falzapparates?

___

b) Begründen Sie, warum Wendestangen luftumspült sein müssen.

___

___

c) Erklären Sie, wozu Registerwalzen eingesetzt werden.

___

___

d) Beschreiben Sie zwei Wartungsarbeiten, die erforderlich sind, um technische Probleme zu vermeiden.

___

___

___

70 Falzsystem

Das Falzwerk einer Rollen-Offsetdruckmaschine ist elektropneumatisch von Sammel- auf Doppelproduktion umzustellen.

a) Erklären Sie an einem Beispiel den Unterschied zwischen den beiden möglichen Produktionsarten.

___

___

b) Beschreiben Sie, wie gesammelte und ungesammelte Produkte produziert werden.

___

___

___

71 Falzapparat – Überbau

Eine gestalterische Besonderheit im Endprodukt bietet der Pflugfalz. Beschreiben Sie anhand der schematischen Darstellung den gesamten Falzvorgang.

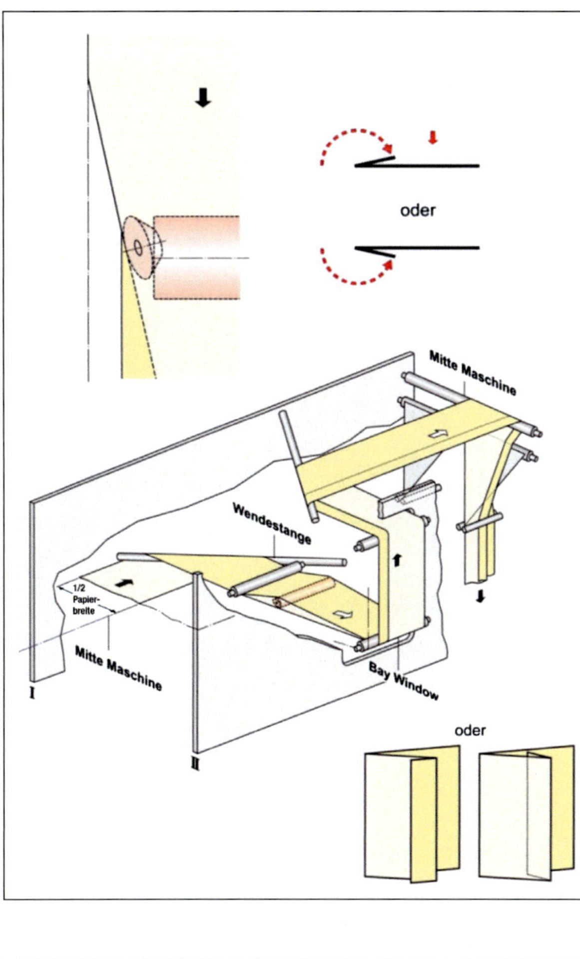

72 Falzapparat

Im Falzapparat können durch unterschiedliche Einflüsse vielfältige Fehler im Produkt auftreten. Erstellen Sie eine Liste zu fünf möglichen Fehlern im Falzapparat. Geben Sie jeweils dazu an, wie dieser Fehler zu beheben ist.

Für Lösung bitte separates Blatt verwenden! 

73 Falzapparat

Je nach Produktionssystem werden Greiferfalzapparate und Punkturfalzapparate sowie ein Schwertfalzaggregat eingesetzt.

a) Erklären Sie den prinzipiellen Unterschied zwischen Greiferfalzapparaten und Punkturfalzapparaten.

b) Nennen Sie zwei Vorteile des Greiferfalzapparates.

c) Für welches Produkt wird ein Schwertfalz eingesetzt?

74 Falzapparat

Die Konstruktion und Produktionstechnik von Falzapparaten wird durch eine Zahlenfolge angegeben. Bei einem Falzapparat steht die Zahlenkombination 2:5:5.

a) Erklären Sie die Bedeutung dieser Zahlenfolge.

b) Die Angabe 2:5:5 weist auf die Leistungsfähigkeit und den Einsatzbereich des Falzapparates hin. Für welche „Leistungsklasse“ (Seitenumfang, Produktionsleistung) ist dieser Falzapparatetyp geeignet?

75 Falzsystem

Ein Falzsystem arbeitet mit einer Splittingeinrichtung. Beschreiben Sie, welche Funktion diese bietet.

76 Falzapparat

Eine Rollen-Offsetdruckmaschine arbeitet mit einem Klappenfalzwerk im 2:5:5-System. Die Abbildungen zeigen Ihnen den Falzvorgang in einzelnen Phasen. Bescheiben Sie kurz den Vorgang im Falzapparat in jeder der folgenden Phasen.

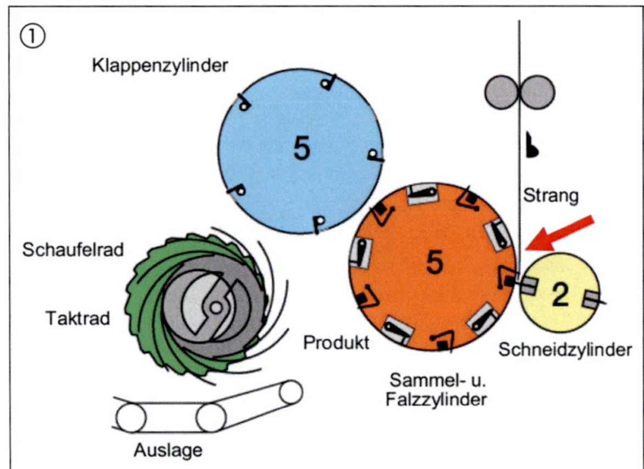

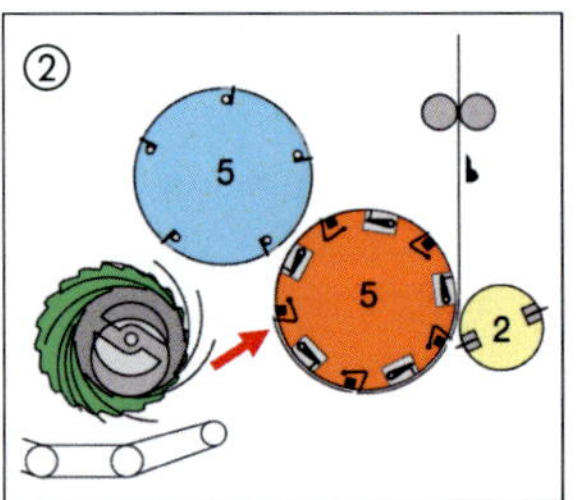

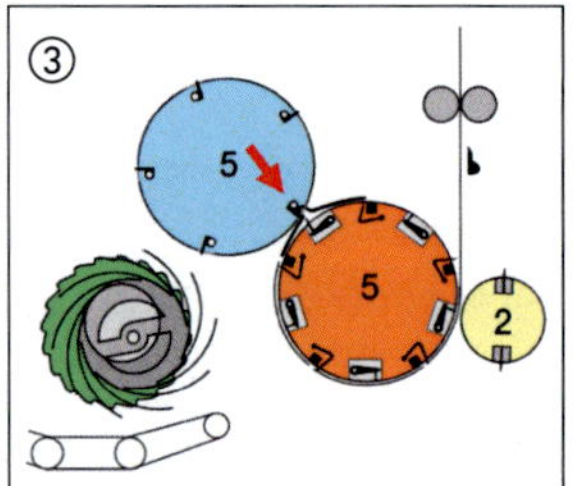

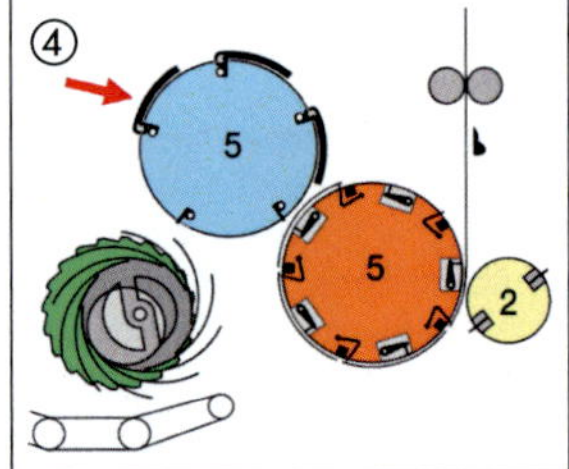

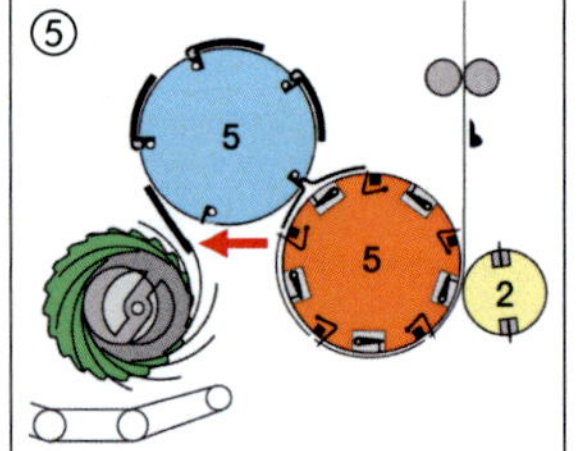

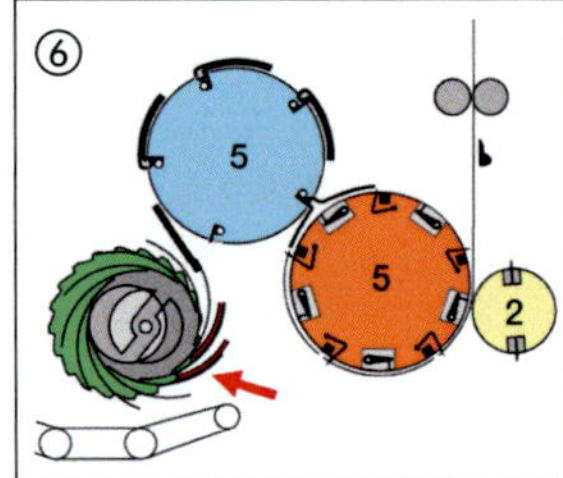

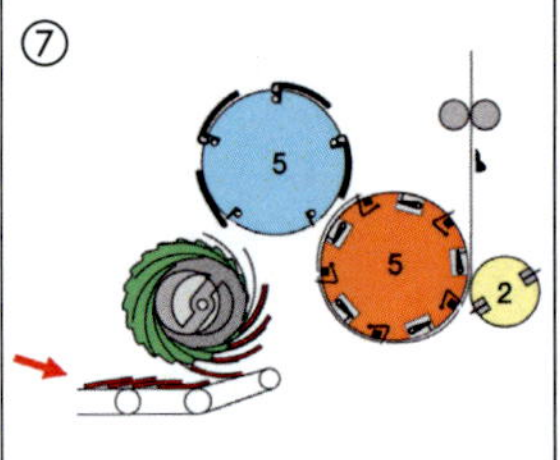

Für Lösung bitte separates Blatt verwenden!

77 Falzapparat

Benennen Sie wichtige Bauelemente an dem abgebildeten Falzapparat zu den folgenden Zahlen.

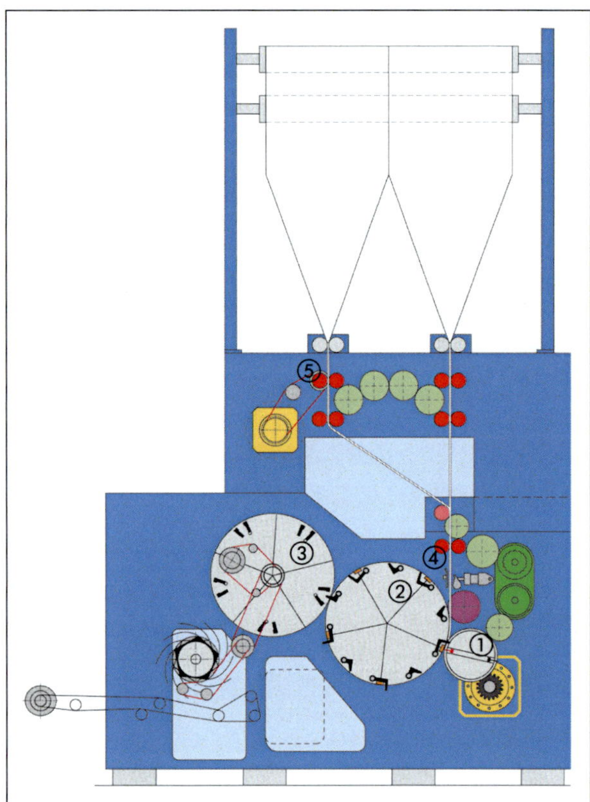

① = ____________________

② = ____________________

③ = ____________________

④ = ____________________

⑤ = ____________________

78 Zeitung – Beilage

Je nach Produkt werden geeignete Papiere verwendet. Zeitungen erhalten vielfach Beilagen (Prospekte), die auf unterschiedlichen Papieren vorgedruckt werden.

a) Welche Papierqualitäten (Sorten, Gruppe, g/m²) werden für Zeitungsbeilagen verwendet?

b) Begründen Sie, warum überwiegend kein „normales“ Zeitungspapier verwendet wird.

Für Lösung bitte separates Blatt verwenden! 

79 Falz – Begriffe

Die Information im Maschinenhandbuch lautet: „Die Überfalzverstellung erfolgt elektromotorisch im Bereich von +/– 12 mm."

a) Erklären Sie an einem Beispiel, wozu ein Überfalz genutzt wird.

____

____

b) Skizzieren Sie die Begriffe Überfalz vorn (auch Vorfalz genannt) und Überfalz hinten (auch Nachfalz genannt).

c) Erklären Sie, welcher bzw. welche Zylinder bei einer Änderung verstellt werden.

____

____

80 Inline-Finishing

Inline-Finishing-Einrichtungen (sinngemäß engl.: Value Added Finishing) nach dem Druckprozess ermöglichen einen zusätzlichen Mehrwert der gedruckten Produkte.

a) Geben Sie vier verschiedene technische Möglichkeiten für das Inline-Finishing an.

____

____

____

b) Nennen Sie dazu jeweils ein Produkt als Beispiel.

____

____

____

81 Terminologie (1)

Zu einer eindeutigen Kommunikation in der Druckerei und mit dem Service ist eine gemeinsame Sprache (Fachterminologie) erforderlich. Erarbeiten Sie dazu – möglichst in einem Team – die folgenden Fachbegriffe und präsentieren Sie danach Ihre Terminologie.

- Abkürzungen: m/s, N/m
- Bay-Window-Wendestangen
- einstecken
- gap
- Parallel-Wendestangen
- Register
- Sammelproduktion
- Tabloid

Für Lösung bitte separates Blatt verwenden! 

82 Terminologie (2)

Zu einer eindeutigen Kommunikation in der Druckerei und mit dem Service ist eine gemeinsame Sprache (Fachterminologie) erforderlich. Erarbeiten Sie dazu – möglichst in einem Team – die folgenden Fachbegriffe und präsentieren Sie danach Ihre Terminologie.

- automatischer Papierbahneinzug
- Broadsheet
- Doppelproduktion
- Einzugwerk
- Falzapparat 2:5:5
- NIP
- stehende Seiten
- Wendestangen

Für Lösung bitte separates Blatt verwenden! 

83 Terminologie (3)

Zu einer eindeutigen Kommunikation in der Druckerei und mit dem Service ist eine gemeinsame Sprache (Fachterminologie) erforderlich. Erarbeiten Sie dazu – möglichst in einem Team – die folgenden Fachbegriffe und präsentieren Sie danach Ihre Terminologie.

- Berliner Format
- Einzugswerk
- Falzmesserzylinder
- Panorama-Druckplatte
- Rheinisches Format
- Scherenschnitt
- Tänzerwalze, Pendelwalze
- Wendekreuz und Leitwalzen

Für Lösung bitte separates Blatt verwenden! 

84 Rollen-Offsetdruck

Grundsätzlich sind Rollen-Offsetdruckmaschinen im Zylinderumfang festformatig. Schmalbahnige Rollen-Offsetdruckmaschinen bieten dagegen die Möglichkeit zum Druck in stufenloser Druckbildlänge. Erreicht wird diese Flexibilität einerseits durch (Servo-)Einzelantriebe der Druckplatten-, Gummituch- und Druckzylinder.

a) Welche Technologie ist zudem erforderlich, um Druckformate in der Drucklänge schnell und unkompliziert zu wechseln?

b) Ein wichtiges Kriterium für den Einsatz des Offsetdrucks ist die Druckform. Welche Gründe sprechen für den Offsetdruck im Vergleich zum Flexodruck und zum Tiefdruck?

c) Nennen Sie Gründe für die Integration eines Digitaldruckwerkes in einer Rollen-Offsetdruckmaschine.

d) Welches besondere Farbwerk wird in der Druckmaschine eingesetzt?

86 Rollen-Offsetdruck

Die Abbildung zeigt geöffnete Seitenwände an einer Rollen-Offsetdruckmaschine.

a) Mit welcher Antriebstechnik arbeitet diese Druckmaschine?

b) Welche Vorteile bietet diese Antriebstechnik für das Rüsten und die Druckproduktion?

85 Rollen-Offsetdruck

Mit der Rollen-Offsetdruckmaschine Cortina hat KBA eine technisch neuartige Druckmaschine auf den Markt gebracht.

a) Was ist das herausragende drucktechnische Merkmal dieser Druckmaschine?

b) Mit welchem Zylindersystem (Druckturmaufbau) wird gedruckt?

c) Wie erfolgt die Bahnführung im Druckwerk?

87 Rollen-Offsetdruck

Im Rollen-Offsetdruck ist eine konstante Temperatur im Druckprozess eine sehr wichtige Voraussetzung für einen fehlerfreien Druck.

a) Erklären Sie, wie sich unterschiedliche Temperaturen im Druckprozess auswirken.

b) Welche Walzen bzw. Zylinder im gesamten Druckwerk werden aus diesem Grunde temperiert?

88 Wartung – Walzen

Korrekt eingestellte Walzen in Rollen-Offsetdruckmaschinen reduzieren die Wartungskosten, senken den Energieverbrauch und sorgen für stets optimale Fortdruckbedingungen.

a) Erklären Sie, wie Walzen sachgerecht gelagert werden müssen.

b) Erläutern Sie, warum Walzen im Farbwerk (und auch im Feuchtwerk) in einer bestimmten Reihenfolge justiert werden müssen.

c) Beschreiben Sie, wie durch automatische Walzenschlösser der Druckprozess optimiert und damit Kosten gespart werden können.

89 Druckschwierigkeiten

Im Rollen-Offsetdruck mit Heatset-Trocknung kommt es bei der Weiterverarbeitung zu einem Falzbrechen. Damit ist die gedruckte Auflage Makulatur.

a) Erklären Sie, wie das Problem beim Druckprozess entsteht.

b) Beschreiben Sie zwei mögliche Ursachen für diesen Fehler.

c) Aus Erfahrungen lernen: Was können Sie tun? Wie ist der Fehler bei einem ähnlichen Auftrag zu vermeiden?

90 Druckschwierigkeiten

Bei einer im Rollen-Offsetdruck (Heatset-Trocknung) bedruckten Papierbahn kommt es bei gestrichenen Papieren zu einer Blasenbildung.

a) Welche Ursachen kann diese Blasenbildung haben?

b) In welchen Tonwertbereichen tritt diese Blasenbildung vorwiegend auf? Begründen Sie Ihre Meinung.

c) Nennen Sie zwei Möglichkeiten zur Abhilfe, die der Medientechnologe Druck beim Erkennen des Fehlers sofort umsetzen kann.

91 Druckschwierigkeiten

Ein aus der Produktion gezogenes Produkt weicht von dem abgestimmten Bogen stark ab. Das Produkt ist deutlich voller gedruckt, hat aber die richtigen Farbdichtewerte im Vollton.
Welcher Fehler kann vorliegen?

92 Druckpraxis

Ein erfahrener Drucker nennt als Ursache für aufgetretene drucktechnische Probleme die „Wassersäcke“.

a) Was ist mit dieser Fachbezeichnung gemeint?

____

____

b) Beschreiben Sie Probleme, die durch Wassersäcke auftreten können.

____

____

____

93 Druckpraxis

Bei einer Diskussion zu Problemen im Rollen-Offsetdruck wird von einem Fanout-Effekt gesprochen. Erklären Sie, …

a) was ein Fanout-Effekt ist und wodurch dieser entsteht.

____

____

____

b) wie Sie dieses Problem im Druck beseitigen oder deutlich reduzieren können.

____

____

94 Druckpraxis

Im Rollen-Offsetdruck kommt es zu einem Farbnebeln bei hohen Druckgeschwindigkeiten.

a) Erklären Sie, welche Ursachen das Farbnebeln haben kann.

b) Welche Möglichkeiten gibt es, dieses Problem zu verringern oder zu beseitigen?

Für Lösung bitte separates Blatt verwenden! 

95 Terminologie Englisch – Deutsch (1)

Druckmaschinenhersteller bauen ihre Druckmaschinen für den internationalen Markt. Daher sind vor allem englische Fachausdrücke in Prospekten, bei Informationen im Internet sowie bei Schulungen zu eingesetzten Materialien und Arbeiten an der Druckmaschine gebräuchlich.
Übersetzen Sie – möglichst in einer Arbeitsgruppe – die folgenden englischen Fachwörter in ein deutsches Fachwort.

- Cooling Roller, Chill Roller
- Control Station
- Dampening System
- Drive Side
- Hot Air Dryer
- Impression Cylinder
- Infeed Unit
- Ink
- Noise
- Plate
- Reel Change
- Web Tension

Für Lösung bitte separates Blatt verwenden! 

96 Terminologie Englisch – Deutsch (2)

Druckmaschinenhersteller bauen ihre Druckmaschinen für den internationalen Markt. Daher sind vor allem englische Fachausdrücke in Prospekten, bei Informationen im Internet sowie bei Schulungen zu eingesetzten Materialien und Arbeiten an der Druckmaschine gebräuchlich.
Übersetzen Sie – möglichst in einer Arbeitsgruppe – die folgenden englischen Fachwörter in ein deutsches Fachwort.

- Damping Solution
- Dryer
- Form Roller
- Flying Paster
- Hickies
- Pneumatic Pressure
- Printing Unit
- Remote Control
- Show-through
- Sound
- Splice
- Versatile Folding System
- Waste
- Web Width

Für Lösung bitte separates Blatt verwenden! 

97 Terminologie Englisch – Deutsch (3)

Druckmaschinenhersteller bauen ihre Druckmaschinen für den internationalen Markt. Daher sind vor allem englische Fachausdrücke in Prospekten, bei Informationen im Internet sowie bei Schulungen zu eingesetzten Materialien und Arbeiten an der Druckmaschine gebräuchlich.
Übersetzen Sie – möglichst in einer Arbeitsgruppe – die folgenden englischen Fachwörter in ein deutsches Fachwort.

- Autopaster
- Compressed Air
- Conical Former
- Dampening Roller
- Folder
- Form Roller
- Impression
- Ink Mist
- Inserting
- Plate Cylinder
- Web Speed
- Web Tension Control

Für Lösung bitte separates Blatt verwenden! 

FLEXODRUCK

98 Druckverfahren

Im Flexodruck werden hauptsächlich Papier, Pappe, Kunststofffolien, Aluminiumfolien, Laminate und auch Vliesstoffe für verschiedenste Produkte bedruckt.

a) Um welche Materialien handelt es sich bei Laminaten und bei Vliesstoffen?

______

______

______

b) Erklären Sie, warum der Flexodruck beim Druck von flexiblen Verpackungen, Etiketten, Tragetaschen, Säcken und Beuteln so erfolgreich ist.

______

______

______

99 Druckverfahren

Im Gespräch mit einem Kunden wollen Sie diesen von den Vorteilen des Flexodrucks im Vergleich zum Tiefdruck für den Druck einer flexibler Verpackung für Tiernahrung überzeugen.
Nennen Sie vier Argumente und begründen Sie diese.

Für Lösung bitte separates Blatt verwenden! 

100 Druckform

Planliegend bebilderte Flexodruckplatten verändern sich bei der Montage auf den Druckformzylinder in der Drucklänge.

a) Erklären Sie, warum es zu einer Längenänderung (Verzerrung) kommt.

______

______

______

b) Beschreiben Sie, wie diese Längenänderung korrigiert werden kann.

______

______

101 Druckformen

Je nach qualitativen und drucktechnischen Anforderungen werden im Flexodruck unterschiedliche Druckformen eingesetzt. Nennen Sie dazu prinzipiell je zwei Unterschiede nach folgenden Kriterien:

Technik der Herstellung: ______

______

______

Material der Druckform: ______

______

Form (Art, Typ): ______

______

______

102 Druckformen – Elastomer

Neben Flexodruckplatten und -sleeves mit einer Fotopolymerbeschichtung gewinnen mit einem Elastomer beschichtete Flexodruckformen an Bedeutung.

a) Erklären Sie, um welche Art von Material es sich bei einem Elastomer handelt.

b) Skizzieren Sie den Aufbau einer Flexodruckform mit Elastomerbeschichtung.

c) Beschreiben Sie, wie eine Flexodruckform mit Elastomerbeschichtung bebildert wird.

103 Druckformen – Elastomer

An Flexodruckformen werden hohe Anforderungen an die Oberflächengüte und die Dickentoleranz über die gesamte Fläche gestellt.

a) In welchen üblichen Dicken sind beschichtete Flexodruckplatten erhältlich?

b) Welche Bedeutung hat die Dickentoleranz für die Produktion?

c) Welche besonderen Vorteile bieten Sleeves mit einer elastomeren Beschichtung?

104 Druckformen – Digitale Bebilderung

Eine Flexodruckform wird digital bebildert. Die Rohdruckplatte (nicht bebildert) besteht aus einem Trägermaterial, einer dicken Polymerschicht, einer speziellen Laserschicht (LAMS = Laser Ablative Mask Solution) und einer Schutzschicht.

a) Beschreiben Sie prinzipiell den Ablauf der CtP-Bebilderung mit diesem System sowie die Aufgabe (Funktion) der speziellen Laserschicht.

b) Nennen Sie die Arbeitsschritte, die nach der Laserbebilderung bis zur fertigen Druckform erforderlich sind.

Für Lösung bitte separates Blatt verwenden! 

105 Druckform – Sleeve

Die Sleeve-Technologie ermöglicht einen schnellen Wechsel des Druckjobs und ein einfaches Handling. Bei der Sleeve-Technologie unterscheidet man zwischen Druckformsleeves (Plate-on-Sleeves) und Endlos-Sleeves (ITR = In-The-Round Photopolymer Sleeves).

a) Aus welchen Materialien können Sleeves aufgebaut sein?

b) Beschreiben Sie den wesentlichen Unterschied zwischen beiden Sleeve-Technologien.

c) Erklären Sie das Aufziehen des Sleeves auf den Zylinder mithilfe der Abbildung.

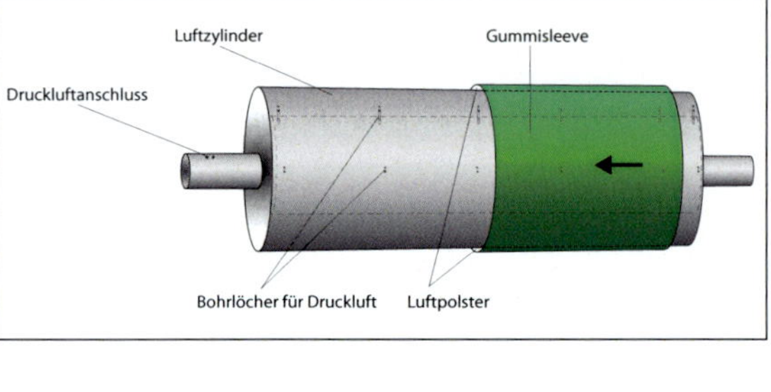

106 Druckform

Bei der Laserdirektgravur bietet der Hersteller eines Systems eine 3-D-Profilierung bei der Bebilderung an. Beschreiben Sie die Wirkung dieser digitalen Steuerung und begründen Sie den Vorteil für den Druckprozess.

Für Lösung bitte separates Blatt verwenden! 

107 Druckform – Unterbau

Kopiertechnisch oder digital hergestellte, planliegende Druckformen (Klischees genannt) müssen auf einen Sleeve oder direkt auf den Druckformzylinder aufgeklebt werden. Dazu sind geeignete Klebebänder als Unterbau erforderlich.
Erklären Sie die drucktechnische Bedeutung des Unterbaus für eine korrekte Abwicklung (Hinweis: Teilkreis).

108 Druckform – Unterbau

Die Auswahl des geeigneten Unterbaus für Druckformen ist für das Ausdruckverhalten und damit die Druckqualität von Flächen, Strich-Raster-Kombinationen, Rasterabbildungen sehr bedeutend.

a) Begründen Sie, warum nicht für alle Arten von Druckbildelementen der gleiche Unterbau gewählt werden kann.

b) Sie haben eine Druckform mit ausschließlich Volltonflächen. Welcher Klebebandtyp eignet sich für den Unterbau?

c) Der Druck mit Volltonflächen und gerasterten Bildelementen erfordert immer einen Kompromiss für den Unterbau. Welche Arten von Klebebändern eignen sich für solche gemischten Druckformen?

109 Druckform

Bei der Bildwiedergabe feinster Elemente (Rasterpunkte, feine Linien) gibt es im Flexodruck Beschränkungen in den Bildlichtern (Tonwerte unter 10 %) und in Verläufen in hellen Tonwertbereichen.

a) Begründen Sie diese Beschränkungen, die sich auch in dem Bildkontrast auswirken.

b) Die Entwicklung von „HD-Flexo" u. a. bietet neue Technologien für eine bessere Bildwiedergabe in den Lichtern. Wie soll das System funktionieren?

110 Klebebänder

Schaumklebebänder in verschiedenen Härtegraden bieten für unterschiedliche Anforderungen (Flächen, Linien und Raster in verschiedenen Feinheiten, Kombinationen von Bildelementen) eine Auswahl für einen möglichst optimalen Kompromiss. Maßgeblich für die Härte des Schaums ist die Dichte des verwendeten PE-Schaums (PE = Polyethylen).
Für welche Bildelemente auf der Druckform (Volltonflächen, hohe Volltondichte, feine Linien, Raster, geringe Tonwertzunahme) wählen Sie das folgende Klebeband aus?

a) Schaumhärte: sehr weich

b) Schaumhärte: weich

c) Schaumhärte: mittelhart

d) Schaumhärte: hart

111 Druckform – Klischeemontage

Das Klischee muss auf einen Zylinder montiert werden. Beschreiben Sie den gesamten Arbeitsablauf der Klischeemontage einer Druckplatte (Material: Elastomer, Fotopolymer).

a) manueller Arbeitsablauf

b) Arbeitsablauf mit einem Montagesystem (System dazu bitte angeben)

Für Lösung bitte separates Blatt verwenden! 

112 Druckmaschinen

Für unterschiedliche Anforderungen sind entsprechende Flexodruckmaschinen auf dem Markt. Prinzipiell unterscheidet man für den farbigen Druck zwischen Mehrzylinder-Druckmaschinen und Zentralzylinder-Druckmaschinen.
Beschreiben Sie den prinzipiellen Unterschied zwischen beiden Systemen.

113 Druckmaschinen – Zentralzylinderbauweise

Flexodruckmaschinen in der Zentralzylinderbauweise arbeiten mit einem Satellitendruckwerk. Sie sind heute der Standard-Maschinentyp, der in unterschiedlichsten Formaten, technischen Ausstattungen und Konfigurationen angeboten wird.

a) Für welche Bedruckstoffe eignet sich diese Bauweise besonders?

b) Beschreiben Sie am Beispiel der Miraflex von Windmöller & Hölscher den gesamten Druckprozess vom Abrollen der Bahn bis zum Aufrollen.

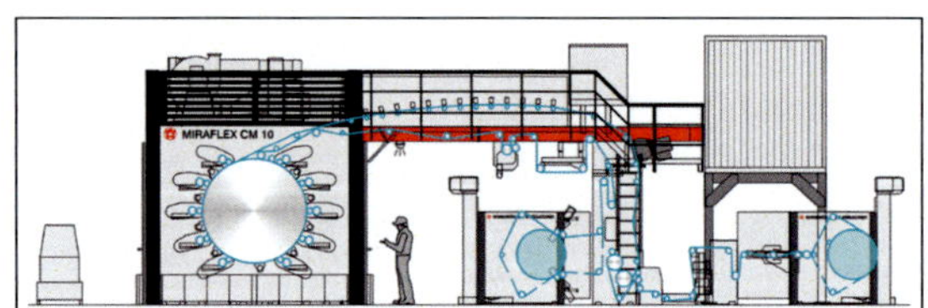

Für Lösung bitte separates Blatt verwenden! 

114 Mehrzylinder-Druckmaschine

Zu Mehrzylinder-Druckmaschinen gehört die sogenannte Reihenbauweise.

a) Beschreiben Sie kurz den Aufbau einer 6-Farben-Flexodruckmaschine in Reihenbauweise.

b) Erläutern Sie, warum diese Bauweise nicht für den Druck flexibler Verpackungen geeignet ist.

c) Diese Bauweise wird jedoch bei bestimmten Produkten in Hybrid-Druckmaschinen eingesetzt. Was sind Hybrid-Druckmaschinen und welche Produkte werden damit gedruckt?

d) Für welche spezielle Aufgabe kann der Flexodruck in Hybrid-Druckmaschinen eingesetzt werden?

115 Druckmaschinen – Zusatzaggregate

Der Bedruckstoff muss von der Rollenabwicklung mit einem bestimmten, materialbezogenen Bahnzug in die Druckmaschine eingefahren werden.

a) Erklären Sie, welche Folgen ein „falscher“ (zu starker oder zu schwacher) Bahnzug haben kann.

b) Beschreiben Sie, wie Sie den „richtigen“ Bahnzug ermitteln.

Für Lösung bitte separates Blatt verwenden! 

116 Druckmaschinen – Zusatzaggregate

Je nach Bedruckstoff wird nach der Rollenabwicklung und vor dem Druckwerk, dem Zentralzylinder, eine Einrichtung zur Vorbehandlung der Bahn eingesetzt.

a) Erklären Sie, für welche Bedruckstoffe eine Vorbehandlung erforderlich ist.

____

____

b) Wie erfolgt diese Vorbehandlung?

____

____

c) Beschreiben Sie mögliche Folgen einer Unterlassung dieser Vorbehandlung.

____

____

____

117 Druckmaschinen – Zusatzausstattungen

Wirtschaftlichkeit und Prozesssicherheit erreichen High-Tech-Druckmaschinen durch ein Verkürzen der Rüstzeiten, elektronische Systemsteuerungen, Direktantriebe und Bausteine zur Automatisierung. Beschreiben Sie stichpunktartig Vorteile, die sich aus diesen „Bausteinen“ ergeben.

a) automatische Regelung von Stand und Passer

____

____

b) Direktantrieb

____

____

____

c) Viskositätsregelung

____

____

d) automatische Verstellung der Druckwerke

____

____

____

e) Farbversorgungs- und Reinigungssystem

____

____

f) Management-Informations-System

____

____

____

118 Farbwerk

Für ein konstantes Einfärben der Druckform im Flexodruck hat sich das Kammerrakelsystem durchgesetzt.

a) Um welche Bauelemente handelt es sich bei den Ziffern 1 bis 4 (5, 6 und 7: Führungen, Lagerungen)

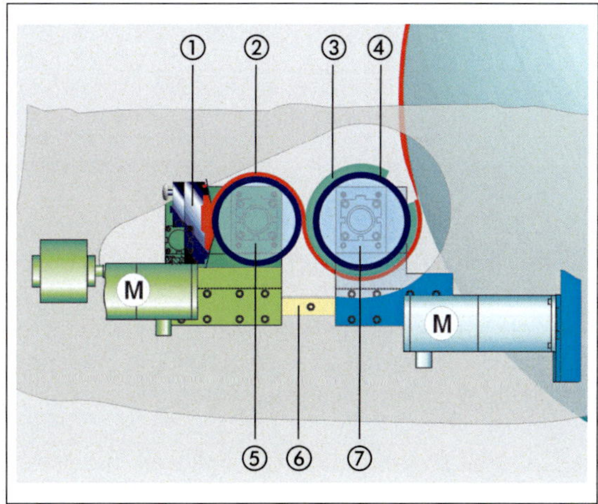

b) Welches Material wird heute überwiegend für die Oberfläche von Rasterwalzen verwendet?

c) Beschreiben Sie das Einfärben der Druckform mit einem Kammerrakelsystem.

d) Erklären Sie, wie unterschiedliche Dosierungen in der Farbgebung möglich sind.

Für Lösung bitte separates Blatt verwenden! 

119 Farbwerk – Rasterwalzen

Näpfchen der Rasterwalze nehmen dünnflüssige Druckfarbe aus der Farbkammerrakel auf. Ziel ist es, die Farbe optimal aus den Näpfchen auf die Druckform zu übertragen.

a) Durch welche zwei Verfahren werden Näpfchen in Chromoberflächen „erzeugt“?

b) Mit Lasertechnik werden Näpfchen direkt in die Keramikoberfläche graviert. Welche Möglichkeiten bzw. Vorteile bringt die Gravur in Bezug auf die Entleerung der Näpfchen?

c) Erklären Sie, warum eine bestimmte Winkelung der Näpfchen grundsätzlich erforderlich ist.

120 Farbwerk – Rasterwalzen

Von der Oberfläche der Rasterwalze muss die Druckfarbe entfernt werden. Dies erfolgt durch zwei Rakel, die in das Kammerrakelsystem integriert sind.

a) Der Anstellwinkel der Arbeitsrakel ist dabei immer negativ. Erklären Sie, was dies bedeutet.

b) Welche Parameter der Rasterwalze sind entscheidend für die übertragene Farbmenge?

121 Kammerrakelsystem

Der geschlossene Aufbau des Kammerrakelsystems ermöglicht ein automatisches Reinigen des gesamten Systems. Beschreiben Sie den Vorgang bei einem automatischen Reinigen des gesamten Systems.

Für Lösung bitte separates Blatt verwenden! 

122 Druckfarbe – Fachbegriffe

Im Flexodruck werden niedrig viskose Druckfarben eingesetzt. Überwiegend sind es lösemittelbasierte Druckfarben. Daneben werden wasserbasierte Druckfarben und für bestimmte Produktbereiche Zweikomponenten-Druckfarben und immer häufiger auch UV-Druckfarben verwendet.

a) Aus welchen vier Hauptbestandteilen setzt sich eine lösemittelbasierte Druckfarbe zusammen? Geben Sie zu jedem Bestandteil den Zweck des Einsatzes an.

b) Geben Sie zu zwei weiteren Druckfarbenarten den Einsatzbereich und Vorteile für diesen Produktionsbereich an.

Für Lösung bitte separates Blatt verwenden! 

123 Druckfarbe

Für welche „Aufgaben“ werden die folgenden Lösemittel in Druckfarben eingesetzt. Geben Sie dazu eine typische Eigenschaft im Vergleich zu den anderen Lösemitteln an.

Ethanol:

Ethylacetat:

Ethoxypropanol:

124 Druckfarbe – Auswahl

Im Flexodruck werden unterschiedlichste Materialien bedruckt. Erklären Sie, warum sich nicht ein bestimmter Druckfarbentyp für alle Materialien optimal eignet.

125 Druckfarbe – Trocknung

Die flüssige Druckfarbe muss vor dem Druck der folgenden Druckfarbe auf der bedruckten Bahn (an-) getrocknet sein. Beschreiben Sie die Aufgabe und den Prozess bei einer …

a) Zwischenfarbwerkstrocknung.

b) Brückentrocknung.

Für Lösung bitte separates Blatt verwenden! 

126 Druckfarbe – Trocknung

Für die Emissionen von Lösemitteln ist u. a. die Lösemittelverordnung (Bundesimmissionsschutzgesetz) zu beachten. Beschreiben Sie, welche Auswirkungen und ggf. auch Folgen die Emission flüchtiger organischer Verbindungen (VOC) hat.

127 Druckfarbe – Fachbegriffe

In der täglichen Praxis werden viele Fachbegriffe benutzt, deren Bedeutung bekannt sein muss. Erklären Sie kurz die folgenden Begriffe:

- Emission
- Verdunstungszahl
- Oberflächenspannung
- Grenzflächenspannung
- Viskosität
- Viskositätsregelung
- VOC-Richtlinie
- Arbeitsplatzgrenzwert (AGW)

Für Lösung bitte separates Blatt verwenden! 

128 Fehler im Druckbild

Im Druckbild sind Abwicklungsfehler zu erkennen.

a) Nennen Sie drei Gründe dafür, dass Abwicklungsfehler entstehen können.

b) Nennen Sie mögliche Druckprobleme, die durch Abwicklungsfehler entstehen können.

129 Druckfarbe – Trocknung

Die überwiegend im Flexodruck eingesetzte Druckfarbe trocknet durch eine physikalische Reaktion auf dem Bedruckstoff.

a) Welcher Bestandteil in der Druckfarbe ist für diese Trocknung entscheidend?

b) Beschreiben Sie. wie der Medientechnologe Druck die Trocknung der Druckfarbe beeinflussen kann.

130 Fehler im Druckbild

Im Druckbild stellen Sie Streifen parallel zur Zylinderachse fest. Beschreiben Sie drei Ursachen für diesen Fehler.

131 Fehler im Druckbild

Bei einem Test stellen Sie fest, dass die aufgedruckte Druckfarbe nicht ausreichend auf einer Folie haftet.

a) Nennen Sie drei mögliche Ursachen dazu.

b) Beschreiben Sie dazu Möglichkeiten zur Abhilfe.

Für Lösung bitte separates Blatt verwenden! 

132 Fehler im Druckbild

Beim Rüsten der Druckmaschine stellen Sie Fehler im Druckbild fest. Nennen Sie den Fachbegriff für den abgebildeten Fehler, die Ursache dazu und Möglichkeiten unmittelbarer Abhilfe.

a)

b)

133 Terminologie – Flexodruck (1)

Zu einer eindeutigen Kommunikation in der Druckerei und mit dem Service ist eine gemeinsame Sprache (Fachterminologie) erforderlich. Erarbeiten Sie dazu – möglichst in einem Team – die folgenden Fachbegriffe und präsentieren Sie danach Ihre Terminologie.

- automatische Einstellung der Druckbeistellung
- CFK
- Direktantrieb
- Dorn
- Druckabwicklung
- Kissprint
- modulare Ausstattung der Flexodruckmaschine
- Rapport
- Toleranzen (im Druckprozess)
- wasserbasierte Druckfarbe

Für Lösung bitte separates Blatt verwenden!

134 Terminologie – Flexodruck (2)

Zu einer eindeutigen Kommunikation in der Druckerei und mit dem Service ist eine gemeinsame Sprache (Fachterminologie) erforderlich. Erarbeiten Sie dazu – möglichst in einem Team – die folgenden Fachbegriffe und präsentieren Sie danach Ihre Terminologie.

- Adapter
- Bahnspannung
- Druckkennlinie
- Farbmengenübertragung
- kohlefaserverstärkter Kunststoff
- Kompressibilität
- Rasterwalzenoberflächen
- Rüstzeit
- Substrat
- Wellpappen-Direktdruck

Für Lösung bitte separates Blatt verwenden!

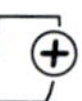

TIEFDRUCK

135 Tiefdruckverfahren

Der Rakeltiefdruck, allgemein unter Fachleuten verkürzt nur Tiefdruck genannt, arbeitet im Illustrationsdruck mit sehr großen Druckmaschinensystemen. Nennen Sie alle wesentlichen Baugruppen (Aggregate) von der Rollenabwicklung bis zum Falzprodukt sowie deren Funktion.

Für Lösung bitte separates Blatt verwenden!

136 Tiefdruckverfahren

Neben dem Rakeltiefdruck, dem wichtigsten Tiefdruckverfahren, werden industriell der Tampondruck, der Stahlstichdruck und der Stahlstichprägedruck eingesetzt. Sie arbeiten in einem Tiefdruckbetrieb.

Beschreiben Sie einen Arbeitsablauf im (Rakel-)Tiefdruck von druckfertigen Zylindern und dem Rüsten der Druckmaschine bis zum Auflagendruck.
Geben Sie dazu u. a. an: Druckmaschine (Bezeichnung, Systemtechnik), zu druckendes Produkt, eingesetzte Materialien, Rüsten der Druckmaschine, Druckfreigabe, Qualitätssicherung im Auflagendruck.

Für Lösung bitte separates Blatt verwenden!

137 Tiefdruck

Tiefdruckereien für den Illustrations- und Akzidenzdruck sind industrielle Großbetriebe, die nur an wenigen Standorten in Deutschland produzieren. Der Tiefdruck steht bei diesen Produkten inzwischen in einem sehr starken Wettbewerb mit dem Rollen-Offsetdruck, der viele Marktanteile gewonnen hat.

a) Beschreiben Sie kurz wesentliche Vorteile des Tiefdrucks gegenüber dem Rollen-Offsetdruck.

b) Begründen Sie, warum der Rollen-Offsetdruck in diesem Marktsegment bedeutende Marktanteile hinzugewonnen hat.

138 Tiefdruckverfahren – Produktqualität

Sie sind Kundenberater einer Verpackungsdruckerei, die flexible Verpackungen im Tiefdruck produziert.
In einem Beratungsgespräch informieren Sie einen Kunden über die herausragenden Qualitäten des Tiefdrucks für seine Premiumprodukte (Schokoladenverpackung).
Erläutern Sie kurz vier wesentliche Vorteile, die Sie in diesem Gespräch herausstellen.

Für Lösung bitte separates Blatt verwenden!

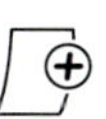

139 Tiefdruckverfahren

Der Tiefdruck wird für den Druck von sehr umfangreichen Illustrierten und Katalogen in hohen Druckauflagen, für den Druck von hochwertigen flexiblen Verpackungen, für den Dekordruck u. Ä. eingesetzt. Begründen Sie, warum sich der Tiefdruck nicht für den Druck von Tageszeitungen eignet.

Für Lösung bitte separates Blatt verwenden!

140 Tiefdruckverfahren

Der (Rakel-)Tiefdruck ist das Druckverfahren mit der zeitaufwendigsten und kostenintensivsten Druckformherstellung. Ein deutlicher Nachteil.

a) Erläutern Sie dagegen vier wesentliche Vorteile des Tiefdrucks gegenüber dem Flexodruck.

b) Erläutern Sie dagegen vier wesentliche Vorteile des Tiefdrucks gegenüber dem Rollen-Offsetdruck.

141 Tiefdruckverfahren – Dekordruck

Sie sind als Medientechnologe Druck „Tiefdrucker“ in einem Dekordruck-Unternehmen.

a) Erklären Sie, was ein Dekordruck ist und für welche unterschiedlichen Anwendungensbereiche Dekordrucke eingesetzt werden.

b) Im Gegensatz zum Illustrationstiefdruck werden ausgedruckte Druckformzylinder im Dekortiefdruck gelagert. Erklären Sie wichtige Gründe dazu.

c) Welche Materialien (Substrat bzw. Bedruckstoff, Druckfarben u. a.) werden im Dekordruck eingesetzt?

142 Tiefdruckverfahren – Dekordruck

Bedruckte Dekorpapiere (Spezialpapiere) werden fast ausschließlich in anderen Industrien zu dem benötigten Werkstoff weiterverarbeitet.

a) Erklären Sie, wie in der Holzwerkstoffindustrie das bedruckte Dekorpapier weiterverarbeitet wird.

b) Welche qualitativen Eigenschaften muss der Dekordruck für die Weiterverarbeitung und die Anwendung in der Möbelindustrie aufweisen?

143 Tiefdruckverfahren – Tampondruck

Der Tampondruck wird für spezielle Druckarbeiten eingesetzt, für die kaum ein anderes Druckverfahren geeignet ist.
Beschreiben Sie einen Arbeitsablauf im Tampondruck von der Druckform und dem Rüsten der Druckmaschine bis zum Auflagendruck.
Geben Sie dazu u. a. an: Druckmaschine (Bezeichnung, Systemtechnik), zu druckendes Produkt, eingesetzte Materialien, Rüsten der Druckmaschine, Druckfreigabe, Qualitätssicherung im Auflagendruck.

Für Lösung bitte separates Blatt verwenden! 

144 Druckformzylinder

Die Druckform ist im industriellen Tiefdruck immer ein Zylinder. Für jeden Druckauftrag müssen neue Bebilderungen von Druckformzylindern gefertigt werden.

a) Ein wichtiger Vorteil für die Produktion im Tiefdruck ist die Formatvariabilität. Erklären Sie an zwei Beispielen, was darunter zu verstehen ist.

b) Beschreiben Sie in einer Übersicht die Druckformzylinderherstellung „Computer-to-Cylinder".

Für Lösung bitte separates Blatt verwenden! 

145 Druckformzylinder – Rohzylinder

Basis des Druckformzylinders ist der Rohzylinder, ein dynamisch ausgewuchtetes Stahlrohr, das in der Oberfläche gereinigt und entfettet sowie mit einer sehr dünnen Nickelschicht beschichtet wird. Danach erhält der Zylinder eine Grundverkupferung.

a) Welchen Zweck hat diese Grundkupferschicht?

b) Nennen Sie zwei Verfahren, mit denen Tiefdruckzylinder nach der Grundverkupferung für die Bebilderung vorbereitet werden können.

146 Druckformzylinder – Vorbereitung

Die Massivaufkupferung und das Ballard-Verfahren sind zwei wichtige Verfahren zur Vorbereitung des Tiefdruckzylinders für die Bebilderung (Gravur).

a) Beschreiben Sie den verfahrenstechnischen Unterschied zwischen beiden Verfahren.

b) Welche vier Vorteile hat das Ballard-Verfahren gegenüber der Massivaufkupferung?

c) Welche Vorteile hat die Massivaufkupferung gegenüber dem Ballard-Verfahren?

d) Welches der beiden Verfahren wird heute überwiegend im Verpackungstiefdruck eingesetzt?

147 Druckformzylinder – Bildwiedergabe

Das Druckbild in einem Tiefdruckzylinder besteht grundsätzlich aus Stegen und Näpfchen. Skizzieren und beschreiben Sie die Bildwiedergabe (Ton- und Farbwerte) bei den drei Verfahren:

a) tiefenvariabel

b) tiefen- und flächenvariabel

c) flächenvariabel

148 Druckformzylinder – Bebilderung

Das derzeit wichtigste Verfahren zur Bebilderung der Druckformzylinder – direkt aus dem Datenbestand mit ausgeschossenen digitalen Seiten – ist die elektromechanische Gravur.
Erarbeiten Sie eine Übersicht zum Ablauf der elektromechanischen Gravur. Verwenden Sie dazu u. a. die Fachbegriffe: Näpfchen, Stege, Tonwerte, Diamantstichel, Näpfchengeometrie, Gravierkopf, Frequenz, dunkler Tonwert, heller Tonwert.

Für Lösung bitte separates Blatt verwenden! 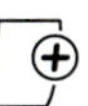

149 Druckformzylinder

Der Tiefdruck ist im Zylinderumfang und der Druckbreite im Druckwerk und im Falzapparat variabel. Daher können Druckseiten unterschiedlich angeordnet werden.

a) Skizzieren Sie einen Druckformzylinder (schematisch vereinfacht) mit stehenden Seiten.

b) Welche Laufrichtung hat das Papier im Endprodukt (bezogen auf den Bund)?

150 Druckformzylinder – Bebilderung

Bei der üblichen elektromechanischen Gravur gibt es einen erheblichen Nachteil: Alle Bildelemente, also auch feine Strichzeichnungen und Schriften, werden gerastert.

a) Erklären Sie, wie sich dieses Rastern im Druckbild auswirkt.

b) Durch welche neue Technologie, die insbesondere im Verpackungsdruck eingesetzt wird, ist dieses Problem gelöst worden?

151 Druckformzylinder – Bebilderung

Bei der elektromechanischen Gravur erhalten die Druckformzylinder für die einzelnen Prozessfarben unterschiedliche Näpfchenformen.
Erklären Sie, aus welchen Gründen die Näpfchenformen variiert werden.

152 Druckformzylinder – Bebilderung

Im Druckprozess müssen Ton- und Farbwerte optimal dem druckverbindlichen Proof entsprechen.
Durch welche „Maßnahmen" in der Druckformherstellung werden unterschiedliche Oberflächeneigenschaften des Materials (Bedruckstoff, Substrat) in der Druckformherstellung berücksichtigt?

______

______

______

153 Druckformzylinder – Verchromung

Nach der Gravur in Kupfer wird der Druckformzylinder verchromt.

a) Begründen Sie, warum Druckformzylinder für die Druckproduktion verchromt werden müssen.

______

______

______

b) Mit welcher Dicke soll der Druckformzylinder verchromt werden (Circaangabe in µm)?

______

154 Druckformzylinder – Korrektur

Der früher übliche Andruck zur Kontrolle der Qualität ist weitgehend durch einen druckverbindlichen Proof ersetzt worden. Nur in Tiefdruckereien für hochwertigen Verpackungsdruck wird noch angedruckt.
Bei erforderlichen Änderungen können Korrekturen manuell am Druckzylinder ausgeführt werden. Beschreiben Sie dazu kurz das Prinzip und das Ergebnis bei:

a) Pluskorrekturen

______

______

b) Minuskorrekturen

______

______

155 Druckmaschinen

Tiefdruckmaschinen für den Illustrationsdruck sind industriell produzierende Systeme für hochauflagige, umfangreiche Produkte wie Illustrierte und Kataloge.
Die Abbildung zeigt Ihnen das Druckwerk einer Tiefdruckmaschine.
Benennen Sie die restlichen Bauelemente der dargestellten Abbildung.

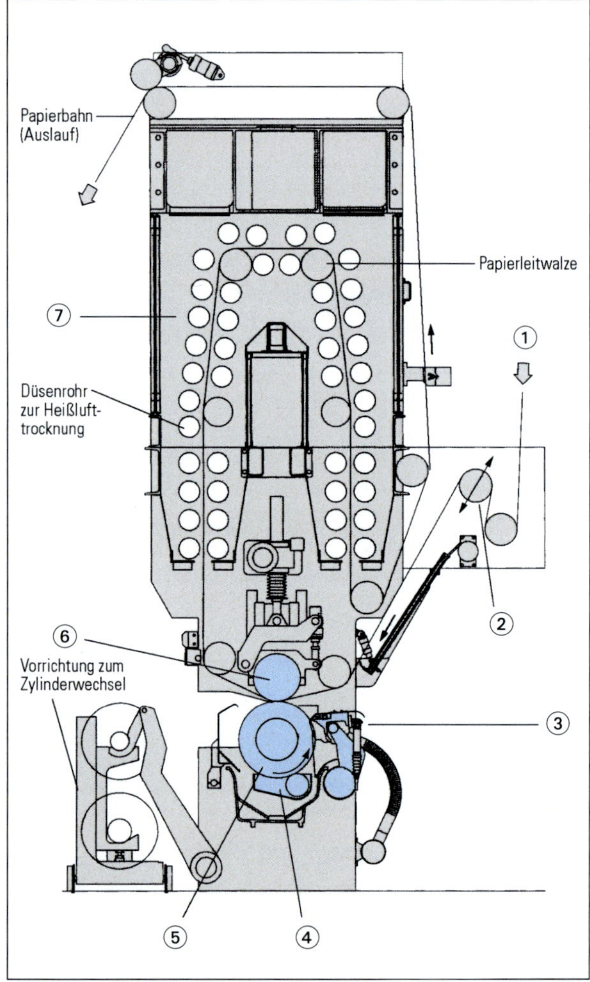

① = ______

② = ______

③ = ______

④ = ______

⑤ = ______

⑥ = ______

⑦ = ______

156 Druckmaschinen

Der Tiefdruck wird in verschiedenen Produktionsbereichen eingesetzt. Die wichtigsten Produktgruppen sind der Druck von Illustrationen, flexiblen Verpackungen, Dekoren, Tapeten und Wertpapieren.
Nennen Sie wesentliche Baugruppen einer Tiefdruckmaschine für den …

a) Illustrationsdruck

b) Verpackungsdruck

c) Dekordruck

157 Druckmaschinen

Moderne Tiefdruckmaschinen für den Druck flexibler Verpackungen sind modular aufgebaut. Ein Hersteller liefert eine Druckmaschine für flexible Verpackungen mit folgenden technischen Daten:

- bis zu 12 Druckwerke
- Druckbreite 600 mm bis 1400 mm
- Drucklänge 400 mm bis 920 mm
- Maschinengeschwindigkeit 500 m/min

a) Erklären Sie, warum diese Druckmaschinen mit bis zu zwölf Druckworken ausgestattet werden können.

b) Erklären Sie, warum so unterschiedliche Druckbreiten und Drucklängen für die Produktion benötigt werden.

c) Berechnen Sie die Fläche (m^2), die maximal bei einer Zylinderumdrehung bedruckt werden kann.

158 Sicherheit

Die BG ETEM formuliert in einer Sicherheitsinformation zum Brandschutz im Tiefdruck und Flexodruck: „Sicherheit und Qualität gehören eng zusammen."

a) Geben Sie an, wer die BG ETEM ist und wo sie ihren Sitz hat.

b) Begründen Sie, warum Sauberkeit und sauberes Arbeiten mit der Sicherheit und der Qualität zusammenhängen.

159 Sicherheit

In Tiefdruckereien gilt ein absolutes Rauchverbot. Dazu gibt die BG ETEM umfassende Informationen heraus.

a) Erläutern Sie kurz verschiedene Gründe, warum das Rauchen in der Druckerei streng verboten ist.

b) Skizzieren Sie das Sicherheitszeichen für das Rauchverbot.

160 Sicherheit

In einem Unternehmen werden flexible Verpackungen und Kartonverpackungen (Faltschachteln) für Lebensmittel produziert. Nennen Sie wichtige Vorgaben …

a) für die verwendeten Materialien.

b) für die Mitarbeiter im Produktionsprozess.

161 Sicherheit – Statische Elektrizität

Im Illustrations- und Verpackungstiefdruck wird überwiegend mit leicht entzündlichen, lösemittelhaltigen Druckfarben gearbeitet.
Höchste Priorität zur Sicherheit in der Druckerei hat daher besonders der Brandschutz. In diesem Zusammenhang ist in den Druckwerken die statische Elektrizität sorgfältig zu beachten.

a) Erklären Sie, was eine „statische Elektrizität" ist.

b) Erklären Sie, wie es zu statischen Aufladungen kommen kann.

c) Nennen Sie fünf Sicherheitsmaßnahmen zur Verringerung oder sogar Verhinderung von Problemen durch statische Elektrizität (Drucker/Mitarbeiter, allgemeine Regeln, ESA).

162 Druckmaschinentechnik

Tiefdruckmaschinen werden von einem zentralen Leitstand gesteuert.

a) Nennen Sie zwei Möglichkeiten zur „Kommunikation" mit einem Management-Informations-System (Auftragsplanung und -steuerung) des Betriebes.

b) Nennen Sie fünf Einstellungen am Leitstand beim Rüsten und beim Auflagendruck.

163 Druckmaschinen – Rollenträger

Rollenträger müssen Papierrollen, z. B. in Illustrationsdruckmaschinen über sechs Tonnen Gewicht, tragen und bei einem automatischen Rollenwechsel beherrschen.

a) Beschreiben Sie das Vorbereiten einer Rolle (Papier, Folie) für die Rollenbeschickung.

b) Beschreiben Sie die wesentlichen Funktionen bei einem automatischen Rollenwechsel.

Für Lösung bitte separates Blatt verwenden! 

164 Druckmaschinentechnik – Bahnspannung

Hohe Druckgeschwindigkeiten mit konstanter Druckqualität erfordern eine störungsfreie Produktion in der Druckmaschine. Eine gleichbleibende Materialbahnspannung ist eine wichtige Voraussetzung, um Störungen im Betrieb zu vermeiden.
Welche Folgen hat eine …

a) zu niedrige Bahnspannung?

b) zu hohe Bahnspannung?

165 Druckmaschinentechnik – Bahnspannung

Um die Bahnspannung in der Druckmaschine konstant zu halten, wird eine in vertikaler Richtung frei bewegliche Tänzerwalze (auch Pendelwalze genannt) in die Materialbahn eingehängt. Eine Bahnzugregelung hält die Position des Tänzers mittig. Die Tänzerstellung wird über ein Potenziometer erfasst.
Beschreiben Sie eine Möglichkeit, wie die Bahnspannung automatisch konstant gehalten wird.

Für Lösung bitte separates Blatt verwenden! 

166 Druckmaschinentechnik – Bahnspannung

Doppel-Rollenträger arbeiten mit zwei Bahnspannungssystemen. Das erste Bahnspannungssystem arbeitet unmittelbar am Rollenträger. Das folgende zweite Bahnspannungssystem wird Vorspannsystem (auch: Einzugssystem) genannt.
Welche Funktion hat dieses zweite Bahnspannungssystem?

167 Druckwerk – Einfärbung

Im industriellen Tiefdruck liegen in der Druckform alle Bildstellen (druckenden Elemente) vertieft. Die niederviskose Druckfarbe wird unmittelbar vor der Druckzone von der Oberfläche des Druckformzylinders abgerakelt.

a) Erklären Sie, wodurch eine gleichmäßige Führung der Rakel auf dem Druckformzylinder möglich ist.

b) Beschreiben Sie die Rakeleinrichtung (Aufbau der Rakel, Bestandteile).

c) Beschreiben Sie, welche Anstellungen der Rakel am Druckformzylinder allgemein (bzw. in Ihrem Betrieb) gewählt werden. Begründen Sie Ihre Angabe.

d) Es besteht die Möglichkeit, auch andere Rakelwinkel einzustellen. Beschreiben Sie zu zwei weiteren Möglichkeiten die Auswirkungen auf die Druckqualität.

Für Lösung bitte separates Blatt verwenden! 

168 Druckwerk – Einfärbung

In Tiefdruckmaschinen und auch der Peripherie gibt es die unterschiedlichsten Anwendungen für elastomere Walzenbezüge sowie für Walzenfunktionen, die direkt oder indirekt während des Druckprozesses oder während der Oberflächenveredelung der Bedruckstoffe benötigt werden.
Erklären Sie, für welchen Zweck Einfärbewalzen, auch Anspülwalzen genannt, eingesetzt werden.

169 Druckwerk – Presseur

Presseurwerkstoffe für den Illustrationstiefdruck weisen standardmäßig eine Härte von 90 Shore A auf. Im Dekor-, Verpackungs- und Wertpapiertiefdruck werden Härtegrade zwischen 75 Shore A und 90 Shore angeboten.
Erklären Sie, wie sich die erforderliche Druckkraft bei unterschiedlichen Härten des Presseurs auf den Druckstreifen (auch: Drucklinie) auswirkt.

170 Druckmaschinentechnik – Presseur

Presseure und Presseursleeves für den Druck werden auch mit elektrostatischer Druckhilfe (ESA) angeboten.

a) Erläutern Sie den Zweck und die Funktion einer elektrostatischen Druckhilfe.

b) Was bedeutet das Kürzel ESA? Ergänzen Sie den Satz: ESA ist die englische Abkürzung für …

171 Druckwerk – Presseur

Der Druckformzylinder mit dem Einfärbesystem sowie der Presseur sind die zentralen Elemente eines Tiefdruckwerks. Erklären Sie, welche Aufgaben der Presseur im Druckwerk hat.

172 Druckwerk – Presseur

Im Tiefdruck (Illustration) wird vielfach mit sehr großen Zylinderbreiten gedruckt.

a) Erklären Sie Probleme, die sich aus den großen Zylinderbreiten bei diesen „Druckmaschinen-Jumbos“ in der Drucklinie ergeben.

b) Beschreiben Sie kurz, wie dieses Problem zu lösen ist. Die Grafik zeigt ein solches System.

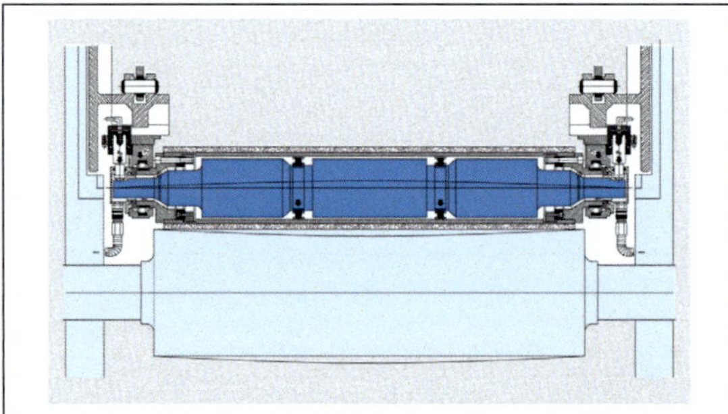

173 Druckfarbe

Tiefdruckfarben werden von dem Druckfarbenhersteller den Druckereien in einer höheren Viskosität und pigmentreicheren, konzentrierteren Form angeliefert, als man sie für den Druck benötigt. Erläutern Sie technische und ökonomische Gründe, warum Tiefdruckfarben nicht „produktionsfertig“ angeliefert werden.

174 Druckfarbe – Viskosität

Für ein optimales Druckergebnis ist die Viskosität der Druckfarbe ein wichtiger Einflussfaktor.
Von welchen drei Parametern hängt die einzustellende Viskosität wesentlich ab?

175 Druckfarbe

Die Druckfarbe ist für eine bestimmte Produktion „eingestellt“ worden. Dazu werden Lösemittel und Verschnitt eingesetzt.

a) Was sind Lösemittel und welche Wirkung haben sie in der Druckfarbe?

b) Was ist Verschnitt und welche Wirkung hat er in der Druckfarbe?

176 Druckfarbe

Im Verpackungstiefdruck wird die Trocknung der Druckfarbe durch Zugabe verschiedener Lösemittel an die jeweiligen Druckbedingungen angepasst.

a) Nennen Sie drei übliche Lösemittel, die im Verpackungsdruck eingesetzt werden.

b) Geben Sie die typischen Eigenschaften bzw. Wirkungen der genannten Lösemittel im Druckprozess an.

177 Druckfarbe – Lösemittel

Tiefdruckfarben trocknen physikalisch durch das Verdunsten von Lösemitteln. Durch die Reinigung der Abluft werden ca. 95 % der enthaltenen Lösemittel zurückgewonnen. Die dazu eingesetzten Anlagen verbinden optimal die Ökologie (Umwelt- und Gesundheitsschutz) sowie die Ökonomie.

a) Beschreiben Sie prinzipiell ein System zur Abluftreinigung.

b) Erklären Sie, warum auch ökonomische Vorteile bei der Abluftreinigung für das Unternehmen bedeutend sind.

178 Druckpraxis – Fehler

Im Druckbild sind sogenannte Missing Dots zu erkennen.

a) Beschreiben Sie, wie sich der Fehler im Druckbild bemerkbar macht.

b) Erklären Sie, wie es im Druckprozess zu diesem Fehler kommen kann.

c) Beschreiben Sie ein „Hilfsmittel“, mit dem dieser Fehler zu vermeiden ist.

179 Druckpraxis – Fehler

Im Auflagendruck bemerken Sie, dass leichte Tonwerte schwächer oder teilweise gar nicht mehr ausdrucken.

a) Beschreiben Sie eine Ursache im Zusammenhang mit der Druckfarbe.

b) Nennen Sie drei Maßnahmen, diese Fehler zu beseitigen.

180 Druckpraxis – Fehler

Ein Kollege spricht mit Ihnen über Fehler im Druck. Dabei beschreibt er Ihnen sogenannte Krähenfüße.

a) Erklären Sie, woran Krähenfüße im Druckbild zu erkennen sind.

b) Mit welcher Maßnahme (ein Beispiel dazu) können Sie die Ursache für Krähenfüße beseitigen.

181 Druckpraxis – Fehler

Im Druckbild sind parallel zur Zylinderachse Streifen zu erkennen, die ihre Lage kontinuierlich verändern.

a) Um welchen Fehler handelt es sich dabei?

b) Beschreiben Sie zwei Maßnahmen zur Verhinderung des Fehlers.

182 Druckpraxis – Fehler

Ein Problem im Verpackungsdruck ist das Migrieren.

a) Erklären Sie, was unter diesem Fachbegriff verstanden wird.

b) Beschreiben Sie mögliche Folgen des Migrierens.

183 Druckpraxis

Zur Regelung des Passers (vielfach Registerregelung genannt) wird bei einer Produktion die Papierbahn mit Steuermarken in Keilform bedruckt.

a) Erklären Sie, warum Steuermarken mit einer Keilform eingesetzt werden.

b) Erklären Sie, wie grundsätzlich eine Registerregelung im Produktionsablauf erfolgt.

184 Falzapparat

Das „Nadelöhr" bei immer höheren Druckgeschwindigkeiten und Druckbreiten im Illustrationstiefdruck ist der Falzapparat. Erklären Sie diese Problematik.

185 Überbau

Die hohe Flexibilität für den Druck unterschiedlichster Produkte ist eine Stärke des Tiefdrucks. Eine wichtige Rolle spielt dabei der Überbau mit seinen Wendestangen und der Falzapparat.

a) Nennen Sie drei Bauelemente der Bahneinlaufgruppe vor den Wendestangenelementen.

b) Beschreiben Sie stichpunktartig anhand der folgenden Grafik exemplarisch die Herstellung einer Zeitschrift. Beachten Sie dabei die Strangwendung und den ersten Falz.

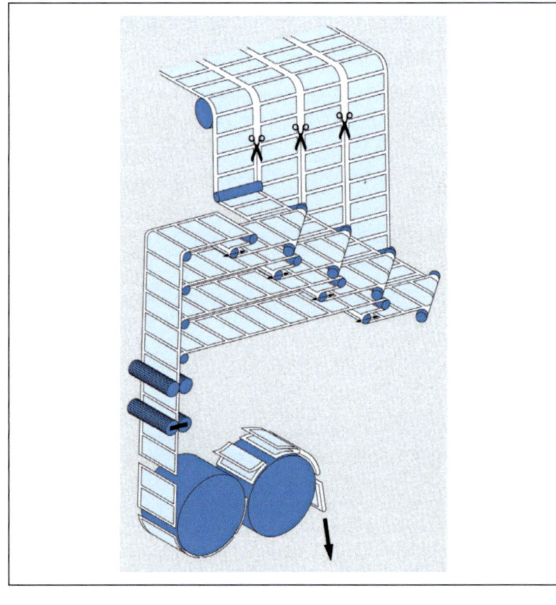

186 Drucktechnik

Im Druckprozess von Rolle auf Rolle ist es nicht möglich, ein bedrucktes Exemplar zur Qualitätskontrolle zu entnehmen. Das Stroboskop ermöglicht trotzdem eine visuelle Kontrolle. Beschreiben Sie die Funktion eines Stroboskops bei laufender Produktion.

187 Falzapparat – Elektrostatik

Moderne Tiefdruckmaschinen für den Illustrationsdruck laufen mit sehr hohen Druckgeschwindigkeiten. Um Störungen im Falzapparat und auch in der Druckweiterverarbeitung der Exemplare im Sammelhefter zu vermeiden, wird vor dem Einlaufen in den Falzapparat eine elektrostatische Papierstranghaftung eingesetzt.

a) Welche Störungen werden durch diese elektrostatische Papierstranghaftung (weitgehend) vermieden?

b) Beschreiben Sie die Wirkung dieser Einrichtung auf die Papierstränge.

188 Drucktechnik

In der Drucktechnik werden verschiedene Fachbegriffe verwendet. Erklären Sie kurz die folgenden Begriffe:

- Adsorptionsverfahren
- Drucklinie
- Konterdruck
- Näpfchenvolumen
- Rakelhub
- Reiterlehre
- Stammdruckfarbe
- Stützrakel
- Toluol

Für Lösung bitte separates Blatt verwenden! 

189 Druckmaschinen

Eine Tiefdruckmaschine für den Illustrationsdruck produziert mit einem Zylinderumfang von 900 mm. Sie läuft im Auflagendruck mit einer Zylinderdrehzahl von 40 000 U/h (Umdrehungen/Stunde).
Mit welcher Geschwindigkeit in m/s läuft die Papierbahn durch die Druckmaschine?

190 Drucktechnik

Beim Druck von Banknoten oder auch hochwertigem Briefpapier wird vielfach ein weniger bekanntes Tiefdruckverfahren eingesetzt. Dabei wird eine spezielle Druckfarbe unter hohem Druck (mehrere Tonnen pro cm^2) auf das Papier übertragen. Dadurch entsteht ein fühlbares Relief.

a) In welchem Tiefruckverfahren wird gedruckt?

b) Dieses Verfahren ist auch unter einem besonderen Namen bekannt. Nennen Sie diese Bezeichnung.

191 Drucktechnik – Inline

Eine Verpackungsdruckmaschine ist mit einer Inline-Kaschierung ausgestattet. Erklären Sie, für welche Aufgaben (Zweck, Einsatzbereich) diese Anlage verwendet wird.

192 Druck – Inline-Messung

Eine Offline-Messung zur Kontrolle der Farbgebung erfordert, aus der laufenden Bahn Material herauszuschneiden und spektral zu messen. Dieser Vorgang stört die laufende Produktion und ist zudem nur die Messung einer Stichprobe. Seit einiger Zeit sind Systeme zur Inline-Farbmessung auf dem Markt.

a) Beschreiben Sie prinzipiell das Messen mit einem solchen System.

b) Nennen Sie wichtige technische Voraussetzungen, die gegeben sein müssen, um die Produktion permanent sicher zu überwachen.

Für Lösung bitte separates Blatt verwenden! 

193 Druckformen

Die Abbildung zeigt verschiedene Druckformen.

a) In welchem Druckverfahren werden diese Druckformen eingesetzt?

b) Beschreiben Sie drei dieser Druckformen nach Art, Technologie der Anwendung und dem Einsatzbereich.

Für Lösung bitte separates Blatt verwenden! 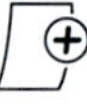

194 Druckmaschinentechnologie

Ein Druckmaschinenhersteller bietet bei einer Fachmesse der Druckindustrie eine neue Druckmaschine an. In der Pressemitteilung und Produktbroschüre schreibt das Unternehmen u. a.:

- Das innovative Maschinensystem mit der EVA-Plattform (Easy Value Add-Plattform) steht für schnellen, einfachen und variablen Verfahrenswechsel. Dadurch sind auftragsorientierte Konfigurationen der Maschine jederzeit möglich.
- Die höchst effiziente Inline Flachstanzlösung garantiert hohen Ausstoß bei geringen Werkzeugkosten und kurzen Einrichtzeiten.
- Unser rotatives Reliefschnittmodul ermöglicht anspruchsvollste Inline-Veredelung mit Null-Toleranz zwischen Heißfolie und Reliefprägung.
- Der bewährte HiDef Flexodruck sorgt für beste Produkt- und Druckqualität mit allen Vorzügen des Flexodrucks sowie stabiler Qualität über die gesamte Auflage auch bei höchster Produktionsgeschwindigkeit.
- Eine Vielzahl optionaler Veredelungsmodule für Siebdruck, Heißfolienpräge- und Kaltfoliendruck sowie Kaschierung ermöglichen flexible Veredelungen. Der Druck von Sicherheitselementen und -farben, z. B. Microtaggants sowie Hologrammen erhöhen die Fälschungssicherheit.
- Mit konsequenter Modularität und offener Schnittstellenarchitektur garantieren wir eine zukunftssichere Investition mit Nachrüstmöglichkeiten und Integration der neuesten Technologien.
- Für mehr Produktivität sorgt der Flying Imprint/ Jobchange mit dem „fliegenden Auftragswechsel" ohne Maschinenstopp bei nur wenigen Metern Makulatur.

a) Erklären Sie, um welches Druckmaschinensystem (vgl. Druckverfahren, Modularität) es sich bei dieser Druckmaschine handelt.

b) Die Druckmaschine arbeitet mit einer sogenannten EVA-Plattform (Easy Value Add-Plattform). Welche Vorteile bietet dieses System?

c) Erklären Sie die folgenden Begriffe.

Heißfolienprägung:

Reliefprägung:

HiDef Flexodruck:

Microtaggent:

Hologramm:

Modularität:

13 DIGITALDRUCK

Digitale Drucksysteme

Kommunikationsdrucker • s/w • Farbe	**Proofdrucker** • Farbe	**Digitaldruckmaschine** • s/w • Farbe	**Large Format Printer** • Farbe
Bürodrucker mit Anbindung an digitale Rechner Produktion: • Kleinauflagen Verfahrenstechnik: • Inkjet (Tintenstrahl) • Elektrofotografie	Drucker zur Erstellung von farbverbindlichen Proofs Produktion: • wenige Exemplare Verfahrenstechnik: • Inkjet (Tintenstrahl) • Thermosublimation	Druckmaschinensysteme für digitale Druckproduktion Produktion: • Auflagendruck, Bogen-, Rollendruckmaschinen Verfahrenstechnik: • Elektrofotografie • Inkjet (Tintenstrahl)	Großformatdrucker Produktion: • wenige Exemplare Verfahrenstechnik: • Inkjet (Tintenstrahl)

Kodak Prosper: Eindrucksystem

Epson SureColor: Rollendruck

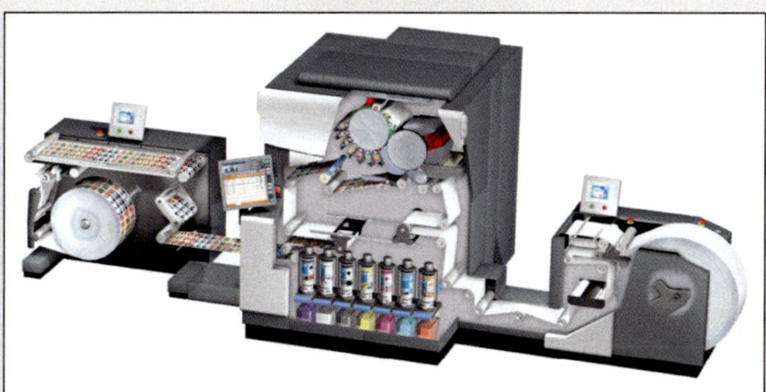

HP Indigo: Rollendruck (ohne Frontabdeckung)

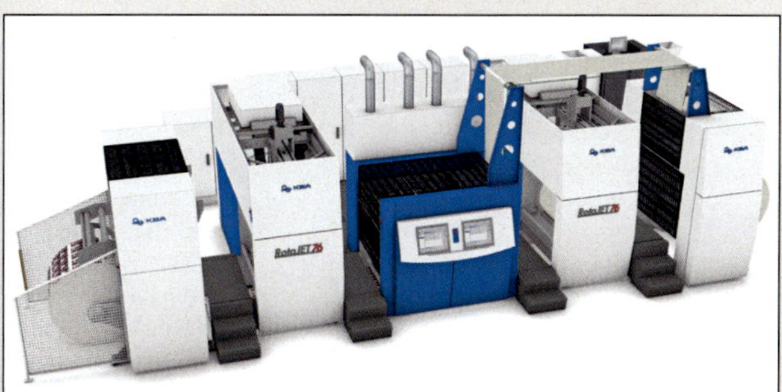

KBA RotaJet 76

Arbeitsablauf Digitaldruck – High-End-System

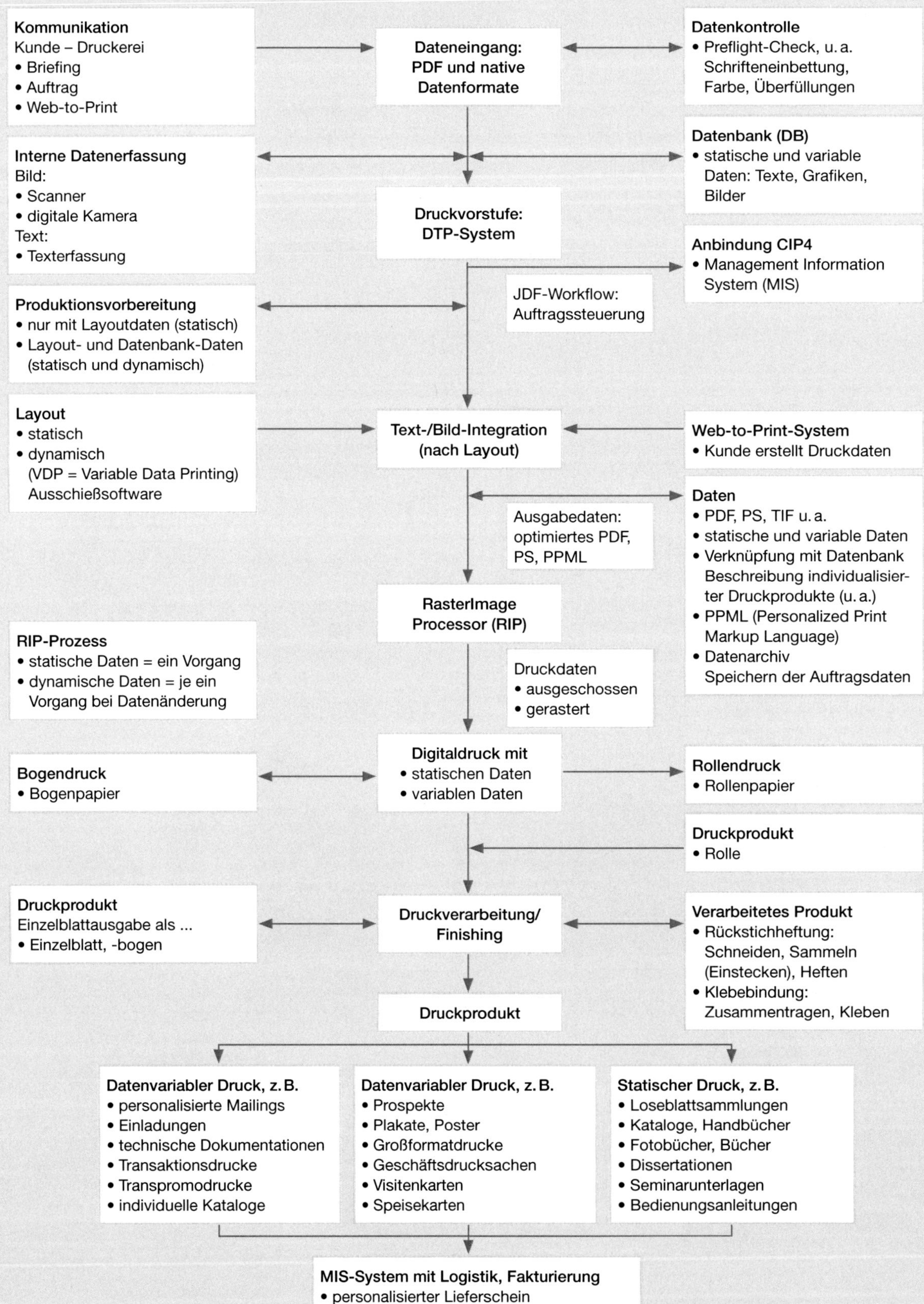

1 Digitaldruck – neue Geschäftsfelder

Der Digitaldruck eröffnet völlig neue Geschäftsfelder für gedruckte Produkte und damit auch für die Druckereien. Diese Trends in der Informationsverarbeitung verändern die Struktur der Printmedienproduktion.

a) Nennen Sie vier Trends (Kundenwünsche, technische Entwicklungen, Digitalisierung u. a.), die Möglichkeiten für neue Druckproduktionen bieten.

b) Nennen Sie vier Digitaldruck-Produkte und erläutern Sie, warum diese aus technischen bzw. wirtschaftlichen Gründen nur im Digitaldruck hergestellt werden können.

Für Lösung bitte separates Blatt verwenden! 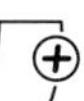

2 Digitaldruck – Geschäftsfelder

In der Broschüre „Geschäftsfeld Digitaldruck" (bvdm, Mai 2008) werden in einem Tortendiagramm die Anteile der Digitaldruck-Geschäftsfelder aufgezeigt:
45 % statischer Kleinauflagendruck
5 % ortsverteiltes Drucken
10 % variabler Datendruck
40 % bedarfsorientiertes Drucken
Erklären Sie, was bzw. wie in diesen Geschäftsfeldern jeweils produziert wird.

a) statischer Kleinauflagendruck

b) ortsverteiltes Drucken

c) variabler Datendruck

d) bedarfsorientiertes Drucken

3 Digitaldruck – Technologien

Der Digitaldruck bietet mit unterschiedlichen Technologien eine Vielfalt von Produktionsmöglichkeiten. Sie werden in einer Digitaldruckerei ausgebildet. In Ihrer beruflichen Schule möchten Sie (ggf. mit einem Team) die Technologien und Anwendungsgebiete des Digitaldrucks in einem PowerPoint-Vortrag vorstellen. Inhalte sollen u. a. sein: Was ist eigentlich Digitaldruck? Wichtige Verfahrenstechniken. Kunden. Datenqualität. Voraussetzungen für einen qualitativ guten Druck. Informationsübertragung (zwei Beispiele zu unterschiedlichen Verfahren). Produkte. Wirtschaftlichkeit, Kosten.

a) Erarbeiten Sie mind. zwölf Folien mit Text, Grafik, Bild und skizzieren Sie einen Entwurf auf Blättern DIN A4 quer. Diskutieren Sie diesen Entwurf mit Ihrem Team. Soweit erforderlich, optimieren Sie den Entwurf.

b) Setzen Sie den Entwurf in einen PowerPoint-Vortrag um und halten Sie diesen in Ihrer Klasse. Ihren Entwurf und Ausdrucke der einzelnen Folien heften Sie in Ihrer persönlichen Dokumentation ab.

Erörtern Sie die Aufgabenstellung in der Gruppe! 

4 Digitaldruck – technische Merkmale

Druckverfahren werden in übergeordnete Hauptdruckverfahren (Gruppen von Druckverfahren mit gleichen typischen Merkmalen) unterteilt. Jedes Druckverfahren hat bestimmte technische Merkmale, in denen es sich von anderen unterscheidet. Nennen Sie vier typische Merkmale, durch die sich Digitaldruckverfahren von anderen Druckverfahren unterscheiden.

5 Digitaldruck – Technologien

Manche Druckmaschinenhersteller bezeichnen die von ihnen angebotene Druckmaschinentechnologie „Computer-to-Press" als Digitaldruckmaschinen. Begründen Sie, warum Computer-to-Press-Systeme keine Digitaldruckmaschinen sind.

6 Digitaldruck – Technologien

Digitaldruckmaschinen arbeiten mit unterschiedlichen Drucktechnologien im Bogen- und im Rollendruck. Die wichtigsten Technologien sind elektrofotografische Verfahren sowie Inkjet-Verfahren. Beschreiben Sie stichpunktartig die Informationsübertragung (Druckprozess) mit einem …

a) elektrofotografischen Verfahren.

b) Inkjet-Verfahren.

7 Elektrofotografie

Elektrofotografische Verfahren übertragen Bildinformationen durch Toner auf den Bedruckstoff.

a) Erklären Sie, in welchen Merkmalen sich die zwei prinzipiell unterschiedlichen Tonersysteme unterscheiden.

b) Nennen Sie je einen Hersteller von Digitaldruckmaschinen zu den angegebenen Tonersystemen.

c) Beschreiben Sie mögliche Unterscheidungsmerkmale der beiden Tonersysteme beim Druck auf gestrichenen Papieren.

8 Digitaldruck – Technologien

Digitaldruckverfahren sind sogenannte NIP-Druckverfahren, die sich grundlegend in die zwei Technologien Computer-to-Print und Computer-to-Paper unterteilen lassen. Erklären Sie kurz die Bezeichnungen:

a) NIP-Druckverfahren

b) Computer-to-Print

c) Computer-to-Paper

9 Druckmaschinensystem

Für (fast) jeden Einsatzbereich gibt es besonders geeignete Digitaldrucksysteme. Das heißt aber auch, dass nicht jedes System für alle Aufgabenbereiche geeignet ist. Beschreiben Sie jeweils kurz den Einsatzbereich für diese Systeme und geben Sie dazu an, warum diese besonders für diesen Bereich geeignet sind:

a) Proofdrucker

b) Digitaldruckmaschinen Schwarz-Weiß

c) Digitaldruckmaschinen Farbe

d) Large Format Printer

10 Elektrofotografische Verfahren – Trockentoner

Die Übertragung der Bildinformationen erfolgt je nach Technologie des Systems mit Trockentoner (Feststoffpartikel) oder mit Flüssigtoner (Flüssigfarbe, HP Indigo ElectroInk). Beschreiben Sie den Prozessablauf für den Druck einer Druckfarbe prinzipiell vereinfacht in den folgenden sechs Ablaufstufen. Geben Sie jeweils dazu die entsprechende Position in der Grafik an.

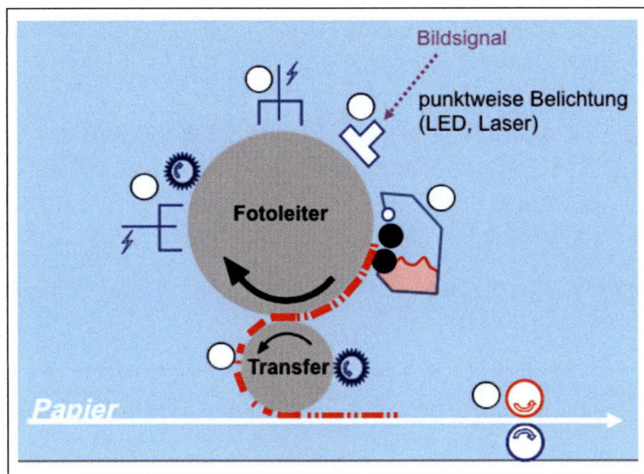

a) ① Aufladen der Bildtrommel

b) ② Bebilderung

c) ③ Bildentwicklung

d) ④ Bildtransfer (Bildübertragung)

e) ⑤ Bildfixierung

f) ⑥ Reinigen und Vorbereiten der Bildtrommel

11 Inkjet-Verfahren

Bei Inkjet-Verfahren werden die Bildinformationen in Form feinster Tröpfchen auf den Bedruckstoff gespritzt. Bei diesen Verfahren unterscheidet man grundsätzlich zwei verschiedene Technologien für das Erzeugen und Verspritzen feinster Tröpfchen.

a) Nennen Sie diese beiden Technologien.

b) Nennen Sie zwei Hersteller von Digitaldruckmaschinen, die mit der Inkjet-Technologie arbeiten.

12 Informationsübertragung

Im Druckprozess wird zur Informationsübertragung mit Trockentoner ein sichtbares, temporäres Druckbild erzeugt.

a) Erklären Sie, was ein temporäres Druckbild ist und welche „Funktion“ es hat.

b) Welche Funktionen hat die Korona im elektrofotografischen Verfahren?

13 Druckmaschinensystem

Auf einem Datenblatt wird die Technologie einer Digitaldruckmaschine zusammengefasst. Auszüge:

- Drucktechnologie: Elektrofotografie, Trockentoner
- Papierlauf/Druck: Single Pass
- Druckstation: 2 x 4 (Duplex)
- Bildtrommel: OPC
- Bebilderung: LED-Array, 600 dpi
- Entwicklung: Zweikomponententoner
- Toner: ca. 7 µm (mittlerer Durchmesser)
- Carrier: 60 µm (mittlerer Durchmesser)
- Fixierung: kontaktlos durch Infrarotstrahler und anschließender Kühlung

a) Erklären Sie kurz diese Drucktechnologie.

b) Was bedeutet bei Papierlauf/Druck die Angabe Single Pass?

c) Die Druckstation arbeitet im Duplexverfahren. Was bedeutet dies?

d) Zu welchem Zweck wird eine Bildtrommel eingesetzt?

e) Die Bebilderung erfolgt mit 600 dpi. Welche Information gibt diese Angabe für die Bildwiedergabe?

f) Tonerteilchen haben einen mittleren Durchmesser von 7 µm. Wie viele Teilchen ergeben (theoretisch) aneinandergereiht 7 cm?

g) In welchem Wellenbereich liegen etwa Infrarotstrahlen?

h) Wie wirkt sich das Bestrahlen mit infraroter Energie auf den Bedruckstoff (Substrat) aus?

i) Erklären Sie, warum nach dem Bestrahlen eine Kühlung erforderlich ist.

14 Informationsübertragung

Bei elektrofotografischen Verfahren wird eine speziell beschichtete Trommel mit digitalen Daten bebildert. Für die Belichtung werden Laser oder LEDs (Light Emitting Diodes) eingesetzt.

a) Erklären Sie, was einen Laser von einer üblichen Lichtquelle unterscheidet.

b) Beschreiben Sie die wesentlichen Eigenschaften der Bildtrommel, die zur Bebilderung erforderlich sind.

c) Bei der Beschreibung einer Bildtrommel wird die Abkürzung OPC genannt. Was bedeutet die Abkürzung der englischen Bezeichnung und wie ist diese ins Deutsche zu übersetzen?

15 Trockentoner

Für den tonerbasierten Druckprozess gibt es Toner mit unterschiedlichen Teilchengrößen.

a) Erläutern Sie, warum bzw. wie die Tonerteilchengröße die Druckqualität beeinflusst.

b) Erklären Sie, warum Tonerteilchengrößen unter 5 µm nicht eingesetzt werden dürfen.

16 Trockentoner

Der Toner besteht aus 80 % bis 90 % Harzen (Polymeren), 5 % bis 15 % Farbpigmenten, verschiedenen Additiven sowie einem weiteren, für den Prozess wichtigen Bestandteil.

a) Welche Eigenschaft müssen diese für den Prozess wichtigen „Teilchen" haben?

b) Erklären Sie, wie Trockentoner auf dem Substrat (Papier) fixiert wird und damit wischfest haftet.

17 Trockentoner

Konventionelle Toner enthalten Harze, die bei Temperaturen zwischen 60 °C und 90 °C schmelzen, bei Raumtemperatur abkühlen und dadurch auf der Oberfläche des Bedruckstoffes (Substrat) haften. Der Vorgang ist jedoch auch wieder umkehrbar, d. h. das Harz schmilzt bei höheren Temperaturen erneut. Ein konventioneller Toner ist daher für thermische Beanspruchungen eines Endproduktes nicht geeignet. Beurteilen Sie:

a) Vordrucke für Geschäftsdrucksachen (Briefbogen, Rechnungen, Lieferscheine u. Ä.) wurden mit einem konventionellen Toner gedruckt. Der folgende Eindruck von kaufmännischen Daten (z. B. Rechnung) soll mit einem Laserdrucker oder im elektrofotografischen Digitaldruck erfolgen.

b) Eine flexible Verpackung fordert eine Heißsiegelfähigkeit. Welcher Tonertyp wäre für diesen Druck geeignet? Begründen Sie dazu kurz Ihre Anwort.

18 Trockentoner

Trockentoner bestehen aus festen Bestandteilen, die aus einer oder zwei Komponenten bestehen können. Überwiegend wird heute in digitalen Produktionssystemen der Zweikomponententoner eingesetzt.

a) Beschreiben Sie die Zusammensetzung des Zweikomponententoners im Vergleich zum Einkomponententoner.

b) Welche wesentlichen Vorteile hat der Zweikomponententoner gegenüber dem Einkomponententoner.

19 Bogendruck – Transfer von Flüssigfarbe

Das Druckwerk besteht im Prinzip aus einer zusammenwirkenden Funktionseinheit: Belichtungseinheit, Drucktuchzylinder (Gummituch) und Druckzylinder (Gegendruckzylinder genannt).
Beschreiben Sie das Drucken von zwei Druckfarben im Bogendruck auf Papier mit einer HP Indigo und ElectroInk in einzelnen Phasen. Beginnen Sie mit der Übertragung der digitalen Bildinformationen (Daten).

20 Flüssigfarbe

Farbdrucke werden auf einer HP Indigo grundsätzlich mit den Prozessfarben CMYK gedruckt. Welche Möglichkeiten bietet das Drucksystem zusätzlich für den farbigen Druck?

21 Elektrofotografische Verfahren – Flüssigfarbe

Im Unterschied zur Bebilderung mit Trockentoner setzt HP Indigo einen Flüssigtoner bzw. eine Flüssigfarbe ein, die sich HP Indigo ElectroInk nennt. Diese Flüssigfarbe kann elektrostatisch aufgeladen werden. Sie enthält Farbpigmente ähnlich den Offsetdruckfarben in einer Größe von etwa 1 µm und eine Transferflüssigkeit. Hinweis: PIP = Photo Imaging Plate, BID-Einheiten = Binary Ink Developer.

a) Die Abbildung zeigt schematisch die Ansicht eines Druckwerkes und den Ablauf in einzelnen Phasen. Nennen Sie die Einheiten im Druckwerk bzw. Vorgänge entsprechend der Ziffern 1 bis 5.

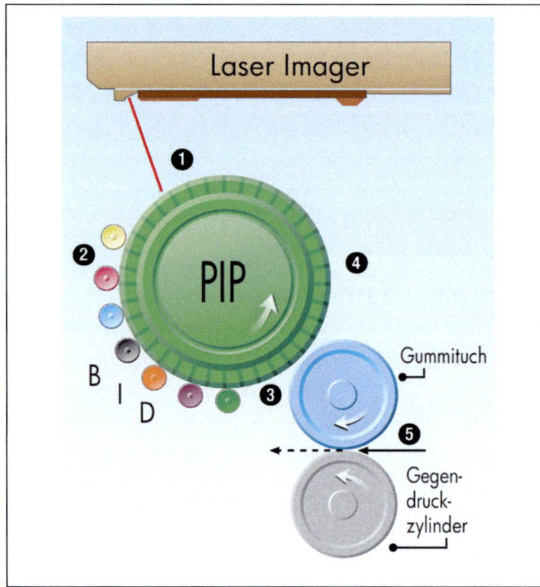

① ______

② ______

③ ______

④ ______

⑤ ______

b) Übersetzen Sie die Bezeichnungen PIP und BID singgemäß ins Deutsche.

______

______

______

22 Rollendruck

Für viele kommerzielle Arbeiten ist der Bogendruck, für andere Anwendungsbereiche jedoch der Rollendruck besser geeignet. Erklären Sie an Beispielen, für welche Anwendungsbereiche (Druckprodukte) sich jeweils Bogendruck bzw. Rollendruck besonders eignen.

a) Bogendruck

______

______

______

b) Rollendruck

______

______

______

23 Flüssigfarbe – HP ElektroInk

Im Vergleich zum Druckprozess mit Trockentoner zeigen sich beim Drucken mit Flüssigfarbe „HP ElektroInk“ erhebliche Unterschiede:

- Die Flüssigfarbe enthält die gleichen Pigmente und Partikelgrößen wie Offsetdruckfarben.
- Gedruckt wird eine dünne elastische Farbschicht, praktisch ohne Tonwertzuwachs.
- Nach dem Druck ist keine Trockenzeit erforderlich.
- Übertragung der HP ElectroInk-Farbschicht auf das Gummituch und vom Gummituch auf den Bedruckstoff erfordert einen spezifischen Prozess.
- Für den Druckprozess ist insbesondere das Übertragen der Farbschicht und die Trocknung zu beachten.

a) Beschreiben Sie den Prozess beispielhaft für einen zweifarbigen Druck.

______

______

b) Erklären Sie dazu, warum keine Trockenzeit nach dem Druck erforderlich ist.

______

______

______

24 Rollendruck – Transfer von Flüssigfarbe

Im Rollendruck ist eine Informationsübertragung nicht in den gleichen Phasen wie im Bogendruck möglich.

a) Erklären Sie, warum der Prozess des Druckens nicht wie im Bogendruck ablaufen kann.

b) Beschreiben Sie das für den Rollendruck abgewandelte Prinzip des Druckens nach dem „One-Shot-Verfahren".

25 Inkjet-Verfahren

Bei Drop-on-Demand-Technologien (DoD) gibt es die Möglichkeit, die einzelnen Farbtröpfchen thermisch oder mit einem Piezo-Keramikelement zu aktivieren. Die Tropfen werden bei diesen Verfahren nur bei Bedarf gebildet (DoD = Tropfen-auf-Anforderung). Erklären Sie den Vorgang der Informationsübertragung im Einzelnen (Beispiel: Nur ein einzelner Farbtropfen) bei einem …

a) Thermo-Verfahren (auch: Bubble-Jet-Verfahren).

b) Piezo–Verfahren.

26 Inkjet-Verfahren

In einer Studienarbeit zum Digitaldruck heißt es: „Die geladenen Tropfen werden im nachfolgenden Hochspannungsfeld abgelenkt, die ungeladenen Tropfen treffen auf den Bedruckstoff und erzeugen das Druckbild." Erläutern Sie, um welche Inkjet-Technologie es sich bei dieser Beschreibung im Vergleich zu anderen Technologien handelt.

27 Inkjet-Verfahren

Inkjet-Verfahren drucken Bildinformationen kontaktlos und ohne Druckformen. Digitale Daten der zu druckenden Informationen werden im RIP für die Bebilderung aufbereitet. Diese digitalen Bildsignale steuern Tintenstrahldüsen, die winzige Farbtröpfchen direkt auf den Bedruckstoff sprühen.

a) Erklären Sie, welche grundsätzlichen Funktionen ein RIP in dem gesamten Prozess hat.

b) Beschreiben Sie prinzipiell anhand der beiden Abbildungen zwei Drop-on-Demand-Technologien. Schreiben Sie die Bezeichnung der Technologie an die entsprechende Abbildung.

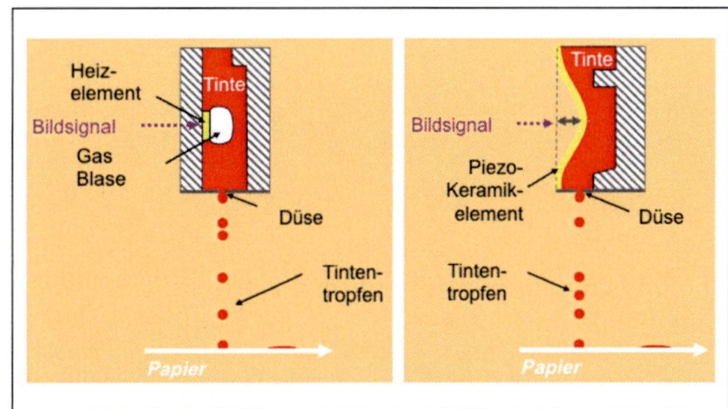

c) Beschreiben Sie prinzipiell anhand der Abbildung die Continuous-Technologie.

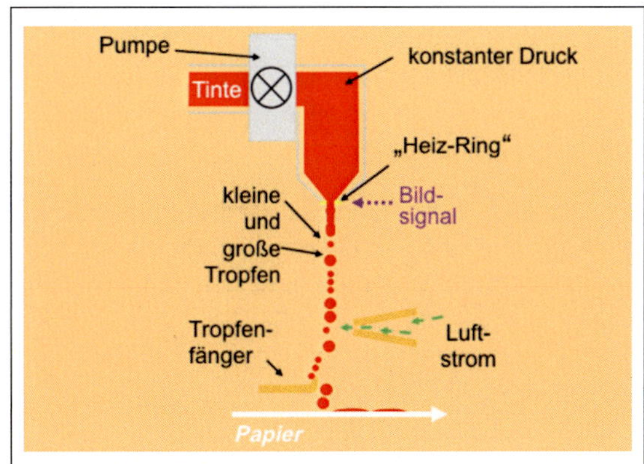

Für Lösung bitte separates Blatt verwenden! 

28 Continuous-Technologie

Bei der Continuous-Technologie erfolgt die Tropfenbildung und Übertragung auf den Bedruckstoff derzeit überwiegend nach dem Binary-Deflecting-Verfahren. Beschreiben Sie, wie sich das Multiple-Deflecting-Verfahren grundsätzlich von dem Binary-Deflecting-Verfahren unterscheidet.

29 Continuous-Technologie

High-Speed-Rollendruckmaschinen und auch spezielle digitale Eindruckwerke arbeiten mit der Continuous-Technologie. Gedruckt wird mit wasserbasierten Farbstofftinten oder Pigmenttinten.

a) Nennen Sie zwei Druckprodukte, für die insbesondere High-Speed-Rollendruckmaschinen eingesetzt werden.

b) Erklären Sie die typischen Eigenschaften und den Einsatzbereich von Farbstofftinten.

c) Erklären Sie die typischen Eigenschaften und den Einsatzbereich von Pigmenttinten.

30 Tinten – Arten

Neben wasserbasierten Inkjet-Farben werden lösemittelbasierte und UV-härtende Tinten verwendet. Für welche Druckprodukte bzw. Einsatzbereiche eignen sich:

a) lösemittelbasierte Tinten

b) UV-härtende Tinten

c) Hotmelt-Tinten

31 Tinten – Trocknung

Jede Tinte hat einen spezifischen Trockenmechanismus (Ablauf bzw. einzelne Phasen der Trocknung). Beschreiben Sie kurz das Trocknen der:

a) wasserbasierten Tinten

b) lösemittelbasierten Tinten

c) UV-härtenden Tinten

32 Hybrid-Druck

Für einige Druckprodukte und Anwendungen eignet sich der Hybrid-Druck.

a) Erklären Sie, was Hybrid-Drucke sind.

b) Nennen Sie zwei Beispiele für Druckprodukte, die im Hybrid-Druck gedruckt werden. Begründen Sie kurz, warum sich diese Verfahrenstechnik dafür eignet.

33 Eindrucksystem

Ein bekanntes Unternehmen liefert Eindrucksysteme für einen Hochgeschwindigkeits-Digitaldruck mit einer angepassten Stream Inkjet-Technologie. Technische Merkmale des Systems: Inline-Produktion, Leistung bis zu 600 m/min, spezifische Stream-Tinten: Farbstofftinten, Pigmenttinten, Sicherheitstinten.

a) Beschreiben Sie an drei Druckprodukten den Einsatz eines Eindrucksystems.

b) Nennen Sie drei Beispiele für Druckprodukte, für die sich Farbstofftinten eignen.

c) Nennen Sie drei Beispiele für Druckprodukte, für die sich Pigmenttinten eignen.

d) Erklären Sie, warum Sicherheitstinten verwendet werden und welche Möglichkeiten diese bieten.

34 Digitale Druckverfahren

In der Praxis werden unterschiedlichste digitale Druckverfahren eingesetzt. Beschreiben Sie prinzipiell die Funktion und den Einsatzbereich der:

a) Thermografie

b) Thermosublimation

35 Digitale Druckverfahren

In einem Fachartikel wird eine neue Digitaldruckmaschine vorgestellt. Der Autor beschreibt diese Druckmaschine als eine OEM-Version (Original Equipment Manufacturer). Beschreiben Sie, was dieser Hinweis bedeutet.

36 Digitaldruck – Wartung

Jede Druckmaschine muss regelmäßig gepflegt und nach den Vorgaben der technischen Dokumentation gewartet werden. Nennen Sie vier Wartungsarbeiten und begründen Sie, warum diese sorgfältig auszuführen sind.

37 Digitaldruck – Sicherheit

In Ihrem Arbeitsbereich verwenden Sie chemische Stoffe (Substanzen) verschiedener Art. Informieren Sie sich über den sachgerechten Umgang und mögliche Gefährdungen.

a) Nennen Sie vier verschiedene chemische Stoffe, mit denen Sie regelmäßig arbeiten.

b) Zu jedem dieser Stoffe gibt es ein Sicherheitsdatenblatt. Welche wichtigen Informationen enthalten Sicherheitsdatenblätter? Heften Sie ein Sicherheitsdatenblatt in Ihrer eigenen technischen Dokumentation ab.

38 Digitaldruck – Sicherheit

Die Haut ist durch eine regelmäßige Hautpflege zu schützen. Wenn ein Kontakt zu Chemikalien und verschiedenen Tonern nicht ausgeschlossen werden kann, sind Schutzmaßnahmen erforderlich.
Welche Schutzmaßnahmen sind nach den betreffenden Sicherheitsdatenblättern erforderlich?

39 Digitaldruck – Sicherheit

Der Schutz der Atemwege ist im Digitaldruck besonders zu beachten. Daher ist eine gute Belüftung in den Arbeitsräumen erforderlich.

a) Beschreiben Sie, aus welchem Grund eine gute Belüftung erforderlich ist.

b) Welche gesundheitlichen Probleme sind durch eine gute Belüftung zu vermeiden?

40 Anwendungsbereiche

Für den Druck auf unterschiedliche Materialien sind Elektrofotografie und Inkjet nicht gleich gut geeignet. Ordnen Sie die geeignete(n) Verfahrenstechnik(en) dem Material (Bedruckstoff, Substrat) zu.

Papier (allgemein):

Pappe:

Keramik:

Blech:

Glas:

Folien:

Textilien:

41 Fachbegriffe

Mit dem Digitaldruck kamen vor allem englische Fachbegriffe zu den neuen Prozesstechnologien auf. Übersetzen Sie (möglichst mit einem Team) die englischen Fachbegriffe ins Deutsche.

Books-on-Demand =

Customized Printing =

Distributed Printing =

Jobticket =

Personalized Printing (auch: Variable Data Printing) =

Printing on Demand =

Short Run Color =

Single-Pass-Technologie =

Multi-Pass-Technologie =

SoHo-Bereich =

42 Digitaldruckmaschine

In Ihrem Unternehmen werden Städte-Reiseführer nach den individuellen Wünschen der Kunden zusammengestellt, gedruckt, fertig verarbeitet und an den Kunden geliefert. Ein weiterer Schwerpunkt Ihrer Produktion ist der Druck von Fotobüchern von einem bis zu mehreren Exemplaren. Das Unternehmen plant die Anschaffung einer neuen Digitaldruckmaschine.

a) Erläutern Sie fünf Kriterien, die für Sie bei der Auswahl einer neuen Digitaldruckmaschine sehr wichtig sind.

b) Erläutern Sie zudem, welche Ausstattung die Druckweiterverarbeitung für Ihre Produktion haben muss.

43 Digitaldruck – Offsetdruck

Jede Verfahrenstechnik hat spezifische technische, wirtschaftliche und ggf. qualitative Vorteile gegenüber anderen. Beschreiben Sie jeweils kurz vier wichtige Vorteile der Technologien (kein Vergleich):

a) elektrofotografische Verfahren (tonerbasiert)

b) Inkjet-Verfahren

c) Offsetdruck

Für Lösung bitte separates Blatt verwenden! 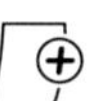

44 Fertigungsanalyse

Für eine wirtschaftliche Produktion ist eine sorgfältige Planung für den Übergang von einer Kleinmengenfertigung zu einer Fließfertigung erforderlich. Hinzu kommen eine Produktstrukturanalyse sowie eine Analyse der Marktpreise und der Fertigung.
Ermitteln Sie Informationen (Achtung: Vertraulichkeit, ggf. nur intern zum Verständnis zu nutzen!) in Ihrem Betrieb und erfassen Sie dazu:

a) Produktstruktur (Produkte, Auflagenbereiche)

b) Preisgestaltung (Was wird wie berechnet? u. a.)

c) Prozessanalyse (Arbeitsabläufe vom Eingang der Daten bis zur Auslieferung der Produkte)

Für Lösung bitte separates Blatt verwenden! 

45 Kalkulation, Kosten

Im Digitaldruck werden bei einer Kalkulation der Kosten für einen Druckauftrag in der Regel nicht die einzelnen Kosten der Prozesse wie im Offsetdruck (Druckvorstufe, Druck, Bindung) berechnet. Um aber einen wirtschaftlichen Erfolg zu erzielen, sind nicht nur die Fixkosten pro Job und Kosten pro Seite („Klickkosten"), sondern u. a. auch die Kosten für den Kundenkontakt, die Datenannahme, die Auftragssteuerung sowie den gesamten Arbeitsbereich zu erfassen und in der Preisfindung zu berücksichtigen.

a) Erklären Sie, was Fixkosten sind.

____

b) Erklären Sie den Begriff Klickkosten.

____

c) Nennen Sie sechs weitere Kosten, die für den Arbeitsbereich des Digitaldrucks zu berücksichtigen bzw. zu berechnen sind.

____

____

d) Welche Fixkosten fallen für jeden neuen Job außerhalb der Druckerei an?

____

____

46 Erfolg am Markt

Für den Erfolg einer Digitaldruckerei am Markt gibt es einige „Schlüsselparameter", die je nach Produkten und Fertigungsprozessen unterschiedlich gewichtet werden müssen. Geben Sie jeweils zwei wichtige Unterpunkte zu den folgenden Parametern an.

a) Druckkosten

____

____

b) Druckqualität

____

____

c) Druckbild: Beständigkeit

____

____

d) Produktivität

____

____

e) Bedruckstoffvielfalt (Substrat)

____

____

f) Umweltschutz (z. B. De-inkbarkeit)

____

____

47 Erfolg am Markt

In Ihrem Betrieb wird im Bogen-Offsetdruck und im Digitaldruck gedruckt. Bei einem Vergleich zwischen der Produktion im Offsetdruck und im Digitaldruck wird immer wieder der „Break-Even-Point“ erwähnt. Erklären Sie an zwei Beispielen und einem informativen Diagramm diesen Break-Even-Point.

Für Lösung bitte separates Blatt verwenden! 

48 Erfolg am Markt – Fachbegriffe

Durch den internationalen Markt sind immer mehr englische Bezeichnungen in Fachartikeln und -vorträgen zu finden. Erklären Sie die folgenden Fachbegriffe.

Barcode:

Consumer:

Database Publishing:

Direktmailing:

Finishing:

Inline:

Large Format Printing (LFP):

Monochrome:

On-the-Fly:

Workflow:

49 Erfolg am Markt

Der Digitaldruck bietet Möglichkeiten zu Produktionen bzw. Produkten, die in anderen Druckverfahren nicht (wirtschaftlich) herzustellen sind.

a) Ein neuer Arbeitsbereich ist der Transaktionsdruck. Erklären Sie, was damit gemeint ist.

b) In einem Fachvortrag spricht ein Referent von „Transpromo – Der ungehobene Schatz im Kundendialog“. Erklären Sie, was die Bezeichnung „Transpromo“ bedeutet und welche Möglichkeiten sich daraus für den Digitaldruck ergeben.

50 Erfolg am Markt

Ein rasch wachsender Markt ist der Geschäftsbereich Web-to-Print, den Privatkunden, Unternehmenskunden oder auch Agenturen nutzen.
Erläutern Sie die grundsätzliche Geschäftsidee eines Druckunternehmens für Web-to-Print-Angebote.

51 Digitaldruck – Wachstum für die Zukunft

Wie für alle Druckverfahren gilt auch für den Digitaldruck: Neue Geschäftsfelder erschließen, Prozesse optimieren und somit effizient und profitabel produzieren. Wagen Sie einen Blick in die Zukunft. Diskutieren Sie darüber mit Ihrem gesamten Team.

a) Notieren Sie die sich aus der Diskussion ergebenen wichtigsten Tendenzen, Produktionsmöglichkeiten, Einsatzbereiche und Entwicklungspotenziale.

b) Geben Sie an, wie sich der Arbeitsbereich des Medientechnologen Druck mit dem Schwerpunkt Digitaldruck ändern wird bzw. ändern muss.

Erörtern Sie die Aufgabenstellung in der Gruppe! 

52 ProzessStandard Digitaldruck (PSD)

Im ProzessStandard Offsetdruck (PSO) ist prinzipiell nur ein Qualitätsniveau festgelegt, obwohl in der Praxis unterschiedliche Qualitätsstufen bzw. -gruppen bestehen. Im Digitaldruck könnten bei nur einem Qualitätsniveau viele Anwendungsgebiete nicht erfasst werden. Die ISO-Normen für den Digitaldruck sind noch im Aufbau. Die Fogra bietet einen ProzessStandard Digitaldruck an. Beschreiben Sie, welche Parameter (Kriterien zur Bewertung) darin derzeit festgelegt sind.

53 Druckvorstufe – PrePress

In einem Fachbuch zum Digitaldruck sehen Sie diese beiden grafischen Darstellungen. Dargestellt ist eine um 15° ansteigende Kante.
Interpretieren Sie diese Darstellungen und erklären Sie die Bedeutung für das Druckergebnis.

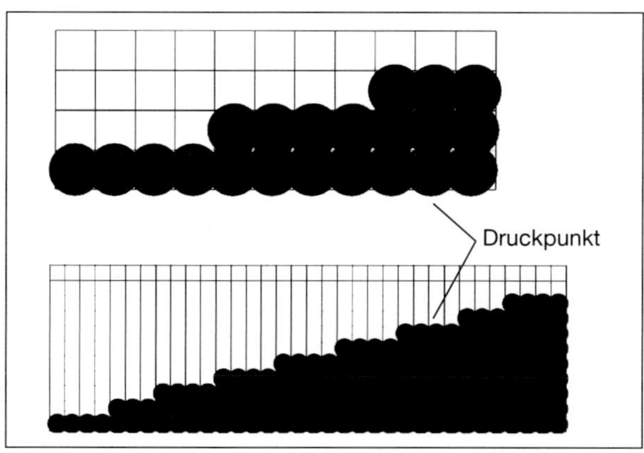

54 Daten für einen Druckauftrag – Checkliste

Digitale Daten für einen Druckauftrag werden vom Kunden an die Druckerei per Upload übermittelt oder auf einem Datenträger gesandt. Die Druckerei bietet für das Erstellen geeigneter Daten für den Druck Informationen bzw. eine Checkliste an. Erarbeiten Sie für Kunden eine Checkliste im Format DIN A4 mit Hinweisen und Vorgaben für die Erstellung von Druckdaten.

Für Lösung bitte separates Blatt verwenden! 

55 Druckvorstufe – PrePress

Das Auge unterscheidet etwa 150 Graustufen. Wird ein Bild bei 300 dpi mit 2^8 (gleich 256) Graustufen pro Pixel wiedergeben, kann das Auge diese Feinheit nicht mehr auflösen. Das bedeutet, das Auge integriert alle einzelnen Informationen zu einem gesamten, fotorealistisch wirkenden Bild. Anders ist es bei feinen Linien, Grafiken und Schriften.

a) Beschreiben Sie, wie es zu diesen Mängeln in der Qualität der Zeichenwiedergabe bei den einzelnen Abbildungen kommt.

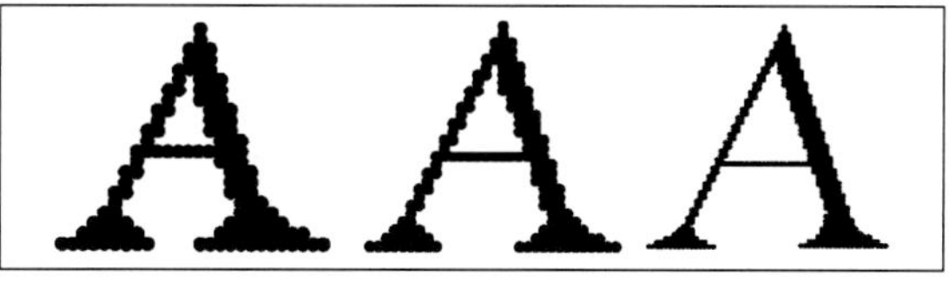

b) Welche Auflösung ist mindestens für diese Elemente (Linien, Grafiken und Schriften) erforderlich?

56 Dateneingang

Die Druckerei bietet die Möglichkeit, die eingesandten Daten ohne einen Datencheck zu drucken. Dabei werden die Daten ohne eine Prüfung in dem hausinternen Workflow verarbeitet. Ein kostenpflichtiges Angebot ist ein Datencheck, in dem die Verarbeitbarkeit der Daten geprüft wird.

a) In einem Beratungsgespräch mit einem Kunden fragt Sie dieser, welche Parameter der Datei durch den Datencheck geprüft werden. Nennen Sie ihm drei wichtige Parameter.

b) „Lohnt sich das?“, fragt der Kunde. Erläutern Sie dem Kunden zu diesen drei wichtigen Prüfungen, welche Mängel auftreten können, wenn diese Fehler nicht vor Druckbeginn beseitigt bzw. geklärt sind.

57 Dateneingang

Ihr Betrieb arbeitet mit einem automatisierten Workflow. Der Kunde liefert Ihnen eine Datei für einen Flyer, in der mehrere Bilder im RGB-Modus und andere im CMYK-Modus mit 200 dpi vorliegen.

a) Beschreiben Sie den weiteren technischen Ablauf, wenn kein Datencheck gewünscht worden ist.

b) Sie haben einen Datencheck durchgeführt. Erklären Sie, was Sie in diesem Fall unternehmen.

58 Druckdaten

Für eine Broschüre mit 16 Seiten möchte Ihnen der Kunde ausgeschossene Doppelseiten liefern.

a) Erklären Sie dem Kunden, warum er nur einzelne Dateien für jede Seite liefern darf.

c) Geben Sie ihm an, wie er die Seiten benennen soll.

59 Druckdaten

Der Kunde möchte Ihnen Daten für einen Auftrag liefern. Sie bieten einen WEB-Upload an und bitten, ein ZIP-Archiv zu erstellen, wenn mehr als fünf Dateien hochgeladen werden sollen.

a) Erklären Sie einem Laien, was ein WEB-Upload ist und wie dieser genutzt wird.

b) Beschreiben Sie, warum es sinnvoll ist, ein ZIP-Archiv zu erstellen.

60 Druckauftrag

Für den Museumsverein Bad Waldsee soll eine Festschrift gedruckt werden. Auftragsdaten dazu:

- Format: DIN A4, hoch
- Umfang: 96 Seiten
- Farbe: vierfarbig
- Papier: Bilderdruckpapier, glänzend. 135 g/m^2
- Bindung: Rückendrahtheftung

Das Layout sieht einen bis an den Beschnitt laufenden lebenden Kolumnentitel sowie angeschnittene (randabfallende) Bilder vor.

a) Beraten Sie den Kunden, was bei diesem Auftrag im Layout bzw. für die Druckdatenherstellung zu beachten ist.

b) Nennen Sie dem Kunden den entsprechenden Fachbegriff für diese „Problematik" und berechnen Sie exemplarisch die „Veränderung".

Für Lösung bitte separates Blatt verwenden! 

61 Druckauftrag

Für eine 112-seitige Festschrift, die per Post versandt werden soll, ist das Gewicht zu berechnen. Um Portokosten zu sparen, darf die einzelne Sendung nicht über 500 g wiegen. Technische Daten:

Format: DIN A4, hoch
Papier: Bilderdruckpapier, glänzend, 115 g/m^2 (Innenteil),
Bilderdruckpapier, glänzend, 250 g/m^2 (Umschlag)
Bindung: Klebebindung (Masse ist nicht zu berücksichtigen)

a) Geben Sie eine Formel an, mit der Sie das Gewicht des Innenteils bzw. des Umschlags berechnen.

c) Berechnen Sie das Gesamtgewicht der Festschrift und geben Sie an, ob 500 g überschritten werden.

62 Druckauftrag

Ihr Betrieb bietet verschiedene Möglichkeiten zur Weiterverarbeitung der Druckprodukte zu Broschuren an. Eine Kunde möchte Handbücher für Spektralfotometer (Technische Dokumentation und Betriebsanleitung) mit 200 Seiten DIN A4, Hochformat, produzieren lassen. Informieren Sie den Kunden über die Möglichkeiten zur Bindung der Handbücher in den folgenden Verfahren Ihres Betriebes. Beachten Sie dabei die wesentlichen Vorteile der Verfahren bei Ihrer Beschreibung und geben Sie am Ende Ihre Empfehlung zur Bindung ab.

- Fadenheftung
- Klebebindung
- Blockleimung
- Drahtrückstichheftung
- Drahtkammbindung (Wire-O-Bindung)
- Meine Empfehlung für dieses Produkt ist … Begründen Sie kurz!

Für Lösung bitte separates Blatt verwenden! 

63 Druckauftrag

Eine klebegebundene Broschur im Format DIN A5 hat 320 Seiten (Innenteil). Verwendet wird ein Naturpapier mit 80 g/m² bei einem 1,2-fachem Volumen.

a) Berechnen Sie für die Gestaltung des Umschlags die Breite des Rückens der Broschur.

b) Welche Gestaltungsfläche in cm² steht insgesamt zur Verfügung, wenn an allen Seiten 2 mm nicht verwendet werden dürfen?

64 Druckverarbeitung

Eine Digitaldruckerei bietet neben dem Druck auch verschiedene Techniken zur Druckweiterverarbeitung an. Beschreiben Sie die nachfolgenden Techniken sowie deren Einsatz- bzw. Anwendungsbereich.

- Bohren
- Falzen
- Lackieren
- Laminieren
- Perforieren
- Prägen
- Rillen

Für Lösung bitte separates Blatt verwenden!

65 Druckverarbeitung

Ein Verlag bestellt zehn Bücher als Ansichtsexemplare im Digitaldruck. Die Gesamtauflage von 8 000 Exemplaren soll später im Offsetdruck gedruckt werden.

Format: 13,5 cm × 18 cm
Umfang: 960 Seiten
Farben: 4 (CMYK)
Bindung: Fadenheftung
Buchdecke: Pappband (geliefert)

Vergleichen Sie den Arbeitsablauf im Offsetdruck und Digitaldruck. Erklären Sie den wesentlichen Unterschied in der Produktion eines Buches.

Für Lösung bitte separates Blatt verwenden! 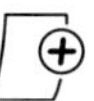

66 Druckauftrag – Reklamation

Ein Kunde reklamiert einen Flyer, den er vierfarbig mit einer zusätzlichen Sonderfarbe angelegt hat. Einige der Bilder lieferte der Kunde als RGB-Daten, die Sonderfarbe war in einem Pantone-Farbton angelegt. Der Flyer wurde zu 500 Exemplaren auf Recyclingpapier und zu 100 Exemplaren auf einem Bilderdruckpapier gedruckt. Zusammengefasst lesen Sie seine Kritik. Nehmen Sie jeweils schriftlich kurz Stellung zu den einzelnen Kritikpunkten.

a) „Die Bilder sehen auf meinem Monitor farblich wesentlich besser aus.“

b) „Die Sonderfarbe entspricht überhaupt nicht meinen Vorstellungen.“

c) „Zwischen den beiden Papiersorten gibt es erhebliche Unterschiede in der Farbwiedergabe.“

67 Druckauftrag – Reklamation

Der Kunde bemängelt, dass im gedruckten Flyer alle Haarlinien ausgebrochen, d. h. keine durchgezogenen feinen Linien sind und das Schriftbild unsauber ist.
Da kein Datencheck gewünscht war, prüfen Sie jetzt die Daten und stellen u. a. fest, dass Linien mit einer Breite von 0,1 mm eingesetzt, die Schriften aus einem „gemischten Schwarz" sowie Schrifteffekte durch „kursiv stellen" und „schattiert" in der gelieferten Datei angelegt worden sind.
Erklären und begründen Sie dem Kunden, warum in diesem Fall die Reklamation unberechtigt ist.

68 Kundenberatung

Sie haben (ggf. mit einem Team) den Auftrag, eine anschauliche Information für eine bessere Kundenkommunikation zu erarbeiten. Ihr Auftrag ist es, Erklärungen von Fachbegriffen für einen fachlichen Laien zu erarbeiten. Diese sollen mit einer einfachen Skizze veranschaulicht werden. Die von Ihnen (bzw. Ihrem Team) zu erarbeitenden Begriffe dazu sind:

- angeschnittene Bilder (oder andere Druckelemente)
- Auflösung
- Beschnitt
- Bundzuwachs (einlagige Broschur > 48 Seiten)
- Blitzer
- Broschur mit Klebebindung
- einlagige Broschur
- Falz
- Laufrichtung im Papier
- Rückendrahtheftung
- Trapping
- Überfüllen
- Überdrucken

Für Lösung bitte separates Blatt verwenden! 

69 Probleme vermeiden

Ein Kunde möchte Ihnen eine InDesign-Datei mit Texten und Bildern anliefern. Er fragt, wie er Ihnen sicher alle Schriften und Bilder liefern soll. Sie empfehlen ihm, das komplette Dokument zu „verpacken".
Erklären Sie dem Kunden, was mit diesem „Verpacken" gemeint ist und welche Vorteile dieser Weg bietet.

Für Lösung bitte separates Blatt verwenden! 

70 Kundenberatung

Der Kunde hat eine größere dunkelbraune Fläche mit folgenden Werten angelegt: 70 % Cyan, 100 % Magenta, 100 % Gelb (Y) und 60 % Schwarz (K).
Ihr Betrieb arbeitet entsprechend dem ProzessStandard Offsetdruck (PSO; vergleichsweise für den Digitaldruck). Danach soll für ein gestrichenes Papier eine maximale Flächendeckung von 330 % nicht überschritten werden.

a) Erklären Sie dem Kunden in einem kurzen (Telefon-)Gespräch, zu welchen Problemen es bei diesem Auftrag kommen kann.

b) Der Kunde fragt, ob ein ungestrichenes Papier in diesem Fall geeigneter wäre. Erklären Sie die grundsätzlichen Unterschiede in der Farbwiedergabe auf beiden Papiersorten.

71 PDF-Boxen

Im Zusammenhang mit einer PDF-Datei und dem Ausschießen wird u. a. von sogenannten „Boxen" gesprochen. Erklären Sie, was diese Angaben bedeuten.

Bleed-Box:

Media-Box:

Trim-Box:

Schneidemarken (Schnittmarken):

72 Problem mit Schriften

Ein Kunde benötigt kurzfristig Hochzeitskarten. In der gelieferten Datei verwendet der Kunde zwei Schreibschriften. Bei Ihrem Datencheck stellen Sie fest, dass die Schriften nicht eingebettet sind oder in „Kurven“ (Vektoren) vorliegen.

a) Beurteilen Sie das Problem für diesen Druckauftrag.

b) Sie telefonieren mit dem Kunden. Was empfehlen Sie ihm?

c) Erklären Sie, was es bedeutet, Schriften in eine Datei einzubetten.

d) Beschreiben Sie mit einer zusätzlichen einfachen Skizze die Wiedergabe von Zeichen (z. B. Schrift, Logos) mit Vektoren. Verwenden Sie dazu den Versal-Buchstaben A in einer serifenlosen Schrift, fett.

73 Bedruckstoff

Der Bedruckstoff, z.B. das Papier, hat einen erheblichen Einfluss auf den Druckprozess und die Qualität des Druckproduktes.

a) Nennen Sie drei mangelhafte Eigenschaften des Papiers, die zu Problemen (Wartung, Verdruckbarkeit, Bedruckbarkeit) führen.

b) Hersteller von Digitaldruckmaschinen zertifizieren die Eignung von Papieren für Ihr System. Beschreiben Sie Gründe für eine Zertifizierung.

Für Lösung bitte separates Blatt verwenden! 

74 Problem mit Schriften

In einer gelieferten InDesign-Datei ist die Schrift „Helvetica“ verwendet worden. Der Font wurde nicht mitgeliefert, da in der Druckerei die Helvetica vorhanden ist. Erläutern Sie, warum sich der Zeilenumbruch verändern kann, obwohl im Betrieb ebenfalls eine Helvetica verwendet wird.

75 Preflight

Mit den in Adobe Acrobat Professional im Menü „Erweitert/Druckproduktion“ enthaltenen Werkzeugen stehen Tools zur Verfügung, die es ermöglichen, eine gelieferte PDF-Datei auf ihre problemfreie Ausgabetauglichkeit zu prüfen. Nennen Sie vier Werkzeuge aus dem Menü „Druckproduktion“.

76 Bedruckstoff

Für die Bedruckbarkeit und die Verdruckbarkeit ist die relative Feuchtigkeit des Papiers und der Arbeitsumgebung sehr wichtig. Sie drucken auf einer tonerbasierten Druckmaschine vierfarbige Broschüren auf ein Bilderdruckpapier, 80 g/m^2. Welche Schwierigkeiten können unter diesen Bedingungen auftreten:

a) Die relative Feuchte des Papiers ist deutlich zu hoch.

b) Die relative Feuchte des Papiers ist deutlich zu niedrig.

Für Lösung bitte separates Blatt verwenden! 

77 Bedruckstoff

Verschiedene Papiereigenschaften beeinflussen entscheidend die Kosten für die Bildtrommel, den Toner, den Service (Wartung) und die Ersatzteile. Wichtig ist u.a. auch die richtige Lagerung. Beschreiben Sie, wie Papier sachgerecht gelagert werden muss.

Für Lösung bitte separates Blatt verwenden! 

78 Personalisierung

Für die Personalisierung von Druckprodukten, z. B. Mailings, werden exakt aufbereitete Datensätze mit einheitlicher Formatierung benötigt. Dies kann nach Abstimmung zwischen der Druckerei und dem Kunden eine Excel-Liste sein. Die Kopfzeilen sind vollständig und eindeutig zu benennen. Tragen Sie in die Liste die folgenden Daten korrekt und vollständig (Rechtschreibung, postalische Anschrift) ein.

- Elisabeth Brechter, Goethestraße 20, Dresden
- Zinser, Helga, Dr., Tierärztin, Böhmerstraße 2, 58091 Hagen
- studiendirektor walter baumann, im stillen ort 15, 93057 regensburg

Anrede	Titel	Briefanrede	Vorname	Name	Straße	PLZ	Ort
Sehr geehrter Herr	Dr.	Herrn	Martin	Hensler	Weiherweg 1	78628	Rottweil

79 Bedruckstoff

Sie verarbeiten ein Papier, das Mängel hat. Beschreiben Sie mögliche Folgen für Druckmaschine, Produktion und ggf. auch Qualität bei folgenden Mängeln:

Schnittgrad (Kanten):

Schnittkantenstaub:

Papierstaub:

80 Erkennungsmerkmal

Vergleichen Sie mit einem Fadenzähler und hoher Vergrößerung Druckmuster, die in einem elektrofotografischen Verfahren und einem Inkjet-Verfahren gedruckt worden sind. Beschreiben Sie, an welchem Merkmal (oder auch Merkmalen) Sie elektrofotografische und Inkjet-Produkte unterscheiden können.

Für Lösung bitte separates Blatt verwenden! 

81 Bedruckstoff

Bei unzureichend klimatisierten Papieren können Probleme auftreten, die zu unzureichender Verdruckbarkeit oder letztlich sogar zu Makulatur führen. Beschreiben Sie, wie diese Fehler zu erkennen sind und wodurch sie verursacht werden.

Tellern:

Randwelligkeit:

Faltenbildung:

82 Recycling

Für fehlerfreie weiße Recyclingpapiere und höherwertige Druckprodukte ist für das De-inken eine hochwertige Altpapiermischung erforderlich. Ermitteln Sie, ob alle im Digitaldruck gedruckten Produkte problemlos de-inkt werden können. Erläutern Sie dazu kurz Ihre Erkenntnisse.

14 PRODUKTIONS-PLANUNG UND -STEUERUNG

Produktionsplanung und -steuerung (PPS)

Ein systematisches Planen erfordert neben umfassenden Fachkenntnissen, betriebswirtschaftlichem Wissen und guten Kenntnissen der technischen Bedingungen im Betrieb ebenso grundlegende Erfahrungen aus erfolgten Abläufen (Dokumentationen) in der Produktion. Die gewonnenen Erkenntnisse machen eine effektive Produktionssteuerung und damit Qualität und Wirtschaftlichkeit erst möglich.

Sechs-Stufen-Modell einer vollständigen Handlung

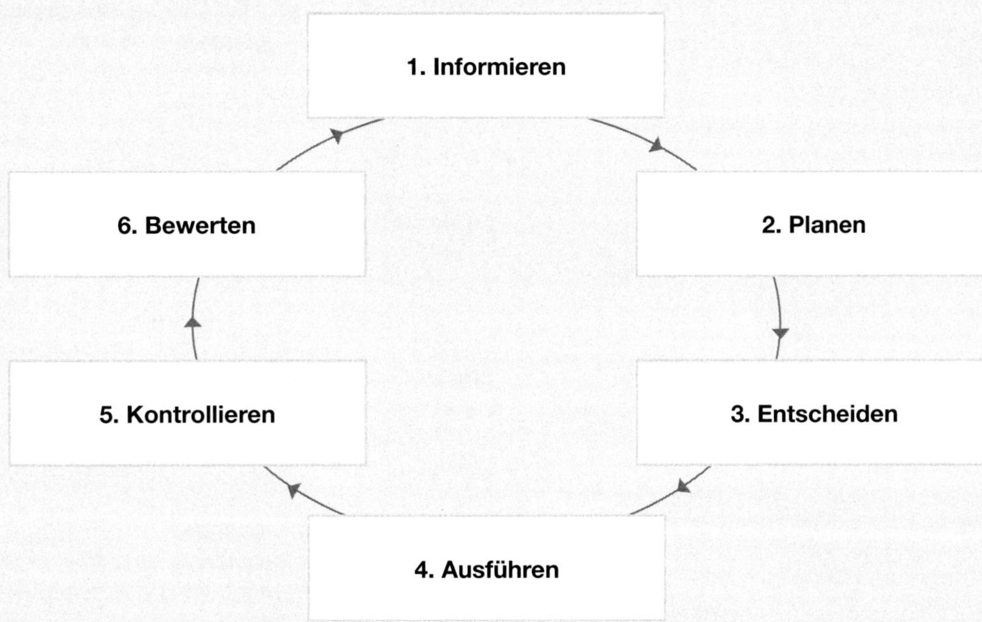

Das Sechs-Stufen-Modell zeigt einen systematischen Prozessablauf, der ein kompetentes, ganzheitliches Handeln aufzeigt. Die einzelnen Phasen verbinden ein theoretisches Wissen und praktisches Können.
Dieser Ablauf ist für verschiedenste Aufgabenstellungen einzusetzen.

1. Informieren

Ausgangssituation analysieren.
Aufgabenziele: Was soll getan werden?
Welcher Zweck soll erreicht werden?
Erforderliche Informationen beschaffen.
Arbeitsunterlagen verstehen und auswerten.

2. Planen

Arbeitsablauf und Arbeitsplan festlegen.
Koordinieren von Terminen, abstimmen mit einzelnen am Prozess Beteiligten.
Festlegen von Kontroll- und Prüfkriterien.

3. Entscheiden

Planung (evtl. verschiedene Abläufe) bewerten.
Entscheidungen treffen: Arbeitsablauf, Material, Termine (Disposition).
Berücksichtigen: Ökonomie, Ökologie, Standards.

4. Ausführen

Fertigungsprozesse nach Arbeitsplan ausführen.
Vorgaben: Kundenvorgaben und Standards.
Material sachgerecht einsetzen.
Nachhaltige Produktion, z. B. optimale Einstellung technischer Systeme, geringstmöglicher Energieverbrauch, geringstmögliche Fehler (Makulatur u. a.), laufende Prozesskontrollen (vgl.: 5. Kontrollieren).

5. Kontrollieren

Zwischen- und Endprodukte prüfen und bewerten:
Soll-Ist-Vergleiche. Ziele erreicht:
Auftrag sachgerecht nach Vorgaben des Kunden und vorgegebenen Standards ausgeführt?
Wirtschaftlichkeit, Gewinn. Nachhaltigkeit.
Dazu: Prozesse und Ergebnisse dokumentieren.

6. Bewerten

Fertigungsprozess auswerten und mit Planungen vergleichen: Zeit- und Materialbedarf, Kosten, Personaleinsatz, Termine.
Effizienz und mögliche Probleme analysieren, ggf. Optimierung für zukünftige Auftragsplanungen dokumentieren.

Druckauftrag: Kreis der vollständigen Handlung in einem Produktionsprozess

Grundsätzlich ist bei der gesamten Produktion und in einzelnen Fertigungsprozessen ein systematisches Arbeiten (Handeln) aus ökonomischen und ökologischen Gründen erforderlich.
Ein Grundmodell für jeden Ablauf ist der *Kreis der vollständigen Handlung*. Die realen Phasen sind je nach den Aufgaben in den einzelnen Arbeitsbereichen anzupassen bzw. zu ergänzen.

- **Informieren, Analysieren**
  Unsere Kompetenz im Markt. Unsere Angebote. Unser Service für den Kunden.
  Unsere Kommunikation mit dem Kunden (Verkaufsaußendienst, Web2Print u. a.).
  Analyse einer Kundenanfrage: Konkrete Aufgabe? Was ist zu tun? Passt der Auftrag zu unserer Kompetenz? Können wir diesen Auftrag wirtschaftlich erfolgreich zu dem vorgegebenen Termin ausführen (Kosten, Gewinn)?
- **Planen**
  Planungskompetenz: Plantafel, MIS (softwaregesteuertes Management-Informations-System)
  Vorgehen. Arbeitsablaufplan, Disposition
  Einsatz: Mitarbeiter, Teams, Technik
- **Entscheiden**
  Verbindliche Planung: Mitarbeiter, optimaler Arbeitsablauf, Technik, Material, Fremdarbeit
- **Ausführen**
  Produktion, Arbeitsplan unter gegebenen Vorgaben umsetzen
  Daten der Produktion für Nachkalkulation erfassen: Einsatz von Mitarbeitern, Geräten, Maschinen, Material
- **Kontrollieren**
  Auftrag nach Kundenvorgaben fachgerecht mit den erforderlichen Standards durchgeführt?
  Ist das Ziel Kundenzufriedenheit erreicht?
- **Bewerten und Auswerten**
  Oberstes Ziel: Kundenzufriedenheit!
  Daten der Produktion: Wirtschaftlichkeit (Gewinn), Qualität, Ökologie. Termingerechte Produktion.
  Fehler im Prozess (z. B.: Rückstellmuster, Datenaufzeichnung bei der Produktion)?

Kontinuierlicher Verbesserungsprozess (KVP): Mögliche prozess- und kundenorientierte Optimierungen für nachfolgende Projekte in Bezug auf Qualität, Ökonomie (Wirtschaftlichkeit), Ökologie und Service.

Exemplarisches Modell für die Herstellung von Druckprodukten

Auftraggeber, Kunde

- Unternehmen, Geschäftsbereiche. Kundenstammdaten, Verantwortlicher im Unternehmen. Ansprechpartner für das Produkt, die Produktion. Kommunikationsmöglichkeiten: Anschrift, Telefonnummern, E-Mail
- Produkt: Kundenwünsche zum Auftrag
  Zweck, Zielgruppe, Einsatzbereich
- Art des Produktes
  Geschäftsdrucksachen, Flyer, Broschur, Buch, Verpackung, Faltschachteln, Etiketten u. a.
- Erfassen der Vorgaben und Bedingungen, z. B. Produkt (exemplarisch ein Druckprodukt), Material, Umfang, Format, Auflage, Farbigkeit, Veredelung, Funktionen …
- Etat: Kostenrahmen
- Gestaltung: intern, extern, z. B. Grafikdesigner/ Agentur … Kommunikation mit …
- Vorlagen: erstellen, vorhanden.
  Durch den Kunden geliefert: Beachten einer „Checkliste zur Erstellung von geeigneten Vorlagen" (an den Kunden geliefert vom Auftragnehmer, der Druckerei)
  Art der Vorlagen, Vorgaben, Lieferung an …
- Qualitätsforderungen, Proof, Druckfreigabe
- Termine

Verkaufsaußendienst der Druckerei: Kommunikation mit dem Kunden

- Erwartungen des Kunden an einen Medienberater
  - Kenntnisse über das Unternehmen des Kunden
  - Vertrauensvolle Zusammenarbeit
  - Verständnis für seine Wünsche
  - sachliche und fachkompetente Beratung
  - Klären aller produktbezogener Fragen
  - Produktplanung für eine optimale Lösung seiner Vorstellungen, Absichten, „Probleme"
  - Verantwortung für eine einwandfreie Ausführung des Druckauftrages
- Briefing = informieren, analysieren
- verstehen, beraten (= Mit dem Kopf des Kunden denken), vereinbaren und festlegen
- Kommunikation: Verkaufsaußendienst – Verkaufsinnendienst
- Termine: Liefertermin
- Kosten, Kalkulation, Angebot
- Web2Print: Für „Standardaufträge" prinzipiell nur eine Kommunikation über das Internet

Verkaufsinnendienst: Kommunikation intern, Verantwortlichkeiten

- Kostenberechnung nach Auftragsvorgaben: Kalkulation (bei Web2Print: Angebotspreisliste)
- Angebot an den Kunden
- Auftragserteilung: Werkvertrag
- digitale Erfassung der Auftragsdaten: elektronische Auftragstasche
- Termine: Endtermin
  Disposition: Material, Produktion = Datenerfassung
- Material: Bedarf?
  Material am Lager bzw. zu bestellen
  Lieferant, Kosten, Termine
- Prüfen der erfassten Daten für das Produkt
- Prüfen der gelieferten Vorlagen für die Produktion: Vollständigkeit, eindeutige Zuordnung, Qualität (entsprechend dem Produkt)
- zu erstellende Vorlagen
  Wer erstellt benötigte Vorlagen: intern/extern, Art(en), Anforderungen, Team? Zuständigkeit bei Fragen eindeutig? Prüfung und/oder Qualitätskontrolle durch Kunden? Termine

Produktion Print

- Druckvorstufe
  Datenübernahme, Datencheck (Qualitätsprüfung) nach Vereinbarung, produktionsgerechte Datenerstellung, standardisierter Prüfdruck (Proof), Druckfreigabe
- Druckformherstellung
  Digitale Montage nach Auftragsvorgaben (z. B. elektronische Auftragstasche) und Standards: Druckformat, Format und Seiten des Produktes, ausschießen, Beschnitte, präzise Anordnung produktionsgerechter Marken und Zeichen sowie von Kontrollmitteln, Herstellen der Druckformen im CtP-System, Prüfen der Druckformen visuell und nach Standards
- Druckproduktion
  Standardisierte Produktionsvorbereitung der Druckmaschine. Vorgaben: Technische Dokumentation (Maschinenhandbuch). Rüsten der Druckmaschine (je nach System). Übernahme der (digitalen) Auftragsdaten, Druckmaschinenvoreinstellung. Druckplatten in die entsprechenden Druckwerke einhängen. Auftrag andrucken: Kontrollen, Prüfungen, Abstimmung, Optimierungen
  Druckfreigabe („Imprimatur")
  Druckproduktion nach festgelegten Standards und Auftragsvorgaben
  Permanente Qualitätsprüfung beim Auflagendruck, ggf. Dokumentation der Druckqualität
  Produktionsqualität: Mängelfreie Lieferung der gedruckten Auflage an die Druckverarbeitung
  Im Prozess oder separat: Veredelung
- Druckverarbeitung
  Verarbeitung der gedruckten Auflage nach Auftragsvorgaben. Je nach Produkt: schneiden, falzen, zusammentragen bzw. sammeln, heften, beschneiden
  Qualitätsprüfungen bei der Verarbeitung
  Versand: verpacken, sach- und termingerecht versenden
  Spezielle Auftragsvorgaben: Im Prozess oder separat auszuführende Veredelung bzw. Verarbeitungen, z. B. lackieren, stanzen, kleben, prägen, verpacken, versenden

Verkaufsinnendienst

- Kontrolle der sachgerechten Auslieferung
- Rechnungsstellung: Buchhaltung
- Wirtschaftlichkeitsberechnung, Betriebsabrechnung: Kosten, Nachkalkulation
- Bewerten, Auftragsauswertung: Verbesserung der Produktionsprozesse, mögliche Optimierung der Verfahrensabläufe sowie des Personal- und des Materialeinsatzes. Möglichkeiten, Prozesse nachhaltiger zu gestalten und Kosten zu sparen

Verkaufsaußendienst

- ständiger kompetenter (Ansprech-)Partner für den Kunden
- aktueller Auftrag: Direkter persönlicher Kontakt zum Kunden. Das Ziel ist die Kundenzufriedenheit.

Zielgrößen im betrieblichen Management und bei der Produktionsplanung

Die Zielgrößen Kosten – Qualität – Zeit beeinflussen sich gegenseitig, d. h., sie sind voneinander abhängig. Eine solche einfache Darstellung von Zusammenhängen wird „magisches Dreieck" genannt.

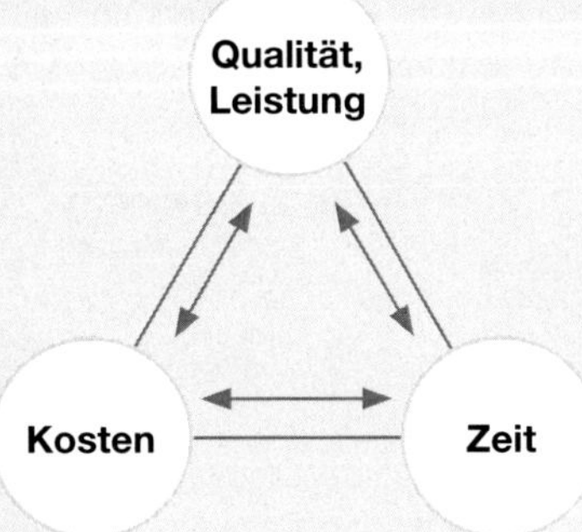

Grundsätzlich gilt:
Für eine über dem Standard liegende höhere Qualität und individuelle Anforderungen wird mehr Zeit (längere Produktionszeit) benötigt. Dadurch steigen die Kosten.
Bei einem geringeren Budget (Kostenrahmen) und sehr kurzen Lieferzeiten verringert sich ggf. die Qualität oder es wird in einem „Standardangebot" (vgl. Web2Print) produziert.
Das gleichzeitige optimale Erreichen aller Ziele (vgl. geringste Kosten, kürzeste Produktionszeit und höchste Qualität) ist in der Praxis nicht möglich.

Beispiele für Wechselwirkungen:

- Zeit, Termine:
  Wann muss mit der Abwicklung des Auftrags begonnen werden, um zum definierten Endtermin ausliefern zu können?
  Berücksichtigt die Terminplanung technisch mögliche Störungen im Arbeitsablauf?
  Gibt es fixe Termine, die der Kunde bestimmt hat (z. B. Druckfreigabe, Proof. Abstimmen bei Produktionsbeginn)?
  Stehen alle benötigte Materialien oder Teilprodukte zu einem bestimmten Termin am Arbeitsplatz zur Verfügung?
- Qualität, Leistung:
  Sind alle gelieferten Vorlagen bzw. Daten fehlerfrei und für die Produktion geeignet?
  Sind bestimmte Vorgaben für die erreichbare (Produkt-)Qualität eindeutig vereinbart?
  Sind Standardisierungsvorgaben einzuhalten?
  Ist nach Vorgaben und Standards produziert worden?
  Welche Endprodukte sind wann und wie zu liefern?
- Kosten, Budget:
  Ist benötigtes Material kostengünstig eingekauft worden?
  Sind tatsächlich anfallende Kosten für alle Fertigungsprozesse und das benötigte Material korrekt berechnet?
  Sind alle sonstigen anfallenden Kosten sachlich korrekt erfasst?
  Stehen Mitarbeiter mit den geforderten Qualifikationen sowie Maschinen und sonstige Arbeitsbereiche in ausreichender Zeit zur Verfügung?

Wirtschaftliche Zusammenhänge, die sich daraus ergeben:

- Rentabilität: Wirtschaftlichkeit, Einträglichkeit.
  Das Verhältnis zwischen Gewinn eines Unternehmens und eingesetztem Kapital
- Effektivität: Wirksamkeit, Wirkungskraft.
  Das Verhältnis von einem tatsächlich erreichten Ziel zu einem definierten (geplanten) Ziel
- Produktivität: Schaffenskraft, Ergiebigkeit.
  Beispiel für Maschinenproduktivität: Produktionsergebnis (Menge): geleistete Maschinenstunden

Magische Dreiecke werden auch für andere in Abhängigkeit zueinander stehende Forderungen in einem System eingesetzt, z. B.

- Nachaltigkeit: ökologische, ökonomische und soziale Forderungen

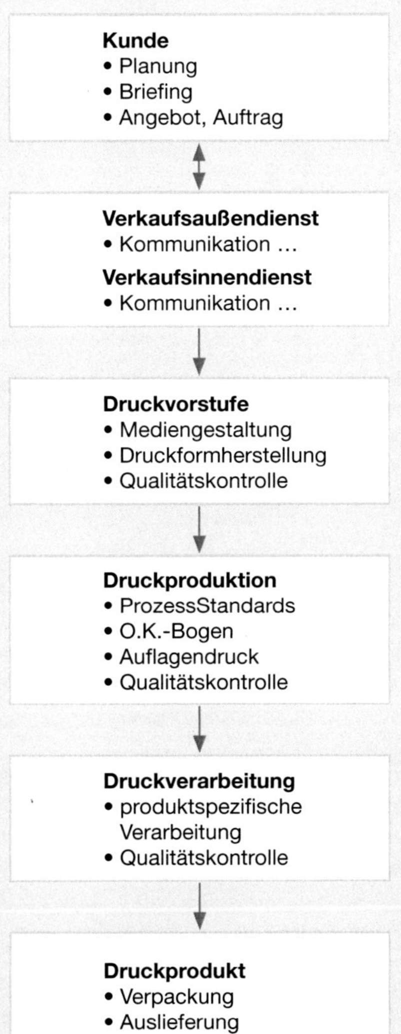

Produktion und Markt im Überblick

Produktion

Das Herstellen von Gütern und Erbringen von Dienstleistungen durch den Einsatz und die Kombination von Produktionsfaktoren und Produktionsprozessen

Markt

Auf dem „Markt“, dem Wirtschaftsraum, stehen sich Angebot und Nachfrage gegenüber. Dabei treffen zwei unterschiedliche Interessen aufeinander:
- Der Nachfragende (Interessent, Kunde) möchte eine bestimmte Leistung oder Ware zu einem möglichst geringen Preis erhalten.
- Der Anbieter (z. B. Bank, Autohändler, Druckerei) möchte diese Leistung, Ware oder das Produkt zu einem möglichst hohen Preis und damit einem maximalen Gewinn anbieten.

Je nach Stärke eines der Partner unter der Berücksichtigung einer mehr oder weniger großen Konkurrenz auf diesem Markt kommt es zu einem Kompromiss. Dieser wird Marktpreis genannt.
Jedes private Unternehmen muss möglichst hohe Erlöse erzielen, um die Kosten für die eingesetzten Aufwendungen zu decken und zusätzlich einen Gewinn zu erzielen. Nur so kann das Unternehmen wirtschaftlich erfolgreich arbeiten und so auch ökologische und soziale Ziele erreichen.
Sind die Aufwendungen höher als die Erlöse, ergibt dies einen wirtschaftlichen Verlust. Wenn das Unternehmen nachhaltig Verluste erwirtschaftet oder nicht zahlungsfähig ist, kann das Unternehmen nicht am Markt bestehen.

Produkt

Technik: Ergebnis der unternehmerischen Leistung, Erzeugnis für den Markt, im Wertschöpfungsprozess geschaffen. Beispiele: Fachbuch, Faltschachtel für eine Spielesammlung, Zeitungsdruckpapier

Produktmanagement

Verantwortliche Mitarbeiter in einem Unternehmen mit sogenannten Querschnittsaufgaben (-funktionen), d. h. übergreifenden Funktionen
Beispiel: Produktmanager in einem Buchverlag
- Ermittlung des Bedarfs am Markt und der Wünsche der Leser (Schüler, Studenten, Reisende oder eine bestimmte Zielgruppe von Lesern)
- Kommunikation zwischen Autor und Verlag, z. B. Bedarfsanalyse, Titel, Inhalte, Umfang, Farbigkeit, möglicher Absatz, Erstauflage, maximale Kosten (Ladenpreis), Lektorat, Korrekturen, Termine
- laufender Kontakt zu den Autoren
- Marketing mit Planung und Vermarktung
- Koordination der gesamten Fertigung und Vermarktung

Analyse

Systematische Untersuchung eines Ablaufs, Projekts, Gegenstandes u. Ä. in allen Detailphasen

Benchmarking

„Messe dich mit den Besten.“ Vergleich des eigenen Unternehmens mit einem erfolgreichen Unternehmen der gleichen Branche. Durch eine Prozessanalyse sollen Verbesserungsmöglichkeiten für die Optimierung der eigenen Geschäfts- und Fertigungsprozesse ermittelt werden.

Break-even-Point

Betriebswirtschaft: Kostendeckungspunkt, Gewinnschwelle. Ab diesem berechneten Punkt übersteigt der Erlös die Kosten und damit entsteht ein Gewinn.

Checkliste

Übersichtliche, systematische Liste zur Kontrolle verschiedenster Abläufe, die Erfassung von Informationen, Anforderungen an zu liefernde Daten, u. Ä. Die Checkliste ermöglicht ein Prüfen, ob alle Details eines Vorganges, Projekts o. Ä. erfüllt worden sind.

Datensicherheit

Oberbegriff für alle persönlichen, programmtechnischen, technischen und organisatorischen Maßnahmen, um …
- Datenverluste durch technische Mängel oder Fehlbedienung zu vermeiden.
- Daten vor Diebstahl oder Manipulationen durch unberechtigten Zugriff zu schützen.

Jeder Einzelne muss mit seinen persönlichen Daten sehr sorgsam umgehen, sich ständig über Gefahren informieren und ggf. eine aktuelle Sicherheitssoftware nutzen, um seine Privatsphäre zu schützen und Datenmissbrauch zu verhindern.
Unternehmen verfügen über eine Vielzahl unterschiedlicher Daten in großen Mengen, z. B.
Informationen zu:
- Kunden
- Lieferanten
- Finanzen (Einkauf, Verkauf, Verbindlichkeiten u. a.)
- interner Organisation
- Lagerbeständen

sowie:
- technische Daten zu eigenen Systemen
- Produktionsdaten
- Kundendaten (Auftragsdaten, Konditionen u. a.)

Um einen Missbrauch oder Datenverluste auszuschalten, ist zu prüfen, eindeutig zu klären und festzulegen: Wer benötigt bzw. verfügt wann, wo und wie über bestimmte Daten?
Daraus ergeben sich:
- konkrete Datensicherungsvorschriften
- Archivierungsvorgaben
- verantwortliche Administratoren
- Rechteinhaber (Wer darf was?)

Disponent

Sachbearbeiter in einem Unternehmen, der bei der Produktion für die allgemeine Planung, Zeitplanung und Durchführung eines reibungslosen Arbeitsablaufs verantwortlich ist. Der Disponent stellt sicher, dass das benötigte Material in der richtigen Menge und Qualität termingerecht am Arbeitsplatz vorhanden ist.

Disposition

Organisation des optimalen Produktionsablaufs mit dem erforderlichen Material und entsprechenden betrieblichen Leistungen, um Produkte zu einem festgelegten/geplanten Termin fertigzustellen

Just-in-Time-Fertigung

Engl. für: Gerade noch rechtzeitig bzw. pünktlich zu einem bestimmten Zeitpunkt. Produktion mit einem optimal wirtschaftlichen Materialfluss. Das Material ist möglichst genau bei Bedarf an dem Produktionssystem. Ziel ist die Minimierung der Lagerbestände und -kosten (Material- und Lagerhaltungskosten).

Kaizen

(jap. Veränderung, Verbesserung) Kontinuierliches Bestreben um eine Verbesserung im gesamten System, der Führung und Organisation, der Prozessabläufe, der Qualität, der Wirtschaftlichkeit. KVP = Abk. für **K**ontinuierlicher **V**erbesserungs-**P**rozess

Logistik

Planung, Steuerung und Kontrolle der Material- und Produktbewegungen in einem Unternehmen.
Aufgaben sind beispielsweise das Verwalten sämtlicher im Betrieb vorhandener Materialien wie Rohstoffe, Hilfs- und Betriebsstoffe sowie Halbfertigerzeugnisse und Fertigerzeugnisse.

Prozess

Engl.: Process. Vorgang, Ablauf. Prozesse kennzeichnen das eigentliche Vorgehen in einem Projekt. Sie beschreiben den erforderlichen Planungs- und Realisierungsablauf.

Prozessanalyse

Engl.: Activity Analysis. Arbeits- oder Geschäftsprozesse, in dem die gesamte Organisation, die Kommunikation zwischen einzelnen Aufgaben-/Arbeitsbereichen, die Fertigungszeiten, der Materialbedarf, die Kosten, der Qualitätsstandard u. a. analysiert werden, um Schwachstellen aufzuzeigen (Istanalyse). Durch verschiedene Methoden, z. B. → Benchmarking, ist der gesamte Prozess oder sind einzelne Prozessstufen zu optimieren.

System

Allg.: Gegliederte Zusammenstellung von einzelnen, aufeinander bezogenen Elementen eines Ganzen. Sachbezogenes Ordnungsprinzip

Systematik

Allg.: Planmäßige, übersichtliche Darstellung

Total Quality Management (TQM)

Managementkonzept, das sämtliche Unternehmensbereiche, die Unternehmensziele, alle Mitarbeiter, die Produktionsabläufe und Arbeitsbedingungen in das Handeln einbezieht, um dem Kunden die geforderte fehlerlose Qualität als Produkt oder Dienstleistung zu liefern

Outsourcing

Engl.: Übergabe bestimmter Aufgabenbereiche eines Unternehmens an spezialisierte Dienstleister

Statistik

Def.: „Wissenschaftliche Methode zur zahlenmäßigen Erfassung, Untersuchung und Darstellung von Massenerscheinungen"
Beispiel aus der Druck- und Medienindustrie:
Die beschreibende (deskriptive) Statistik erfasst und analysiert vielfältige Informationen (Daten) aus einer großen Zahl von Unternehmen, z.B.:

- Welche Druckerzeugnisse wurden erstellt?
- Welche Produktionswerte (in Euro) wurden im Vergleich zu Vorjahren erzielt?
- Wie hoch waren die Werbeeinnahmen?
- Wie viele Mitarbeiter und Auszubildende sind in den Betrieben tätig?
- Wie hat sich die Zahl der Auszubildenden im Vergleich zu den Vorjahren verändert?

Alle zu der jeweiligen Fragestellung erfassten umfangreichen Daten werden aufbereitet, zusammengefasst und in übersichtlichen Tabellen strukturiert dargestellt.

Betriebsinterne Statistiken

- bieten damit für die Unternehmensleitung Grundlagen für Ziele, Planungen, Organisation, Auftragsstruktur und daraus abgeleitete Unternehmensentscheidungen
- vermitteln Erkenntnisse zur Wirtschaftlichkeit des eigenen Unternehmens (Produktion, Kosten, Erfolg)
- informieren über Preisentwicklungen

Beispiele für betriebsinterne Statistiken:

- Kundenstatistik (Anzahl, Größe, Auftragsvolumen, Kundenbesuche)
- Lagerstatistik
- Produktionsstatistik
- Fehler-, Qualitätsstatistik
- Kostenstatistik
- Personal-, Lohn- und Gehalt

1 Auftrag im eigenen Betrieb

Jeder Betrieb ist mehr oder weniger spezialisiert auf Herstellung bestimmter Druckprodukte. Verfolgen Sie dazu einen typischen Auftrag in Ihrem Betrieb vom Auftragseingang (Verkaufsinnendienst) und dem Erstellen aller Auftragsunterlagen über alle Arbeits- und Fertigungsbereiche und den dazu benötigten Materialien bis zum Endprodukt.

a) Welchen Produktionsschwerpunkt hat Ihr Betrieb?

b) Dokumentieren Sie den gesamten Arbeitsablauf für einen Auftrag, den Sie selbst drucken. Geben Sie dazu das herzustellende Produkt, Ihre Druckmaschine und alle eingesetzten Materialien an.

c) Erstellen Sie eine informative Präsentation zu dem gesamten Arbeitsablauf in einer Übersicht. Wenn möglich, fügen Sie Bilder oder Grafiken zu einzelnen Prozessen bei. Präsentieren Sie Ihre Arbeit in Ihrer Berufsschulklasse.

Für Lösung bitte separates Blatt verwenden! 

2 Verkaufsinnendienst

Ihr mittelständsches Unternehmen produziert im Bogen-Offsetdruck u. a. Geschäftsdrucksachen aller Art, Flyer, Broschüren und Mailings. Alle Bereiche des Verkaufsinnendienstes arbeiten rechnergestützt mit speziellen Softwaremodulen für Kalkulation, Planung, Produktion und Auftragsabschluss.

a) In dem Modul „Kalkulation" sind u. a. Stammdaten, ein Leistungskatalog, das Bestellwesen und eine „Schnellkalkulation" integriert. Beschreiben Sie, welchen Inhalt und welchen Zweck diese einzelnen Bereiche für die Bearbeitung des Auftrags haben.

b) Im Modul „Planung" sind u. a. Termindisposition, Simulation, Optimierung und auch hier nochmals das Bestellwesen intergriert. Beschreiben Sie, welchen Inhalt und welchen Zweck diese einzelnen Bereiche für die Bearbeitung des Auftrags haben.

c) Im Modul „Produktion" sind u. a. Job-Informationen, JDF und Prozessüberwachung integriert. Beschreiben Sie, welchen Inhalt und welchen Zweck die Bereiche JDF und Prozessüberwachung für die Bearbeitung des Auftrags haben.

d) Das Modul „Auftragsabschluss" enthält die Bereiche Controlling und Fakturierung. Beschreiben Sie, welchen Inhalt und welchen Zweck diese Bereiche für die Bearbeitung des Auftrags haben.

Für Lösung bitte separates Blatt verwenden! 

3 Verkaufsinnendienst – Angebotskalkulation

Ihr Betrieb hat sich auf die Herstellung von Broschüren für Fremdenverkehr, Kommunen und Unternehmen spezialisiert. Der Verkaufsinnendienst arbeitet u. a. rechnergestützt mit einem Softwaremodul für die Kalkulation (vgl. Info: Kalkulationsunterlagen für die Aus- und Weiterbildung in der Druckindustrie).
Erarbeiten Sie ein eigenes Formular als Muster für eine Angebotskalkulation mit mind. zehn „Grunddaten" (Informationen Auftrag und gesamter Prozess).

Für Lösung bitte separates Blatt verwenden! 

4 Begriffe zur Kalkulation

In einem Kalkulationsformular werden Fachbegriffe genannt, die einem neuen Auszubildenden nicht bekannt sind. Erklären Sie diese Begriffe:

a) mengenfixe Kosten

___

b) mengenvariable Kosten

___

c) Selbstkosten

___

d) Gewinn

___

5 Kundenberatung

Für den Druck einer Festschrift liefert Ihnen ein Kunde ein Logo im Pixelformat und ein weiteres Logo im Vektorformat. Beide Logos sollen für einen Druckauftrag im Abbildungsmaßstab 250 % verwendet werden.

a) Erläutern Sie dem Kunden, wie sich diese beiden Datenformate bei einer Änderung des Abbildungsmaßstabs in Bezug auf die Qualität verhalten.

___

___

___

b) Was empfehlen Sie ihrem Kunden?

___

6 Kundenberatung

Ihr Unternehmen wirbt in der gedruckten betrieblichen Information sowie im Internet unter dem Stichwort „Verantwortung“ mit verschiedenen Zertifizierungen. Ein Kunde wünscht von Ihnen nähere Informationen zu diesen Zertifizierungen, den Nutzen für die Produktion und für ihn als Kunden. Erklären Sie, was Ihre Zertifizierungen grundsätzlich bedeuten:

a) ISO 9001

b) PSO

c) FSC®, PEFC

d) Zertifikat für Umweltmanagement (DIN ISO 14001)

e) Klimaneutral

Für Lösung bitte separates Blatt verwenden! 

7 Kundenberatung – Bildqualität

Der Winzerverband will zu seinem 40-jährigen Jubiläum die Chronologie seiner Entwicklung in einer farbigen Broschüre herausgeben. Der Verbandsvorsitzende zeigt Ihnen dazu analoge Bildvorlagen (Auflicht und Durchlicht) und auf seinem eigenen PC-Monitor digitale Bilder in unterschiedlichen Datenformaten (jpg, tiff, gif, bmp u.a.) aus dem Vereinsleben. Er ist der Auffassung, dass durch moderne digitale Techniken alle Bilder farblich optimal in gleicher Qualität wiedergegeben werden können.
Erklären Sie dem Kunden, einem fachlichen Laien, die Problematik bei der Bildwiedergabe im Druckprozess.

Für Lösung bitte separates Blatt verwenden! 

8 Kundenberatung – Bildqualität

Im gesamten Produktionsprozess ist ein durchgängiges Farbmanagement entscheidend für eine sichere, reproduzierbare Farbwiedergabe.
Erstellen Sie eine grafische Übersicht, mit der Sie Kunden die Bedeutung des Farbmanagements im gesamten Prozess von der Bildvorlage über die Druckvorstufe bis hin zum Druck erklären und veranschaulichen können.

Für Lösung bitte separates Blatt verwenden! 

9 Kundenberatung – Papierauswahl

Für den Druck eines hochwertigen Bildbandes empfehlen Sie dem Kunden zwei Papiersorten mit entsprechenden Mustern und Musterdrucken:

- Original-Kunstdruckpapier, 115 g/m², holzfrei, weiß, glänzend, PEFC
- Bilderdruckpapier, spezialgestrichen, 90 g/m², holzfrei, weiß, matt, FSC

a) Erläutern Sie dem Kunden die Kennzeichnungen der beiden Papiersorten sowie qualitative Unterschiede.

____

____

____

b) Ermitteln Sie in einem Papierpreiskatalog (beispielhaft) für das Papierformat 72 cm × 100 cm die Kosten für 1 000 Bogen. Geben Sie dem Kunden prozentual den Unterschied in den Papierkosten an.

____

____

____

10 Kundenberatung – Druckverfahren

Die Marktgemeinde Oberstdorf plant für die Skiflugweltmeisterschaft auf der Heini-Klopfer-Skiflugschanze mehrere Werbemaßnahmen. Sie sind Medienberater im Verkaufsaußendienst, besprechen mit der Marketingleitung der Marktgemeinde Oberstdorf vier Aufträge.

- Image-Broschüre, Endformat 24 cm × 32 cm, Umfang 48 Seiten plus 4 Seiten Umschlag, 6/6-farbig, Umschlag lackiert
  Auflage: 25 000 Exemplare, Rückendrahtheftung
- Werbebanner (Fahnenstoff), vierfarbig bedruckt, Format 400 cm × 600 cm, UV-beständig, wetterfest. Auflage: 6 Banner
- Kunststofftragetaschen aus Polyäthylen, beidseitig farbig bedruckt, Auflage: 10 000
- Haftetiketten, 5-farbig bedruckt mit Kaltprägung und Effektlackierung, 10 cm × 6 cm, Auflage: 15 000

Welche Druckverfahren bzw. konkrete Drucktechniken können für diese Aufträge technisch sinnvoll und wirtschaftlich eingesetzt werden? Begründen Sie jeweils.

Für Lösung bitte separates Blatt verwenden! 

11 Produktionsplanung – Flyer

Die Papierfabrik Gmund gibt Ihnen den Auftrag für einen neuen Flyer, 4-farbig gedruckt, geschlossenes Format 210 mm x 148 mm (siehe Muster). Alle Druckdaten werden als PDF/X-Datei druckfertig geliefert.

a) Wie wird dieser Falz fachlich korrekt genannt?

____

b) Wie groß ist das „offene" Format und wie groß (in mm) sind die einzelnen Seiten?

____

c) Welchen Bedruckstoff aus dem Unternehmen würden Sie für diesen Auftrag empfehlen? (Unabhängig von dem Wunsch des Kunden!)

____

____

d) Welche buchbinderische Arbeit ist zusätzlich erforderlich, um ein optimales Falzen und Öffnen des Flyers zu ermöglichen?

____

____

____

12 Produktionsplanung

Es sind 16 Seiten DIN A4 (Hochformat), beidseitig vierfarbig, in einer Bogen-Offsetdruckmaschine (4/4) zu drucken.
Auflage: 10 000 Exemplare zuzüglich 4 %
Druckbogenformat: 63 cm × 88 cm
Hinweis: Keine angeschnittenen Bilder oder Flächen; Abstand des Satzspiegels mindestens 10 mm vom beschnittenen Papierformat

Für die Produktion fertig bearbeitete Daten werden nach dem Layout digital zu Seiten zusammengestellt und in den verschiedenen Produktionsphasen geprüft. Sind alle 16 Seiten für den Druck freigegeben, werden diese digital ausgeschossen und standgerecht im Bogenformat (= Druckformat) positioniert. Zusätzlich werden erforderliche Hilfszeichen und Kontrollmittel montiert.

a) Berechnen Sie die benötigte Papiermenge im Druckbogenformat.

b) Erstellen Sie mithilfe eines Falzmusters das Ausschießschema für die Druckformen.
Skizzieren Sie die Seitenanordnung und tragen Sie jeweils die Seitenzahlen (Kolumnenziffern) im Fuß ein. Geben Sie jeweils die Vorder- und die Seitenanlage sowie die buchbinderische Anlage an.

Für Lösung bitte separates Blatt verwenden! 

13 Produktionsplanung – Etiketten

Sie bearbeiten den folgenden Druckauftrag.
Auftrag: Etiketten, 4 Farben (HKS nach Anlage + K)
Format: 90 mm × 120 mm (Laufrichtung beliebig)
Auflage 60 000 Etiketten, Zuschuss 2,4 %
Bogen-Offsetdruckmaschine, 5/0
Format: 740 mm x 1040 mm
Druckleistung: 13 000 Bogen/Std.
Montage, Ränder: 10 mm Greiferrand; 10 mm Druckkontrollstreifen, an den Seiten je 5 mm

a) Berechnen Sie die Nutzenzahl für den Druckbogen.

____

____

____

b) Welches Bogenformat ist (minimal) erforderlich?

____

____

____

c) Berechnen Sie die reine Druckzeit.

____

____

____

14 Produktionsplanung

Die TECHKON GmbH plant den Druck einer aktualisierten Broschüre zur Messtechnik. Die Broschüre informiert über Farbe, Densitometrie, Farbmesstechnik, PSO sowie TECHKON Messgeräte und Software.

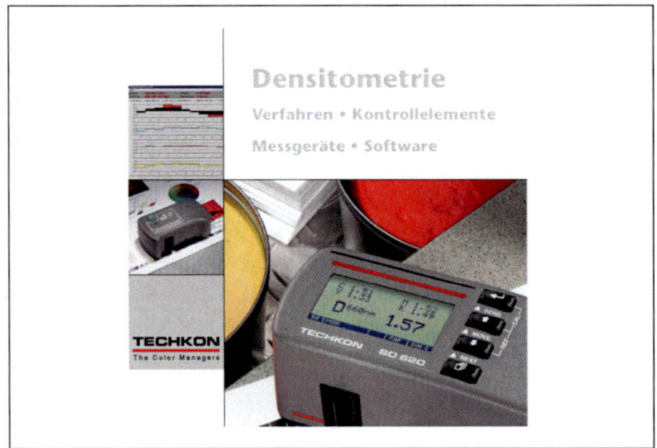

Format: 210 mm × 210 mm
Umfang: 24 Seiten
Layout: angeschnittene Bilder und Flächen
Farben: 4c
Auflage: 6 000 Exemplare mit Rückendrahtheftung
Der Kunde wünscht einen grifffesten, stabilen und ungestrichenen Bedruckstoff mit mindestens 150 g/m^2, der eine gute Bildwiedergabe ermöglicht.
Ihr Unternehmen arbeitet mit einem vernetzten Workflow (MIS), durchgängigem Colormanagement, Prüfdruckgeräten und CtP-Anlagen. In der Druckerei wird mit mehreren Druckmaschinen produziert:
Bogen-Offsetdruck, Format 52 cm × 72 cm, 4/0;
Bogen-Offsetdruck, Format 72 cm × 104 cm, 4/4;
Digitaldruckmaschine, Format 317 mm × 464 mm.

a) In welchem Druckformat kann der Auftrag rationell und wirtschaftlich gedruckt werden? Fertigen Sie dazu eine Skizze mit allen Angaben zu dem erforderlichen Druckbogen an.

b) Erstellen Sie das Ausschießschema für den Druck.

c) Ermitteln Sie, welche Bedruckstoffe für diesen Auftrag geeignet sind. Schlagen Sie dem Kunden drei Papiersorten vor. Ermitteln Sie dazu die Lieferanten, das mögliche Lagerformat und die Kosten für 1 000 Bogen in diesem Format.

Für Lösung bitte separates Blatt verwenden! 

15 Produktionsplanung – Ausschießen

Während Ihrer Ausbildung sind Sie für eine Zeit auch in der Arbeitsvorbereitung und Auftragsplanung eingesetzt. Unabhängig von softwaregesteuerten Abläufen sollen Sie selbstständig eine Aufgabe bearbeiten. Dazu lesen Sie aus den Auftraginformationen: Broschüre, 96 Seiten Hochformat, gedruckt zu 16 Seiten Schön- und Widerdruck, Klebebindung.
Skizzieren Sie das gesamte Ausschießschema für den 2. Bogen bei der digitalen Bogenmontage. Kennzeichnen Sie darin außerdem die Druckanlage.

Für Lösung bitte separates Blatt verwenden! 

16 Produktion – Web2Print

Ein sehr bedeutendes Online-Druckunternehmen mit mehreren Druckereien in Deutschland produziert mit über 1 000 Mitarbeitern „Standarddruckprodukte“ als Briefpapier, Visitenkarten, Briefumschläge, Geschäftsausstattungen, Flyer, Mappen u. v. a. auf vorgegebenen Materialien (Bedruckstoffen) in kleinen Auflagen. Verarbeitet werden mehr als 12 000 Aufträge pro Tag und ca. 240 t Papier. Gedruckt werden zum Beispiel 4 Millionen Visitenkarten pro Tag.
Die Kundenstruktur belegt, dass ca. 90 % gewerbliche Kunden sind, z. B. Druckereien, Werbeagenturen, Internet-Reseller (Wiederverkäufer). 98 % aller Druckaufträge über 50 Exemplare werden in Bogen-Offsetdruckmaschinen im 6er- und 7er-Format gedruckt. Nur 2 % der Druckprodukte werden derzeit im Digitaldruck gedruckt. Diskutieren Sie ...

a) welche Voraussetzungen geschaffen sein müssen, damit eine solche Menge an Aufträgen an einem Tag produziert werden kann.

b) welche Forderungen an die Technologie des Druckprozesses an Offsetdruckmaschinen gestellt werden, um diese Auftragsmenge (Druckzeit zum Teil nur eine Minute!) in kürzester Zeit, qualitativ im Standard und wirtschaftlich zu drucken. Geben Sie hierzu das maximale Druckformat für das 6er- und 7er-Format an.

c) warum der Digitaldruck für diese Auftragsstruktur (derzeit?) nicht geeignet ist.

Für Lösung bitte separates Blatt verwenden! 

17 Produktionsplanung – Arbeitsablauf

Sie erhalten in Ihrem Unternehmen einen Druckauftrag des Gutenberg-Museums zur Planung, Bearbeitung und Betreuung der Ausführung.
Auftragsinformationen:

- Auftraggeber: Gutenberg-Museum Mainz
- Auftrag: Einladung zur Eröffnung der Ausstellung „Kommunikation mit Druck“
- Format, Umfang: DIN A4, 4 Seiten
- Druck: 4/4-farbig
- digitale Vorlagen geliefert: Text (.doc), Logo, Tonfläche (10 %, aus einer Prozessfarbe und Schwarz) und vier Bilder (.psd-Datei, 4c, Wiedergabe 100 %)
- Montage: alle Seiten randabfallende (angeschnittene) Bilder bzw. Flächen
- Auflage: 5 000 Exemplare
- Zuschuss: 5 %
- Bedruckstoff: mattgestrichenes Bilderdruckpapier, weiß, 120 g/m², Kosten: 2,40 €/kg
- Druckmaschine, Druck: max. Bogenformat 370 mm × 520 mm; Anzahl der Druckwerke: 4 Druckleistung Fortdruck (netto): 8 000 Druck/h Rüstzeiten insgesamt: 140 Minuten
- Druckverarbeitung: schneiden, falzen, verpacken, versenden

Führen Sie diesen Auftrag (beispielhaft) aus. Beschreiben und dokumentieren Sie dazu den gesamten Arbeitsablauf.

a) Auftragsbeschreibung, Arbeitsvorbereitung
- Füllen Sie eine – möglichst im eigenen Betrieb genutzte – Auftragstasche aus.
- Der Kunde verlangt einen standardisierten Prüfdruck zur Druckfreigabe. Welche wesentlichen Eigenschaften bzw. Bedingungen muss dieser Prüfdruck als Kontraktproof aufweisen?
- Der Bedruckstoff ist am Lager. Wie viel Druckbogen werden benötigt?

b) Mediengestaltung, Druckvorstufe
- Texterstellung
  Erstellen Sie (möglichst mit einem Team) einen entsprechenden (eigenen) Text für diese Ausstellung. Erfassen Sie diesen in einem Textverarbeitungsprogramm. Einen Korrekturabzug drucken Sie aus und heften diesen in Ihre Dokumentation.
- Logo, Bild
  In welchen Datenformaten und mit welcher Auflösung müssen das Logo und die Bilder (Wiedergabe 100 %) abgespeichert sein?

c) Layout
- Erstellen Sie einen Entwurf (d. h.: eigene Gestaltung mit Skizzen, Scribbles). Übertragen Sie Daten aus Ihrem Entwurf als Mustervorlage in das verwendete Layoutprogramm.
- Mit welchem Layoutprogramm arbeitet die Druckvorstufe in Ihrem Betrieb?
- Wählen Sie geeignete Schriften für Ihren Text aus. Geben Sie die Schriften und die Schriftgrößen an.

d) Text-Bild-Integration, Bogenmontage, Proof
- Erstellen Sie eine Montage mit allen Hilfszeichen und Kontrollelementen für den Druck (hier einen Einteilungsbogen als Skizze) und die Druckverarbeitung. Tragen Sie in Ihre Skizze sämtliche Maße ein.
- Erstellen Sie die digitale Montage der Seiten.
- Erstellen Sie einen Standproof. Welche Informationen erhalten Sie durch einen Standproof?

e) Druckformherstellung
- Fertigen Sie im betriebsüblichen Verfahren die benötigten Druckformen (CtP) an.
- Protokollieren Sie den Prozessablauf, die Verarbeitung der bebilderten Druckplatte und ggf. wichtige Einstellungen.
- Geben Sie an, welchen Druckplattentyp (Art und Bezeichnung) Sie verwenden.
- Sie prüfen visuell die Qualität der Bebilderung einer Druckplatte in der CtP-Anlage. Beschreiben Sie eine standardgerechte Prüfung.

f) Druck
- Mit welcher Druckmaschine kann dieser Auftrag (entsprechend der Vorgaben zu diesem Auftrag) gedruckt werden?
- Beschreiben Sie das systematische Rüsten (Einrichten) der Druckmaschine für diesen Auftrag.
- Prüfen Sie einen Probeabzug auf exakte Stellung der Seiten (Stand) und auf Vollständigkeit. Was ist zu tun?
- Nach welcher verbindlichen Vorgabe (Vorlage) wird die Auflage gedruckt?
- Drucken Sie den Auftrag an Ihrer Druckmaschine in vorgegebener Auflage. Welche Zeit benötigen Sie (netto) für die Produktion der gesamten Auflage?
- Beschreiben Sie, nach welchen Kriterien Sie die Druckqualität im Auflagendruck prüfen.

g) Druckverarbeitung
- Die Auflage ist zu einem Endprodukt zu verarbeiten. Beschreiben Sie die dazu erforderlichen Arbeiten.

Für Lösung bitte separates Blatt verwenden! 

18 Produktionsplanung – Etiketten

Eine Druckfarbenfabrik benötigt laufend Etiketten für die Kennzeichnung von Druckfarbendosen. Gedruckt werden unterschiedliche kleine Auflagen. Dabei wechseln die Bezeichnung sowie Angaben zur Druckfarbe sowie der Barcode.

a) Begründen Sie, warum der Digitaldruck das geeignete Druckverfahren für diesen Auftrag ist.

b) Welche Daten benötigen Sie von Ihrem Auftraggeber, um die Etiketten kurzfristig zu drucken?

c) Begründen Sie, welches Etikettenpapier für diesen Auftrag und Ihre Druckproduktion geeignet ist. Geben Sie dazu an, mit welchem Drucksystem Sie produzieren.

19 Broschurenproduktion

Ein Buchhersteller hat sich auf die Produktion von Taschenbüchern (technisch: eine Broschur) spezialisiert. Gedruckt wird im Bogen- und im Rollendruck. Beschreiben Sie prinzipiell in einer Übersicht die Produktion eines Taschenbuches (technisch korrekt: Broschur) von den geprüften Druckplatten bis zum fertigen Taschenbuch in den einzelnen Arbeitsbereichen:

- visuelle Prüfung der Druckformen
- Druck des Innenteils (Rollendruck; Angabe des Druckverfahrens) und des Umschlages (Bogendruck; Druckverfahren)
- Herstellung des Taschenbuches in der Druckverarbeitung in einzelnen Arbeitsphasen von den Druckbogen und dem Umschlag bis zum Endprodukt.

Für Lösung bitte separates Blatt verwenden! 

20 Produktionsplanung – Broschüre

Die „Allwetterzoo Münster, Westfälischer Zoologischer Garten Münster GmbH“ will eine neue Broschüre für den Familientag herausgeben. Sie bearbeiten hierzu einen Teil des Auftrages.

- Auftrag: Broschüre „Familientag im Allwetterzoo Münster“
- Auflage: 15 000
- Format: DIN A4, Hochformat
- Umfang: 16 Seiten (kein separater Umschlag)
- Farben: 4/4 Prozessfarben
- Bedruckstoff: mattgestrichenes, hochweißes Bilderdruckpapier aus 100 % Recyclingpapier, 135 g/m^2, Papierformat 92 cm × 65 cm, Kosten pro 1 000 Bogen 282,20 €
- Druck: 3b (102 cm × 72 cm), 4/0; Leitstand, automatisches Voreinstellsystem (CIP3), automatischer Druckplatteneinzug. Rüstzeiten insgesamt 30 Minuten, Druckleistung durchschnittlich 12 000 Bogen/h
- Druckverarbeitung: Rückendrahtheftung, schneiden auf Endformat, in Kartonschachteln verpacken, Etikett zum Inhalt aufkleben

a) Beschreiben Sie, wie der Auftrag rationell und wirtschaftlich gedruckt wird.

b) Fertigen Sie je ein Ausschießmuster für alle Druckformen an.

c) Berechnen Sie den Papierbedarf, wenn insgesamt 2,5 % Zuschuss berücksichtigt werden müssen.

d) Berechnen Sie das 1000-Bogen-Gewicht (auf volle halbe kg ab- bzw. aufrunden).

e) Berechnen Sie die Gesamtmenge der Papierlieferung in kg (Basis ist das 1000-Bogen-Gewicht).

f) Berechnen Sie die gesamte Produktionszeit im Druck.

g) Beschreiben Sie in kurzer Form, wie die gedruckten Bogen in der Druckverarbeitung zum Endprodukt verarbeitet werden.

Für Lösung bitte separates Blatt verwenden! 

21 Buchproduktion

Mit Ihrem Team erarbeiten Sie den Arbeitsablauf zur Herstellung eines Buches. Der Buchblock wird mit einer Fadenheftung gebunden. Der Bucheinband erhält einen Schutzumschlag.

Technische Hinweise:

- Druck
  Inhalt: Rollen-Offsetdruck,
  22 Falzbogen zu 16 Seiten, auf Paletten vorhanden
  Schutzumschlag: Bogen-Offsetdruck,
  gedruckt und lackiert, auf Paletten vorhanden
- Druckverarbeitung
  Alle erforderlichen Materialien sowie Falzbogen, Schutzumschlag und die Buchdecke stehen an den Arbeitsplätzen bereit.

a) Beschreiben Sie in einer tabellarischen Übersicht alle wesentlichen Arbeitsschritte zur Herstellung eines Buches mit einem Schutzumschlag.

b) Präsentieren Sie den Arbeitsablauf in kurzer Form mit grafischen Informationen und/oder Bildern zu den einzelnen Prozessstufen.

Für Lösung bitte separates Blatt verwenden! 

22 Buchproduktion

Auftrag: Fachbuch „Physik im Alltag"
Angaben zum Produkt und zur Produktion:

- Text-/Bilddaten:
  geprüfte digitale Daten (PDF/X), einzelne Seiten
- Auflage: 8000 Exemplare
- Umfang: 384 Seiten DIN A5, Hochformat
- Druck: Bogen-Offsetdruck, 4/4
- Druckformat max.: 100 cm x 140 cm
- Rüstzeiten gesamt: 40 Minuten
- Druckleistung (Durchschnitt): 12000 Bogen/h
- Farbe Inhalt: 4c
- Druckverarbeitung Buchblock: Fadenheftung
- Buchdecke: Bezugsstoff Gewebe, Farbprägung des Titels
- Schutzumschlag: 4c mit Lack, verarbeitungsfertig produziert, auf Palette in der Druckverarbeitung vorhanden

a) Wie groß muss der Druckbogen minimal sein? Berücksichtigen Sie bei der Berechnung den erforderlichen Beschnitt sowie im Zylinderumfang zusätzlich 20 mm für Greiferrand und Kontrollmittel.

b) Berechnen Sie den Druckbogenbedarf bei 2,5 % Zuschuss.

c) Berechnen Sie die gesamte Druckzeit.

d) Beschreiben Sie in einer tabellarischen Übersicht die wesentlichen Arbeitsschritte zur Herstellung eines Buches vom Eingang der Druckplatten in der Druckerei bis zum Endprodukt.

Für Lösung bitte separates Blatt verwenden! 

23 Broschurenproduktion

Sie sind für das „Druckwerk Süd" im Verkaufsaußendienst tätig, Ihr Unternehmen produziert Akzidenzen wie Privat- und Geschäftsdrucksachen aller Art, Flyer, Broschüren, Plakate, Etiketten und Werbebanner.
Technische Ausstattung:

- vollstufige Druckvorstufe
- Bogen-Offsetdruck
  - Druckformat 52 cm × 74 cm, 4/4
  - Druckformat 72 cm × 104 cm, 4/4 + Lack
- Digitaldruck (Elektrofotografie, Flüssigtoner)
  - Druckformat 330 mm × 482 mm

Ihr Kunde, die Stadt Tettnang, wünscht für die Landvolkshochschule ein Jahresprogramm „Miteinander – Menschen gestalten die Welt".

- Auflage: 5000 Exemplare
- Format: 210 mm × 205 mm
- Umfang: Umschlag 4 Seiten, Innenteil 20 Seiten
- Layout: alle Seiten angeschnittene Bilder oder Flächen
- Farbe: 4c, Prozessfarben
- Bedruckstoff: Premium-Recyclingpapier, weiß, mattgeglättet; Lagerformat: 102 cm × 72 cm
  Umschlag 300 g/m^2; Innenteil 140 g/m^2
- Druckverarbeitung: Rückendrahtheftung

a) Planen Sie, wie und auf welcher Druckmaschine dieser Auftrag wirtschaftlich gedruckt werden kann.

b) Erstellen Sie einen Einteilungsbogen (Arbeitsskizze) mit allen Maßen für den benötigten Druckbogen.

c) Berechnen Sie, wie groß die Druckbogen für den Umschlag und den Innenteil bei Berücksichtigung des üblichen Beschnitts sein müssen.

d) Welche Mengen Papier müssen eingekauft werden?

e) Berechnen Sie das Gewicht eines Exemplars.

Für Lösung bitte separates Blatt verwenden! 

24 Rollen-Offsetdruck – Farbverbrauch

Auf einer Rollen-Offsetdruckmaschine mit einer Abschnittslänge von 63 cm und einer maximalen Bahnbreite von 88 cm werden 16-seitige Prospekte DIN A4, Hochformat, gedruckt. Auf einer Papierrolle sind 12000 Meter. Größe des Satzspiegels: 17 cm x 24 cm. Farbverbrauch: 0,3 g/m^2. Wie viel Druckfarbe wird für das Bedrucken einer Papierrolle in kg benötigt?

____

____

25 Digitaldruck – Broschurenproduktion

Der Jahresbericht des Turn- und Sportvereins Dresden ist zu drucken. Gedruckt werden soll in einer Digitaldruckmaschine mit Inline-Weiterverarbeitung.

- Auflage: 200
- Format: DIN A4
- Farbe: Schwarz und eine Schmuckfarbe (HKS 53 N)
- Umfang: 120 Seiten
- Bedruckstoff: RecyStar weiß matt oberflächengeleimt, 100 % Altpapier, 80 g/m², 1,3-faches Volumen
- Druckverarbeitung: Klebebindung

Beschreiben Sie prinzipiell die Produktion des Geschäftsberichtes im gesamten Arbeitsablauf.

- Preflight-Check der Daten Datenvorbereitung für den Druck
- Produktion der Geschäftsberichte in den einzelnen Phasen vom Druck (Bogendruck) bis zum Endprodukt.

Für Lösung bitte separates Blatt verwenden! 

26 Angebot – Papierverbrauch, Farbverbrauch

Sie bearbeiten ein Angebot für die Produktion einer einfarbigen Dokumentation. Für das Angebot berechnen Sie die Kosten für ein Bilderdruckpapier und ein Naturpapier. Ebenso berechnen Sie den erforderlichen Farbverbrauch.
Angaben zum Produkt:

- Broschur: 96 Seiten Umfang
- Endformat: DIN A4 (Hochformat)
- Auflage: 20 000 Exemplare
- Zuschuss: 4 %
- Farbdeckung: 20 %
- Satzspiegel: 15 cm x 24 cm
- Druckbogengröße: 61 cm x 86 cm

Angaben für das gestrichene Papier:

- Grammatur: 100 g/m²
- Kosten Papier: 5,50 €/kg
- Farbverbrauchswert: 0,9 g/m²
- Kosten Druckfarbe: 9,50 €/kg

Angaben für das Naturpapier:

- Grammatur: 90 g/m²
- Kosten Papier: 4,50 €/kg
- Farbverbrauchswert: 1,6 g/m²
- Kosten Druckfarbe: 6,80 €/kg

a) Berechnen Sie die Kosten für beide Papiersorten

b) Berechnen Sie jeweils die Kosten für die Druckfarbe.

Für Lösung bitte separates Blatt verwenden! 

27 Papier – Format, Ausschießen, Kosten

Auftraggeber:	Kurverwaltung Bad Waldsee
Produkt:	Prospekt „Kur & Gesund“
Format:	DIN A4, Hochformat
Umfang:	16 Seiten
Auflage:	15 000
Satzspiegel:	210 mm x 297 mm (Trimmbox)
Farbe:	4/4
Druck:	3b (72 cm x 102 cm), 4/4
Papier:	LuxPrint – holzfrei, weiß, glänzend-gestrichen Bilderdruckpapier, FSC-/PEFC-zertifiziert, 90 g/m²
Bindung:	Rückendrahtheftung (2-fach)

a) Berechnen Sie und fertigen Sie danach eine informative, schematische Skizze mit allen Maßen an: Welche Größe muss der Druckbogen unter Berücksichtigung folgender Angaben mindestens haben? Beschnitt 5 mm, Greiferrand zusätzlich 10 mm. Für die Druckkontrollstreifen (Bogenende) sind zusätzlich 10 mm einzuplanen.

b) Skizzieren Sie das Ausschießschema für alle Druckformen.

c) Berechnen Sie den Papierbedarf (Anzahl der Druckbogen) für den Auflagendruck, wenn 5 % Zuschuss berücksichtigt werden müssen.

d) Mit welcher Laufrichtung muss das Papier bestellt werden?

e) Berechnen Sie die Kosten für das Papier. 1 000 Bogen kosten 209 €.

f) Berechnen Sie, welche Menge Papier in kg (netto) angeliefert wird.

Für Lösung bitte separates Blatt verwenden! 

28 Druckformat

Zu drucken ist eine zweifarbige Betriebsanleitung mit 64 Seiten, gefalztes Format DIN A5 (Hochformat), auf einer geeigneten Bogen-Offsetdruckmaschine (2/2). Berechnen Sie die Papiergröße (minimal), wenn alle Seiten mit zwei Druckformen (Schön- und Widerdruck) gedruckt werden sollen.
Skizzieren Sie dazu den Druckbogen und tragen Sie die entsprechenden Maße ein.

Für Lösung bitte separates Blatt verwenden! 

29 Arbeitsvorbereitung

Für einen mehrseitigen Prospekt werden nach der Seitengestaltung PDF-Dateien hergestellt. Diese werden vor der Ausgabe in einem Computer-to-Plate-System programmgesteuert ausgeschossen.

a) Erstellen Sie ein Ausschießschema (Darstellung als Skizze) für folgenden Auftrag:
16 Seiten Hochformat DIN A5, gedruckt in einer Druckform zum Umschlagen.

b) Wie groß müsste ein Druckbogen unter folgenden Voraussetzungen sein:
3 mm Beschnitt an allen zu beschneidenden Seiten, keine angeschnittenen (randabfallenden) Seiten im Layout, Abstand bis zur Druckfläche bei allen Seiten mehr als 10 mm.

Für Lösung bitte separates Blatt verwenden! 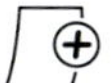

30 Druckplanung

Für die Produktion einer periodisch erscheinenden Broschur mit 80 Seiten, Drahtrückstichheftung, ist das Ausschießschema zu bestimmen. Gedruckt wird auf Druckbogen mit 16 Seiten zum Umschlagen mit einer Druckform. Zu beachten ist, dass bei der Druckverarbeitung zum Endprodukt der kleinere Bogenteil mit weniger Seiten immer außen liegt.

a) Ermitteln Sie die Anzahl der Druckbogen sowie die entsprechende Seitenanzahl pro Druckbogen.

____

____

____

b) Welche Seitenzahlen ermittelt das Ausschießprogramm für die einzelnen Bogen?

____

____

____

c) Skizzieren Sie das Ausschießschema für den innenliegenden Bogen (Mitte der Broschur)

____

____

____

31 Druckplanung

Der Landwirtschaftsverlag plant eine neue Zeitschrift mit dem Titel „Landlust". Die Zeitschrift soll 212 Seiten im Format DIN A4 haben, vierfarbig gedruckt werden und alle zwei Monate in einer Auflage von 12 000 Exemplaren erscheinen. Gedruckt werden soll auf einem mattgestrichenen Papier mit ausreichender Stabilität. Die Druckverarbeitung erfolgt mit einer Klebebindung. Bearbeiten Sie dazu Teile der Anfrage des Kunden.

a) Wie kann dieser Auftrag technisch sinnvoll und wirtschaftlich gedruckt werden? (Druckverfahren, Druckproduktion/Technik)

b) Welche Druckmaschinen wären für diesen Druckauftrag einzusetzen?

c) Ermitteln Sie ein geeignetes Papier mit dem Namen des Papierherstellers, der Art und Handelsbezeichnung des Papiers sowie einem entsprechenden Flächengewicht (g/m²).

d) Stellen Sie den gesamten Arbeitsablauf vom Druck (Druckplatten vorhanden) bis zum Endprodukt in einem Prozessablauf (Flussdiagramm) dar. Verwenden Sie dazu die vorgegebenen Symbole.

Für Lösung bitte separates Blatt verwenden! 

32 Qualitätssteuerung – PSO

Die Agentur „ProjectCompact" liefert Ihnen für den Druck eines Modekataloges einen digitalen Proof für die Farbwiedergabe im Auflagendruck. Sie stellen bei der Prüfung der Auftragsunterlagen fest, dass auf dem Proof kein Ugra/Fogra-Medienkeil-CMYK integriert ist.
Beschreiben Sie Ihr Verhalten und begründen Sie dies.

Für Lösung bitte separates Blatt verwenden! 

33 Digitaldruck

Ihr Unternehmen produziert personalisierte Druckprodukte. Der Geschäftsführer der Firma „Gebhardt – Schmuck und Juwelen“ bespricht mit Ihnen seinen Auftrag, ein personalisiertes Schreiben an seine Kunden mit einem individuellen Gutschein zu einer Verlosung. Welche Informationen (Daten) muss Ihnen der Auftraggeber für den Druck der Gutscheine liefern? Erklären Sie dies am Beispiel von drei Kunden.

Für Lösung bitte separates Blatt verwenden! 

34 Druckprodukte – Ausschießen

Eine Fachzeitschrift wird monatlich in einer Auflage von 4000 Exemplaren, vierfarbig gedruckt, Format DIN A4 hoch, herausgegeben.
Die einzelnen Falzbogen werden zu je 16 Seiten auf einer Bogen-Offsetdruckmaschine, 4/4, gedruckt. Erstellen Sie das Ausschießschema für die innere Form des fünften Bogens.

35 Faltschachteln

Faltschachteln sind nicht nur ein (Transport-)Behältnis oder eine Schutzhülle, sondern auch zunehmend ein Marketinginstrument und ein wichtiges Kernelement zur Authentifizierung (Echtheit, Rechtsgültigkeit). Mehr als 10 % des internationalen Handels sind durch gefälschte oder verfälschte Produkte betroffen. Gegen diesen Markendiebstahl und Markenmissbrauch fordern Kunden eine „sichere Faltschachtel“. Bei einem Kundenkontakt erläutern Sie Ihrem Kunden beispielhaft fünf mögliche Sicherheitselemente auf den bei Ihnen produzierten Faltschachteln.

Für Lösung bitte separates Blatt verwenden! 

36 Flexible Verpackungen – Tiefdruck

In Ihrem Unternehmen Huhtamaki werden flexible Verpackungen für Süßwaren, Eiscreme, Tiernahrung u. a. im Tiefdruck gedruckt. Die Agenturen der Kunden liefern Ihnen für die Verpackung einen Nutzen. Verfolgen Sie den gesamten Arbeitsablauf zur Produktion der Schokoladen-Verpackung „Ritter-Sport“. Erläutern Sie einem neuen Auszubildenden, was jeweils in den einzelnen Arbeitsbereichen bis zur Produktion (Druck und Inline-Kaschierung der Folie) geschieht.

- Prepress/Reproduktion, Proof, Druckfreigabe durch den Kunden Ritter GmbH
- Arbeits- und Gravurvorbereitung: Erstellen des Gesamtlayouts durch Vervielfachung des Einzelnutzens für die Zylindergravur.

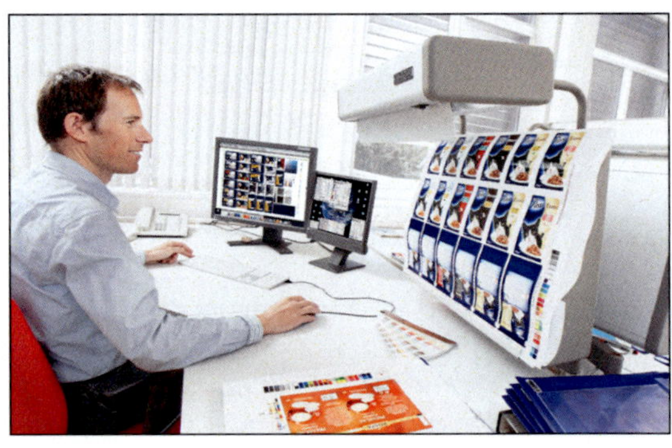

- Zylindergravur und Andruck: galvanisches Aufbringen des Gravurkupfers, elektromechanische Gravur, Verchromung
- Kontrollandruck
- Produktion, Druck der Folie:
  - Rohware zum Druck anliefern
  - Druckformzylinder einbauen und anschließen
  - Druckfarben einfüllen und Viskosität messen, anrakeln und anfahren, inlinekaschieren, messtechnisches Auswerten

Für Lösung bitte separates Blatt verwenden! 

37 Faltschachteln

Ihr Unternehmen ist auf die Produktion von Faltschachteln spezialisiert. Für eine Vielzahl von Verpackungen sind vollständige Angaben in Blindenschrift heute bereits Standard. Speziell im Pharmabereich wird diese zunehmend europaweit in allen Ländern gesetzlich gefordert.

a) Wie wird die Blindenschrift nach ihrem Erfinder auch genannt?

____

b) Die einzelnen Punkte der Zeichen müssen gut abzutasten sein. Welche Noppenhöhe ist für einzelne Elemente minimal erforderlich?

____

c) Grundsätzlich können Primärfaserkarton und Sekundärfaserkarton eingesetzt werden. Die stabileren Ergebnisse werden mit Primärfaserkarton erzielt.
Begründen Sie, warum dies so wichtig und möglichst vor der Produktion zu testen ist.

____

____

____

38 CtP-Bebilderung – Standards

Die CtP-Anlage wurde durch ein Serviceteam umfassend gewartet. Danach werden alle Einstellungen geprüft und prozessgerecht angepasst.
Zu der optimalen, standardisierten Tonwertwiedergabe auf der Druckplatte werden im RIP zwei Korrekturkennlinien hinterlegt, die Linearisierungskennlinie und die Tonwertkorrekturkennlinie („Prozesskalibrierung“). Erklären Sie, warum diese Kennlinien im RIP hinterlegt und damit bei der Bebilderung der Druckplatten berücksichtigt (eingerechnet) werden.

a) Linearisierungskennlinie

____

____

____

____

b) Tonwertkorrekturkennlinie

____

____

____

____

39 Druckprozess- und Qualitätssteuerung

Basis für ein standardisiertes Drucken ist eine optimale Grundeinstellung der Druckmaschine. Eine der wichtigen Grundeinstellungen ist die Druckabwicklung und damit auch die Prüfung der Zylinderaufzüge. Verwenden Sie für diese Arbeiten die Bedienungsanleitung (Technische Dokumentation, Maschinenbuch). Bearbeiten Sie dazu Aufgaben aus der Praxis.

a) An welcher Druckmaschine arbeiten Sie?

b) Ist Ihre Druckmaschine ein Schmitzringläufer oder Nichtschmitzringläufer?

c) Begründen Sie, warum diese Druckmaschinentechnik für die Einstellung des Druckzylinderaufzuges sehr wichtig ist!

d) Wie dick muss an Ihrer Druckmaschine der Druckplattenzylinderaufzug sein?

e) Wie ist die exakte Dicke des Druckplattenzylinderaufzuges zu messen?

f) Was ist die Folge: Sie arbeiten an einem Nichtschmitzringläufer. Der Druckplattenzylinderaufzug ist um 0,15 mm zu stark, die Druckspannung ist dementsprechend eingestellt.

g) Was ist die Folge: Sie arbeiten an einem Schmitzringläufer. Der Druckplattenzylinderaufzug ist um 0,15 mm zu stark.

h) Welche Druckspannung (Anpressdruck) benötigen Sie zwischen
- Druckplattenzylinder und Gummituchzylinder bzw. zwischen
- Gummituchzylinder und Druckzylinder (Bedruckstoff)?

Für Lösung bitte separates Blatt verwenden! 

40 Druckprozess- und Qualitätssteuerung

Rüstzeiten sind unproduktive Zeiten. Daher sind Stand, Passer und Farbgebung einer Druckform möglichst schnell und exakt einzustellen.

a) Ihre Druckmaschine arbeitet ohne ein Voreinstellsystem. Beschreiben Sie Ihren Arbeitsablauf, mit dem Sie eine kurze Rüstzeit erreichen.

b) Erklären Sie, wie mithilfe von Voreinstellsystemen die Rüstzeiten deutlich reduziert werden.

c) Wie erreichen Sie möglichst rasch einen exakten Passer? Beschreiben Sie dazu Ihr Vorgehen!

d) Bei einem periodischen Raster mit 80/cm soll die Passerdifferenz im Auflagendruck nicht größer als die Hälfte des Raster-Linienabstandes sein. Wie groß darf die Differenz in mm und in µm demnach maximal sein?

Für Lösung bitte separates Blatt verwenden! 

41 Druckprozess- und Qualitätssteuerung

Wartungen, Kontrollen und Justierungen am Farb- und Feuchtwerk schaffen die Voraussetzungen für eine optimale Einfärbung der Druckform.

a) Beschreiben Sie das gründliche Reinigen des Farbkastens und des Farbdosierungssystems.

b) Beschreiben Sie das Justieren des Farbkastens zum Farbduktor. Beachten Sie die Bedienungsanleitung.

c) Sie müssen eine Farbauftragswalze einbauen und justieren. (Achtung: Sicherheit beachten!) Beschreiben Sie das Justieren der Farbauftragswalze zum Farbreiber und zur Druckplatte in der richtigen Reihenfolge.

Für Lösung bitte separates Blatt verwenden! 

42 Kompetenztest: Druckproduktion

Als Arbeitsaufgabe zur praktischen Abschlussprüfung ist ein mehrfarbiges Druckprodukt herzustellen. Das Druckergebnis ist messtechnisch auszuwerten. Gefordert wird eine Planung und Dokumentation der Arbeit mit praxisüblichen Unterlagen (vgl. www.zfamedien.de, Abschlussprüfung).
Drucken Sie einen Auftrag zur Übung nach diesen Vorgaben unter Prüfungsbedingungen. Hinweise dazu:

- Führen Sie dabei systematisch alle Schritte durch, die bei der Prüfungsarbeit (z. B. ein Kundenauftrag) ausgeführt werden müssen.
- Bereiten Sie Ihre Arbeitsaufgabe durch eine prozessgerechte Grundeinstellung der Druckmaschine vor.
- Bereiten Sie alle benötigten Materialien vor.
- Mischen Sie ggf. eine vorgegebene Sonderfarbe. Verwenden Sie einen Bedruckstoff, wie er bei der Aufgabenstellung gefordert wird.
- Die Druckform muss geeignete Kontrollelemente enthalten. Verwenden Sie Druckformen entsprechend den Anforderungen. Prüfen Sie diese vor dem Arbeitsbeginn.
- O.K.-Bogen: Entscheiden Sie selbst, ob die Auflage (hier: Arbeitsaufgabe zur Prüfung) nach dem Rüsten gedruckt werden kann.
- Prüfen Sie die gedruckte Auflage, sortieren Sie die gedruckte Auflage. Wählen Sie die Anzahl der geforderten „guten“ Bogen aus.
- Lassen Sie sich Ihre selbstständigen Arbeiten durch Ihren Ausbilder bestätigen.

a) Dokumentieren Sie Ihre gesamte Arbeit:
- technische Angaben zu Ihrer Druckmaschine
- Bedruckstoff, andere Materialien und Hilfstoffe
- Druckform
- Druckprozess

b) Werten Sie mitgedruckte Kontrollelemente messtechnisch aus (je nach Schwerpunkt).

c) Erfassen Sie alle benötigten Zeiten.

Für Lösung bitte separates Blatt verwenden! 

43 Produktionsplanung – Druck- und Medien-Abc

Der Zentral-Fachausschuss Berufsbildung Druck und Medien in Kassel gibt das „Druck- und Medien-Abc", eine fachliche Information für die Ausbildung in der Druck- und Medienbranche, heraus.

Briefing zum Auftrag:
Das „Druck- und Medien-Abc" ist eine einlagige Broschur im Format 210 mm × 297 mm mit Rückendrahtheftung (2 Klammern). Gesamter Umfang: 48 Seiten.
Auflage: 28 000 Exemplare. Das Produkt wird vierfarbig gedruckt (Prozessfarben), fast alle Seiten enthalten angeschnittene Flächen.
Die Agentur liefert belichtungsfertige PDF/X-3-Dateien.
Der Druck erfolgt auf einer Bogen-Offsetdruckmaschine 4/4, Druckmaschinenformat 3b.
Die verarbeiteten Broschuren sind zu 50 Exemplaren in Faltschachteln zu verpacken und auf Europaletten für den Paketversand abzusetzen.
Als Bedruckstoff soll verwendet werden: h´frei weiß Offset PlanoPlus, 120 g/m², 1,2-faches Volumen. Kosten 60,00 €/1 000 Bogen.

Wichtiger Hinweis: Alle Angaben von Kosten in dieser Aufgabe sind keine aktuellen Preise sondern werden beispielhaft verwendet.

Ihre Aufgaben (Teil A):

a) Skizzieren Sie schematisch den Druckbogen. Tragen Sie die erforderlichen Beschnitte darin ein.

b) Berechnen Sie das benötigte Papierformat. Wählen Sie danach aus dem Katalog des Papierhandels die günstigste angebotene Größe aus.

c) Mit welcher Laufrichtung muss das Papier bestellt werden? Schreiben Sie dazu das Papierformat mit der normgerechten Angabe der Laufrichtung auf.

d) Berechnen Sie die benötigte Papiermenge (Bogenanzahl). Berücksichtigen Sie einen gesamten Zuschuss von 900 Bogen für den Druck und die Druckverarbeitung.

e) Berechnen Sie die Kosten für das Papier bei einem Preis von 60 € pro Tausend Bogen.

f) Erstellen Sie das Ausschießschema der Druckformen für den äußeren Falzbogen (4/4)

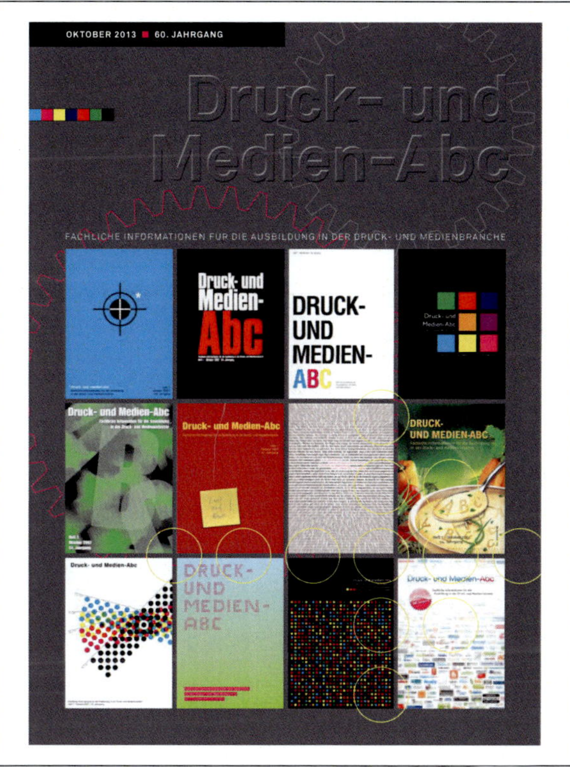

Ihre Aufgaben (Teil B):

a) Gestalten Sie einen Briefbogen der Druckerei, die diesen Auftrag druckt: Druck- und Verlagshaus Thiele & Schwarz, Werner-Heisenberg-Straße 7, Kassel. Alle erforderlichen Angaben wie Telefon, Fax, E-Mail, Internet usw. finden Sie auf der Internetseite dieses Unternehmens.

b) Schreiben Sie auf diesem Briefbogen ein Angebot für diesen Auftrag an die Geschäftsführerin des Zentral-Fachausschusses. Unterschreiben Sie dieses Angebot mit Ihrem eigenen Namen und dem Zusatz „Verkaufsleitung".
Wichtige Hinweise zu dem Angebot:
- Angaben zum Auftrag siehe Briefing.
- Geben Sie das heutige Datum an.
- Berechnen Sie den Gesamtpreis für die bestellte Auflage. Die Druck- und Druckverarbeitungskosten (ohne Kosten für das Papier) betragen 9 800 €.

Ergänzende Hinweise unter dem Angebot:
- Alle Preise verstehen sich zzgl. der gesetzlichen Mehrwertsteuer. Zahlbar mit 2 % Skonto innerhalb 14 Tage, 30 Tage netto.
- Preisbindung: Das Angebot ist 6 Wochen gültig.

Für Lösung bitte separates Blatt verwenden! 

ZUM ABSCHLUSS: MATHEMATIK – BILDLICH

Bei vielen mathematischen Aufgaben kann es sinnvoll sein, sich den Sachverhalt grafisch bzw. mit einer Skizze zu veranschaulichen, bevor das eigentliche Berechnen beginnt. Beispielhaft dazu die folgenden Aufgaben.
Ein Hinweis: Können Sie allein oder im Team bestimmte Aufgaben nicht gleich lösen, warten Sie mindestens einen Tag, überlegen dann nochmals und … wenn es gar nicht geht, schauen Sie nach: Es gibt eine Lösung!

44 Zahlen – Zum Nachdenken

Ein Reisender wohnt sieben Tage in einem Hotel. Leider hat er weder genügend Bargeld noch eine Kreditkarte. Er besitzt jedoch eine wertvolle Halskette mit sieben Kettengliedern.
Er trifft mit der Hoteldirektion die Vereinbarung, jeden Tag mit einem Glied seiner Kette zu bezahlen. Täglich also ein Kettenglied. Dabei sollen die Glieder der Kette nur so oft wie unbedingt erforderlich geöffnet (auseinandergenommen) werden.
Wie viele Kettenglieder müssen insgesamt geöffnet werden, um an jedem Tag bezahlen zu können?

____

45 Zahlen – Zum Nachdenken

Eine Feier ist zu Ende gegangen. Die anwesenden zehn Gäste verabschieden sich jeweils mit einem Handschlag voneinander.
Wie viele „Händedrücke“ werden bei der Verabschiedung ausgetauscht?

____

46 Zahlen – Zum Nachdenken

Ein Unternehmensverbund von Druckereien teilt sich eine Papierlieferung, die per LKW der Reihe nach von Unternehmen A bis Unternehmen F angeliefert wird.

- Das Unternehmen A erhält 1/8 (ein Achtel) der gesamten Lieferung.
- Das Unternehmen B erhält 1/7 (ein Siebtel) des Restes auf dem LKW.
- Das Unternehmen C erhält 1/3 (ein Drittel) des Restes auf dem LKW.
- Das Unternehmen D erhält 1/4 (ein Viertel) des Restes auf dem LKW.
- Das Unternehmen E erhält 3/16 (drei Sechzentel) der Gesamtlieferung.
- Das Unternehmen F erhält den Rest, das sind 18 Tonnen.

a) Welche Mengen bekommen die einzelnen Unternehmen geliefert?

____

____

____

b) Wie hoch war die Gesamtlieferung auf dem LKW?

____

____

____